FIRE FLUID MECHANICS

소방유체역학

이의평 지음

도서출판 동화기술

머리말

소화설비 등 소방시설을 제대로 이해하려면 유체역학에 대한 지식은 필수적입니다. 유체역학 중 소화설비 등 소방시설을 이해하는데 필요한 내용을 추려서 소방유체역학 교재로 출판하였습니다.

저자는 1992년 7월 고등고시 출신 특별채용으로 소방공무원이 된 후 소방공무원과 대학생을 대상으로 소방설비기사 무료강좌를 개설하여 강의하였는데, 이 강좌 수강생들에게 배부할 목적으로 소방유체역학 교재를 집필한 적이 있습니다. 2008년 대학으로 옮긴 후 소방공무원 시절에 집필한 소방유체역학 교재를 매년 보완하면서 저자가 속한 대학 학과의 전공교재로 사용하였습니다. 이 교재는 저자가 속한 대학 학과의 소방유체역학 교과목의 교재로 집필한 원고를 그대로 출판한 것입니다.

이미 여러 소방유체역학 교재가 출판되어 있음에도 저자가 이 교재를 출판하게 된 이유는 기존 대부분의 소방유체역학 교재들이 객관식 문제 풀이 위주로 되어 있고 소화설비 등 소방시설을 체계적으로 이해하는데 필요한 부분이 누락되어 있거나 깊이가 얕기 때문입니다.

이 교재는 소방관련학과의 전공교재로서뿐만 아니라 소방설비기사, 소방기술사, 소방시설관리사 등 국가기술자격시험을 준비하는 수험생분들에게도 도움이 되리라 생각합니다. 대학 전공교재로 사용하는 경우 수강하는 학생들에게 과제로 내줄 수 있게 각 장의 끝에 연습문제를 준비하고 있습니다.

30년 이상을 소방유체역학과 관련된 업무를 하고 있음에도 교재를 출판하고자 하니 부족함을 느낍니다. 미진한 부분은 추후 보완하겠습니다.

이 교재 출판을 허락해주시고 편집하여 주신 도서출판 동화기술 관계자 여러분께 깊이 감사드립니다.

공학기호

대문자	소문자	한글발음	영문표기
A	α	알파	alpha
B	β	베타	beta
Γ	γ	감마	gamma
Δ	δ	델타	delta
E	ϵ	입실론	epsilon
Z	ζ	제타	zeta
H	η	에타	eta
Θ	θ	쎄타	theta
I	ι	이요타	iota
K	κ	카파	kappa
Λ	λ	람다	lambda
M	μ	뮤	mu

대문자	소문자	한글발음	영문표기
N	ν	뉴	nu
Ξ	ξ	크시	xi
O	o	오미크론	omicron
Π	π	파이	pi
P	ρ	로	rho
Σ	σ	시그마	sigma
T	τ	타우	tau
Y	υ	윱실론	upsilon
Φ	ϕ	파이	phi
X	χ	카이	chi
Ψ	ψ	프사이	psi
Ω	ω	오메가	omega

목차

Chapter 1

유체의 성질

1. 유체란?

우리는 일반적으로 물질을 고체, 액체, 기체로 구분하고 있다. 이는 화학적으로 볼 때 분자상호간의 거리에 따라 구분하고 있는 것이다. 분자상호간의 거리가 가장 가까운 것이 고체, 가장 먼 것이 기체이다. 그러나 분자들은 열을 가하면 분자운동이 활발해지며 어느 한도 이상이 되면 상태변화를 하게 된다.

외부에서 열이나 압력을 가하지 않은 본래의 상태에서의 액체와 기체를 통틀어 유체(流體, fluid)라 한다.

유체역학(流體力學, fluid mechanics)[1)]에서는 외력(外力, 전단력(剪斷力, shearing force))으로 야기되는 변형의 크기나 물질입자의 상대변위의 크기로써 고체와 유체를 분리한다. 즉, 고체는 전단응력(剪斷應力, shear stress)이 작용하면 전단응력에 비례해서 유한한 변형을 일으킨 다음 정지상태에서 평형을 이루지만, 유체는 전단응력이 작용하는 한 정지상태에서 평형을 이룰 수 없고 변형(흐르는 상태)에서만 평형을 이룰 수 있다. 즉, 역학적인 관점에서 유체란 “아무리 작은 전단응력이라 할지라도 전단응력의 작용 하에서는 계속해서 변형하는 물질이다.”라고 정의한다.

유체는 압축성(壓縮性)에 따라 압축성유체(compressible fluids)와 비압축성유체(incompressible fluids)로, 점성(粘性, viscosity)에 따라 점성유체와 비점성유체로 구분하다.

- 비압축성 유체 : 유체에 압력을 가할 때 밀도의 변화가 없는 유체
- 압축성 유체 : 유체에 압력을 가할 때 밀도가 크게 변하는 유체
- 점성 유체 : 실제로 존재하는 모든 유체는 점성을 가지므로 실제유체라도고 한다.
- 비점성 유체 : 실제로는 존재하지 않으나 점성을 무시할 수 있는 경우엔 비점성으로 취급한다. 비압축성, 비점성인 유체를 이상유체(理想流體, ideal fluid)라고 한다.

물체에 외력이 작용하면 변형이 일어나는 동시에 저항력이 생겨 외력과 평형을 이룬다. 이 저항력을 내력(內力, internal force)이라고 하며, 단위면적당 내력의 크기 응

---

1) 유체역학은 액체와 기체에 대한 정역학(靜力學, statics)과 동역학(動力學, dynamics)이 관련된 응용역학의 한 분야로 일반 역학에서 사용된 운동량이나 에너지에 대한 개념이 그대로 적용된다.

력(應力, stress)이라고 한다. 물체 단면에 수직하게 작용하는 응력을 수직응력(垂直應力, normal stress), 물체 단면에 평형하게 작용하는 응력을 전단응력(剪斷應力, shear stress)이라고 한다.

2. 차원과 단위

물리현상의 특징을 규정하는 기본량을 차원이라고 한다. 물질의 특징을 규정하는 차원(次元, dimension)을 질량(mass), 변위(變位, displacement)의 특징을 규정하는 차원을 길이(length), 시간의 특징을 규정하는 차원을 시간(time)이라 한다. 차원 중 서로 독립한 차원을 기본차원이라 하고, 기본차원(fundamental dimension)으로부터 유도되는 차원을 유도차원(derived dimension)이라고 한다.

차원의 크기를 나타내기 위하여 여러 가지 단위를 사용한다. 일반적으로 단위계(單位系, unit system)는 절대단위계와 중력단위계 및 SI단위계가 사용되고 있다.

① 절대단위계(絶對單位系, absolute unit system)

절대단위계는 질량(M), 길이(L), 시간(T)을 기본단위로 한다.

C.G.S단위계 : 길이 cm, 질량 g, 시간 sec

M.K.S단위계 : 길이 m, 질량 kg, 시간 sec

② 중력단위계(重力單位系, gravitational unit system)

중력단위계는 힘(F), 길이(L), 시간(T)을 기본단위로 한다. 여기서 길이는 m, 힘은 kg_f, 시간은 sec를 사용한다. 1 kg_f란 질량 1 kg이 중력가속도 $g = 9.8$ m/s^2를 받을 때의 힘이다.

③ SI단위계(the International system of units)

SI단위계는 절대단위계를 연장 확대한 것이다. 기본단위로는 길이 m, 질량 kg, 시간 s를 사용한다. 또 이들 기본단위에서 유도된 단위를 유도단위라 한다.

유도단위로 힘에서는 N (Newton), 압력에서는 P (Pascal), 일에서는 J (Joule), 동력에서는 W (Watt)를 사용하고 있다.

④ 주요 물리량의 단위

ⓐ 힘(force) F

힘은 Newton의 제2법칙에 의거 "질량 × 가속도"이다. SI단위에서는 1 kg의 질량이 1 m/s^2로 가속하는 힘을 1 N, 1 g의 질량이 1 cm/s^2으로 가속하는 힘을 1 dyne이라고 한다. 즉, 1 N은

F (1 N) = m × a = 1 kg × 1 m/s^2 = 1 kg · m/s^2

이다. 1 dyne은 10^{-5} N이다. 중력단위에서는 1 kg의 질량에 중력가속도 g = 9.8 m/s^2가 작용할 때의 힘을 1 kg_f라 한다. 즉 1 kg_f는

F (1 kg_f) = m × g = 1 kg × 9.8 m/s^2 = 9.8 kg · m/s^2 = 9.8 N이다.

ⓑ 압력(壓力, pressure) p

단위면적당 수직으로 작용하는 힘을 압력이라고 한다.

SI단위에서는 1 Pa (Pascal) = 1 N/m^2 = 1 kg × 1 $m/s^2/m^2$ = 1 kg/m · s^2이다.

중력단위에서는 1 kg_f/m^2 = 1 kg × 9.8 $m/s^2/m^2$ = 9.8 kg/m · s^2 = 9.8 Pa이다.

예제 01

미터 중력단위계에서는 압력의 단위로 kg_f/cm^2를 관행적으로 사용하고 있다. 1 kg_f/cm^2는 몇 Pa인가?

해설

$$1\,kg_f/cm^2 = \frac{1\,kg_f}{cm^2} \times \frac{9.8\,N}{1\,kg_f} \times \frac{(100\,cm)^2}{1\,m^2} = \frac{9.8 \times 10^4\,N}{m^2} = 9.8 \times 10^4\,Pa$$

ⓒ 일(Work) W

일은 힘(F) × 거리(S)이다.

SI단위에서는 1 J (Joule) = 1 N · m = 1 kg · m^2/s^2이다.

중력단위에서는 1 kg_f · m = 9.8 N · m이다.

ⓓ 동력(動力, power) P

동력은 단위시간당 일(Work), 즉 힘(F) × 거리(S) ÷ 시간(T)이다.

SI단위에서는 1 W (Watt) = 1 J/s = 1 N · m/s = 1 kg · m^2/s^3이다.

중력단위에서는 1kg_f · m/s = 9.8W이다.

많이 사용되는 동력단위로는 마력(馬力, horse power)과 kW가 있다.

1 HP (또는 PS; Pferde sträke) = 75 kg_f · m/s = 735 W = 0.735 kW

1 kW = 102 kg_f · m/s = 1,000 W

ⓔ 밀도(密度, density) ρ

질량입자의 농도를 나타내는 척도로서 단위체적당 질량, 즉 질량을 체적으로 나눈 값이다. 그러므로 단위는 kg/m^3, g/cm^3이다. 물의 밀도는 상온에서 $1{,}000\ kg/m^3$, $1\ L/1{,}000\ cm^3$, $1\ g/cm^3$, $62.4\ lb/ft^3$이다.

ⓕ 비중(比重, specific gravity) s

한 물질의 밀도와 같은 상태(온도, 압력)에서의 물의 밀도와의 비이다. 즉, 비중이란 "한 물질의 밀도/물의 밀도"이다. 그러므로 비중은 무차원이다.

ⓖ 비중량(比重量, specific weight) γ

물질의 밀도에 중력가속도를 곱한 값이다. 따라서 kg_f/m^3, N/m^3의 단위를 갖는다. 상온에서 물의 비중량 γ은 $(1{,}000\ kg/m^3) \cdot (9.8\ m/s^2) = 9{,}800\ N/m^3 = 1{,}000\ kg_f/m^3$이다.

3. Newton의 점성법칙

운동하고 있는 유체에 있어서 서로 인접하고 있는 층 사이에 미끄럼이 생기면 빨리 움직이려는 층과 저항하려는 층 사이에 마찰이 생기게 되는데 이것을 유체마찰(流體摩擦, fluid friction)이라 하고, 유체마찰이 생기는 성질을 점성(粘性, viscosity)이라 한다. 즉, 유체입자 사이에 상대운동이 생길 때 이 상대운동을 방해하는 성질을 점성이라 한다. 이처럼 점성은 변형에 저항하는 유체의 저항 정도를 나타내므로 유체의 점성은 유체의 이동을 조절한다.

유체의 점성은 응집력(분자간의 인력)과 운동량수송에 기인한다. 기체분자는 공간을 자유로이 운동하므로 분자응집력을 무시할 수 있는 데 빈해 액체분자는 분지 서로가 응집된 상태에서 운동한다. 그러므로 액체의 점성은 분자응집력이 지배하고, 기체의 점성은 운동량수송이 지배한다.

그림1과 같이 평행한 두 평판 사이에 점성유체가 있을 때 위쪽 평판을 일정한 속도 u로 운동시키는데 필요한 힘 F는 위 평판의 넓이 A와 속도 u에 비례하고, 거리 Δy에 반비례한다는 것이 실험으로 입증되었다. 즉, 위 평판을 속도 u로 운동시키는데 필요한 힘 F는

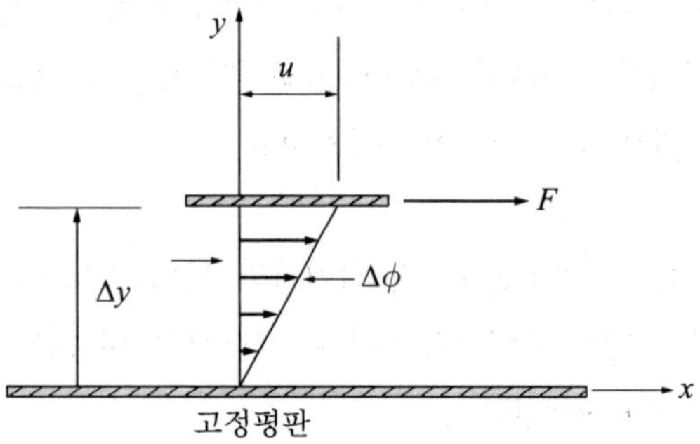

그림1.

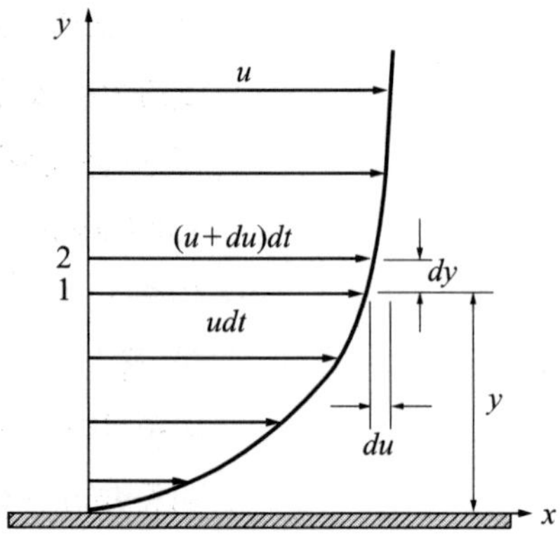

그림2.

$$F \propto A\frac{u}{\Delta y} \quad \text{또는} \quad \tau = \frac{F}{A} \propto \frac{u}{\Delta y} \qquad ①$$

여기서, τ : 고정평판에서 수직거리 Δy인 지점의 전단응력

$u/\Delta y$: 속도구배 또는 각변형속도

이다.

$u = \dfrac{\Delta y \Delta \Phi}{\Delta t}$ 이므로 식 ①의 속도구배 $\dfrac{u}{\Delta y}$는 다음과 같이 고쳐 쓸 수 있다.

$$\frac{u}{\Delta y} = \frac{\Delta y(\Delta \Phi/\Delta t)}{\Delta y} = \frac{\Delta \Phi}{\Delta t}$$

그러므로 속도구배 $u/\Delta y$를 각변형속도라고도 한다.

식 ①은 맨 처음에 Newton이 세운 점성유체의 층류유동에 대한 식이며 이를 점성법칙 또는 Newton의 점성법칙(Newton's law of viscosity)이라 한다. 이 법칙을 만족시키는 유체를 Newton유체(Newtonian fluids), 만족하지 않는 유체를 비Newton유체(Non-Newtonian fluids)라 한다.

그림1은 속도분포를 직선으로 표시하였으나 이러한 직선분포는 층의 두께 Δy가 극히 얇을 때만 성립하고 일반적으로 그림2와 같은 곡선 속도분포를 갖는다.

그러므로 높이 y인 층에서 생기는 전단응력을 τ, 속도구배를 du/dy라고 하면 Newton의 점성법칙은 다음과 같이 표시할 수 있다. 여기서 μ를 점성계수(粘性係數, viscosity coefficient)라고 한다.

$$\tau = \mu \frac{du}{dy} \qquad ②$$

점성계수의 단위로는 poise (포와즈)의 단위를 사용한다. 1 poise라 함은 dyne · sec/cm^{2}를 말한다. 식 ②에서 μ는 $\mu = \frac{\tau}{du/dy}$이므로

$$\mu = \frac{\tau}{du/dy} = \frac{\text{dyne/cm}^2}{[\text{cm/s}]/\text{cm}} = \text{dyne} \cdot \text{sec/cm}^2 = 1\ \text{poise}$$

이 된다.

점성계수 μ를 밀도 ρ로 나눈 값을 동점성계수(動粘性係數, coefficient of kinematic viscosity) ν라 한다. 동점성계수의 단위는 stokes (스톡스)를 사용하며, 1 stokes는 1 cm^2/sec이다.

$$\nu = \frac{\mu}{\rho} \frac{\text{dyne} \cdot \text{sec/cm}^2}{\text{g/cm}^3} = \frac{\text{dyne} \cdot \text{sec/cm}^2}{[\text{dyne} \cdot \text{sec}^2/\text{cm}]/\text{cm}^3} = \text{cm}^2/\text{sec}$$

예제 02

점도가 16 poise인 유체 속에 놓인 평행한 두 평판사이의 거리가 18 mm일 때 아래 평판을 고정시키고 위쪽의 평판을 6 m/s의 속도로 이동시킬 때 평판에 발생하는 전단응력은 몇 hPa인가?

해설 $\mu = 16\,\text{poise} = 1.6\,\text{N} \cdot \text{sec/m}^2$, $dy = 18\,\text{mm} = 18 \times 10^{-3}\,\text{m}$, $du = 6\,\text{m/sec}$ 이므로

$$\tau = \mu \frac{du}{dy} = 1.6\,(\text{Nsec/m}^2) \times \frac{6\,(\text{m/sec})}{18 \times 10^{-3}\,(\text{m})} = 533.3\,\text{N/m}^2 = 5.33\,\text{hPa}$$

예제 03

비중이 0.8인 기름의 점성계수는 0.01 kg$_f$ · sec/m^{2}이다. 이 기름의 동점성계수(m^2/sec)는 일마인가? 단, 중력가속도는 9.8 m/sec^{2}이다.

해설 동점성계수 $\nu = \frac{\mu}{\rho} = \frac{\mu g}{\rho g} = \frac{\mu g}{\gamma} = \frac{0.01 \times 9.8}{800} = 1.2 \times 10^{-4}\,\text{m}^2/\text{s}$

4. 유체의 압축성과 탄성

유체는 체적을 변화시키려는 외력에 대해 저항하는 경향을 가지는데 이를 유체의 압축성(壓縮性, compressibility)이라 한다.

경험을 통해 압축력을 가하면 체적이 감소하는 사실을 알고 있다. 그림3과 같이 압력과 체적이 각각 p, V인 유체에 외부에서 압력을 Δp만큼 증가시켜 $p+\Delta p$의 압력을 가할 때 체적은 감소할 것이며 이 감소한 체적을 ΔV라고 하면 변화된 체적은 $V-\Delta V$가 된다. $\frac{\Delta V}{V}$는 Δp의 크기에 비례해서 커질 것이므로 이들 관계는 $\frac{-\Delta V}{V} \propto \Delta p$의 식으로 나타낼 수 있고, 비례상수를 β라고 하면 다음 식으로 나타낼 수 있다.

$$-\frac{dV}{V} = \beta dp$$

여기서, V : 체적

dV : 체적의 변화량

dp : 압축압력을 가하기 전후의 압력 차이

β : 체적압축계수 또는 압축률(壓縮率, compressibility)이라고 하며 단위는 m^2/N

이다. 위 식에서 – 부호를 붙인 것은 압력의 증가에 대하여 체적이 감소함을 의미한다.

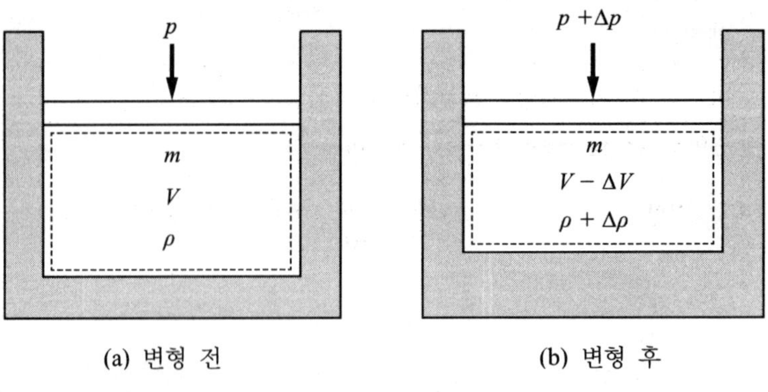

그림3. 외부 압력변화에 의한 체적과 밀도의 변화

유체에 압축력을 가할 때 압축압력이 증가하면 체적감소율(dV/V)은 증가할 것이다. 물의 경우 압축율은 온도와 압력에 반비례하는 경향임이 실험으로 밝혀져 있다.

체적압축계수(압축율)의 역수를 체적탄성계수(體積彈性係數, bulk modulus of elasticity)라고 하며 K로 나타낸다. 체적탄성계수는 다음 식으로 나타낼 수 있다.

$$K = \frac{1}{\beta} = -V \times \frac{dp}{dV}$$

예제 04

배관 속의 물에 압력을 가하였더니 물의 체적이 0.5% 감소하였다. 이때 가해진 압력(kg_f/cm^2)은 얼마인가? 단, 물의 압축률(체적압축계수)은 $50 \times 10^{-6}\ cm^2/kg_f$이다.

해설

$-\frac{dV}{V} = \beta dp$에서

$$dp = \frac{1}{\beta} \times \frac{dV}{V} = \frac{0.005}{50 \times 10^{-6} cm^2/kg_f} = 100\,kg_f/cm^2$$

예제 05

체적탄성계수가 $7 \times 10^{-3}\ kg_f/cm^2$인 액체에 외부에서 압력을 가했더니 체적이 1.5% 감소하였다. 이 액체에 가한 압력(kg_f/cm^2)은?

해설

$K = -V \times \frac{dp}{dV}$에서 $dp = -K \times \frac{dV}{V}$이므로

$$dp = -K \times \frac{dV}{V} = -7 \times 10^{-3} kg_f/cm^2 \times \frac{(-1.5)}{100} = 10.5 \times 10^{-5} kg_f/cm^2$$

5. 표면장력과 모세관현상

5.1 표면장력

액체 내부에 있는 분자들은 서로 인력이 작용하여 분자 간에 평형을 이루나 자유표면, 즉 대기와 접하고 있는 액체들은 한 쪽에서만 분자인력을 받으므로 불평형력이 생긴다. 따라서 액체표면적을 최소로 하려는 힘이 발생한다. 이 때 단위길이당 발생하는 힘을 표면장력(表面張力, surface tension)이라 한다. 그러므로 표면장력의 단위는 (FL^{-1})이다. 표면장력을 식으로 나타내면 다음과 같다.

$$\sigma = \frac{\text{표면을 만드는데 필요한 에너지}}{\text{표면적}} = \frac{\text{표면에 작용하는 힘}}{\text{길이}}$$

컵에 물을 채울 때 물이 넘치기 직전의 수면은 컵 상단의 평면보다 약간 높다. 또 잔잔한 물 위에 비중이 물보다 훨씬 큰 금속성 바늘이 뜨는 이유, 책상 위에 떨어진 물방울이 볼록한 형태를 유지하는 이유 등은 물의 표면장력 때문이다.

표면장력은 액체표면에 나타나는 현상이며, 액체와 기체 또는 액체와 액체 간에도 일어난다. 이 장력은 분자간의 응집력에 의존하므로 온도의 증가에 따라 감소한다.

예제 06

1 atm, 20℃에서 물방울의 내부압력이 외부압력보다 0.005 kg_f/cm^2만큼 더 크다면 물방울의 지름은 얼마인가? 단, 20℃에서의 물의 표면장력은 $\sigma = 0.0074\ kg_f/m$이다.

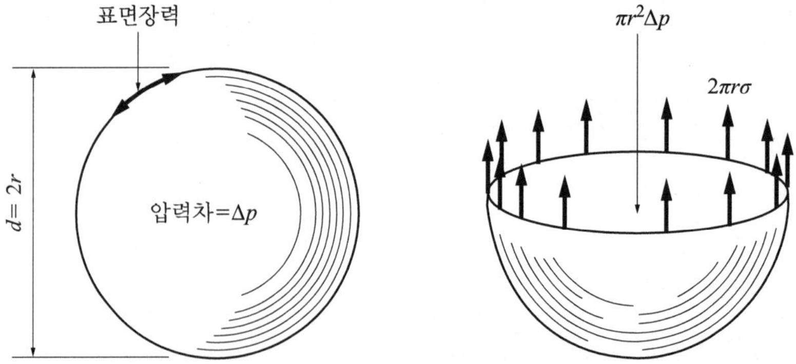

그림4. 표면장력

해설 물방울은 표면장력 σ에 의한 인장력과 물방울 안과 밖의 압력차 Δp에 의해서 이루어지는 힘은 서로 평형을 이루고 있다. 즉,

표면장력에 의한 인장력 = 압력차 Δp에 의한 힘

$$\sigma \pi d = \Delta p \times \frac{\pi}{4} d^2 \quad ⓐ$$

이다. 위 식을 정리하면

$$\sigma = \frac{\Delta p \times d}{4} \quad ⓑ$$

이다. 위 식에서 $\Delta p = p_i - p_o$는 $\Delta p = p_i - p_o = 4\sigma/d$이므로

$d = 4\sigma/\Delta p =$ (4 × 0.0074 kg/m) / (0.005 kg/cm^2) ≒ 0.592 mm

예제 07

직경이 d인 비눗방울로 D까지 불어서 크게 하는데 필요한 일은 얼마인가? 단, 비눗방울 막의 표면장력은 σ이고 반경은 r이다.

해설 '(Work) = 힘 × 거리 = 압력 × 면적 × 거리 = 압력 × 체적'이므로 직경이 d인 비눗방울로 D까지 불어서 크게 하는데 필요한 일은 $W = \int_{V_1}^{V_2} p\,dV$으로 구할 수 있다.

$V = \frac{4}{3}\pi r^3$에서 $\frac{dV}{dr} = 4\pi r^2$, $dV = 4\pi r^2 dr$이고

$\sigma \pi d = p \times \frac{\pi}{4} d^2$에서 $\sigma = \frac{pd}{4} = \frac{pr}{2}$, $p = \frac{2\sigma}{r}$이므로

$$W = \int_{V_1}^{V_2} p\,dV = \int_{r_1}^{r_2} \frac{2\sigma}{r} 4\pi r^2 dr = \int_{r_1}^{r_2} 8\sigma\pi r dr = 4\sigma\pi(r_2^2 - r_1^2) = \sigma\pi(D_2^2 - d_1^2)$$

5.2 모세관현상(毛細管現象, capillarity)

액체에 안지름이 작은 관을 표면에 수직으로 넣었을 때, 액체 자체의 응집력(cohesion)과 고체면에 대한 부착력(adhesion)의 차이에 의하여 관 속의 액체 표면의 높이와 액체 자유표면의 높이 차이를 나타내는 현상을 모세관현상이라고 한다.

그림5에서 보는 바와 같이 응집력 > 부착력(점착력)일 때는 관속의 액체 표면은 액체의 자유표면보다 하강하고 위로 볼록하며(예 : 수은), 응집력 < 부착력(점착력)일 때는 반대의 현상이 나타난다(예 : 물).

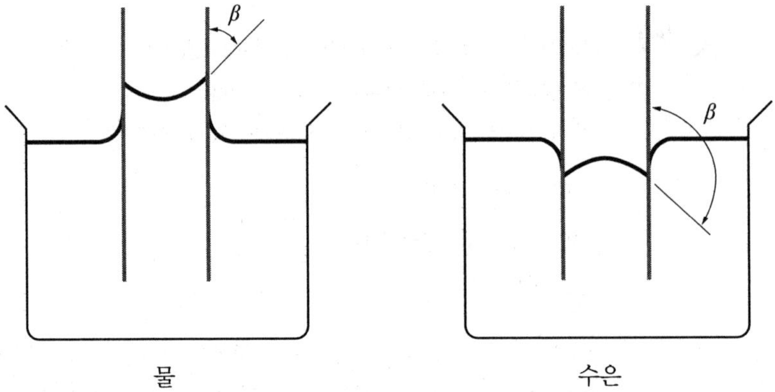

그림5. 모세관현상

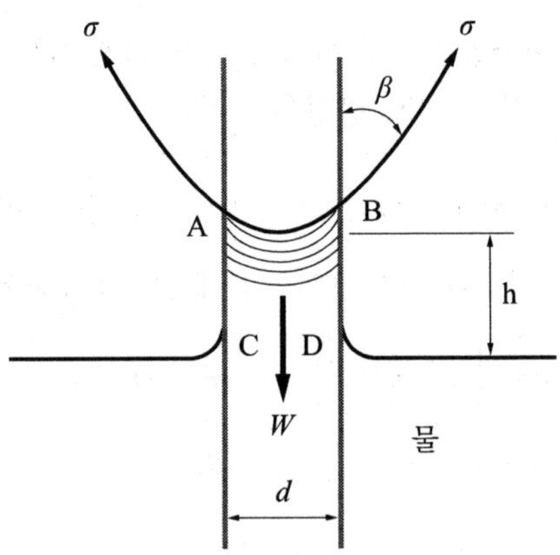

그림6. 모세관현상에 의한 높이

모세관현상으로 인한 액면의 상승(또는 하강) 높이를 생각하여 보자. 그림6에서 표면장력으로 인한 수직분력과 상승한 액체의 무게(W)는 서로 평형을 유지한다. 즉,

표면장력으로 인한 수직분력 = 상승한 액체의 무게

$$\pi d \sigma \cos\beta = \gamma \frac{\pi}{4} d^2 h$$

이다. 따라서 상승된 높이 h는 다음과 같다.

$$h = \frac{4\sigma\cos\beta}{\gamma d} \quad ③$$

여기서, σ : 표면장력
β : 접촉각
γ : 유체의 비중량
d : 유리관의 직경

이다. 유체의 접촉각 β는 액체와 고체의 종류 및 서로 접하는 유체의 종류에 따라 다르며 물은 0~9°, 수은은 130~150°, 에틸알코올 및 벤졸은 0°, 에테르는 16°이다.

식 ③의 계산한 값이 −가 되면 하강하는 것을 의미한다.

예제 08

두 평판이 간격 t로 평행하게 그림과 같이 수면과 α의 각도를 이루고 있다. 액체의 비중량을 γ, 접촉각을 θ라 할 때 모세관현상으로 상승한 높이 h는?

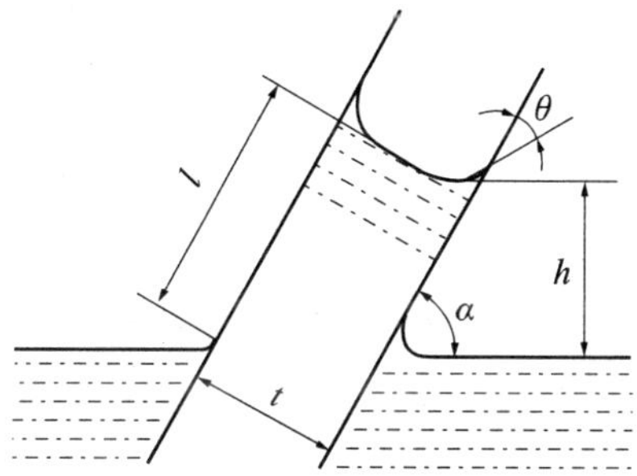

해설

액체의 표면장력에 의한 평판에 평행한 힘의 성분과 상승한 액체의 자중의 평판에 평행한 힘의 성분은 같아야 한다. 표면장력에 의한 판에 평행한 힘의 성분은 판의 폭을 w라 하면 $2(\sigma w)\cos\theta$, 상승액체의 중력은 $W=\gamma(wt\ell)$므로, 이 중력의 판에 평행한 성분은 $W\cos(90-\alpha)=W\sin\alpha=\gamma(wt\ell)\sin\alpha$이다. 모세관현상에 의하여 상승하였을 때 이들 두 힘은 평형을 이루므로

$2(\sigma w)\cos\theta = \gamma(wt\ell)\sin\alpha$

이다. 여기서 상승 높이 h는 $h=\ell\sin\alpha$이므로 $h=\ell\sin\alpha=\dfrac{2\sigma\cos\theta}{\gamma t}$이다.

예제 09

두 평판이 간격 2 mm, 폭 15 mm로 평행하게 그림과 같이 수면과 α의 각도를 이루고 있다. 이 평판을 표면장력 0.05 g_f/cm, 비중량 1.2 g_f/cm^3인 액체 속에 넣었더니 액체와 평판 사이의 각이 5.5°이다. 이때 평판 사이로 상승한 높이 h는?

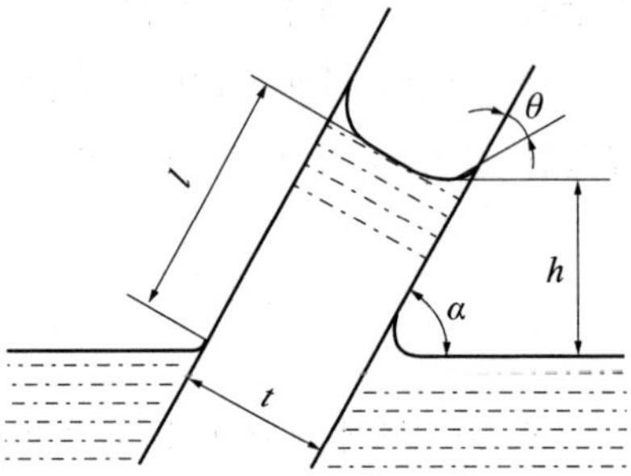

해설 $$h=\frac{2\sigma\cos\theta}{\gamma t}=n\frac{2\times 0.05\,g_f/cm\times\cos 5.5^\circ}{1.2\,g_f/cm^3\times 0.2\,cm}=0.4147\,cm$$

예제 10

지름 d인 모세관이 옆 그림과 같이 수면과 α의 각도를 이루고 있다. 액체의 비중량을 γ, 접촉각을 β라 할 때 모세관현상으로 상승한 높이 H는?

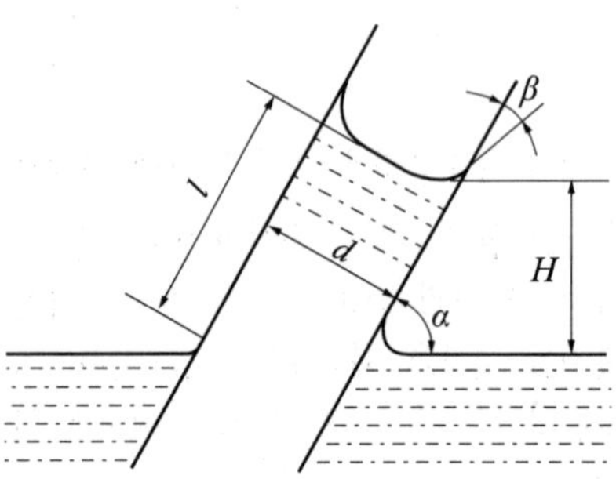

해설 액체의 표면장력에 의한 관의 평행한 힘의 성분과 상승한 액체의 자중(무게) W의 관에 평행한 힘의 성분은 같아야 한다. 표면장력에 의한 관에 평행한 힘의 성분은 $\sigma\pi dcon\beta$, 상승액체 무게의 관에 평행한 성분은 $W\sin\alpha=\gamma\frac{\pi d^2}{4}\ell\sin\alpha$이므로

$$\sigma\pi dcon\beta=\gamma\frac{\pi d^2}{4}\ell\sin\alpha$$

이다. 여기서 $\sin\alpha=\frac{H}{\ell}$이므로 $H=\frac{4\sigma\cos\beta}{\gamma d}$이다.

예제 11

비중이 1.5인 액체의 표면장력이 50 dyne/cm이다. 이 액체에 수직으로 들어 있는 직경 2.5 mm인 모세관이 액체와 5°의 접촉각 상태로 액체 속에 들어 있다. 이 액체의 모세관에서 상승높이 H는? 단, 모세관의 직경은 d, 액체의 비중량을 γ, 접촉각을 β로 표기한다.

해설

$$H = \frac{4\sigma\cos\beta}{\gamma d} = \frac{4 \times 50 \times 10^{-5}\,\mathrm{N/m} \times \dfrac{1\,\mathrm{kg_f}}{9.8\,\mathrm{N}} \times \cos 5^\circ}{1{,}500\,\mathrm{kg_f/m^3} \times 0.025\,\mathrm{m}} = 0.00542\,\mathrm{m}$$

6. 배관 내에 작용하는 압력

직경 D, 길이 L, 두께 t인 배관에 작용하는 압력 p가 작용한다고 하자. 관내에 작용하는 압력에 기인한 힘은 외부 쪽으로 작용하여 배관을 부풀리려고 하며 그 힘 F는 작용하는 압력 p에 투영면적$(D \times L)$을 곱하여 계산할 수 있다. 즉,

압력에 의해 배관 내부에 작용하는 힘 $F = pDL$

그리고 그림7의 오른쪽 그림에서 알 수 있는 것처럼 이 힘 F를 2군데의 $t \times L$의 면적이 부담하여 평형을 유지하고 있으며 $t \times L$에 의하여 지탱하는 힘(저항력)의 합

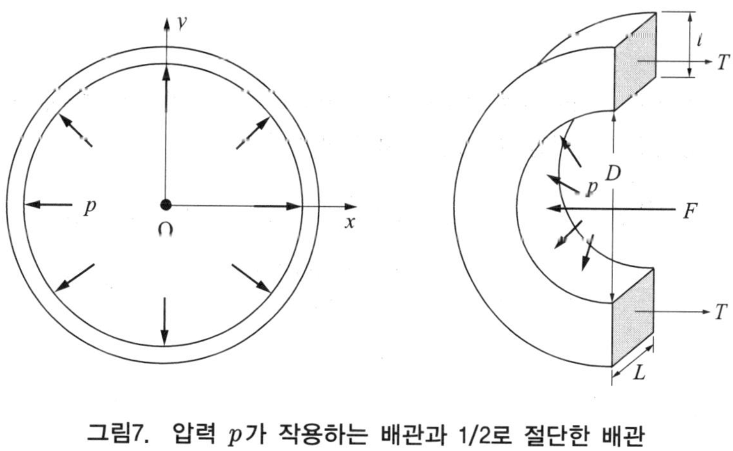

그림7. 압력 p가 작용하는 배관과 1/2로 절단한 배관

을 T라 하면 저항력 T에 의해 재료 내부에 인장응력 σ가 작용한다. 즉,

$$\text{저항력 } T = \sigma \times 2tL$$

압력 p에 의한 힘 F가 저항력 T를 초과하면 배관은 파열될 것이다. 이 배관이 파열될 때의 인장응력을 항복응력이라고 한다. 즉, 항복응력에서는 압력 p에 의한 힘 F와 저항력 T가 같다.

$$pDL = \sigma \times 2tL \quad ④$$

압력 p이 증가하여 항복응력(降伏應力, yield stress)이 작용하면 배관은 파열되므로 최대허용압력 p는 허용인장응력 σ 이내가 되도록 하여야 한다.

위 식을 이용하여 배관의 허용인장응력 σ가 주어지고 배관의 최대허용압력 p가 작용할 때 배관의 두께 t를 결정할 수 있다. 즉, 배관의 두께 t는 다음과 같다.

$$t = \frac{pD}{2\sigma} \quad ⑤$$

예제 12

안지름 100 cm인 탄소강관에 최고 15 kg$_f$/cm^{2}의 압력이 작용한다면 이 강관의 두께는 얼마로 하여야 하는가? 단, 강관의 허용인장응력 $\sigma = 1{,}400$ kg$_f$/cm^{2}이다.

해설 위 식 ⑤에 주어진 조건의 값을 대입하면

$$t = \frac{pD}{2\sigma} = \frac{15\,\text{kg}_f/\text{cm}^2 \times 100\,\text{cm}}{2 \times 1{,}400\,\text{kg}_f/\text{cm}^2} = 0.54\,\text{cm}$$

예제 13

안지름 15 cm, 두께 0.3 cm인 강관이 있다. 이 강관의 항복응력은 414,000 kPa일 때 이 강관을 파열시킬 수 있는 압력은 얼마인가?

해설 위 식 ④에서 $p = \dfrac{2\sigma t}{D}$이고, 주어진 값을 대입하면

$$p = \frac{2\sigma t}{D} = \frac{2 \times 414{,}000\,\text{kPa} \times 0.003\,\text{m}}{0.15\,\text{m}} = 16{,}560\,\text{kPa}$$

예제 14

내경이 2 m이고 길이 1.5 m인 원통형 내압용기가 두께 3 m의 연강판으로 제작되었다. 용접에 의한 허용응력 감소를 무시할 때 이 용기 내부에 허용할 수 있는 최고압력(MPa)을 구하시오. 단, 내압용기 재료의 허용응력 $\sigma_w = 250$ MPa이다.

해설 배관의 두께 t는 $t = \dfrac{pD}{2\sigma_w}$이므로

$$p = \frac{2\sigma_w t}{D} = \frac{2 \times 250\,\text{MPa} \times 3\,\text{mm}}{2{,}000\,\text{mm}} = 0.75\,\text{MPa}$$

연습문제

01. 물의 밀도는 1 g/cm^{3}임을 이용하여 62.4 lb/ft^{3}임을 증명하시오.

02. 어떤 유체의 밀도가 90 $kg_f \cdot s^2/m^4$이다. 이 액체의 비체적은 몇 m^3/kg인가?
[정답] 1.133×10^{-3} m^3/kg

03. 1 poise = 0.1 N · sec/m^{2}임을 증명하시오.

04. 어떤 액체의 체적이 10 m^{3}일 때 무게가 400 kg_f이었다. 이 액체의 비중은 얼마인가?
[정답] 0.04

05. 온도 20℃, 압력 5 kg_f/cm^2의 질소 10 m^{3}를 등온압축하여 체적이 5 m^{3}이 되었을 때 압축 후의 체적탄성계수(kg_f/cm^2)는 얼마인가? 그리고 등온 변화 시 체적탄성계수 $K = p$임을 입증하시오.
[정답] 10 kg_f/cm^2

06. 물의 체적탄성계수가 5.0×10^4 kg_f/cm^2일 때 물의 체적을 1% 감소시키기 위해서는 몇 kg_f/cm^2의 압력을 가해야 하는가?
[정답] 500 kg_f/cm^2

07. 직경이 50 mm인 비눗방울의 내부초과압력이 40 kg_f/m^2일 때 표면장력 σ (kg_f/m)는?
[정답] 표면장력 0.50 kg_f/m

08. 0℃의 물을 화재현장에 뿌린 경우에 증발하면서 체적이 증가한다. 0℃의 물이 100℃에서 기체로 바뀔 때 체적이 약 1,700배 증가함을 아보가드로법칙과 이상기체상태방적으로 입증하라.

09. 직사각형($a \times b$), 원(반지름 r), 반원의 도심(圖心)의 위치와 관성모우멘트(면적 2차모우멘트)를 구하라(제2장 선행 과제).

Chapter 2

유체정역학

유체가 정지하고 있다든지 균일속도로 움직이고 있을 때 유체는 전단력을 받지 않게 된다. 즉, 유체는 압력만을 받게 된다. 이처럼 압력만을 받는 상태를 정적 상태라 말하고, 정적 상태에 있는 유체에 의해서 생기는 힘을 다루는 학문을 유체정력학(流體靜力學, Fluid statics, Hydrostatics)이라 한다.

즉, 유체정력학은 유체 요소 사이에 상대운동이 없는 유체들을 다루는 학문이며 여기에 정지유체, 등가속도 직선운동을 하는 유체, 등속원운동을 하는 유체 등이 취급된다.

상대운동이 없는 유체에서는 점성이 고려되지 않으므로 마찰력이나 전단응력이 물론 존재하지 않는다. 따라서 유체가 면에 미치는 압력에 의한 힘은 면에 수직인 방향으로만 작용되며 면에 접하는 방향으로 힘이 전달되지 않는다.

1. 압력이란

압력(壓力, pressure)은 유체에 의하여 "단위면적에 수직으로 가해지는 힘"으로 정의된다. 압력의 분포가 균일한 경우에는 면적 A에 작용되는 힘의 크기를 F라 할 때 압력 p는 $p=\dfrac{F}{A}$이고, 압력분포가 균일하지 않을 때는 각 점에서의 압력은

$$p=\lim_{\Delta A\to dA}\frac{\Delta F}{\Delta A}=\frac{dF}{dA}$$

로 구하여야 한다.

※ 압력의 단위 $p=\dfrac{F}{A}=\dfrac{\mathrm{N}}{\mathrm{m}^2}=\dfrac{\mathrm{kg_f}}{\mathrm{m}^2}=\dfrac{\mathrm{lb_f}}{\mathrm{inch}^2}$ 압력의 단위로는 SI단위제에서 1 Pa (Pascal) = 1 ($\mathrm{N/m^2}$), 1 bar = 10^5 Pa, 미터계 중력단위로는 $\mathrm{kg_f/cm^2}$ 또는 $\mathrm{kg_f/m^2}$, 영국단위제에서는 psi (pound per square inch : $\mathrm{lb_f/in^2}$)를 주로 사용한다.
* 표준대기압 1 atm = 1,013.25 millibar = 1.01325 bar = 10.332 mAq = 760 mmHg = 1.0332 $\mathrm{kg_f/cm^2}$ = 14.7 $\mathrm{lb_f/in^2}$ = 14.7 psi = 29.9 inHg

* 공학기압 1 at = 1 kg_f/cm^2 = 735.5 mmHg (Torr) = 10 mAq = 10 mH_2O
* 압력표시와 단위환산 ① SI단위 : 1 Pa = 1 N/m^2 = 1/9.8 (kg_f/m^2) = 1/32.2 (lb/in^2) ② 수은주(Hg) : 1 mmHg = 13.6 mmAq = 1 Torr = 13.6×10^{-4} (kg_f/cm^2) ③ 수주(水柱) H_2O (Aq) = 1 mmAq = 1 kg_f/m^2 ④ 절대단위 : 1 bar = 10^5 Pa = 10^5 N/m^2 = 750.6 mmHg = 1,000 millibar

2. 정지유체의 압력

정지유체 내에서는 유체입자 사이에 상대운동이 없으므로 점성에 의한 전단력은 나타나지 않는다. 이러한 정지유체에서의 압력은 다음과 같은 중요한 성질을 갖고 있다.

① 유체의 압력은 임의의 면에 수직으로 작용한다.
② 유체의 내부의 임의의 한 점에 있어서 압력은 모든 방향에서 같다.
③ 밀폐된 유체의 일부에 가한 압력은 같은 크기로 각 부분에 전달된다. 이를 Pascal의 원리라고 한다.

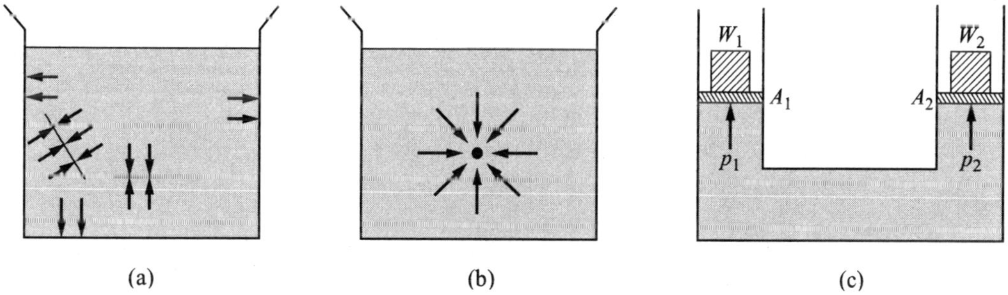

그림1. 정지유체

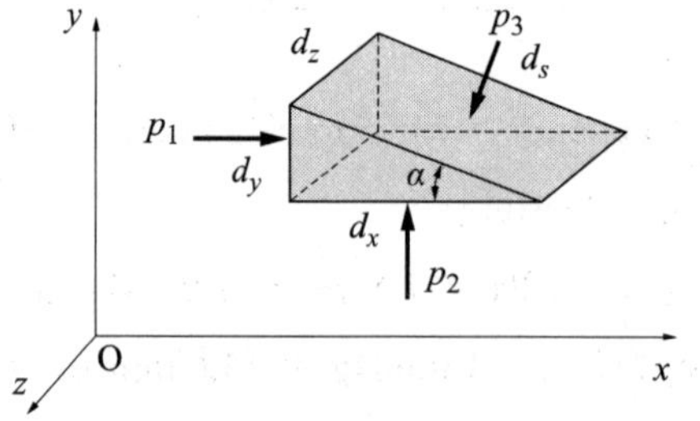

그림2. 유체의 미소프리즘

[증명]

지금 유체에 작용하고 있는 체력(體力)은 중력뿐이라고 가정하고 정지하고 있는 유체 내에 작용하는 힘을 생각하자. 연속체인 유체가 평형상태에 있으면 연속체 내의 임의의 미소체적요소도 평형상태에 있으므로 연속체 대신에 임의의 미소체적소로서 그림2와 같은 프리즘형의 체적소(體積素)를 생각하자. x, y, z 방향에 대한 유체의 미소체적소의 각 변의 크기를 dx, dy, dz라 하고, 그 사변(斜邊)의 크기를 ds라 하고, x방향으로 작용하는 압력을 p_1, y방향에 작용하는 압력을 p_2, 사면(斜面)에 수직하게 작용하는 압력을 p_3라 하자.

x방향에 대하여 Newton의 제2법칙을 적용하면 가속도가 없으므로

$$\sum F_x = 0;\ p_1 dy\, dz - p_3 ds\, dz \sin\alpha = 0 \tag{1}$$

인 관계가 성립한다. 그런데 $\sin\alpha = dy/ds$이므로 이를 식(1)에 대입하면

$$p_1 = p_3 \tag{2}$$

이다. 같은 방법으로 y방향에 Newton의 제2법칙을 적용하면

$$p_2 dx\, dz - p_3 ds\, dz \cos\alpha - \gamma\frac{dx\, dy\, dz}{2} = 0 \tag{3}$$

인 관계가 성립한다. 그런데 $\cos\alpha = dx/ds$이므로 이를 식(3)에 대입하고 $dxdz$로 나누면 $p_2 - p_3 - \dfrac{\gamma dy}{2} = 0$를 얻는다. 극히 작은 미소체적소, 즉 한 점에서만 작용하는 압력을 고려하는 것이므로 $dy/2 \to 0$, 따라서

$$p_2 = p_3 \tag{4}$$

를 얻는다. 결국 식(2)와 식(4)로부터 $p_1 = p_2 = p_3$의 결과를 얻을 수 있다. 즉, 식(2)와 식(4)로부터 정지유체와 균속도 운동하는 유체 내의 한 점에 작용하는 압력은 방향과 관계없이 모든 방향에 대하여 같은 값을 갖는 것을 알 수 있다.

※ 파스칼원리의 응용 : 수압기(水壓器, hydraulic ram)

프랑스의 과학자 파스칼은 중력의 영향을 무시한다면 정지 유체에서의 압력은 모든 점에서 동일하다고 하였다. 이를 파스칼의 원리(압력전달의 원리)라고 한다. Brahm은 파스칼의 원리에 따라 "밀폐된 용기 중에 정지유체의 일부에 가해진 압력은 유체 중의 모든 부분에 일정하게 전달된다."고 생각하여 수압기를 고안하였다.

피스톤에 작용하는 압력은 같으므로

$$p = \frac{F_1}{A_1} = \frac{F_2}{A_2} \Rightarrow F_2 = \frac{A_2}{A_1}F_1$$

또 이동한 거리를 각각 S_1, S_2라 할 때 유체의 이동한 체적은 같으므로

$A_1S_1 = A_2S_2$, $S_2 = \dfrac{A_1}{A_2}S_1$이 성립하여

$$F_2S_2 = F_1\frac{A_2}{A_1} \cdot \frac{A_1}{A_2}S_1 = F_1S_1$$

즉, 두 피스톤의 일은 같다. 따라서 가는 실린더의 피스톤을 밀어 내리면 그 압력이 굵은 실린더에 전달되고 작은 힘으로 무거운 물체를 들어 올릴 수 있다(그림3 참조). 물론 일의 원리에 따라 기계에 가해진 일과 기계가 하는 일이 같으므로 가는 피스톤을 밀어 내리는 거리가 길어도 굵은 실린더가 들어 올리는 거리는 얼마 안 된다.

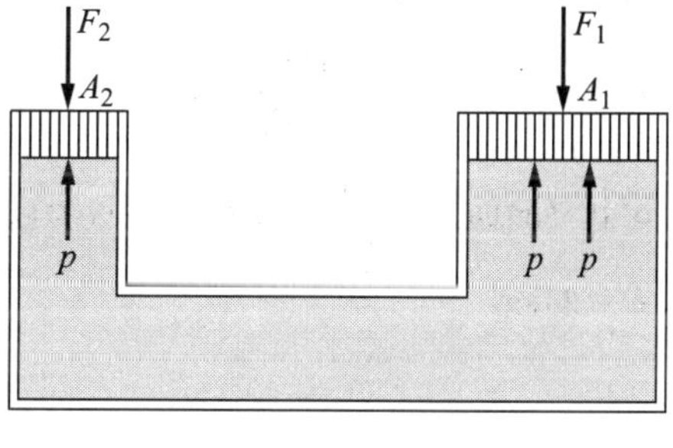

그림3. 수압기의 원리

예제 01

그림과 같이 무게가 500 kgf의 자동차를 고치기 위하여 유압잭 지렛대 손잡이에 얼마의 힘 F (kgf)을 작용시켜야 유압잭이 이를 지탱할 수 있겠는가? 단, 유압잭의 내부는 비압축성 기름으로 채워져 있다.

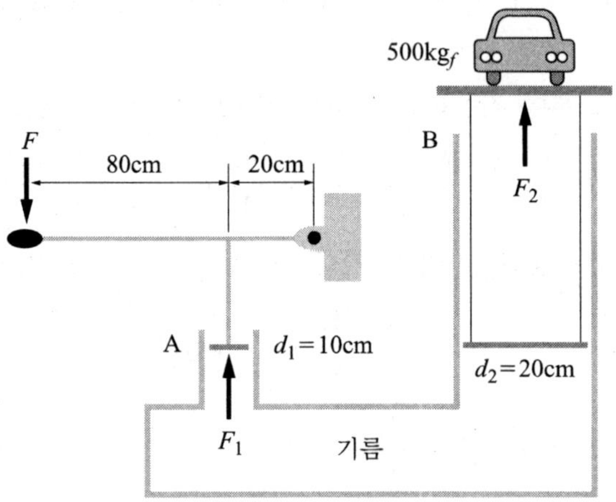

해설 힘 F와 F_1에 의하여 발생한 모멘트가 평형을 이루므로 $\Sigma M_0 = 0$이다.

피스톤 A에 작용하는 힘 F_1은 0점에 관한 모멘트(지렛대의 원리)를 취하면 얻는다.

$\Sigma M_0 = F(\mathrm{kg_f}) \times (0.8\,\mathrm{m} + 0.20\,\mathrm{m}) - F_1 \times 0.20\,\mathrm{m} = 0$에서

$$F_1 = \frac{F\,\mathrm{kg_f} \times 1.0\,\mathrm{m}}{0.2\,\mathrm{m}} = 5F(\mathrm{kg_f})$$

이고, 파스칼의 원리에 의하여 출력되는 힘 F_2는 $\dfrac{F_2}{F_1} = \dfrac{\Delta PA_2}{\Delta PA_1} = \dfrac{A_2}{A_1}$에서

$$F_2 = \frac{A_2}{A_1} \times F_1 = \frac{(\pi/4)D_2^2}{(\pi/4)D_1^2} \times F_1$$

이고, $500\,\mathrm{kg_f} = \left(\dfrac{0.2}{0.1}\right)^2 \times 5F\,\mathrm{kg_f} = 20F\,\mathrm{kg_f}$이므로

$F = 25\,\mathrm{kg_f}$

예제 02

그림에서 피스톤 A_2의 반지름이 A_1 반지름의 3배일 때 힘 F_1, F_2 사이의 관계는?

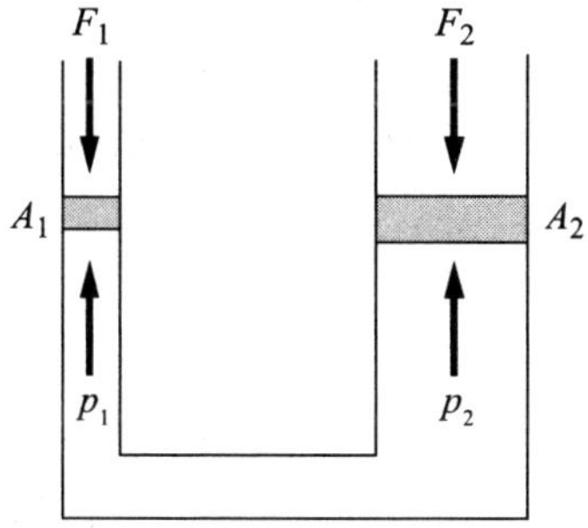

해설 파스칼의 원리에 의해 피스톤에 작용하는 압력은 서로 같은 값을 갖는다.

$p = F/A$에서 $p = F_1/A_1 = F_2/A_2$이므로

$$F_2 = \frac{A_2}{A_1}F_1 = \left(\frac{\pi\frac{d_2^2}{4}}{\pi\frac{d_1^2}{4}}\right)F_1 = \left(\frac{d_2}{d_1}\right)^2 F_1 = 9F_1$$

예제 03

그림과 같이 두 피스톤의 직경이 각각 10 cm, 5 cm일 때 직경이 큰 피스톤을 2 cm 아래로 움직이면 작은 피스톤은 몇 cm 상승하는가?

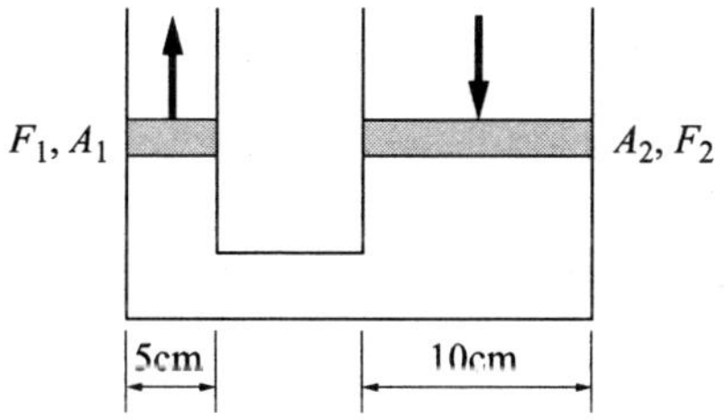

해설 올라간 길이를 ℓ_1, 내려온 길이를 ℓ_2라 하면, 내려온 체적과 올라간 체적은 같으므로

$$A_1\ell_1 = A_2\ell_2 \text{에서 } \ell_1 = \ell_2 \times \frac{A_2}{A_1} = 0.02 \times \frac{\frac{\pi}{4}0.1^2}{\frac{\pi}{4}0.05^2} = 0.08\,\text{m} = 8\,\text{cm}$$

3. 정지유체 내의 압력변화

중력만이 작용하는 정지유체 내에서 그림4와 같은 미소유체 원통을 생각하자.

아랫면에 작용하는 압력을 p라 하면 윗면에 작용하는 압력은 $p+dp$(정확히 표현하면 $p+\frac{dp}{dz}dz$)로 표시할 수 있다.

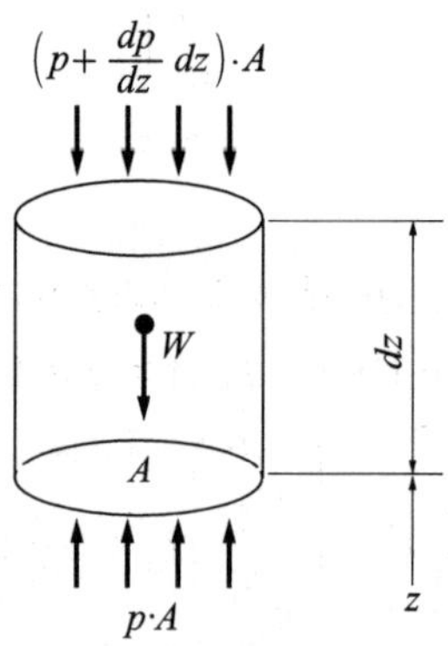

그림4. 미소유체 원주

원주의 양면에 작용하는 힘과 미소유체 원통의 중량 사이에 다음과 같은 힘의 평형이 성립한다.

$$pA-(p+dp)A-\gamma Adz=0$$

$$dp=-\gamma dz \tag{5}$$

즉, 정지유체 내에서의 압력은 오직 중력의 방향에 의해서만 그 값이 변한다. 비중량 γ가 일정한 경우에 식(5)를 자유표면 1점에서 임의 깊이 2점까지 적분하면

$$\int_1^2 dp=-\gamma\int_1^2 dz \quad \text{또는} \quad p_2-p_1=\rho g(z_1-z_2)$$

이다.

그림5에서 액체의 자유표면을 2로 잡으면 $z_2-z_1=h$이므로

$$p_2-p_1=-\gamma(z_2-z_1)=-\gamma h$$

이다. 위 식은 압력과 수두(水頭, 水柱[2]), water head)와의 관계를 나타내는 편리한 식이다. 즉, 정지 유체 속의 압력은 깊이만의 함수이고 용기의 형상이나 크기에는 무관하며 압력과 깊이는 서로 비례한다.

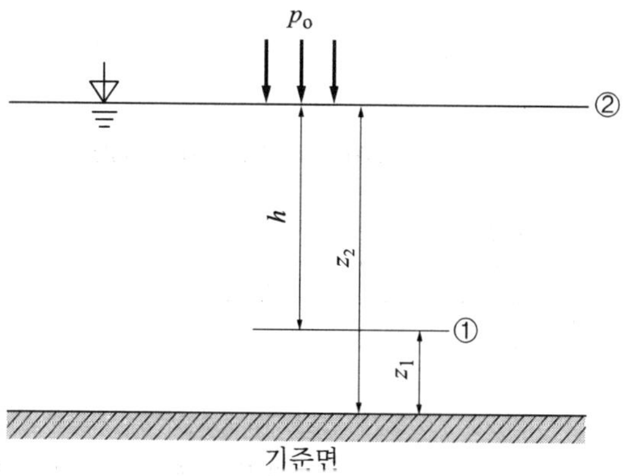

그림5. 유체에 작용하는 힘

4. 대기압, 계기압력, 절대압력

지구를 둘러싼 공기의 무게에 의하여 생긴 압력을 대기압(大氣壓, atmospheric pressure)이라 하며, 완전진공을 0으로 하여 측정한 값을 절대압력(絕對壓力, absolute pressure)이라 하며, 국소대기압을 0으로 하여 측정한 값을 계기압력(計器壓力, gauge pressure)이라고 한다.

물리학이나 화학 이론식에서 나타나는 압력은 완전진공을 기준으로 한 절대압력을 주로 사용하지만, 공학에서 사용되는 압력은 국소대기압을 기준으로 한 계기압력이다. 계기압력은 대기압보다 높으면 + 값, 낮으면 − 값(진공)이다.

국소대기압보다 큰 압력을 양압력, 국소대기압 이하의 압력을 음압력(부압력, 負壓力)으로 구분하기도 하며 절대압력은 압력단위 뒤에 abs를 붙이지만 보통 압력이라 함은 계기압력의 양압력을 뜻하게 되고 음압력은 진공압력으로 표시되며 vac를 붙여

2) 수두란 높은 곳에 있는 물이 가지는 기계적 에너지, 압력, 속도 등을 물의 높이로 나타낸 값을 말한다.

서 사용한다.

$$\text{절대압력} = \text{대기압력} + \text{계기압력} = \text{대기압력} - \text{진공압력}$$

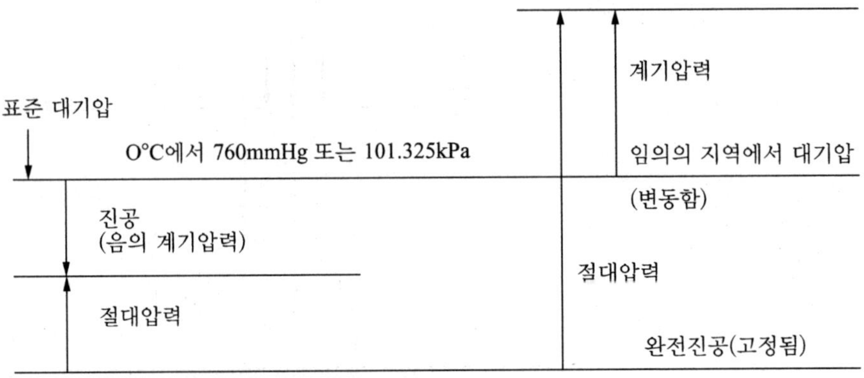

그림6. 압력측정의 기준

그림6은 대기압보다 큰 계기압력과 대기압보다 작은 진공압력을 절대압력과 비교한 것이며 압력 사이에는 다음과 같은 관계가 성립된다.

$$\begin{aligned} 1\ \text{atm} &= 760\ \text{mmHg} = 1.0332\ \text{kg}_f/\text{cm}^2 = 10.332\ \text{mAq} \\ &= 1.01325\ \text{bar} = 1{,}013.25\ \text{mmbar} \end{aligned}$$

압력을 측정하는 게이지는 그림7과 같이 압력계(壓力計, pressure gauge), 연성계(連成計, compound [pressure] gauge], 진공계(眞空計, vacuum gauge)가 있다.

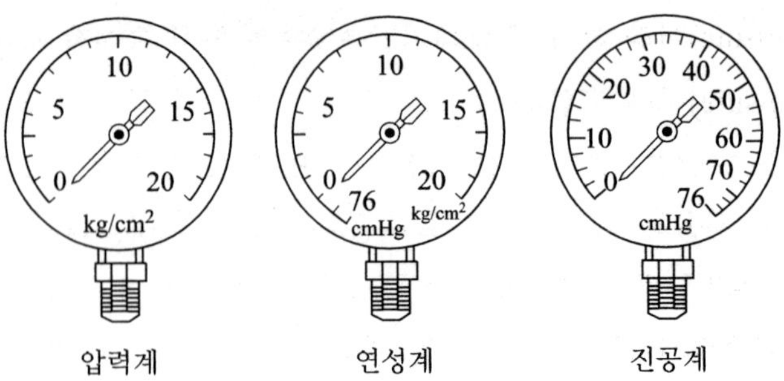

그림7. 압력계, 연성계, 진공계의 외형 비교

5. 압력의 측정

5.1 부르동 압력계

부르동 압력계는 관로(管路)나 탱크에 구멍을 뚫어 유체 압력과 대기압의 차이를 측정할 수 있는 계기압력 측정계이다. 관로나 탱크에 구멍을 뚫어 연결하면 유체 압력에 의해 타원형 단면의 금속관이 팽창하여 탄성력과 평형을 이루는 원리를 이용하고 있다. 정확도는 다소 낮지만 견고하고 사용하기 쉬우며 압력을 빠르게 바로 읽을 수 있는 장점이 있다.

그림8과 같이 계기 내부에는 타원단면으로 된 금속제의 관 끝에 폐쇄되어 있고 눈금 다이얼 위로 자유로이 회전할 수 있는 바늘에 간단한 래크와 피니온으로 연결된 긴 튜브로 구성되어 있으며 튜브에서의 압력은 감긴 것을 풀려는 성향을 띄게 되어 이 힘이 바늘을 움직이게 한다.

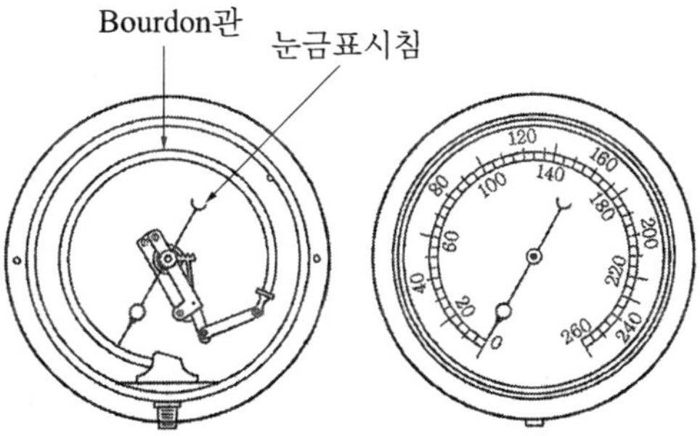

그림8. 부르동 압력계

5.2 액주계(液柱計, Manometer)

밀도를 알고 있는 액체의 액주 높이로 압력을 측정하는 압력계를 액주계라 한다. 즉, 액주계란 액주의 높이를 가지고 압력이나 압력차를 측정하는 계기이다.

액주계에 사용하는 관은 모세관현상으로 인한 오차를 적게 하려고 내경이 일정하고, 직경 8~12 mm인 관을 많이 사용한다. 또 사용 액체는 목적에 따라 다르지만 물,

알코올, 수은 등이 일반적으로 사용된다.

5.2.1 수은 기압계

액주계 중 가장 간단한 것이 대기압을 측정하는 수은 기압계(mercury barometer)이다. 그림9는 수은기압계의 원리도를 도시하여 놓은 것으로서, 이를 맨 처음에 고안한 사람은 1643년에 이탈리아의 토리첼리(Torricelli)이다.

관 내 부분은 수은이 주위의 압력에 따라 올라가는 것을 보여주고, 관 내는 당초 진공상태로 되어 있다. 그리하여 관 내 수은주 상단부의 진공을 토리첼리 진공이라 한다. 또 그림9에서 A점과 B점은 압력은 동일한 수준에 있기 때문에 동일하다.

따라서 대기압 p_a는

$$p_a = p_v + \rho g h$$

여기서, p_a : 대기압(절대압력)

p_v : 관 내 수은주 상단의 압력(증기압)

ρ : 수은의 밀도

여기서 수은의 증기압 p_v는 극히 작은 값이므로 무시하여도 된다.

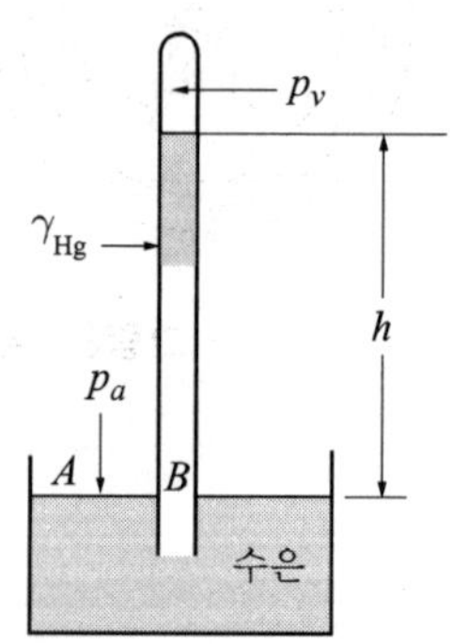

그림9. 수은액주계

5.2.2 Piezometer

액주계의 기본이 되는 것은 그림10과 같은 피에조미터(piezometer)로 교란되지 않은 유체의 정압(靜壓, static pressure)을 측정할 수 있다. 액주계의 액체가 압력을 측정하려고 하는 유체와 같은 경우를 피에조미터라고 하며, 대기압보다 약간 높은 압력을 측정하는 데 사용한다. 액체의 어느 지점의 압력을 피에조미터로 측정하려면 그 점으로부터 액주의 높이를 측정하면 된다.

그림10에서 A점과 B점의 절대압력은

$$p_A = p_o + \gamma(h' - y) = p_o + \gamma h$$

$$p_B = p_o + \gamma h'$$

이때 p_o가 대기압이면 이를 기준으로 하여 영(zero)으로 놓으면 계기압력을 구할 수 있다.

만일 피에조미터로 진공을 측정하면 공기가 흡입되고, 또 높은 압력을 측정할 때는 상당히 긴 액주가 필요하게 되므로 이러한 경우는 피에조미터를 사용할 수 없다.

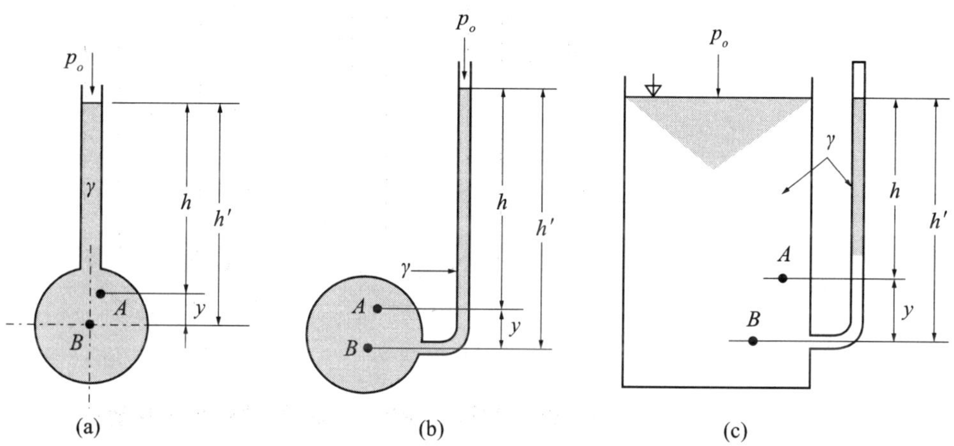

그림10. 피에조미터

5.2.3 시차액주계(示差液柱計, Manometer)

액주계의 액체가 압력을 측정하려고 하는 유체와 다른 경우를 마노미터라고 한다. 마노미터는 압력이 다른 두 개의 탱크나 관 속의 압력차를 측정할 때 이용되며, 두 개의 탱크나 관 사이를 연결하고 비중이 다른 액주계액을 넣으면 마노미터가 된다.

마노미터에는 U자관 마노미터, U자관 차압계와 역 U자관 차압계가 있다.

가. U자관 마노미터(U-tube Manometer)

그림11은 압력 p_1와 p_2가 걸린 두 배관을 U자관(U字管)에 연결한 모습이다. 두 배관 내의 압력이 $p_1 = p_2$일 때는 U자관의 액체 A의 높이는 같고, $p_1 > p_2$일 때는 U자관의 액체 A가 p_2 쪽으로 밀려서 h만큼 올라간 후 정지할 것이다. 엄격히 말하면 1쪽에서 액체 B가 $\frac{1}{2}h$만큼 내려오고 2쪽에서 액체 A가 $\frac{1}{2}h$만큼 올라가서 h가 된 것이다. 이처럼 압력에 의해 밀려 올라간 액체 기둥의 높이(h)를 측정하여 그에 상응하는 압력을 측정할 수 있는 장치를 마노미터라고 한다. 이러한 마노미터에는 여러 가지가 있으나 가장 간단한 형태가 U자관 마노미터이다.

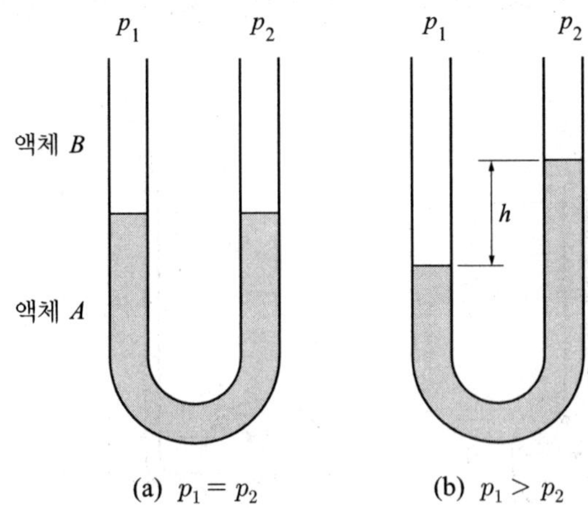

그림11. 압력에 따른 U자관 안 액체의 위치 변화

비교적 낮은 압력이나 진공도가 작은 진공압력은 그림12(a)와 같이 U자형 액주계를 사용한다. 그림12(a)와 같이 U자형 관은 유체가 유동하고 있는 배관(pipe)에 한쪽을 연결하여 놓고 다른 한쪽은 대기 상태와 접하도록 설치되어 있다. 배관 속의 액체와 U자관 속의 액체는 상호 혼합이 되지 않는 이질유체(異質流體)를 사용하여야 하며, 일반적으로 U자관 속의 액체는 수은을 사용한다. 예를 들어 배관 내에 흐르는 유체가 물인 경우에는 U자관 내에 수은을 사용하면 상호 혼합이 되지 않고 또 비중이 커서 높은 압력을 잴 수 있다.

그림12(a)에서 1점과 2점의 압력은 동일 수평면이므로 동일하다.

즉, $p_1 = p_2$이므로

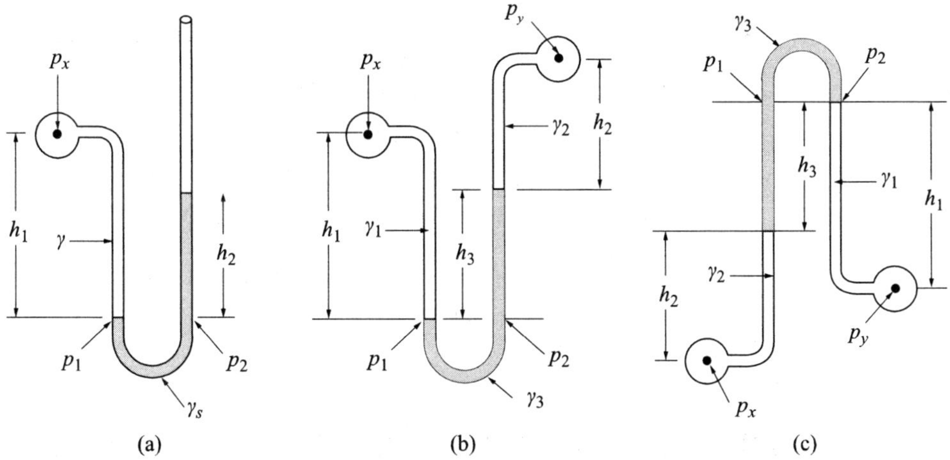

그림12. U자관 마노미터

$$p_x + \gamma h_1 = \gamma_s h_2$$
$$\therefore \ p_x = \gamma_s h_2 - \gamma h_1 \quad ⓐ$$

와 같이 쓸 수 있다. γ는 γ_s에 비하여 아주 작으므로 γh_1를 무시하면 대략 x 점의 압력은 $p_2 = \gamma_s h_2$가 된다.

예제 04

그림과 같은 U자관 마노미터에서 p_a와 p_b의 압력이 달라 액체 A의 높이차 h가 발생하였을 때 $p_a - p_b$를 구하시오. 단, p_a와 p_b의 압력이 걸려 있는 유체의 밀도는 ρ_B로 동일하다.

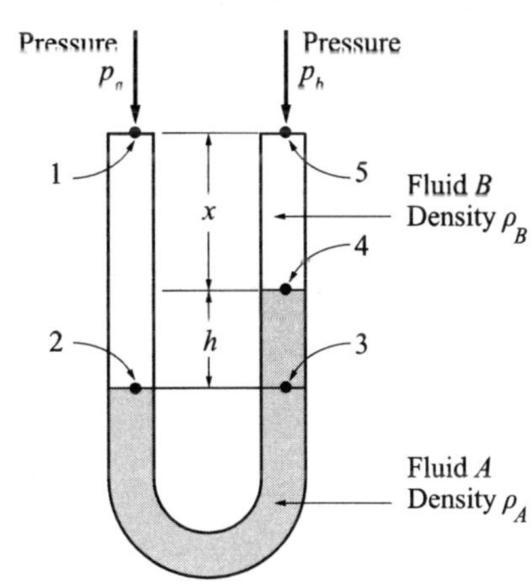

해설 정지유체의 압력은 높이만의 함수이고, 2지점과 3지점은 높이가 같으므로 작용하는 압력이 같다. 2지점과 3지점의 압력은

2지점의 압력 : $p_2 = p_a + \rho_B g(x+h)$

3지점의 압력 : $p_3 = p_b + \rho_B gx + \rho_A gh$

$p_2 = p_a + \rho_B g(x+h) = p_3 = p_b + \rho_B gx + \rho_A gh$

이다. 따라서 $p_a - p_b$는

$p_a - p_b = (\rho_A - \rho_B)gh = (\gamma_A - \gamma_B)h$

예제 05

그림과 같은 U자관 액주계에서 관 중심 A점의 계기압력은 몇 kPa인가?

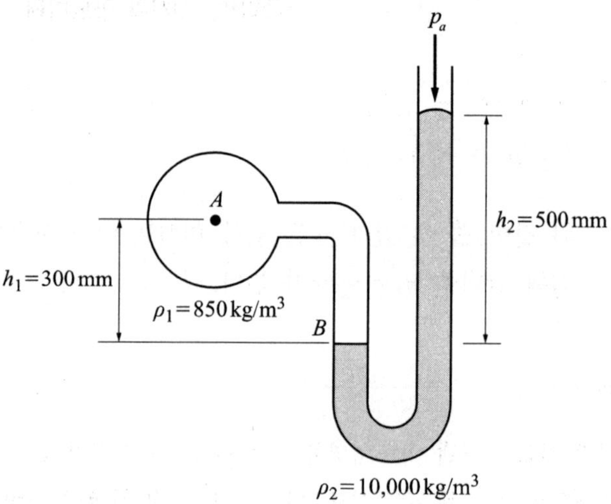

해설 U자관의 B지점과 U자관 우측의 B지점과 같은 높이인 곳은 높이가 같으므로 압력은 같다. 즉, $p_A + \rho_1 gh_1 = p_a + \rho_2 gh_2$이다.

$p_a = 0$인 경우의 p_A가 계기압력이므로

$$\begin{aligned} p_{A(gauge)} &= \rho_2 gh_2 - \rho_1 gh_1 = g(\rho_2 h_2 - \rho_1 h_1) \\ &= 9.8(10{,}000 \times 0.5 - 850 \times 0.3) \\ &= 46{,}501\,\mathrm{N/m^2} = 46.501\,\mathrm{kPa} \end{aligned}$$

나. U자관차압계(U字管 差壓計, U-tube differential manometer)

그림12(b)에서 1점과 2점의 압력은 동일 수평면이므로 동일하다.

즉, $p_1 = p_2$이므로

$$p_x + \gamma_1 h_1 = p_y + \gamma_2 h_2 + \gamma_3 h_3$$
$$\therefore p_x - p_y = \gamma_2 h_2 + \gamma_3 h_3 - \gamma_1 h_1 \quad ⓑ$$

예제 06

그림과 같은 시차액주계에서 $p_A - p_B$는?

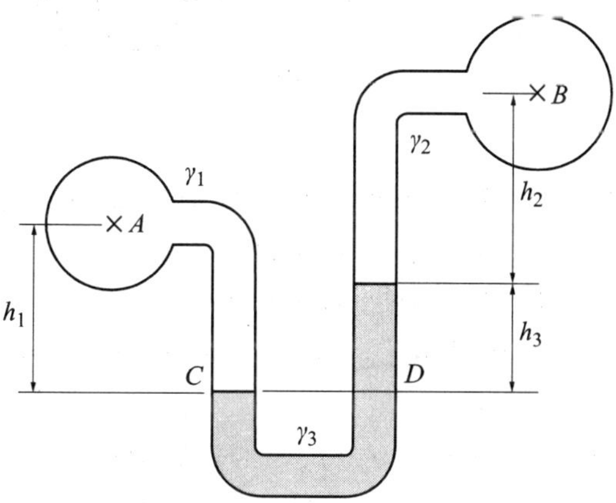

해설 정지유체의 압력은 높이만의 함수이고, C지점과 D지점은 높이가 같으므로 작용하는 압력이 같다. C지점과 D지점의 압력은

C지점의 압력 : $p_C = p_A + \gamma_1 h_1$

D지점의 압력 : $p_D = p_B + \gamma_2 h_2 + \gamma_3 h_3$

$p_C = p_A + \gamma_1 h_1 \ = \ p_D = p_B + \gamma_2 h_2 + \gamma_3 h_3$

이다. 따라서 $p_A - p_B$는 다음과 같다.

$p_A - p_B = \gamma_2 h_2 + \gamma_3 h_3 - \gamma_1 h_1$

예제 07

그림과 같은 U자관 액주계에서 $p_A - p_B$는 몇 kPa인가? 단, $\rho_1 = 1{,}000\ \mathrm{kg/m^3}$, $\rho_2 = 13{,}600\ \mathrm{kg/m^3}$, $\rho_3 = 1{,}000\ \mathrm{kg/m^3}$이다.

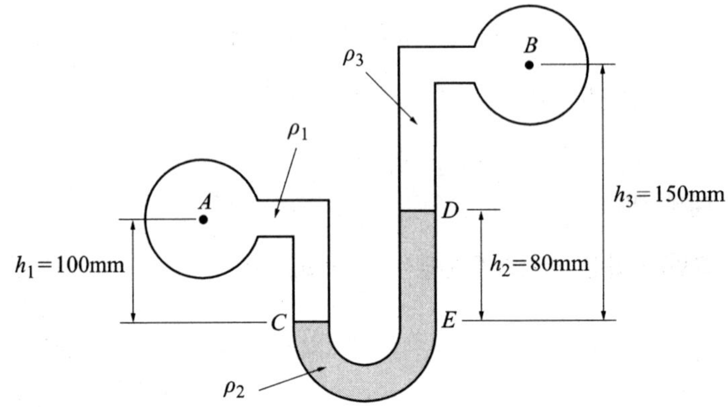

해설 정지유체의 압력은 높이만의 함수이고, C지점과 E지점은 높이가 같으므로 작용하는 압력이 같다. C지점과 E지점의 압력은

C지점의 압력 : $p_C = p_A + \gamma_1 h_1$

E지점의 압력 : $p_E = p_B + \gamma_3 (h_3 - h_2) + \gamma_2 h_2$

$p_C = p_A + \gamma_1 h_1 = p_E = p_B + \gamma_2 h_2 + \gamma_3 (h_3 - h_2)$

이다. 따라서 $p_A - p_B$는 다음과 같다.

$$\begin{aligned} p_A - p_B &= \gamma_2 h_2 + \gamma_3 (h_3 - h_2) - \gamma_1 h_1 \\ &= 13.6 \times 9{,}800 \times 0.08 + 9{,}800 \times 0.07 - 9{,}800 \times 0.1 \\ &= 9{,}800\ \mathrm{N/m^3} \times 1.058\ \mathrm{m} = 10{,}368.4\ \mathrm{Pa} \\ &= 10.3684\ \mathrm{kPa} \end{aligned}$$

다. 역U자관 차압계(逆U字管 差壓計, Inverted U-tube differential manometer)

그림12(c)에서 1점과 2점의 압력은 동일 수평면이므로 동일하다.

즉, $p_1 = p_2$이므로

$$p_x = p_1 + \gamma_2 h_2 + \gamma_3 h_3$$

$$p_y = p_2 + \gamma_1 h_1$$

$$\therefore p_x - p_y = \gamma_2 h_2 + \gamma_3 h_3 - \gamma_1 h_1$$ ⓒ

예제 08

그림과 같이 A, B 두 개의 관에 모두 물이 채워져 있다. 두 관의 압력차는 몇 Pa인가?

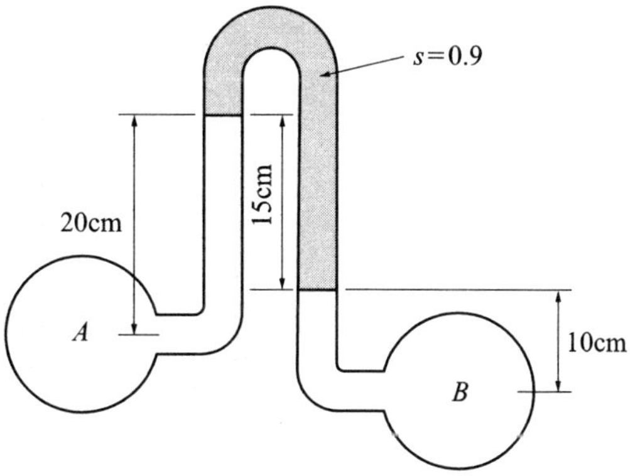

해설

U자관 좌측의 비중 0.9인 유체와 물이 접촉하는 부분의 압력을 p_1, U자관 좌측의 비중 0.8인 유체와 물이 접촉하는 부분의 높이와 같은 위치에 있는 U자관 속의 압력을 p_2하면, 이들은 높이가 같으므로 $p_1 = p_2$이다.

$$p_A = p_1 + \gamma \times 0.2,\ \ p_B = p_2 + 0.9 \times \gamma \times 0.15 + \gamma \times 0.1$$

$$p_A - p_B = \gamma \times 0.2 - 0.9 \times \gamma \times 0.15 - \gamma \times 0.1 = -0.035\gamma$$

$$= -0.035\,\text{m} \times 9{,}800\,\text{N/m}^3 = -343\,\text{Pa}$$

5.2.4 미압계

압력차를 정밀하게 측정할 목적으로 미압계(微壓計, micro-manometer)가 고안되었다. 그림13에서 표시한 U자관형 미압계는 미세한 압력차나 또는 큰 압력차를 정밀하게 측정하는 데에 주로 사용된다. 그러므로 액주계의 액위차를 정밀하게 읽을 수 있게끔 현미경과 버니어캘리퍼스가 장치되어 있다.

U자관형 미압계는 그림13과 같이 형상과 단면적이 정확히 같은 두 큰 용기에 U자관을 붙여 용기에서 미압으로 생기는 미세한 액위변화가 U자관에서 크게 증폭되게끔 만들어져있다. 그림13에서 A, B, C는 서로 각각 다른 액체들이다. 처음 γ_c인 액주계의 액체(수은)를 넣은 다음 비중량이 γ_B인 액주계의 액체를 넣는다. 측정하려는 액체의 압력 p_1, p_2가 액면 위에 작용하여 그림과 같이 Δz의 변위가 생겼을 때 C 액체 좌측 윗부분 위치의 좌우의 평형을 생각하면

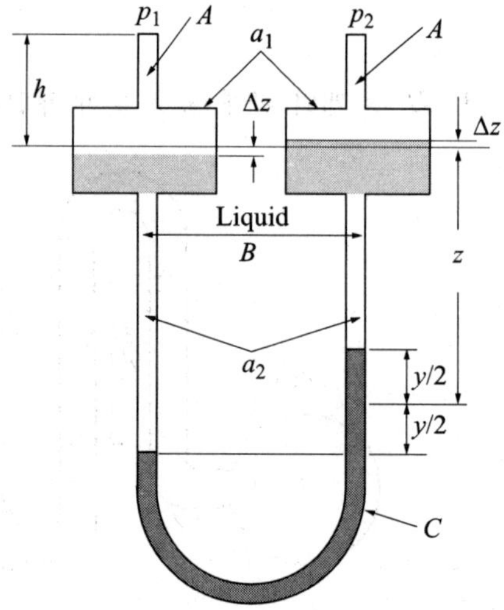

그림13. 미압계

$$p_1 + \gamma_A(h+\Delta z) + \gamma_B\left(z - \Delta z + \frac{y}{2}\right)$$
$$= p_2 + \gamma_A(h-\Delta z) + \gamma_B\left(z + \Delta z - \frac{y}{2}\right) + \gamma_c y$$

이다. 관 안의 유체들은 모두 정지 상태에 있고 비압축성이므로 압력차에 의하여 관 안의 밀려난 유량 $a_2 \times \frac{y}{2}$는 $a_1 \Delta z$와 같다. 즉, $a_1 \Delta z = a_2 \frac{y}{2}$이므로 Δz는 $\Delta z = \frac{y}{2}\frac{a_2}{a_1}$이다.

이 Δz의 값을 위 식에 대입하면 $p_1 - p_2 = y\left\{\gamma_C - \gamma_B\left(1 - \frac{a_2}{a_1}\right) - \gamma_A \frac{a_2}{a_1}\right\}$이다. 여기서 $a_2 \ll a$이고 $\frac{a_2}{a_1} \fallingdotseq 0$이므로 $\frac{a_2}{a_1}$는 생략할 수 있다.

따라서 위 식은 $p_1 - p_2 \fallingdotseq (\gamma_C - \gamma_B)y$가 되어 액체 C의 관 속의 높이 차 y로 압력차 $p_1 - p_2$가 나타난다.

예제 09

그림과 같은 미압계에서 p_A는 몇 Pa인가? 여기서 $h_1 = 0.2\,\text{m}$, $H = 0.1\,\text{m}$, $h_2 = 0.05\,\text{m}$, $\gamma_1 = 9{,}810\,\text{N/m}^3$, $\gamma_2 = 10{,}000\,\text{N/m}^3$, $\gamma_3 = 12{,}000\,\text{N/m}^3$이다.

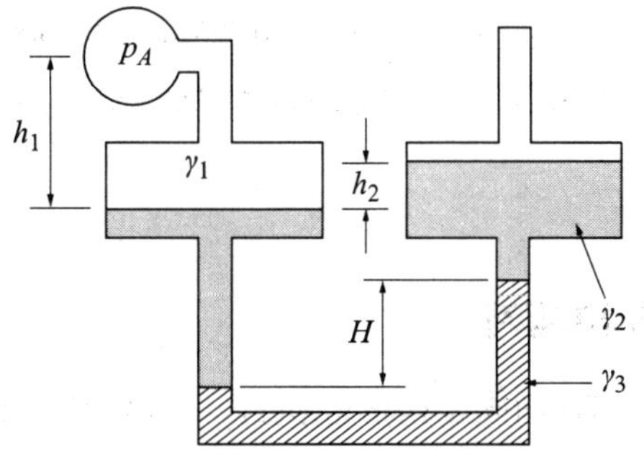

해설 h_2와 H 사이의 거리를 x라 하면 왼쪽의 γ_2와 γ_3의 유체가 접하는 곳의 압력과 오른쪽 같은 높이의 γ_3가 있는 곳의 압력은 같다. 즉,

$$p_A + \gamma_1 h_1 + (x+H)\gamma_2 = \gamma_2(h_2 + x) + \gamma_3 H$$

$$p_A = \gamma_2 h_2 + (\gamma_3 - \gamma_2)H - \gamma_1 h_1$$
$$= 10{,}000 \times 0.05 + (12{,}000 - 10{,}000) \times 0.1 - 9{,}810 \times 0.2$$
$$= -1{,}262\,\text{Pa}$$

예제 10

그림과 같은 2액 미압계에서 유리관 C의 안지름이 7 mm, 액체 용기 A와 B의 안지름은 다같이 44 mm, 기름의 비중은 0.83이다. 물과 기름의 경계면이 25 mm만큼 이동할 때, 이에 해당하는 A, B의 차압(kg_f/cm^2)을 구하라.

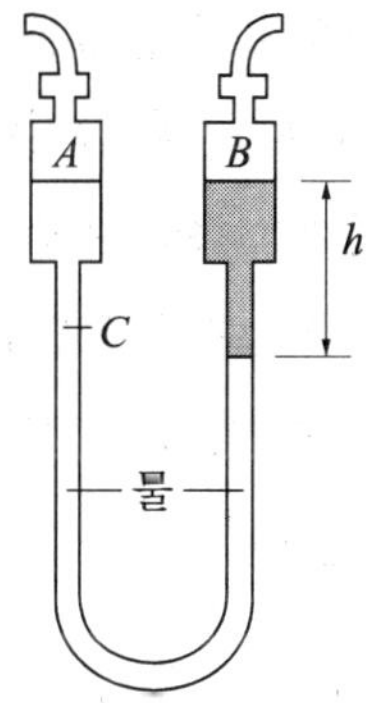

해설 유리관 C의 오른쪽 물과 기름의 경계면의 위치와 왼쪽 같은 높이의 압력은 같다. 기름이 있는 부위(색으로 질해진 부위)의 높이를 h, A부위의 압력을 p_A, B부위의 압력을 p_B, 물의 밀도를 ρ_1, 기름의 밀도를 ρ_2라 하면 다음 식이 성립한다.

$$p_A + \rho_1 gh = p_B + \rho_2 gh$$

$$p_A - p_B = \rho_2 gh - \rho_1 gh = h(\gamma_2 - \gamma_1)$$

위 식에 $h = 25\,\text{mm} = 0.025\,\text{m}$, $\gamma_2 = 0.83 \times 10^3\,\text{kg}_f/\text{m}^3$, $\gamma_1 = 10^3\,\text{kg}_f/\text{m}^3$를 대입하면

$p_A - p_B = h(\gamma_2 - \gamma_1) = 0.025\,\mathrm{m} \times 10^3(0.83-1)\,\mathrm{kg_f/m^3} = -4.25\,\mathrm{kg_f/m^2}$

$1\,\mathrm{kg_f/m^2} = 10^{-4}\,\mathrm{kg_f/cm^2}$이므로 $p_A - p_B = -4.25 \times 10^{-4}\,\mathrm{kg_f/cm^2}$이다.

5.2.5 경사미압계

경사미압계(inclined manometer)는 작은 계기압력의 측정 또는 기체의 미소한 압력차를 측정할 때 사용된다. 구조는 그림14와 같이 단면이 큰 용기에 경사관을 붙여 주어진 압력차에 대하여 수직액주계보다 액위를 크게 하여 감도(感度)를 높일 수 있게끔 만들어져 있다.

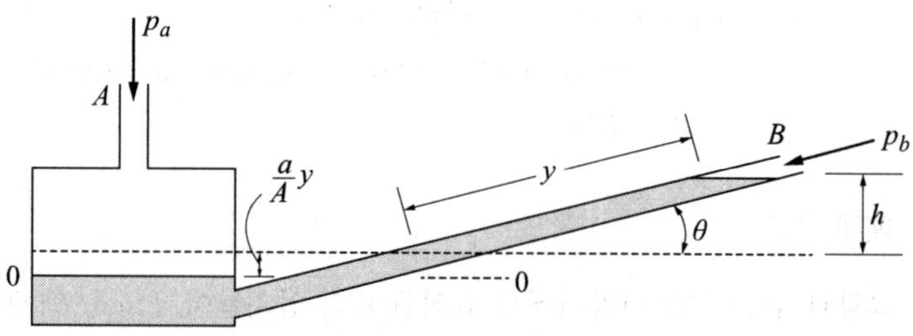

그림14. 경사미압계

A와 B에 압력이 가해지지 않았을 때의 액위(液位)를 점선으로 표시한 위치라 하고, A에 p_a의 압력, B에 p_b의 압력이 가해진 상태에서의 평형위치를 실선(實線)으로 표시한 액위라고 하면, A와 B에 압력이 가해져 점선에서 실선의 위치로 옮겨갔을 때 비압축성이므로 내려온 체적만큼 가는 관으로 올라가므로, 즉 '내려온 거리'$\times A = y \times a$이므로 '내려온 거리'는 내려온 거리 $= \frac{a}{A}y$이고, $0-0$의 위치는 높이가 동일하므로 압력도 동일하다. 즉,

$$p_a = p_b + \gamma y \sin\theta + \gamma \frac{a}{A} y \quad \Rightarrow \quad p_a - p_b = \gamma \left\{ y \sin\theta + \frac{a}{A} y \right\}$$

이다. 여기서 γ는 액주계 액의 비중량이고 A, a는 각각 용기, 경사관의 단면적이다. 따라서 y의 길이만 측정되면 압력 차이를 알 수 있다. 이때 경사각 θ가 너무 작으면 오히려 자체 오차를 증가시키므로 30° 이하의 작은 경사는 피해야 한다. 만일 A의 계기압력을 측정하려면 B를 대기압에 연결하면 된다.

지금까지 액주계의 모세관현상에 대하여는 언급하지 않았는데, 모세관현상의 영향을 제거하기 위하여 액주계의 안지름은 12 mm 이상의 것을 택하여야 한다.

예제 11

그림과 같은 경사미압계에서 관의 길이 L(m)을 구하라. 단, 공기의 중량은 무시한다.

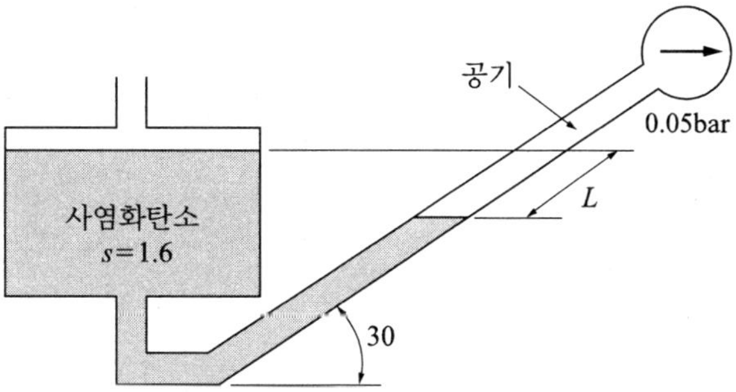

해설 $p_a - p_b = \gamma\left\{L\sin\theta + \dfrac{a}{A}y\right\} \fallingdotseq \gamma L\sin\theta$ 에서

$$L = \frac{p_a - p_b}{\gamma\sin\theta} = \frac{0.05\times10^5}{1.6\times9{,}800\times0.5} = 0.638\,\text{m}$$

예제 12

관로에 흐르는 유량을 측정하는 계기로서 그림과 같은 오리피스計(orifice meter)가 사용된다. 유량은 오리피스에서 생기는 압력차를 가지고 계산한다. 압력차 $p_1 - p_2$는?
단, 액주계액의 비중량은 γ_o, 유동유체의 비중량은 γ, 액주계 읽음은 R이다.

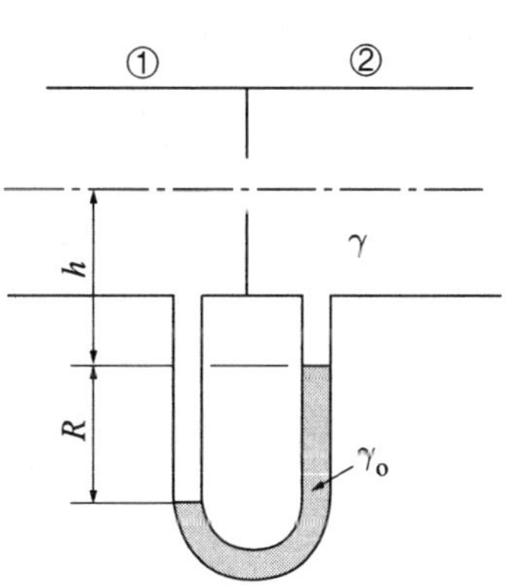

해설 점 ①의 관 중심선으로부터 액주계 액의 상단까지의 깊이를 h라고 하면 액주계 액의 평형식은 $p_1 + \gamma(h+R) = p_2 + \gamma_o R + \gamma h$이므로 압력차 $p_1 - p_2$는 $p_1 - p_2 = R(\gamma_o - \gamma)$이다.

예제 13

미세한 압력차를 측정할 목적으로 미압계(微壓計)가 고안되었다. 그림은 미압계의 원리를 그려 놓은 것이다. 단면적(A)이 정확히 같은 두 통에 U자관을 연결하여 놓았다. U자관의 단면적을 a라 할 때, $A \gg a$이고 액주계 액의 비중량은 γ_o, 통에 들어 있는 액체의 비중량은 γ_2이다. 압력차 $p_C - p_D$를 A, a, R의 항으로 표시하라.

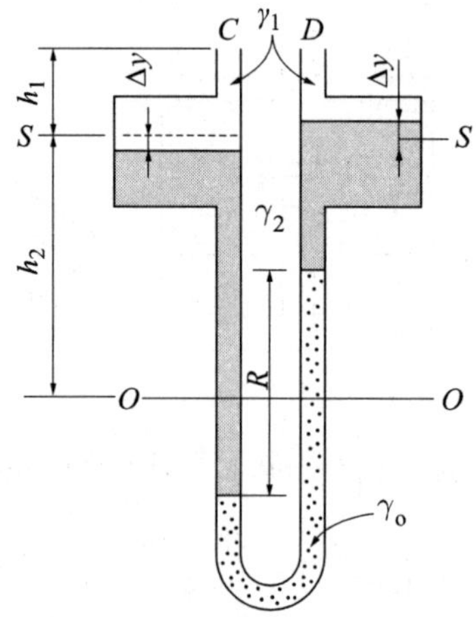

해설 C와 D에 압력을 가하지 않았을 때 액주계 액은 $O-O$, 통에 들어 있는 액체는 S-S 면에서 평형을 이룬다. 만일 C와 D에 각각 압력 p_C와 $p_D\,(p_C > p_D)$가 가해지면 통 C 안에 있는 액위는 미소 깊이 Δy만큼 내려가고, 통 D의 액위는 Δy만큼 올라간다. 동시에 액주계의 액위는 증폭되어 R만큼의 액위차가 생긴다. C와 D에 각각 가압될 때 액위의 변위 Δy에 의하여 배제되는 양은

$$\Delta y A = \frac{R}{2}a \quad ⓐ$$

가 된다. 또 액주계의 평형식은

$$p_C + (h_1 + \Delta y)\gamma_1 + \left(h_2 - \Delta y + \frac{R}{2}\right)\gamma_2 = p_D + \gamma_0 R + \left(h_2 + \Delta y - \frac{R}{2}\right)\gamma_2 + (h_1 - \Delta y)\gamma_1 \quad ⓑ$$

이다. 이 식을 정리하고, 식 ⓐ와 ⓑ로부터 Δy를 소거하면 압력차 $p_C - p_D$는

$$p_C - p_D = R\left\{\gamma_0 - \gamma_2\left(\frac{a}{A} - 1\right) - \gamma_1\frac{a}{A}\right\} \quad ⓒ$$

이다. 식 ⓒ의 대괄호 안에 있는 식은 미압계의 제원(諸元)과 계기 액체가 주어지면 결정되는 값이므로 압력차는 압력차 R을 읽으면 얻을 수 있다.

예제 14

그림과 같이 물이 흐르고 있는 배관(반지름 r)에 시차액주계를 설치하였더니 수은의 높이 R이 80 cm이었다. 시차 액주계 위의 배관 중심부분을 각각 1점, 2점이라 할 때 두 지점의 압력차 $p_1 - p_2$는 몇 kg$_f$/m^{2}인가?

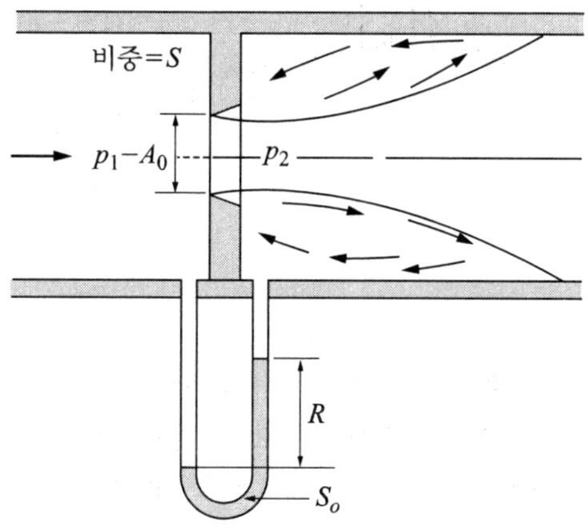

해설 물의 비중량을 γ, 수은의 비중량을 γ_s, 시차액주계의 맨 위에서부터 R까지의 거리를 x라고 하면 시차액주계의 평형식으로부터

$$p_1 + \gamma(r + R + x) = p_2 + \gamma(r + x) + \gamma_s R$$

이다. 따라서 1점, 2점의 압력차 $p_1 - p_2$는

$$p_1 - p_2 = \gamma(r + x) + \gamma_s R - \gamma(r + R + x) = R(\gamma_s - \gamma)$$
$$= 0.8 \times (13{,}600 - 1{,}000) = 10{,}080\,\text{kg}_\text{f}/\text{m}^2$$ 이다.

예제 15

그림과 같이 소화전이 급수탑에서 물을 공급받는다. 연결관에 흐름이 없다고 가정할 때 소화전에서의 정수압력(靜水壓力)은 몇 kPa인가? 물의 온도는 25℃로, 이 온도에서 물의 비중량 γ는 9.8 kN/m^{3}이다.

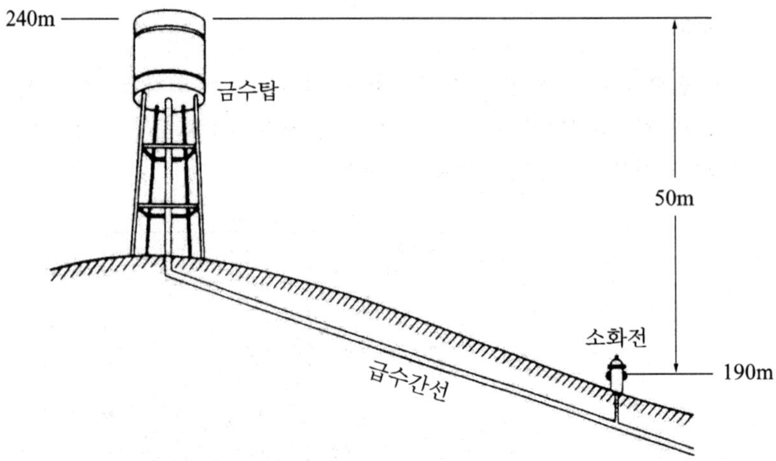

해설 급수탑과 소화전 사이의 높이차는 $h = 240 - 190 = 50\,\text{m}$ 이다.
따라서 소화전에서의 정수압력(靜水壓力) p 는
$p = \gamma h = 50\,\text{m} \times 9.8\,\text{kN/m}^3 = 490\,\text{kN/m}^2 = 490\,\text{kPa}$ 이다.

예제 16

그림과 같이 소방차 위의 snorkel은 도로면에서 15 m 떨어져 있고, 호스에 연결된 급수관은 지표면에서 1 m 아래에 있다. 급수관의 수압이 1,035 kPa일 때, 노즐은 닫혀 있고 보조펌프가 없을 때 노즐에서의 압력은 몇 kPa인가?

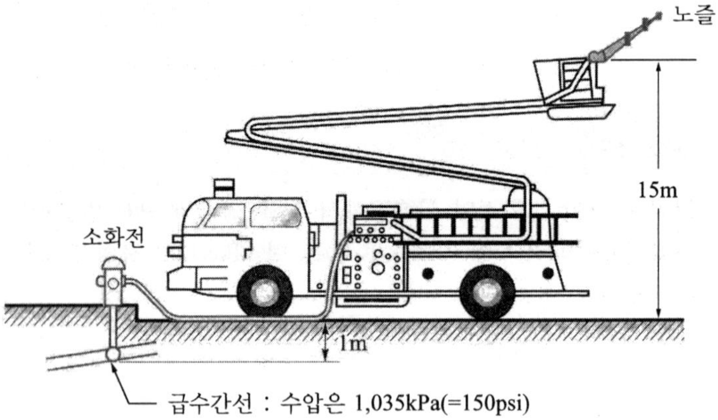

해설 급수간선과 snorkel 사이의 높이차는 $h = 15 + 1 = 16\,\text{m}$ 이다. 그러므로 노즐에서의 정수압력은 관에서보다 작게 될 것이다. 급수관과 노즐에서의 수압차는
$p = \gamma h = 16\,\text{m} \times 9.8\,\text{kN/m}^3 = 107.8\,\text{kN/m}^2 = 156.8\,\text{kPa}$
이다. 따라서 노즐에서의 압력은 $p = 1{,}035\,\text{kPa} - 156.8\,\text{kPa} = 878.2\,\text{kPa}$ 이다.

예제 17

그림과 같은 벤츄리(Venturi) 관에 물이 흐르고 있다. A, B 두 지점 사이의 압력차는 몇 Pa인가?

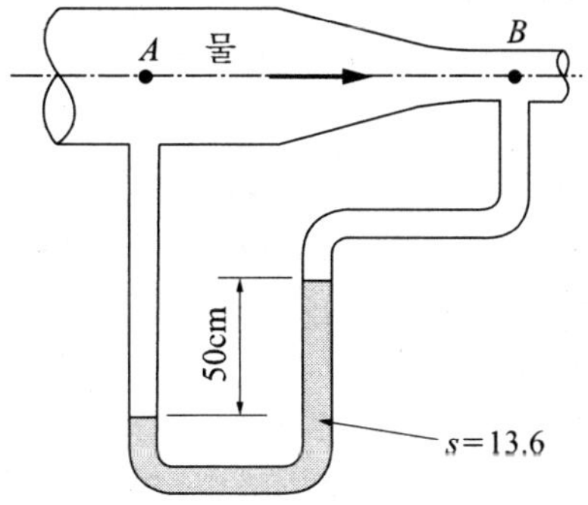

해설 U자관 우측의 수은이 물과 접촉하고 있는 곳과 벤츄리관 중심 사이의 거리를 x라 하자. U자관 좌측의 수은이 물과 접촉하고 있는 곳과 같은 높이의 우측은 높이가 같으므로 압력이 같다.

$$p_A + \gamma(x + 0.5) = p_B + \gamma x + 13.6\gamma \times 0.5$$

$$p_A - p_B = 13.6\gamma \times 0.5 - \gamma \times 0.5 = 12.6 \times 9{,}800\,\mathrm{N/m^3} \times 0.5\,\mathrm{m}$$

$$= 61{,}740\,\mathrm{N/m^2} = 61{,}740\,\mathrm{Pa}$$

예제 18

그림은 추운 날 굴뚝효과(stack effect, chimney effect)가 나타날 때 실내외 조건을 개념적으로 나타낸 그림이다.

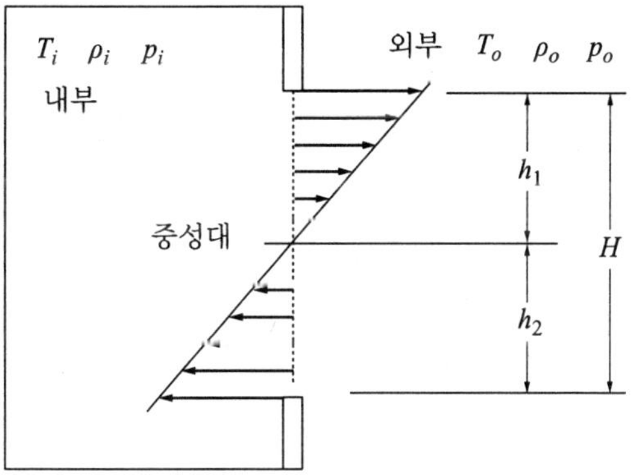

그림A. 굴뚝효과의 개념

(1) 건물 내부의 온도를 T_i, 외부의 온도를 T_o라 할 때 건물 내외부의 압력차 Δp (Pa)는 다음 식으로 나타낼 수 있음을 증명하시오. 단, h는 중성대로부터의 높이(m)이다.

$$\Delta p(Pa) = 3{,}460\left(\frac{1}{T_o} - \frac{1}{T_i}\right)h$$

(2) 건물의 높이 100 m이고, 중성대의 위치는 50 m이며, 건물 내부의 온도가 25℃, 외부의 온도가 −15℃인 경우 건물 최상부에서의 건물 내외부의 압력차를 구하시오.

해설 건물 내외의 온도차에 의한 부력 때문에 실내외 사이에는 개구부를 통한 기류 유동이 생긴다. 건물 외부에서 높이에 따라 대기압이 변하고 건물 내부에서도 높이에 따라 압력변화가 있을 것이다. 동일한 위치로부터 특정 높이(h)에 대한 건물 외부의 압력을 p_o, 내부의 압력을 p_i라 하면 h에서의 압력은 다음과 같은 기본적 관계로 나타낼 수 있다.

$$p(h) = p(0) - \rho g h$$

여기서, $p(h)$: 특정 높이 h에서의 압력

$p(0)$: 기준점 압력

ρ, g : 공기의 밀도 및 중력가속도

위 그림의 건물 내외부의 온도와 밀도가 다르므로 특정 높이 h에서의 압력은 다음 식과 같이 각각 다르다.

건물 내부는 $p_i(h) = p(0) - \rho_i g h$

건물 외부는 $p_o(h) = p(0) - \rho_o g h$

위 식으로 나타내는 압력의 차이는 건물 내외부의 압력 차이가 되므로 특정 높이 h에서의 건물 내외부의 압력 차이 $\Delta p(h)$는 다음 식과 같이 나타낼 수 있다.

$$\Delta p(h) = p_i(h) - p_o(h) = \{p_i(0) - \rho_i g h\} - \{p_o(0) - \rho_o g h\}$$

위 식에서 건물 내외의 압력이 같게 되는 위치, 즉 중성대를 기준점으로 하면 $p_i(0)$와 $p_o(0)$는 같은 값이 되므로 압력 차이는 다음 식과 같이 정리된다.

$$\Delta p(h) = p_i(h) - p_o(h) = (\rho_o - \rho_i) g h \quad ①$$

여기서, ρ_o : 외기의 공기밀도(kg/m^3)

ρ_i : 건물 내부의 공기밀도(kg/m^3)

h : 중성대로부터 높이(m)

위 식에 따라 건물 내외부의 압력 차이를 알려면 공기의 밀도를 측정해야 하는데 공기의 밀도를 측정하는 것이 실무적으로 쉽지 않으므로 온도의 함수로 위 식을 변환할 필요가 있다.

이상기체상태방정식으로부터 $p_{air} V_{air} = nRT = \dfrac{W_{air}}{M_{air}} RT$

이며, $\rho_{air} = \dfrac{W_{air}}{V_{air}}$이므로 이상기체상태방정식을 변환하면

$$\rho_{air} = \frac{W_{air}}{V_{air}} = \frac{p_{air}\,M_{air}}{RT} \qquad ②$$

이 된다.

공기 중 질소(N_2)의 비율이 78%, 산소의 비율이 21%, 아르곤(Ar)의 비율이 1%이므로 공기의 분자량 M_{air} 는

$M_{air} = 28 \times 0.78 + 32 \times 0.21 + 40 \times 0.01 = 28.96\,\mathrm{g/mol}$

이 된다. 식 ②에 $p_{air} = 1\,\mathrm{atm}$, $M_{air} = 28.96\,\mathrm{g/mol}$, $R = 0.082\,\mathrm{atm} \cdot \ell/(\mathrm{mol} \cdot \mathrm{K})$을 대입하면

$$\rho_{air} = \frac{W_{air}}{V_{air}} = \frac{p_{air}\,M_{air}}{RT} = \frac{1\,\mathrm{atm} \times 28.96\,\mathrm{g/mol}}{0.082\,(\mathrm{atm}\,\ell/\mathrm{mol\,K}) \times \mathrm{T}} = \frac{353}{\mathrm{T}}(\mathrm{g}/\ell) \qquad ③$$

이 된다. 식 ③을 식 ①에 대입하면

$$\Delta p(\mathrm{Pa}) = (\rho_o - \rho_i)gh = \left(\frac{353}{T_o} - \frac{353}{T_i}\right)gh$$
$$= 353 \times 9.8\left(\frac{1}{T_o} - \frac{1}{T_i}\right)h = 3{,}460\left(\frac{1}{T_o} - \frac{1}{T_i}\right)h$$

이 된다. 여기서 높이 h는 건물 내부와 외부의 압력이 동일한 지점인 중성대(中性帶, Neutral plane)로부터의 높이이다.

건물의 높이 100 m이고, 중성대의 위치는 50 m이며, 건물 내부의 온도가 25℃, 외부의 온도가 −15℃인 경우 건물 최상부에서의 건물 내외부의 압력차는

$$\Delta p\,(\mathrm{Pa}) = 3{,}460\left(\frac{1}{T_o} - \frac{1}{T_i}\right)h$$
$$= 3{,}460 \times \left(\frac{1}{273-15} - \frac{1}{273+25}\right) \times 50 = 3{,}460 \times \left(\frac{1}{258} - \frac{1}{298}\right) \times 50$$
$$= 90\,\mathrm{Pa}$$

예제 19

실내온도가 22℃인 밀폐된 공간에서 화재가 발생하여 온도가 850℃로 증가하였다면 공간에서 팽창된 부피는 초기 공기의 몇 배가 되는가? 단, 화재 발생에 따른 공간에서의 압력변화는 발생하지 않았다.

해설 샤의 법칙에 의거 $\dfrac{V_1}{T_1} = \dfrac{V_2}{T_2}$ 이므로

$$V_2 = \frac{T_2}{T_1} \times V_1 = \frac{273+850}{273+22} \times V_1 = 3.8\,V_1$$

예제 20

공기는 0℃, 1기압에서 밀도가 1.293 g/ℓ이다. 1기압에서 공기 1 ℓ가 1 g이 되는 온도는 몇 K인가?

해설 공기를 이상기체로 간주하면 $pV = nRT = \frac{m}{M}RT$에서 $pM = \rho RT$이다.

이 조건에서 공기의 분자량 M은 $M = \frac{1.293\,\mathrm{g}}{\ell} \times \frac{22.4\,\ell}{\mathrm{mol}} = 28.96\,\mathrm{g/mol}$이다.

$pM = \rho RT$ 에서

$T = \frac{PM}{\rho R} = 1\,\mathrm{atm} \times \frac{28.96\,\mathrm{g}}{\mathrm{mol}} \times \frac{1\,\ell}{1\,\mathrm{g}} \times \frac{\mathrm{mol} \cdot \mathrm{K}}{0.082\,\mathrm{atm} \cdot \ell} = 353.17\,\mathrm{K}$

6. 부력

유체 속에 전부 또는 일부가 잠겨 있는 물체는 유체의 압력에 의하여 밑에서 떠받치는 힘을 받게 된다. 이 힘을 부력(浮力, Buoyancy)이라 한다.

그림15와 같이 유체 속의 정지상태에 있는 물체에서 미소체적을 갖는 원통 dV를 생각하면, 여기에 작용하는 순수한 수직력은

$$dF = (p_o + \gamma h_2)dA - (p_o + \gamma h_1)dA = \gamma(h_2 - h_1)dA$$

이다. $(h_2 - h_1)dA = dV$ 이므로

$$F = \int dF = \int \gamma\, dV = \gamma V$$

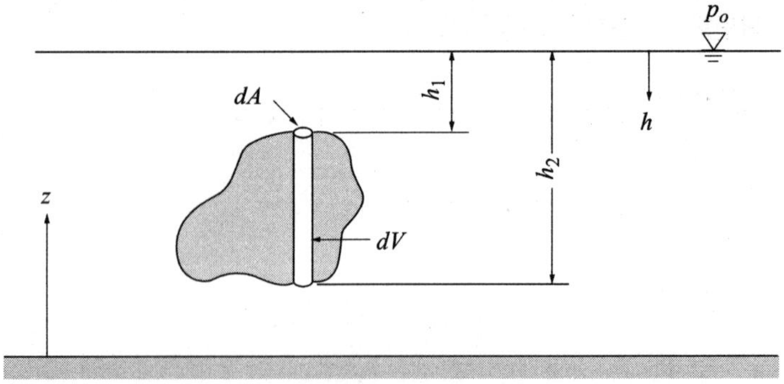

그림15. 미소체적을 갖는 원통 dV의 모습

여기서, F : 부력

γ : 유체의 비중량

V : 비중량 γ 인 유체에 잠긴 물체의 체적

이다.

위 식에서 부력은 물체가 배제한 유체의 무게와 같으며, 그 방향은 반대이다. 그리고 부력의 중심, 즉 부심(浮心)은 유체의 잠긴 체적의 중심이다.

예제 21

공기 중에서 40 kg_f인 돌이 물에 잠겨 있다. 물에서의 무게가 23 kg_f이면 이 돌의 체적과 비중은 얼마인가? 단, 공기의 사중은 무시한다.

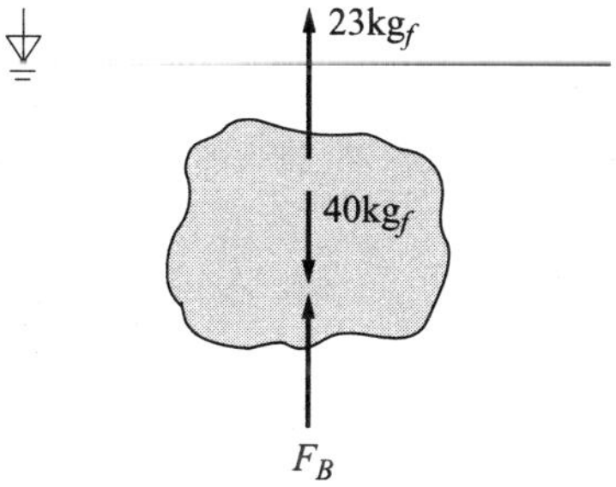

해설 물속에서의 돌의 자유물체도(自由物體圖, free body diagram)로 생각하면

부력의 크기 F는

$\Sigma F_y = 40 - 23 = F,\ \ F = 17\,\mathrm{kg_f}$

"부력은 돌이 배제한 물의 무게와 동일"하므로 돌의 체적을 V라 하면

$1000 \times V = 17 \ \rightarrow\ V = 0.017\,\mathrm{m^3}$

그리고 돌의 밀도 ρ는 $\rho = \dfrac{\text{돌의 질량}}{\text{돌의 체적}} = \dfrac{40}{0.017}\,(\mathrm{kg/m^3})$이므로 돌의 비중량은

$\gamma = \dfrac{40}{0.017} = 2{,}353\,\mathrm{kg_f/m^3}$

돌의 비중 s는 같은 체적의 물 무게에 대한 돌의 무게의 비이므로

$$s = \frac{\rho g}{\rho_w g} = \frac{\gamma}{\gamma_w} = \frac{2{,}353}{1{,}000} = 2.353$$

이다.

예제 22

공기 중에서 900 N인 돌이 물에 잠겨 있다. 물에서의 무게가 400 N이면 이 돌의 체적과 비중은 얼마인가? 단, 공기의 자중은 무시한다.

해설 물속에서의 돌의 자유물체도로 생각하면

부력의 크기 F는 $\sum F_y = 900 - 400 = F$, $F = 500\,\mathrm{N}$

"부력은 돌이 배제한 물의 무게와 동일"하므로 돌의 체적을 V라 하면

$9{,}800 \times V = 500 \Rightarrow V = 0.051\,\mathrm{m}^3$

돌의 비중 s는 같은 체적의 물 밀도에 대한 돌의 밀도의 비이므로

$$s = \frac{\rho}{\rho_w} = \frac{\gamma}{\gamma_w} = \frac{91.836\,\mathrm{kg_f}/0.051\,\mathrm{m}^3}{1{,}000\,\mathrm{kg_f}/\mathrm{m}^3} = \frac{1{,}800}{1{,}000} = 1.8$$

예제 23

밑변 1 m × 1 m, 높이가 0.5 m인 나무토막 위에 200 kgf인 추를 올려놓고 물에 띄웠다. 나무의 비중을 0.6이라 할 때 물속에 잠긴 부분의 부피를 구하라.

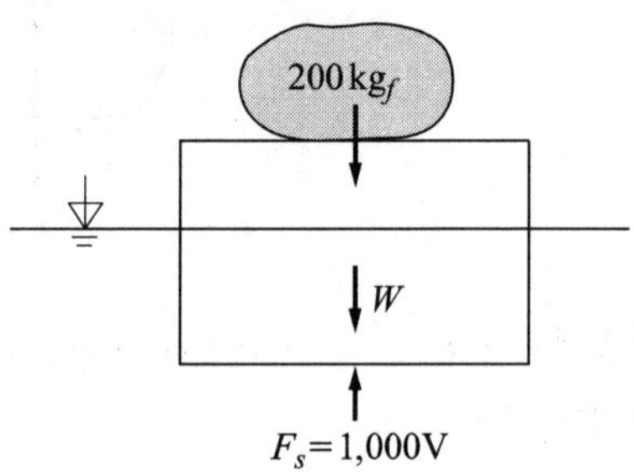

해설 물에 잠긴 부피를 $V\,\mathrm{m}^3$이라 하면 부력 F는

$F = \gamma \times V = 1{,}000 \times V\,(\mathrm{kg_f})$

나무토막 무게 $W = 1{,}000 \times 0.6 \times (1 \times 1 \times 0.5) = 300\,\mathrm{kg_f}$

자유물체도에서 힘의 평형을 고려하면 $F = 200 + W$

이므로 $1{,}000\,V = 200 + 300 \Rightarrow V = 0.5\,\mathrm{m}^3$

예제 24

비중이 0.8인 판자를 물에 띄우면 전체의 몇 %가 물속에 가라앉는가?

해설 판자의 체적을 V, 판자의 잠긴 체적을 V_1라 하면

'판자의 무게 = 잠긴 판자로 인한 부력'

이므로 $1{,}000 \times 0.8\,V = 1{,}000\,V_1$에서 $V_1 / V = 0.8$이므로 80%가 가라앉는다.

예제 25

단면적이 30 cm^2인 원통형의 물체를 물 위에 놓았더니 그림과 같이 떠 있었다. 물체의 무게는?

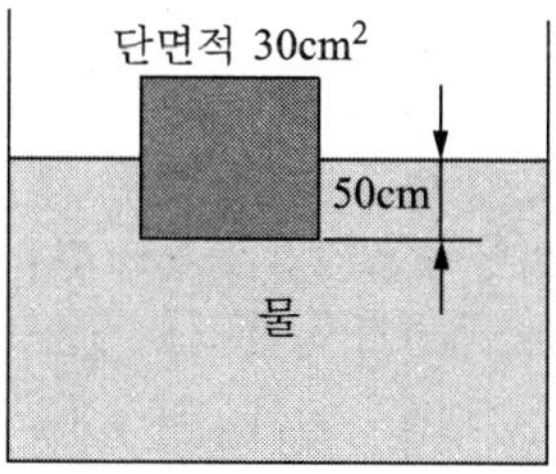

해설

'물체의 무게 = 잠긴 물체로 인한 부력'이므로

$W=\gamma V=1{,}000\times 30\times 10^{-4}\times 0.05=0.15\,\mathrm{kg_f}$

예제 26

수은 위에 쇳덩어리가 떠 있다. 이 쇳덩어리가 안 보일 때까지의 물을 부었을 때 쇳덩어리의 수은 속에 있는 부분과 물속에 있는 부분의 부피의 비 $\frac{V_2}{V_1}$는 얼마인가? 단, 쇠의 비중은 7.8, 수은의 비중은 13.6이다.

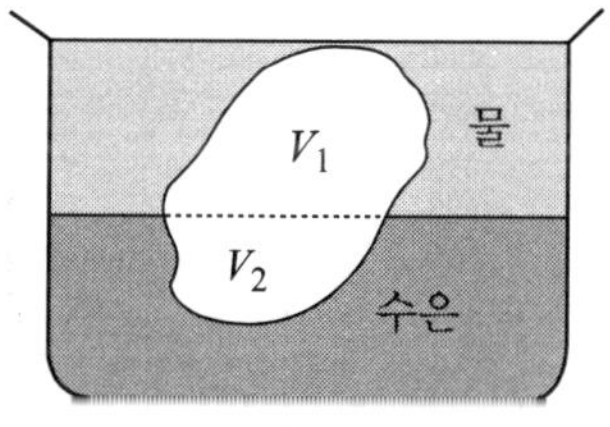

해설

쇳덩어리의 물속과 수은 속에 있는 부피를 V_1, V_2라 하면

'쇠의 무게 = 물에 의한 부력 + 수은에 의한 부력'이므로

$7.8\times 1{,}000(V_1+V_2)=1{,}000\times V_1+13.6\times 1{,}000\times V_2$

$6.8V_1=5.8V_2$에서 $V_2/V_1=6.8/5.8=1.172$

예제 27

그림은 어떤 물체를 물, 수은, 알코올 속에 넣었을 때 떠 있는 모양을 나타낸 것이다. 이 중에서 부력이 큰 것은? 그리고 잠긴 체적을 순서대로 각각 V_A, V_B, V_C라 할 때 큰 것부터 쓰고 그 이유를 설명하시오.

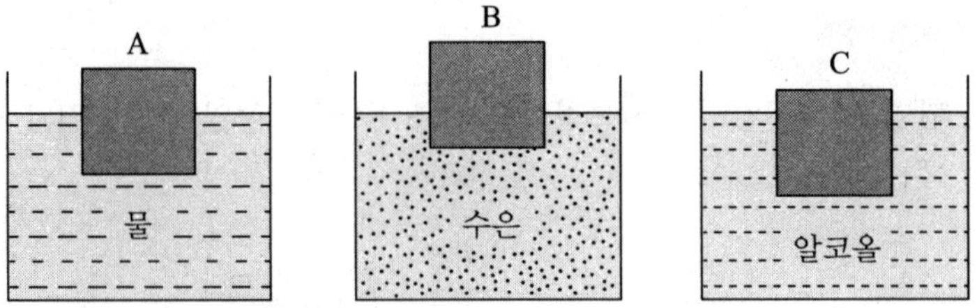

해설 "물체의 무게 = 잠긴 물체로 인한 부력 = 액체를 배제한 무게"이고, 무게는 변하지 않으므로 부력은 일정하다. 그러므로 어느 액체에 넣어도 부력은 같다.
부력이 같으므로 $\gamma_A V_A = \gamma_B V_B = \gamma_C V_C$ 이고 $\gamma_C < \gamma_A < \gamma_B$ 이므로 $V_C > V_A > V_B$ 이다.

예제 28

Hieron 왕은 새로 만든 왕관이 순금인가를 알기 위하여 아르키메데스를 불러 이를 조사하도록 하였다. 그가 왕관을 실로 묶어 물이 가득 찬 용기 속에 넣었을 때 실로 왕관을 들어 올리는 힘은 2.1 kg_f이었고, 넘쳐흐른 물의 체적은 300 cm^3이었다. 이 실험으로부터 아르키메데스는 왕관이 순금이 아니라는 것을 알았다. 그러면 그의 판단은 옳았는가? 단, 순금의 비중은 19.3이다.

해설 왕관 재료의 비중을 s_1, 왕관의 체적을 V라 하면 왕관의 무게는

$W = \gamma_1 \times V = 1{,}000 \times s_1 \times V$

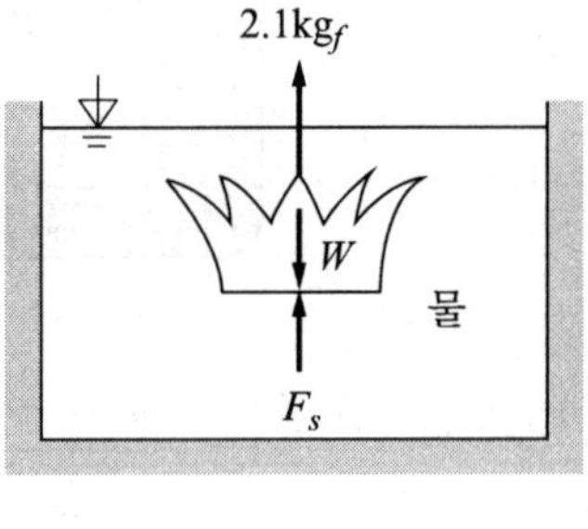

자유물체도를 그리면 위 그림과 같고, 이 자유물체도에서 힘의 평형을 고려하면

$W = 2.1 + F$

여기서 $F = \gamma V = 1{,}000 \times V$ 이고 $V = 300\,\mathrm{cm}^3 = 3 \times 10^{-4}\,\mathrm{m}^3$ 이므로

$2.1 + 1{,}000 \times 3 \times 10^{-4}\,\mathrm{m}^3 = 3 \times 1{,}000 \times s_1 \times 10^{-4}\,\mathrm{m}^3$

$\therefore\ s_1 = 8$

새 왕관의 비중이 순금의 비중보다 작으므로 이 왕관은 순금으로 제작되지 않았다. 따라서 아르키메데스의 판단은 옳았다.

예제 29

한쪽 끝이 개방된 원통형 캔을 비중량 γ 인 액체에 엎어놓았을 때 그림과 같이 떠 있다. 이 캔의 단면적은 A, 무게는 W 이다. 캔을 액체 속에 완전히 넣는 데 필요한 힘 F 를 W, γ, A, h 로 표시하라. 단, 캔 속의 공기는 보일의 법칙을 따르며 무게는 무시할 수 있다.

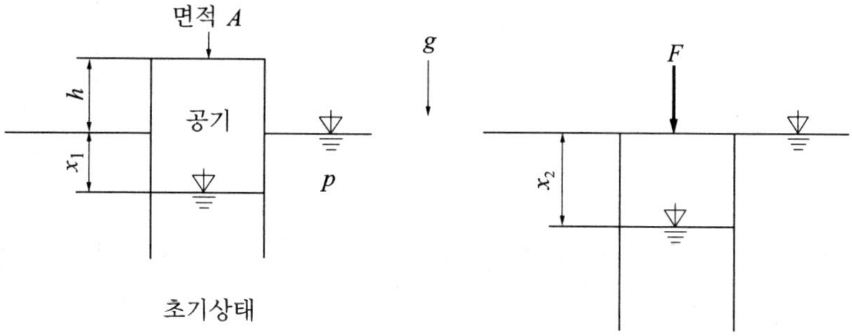

초기상태 최종상태

해설 초기상태에서 캔 안에 있는 공기의 압력과 부피를 p_1, V_1이라 하면

$p_1 = \gamma \times x_1$ 그리고 체적은 $V_1 = A\,(x_1 + h)$

x_1은 다음과 같은 관계식에서 얻을 수 있다.

캔의 무게(W) = 부력, $W = \gamma\,(A x_1) \Rightarrow x_1 = W/\gamma A$

완전히 잠겼을 때 공기의 압력 p_2와 부피 V_2는

$p_2 = \gamma \times x_2$ 그리고 체적은 $V_2 = A x_2$이고,

힘의 평형을 고려하면 '캔의 무게(W) + 누르는 힘 = 부력'이므로

$W + F = \gamma\,(A x_2)$이고, 이 식에서 $x_2 = (W + F)/\gamma A$

보일의 법칙에서 $p_1 \times V_1 = p_2 \times V_2$이므로

$$\gamma\left(\frac{W}{\gamma A}\right) A \left(\frac{W}{\gamma A} + h\right) = \gamma\left(\frac{W+F}{\gamma A}\right) A \left(\frac{W+F}{\gamma A}\right)$$이고,

정리하면 $W^2 + W\gamma A h = (W + F)^2$

$$\therefore\ F = \sqrt{W^2 + W\gamma A h} - W$$

예제 30

밀도가 ρ_1, ρ_2인 두 종류의 액체 속에서 스프링 저울로 어떤 물체의 중량을 측정한 결과 각각 W_1, W_2 이었다. 이 물체의 체적 V와 무게 G를 구하라.

해설 어떤 물체를 액체 속에서 스프링저울로 측량한 무게가 W_1, W_2 이므로 자유물체도를 그리면 다음 그림과 같다.

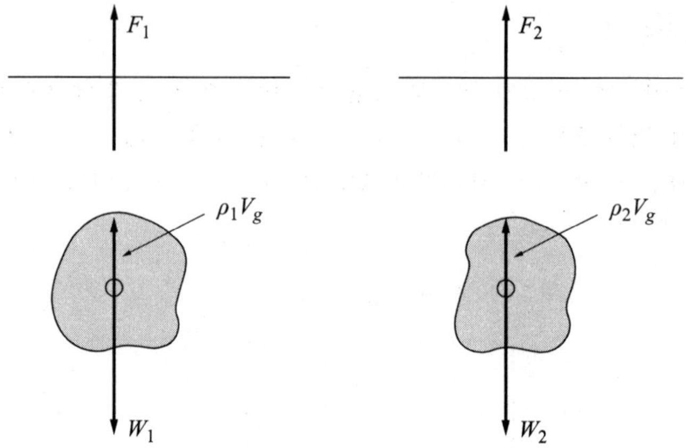

자유물체도의 힘의 평형조건에서

$$W_1 = G - \rho_1 Vg \quad ①$$

$$W_2 = G - \rho_2 Vg \quad ②$$

이다. 이 두 식을 연립하여 풀면 V와 G는 다음과 같다.

$$V = \frac{W_1 - W_2}{(\rho_2 - \rho_1)g}, \quad G = \frac{W_1\rho_2 - W_2\rho_1}{\rho_2 - \rho_1}$$

7. 유체 중에 잠긴 면에 작용하는 압력과 힘

7.1 수평으로 평판이 잠겨 있는 경우

그림16과 같이 정지 유체 속에 h 깊이에 수평으로 잠겨 있는 평판을 생각하자. 평면의 위쪽 면에 작용하는 힘의 크기 F(전압력[3], 全壓力, total pressure)는 면적소(面積素) dA에 작용하는 힘 $dF = pdA$를 전체 평면에 대해 적분하여 구할 수 있다. 단위면적당 압력이 p이고 잠긴 평판의 수평면적이 A라고 하면 압력 p는 $p = \gamma h$이므로 평판에 작용하는 전압력 F는

$$F = p\,(\mathrm{kg_f/cm^2}) \times A\,(\mathrm{cm^2}) = \gamma\, hA \quad ⓐ$$

3) 합력(合力, resultant force, resultant pressure)이라고도 한다.

압력은 평면에 수직으로 작용하므로 힘의 방향도 평면에 수직이고 평면을 향한다.

F가 통과하는 점을 전압력의 작용점이라고 하며, 평면상에서 볼 때는 하나의 도심(圖心, centroid)[4]과 같은 점이다. 이 점을 압력중심(壓力中心, center of pressure, C.P.로 표기함)이라고 한다.

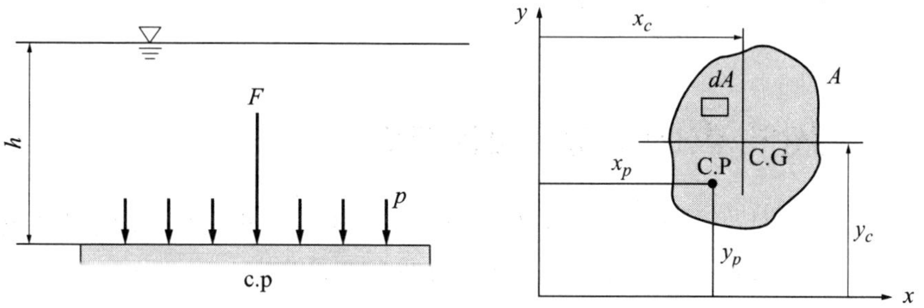

그림16. 수평으로 평판이 잠겨 있는 평판

힘의 작용점(압력중심, 압심)은 힘을 받는 평면을 포함하는 면에 설치한 임의좌표축에 관한 분포력소(分布力素) pdA(분력)의 1차모멘트의 합과 전압력의 1차모멘트가 같다는, 즉 '분력의 모우멘트 합 = 합력의 모우멘트'라는 Varigno의 원리를 이용하여 계산할 수 있다. 그림16의 우측 그림에 표기한 기호를 사용하여 y축에 관한 평형조건을 고려하면 '분력의 모우멘트 합 = 합력의 모우멘트'이므로

$$\int_A xpdA = F \times x_p = pA \times x_p$$

와 같이 쓸 수 있다. 여기서 p는 일정한 값이므로 위 적분은 다음과 같이 고쳐 쓸 수 있다.

$$x_p = \frac{1}{A}\int_A xdA = x_c \qquad ⓑ$$

여기서, $\frac{1}{A}\int_A xdA$는 평면 A의 도심(圖心, centroid of area)의 x좌표이므로 x_c로 나타낸 것이다.

같은 방법으로 x축에 관해서 모우멘트를 취하면

4) 중력중심, 무게중심(center of gravity)이라고 하며, C.G.로 표기한다.

$$y_p = \frac{1}{A}\int_A y dA = y_c \qquad ⓒ$$

을 얻는다. 여기서 $(x_c,\ y_c)$는 평면 A의 도심의 좌표, $(x_p,\ y_p)$는 작용점(압심)의 좌표이다. 식 ⓑ와 ⓒ는 수평평면에 작용하는 전압력의 작용점은 평면의 도심과 일치한다는 것을 말해준다.

7.2 평판이 경사지게 잠겨 있는 경우

그림17과 같이 액체 속에 경사지게 잠겨 있으며 자유표면인 수평면과 θ의 각을 이루고 있는 임의의 넓이를 갖는 평판을 생각하자.

경사면을 포함하는 평면과 액체의 자유표면과의 교선을 x축으로 택하고, 또 이 평면에 x축과 수직이게 y축을 택하자.

경사면 상의 면적소 dA에 작용하는 힘의 크기 dF는 $dF = pdA$이고, 전체 면에 작용하는 전압력의 크기는 dF를 A에 대해서 적분하면 구할 수 있다.

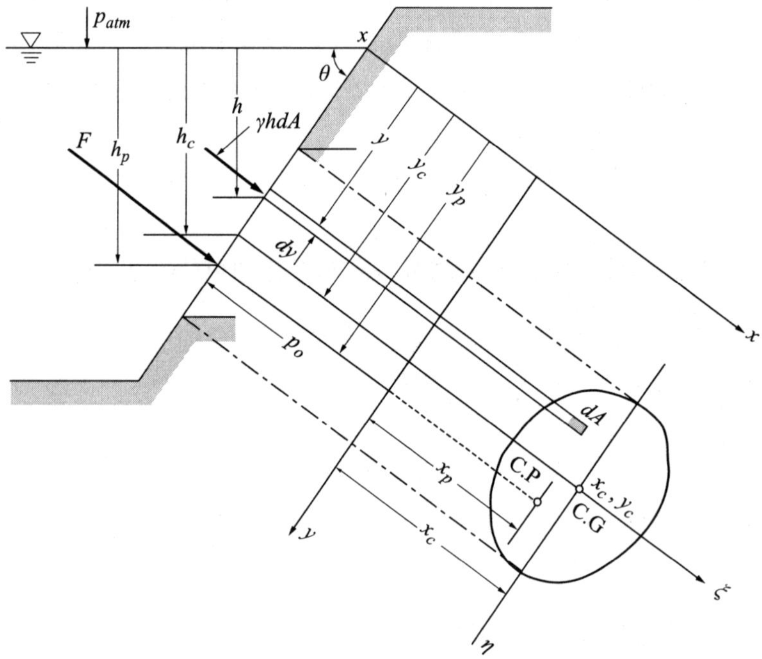

그림17. 경사면에 작용하는 힘

$$F = \int_A dF = \int_A pdA = \int \gamma hdA = \int_A \rho gy\sin\theta dA = \rho g sin\theta \int_A ydA$$

도심(centroid), 즉 도형의 중심 또는 면적의 중심을 구하는 식

$$y_c = \frac{1}{A}\int_A ydA$$

을 이용하면 위의 식은 간단하게 표시할 수 있다.

$$F = \rho g \sin\theta \int_A ydA = \rho g \sin\theta\, y_c A = \gamma y_c \sin\theta A = \gamma h_c A = p_c A \qquad ⓓ$$

여기서, h_c : 도심까지의 깊이

$p_c = \gamma h_c$: 도심점에서의 압력

경사면에서도 압력은 면에 수직으로 작용하므로 힘 F는 면에 수직이고 면을 향한다.

식 ⓐ와 식 ⓓ로부터 다음 결론을 얻는다. 유체 속에 잠겨 있는 평면에 작용하는 힘의 방향은 면에 수직하고 방향은 면을 향하며 그 크기 F는

F = 도심점의 압력 × 평면의 넓이

이다.

경사면에 작용하는 힘의 작용점 y_p는 '분력의 모우멘트 합 = 합력의 모우멘트'라는 Varigno의 원리를 이용하여 구할 수 있다. 즉, '분포력소(分布力素) pdA의 1차모우멘트와 전압력의 1차모우멘트가 같다'는 원리를 이용하여 계산할 수 있다. 면적소 dA에 작용하는 힘 $dF = pdA$가 0점에 관한 모우멘트 dM은 $dM = y \times (pdA)$이고, 0점에 관한 전체 모우멘트는 전체면적에 대해 적분하면 된다.

$$M = \int_A dM = \int_A ypdA$$

다음과 같이 이 전체 모우멘트가 전압력 F의 0점에 관한 모우멘트(Fy_p)와 같다고 하여 전압력의 작용점 y_p를 구할 수 있다.

$$M = Fy_p = \int_A pydA$$

$$y_p = \frac{\int_A ypdA}{F} = \frac{\int_A y\gamma y \sin\theta dA}{\gamma \sin\theta y_c A} = \frac{\gamma \sin\theta \int_A y^2 dA}{\gamma \sin\theta y_c A} = \frac{\int_A y^2 dA}{y_c A}$$

여기서, $\int_A y^2 dA$는 x축에 관한 면적2차모우멘트(second moment of area) 또는 면적 관성모우멘트(moment of inertia of an area)라고 한다. 면적2차모우멘트를

$$I_{xx} = \int_A y^2 dA$$

와 같이 표기하면 작용점의 y좌표 y_p는 다음과 같다.

$$y_p = \frac{I_{xx}}{y_c A} \qquad ⓔ$$

실제 계산할 때는 x축에 관한 면적2차모우멘트를 사용하는 것보다 도심점을 지나는 축에 관한 면적2차모우멘트를 사용하는 것이 편리하다. x축에 평행하고 도심점을 지나는 ξ축에 관한 면적2차모우멘트를 $I_{\xi\xi}$라 하고 평행축정리(平行軸定理, parallel-axis theorem)를 적용하면

$$I_{xx} = I_{\xi\xi} + A y_c^2 \qquad ⓕ$$

이다. 이를 식 ⓔ에 대입하면 전압력의 작용점의 y좌표 y_p는 다음과 같다.

$$y_p = y_c + \frac{I_{\xi\xi}}{y_c A} \qquad ⓖ$$

유체 속 물체표면에 작용하는 전압력(결과력) F의 작용점 y_p를 압력의 중심 또는 약해서 압심(壓心, center of pressure)이라고 한다.

면적2차모우멘트 $I_{\xi\xi}$는 항상 양의 값을 가지므로 $\frac{I_{\xi\xi}}{y_c A}$는 항상 양의 값을 갖는다. 그러므로 압심의 깊이(h_p)는 항상 도심(y_c)보다 깊은 위치에 놓인다. 즉, 압력중심 y_p는 도심(y_c)보다 $\frac{I_{\xi\xi}}{y_c A}$만큼 아래에 위치한다.

압심의 수평좌표 x_p도 y축에 관한 1차모우멘트로부터 같은 방법으로 계산할 수 있다. 'y축에 관한 분포력소의 모우멘트와 결과력(전압력)의 y축에 관한 1차모우멘

트'가 같다고 놓으면

$$Fx_p = \int_A xp\,dA = \int_A x\gamma y \sin\theta dA = \gamma\sin\theta \int_A xy dA$$

이므로

$$x_p = \frac{\int xy\gamma\sin\theta dA}{F} = \frac{\int xy\gamma\sin\theta dA}{\gamma\sin\theta y_c A} = \frac{\gamma\sin\theta \int xy dA}{\gamma\sin\theta y_c A} \quad ⓗ$$

$$= \frac{\int xy dA}{y_c A} = \frac{I_{xy}}{y_c A}$$

을 얻는다. 여기서 $I_{xy} = \int_A xy dA$는 x, y축에 관한 면적상승모우멘트(面積相乘모우멘트, product of inertia of the area)라고 한다. x_p를 계산할 때도 I_{xy}를 계산하는 것보다 도심점을 지나는 직교축에 관한 면적상승모우멘트를 계산하는 것이 편리하다. 지금 도심점을 지나고 x, y축에 평행한 좌표축 ξ, η축에 관한 면적상승모우멘트를 $I_{\xi\eta}$라 표기하고 평행축정리(平行軸定理, parallel-axis theorem)를 적용하면

$$I_{xy} = I_{\xi\eta} + Ax_c y_c \quad ⓘ$$

이다. 이를 식 ⓗ에 대입하면 전압력의 작용점의 x좌표 x_p는 다음과 같다.

$$x_p = x_c + \frac{I_{\xi\eta}}{y_c A} \quad ⓙ$$

만일 경사면이 도심을 지나는 좌표측 ξ축이나 또는 η축에 대하여 대칭이면 면적상승모우멘트 $I_{\xi\eta} = 0$이 되어 $x_p = x_c$가 된다. 즉, 평면이 y축에 대칭인 경우 $I_{\xi\eta} = 0$이 되어 $x_p = x_c$가 된다. 그러므로 경사면이 η축이나 또는 ξ축에 대하여 대칭이면 압심은 η축에 위치한다. 또 면적상승모우멘트는 일반적으로 양 또는 음의 값을 가지므로 압심의 수평위치는 η축의 우측이나 좌측 어느 쪽에나 위치할 수 있다.

7.3 수직으로 평판이 잠겨있는 경우

그림18과 같이 액체 속에 수직하게 잠겨있는 평판을 생각하자. 이 평판의 폭을 단위폭으로 간주하면, 결국 이 평판에 작용하는 전압력 F는 다음과 같이 계산할 수 있다.

$$F = P_t = \frac{1}{2}\gamma(h_1 + h_2)\times(h_2 - h_1) = \frac{1}{2}\gamma(h_2^2 - h_1^2) \qquad ⓑ$$

액체 속에서의 압력은 표면으로부터의 깊이 h에 비례하여 증가하므로 그림18에 나타낸 것처럼 압력분포는 선형적으로 증가한다.

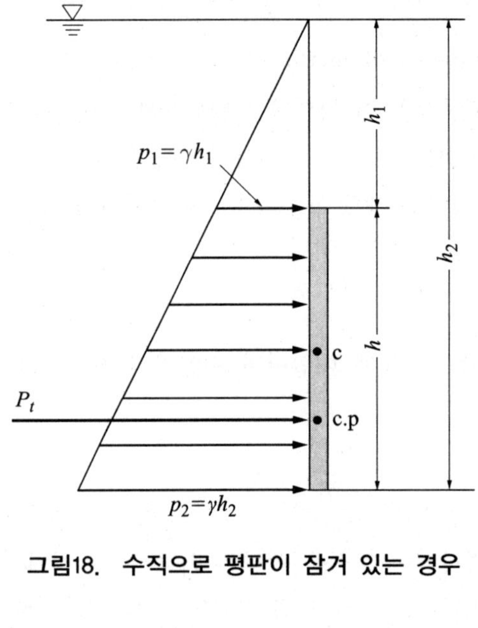

그림18. 수직으로 평판이 잠겨 있는 경우

예제 31

그림에서 폭이 4 m인 수문이 받는 유체 정압에 의한 전압력(kgf)을 구하고, 수면에서 힘의 작용점까지의 깊이(m)를 구하시오.

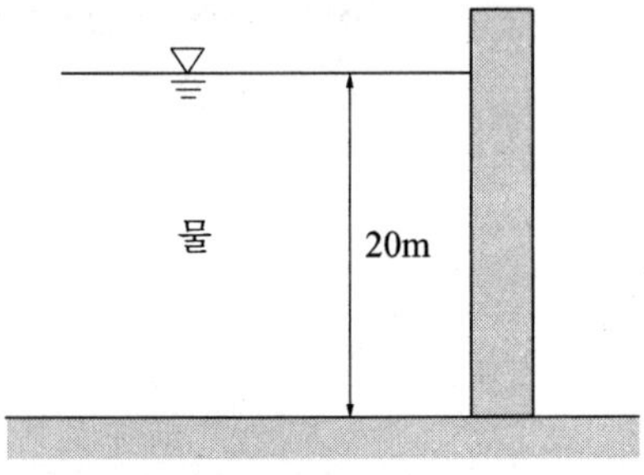

해설 판자의 면적 $A = 4 \times 20 = 80\text{n m}^2$, 도심까지의 깊이 $y_c = 20/2 = 10\text{m}$

전압력 $F = \gamma y_c A = 1{,}000\,(\text{kg}_f/\text{m}^3) \times 10\text{m} \times 80\text{m}^2 = 800{,}000\,\text{kg}_f$

작용점 y_p은 $y_p = y_c + \dfrac{I_{\xi\xi}}{y_c A}$이고, $I_{\xi\xi} = \dfrac{Ah^2}{12} = \dfrac{A(20)^2}{12}$ 이므로

$$y_p = y_c + \frac{I_{\xi\xi}}{y_c A} = 10 + \frac{A(20)^2}{10 \times A \times 12} = 13.33\text{m}$$

예제 32

그림과 같이 지름이 4 m인 원형 수문이 수직으로 설치되어 있다. 수문 위쪽은 힌지(hinge, 돌축, 돌저귀, 경첩)되어 있고 또 수면으로부터 6 m 깊이에 있다. 수문에 작용하는 힘(전압력), 압심, 수문을 여는 데 필요한 힘 F_R은?

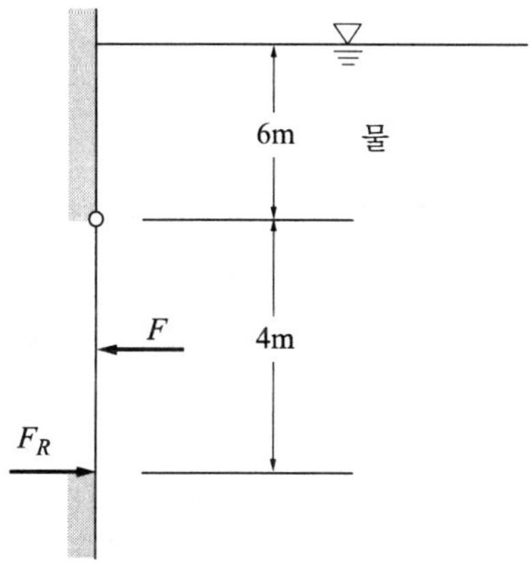

해설 도심까지의 거리 y_c는 8m, 물의 비중량 γ는 $1{,}000\,\text{kg}_f/\text{m}^3$이므로

$p_c = \gamma y_c = 1{,}000 \times 8 = 8{,}000\,\text{kg}_f/\text{m}^2$

전압력 $F = 8{,}000 \times \dfrac{\pi}{4}(4)^2 = 100{,}480\,\text{kg}_f$

압심 y_p는 $y_p = y_c + \dfrac{I_{\xi\xi}}{y_c A} = 8 + \dfrac{\frac{1}{16}Ad^2}{8 \times A} = 8 + \dfrac{1}{8} = 8.125\text{m}$

수문을 여는 데 필요한 힘 F_R은 문의 힌지에 관한 F와 F_R의 모우멘트가 같다는 조건을 이용하여 구할 수 있다.

$F \times (y_p - 6) = F_R \times 4$

$F_R = \dfrac{1}{4} \times (y_p - 6) \times F = \dfrac{1}{4} \times (8.125 - 6) \times 100{,}480 = 53{,}380\,\text{kg}_f$

예제 33

그림과 같이 3 m × 3 m의 정사각형의 수문이 수직으로 설치되어 있다. 이 수문을 열기 위한 힘 F는 얼마인가?

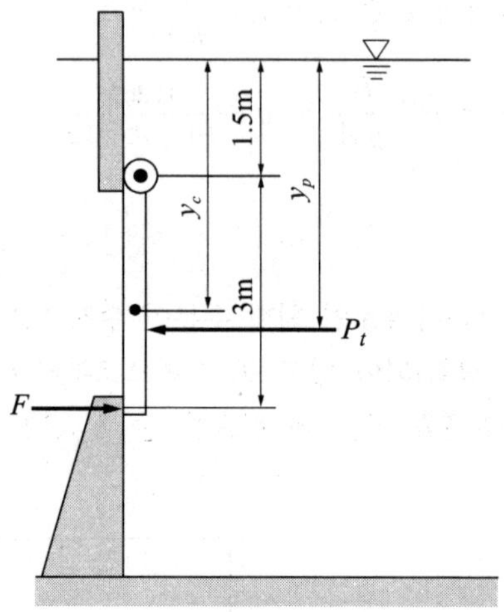

해설 도심까지의 거리 y_c는 $y_c = 1.5 + \frac{3}{2} = 3.0\,\text{m}$, 전압력 P_t는

$P_t = p_c A = \gamma y_c A = 1{,}000 \times 3 \times (3 \times 3) = 27{,}000\,\text{kg}_\text{f}$

압심 y_p는 $y_p = y_c + \frac{I_{\zeta\zeta}}{A y_c} = 3 + \frac{(3 \times 3^3)/12}{(3 \times 3) \times 3} = 3.25\,\text{m}$, $I_{\zeta\zeta} = \frac{bh^3}{12}$이고,

수문을 여는 데 필요한 힘 F는 문의 돌축(hinge)에 관한 F와 P_t의 모우멘트가 같다는 조건을 이용하여 구할 수 있다.

$P_t \times (y_p - 1.5) = F \times 3$, $27{,}000\,\text{kg}_\text{f} \times (3.25 - 1.5)\,\text{m} = F \times 3$

$F = \frac{27{,}000 \times (3.25 - 1.5)}{3} = 15{,}750\,\text{kg}_\text{f}$

예제 34

수면이 4 m인 곳에 45° 기울어지게 설치된 지름 4 m인 원형 수문이 있다. 수문의 자중을 무시할 때 수문이 받는 전압력 P_t와 압력중심 y_p를 구하라.

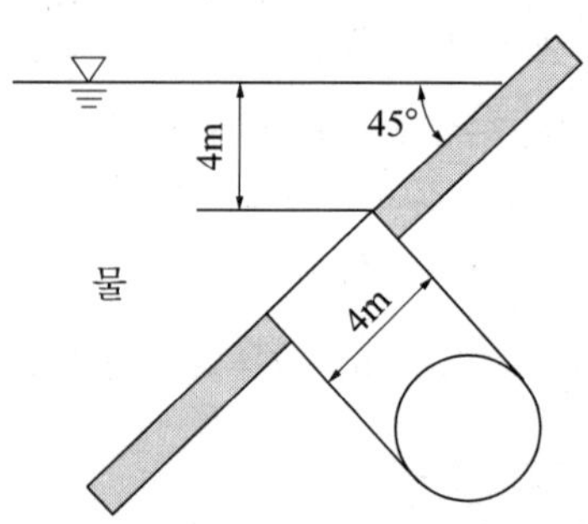

해설 도심까지의 거리 y_c는 $y_c = \dfrac{4}{\sin 45^o} + 2 = 7.66\,\text{m}$

전압력 F는

$$F = p_c A = \gamma h_c A = \gamma y_c \sin\theta A = 1{,}000 \times \left(\frac{4}{\sin 45^o} + 2\right) \times \sin 45^o \times \frac{\pi \times 4^2}{4}$$

$$= 68{,}064\,\text{kg}_\text{f}$$

$$y_p = y_c + \frac{I_{cc}}{A y_c} = \left(\frac{4}{\sin 45^o} + 2\right) + \frac{\dfrac{\pi \times 4^4}{64}}{\left(\dfrac{\pi \times 4^2}{4}\right) \times \left(\dfrac{4}{\sin 45^o} + 2\right)} = 7.79\,\text{m}$$

예제 35

그림과 같이 60° 기울어진 4 m × 8 m의 수문이 A지점에서 힌지로 연결되어 있다. 이 수문을 열기 위한 힘 F는 몇 kg_f인가 ?

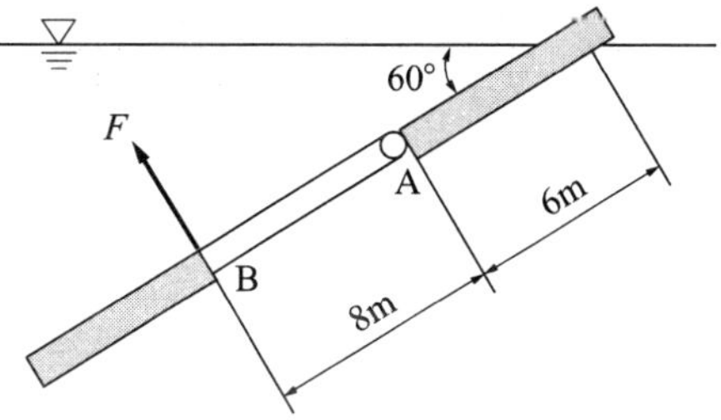

해설 도심까지의 거리 y_c는 $y_c = 6 + 4 = 10\,\text{m}$

전압력 P_t는

$$P_t = p_c A = \gamma h_c A = \gamma y_c \sin\theta A = 1{,}000 \times (6+4) \times \sin 60^o \times 32 = 277{,}128\,\text{kg}_\text{f}$$

$$y_p = y_c + \frac{I_{cc}}{y_c A} = 10 + \frac{\dfrac{4 \times 8^3}{12}}{10 \times (4 \times 8)} = 10.53\,\text{m}$$

수문을 여는 데 필요한 힘 F은 문의 돌축(hinge)에 관한 F와 P_t의 모우멘트가 같다는 조건을 이용하여 구할 수 있다.

$P_t \times (y_p - 6) = F \times 8$, $277{,}128 \times (10.53 - 6) = F \times 8$, $F = 156{,}924\,\text{kg}_\text{f}$

예제 36

직경이 125 cm인 원형 판자가 그림과 같이 물속에 수직으로 잠겨 있는 경우에 대하여 판자의 한쪽 면에 작용하는 힘을 구하라. 그리고 작용점을 구하라.

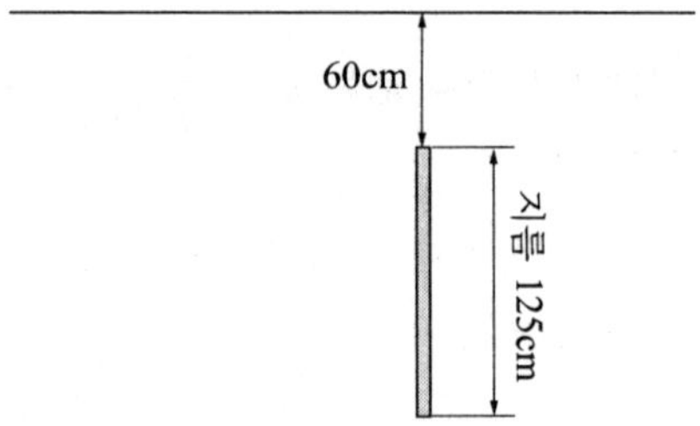

해설 판자의 면적 $A=\frac{\pi}{4}(1.25)^2=1.227\,\text{m}^2$

도심까지의 깊이 $y_c=0.6+1.25/2=1.225\,\text{m}$

한쪽 면에 작용하는 힘

$F=\gamma y_c A=9{,}810(\text{N/m}^3)\times 1.225\,\text{m}\times 1.227\,\text{m}^2=13{,}541.5\,\text{N}$

작용점 y_p은 $y_p=y_c+\frac{I_{\xi\xi}}{y_c A}$이고, $I_{\xi\xi}=\frac{\pi R^4}{4}=\frac{\pi(0.625)^4}{4}=0.1198\,\text{m}^4$이므로

$$y_p=y_c+\frac{I_{\xi\xi}}{y_c A}=1.225+\frac{0.0198}{1.225\times 1.227}=1.3047\,\text{m}$$

8. 등가속도 운동을 하는 유체

용기와 함께 등가속도로 직선운동을 하거나 등속원운동을 하는 유체는 모두 등가속도운동을 하는 경우로서 유체층 사이에 또는 유체와 경계면 사이에 상대운동이 없으므로 유체정역학의 원리가 적용된다.

상대운동이 없다면 점성과 마찰은 고려되지 않으며 이런 운동을 하는 유체를 상대적 평형(relative equilibrium)상태에 있다고 한다.

8.1 수평등가속도를 받는 유체

그림19와 같이 윗부분이 개방된 용기에 담긴 액체가 용기와 함께 수평가속도 a_x로 움직이고 있다면 액체의 표면은 수평면과 각 θ만큼 경사를 이룬 상태에서 상대적 평형을 이루게 된다. 그림의 체적 요소에 Newton의 운동방정식을 적용하면

$$p_1 A - p_2 A = \rho \ell A a_x$$

이 된다. 위의 식을 정리하면

$$\frac{p_1 - p_2}{\gamma \ell} = \frac{h_1 - h_2}{\ell} = \frac{a_x}{g}$$

가 된다. 이 식은 자유표면의 경사도를 나타내므로

$$\tan\theta = \frac{a_x}{g} \quad \text{ⓐ}$$

이다. 따라서 가속도의 크기 a_x를 알면 자유표면의 경사도를 알 수 있고 반대로 경사도를 측정하면 수평등가속도를 알 수 있다. 이 원리를 이용하여 가속도계를 만들 수 있으며 상부가 개방되지 않은 밀폐된 용기에 대하여도 압력의 변화는 위와 같은 원리가 적용된다.

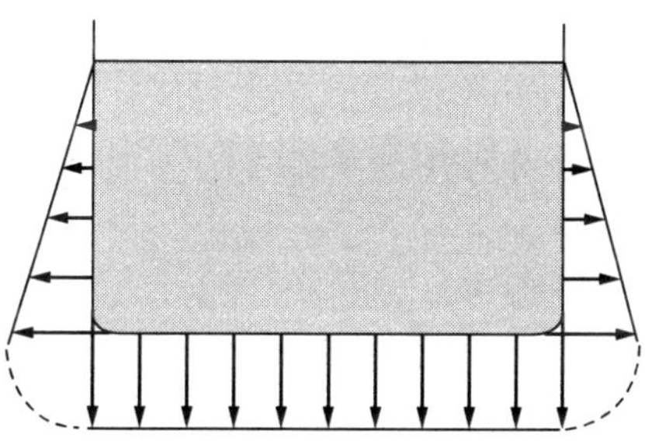

(a) 운동이 없을 때

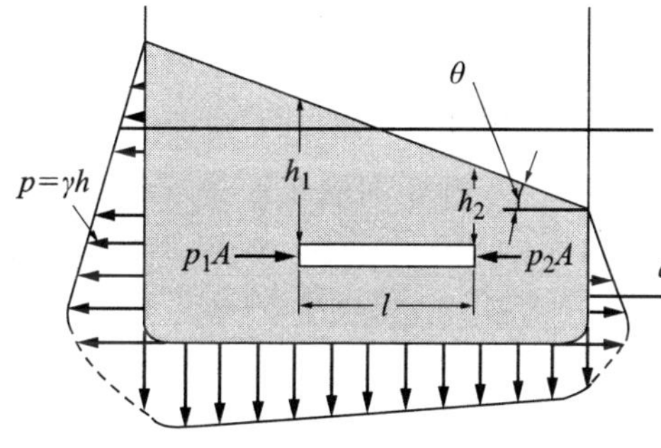

(b) 수평운동을 할 때

그림19. 수평운동을 할 때의 모습

예제 37

탱크가 오른쪽으로 가속을 받고 있을 때 가속도와 A점의 압력은? 탱크속의 유체는 수은이다.

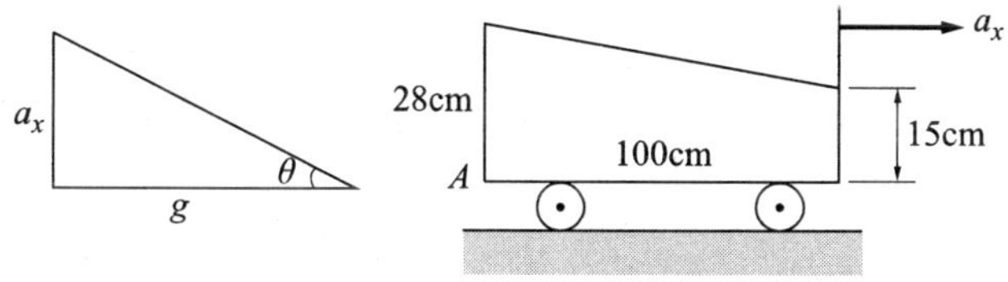

해설

1) 가속도

식 ⓐ에 의해 $\tan\theta = a_x / g$ 이므로

$$a_x = g\tan\theta = 9.8 \times \frac{28-15}{100} = 1.274\,\mathrm{m/s^2}$$

2) A점의 압력

$p = \rho g h$에서 $h = 28\,\mathrm{cm}$ 이므로

$$p = 13.6 \times 1{,}000 \times 0.28 = 3{,}808\,\mathrm{kg_f/m^2}$$

8.2 연직방향으로 등가속도를 받는 유체

연직방향(沿直方向)으로 등가속도운동을 하는 유체의 자유표면이나 등압면은 정지하고 있을 때와 같으나 압력의 크기는 그림20과 같이 변화한다.

그림20의 작은 체적요소에 대한 유체의 운동방정식은 $p_2 A - p_1 A - \gamma h A = \rho h A a_y$

$$\therefore\ \Delta p = p_2 - p_1 = \gamma h (1 + a_y / g) \qquad ⓑ$$

이다.

연직 하방으로 등가속도운동을 하는 유체인 경우에도 같은 방법으로 하면

$$\therefore\ \Delta p = p_2 - p_1 = \gamma h (1 - a_y / g) \qquad ⓒ$$

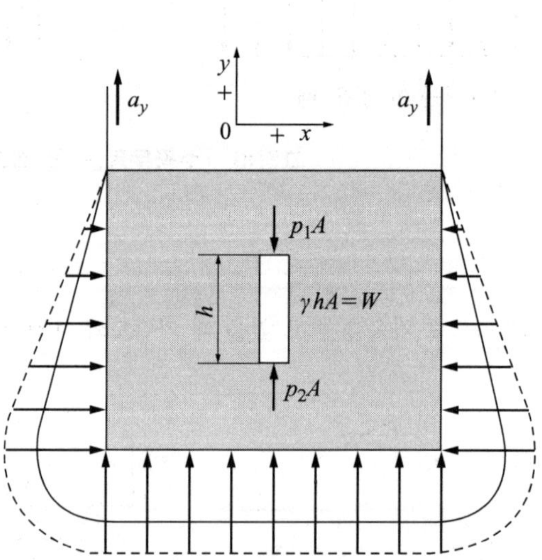

그림20. 연직방향운동

이다. 따라서 연직방향 압력변화는 중력에 의한 압력과 가속도운동에 의한 압력이 합쳐진 것만큼 변화한다.

만일 용기가 자유낙하하고 있다면 $a_y = g$가 되며, 식 ⓒ에 의하여 $p_1 = p_2$가 된다. 즉, 자유낙하를 하는 유체 내부에서는 압력의 변화가 없게 되어 용기 모든 점의 압력이 같게 된다.

예제 38

그림과 같이 30°로 기울어진 면을 따라 상부가 개방된 물통이 움직이고 있다. 수면이 경사진 면과 평행하게 유지되고 있다면 물통의 가속도 a는 얼마인가?

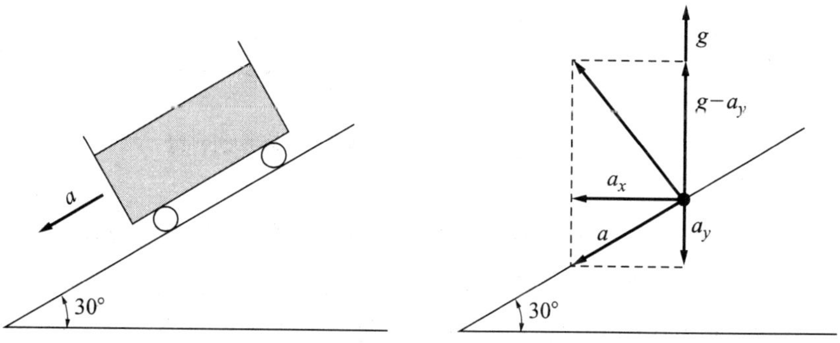

(a) (b)

해설 가속도 a와 중력가속도 g의 합성가속도는 수면에 수직이다. 가속도 a의 수평, 수직방향 가속도성분을 a_x, a_y라고 하면 그림(b)에서 합성가속도의

수평성분 : $a_x = a\cos\theta$

수직성분 : $g - a_y = g - a\sin\theta$

$$\frac{a_x}{g-a_y} = \frac{\frac{\sqrt{3}}{2}a}{g-\frac{a}{2}} = \tan\theta = \frac{1}{\sqrt{3}} \Rightarrow a = \frac{g}{2}$$

8.3 등속원운동을 받는 유체

그림21과 같이 등속원운동을 하는 물체는 속도의 크기는 일정하나 방향이 변하므로 접선가속도는 없어도 법선가속도는 rw^2으로 일정한 값을 갖는다.

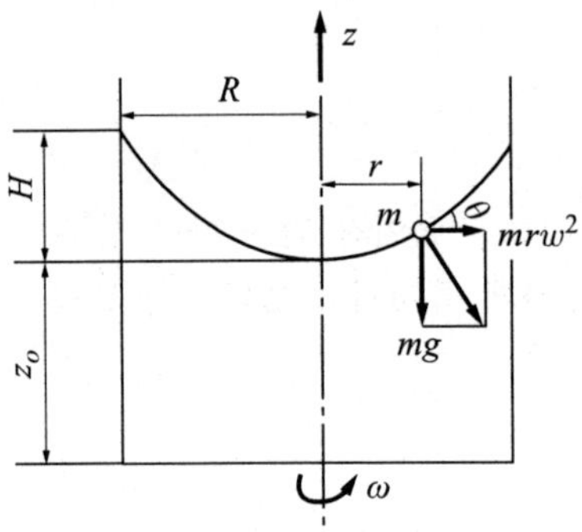

그림21. 등속원운동

원통형 그릇에 담은 액체를 그릇과 함께 연직축(沿直軸) 주위를 일정 각속도 w로 회전하면 액면은 그림21과 같은 상태로 안정된다. 이때 그릇과 액체 사이에는 상대운동이 없으며 또 액체 내부의 각 유체입자 사이의 상대속도도 0이다. 액면에 임의로 생각한 미소질량 m에는 원심력 mrw^2과 중력 mg가 작용하여 액면은 이들 합력과 수직방향이 된다.

액면의 경사각을 θ라 하면

$$\tan\theta = \frac{mrw^2}{mg} = \frac{w^2}{g}r \tag{ⓓ}$$

이 된다. 연직 상방으로 z축을 잡으면

$$\tan\theta = \frac{dz}{dr} \tag{ⓔ}$$

이다. 식ⓓ = 식ⓔ이므로

$$\frac{dz}{dr} = \frac{w^2}{g}r \Rightarrow z = \frac{w^2}{2g}r^2 + z_o \tag{ⓕ}$$

이 된다. z_o는 $r=0$인 점의 액면의 높이이며 위 식으로부터 액면(液面)은 회전포물선(回轉拋物面, 마치 고체가 회전하고 있는 것과 같은 이러한 유체운동을 강제 소용돌이운동(forced vortex motion)이라고도 한다)됨을 알 수 있다.

또 $r=R$일 때 $z = z_o + H$이므로 위 식은

$$H = \frac{w^2}{2g} r^2 \quad ⓖ$$

이 되며, 이를 변형하면

$$w = \frac{1}{R}\sqrt{2gh} \quad ⓗ$$

이 된다. 이 식에서 H를 측정하면 w의 값을 알 수 있다. 이 원리를 응용하넌 회전계(tachometer)를 만들 수 있다.

연습문제

01. 1 atm = 101,325 Pa이다. 이를 이용하여 1 atm = 14.7 psi임을 입증하라.

02. 그림과 같은 액주계에서 비중 $S_1 = 1$, $S_2 = 13.6$, 높이 $h_1 = 5\,\text{cm}$, $h_2 = 10\,\text{cm}$일 때, A점에서의 계기압력은 몇 kg_f/cm^2인가?

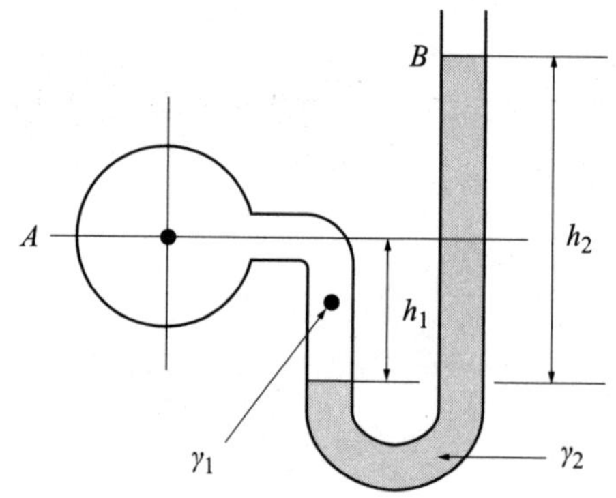

[정답] 0.131 kg_f/cm^2

03. 그림과 같이 물이 흐르고 있는 두 배관에 액주계가 설치되어 있고 액주계 안에는 비중이 2.6인 액체가 들어 있으며, $h = 20\,\text{cm}$, $H = 45\,\text{cm}$일 때 B지점과 A지점에서의 압력 차이 $p_B - p_A$는 몇 kg_f/cm^2인가?

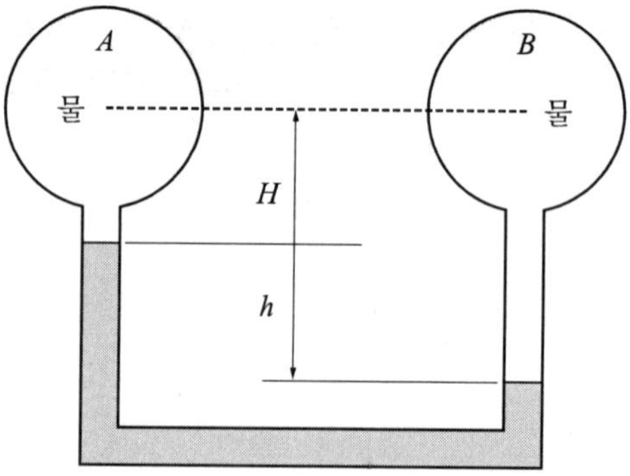

[정답] 320 kg_f/m^2

04. 대기압이 101.3 kN/m^{2}이고, 그림에서 유체 1은 물, 유체 2는 수은, $a = 1\,\text{m}$, $h = 0.4\,\text{m}$일 때 C점에서의 절대압력(kN/m^2)을 계산하라.

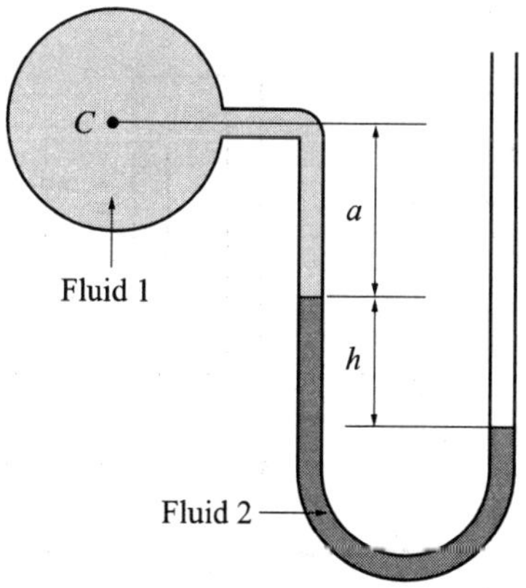

[정답] 38.1 kN/m^2

05. 유체 1은 물, 유체 2는 수은이 각각 채워져 있다. x, y의 압력차가 35 kN/m^2, $a = 1\,\text{m}$, $b = 30\,\text{cm}$일 때 h의 높이는 몇 cm인가?

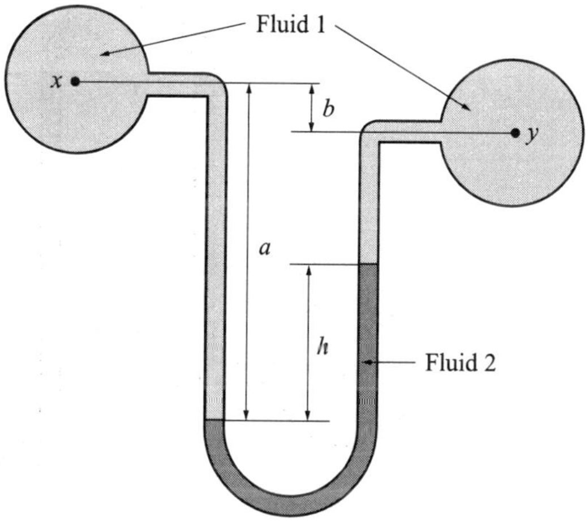

[정답] 30.7 cm

06. 그림과 같이 물이 흐르는 배관에 수은이 들어 있는 U자형 액주계를 설치하였고, 액주계 수은 높이 차는 0.5 m일 때 A지점과 B지점의 압력 차이는 몇 kg_f/m^2인가?

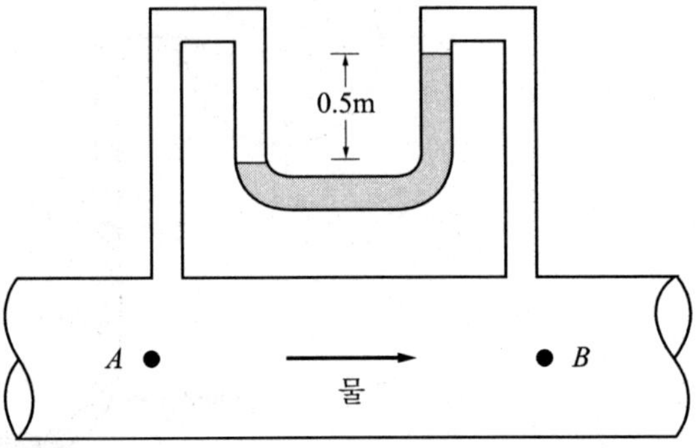

[정답] 6,300 kg_f/cm^2

07. 유체 1은 물, 유체 2는 공기(비중 무시)가 각각 채워져 있고 $h = 69\,cm$, $z = 23\,cm$일 때 x와 y의 압력차이는 몇 Pa인가?

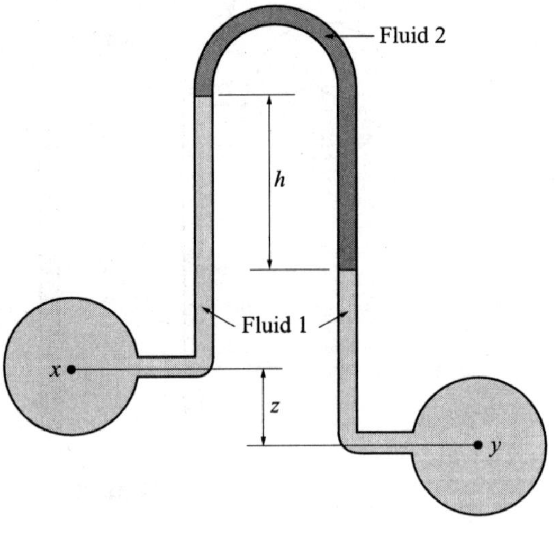

[정답] 4,512.6 Pa

08. 다음 그림의 건식스프링클러설비 밸브에서 1차측 물의 압력이 4 kg_f/cm^2이고, 1차측 단면직경이 12 cm, 2차측 단면직경이 18 cm일 때 2차측 공기압은 최소 얼마 이상이어야 밸브가 닫히는가?

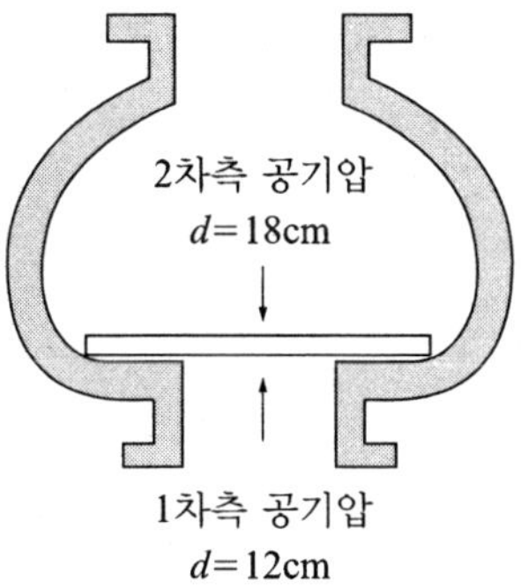

[정답] 1.777 kg_f/cm^2

09. 그림과 같은 수문이 열리지 않게 하려고 그 하단 A 지점에서 받쳐주어야 할 최소 힘 F_p는 몇 N인가? 그리고 압심의 깊이는 몇 m인가? 단, 수문의 폭 1 m, 유체의 비중량은 9,800 N/m^3이다.

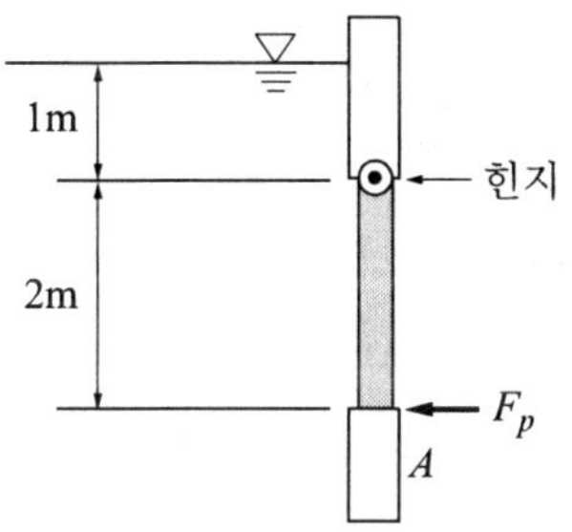

[정답] 22,932 N, 2.17 m

10. 그림과 같이 1 m × 3 m인 평판이 수면과 45° 기울어져 물에 잠겨 있다. 한쪽 면에 작용하는 전압력(N)과 작용점의 위치(y_p)는 각각 얼마인가?

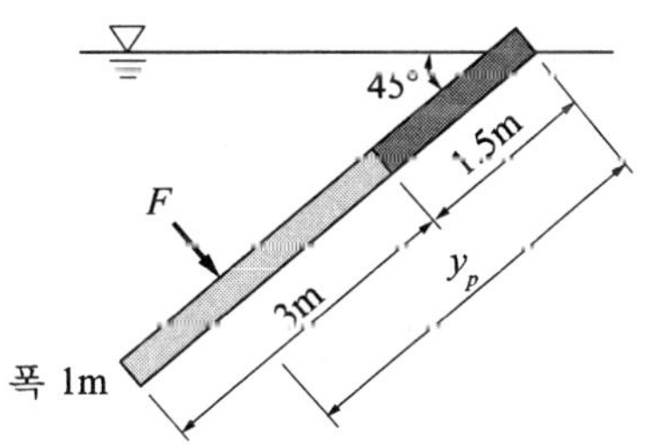

[정답] 62,357.4 N, 3.5 m

11. 그림과 수평과 30° 경사지고 폭이 50 cm인 수문 AB가 A지점에서 hinge로 되어 있다. 이 수문을 열기 위한 최소한의 힘 F (수문에 직각 방향)는 몇 kN 인가? 단, 수문의 무게는 무시하고 유체의 비중은 1이다.

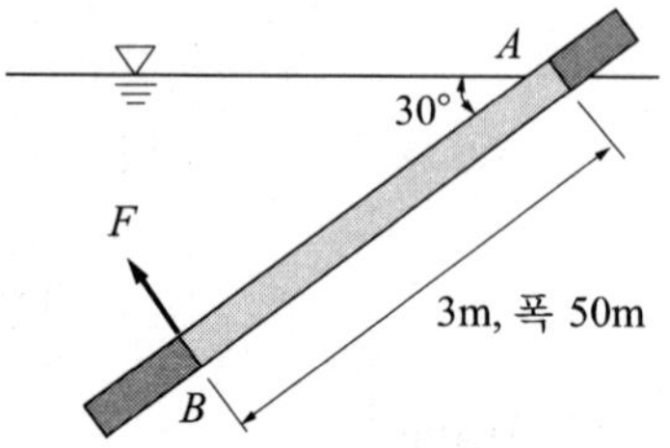

[정답] 7.35 kN

12. 이상기체상태방정식은 $pV = nRT$로 표시되며, $R = 0.082\,\text{atm} \cdot \ell/\text{mol} \cdot \text{K}$이다. 공기 중에서는 $p = \rho R' T$로 변환될 수 있음을 입증하고, 이때 R'의 값은 몇 J/kg · K인가? 단, 공기의 분자량은 28.96 g/mol이다.
[정답] 287 J/kg · K

13. 어떤 물체를 θ의 각도로 위쪽으로 초속도 V_0의 속도로 던질 때 t초 후의 속도(V_x, V_y), t초 후의 위치(x, y), 최대수직도달거리 H, 최대수평도달거리 $x_{\max}$를 구하시오(제3장 선행 과제).

14. 어떤 물체를 수평으로 초속도 V_0의 속도로 던질 때 t초 후의 속도(V_x, V_y), t초 후의 위치(x, y)를 구하시오(제3장 선행 과제).

Chapter 3

유체운동학

이 장에서는 유체가 운동상태에 있을 때 이것을 역학적으로, 특히 Newton 운동 제2법칙에 의하여 해석해 나간다. 이를 우리는 유체운동학(流體運動學, fluid kinematics)이라 부른다.

1. 연속방정식(連續方程式, Continuity equation)

유체운동에서 단면적이 균일한 배관이나 불균일한 배관 안의 유체 유량은 동일한 시간에 어느 단면에서나 질량보존의 법칙에 의하여 같다. 즉, 유입유량(流入流量)과 유출유량(流出流量)은 같으므로 일정한 배관 안에 축적된 질량은 어느 유속에서나 불변한다. 이것을 연속의 원리(連續의 原理, principle of continuity)라고 한다.

1.1 1차원유동에서의 연속방정식

그림1과 같이 단면이 일정하지 않은 배관 안의 유체유동에서 질량보존의 법칙에 의해 어디에서도 질량이 증가하거나 손실되지 않으므로 단면 1, 2 사이의 유입유량(流入流量)과 유출유량(流出流量)은 동일하다. 단면 1과 2에서의 단면적과 밀도를 각각 A_1, ρ_1, A_2, ρ_2라 하고 dt 시간 동안에 dx_1, dx_2만큼 움직였다면, dt 시간 동안 A_1을 통하여 유입하는 질량(m_1)은 $\rho_1 A_1 dx_1$, 유출질량(m_2)은 $\rho_2 A_2 dx_2$이다.

질량보존의 법칙에 의해 $m_1 = m_2$이므로

$$\rho_1 A_1 dx_1 = \rho_2 A_2 dx_2$$

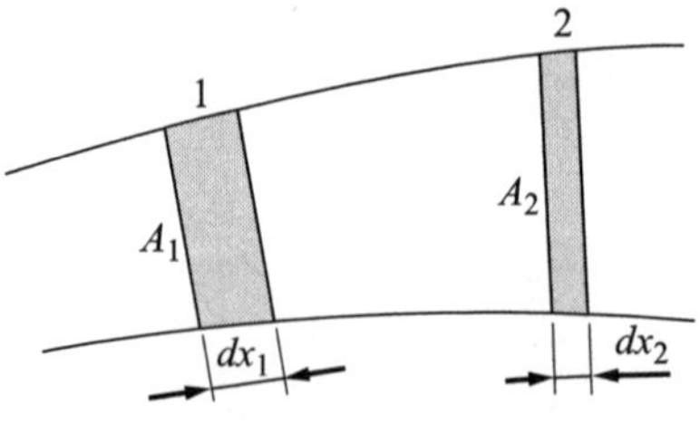

그림1. 배관의 모습

이다. 따라서 단위시간에 흘러간 유체의 질량은

$$\frac{\rho_1 A_1 dx_1}{dt} = \frac{\rho_2 A_2 dx_2}{dt}$$

이다. 단면 1과 단면 2에서의 속도를 V_1, V_2라 하면 $dx_1/dt = V_1$, $dx_2/dt = V_2$이므로 위 식은

$$\dot{m} = \rho_1 A_1 V_1 = \rho_2 A_2 V_2 \quad \text{또는} \quad \rho A V = \text{constant} \tag{1}$$

로 고쳐 쓸 수 있다. 여기서 $\dot{m}$은 단위시간당 질량유동(質量流動)으로서 질량유량(質量流量, mass flow rate)이라 부른다. 위 식(1)을 1차원유동(1방향에 대한 좌표와 시간의 함수로만 취급되는 유동, 즉 $\frac{dV}{dx} \neq 0$, $\frac{dV}{dy} = \frac{dV}{dz} = 0$)에서의 연속방정식이라 한다.

연속방정식($\rho A V$ = constant)에서 양변에 log를 취하면

$$\log_n \rho + \log_n A + \log_n V = \log_n C$$

이며, 미분하면 $\frac{d\rho}{\rho} + \frac{dA}{A} + \frac{dV}{V} = 0$이 된다.

식 (1)에 g를 곱하면

$$\dot{G} = \gamma_1 A_1 V_1 = \gamma_2 A_2 V_2$$

여기서 $\dot{G}$를 중량유량(重量流量, weight flow rate)이라 한다.

식 (1)에서 $\rho_1 = \rho_2$이면

$$Q = A_1 V_1 = A_2 V_2$$

이다. 여기서 Q는 유량(流量, discharge)이라 한다.

예제 01

그림과 같이 유체가 흐를 때 출구 ③을 통하여 흘러들어오는 유량은?

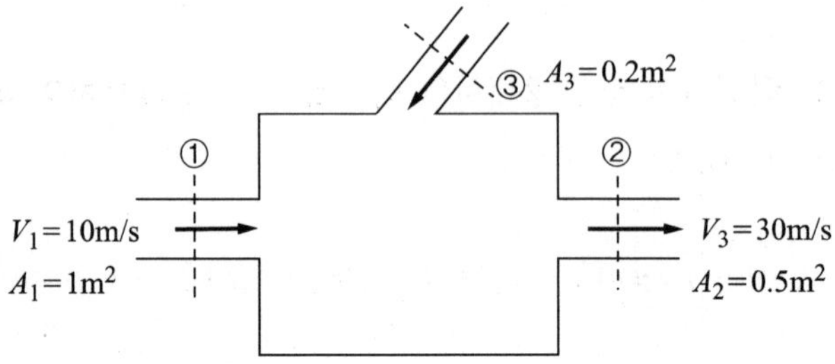

해설

연속방정식으로부터 $Q_1+Q_3=Q_2$이다.

$Q_1=A_1V_1$, $Q_2=A_2V_2$ 이므로

$Q_3=Q_2-Q_1=A_2V_2-A_1V_1=0.5\times30-10\times1=5\,m^3/s$

예제 02

제연설비(制煙設備, smoke control system)의 공기유입 덕트를 그림과 같이 설치하였을 때 덕트 A, B, C를 통과하는 공기의 유량이 180 m^3/min일 때 공기의 유속(m/s)은 얼마인가?

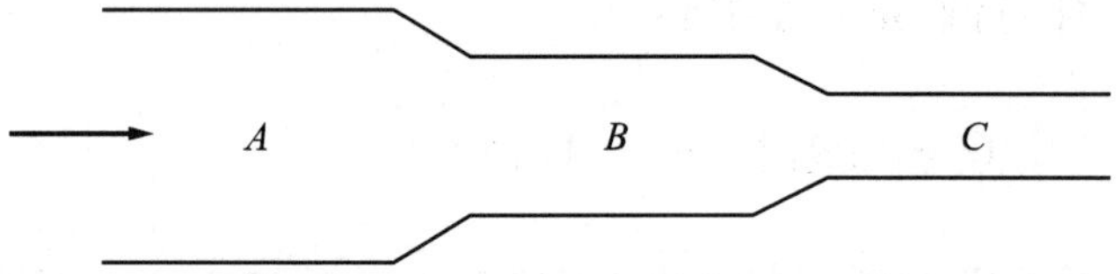

단면적 $A=120\times70cm^2$ $B=120\times60cm^2$ $C=120\times50cm^2$

해설

연속방정식 $Q=A_1V_1=A_2V_2$ 이므로

A의 유속 V_A는

$$V_A=\frac{Q}{A_A}=\frac{180\,m^3/min}{120\times70\,cm^2}=\frac{180\,m^3/60sec}{120\times70\,m^2\times10^{-4}m^2}=3.571\,m/s$$

B의 유속 V_B는

$$V_B=\frac{Q}{A_B}=\frac{180\,m^3/min}{120\times60\,cm^2}=\frac{180\,m^3/60sec}{120\times60\,m^2\times10^{-4}m^2}=4.166\,m/s$$

C의 유속 V_C는

$$V_C=\frac{Q}{A_C}=\frac{180\,m^3/min}{120\times50\,cm^2}=\frac{180\,m^3/60sec}{120\times50\,m^2\times10^{-4}m^2}=5\,m/s$$

예제 03

그림과 같이 배관을 통하여 할론 1301의 정상상태흐름(定常狀態流動; steady state flow)이 일어나고 있다. 이 흐름이 1차원유동이라고 할 때 ②지점에서의 할론 1301의 밀도는 몇 (g/cm^3)인가? 단, ①, ②지점에서의 내부단면의 직경은 각각 50 mm, 25 mm이다.

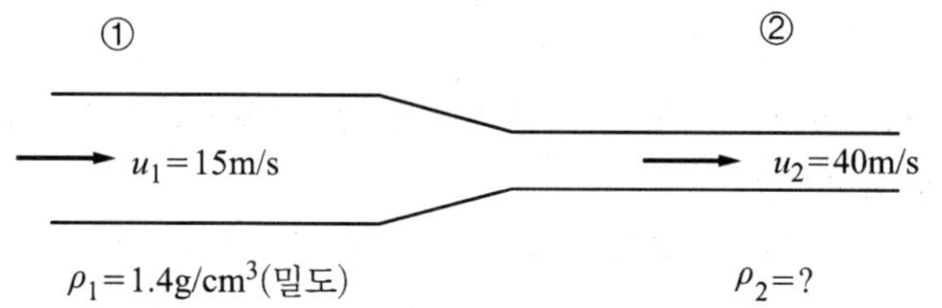

해설 ①지점, ②지점에서 연속방정식($\dot{m} = \rho_1 A_1 V_1 = \rho_2 A_2 V_2$)이 성립할 것이므로 ②지점에서 할론 1301의 밀도 ρ_2는

$$\rho_2 = \frac{\rho_1 A_1 V_1}{A_2 V_2} = \frac{1.4\,g/cm^3 \times \left(\frac{\pi \times 0.05^2}{4}\right) m^2 \times 15\,m/s}{\left(\frac{\pi \times 0.025^2}{4}\right) m^2 \times 40\,m/s} = 2.1\,g/cm^3$$

예제 04

그림과 같이 유체가 (1)부분에서 (2)와 (3)으로 분기되어 흐르는 경우에 (1), (2), (3) 지점의 유량(m^3/s)과 (3)지점의 유속(m/s)을 구하시오. 단, D_1 = 200 mm, V_1 = 2 m/s, D_2 = 100 mm, V_2 = 3 m/s, D_3 = 150 mm이다. 소수점 3자리에서 반올림하여 2자리로 답하시오.

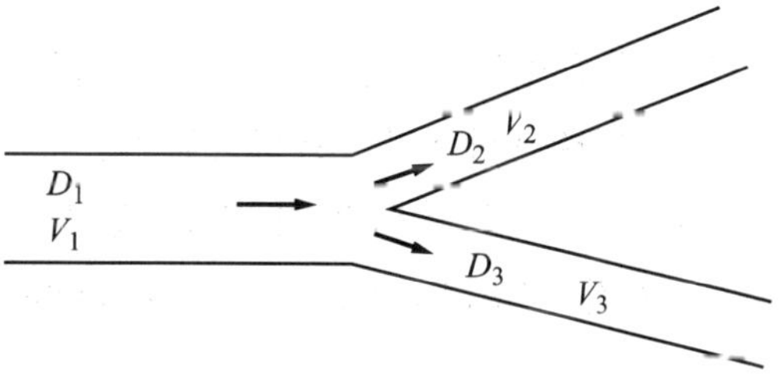

해설 1배관의 유량 Q_1은 $Q_1 = A_1 V_1 = \frac{\pi D_1^2}{4} \times V_1 = \frac{\pi 0.2^2}{4} \times 2 = 0.063\,m^3/s$ 이다.

2배관의 유량 Q_2은 $Q_2 = A_2 V_2 = \frac{\pi D_2^2}{4} \times V_2 = \frac{\pi \times 0.1^2}{4} \times 3 = 0.024\,m^3/s$ 이다.

3배관의 유량은 $Q_1 = Q_2 + Q_3$ 에서 $Q_3 = 0.063 - 0.024 = 0.039\,m^3/s$ 이다.

3배관의 유속은 $Q_3 = A_3 V_3 = \frac{\pi \times D_3^2}{4} \times V_3 = \frac{\pi \times 0.15^2}{4} \times V_3 = 0.039\,\mathrm{m^3/s}$ 에서

$V_3 = \frac{0.039}{\frac{\pi}{4} 0.15^2} = 2.207\,\mathrm{m/s}$ 이다.

예제 05

매초당 3,000 N의 물이 내경 300 mm인 소화배관을 통하여 흐르고 있는 경우 다음 각 물음에 답하시오.
(가) 소화배관 내 물의 평균유속(m/sec)을 구하시오.
(나) 소화배관 내 물의 평균유속을 9.74 m/s로 할 경우 소화배관의 관경(m)을 구하시오.

해설 (가) 연속방정식 $\dot{G} = \rho g Q = \rho g A V$ 에서 소방호스의 평균유속 V 는

$$V = \frac{\dot{G}}{\rho g A} = \frac{3{,}000\,\mathrm{N/s}}{9{,}800\,\mathrm{N/m^3} \times \left(\frac{\pi \times 0.3^2}{4}\right)\mathrm{m^2}} = 4.33\,\mathrm{m/s}$$

(나) 연속방정식 $\dot{G} = \rho g Q = \rho g A V = \rho g \times \frac{\pi}{4} D^2 \times V$ 에서

$$D = \sqrt{\frac{\dot{G}}{\gamma \frac{\pi}{4} V}} = \sqrt{\frac{3{,}000\,\mathrm{N/s}}{9{,}800\,\mathrm{N/m^3} \times \frac{\pi}{4} \times 9.74\,\mathrm{m/s}}} = 0.2\,\mathrm{m}$$

1.2 일반(3次元)적인 유동에서의 연속방정식

가장 일반적인 유체흐름은 압축성유체의 3차원 비정상류의 흐름으로서, 이 때 적용되는 식이 3차원유동에서의 연속방정식이다.

연속이론에서는 유체의 유입량 및 유출량을 논하게 되므로, 그림2와 같은 직각 좌표계에서 미소체적소(微小體積素, 檢査體積, control volume)인 입방체 $dxdydz$를 생각한다.

x, y, z 방향의 유속을 각각 u, v, w 라 하면 x방향으로 dt 시간 동안에 유동하는 질량유량을 생각하면 유입질량은

$$\text{유입질량}(m_1) = \rho u\, dy\, dz\, dt$$

이고, 두 점 사이에서의 변화량은 두 점을 잇는 방향에 관한 편미분계수(偏微分係數)

와 두 점 사이에서의 거리와의 곱으로 근사시킬 수 있으므로 유출질량은

$$유출질량(m_2) = \left(\rho + \frac{d\rho}{dx}dx\right)\left(u + \frac{du}{dx}dx\right)dy\,dz\,dt$$

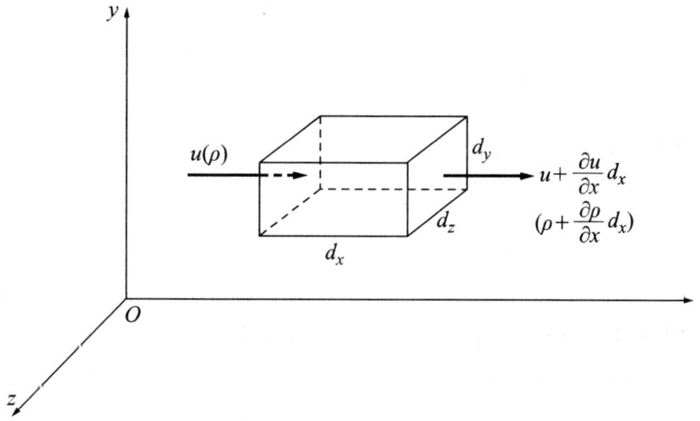

그림2. 미소체적소와 질량유량

이다. 그러므로 단위시간에 미소입방체 내에 축적된 질량은

$$\begin{aligned}축적질량 &= \frac{유입질량 - 유출질량}{dt} \\ &= \rho u dy dz - \left(\rho + \frac{d\rho}{dx}dx\right)\left(u + \frac{du}{dx}dx\right)dydz\end{aligned}$$

이다. 전개해서 고차미분항을 무시하고 정리하면 x방향에 축적된 질량은

$$-\left(u\frac{d\rho}{dx} + \rho\frac{du}{dx}\right)dx\,dy\,dz = -\frac{d(\rho u)}{dx}dx\,dy\,dz \qquad ①$$

이다. 동일한 방법으로 y 및 z방향에 대해서도

$$y\,방향에\ 축적된\ 질량 : -\frac{d(\rho v)}{dy}dx\,dy\,dz \qquad ②$$

$$z\,방향에\ 축적된\ 질량 : -\frac{d(\rho w)}{dz}dx\,dy\,dz \qquad ③$$

이다. 결국 미소입방체 $dx\,dy\,dz$에 축적된 전질량(全質量)은 x, y, z 방향으로 축적된 질량의 합이 되므로 ①+②+③은

$$-\left\{\frac{d(\rho u)}{dx}+\frac{d(\rho v)}{dx}+\frac{d(\rho w)}{dx}\right\}dx\,dy\,dz \qquad ④$$

가 된다. 또한 입방체 내에 축적된 질량은 동일한 시간에 입방체 내부에 발생하는 질량의 변화와 같다. 단위시간동안의 질량의 변화는

$$\left\{\left(\rho+\frac{d\rho}{dt}dt\right)-\rho\right\}dx\,dy\,dz = \frac{d\rho}{dt}dx\,dy\,dz \qquad ⑤$$

이다. 따라서 ④ = ⑤이므로, 이를 정리하면

$$\frac{d(\rho u)}{dx}+\frac{d(\rho v)}{dy}+\frac{d(\rho w)}{dz}+\frac{d\rho}{dt}=0 \qquad (2)$$

얻는다. 식(2)를 일반(3차원)유동에서의 연속방정식이라 부른다.

유체의 어느 한 지점에서의 유동조건이 시간에 무관한 일정한 유동을 정상유동(定常流動, steady flow), 시간과 함께 변하는 유동을 비정상유동(非定常流動, unsteady flow)이라 한다.

유체흐름의 성질로는 밀도(ρ), 압력(p), 속도(V), 온도(T) 등이 있는데 정상류 조건식으로 나타내면

$$\frac{d\rho}{dt}=0,\ \ \frac{dp}{dt}=0,\ \ \frac{dV}{dt}=0,\ \ \frac{dT}{dt}=0$$

이다.

예제 06

그림과 같이 40 m^3인 저수조에 계속적으로 2,000 lpm[5]의 유량으로 물을 채우고 있다. 화재초기에 수심은 2 m이었다. 진화를 위해 8,000 lpm의 물을 계속 취수하기 시작했을 때 저수조는 언제 고갈될까?

---

5) liter per minute를 줄여서 lpm이라고 함

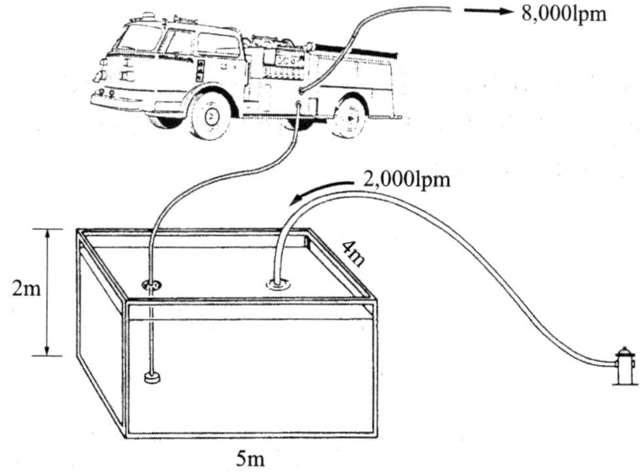

해설 우선 유입량과 유출량의 단위를 m^3/sec로 바꾼다.

유입량 Q_{in} = 2,000 lpm = 0.033 m^3/sec

유출량 Q_{out} = 8,000 lpm = 0.134 m^3/sec

유출량과 유입량의 차이는

$Q_{out} - Q_{in}$ = 0.134 − 0.033 = 0.101 m^3/sec

저수조의 표면적은 20 m^2이고, 줄어드는 양은 0.101 m^3/sec이므로 수면이 가라앉는 속도는

$$\frac{0.101\,\mathrm{m^3/sec}}{20\,\mathrm{m^2}} = 0.005\,\mathrm{m/sec}$$

이다. 따라서 전 수심이 2 m이므로 저장된 물이 고갈되는 시간은 다음과 같다.

$$\frac{2\,\mathrm{m}}{0.005\,\mathrm{m/sec}} = 400\,\mathrm{sec} = 6.7\,\mathrm{min}$$

예제 07

가로 10 m × 세로 10 m의 저수조에 계속해서 1 m^3/min의 유량으로 물을 채우고 있다. 화재 초기의 수심은 2 m이었고 진화를 위해 2 m^3/min의 물을 계속 취수한다면, 이 저수조가 고갈될 때까지는 약 몇 분 걸리는가?

해설 유입량과 유출량의 차이는 $Q_{out} - Q_{in} = 2 - 1 = 1\,\mathrm{m^3/min}$이다.

저수조의 표면적은 10 m^2이고, 줄어드는 양은 1 m^3/min이므로 수면이 가라앉는 속도는

$$\frac{1\,\mathrm{m^3/min}}{10\,\mathrm{m^2}} = 0.1\,\mathrm{m/min}$$

이다. 따라서 수심이 2 m이므로 저장된 물이 고갈되는 시간은

$$\frac{2\,\mathrm{m}}{0.1\,\mathrm{m/min}} = 20\,\mathrm{min}$$ 이다.

예제 08

직경 30 mm인 배관에 공기가 1초당 4 kg가 흐르고 있다. 배관 속의 온도와 압력은 21℃, 150 kPa으로 측정되었고, 공기의 기체상수는 287 J/kg · K이라고 할 때 공기의 평균 이동 속도(m/s)는 얼마인가?

해설 공기를 이상기체로 간주하면

$pV = nRT = \frac{W}{M}RT,\ p = \frac{W}{VM}RT = \rho\frac{R}{M}T = \rho R' T$ 에서 $\rho = \frac{p}{R'T}$ 이다.

여기서 R'는 $R' = \frac{R}{M}$이다.

$$R' = \frac{R}{M} = \frac{0.082\,\text{atm}\cdot\ell/\text{mol}\cdot\text{K}}{28.96\,\text{g/mol}} = \frac{0.082\,\text{atm}\cdot\ell}{28.96\,\text{g}\cdot\text{K}}$$

$$= \frac{0.082\times(1.01325\times10^5\,\text{N/m}^2)\times10^{-3}\,\text{m}^3}{28.96\times10^{-3}\,\text{kg}\cdot\text{K}}$$

$$= 287\,\text{N}\cdot\text{m/kg}\cdot\text{K} = 287\,\text{J/kg}\cdot\text{K}$$

$$\rho = \frac{p}{R'T} = \frac{150\times10^3\,\frac{\text{N}}{\text{m}^2}}{287\,\frac{\text{N}\cdot\text{m}}{\text{kg}\cdot\text{K}}\times(273+21)\,\text{K}} = 1.78\,\text{kg/m}^3$$

$$\dot{m} = \rho A V \text{ 에서 } V = \frac{\dot{m}}{\rho_{air}A} = \frac{4\,\frac{\text{kg}}{\text{s}}}{1.78\,\frac{\text{kg}}{\text{m}^3}\times\frac{\pi(0.3)^2}{4}\,\text{m}^2} = 31.8\,\text{m/s}$$

예제 09

배관 내에 980 N/s의 물이 흐르고 있다. 직경이 10 cm일 때 유체의 유속(m/s)은 얼마인가?

해설

$$\dot{G} = \gamma Q = \gamma A V \text{ 에서 } V = \frac{\dot{G}}{\gamma A} = \frac{980\,\frac{\text{N}}{\text{s}}}{9{,}800\,\frac{\text{N}}{\text{m}^3}\times\frac{\pi(0.1)^2}{4}\,\text{m}^2} = 12.73\,\text{m/s}$$

1.3 검사체적 내의 유체의 질량 변화율 개념을 이용한 연속방정식

그림3과 같이 검사체적(檢査體積, control volume)으로 유입 및 유출되는 곳이 여러 곳일 경우를 생각해보자.

검사체적 내 유체의 질량의 변화율은 질량보존의 법칙에 따라 유입되는 질량과 유출되는 질량유량의 차와 같다. 식으로 나타내면 다음과 같다.

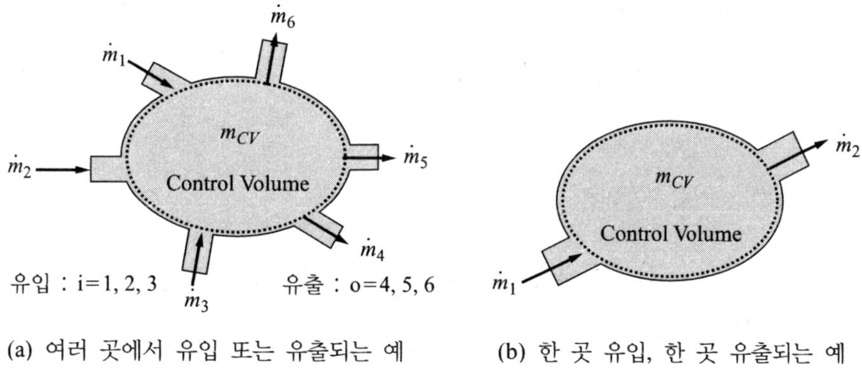

그림3. 검사체적에 유입되는 질량유량과 유출되는 질량유량

$$\frac{\partial m_{cv}}{\partial t} = \sum_i \dot{m}_i - \sum_o \dot{m}_o \tag{1-a}$$

여기서, m_{cv} : 검사체적(檢査體積, control volume) 내의 질량

$\dot{m}$: 질량유량(mass flow rate)

o : out (유출)

i : input (유입)

위의 식을 검사체적에 대한 연속방정식이라고 한다.

입구와 출구가 각각 하나이면 위 (1-a) 식은 다음과 같이 나타낼 수 있다.

$$\frac{\partial m_{cv}}{\partial t} = \dot{m}_i - \dot{m}_o \tag{1-b}$$

정상상태이면 검사체적 내의 질량은 시간에 따라 변하지 않으므로 $\frac{\partial m_{cv}}{\partial t} = 0$이므로 위 식은 다음과 같이 된다.

$$\sum_i \dot{m}_i - \sum_o \dot{m}_o = 0 \tag{2-a}$$

$$\sum_i \dot{m}_i = \sum_o \dot{m}_o \tag{2-b}$$

위 식은 검사체적으로 유입되는 질량유량의 합은 유출되는 질량유량의 합과 같다는 것을 나타낸다.

정상상태이고, 유입 및 유출되는 곳이 각각 하나이며 유입하는 곳을 아래첨자1, 유출하는 곳을 아래첨자 2로 나타내면 위 식은 다음과 같이 나타낼 수 있다.

$$\dot{m}_2 - \dot{m}_1 = 0 \tag{3-a}$$

$$\dot{m}_2 = \dot{m}_1 = \dot{m} \tag{3-b}$$

단면에 수직한 속도성분이 V로 균일하거나 또는 평균속도를 V라고 할 때의 질량유량은 다음과 같다.

$$\dot{m} = \rho A V \tag{4}$$

따라서 정상상태이고 균일유동인 경우 유입하는 곳을 첨자 1, 유출하는 곳을 첨자 2로 나타내면 연속방정식은 다음과 같이 나타낼 수 있다.

$$\rho_1 A_1 V_1 = \rho_2 A_2 V_2 \tag{5}$$

위의 식은 다음과 같이 나타낼 수 있다.

$$\rho A V = \text{constant} \tag{6}$$

비압축성유동 또는 밀도가 일정하다면 $\rho_1 = \rho_2$이므로 위의 식은 다음과 같이 나타낼 수 있다.

$$A_1 V_1 = A_2 V_2 \tag{7}$$

위 식은 정상유동, 비압축성유동에 대한 검사체적에서의 연속방정식이다. 단면에 수직한 속도성분이 V로 균일하거나 평균속도를 V라고 할 때의 유량은 다음과 같다.

$$Q = A V \tag{8}$$

따라서 밀도가 일정한 경우 질량유량 $\dot{m}$, 중량유량 $\dot{G}$과 체적유량 Q의 관계는 다음과 같다.

$$\dot{m} = \rho Q \tag{9}$$

$$\dot{G} = \dot{m} g = \rho Q g = \rho g Q = \gamma Q \tag{10}$$

속도분포가 균일하지 않으면 단면에 수직인 속도 성분의 크기를 V_n 으로 나타내면 질량유량 $\dot{m}$ 과 체적유량 Q 는 다음과 같이 쓸 수 있다.

$$\dot{m} = \int \rho V_n dA \tag{11}$$

$$Q = \int V_n dA \tag{12}$$

예제 10

용기(가로 1 m, 세로 0.1 m)의 한쪽으로는 0.1 m/s의 균일한 속도로 물이 흘러 들어가고, 한쪽으로는 0.2 m/s의 균일한 속도로 물이 흘러나온다. 용기 입구관의 직경은 20 cm이고 출구관의 직경은 10 cm이다.

(1) 용기 속의 질량 증가율을 구하라.

(2) 용기 속에 있는 물의 상승속도를 구하라.

해설

(1) 입구와 출구에서 속도분포가 균일하므로 $\dot{m} = \rho Q = \rho A V$의 식으로 질량유량을 구할 수 있다. 흘러 들어가는 질량유량은 $\dot{m}_i = \rho A_i V_i$ 로부터

$$\dot{m}_i = \rho A_i V_i = 1{,}000\,(\mathrm{kg/m^3}) \times \frac{\pi (0.2\,\mathrm{m})^2}{4} \times 0.1\,(\mathrm{m/s}) = 3.14\,\mathrm{kg/s}$$

흘러나가는 질량유량은 $\dot{m}_o = \rho A_o V_o$ 로부터

$$\dot{m}_o = \rho A_o V_o = 1{,}000\,(\mathrm{kg/m^3}) \times \frac{\pi (0.1\,\mathrm{m})^2}{4} \times 0.2\,(\mathrm{m/s}) = 1.57\,\mathrm{kg/s}$$

이다. 용기 속의 질량증가율 $\dot{m}$ 은 $\dot{m} = \dot{m}_i - \dot{m}_o = 3.14 - 1.57 = 1.57\,\mathrm{kg/s}$ 이다. 따라서 용기 속의 물은 초당 1.57 kg씩 증가할 것이다.

(2) 유입되는 물과 유출되는 물의 양이 다르므로 검사체적(용기) 속의 유체의 질량은 시간에 따라 변화하는 비정상상태이다. 따라서 연속방정식으로 (1-a) 식을 이용하여야 한다. 용기의 수평단면적을 A, 물이 차있는 높이를 h라고 하면 용기(검사체적) 속의 물의 질량 m_{cv} 은 $m_{cv} = \rho A h$이므로

$$\frac{\partial m_{cv}}{\partial t} = \frac{\partial (\rho A h)}{\partial t} = \dot{m}_i - \dot{m}_o = 1.57\ \mathrm{kg/s}$$

$\rho A \frac{\partial h}{\partial t} = 1.57\,\mathrm{kg/s}$ 에서

$$\frac{\partial h}{\partial t} - \frac{1.57}{\rho A} - \frac{1.57}{1{,}000 \times 0.1} = 0.0157\,\mathrm{m/s}$$

이다. 따라서 용기 속의 물의 높이는 초당 1.57 cm의 속도로 올라간다.

예제 11

반지름 R인 원형 배관에 균일한 속도 U로 물이 흘러 들어가서 원형관의 끝에서 $u = u_0\left[1-\left(\frac{r}{R}\right)^2\right]$의 분포로 물이 흘러나가고 있다. 이 원형 배관 안 물의 흐름은 정상 상태이다.

(1) 입구와 출구에서 물의 흐름속도를 그림으로 그려라.

(2) 물이 흘러 들어가는 속도를 구하라.

해설

(1)

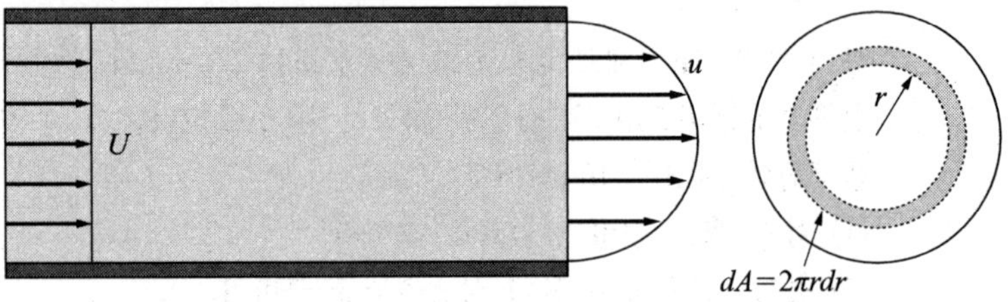

(2) 정상상태이므로 유입하는 곳을 아래첨자 1, 유출하는 곳을 아래첨자 2로 나타내면 연속방정식은 $\dot{m}_1 = \dot{m}_2$이다.

입구에서 속도분포가 균일하므로 $\dot{m}_1$은 $\dot{m}_1 = \rho A_1 V_1 = \rho\pi R^2 U$

이고, 출구에서는 속도분포가 균일하지 않으므로 $\dot{m}_2$는 $\dot{m}_2 = \int \rho V_n dA$

의 식으로 구할 수 있다.

$V_n = u$이고 원형관일 때 $dA = 2\pi r dr$이므로 $\dot{m}_2$는

$$\dot{m}_2 = \int \rho V_n dA = \int_0^R \rho u_0\left[1-\left(\frac{r}{R}\right)^2\right]2\pi r dr = 2\pi\rho u_0\int_0^R\left[1-\left(\frac{r}{R}\right)^2\right] r dr$$
$$= \frac{\rho u_0 \pi R^2}{2}$$

이다. $\dot{m}_1 = \dot{m}_2$로부터 $\rho\pi R^2 U = \frac{\rho u_0 \pi R^2}{2}$이므로 $U = \frac{u_0}{2}$이다.

예제 11

그림과 같은 직육면체(바닥은 6 m × 6 m)의 물탱크에서 밸브를 완전히 개방하였을 때 최저 유효수면(점선 부위)까지 물이 배수되는 소요시간(분)을 구하시오. 단, 토출측 관 안지름은 80 mm이고, 탱크 수면 하강속도가 변화하는 점을 고려하여 소요시간을 구하시오.

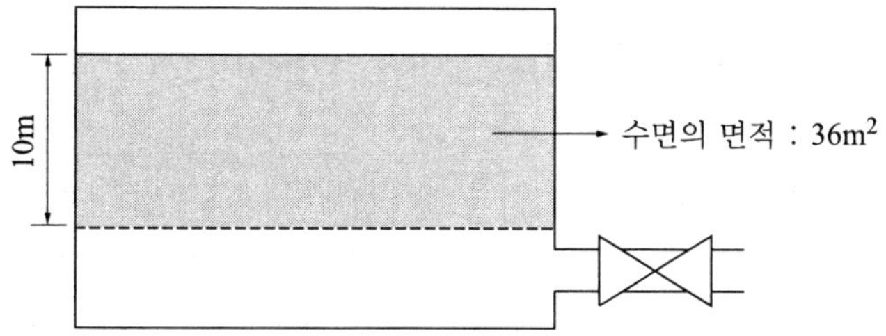

해설

토리첼리의 정리에 의하여 밸브에서의 배출속도 V_2는

$$V_2 = \sqrt{2gh} = \sqrt{2 \times 9.8 \times 10} = 14\,\mathrm{m/s}$$

이다. 수면의 표면적을 $A_1 (= 36\,\mathrm{m}^2)$, 수면의 강하속도를 V_1이라고 하면 연속방정식에 의하여 $Q = A_1 V_1 = A_2 V_2$이므로 수면의 강하속도 V_1은

$$V_1 = \frac{A_2}{A_1} \times V_2 = \frac{\frac{\pi}{4} d_2^2}{A_1} \times V_2 = \frac{\frac{\pi}{4}(0.08\,\mathrm{m})^2}{36\,\mathrm{m}^2} \times 14\,(\mathrm{m/s}) = 1.9457 \times 10^{-3}\,(\mathrm{m/s})$$

$$= 0.1172\,\mathrm{m/min}$$

물이 내려오는 가속도 a는

$$a = \frac{V_3 - V_1}{t} = \frac{0 - 0.1172\,\mathrm{m/min}}{t} = \frac{-0.1172\,\mathrm{m/min}}{t}\,(\mathrm{m/min^2})$$

이동거리 $S = V_1 t + \frac{1}{2} a t^2$이므로

$$10\,\mathrm{m} = 0.1172\,(\mathrm{m/min}) \times t + \frac{1}{2}\left(\frac{-0.1172/\mathrm{min}}{t}\right) t^2$$

$$= 0.1172\,(\mathrm{m/min}) \times t + (-0.0586\,\mathrm{m/min})\,t = 0.0586\,(\mathrm{m/min})\,t$$

$$t = \frac{10\,\mathrm{m}}{0.0586\,\mathrm{m/min}} = 170.648\,\mathrm{min}$$

2. Bernoulli방정식

2.1 에너지 총합을 이용한 Bernoulli방정식의 유도(방법1)

그림4와 같이 임의의 극히 작은 두 유선 사이에 흐르는 유체의 에너지 총합에 대하여 생각하여 보자.

기준면으로부터 높이 z_1인 m지점과 z_2인 n지점에서 그 사이의 유동하는 유체의 全에너지는 손실이 없다고 가정하였을 때, m지점의 全에너지와 n지점의 全에너지는 동일하여야 한다. 단면 A_1 및 A_2에 작용하는 全에너지는 운동에너지($\frac{1}{2}mV^2$), 위치에너지(mgh), 압력에너지의 합이다.

全에너지 = 운동에너지 + 위치에너지 + 압력에너지(유동일)

따라서 全에너지를 E라 하면

$$E = \frac{1}{2}mV^2 + mgh + pAL$$

여기서, L : 거리

이다. 또 m, n점에서의 단위시간 동안의 全에너지를 각각 $\dot{E}_1$, $\dot{E}_2$라고 하면

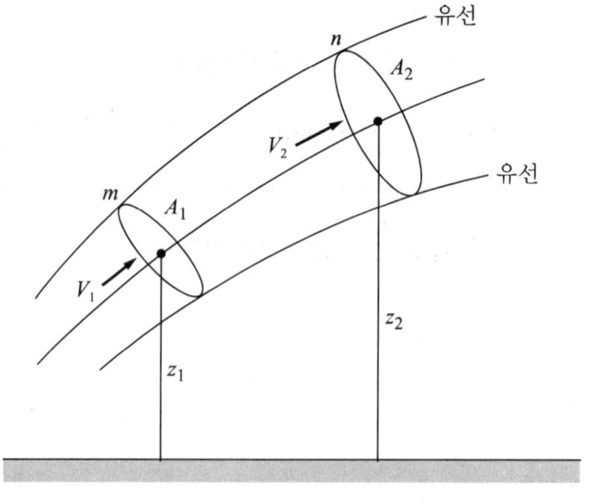

그림4. 유선 사이의 흐름

$$\dot{E}_1 = \frac{1}{2}\rho A_1 V_1 V_1^2 + \rho A_1 V_1 g z_1 + p_1 A_1 V_1$$

$$\dot{E}_2 = \frac{1}{2}\rho A_2 V_2 V_2^2 + \rho A_2 V_2 g z_2 + p_2 A_2 V_2$$

결국 $\dot{E}_1 = \dot{E}_2$ 이므로 등치(等值)시켜 ρ 로 나누면

$$\frac{1}{2}A_1 V_1 V_1^2 + A_1 V_1 g z_1 + \frac{p_1 A_1 V_1}{\rho} = \frac{1}{2}A_2 V_2 V_2^2 + A_2 V_2 g z_2 + \frac{p_2 A_2 V_2}{\rho}$$

연속이론에 의하여 $A_1 V_1 = A_2 V_2$ 이므로

$$\frac{1}{2}V_1^2 + g z_1 + \frac{p_1}{\rho} = \frac{1}{2}V_2^2 + g z_2 + \frac{p_2}{\rho}$$

또는

$$\frac{p}{\gamma} + \frac{V^2}{2g} + z = H = \text{constant} \tag{3}$$

이 식을 Bernoulli방정식이라고 하며, 스위스의 수학자 Daniel Bernoulli (1700~1782)가 그의 저서에 1738년에 처음으로 발표함으로써 널리 알려지게 되었다.

2.2 Newton의 운동방정식을 이용한 Bernoulli방정식의 유도(방법2)

그림5와 같이 질량이 $\rho dAds$ 인 유체입자가 유선(流線)을 따라 움직인 경우를 생각하자. 이 유체입자의 유동방향의 한쪽 면에 작용하는 압력을 p 라 하면 다른 쪽 면에 작용하는 압력은 $p+dp\left(=p+\frac{dp}{ds}ds\right)$로 표시할 수 있다. 그리고 유체입자의 무게는 $\gamma dAds$ 이다.

유선 위 유체입자에 작용하는 힘이 유체입자에 Newton의 운동법칙 $\Sigma F_s = ma_s$ 를 적용하면

$$pdA - \left(p + \frac{dp}{ds}ds\right)dA - \rho g dAds\sin\theta = \rho dAds\frac{dV}{dt}$$

여기서, V : 유선을 따라 유동하는 유체입자의 속도

이다.

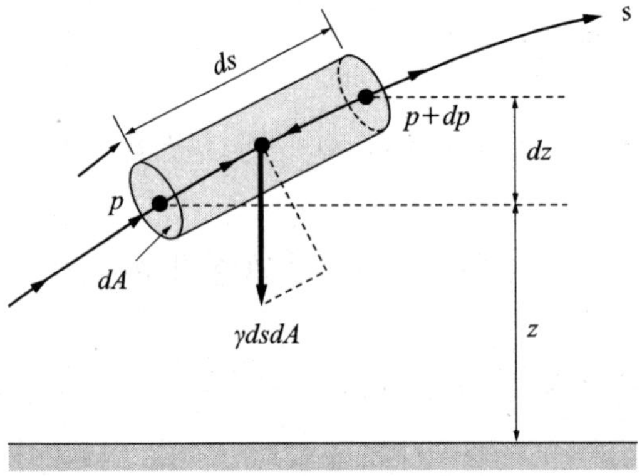

그림5. 유선 상의 유체입자 및 자유물체도

위의 식의 양변을 $\rho dAds$로 나누어 정리하면

$$\frac{1}{\rho}\frac{dp}{ds}+g\sin\theta+\frac{dV}{dt}=0 \qquad ①$$

속도 V는 s와 t의 함수, 즉 $V=f(s,t)$이므로(편미분에서 z가 x와 y의 연속함수인 경우 $z=f(x,y) \Rightarrow dz=\frac{dz}{dx}dx+\frac{dz}{dy}dy$인 관계가 성립한다)

$$dV=\frac{dV}{ds}\cdot ds+\frac{dV}{dt}dt$$

$$\frac{dV}{dt}=\frac{dV}{ds}\cdot\frac{ds}{dt}+\frac{dV}{dt}=V\frac{dV}{ds}+\frac{dV}{dt}$$

그리고 그림5에서 $\sin\theta=\frac{dz}{ds}$이므로 식①은 다음과 같이 쓸 수 있다.

$$\frac{1}{\rho}\frac{dp}{ds}+g\frac{dz}{ds}+V\frac{dV}{ds}+\frac{dV}{dt}=0 \qquad ②$$

식 ②를 Euler의 방정식이라 한다. 정상유동에서는 $\frac{dV}{dt}=0$이므로 식 ②는

$$\frac{1}{\rho}\frac{dp}{ds}+g\frac{dz}{ds}+V\frac{dV}{ds}=0$$

또는

$$\frac{dp}{\rho}+gdz+VdV=0 \qquad ③$$

위 식 ③을 적분하면

$$\int \frac{dp}{\rho} + \frac{V^2}{2} + gz = \text{constant}$$

비압축성 유체(ρ=constant)일 때 위 식은

$$\frac{p}{\rho} + \frac{V^2}{2} + gz = \text{constant} \qquad ④$$

이 된다. 위 식을 g로 나누면

$$\frac{p}{\gamma} + \frac{V^2}{2g} + z = H = \text{constant} \qquad (3)$$

위의 식 (3)은 다음과 같은 가정 하에 유도되었다.

① 유체입자는 유선(流線)을 따라 흐른다.
② 유체는 이상(비점성, 비압축성)유체이다
③ 정상유동(定常流動)이다.
④ 외력(外力)은 중력(重力)만 작용한다.

Bernoulli방정식 (3)의 제1, 제2, 제3항을 각각 단위중량당의 유체가 갖는 유동일 혹은 압력에너지(flow work or pressure energy), 운동에너지(kinetic energy), 위치에너지(potential energy)라 부르고, 이들 세 에너지의 합을 총 기계적 에너지(total mechanical energy)라 부른다. 그러므로 Bernoulli방정식은 마찰이 없는 정상 비압축성 유동(定常 非壓縮性流動)에서 한 유선(流線)을 따라 총 기계적 에너지는 일정하다는 것을 말해주고 있다.

이론적으로 유선(流線)이 다르면 총 기계적 에너지는 서로 다를 수 있다. 그러나 많은 문제에 있어서 모든 유선은 실제로 같은 총 기계적 에너지를 갖는다고 가정하고 문제를 해석한다. 이러한 가정은 비회전(非回轉)이라는 가정에서 가능하다.

식 (3)의 각 항은 길이 차원 L을 갖는다. 그러므로 에너지의 각 항을 액주(液柱)의 높이로 나타낼 수 있다. 수력학에서는 식 (3)의 각 항의 단위중량당의 유체가 갖는 압력에너지(유동일), 위치에너지, 운동에너지의 에너지 대신 수두(水頭, water head, head)란 말을 쓴다. 즉,

$$\frac{p}{\gamma} = \text{압력수두(pressure head)}$$

$$\frac{V^2}{2g} = \text{속도수두(velocity head)}$$

$$z = \text{위치수두(potential head)}$$

$$H = \text{全水頭(total head)}$$

이다. 수두의 차원은 L이고, 단위로는 m을 쓰지만, Bernoulli방정식을 유도하는 과정을 생각하여 $kg_f \cdot m/kg_f$ ($= J/kg_f$)을 쓰면 알기 쉬울 것이다.

한 유선 상에 있는, 혹은 비회전유동장(非回轉流動場)의 임의의 두 점 1, 2에서 식 (3) 형태의 Bernoulli방정식을 적용하면

$$\frac{p_1}{\gamma} + \frac{V_1^2}{2g} + z_1 = \frac{p_2}{\gamma} + \frac{V_2^2}{2g} + z_2 \tag{4}$$

와 같이 표시된다.

식 (4)의 관계를 그림6에 그려 놓았다. 그림에 설명된 바와 같이 한 유선상의 모든 점에서의 총 기계적 에너지는 모두 같다.

한 유선상의 모든 점에서의 $p/\gamma + z + V^2/2g$을 연결한 선을 에너지 선 또는 에너지경사선(energy or energy grade line)이라 한다. 또 한 유선상의 모든 점에서의 $p/\gamma + z$를 연결한 선을 수력구배선(水力勾配線, 수력기울기선, hydraulic grade or piezometric line) 또는 동수경사선(動水傾斜線, hydraulic grade or piezometric line)이라고 한다. 수력구배선은 액주계의 높이를 이은 선이다. 수력구배선은 에너지 구배선보다 항상 $V^2/2g$만큼 아래에 위치한다.

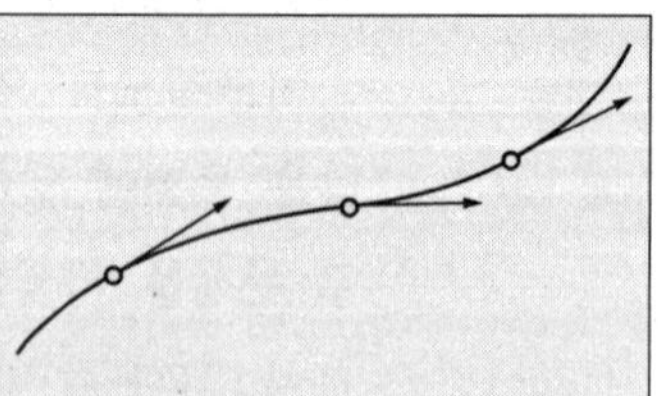

일정한 기간 내에 유체입자가 흘러간 궤도를 유적선(流跡線, path line)이라 하고, 흐르는 유체 속에 하나의 선을 그어 그 선상(線上)의 임의의 접선이 그 점의 유체의 흐르는 방향과 같을 때 그 선을 유선(流線, stream line)이라 한다. 즉, 유체흐름의 공간에서 어느 순간에 각 점에서의 속도방향과 접선방향(接線方向)이 일치하는 연속적인 가상곡선(假想曲線)을 유선이라 한다. 정상류일 때 유선은 시간에 관계없이 공간에 고정되며 유적선(流跡線), 즉 하나의 유체입자가 지나간 자취와 일치한다.

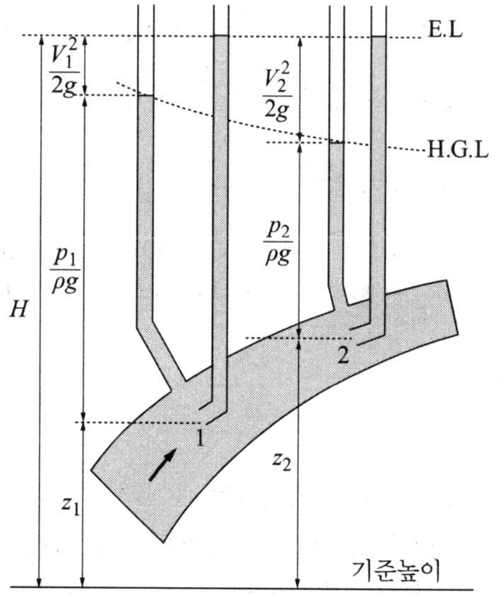

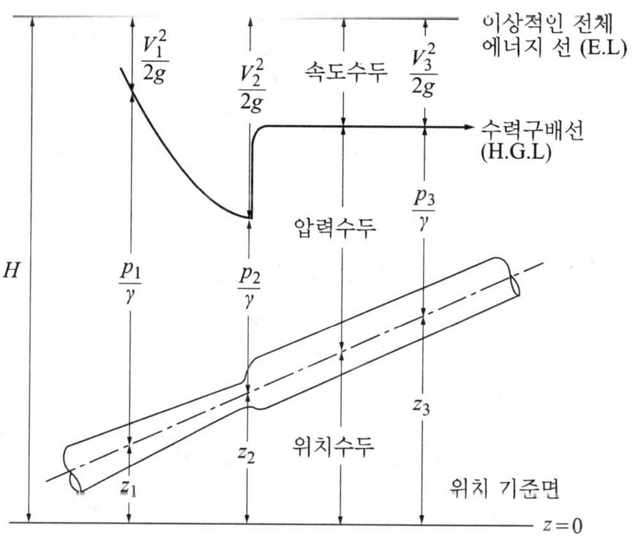

그림6. 에너지선과 수력구배선

예제 12

어떤 공장의 배관시스템으로서 물이 유속 20 m/sec, 압력 300 kPa, 온도 20℃로 디퓨저에 유입하여 유속 5 m/sec로 유출된다. 이 물의 유출압력(kPa)을 구하시오. 단, 위치관계는 무시하고 비체적은 0.001 m^3/kg이다.

해설 밀도 ρ는 비체적의 역수이므로 $\rho = \frac{1}{V_s} = \frac{1}{0.001\,\mathrm{m^3/kg}} = 1{,}000\,\mathrm{kg/m^3}$

비중량 γ는 $\gamma=\rho g=(1{,}000\,\mathrm{kg/m^3})\times(9.8\,\mathrm{m/s})^2=9{,}800\,\mathrm{N/m^3}$ 이다.

베르누이방정식 $\dfrac{p_1}{\gamma}+\dfrac{V_1^2}{2g}+z_1=\dfrac{p_2}{\gamma}+\dfrac{V_2^2}{2g}+z_2$

에서 위치관계를 무시하면 $\dfrac{p_1}{\gamma}+\dfrac{V_1^2}{2g}=\dfrac{p_2}{\gamma}+\dfrac{V_2^2}{2g}$

$$\frac{(20\,\mathrm{m/s})^2}{2\times 9.8\,\mathrm{m/s^2}}+\frac{300\times 10^3\,\mathrm{N/m^2}}{9{,}800\,\mathrm{N/m^3}}=\frac{(5\,\mathrm{m/s})^2}{2\times 9.8\,\mathrm{m/s^2}}+\frac{p_2}{9{,}800\,\mathrm{N/m^3}}$$

에서 유출압력 p_2는 $p_2=487{,}500\,\mathrm{N/m^2}=487.5\,\mathrm{kPa}$

예제 13

그림과 같이 주사기통의 단면적이 A이고, 바늘의 단면적이 A_n인 주사기 내에 밀도가 ρ인 유체를 플런저 속도 V로 밀어주기 위해 가해야 하는 힘을 구하라. 단, 점성효과는 무시하고 준정상상태로 가정한다.

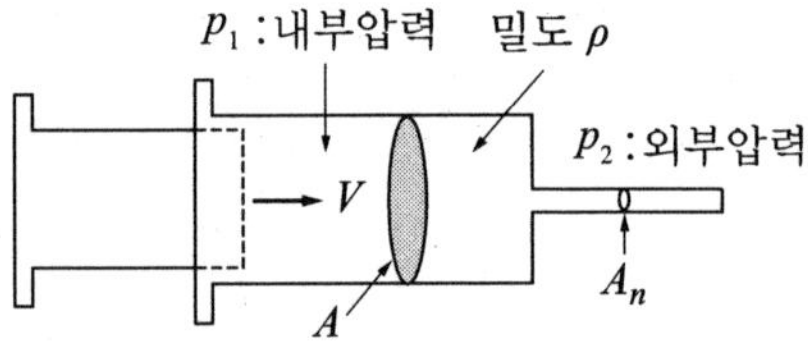

해설

1, 2점에 대해 베르누이방정식을 적용하면

$$\frac{p_1}{\gamma}+\frac{V_1^2}{2g}+z_1=\frac{p_2}{\gamma}+\frac{V_2^2}{2g}+z_2$$

이고, $A_1V_1=A_nV_n$ 이므로 V_n은 $V_n=\dfrac{A_1}{A_n}\times V_1$ 이다.

$z_1=z_2$이고, $p_2=0$ 이므로 위 식을 정리하면

$$\frac{p_1}{\gamma}=\frac{{V_n}^2-V_1^2}{2g},\ p_1=\frac{\gamma({V_n}^2-V_1^2)}{2g}=\frac{\rho({V_n}^2-V_1^2)}{2}$$ 이며,

이 식에 V_n을 대입하면 p_1은

$$p_1=\frac{\rho({V_n}^2-V_1^2)}{2}=\frac{\rho}{2}\left\{\left(\frac{A_1}{A_n}V_1\right)^2-V_1^2\right\}=\frac{\rho}{2}V_1^2\left\{\left(\frac{A_1}{A_n}\right)^2-1\right\}$$

이므로 주사기를 밀어주기 위해 가해야 하는 힘 F는

$$F=p_1\times A_1=\frac{\rho}{2}V_1^2\left\{\left(\frac{A_1}{A_n}\right)^2-1\right\}\times A_1=\frac{\rho}{2}A_1V_1^2\left\{\left(\frac{A_1}{A_n}\right)^2-1\right\}$$

이다.

3. Bernoulli방정식의 응용

3.1 오리피스

그림7과 같이 수면으로 부터 깊이가 h인 벽면에 미소의 구멍(orifice)이 뚫려서 물이 분출하고 있는 큰 수조(水槽)를 생각하자. 이와 같이 대기 중에 분출되는 분류(噴流)를 자유분사(自由噴射, free jet)라고 한다. (a) 노즐로부터 유출되는 물의 유속과 (b) 관면적 A_0 노즐로부터 유출하는 유량을 계산하여 보자.

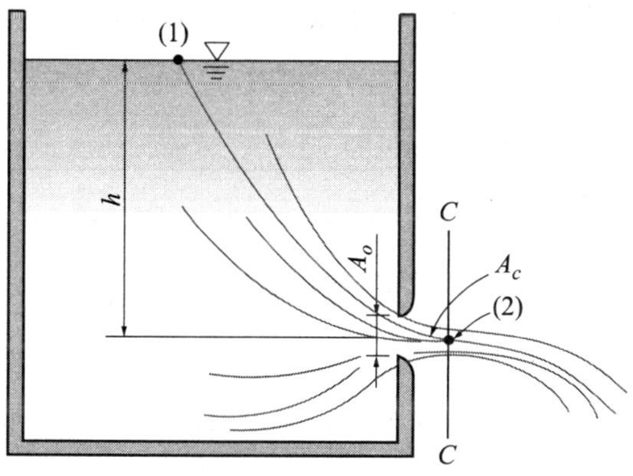

그림7. 오리피스 흐름

이 경우는 수조의 높이 h가 시간에 따라 변하기 때문에 엄밀한 의미에서 정상유동이 아니다. 그러나 노즐의 지름에 비하여 수조의 단면이 클 때, h의 감소율 dh/dt가 0에 가까우므로 어느 시각 t에서 높이 h의 변화는 없다고 가정하더라도, 다시 말하면 정상유동이라고 가정하더라도 오차는 무시할 정도이다. 또 비압축성이고 마찰이 없다고 가정할 수 있다. 그러나 실제로는 마찰저항이 존재한다. 그러므로 마찰이 없다는 가정에서 오는 오차는 속도계수를 곱해서 수정한다. 이들 가정 하에서 수조에서 유출하는 모든 유선상의 입자는 총 기계적 에너지 H를 갖는다는 것을 생각할 때 유체의 모든 점에서 Bernoulli정리를 적용할 수 있다.

(a) 자유표면 위의 한 점 1과 노즐 출구 쪽의 한 점 2에 대하여 Bernoulli방정식을 적용하면

$$\frac{p_1}{\gamma} + \frac{V_1^2}{2g} + z_1 = \frac{p_2}{\gamma} + \frac{V_2^2}{2g} + z_2$$

가정에 의하여 $V_1 = 0$ 또 $p_1 = p_2 = p_{atm}$ 이므로

$$\frac{V_2^2}{2g} = z_1 - z_2 = h \quad \Rightarrow \quad V_2 = \sqrt{2gh}$$

이 식은 물체가 자유낙하 할 때의 낙하속도와 일치한다. 이 식은 이탈리아의 물리학자 Torricelli (1608～1647)가 처음으로 유도한 식으로서 Torricelli의 정리라 한다.

실제로는 표면장력과 마찰저항이 존재하기 때문에 실제유속은 Torricelli의 정리로부터 계산한 이론속도보다는 작다. 실제속도의 이론속도에 대한 비를 속도계수(速度係數; coefficient of velocity)라 하며, C_V로 표기한다. 따라서 실제속도는

$$V_{act} = C_V\sqrt{2gh}$$

로부터 계산한다.

(b) 유량 Q는 속도 V_2와 노즐 단면적 A_0와의 곱으로부터 계산할 수 있다.

$$Q = A_0 V_2$$

오리피스 노즐의 벽면을 유선형으로 잘 다듬지 않으면 일반적으로 그림8과 같이 노즐 출구단면보다 작은 수축부가 생긴다. 이 단면이 최소로 되는 수축부를 축맥(縮脈, vena contractor)이라 하고 노즐 단면적 A_0와 축맥면적 A_c의 비를 수축계수(收縮係數, coefficient of contraction)라 정의한다. 그러므로 수축계수를 C_c라 하면 $A_c = C_c A_0$ 이다.

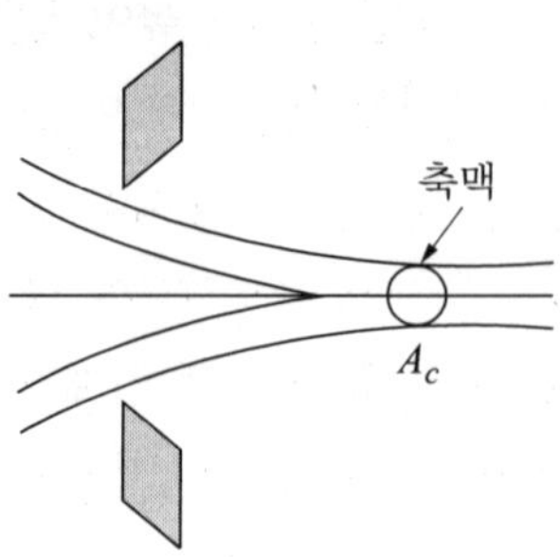

그림8. 축맥현상

오리피스 노즐에서 유출하는 실제유량 Q_{act} 는 실제속도 V_{act} 와 축맥면적 A_c 와의 곱으로 계산할 수 있다.

$$Q_{act} = A_c V_{act} = C_c A_0 C_V \sqrt{2gh} = C_c C_V A_0 \sqrt{2gh} \qquad ⓐ$$

또 이론유량 Q와 실제유량 Q_{act} 와의 비를 유량계수(流量係數, Coefficient of discharge)라 정의하고 C_d 로 표기한다. 즉,

$$Q_{act} = C_d Q = C_d A_0 \sqrt{2gh} \qquad ⓑ$$

식 ⓐ와 ⓑ를 비교하면 $C_d = C_c C_V$ 의 관계가 성립한다. 이상의 식들에서 나타난 오리피스의 계수들은 모두 실험을 통해 구할 수 있다.

예제 14

그림에서 탱크의 수면이 소화전 출구 위 20 m에 있다면 소화전이 열렸을 때 물의 속도(m/s)는 얼마인가?

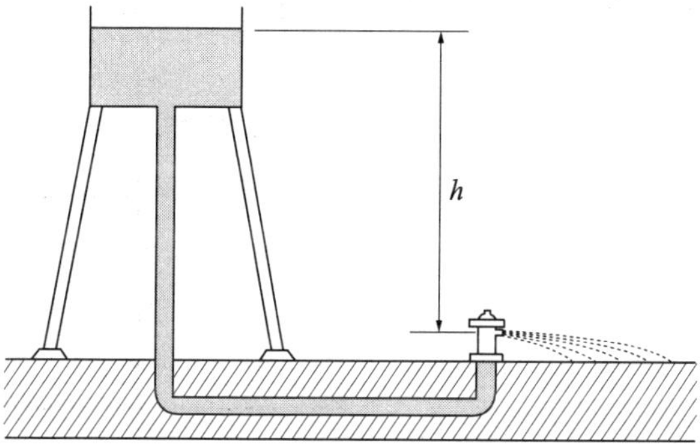

해설 탱크 수면 위의 한 점 1과 소화전 출구 쪽의 한 점 2에 대하여 Bernoulli방정식을 적용하면

$$\frac{p_1}{\gamma} + \frac{V_1^2}{2g} + z_1 = \frac{p_2}{\gamma} + \frac{V_2^2}{2g} + z_2$$

$V_1 = 0$ 또 $p_1 = p_2 = p_{atm}$ 이므로

$$\frac{V_2^2}{2g} = z_1 - z_2 = h \quad \Rightarrow \quad V_2 = \sqrt{2gh} = \sqrt{2 \times 9.8 \times 20} = 19.80\,\text{m/s}$$

예제 15

그림과 같은 물탱크에서 $h = 3$ m, 오리피스의 직경이 5 cm일 때 오리피스의 출구 속도(m/s)와 유량(m^3/s)을 구하라?

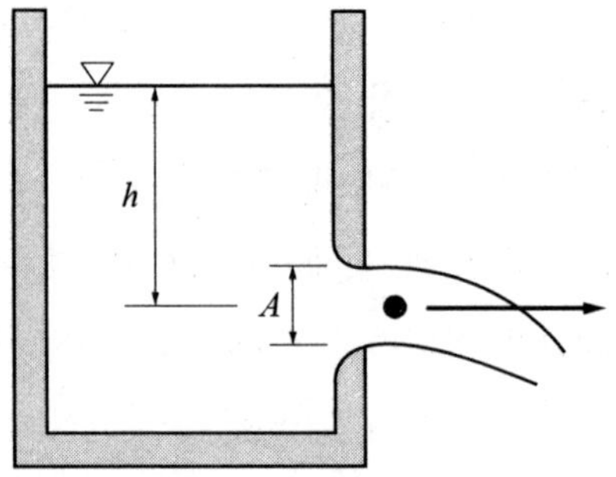

해설

$$V_2 = \sqrt{2gh} = \sqrt{2 \times 9.8 \times 3} = 7.67\,\text{m/s}$$

$$Q = AV = \frac{\pi}{4}(0.05)^2 \times 7.67 = 0.015\,\text{m}^3/\text{s}$$

예제 16

그림과 같이 수직벽의 양쪽에 수위가 다른 물이 있다. 벽면에 붙인 오리피스를 통하여 수위가 높은 쪽에서 낮은 쪽으로 물이 흐르고 있다. 이 속도 V_2 는?

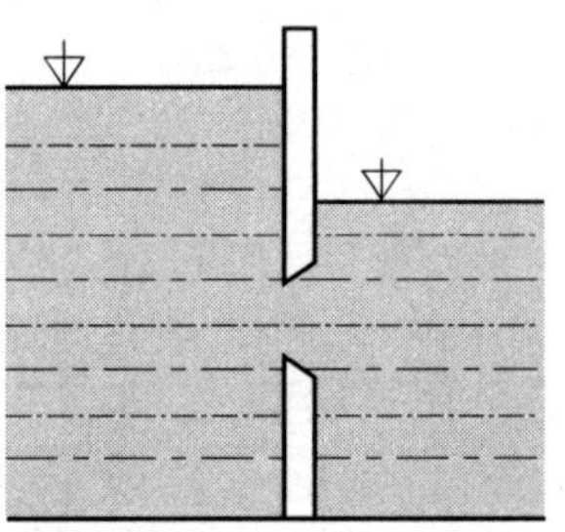

해설 그림과 같은 지점을 ①과 ②로 하자.

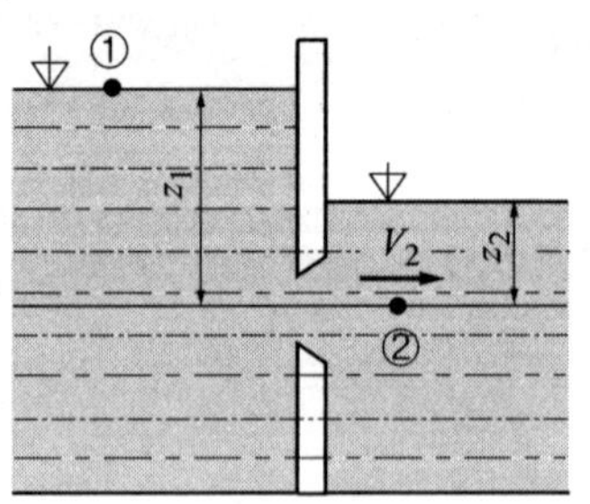

①과 ②에 베르누이방정식을 적용하면 $\frac{p_1}{\gamma} + \frac{V_1^2}{2g} + z_1 = \frac{p_2}{\gamma} + \frac{V_2^2}{2g} + 0$

여기서 $p_1=0$, $V_1=0$, $p_2=\gamma z_2$이므로 $z_1-z_2=\dfrac{V_2^2}{2g}$, $V_2=\sqrt{2g(z_1-z_2)}$

예제 17

온도 20℃, 압력 1.2 kPa, 밀도 1.96 kg/m^{3}인 이산화탄소가 50 kg/s의 질량유량으로 배출되고 있다. 이산화탄소의 압력배출구 단면적(m^2)을 구하시오. 단, 중력가속도는 9.8 m/s^{2}이다.

해설 $p=\rho gh$ 에서

$$h=\frac{p}{\rho g}=\frac{1.2\,\text{kPa}}{1.96\,\text{kg/m}^3\times 9.8\,\text{m/s}^2}=\frac{1.2\times 10^3\,\text{N/m}^2}{1.96\,\text{kg/m}^3\times 9.8\,\text{m/s}^2}=62.473\,\text{m}$$

토리첼리 식에 의거하여

$$V=\sqrt{2gh}=\sqrt{2\times 9.8\,\text{m/s}^2\times 62.473\,\text{m/s}}=34.992\,\text{m/s}$$

$\dot{m}=\rho AV$에서 $A=\dfrac{\dot{m}}{\rho V}=\dfrac{50\,\text{kg/s}}{34.992\,\text{m/s}\times 1.96\,\text{kg/m}^3}=0.729\,\text{m}^2$

3.2 관 내의 유량을 오리피스를 이용하여 계산

그림9는 관로유동에서 유량을 측정하기 위하여 관 내부에 유동방향에 수직으로 orifice를 설치한 모습이다.

점 (1), (2)에 Bernoulli방정식을 적용하면 다음과 같다.

$$\frac{p_1}{\gamma}+\frac{V_1^2}{2g}+z_1=\frac{p_2}{\gamma}+\frac{V_2^2}{2g}+z_2 \qquad ⓐ$$

$z_1=z_2$이고, $A_1V_1=A_2V_2$이므로

$$\frac{p_1}{\gamma}+\frac{1}{2g}\left(\frac{A_2}{A_1}V_2\right)^2=\frac{p_2}{\gamma}+\frac{V_2^2}{2g},\quad \frac{V_2^2}{2g}\left\{1-\left(\frac{A_2}{A_1}\right)^2\right\}=\frac{p_1-p_2}{\gamma}$$

$$V_2=\frac{1}{\sqrt{1-\left(\dfrac{A_2}{A_1}\right)^2}}\sqrt{2g\frac{p_1-p_2}{\gamma}} \qquad ⓑ$$

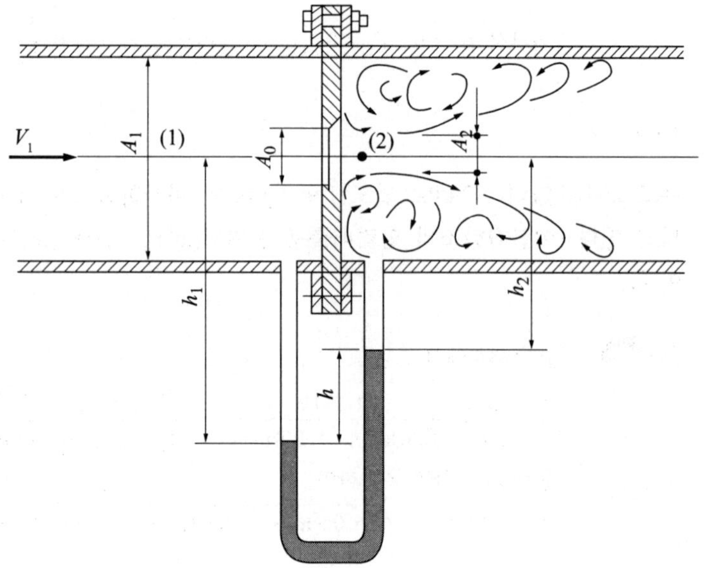

그림9. 배관 내 오리피스

따라서 유량 Q는

$$Q = \frac{A_2}{\sqrt{1-\left(\frac{A_2}{A_1}\right)^2}} \sqrt{2g\frac{p_1 - p_2}{\gamma}} \quad \text{ⓒ}$$

을 얻는다.

$p_1 - p_2$를 액주계의 높이 h로 표시하면 $p_1 + \gamma h_1 = p_2 + \gamma h_2 + \gamma_0 h$ 로부터

$$p_1 - p_2 = \gamma(h_2 - h_1) + \gamma_0 h = h(\gamma_0 - \gamma) \quad \text{ⓓ}$$

를 얻는다. 식 ⓓ를 식ⓒ에 대입하면 유량 Q는

$$Q = \frac{A_2}{\sqrt{1-\left(\frac{A_2}{A_1}\right)^2}} \sqrt{2g\frac{h(\gamma_0 - \gamma)}{\gamma}} \quad \text{ⓔ}$$

이다. 실제 유량은 마찰손실, 축맥현상 등으로 인한 감소 때문에 식 ⓔ에 유량계수 C_d를 곱해서 수정해야 한다. 즉, 실제유량 Q_{act}는

$$Q_{act} = \frac{C_d A_2}{\sqrt{1-\left(\frac{A_2}{A_1}\right)^2}}\sqrt{2g\frac{h(\gamma_o-\gamma)}{\gamma}}$$

이다. 위 식에서 h만 변수이고 나머지 항은 전부 상수(常數)이다. 따라서 h값만 측정하면 유량을 알 수 있다.

대개의 경우 오리피스의 지름은 관의 지름의 5분의 1보다 작은 값을 사용하며, 분류(噴流)의 수축현상(축맥)은 관벽(管壁)의 영향을 받아 유량계수 C_d는 큰 수조의 오리피스의 경우보다 큰 값을 갖는다.

예제 18

그림과 같이 지름 25 cm인 수평관에 12 cm의 오리피스가 설치되어 있으며, 물, 수은 액주계가 오리피스 양편에 연결되이 있다. 액주계의 높이 차가 25 cm일 때 유량은 몇 m^3/s인가? 단, 수은의 비중은 13.6, 수축계수 C_c는 0.7, 속도계수 C_V는 0.97이다.

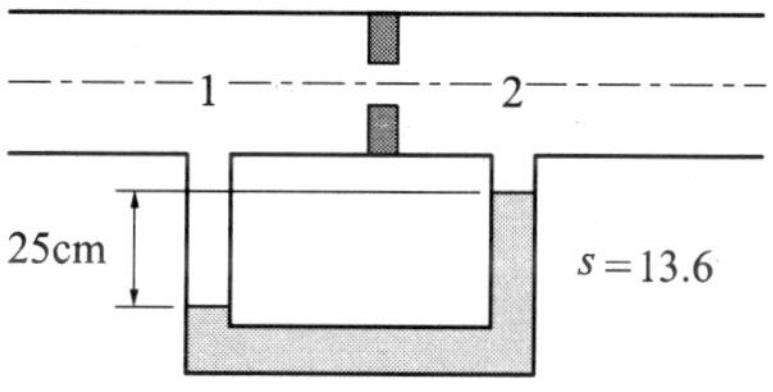

해설 1, 2점의 압력 차이

$$p_1-p_2=h(\gamma_0-\gamma)=0.25\,\text{m}\times 9.8\,\text{kN/m}^3(13.6-1)=30.87\,\text{kN}$$

유량 Q_{act}는 $Q_{act}=\dfrac{C_d A_2}{\sqrt{1-\left(\frac{A_2}{A_1}\right)^2}}\sqrt{2g\dfrac{h(\gamma_s-\gamma)}{\gamma}}=\dfrac{C_c C_V A_2}{\sqrt{1-\left(\frac{A_2}{A_1}\right)^2}}\sqrt{2g\dfrac{h(\gamma_s-\gamma)}{\gamma}}$

$$=\frac{0.7\times 0.97\times\frac{\pi}{4}(0.12)^2}{\sqrt{1-\left(\frac{0.12}{0.25}\right)^4}}\sqrt{2\times 9.8\times 0.25\times 12.6}=0.061\,\text{m}^3/\text{s}$$

3.3 벤츄리계(Venturi meter)

벤츄리계(計)는 관 내에 유동하는 유량을 측정하는 기구로서 수축각이 20° 내외인 수축부(convergent), 목부분(throat), 5～7°로 확대되는 확산부(divergent)로 구성되어 있다. 이는 1979년에 이탈리아의 Giovanni Besttia meter (1746～1822)가 처음으로 고안한 유량측정장치인데, 1887년에 비로소 미국의 Clemens Herchel (1842～1930)에 의해 응용되기 시작하여 널리 알려졌다.

그림10에서 점 1과 점 2에 대하여 연속방정식과 Bernoulli방정식을 적용하면

$$Q = A_1 V_1 = A_2 V_2 \quad ⓐ$$

$$\frac{p_1}{\gamma} + \frac{V_1^2}{2g} + z_1 = \frac{p_2}{\gamma} + \frac{V_2^2}{2g} + z_2 \quad ⓑ$$

$z_1 = z_2$, $V_1 = \frac{A_2}{A_1} V_2$를 ⓑ식에 대입하고 정리하면 V_2는

$$V_2 = \frac{1}{\sqrt{1-\left(\frac{A_2}{A_1}\right)^2}} \sqrt{2g\frac{p_1 - p_2}{\gamma}} \quad ⓒ$$

따라서 유량 Q는

$$Q = \frac{A_2}{\sqrt{1-\left(\frac{A_2}{A_1}\right)^2}} \sqrt{2g\frac{p_1 - p_2}{\gamma}} \quad ⓓ$$

를 얻는다.

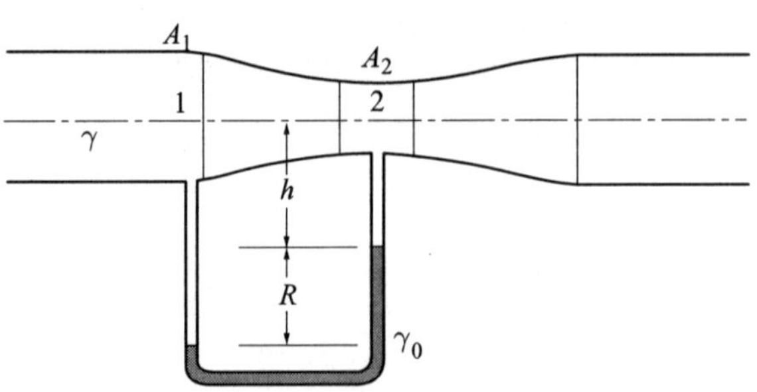

그림10. 벤츄리계

$p_1 - p_2$를 액주계의 높이 R로 표시하면 $p_1 + (h+R)\gamma_0 - \gamma R - \gamma h = p_2$ 로부터

$$p_1 - p_2 = (\gamma_0 - \gamma)R \qquad ⓔ$$

를 얻는다. 식 ⓔ를 식 ⓓ에 대입하면

$$Q = \frac{A_2}{\sqrt{1-\left(\frac{A_2}{A_1}\right)^2}} \sqrt{2g\frac{(\gamma_o - \gamma)R}{\gamma}} \qquad ⓕ$$

를 얻는다.

실제 유량은 마찰손실, 표면장력, 축맥현상(vena contract)으로 인한 감소 때문에 식 ⓕ에 유량계수 C_d를 곱해서 수정한다. 즉,

$$Q = \frac{C_d A_2}{\sqrt{1-\left(\frac{A_2}{A_1}\right)^2}} \sqrt{2g\frac{(\gamma_o - \gamma)R}{\gamma}} \qquad ⓖ$$

이다.

예제 19

그림과 같이 스프링클러설비의 가압송수장치에 대한 성능시험을 하기 위하여 오리피스를 통하여 시험한 결과 수은주의 높이가 500 mm이다.

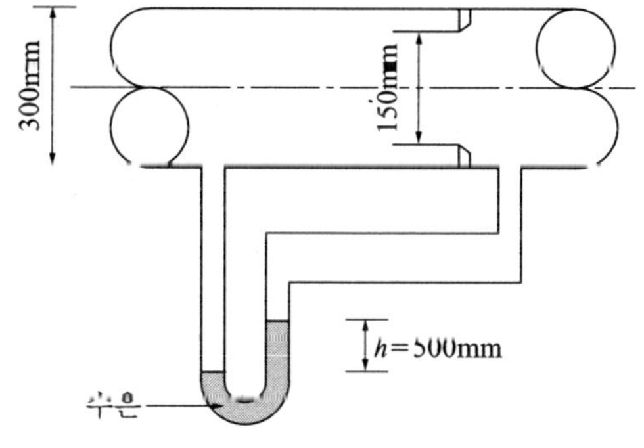

(가) 유량을 구하기 위한 식 $Q_{act} = \dfrac{C_d A_2}{\sqrt{1-\left(\dfrac{A_2}{A_1}\right)^2}}\sqrt{2g\dfrac{h(\gamma_s-\gamma)}{\gamma}}$ 을 유도하시오.

여기서 A_1는 배관의 단면적, A_2은 오리피스의 단면적, γ는 유체의 비중량, γ_s는 액주계 액의 비중량, h는 액주계 액의 높이이다.

(나) 이 오리피스가 통과하는 유량(m^3/s)을 구하시오. 단, 유량계수 $C_d = 0.72$, 중력가속도 $g = 9.8\ m/s^2$이라 가정한다.

해설 (가) 유량을 구하기 위한 식의 유도

액주계의 위의 점을 각각 ①, ②라 할 때 ①, ② 점에 Bernoulli방정식을 적용하면 다음과 같다.

$$\frac{p_1}{\gamma}+\frac{V_1^2}{2g}+z_1 = \frac{p_2}{\gamma}+\frac{V_2^2}{2g}+z_2 \qquad ⓐ$$

$z_1 = z_2$이고, 연속방정식에 따라 $A_1 V_1 = A_2 V_2$ 이므로

$$\frac{p_1}{\gamma}+\frac{1}{2g}\left(\frac{A_2}{A_1}V_2\right)^2 = \frac{p_2}{\gamma}+\frac{V_2^2}{2g},\quad \frac{V_2^2}{2g}\left\{1-\left(\frac{A_2}{A_1}\right)^2\right\} = \frac{p_1-p_2}{\gamma}$$

$$V_2 = \frac{1}{\sqrt{1-\left(\dfrac{A_2}{A_1}\right)^2}}\sqrt{2g\frac{p_1-p_2}{\gamma}} \qquad ⓑ$$

따라서 유량 Q는

$$Q = \frac{A_2}{\sqrt{1-\left(\dfrac{A_2}{A_1}\right)^2}}\sqrt{2g\frac{p_1-p_2}{\gamma}} \qquad ⓒ$$

을 얻는다.

p_1-p_2를 액주계의 높이 h로 표시하면 $p_1+\gamma h_1 = p_2+\gamma h_2+\gamma_s h$로부터

$$p_1 - p_2 = \gamma h_2+\gamma_s h-\gamma h_1 = h(\gamma_s-\gamma) \qquad ⓓ$$

를 얻는다. 식 ⓓ를 식ⓒ에 대입하면 유량 Q는

$$Q = \frac{A_2}{\sqrt{1-\left(\dfrac{A_2}{A_1}\right)^2}}\sqrt{2g\frac{h(\gamma_s-\gamma)}{\gamma}} \qquad ⓔ$$

이다. 실제 유량은 마찰손실, 축맥현상 등으로 인한 감소 때문에 식 ⓔ에 유량계수 C_d를 곱해서 수정해야 한다. 즉, 실제유량 Q_{act}는

$$Q_{act} = \frac{C_d A_2}{\sqrt{1-\left(\dfrac{A_2}{A_1}\right)^2}}\sqrt{2g\frac{h(\gamma_s-\gamma)}{\gamma}}$$

$$(나)\ Q_{act} = \frac{C_d A_2}{\sqrt{1-\left(\frac{A_2}{A_1}\right)^2}} \sqrt{\frac{2gh(\gamma_s - \gamma)}{\gamma}}$$

$$= \frac{0.72 \times \frac{\pi}{4} \times 0.15^2}{\sqrt{1-\left(\frac{150}{300}\right)^4}} \sqrt{2 \times 9.8 \times 0.5 \times 12.6}$$

$$= 0.146\,\text{m}^3/\text{s}$$

예제 20

그림과 같이 ①의 직경 10 cm, ②의 직경은 4 cm인 벤츄리미터에 물이 흐르고 있고, $h = 80$ mm이다. ①, ②에서의 유량(ℓ/s)과 유속(m/s)은 얼마인가? 단, 유량계수 C_d는 0.7이며, 답은 소수점 두 자리로 표기한다.

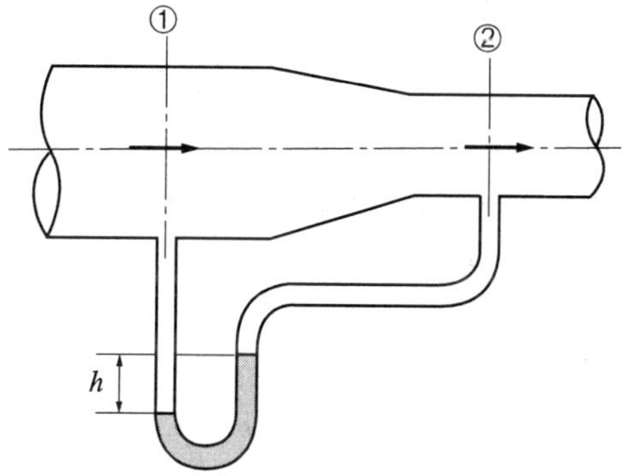

해설

$$Q_{act} = \frac{C_d A_2}{\sqrt{1-\left(\frac{A_2}{A_1}\right)^2}} \sqrt{2g\frac{(\gamma_0 - \gamma)h}{\gamma}}$$

$$= \frac{0.7 \times \frac{\pi}{4}(0.04)^2}{\sqrt{1-\left(\frac{0.04}{0.1}\right)^4}} \sqrt{2 \times 9.8 \times 12.6 \times 0.08}$$

$$= 0.00397\,\text{m}^3/\text{s} = 3.97\,\ell/\text{s}$$

$$Q = A_1 V_1 \text{에서}\ \ V_1 = \frac{Q}{A_1} = \frac{Q}{\frac{\pi}{4}D_1^2} = \frac{0.00397}{\frac{\pi}{4} \times 0.1^2} = 0.51\,\text{m/s}$$

$$Q = A_2 V_2 \text{에서}\ \ V_2 = \frac{Q}{A_2} = \frac{Q}{\frac{\pi}{4}D_2^2} = \frac{0.00397}{\frac{\pi}{4} \times 0.04^2} = 3.16\,\text{m/s}$$

예제 21

그림과 같은 벤츄리미터에서 유량(m^3/s)은?

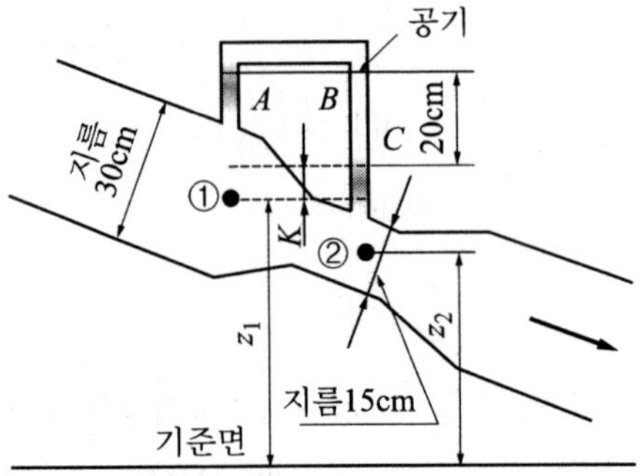

해설 ①과 ②에 연속방정식을 적용하면

$$\frac{\pi(0.3)^2}{4} \times V_1 = \frac{\pi(0.15)^2}{4} \times V_2$$

이므로 $V_1 = 0.25\,V_2$ 이다.

①과 ②에 Bernoulli방정식을 적용하면

$$\frac{p_1}{\gamma} + \frac{V_1^2}{2g} + z_1 = \frac{p_2}{\gamma} + \frac{V_2^2}{2g} + z_2$$

위 식에 $V_1 = 0.25\,V_2$ 을 대입하면

$$\frac{p_1 - p_2}{\gamma} + z_1 - z_2 = \frac{V_2^2 - V_1^2}{2g} = \frac{V_2^2 - (0.25\,V_2)^2}{2g} = \frac{0.9375}{2g}V_2^2$$

그리고 $p_A = p_C$ 이고, $p_1 = p_A + \gamma(K + 0.2)$, $p_2 = p_C + \gamma(z_1 - z_2 + K)$

이므로 $p_1 - \gamma(K+0.2) = p_2 - \gamma(z_1 - z_2 + K)$ 에서 $\dfrac{p_1 - p_2}{\gamma} + z_1 - z_2 = 0.2\,\text{m}$

이므로 $0.2 = \dfrac{0.9375}{2g}V_2^2$, $V_2 = 2.0444\,\text{m/s}$

이다. 따라서 유량 Q 는

$$Q = \frac{\pi D_2^2}{4} \times V_2 = \frac{3.14 \times 0.15^2}{4} \times 2.0444 = 0.036\,\text{m}^3/\text{s}$$

예제 22

그림과 같이 벤츄리미터가 경사지게 설치되었을 때 이 벤츄리미터에 의한 유량을 유도하라.

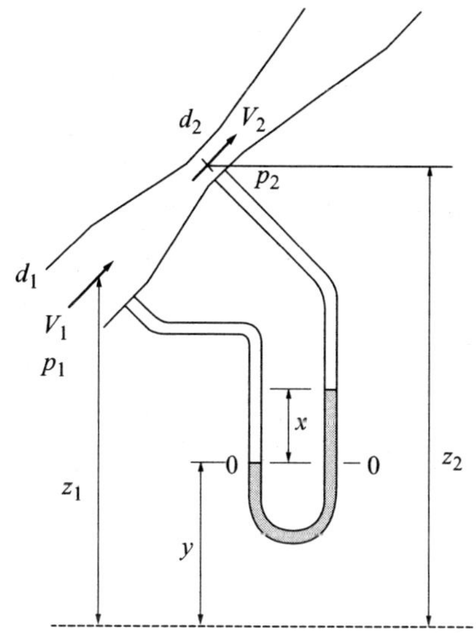

해설

베르누이방정식 $\frac{p_1}{\gamma} + \frac{V_1^2}{2g} + z_1 = \frac{p_2}{\gamma} + \frac{V_2^2}{2g} + z_2$

연속방정식 $Q = A_1 V_1 = A_2 V_2$ 에 의해 $V_1 = V_2 \left\{ \frac{d_2}{d_1} \right\}^2$ 이다.

V_1 을 베르누이방정식에 대입하면

$$\frac{V_2^2}{2g} \left\{ 1 - \left(\frac{d_2}{d_1} \right)^4 \right\} = \frac{p_1 - p_2}{\gamma} + z_1 - z_2$$

$$V_2 = \sqrt{\frac{2g}{1 - \left(\frac{d_2}{d_1} \right)^4} \left\{ \frac{p_1 - p_2}{\gamma} + z_1 - z_2 \right\}}$$

그림의 액주계 기준면(0－0지점)에 작용하는 압력은 아래와 같다.

좌측의 0지점 : $p_0 = p_1 + \gamma(z_1 - y)$

우측의 0지점 : $p_0 = p_2 + \gamma(z_2 - y - x) + \gamma_o x$

좌측의 0지점과 우측의 0지점은 높이가 같아 압력이 같으므로

$$p_1 + \gamma(z_1 - y) = p_2 + \gamma(z_2 - y - x) + \gamma_o x$$

$$p_1 - p_2 = \gamma(z_2 - y - x) + \gamma_0 x - \gamma(z_1 - y) = \gamma(z_2 - z_1) + x(\gamma_0 - \gamma)$$

$$\frac{p_1 - p_2}{\gamma} + z_1 - z_2 = x \frac{\gamma_0 - \gamma}{\gamma}$$

이다. 이 값을 V_2 에 대입하면

$$V_2 = \sqrt{\frac{2g}{1-\left(\frac{d_2}{d_1}\right)^4} x \frac{\gamma_0 - \gamma}{\gamma}} = \frac{1}{\sqrt{1-\left(\frac{A_2}{A_1}\right)^2}} \sqrt{2gx\frac{\gamma_0 - \gamma}{\gamma}}$$

이며, 유량 Q는

$$Q = C_d A_2 V_2 = C_d \frac{\pi}{4} d_2^2 \sqrt{\frac{2gx}{1-\left(\frac{d_2}{d_1}\right)^4} \frac{\gamma_0 - \gamma}{\gamma}} = C_d \frac{A_2}{\sqrt{1-\left(\frac{A_2}{A_1}\right)^2}} \sqrt{2gx\frac{\gamma_0 - \gamma}{\gamma}}$$

이다. 위의 관계에서 경사진 벤츄리미터에 의한 유량측정은 높이 z_1과 z_2에 무관함을 알 수 있고, 액주계의 높이차 x에만 관계됨을 알 수 있다.

예제 23

그림과 같은 벤츄리관에서 $Q = \frac{A_1 A_2}{\sqrt{A_1^2 - A_2^2}} \sqrt{2gh}$ 임을 증명하시오.

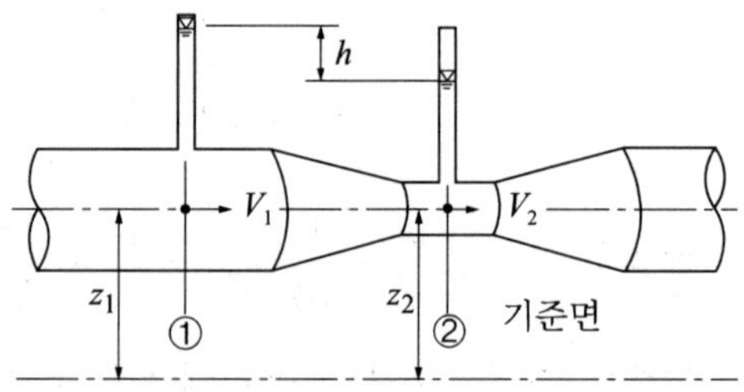

해설 단면 ①과 단면 ②에 베르누이방정식 $\frac{p_1}{\gamma} + \frac{V_1^2}{2g} + z_1 = \frac{p_2}{\gamma} + \frac{V_2^2}{2g} + z_2$을 적용하면 같은 수평면에 있어 $z_1 = z_2$이므로 위 식은 $\frac{p_1 - p_2}{\gamma} = \frac{V_2^2 - V_1^2}{2g}$

이다. 그리고 연속방정식에 의거하여 $Q = A_1 V_1 = A_2 V_2$에서

$V_1 = \frac{Q}{A_1}$, $V_2 = \frac{Q}{A_2}$ 를 위 식에 대입하면

$$\frac{p_1 - p_2}{\gamma} = \frac{V_2^2 - V_1^2}{2g} = \frac{\left(\frac{Q}{A_2}\right)^2 - \left(\frac{Q}{A_1}\right)^2}{2g} = \frac{Q^2}{2g}\left(\frac{1}{A_2^2} - \frac{1}{A_1^2}\right) = \frac{Q^2}{2g}\left(\frac{A_1^2 - A_2^2}{A_1^2 A_2^2}\right)$$

이다. $\frac{p_1 - p_2}{\gamma} = h$이므로 $Q = \frac{A_1 A_2}{\sqrt{A_1^2 - A_2^2}} \sqrt{2gh}$ 이다.

예제 24

그림과 같은 배관에 유량 Q (ℓ/min)의 물이 흐르고 있으며, 1점의 단면적 A_1은 2점의 단면적 A_2의 2배이다.

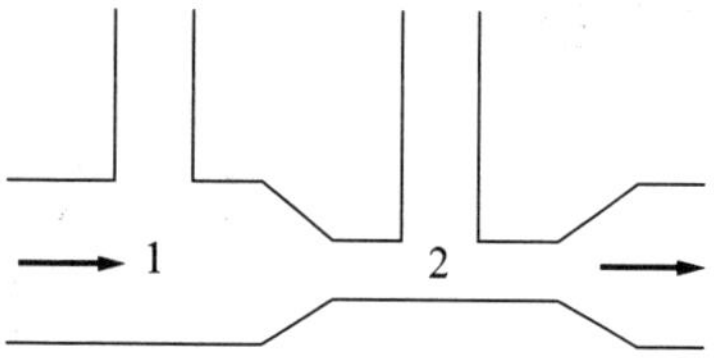

(가) 1점과 2점의 배관 위에 구멍을 뚫어 유리관을 세울 때 어떻게 되는가? 1점과 2점의 유속을 각각 V_1, V_2, 1점과 2점의 유리관에서 물이 올라가는 높이를 h_1, h_2, 1점의 2점의 압력을 p_1, p_2 라고 한다.

(나) 1점과 2점의 유리관에서 물이 올라가는 높이 차이를 Δh 라고 할 때 V_2 는?

해설

(가) $Q = A_1 V_1 = A_2 V_2$에서 $A_1 = 2A_2$이므로 $V_2 = \dfrac{A_1}{A_2} V_1 = 2V_1$ 이다.

$z_1 = z_2$, $V_2 = 2V_1$, $p_1 = \gamma h_1$, $p_2 = \gamma h_2$ 이고,

베르누이방정식 $\dfrac{p_1}{\gamma} + \dfrac{V_1^2}{2g} + z_1 = \dfrac{p_2}{\gamma} + \dfrac{V_2^2}{2g} + z_2 =$ 일정하므로

$\dfrac{p_1}{\gamma} = h_1$ 이 $\dfrac{p_2}{\gamma} = h_2$ 보다 크지 않으면 안 되며,

높이 차이 $h_1 - h_2 = \Delta h$ 라 하고 그리면 다음 그림과 같다.

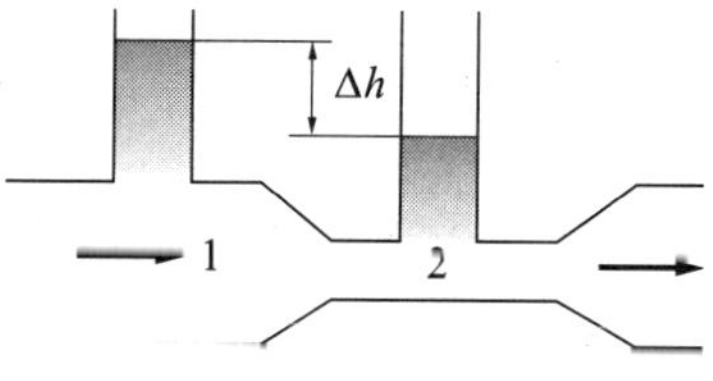

(나) 베르누이방정식 $\dfrac{p_1}{\gamma} + \dfrac{V_1^2}{2g} + z_1 = \dfrac{p_2}{\gamma} + \dfrac{V_2^2}{2g} + z_2$ 에서

$z_1 = z_2$, $V_1 = \dfrac{1}{2} V_2$, $p_1 = \gamma h_1$, $p_2 = \gamma h_2$ 이므로

$\dfrac{p_1 - p_2}{\gamma} = h_1 - h_2 = \Delta h$, $\dfrac{p_1 - p_2}{\gamma} = \Delta h = \dfrac{V_2^2 - V_1^2}{2g} = \dfrac{\frac{3}{4} V_2^2}{2g}$ 이고,

정리하면 $V_2^2 = \dfrac{4}{3} \times 2g\Delta h = \dfrac{8}{3} g\Delta h$에서 V_2는 $V_2 = \sqrt{\dfrac{8}{3} g\Delta h}$

예제 25

유량을 측정하기 위하여 그림과 같은 벤츄리관에 물이 흐르고 있다. 단면 1과 단면 2의 단면적 비가 2이고 압력수두차가 Δh일 때 단면 2를 흐르고 있는 유체의 속도 V_2는? 단, 모든 손실은 무시한다.

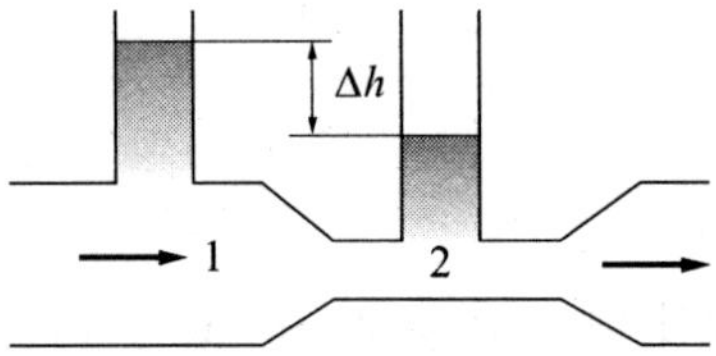

해설

단면 1과 단면 2에 베르누이방정성식을 적용하면

$$\frac{p_1}{\gamma}+\frac{V_1^2}{2g}+z_1=\frac{p_2}{\gamma}+\frac{V_2^2}{2g}+z_2$$

이며, 같은 수평면에 있어 $z_1=z_2$이므로 위 식은 $\frac{p_1-p_2}{\gamma}=\frac{V_2^2-V_1^2}{2g}$

이다. 그리고 연속방정식에 의거하여 $Q=A_1V_1=A_2V_2$에서

$V_1=\frac{Q}{A_1}$, $V_2=\frac{Q}{A_2}$를 위 식에 대입하면

$$\frac{p_1-p_2}{\gamma}=\frac{V_2^2-V_1^2}{2g}=\frac{\left(\frac{Q}{A_2}\right)^2-\left(\frac{Q}{A_1}\right)^2}{2g}=\frac{Q^2}{2g}\left(\frac{1}{A_2^2}-\frac{1}{A_1^2}\right)=\frac{Q^2}{2g}\left(\frac{A_1^2-A_2^2}{A_1^2A_2^2}\right)$$

이다. 1단면 중앙의 압력 p_1은 수주의 높이를 h라고 하면 $p_1=\gamma h$

2단면 중앙의 압력 $p_2=\gamma(h-\Delta h)$이므로 $\frac{p_1-p_2}{\gamma}=\Delta h$이고

$$Q=\frac{A_1A_2}{\sqrt{A_1^2-A_2^2}}\sqrt{2g\Delta h}=A_2V_2\text{이므로}$$

$$V_2=\frac{Q}{A_2}=\frac{1}{\sqrt{1-\left(\frac{A_2}{A_1}\right)^2}}\sqrt{2g\Delta h}=\frac{1}{\sqrt{1-\left(\frac{1}{2}\right)^2}}\sqrt{2g\Delta h}$$

$$=\sqrt{\frac{8}{3}g\Delta h}=2\sqrt{\frac{2g\Delta h}{3}}$$

3.4 Pitot관

그림11은 흐르는 강물에 피토관의 입구 부분을 유속방향과 나란하게 위치시킨 것이다.

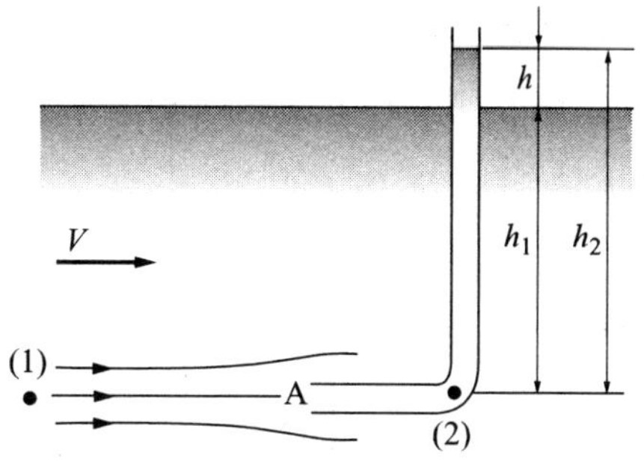

그림11. 피토관

점1을 통과하는 유체입자의 속도를 V_1, 압력을 p_1이라 할 때 점 1을 통과한 유체입자가 점 2에서 피토관의 선단(先端)과 충돌하면 속도(V_2)가 0이 되고 속도수두 ($V^2/2g$)는 압력수두로 변할 것이다. 그러므로 점2에서 압력은 정압(靜壓, static pressure)과 동압(動壓, velocity pressure)과의 합이 된다. 피토관의 선단에서와 같이 속도가 0인 점을 정체점, 정체점에서의 압력을 정체압력 또는 전압(全壓, total pressure)이라 한다.

점1과 2에 대하여 Bernoulli정리를 적용하면

$$\frac{p_1}{\gamma} + \frac{V_1^2}{2g} + z_1 = \frac{p_2}{\gamma} + \frac{V_2^2}{2g} + z_2$$

이다. $V_2 = 0$이므로

$$V_1 = \sqrt{2g\left(\frac{p_2}{\gamma} - \frac{p_1}{\gamma}\right)} \qquad \text{ⓐ}$$

이다. $p_1 = \gamma h_1$, $p_2 = \gamma h_2 = \gamma(h_1 + h)$이므로

$$\frac{p_2}{\gamma} - \frac{p_1}{\gamma} = h_2 - h_1 = h$$

이다. 이를 식 ⓐ에 대입하면

$$V_1 = \sqrt{2g(h_2 - h_1)} = \sqrt{2gh} \qquad ⓑ$$

이 된다.

그림12는 피토관을 배관 내에 설치한 것으로 p_s는 배관 내에서 유동하는 유체의 정압(靜壓, static pressure)을 나타내고 액주의 높이가 h라고 하면 정압 p_s는 ρgh이고, p_d는 동압(動壓, dynamic pressrure)이며, p_t는 정체압(停滯壓), 즉 전압(全壓, total pressure)으로 $p_t = p_s + p_d$이다.

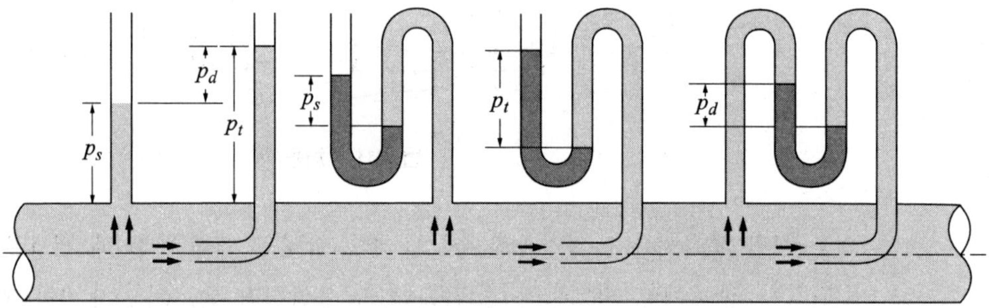

그림12. 정압, 동압, 전압

프랑스인 Henri Pitot (1695～1771)는 이 원리를 적용하여 1732년에 파리 세느강에서 유속측정을 하는 데 성공했다. 그리하여 그의 이름을 따서 "Pitot tube (피토관)"라고 부른다.

예제 26

그림과 같은 직경 D인 배관 내를 흐르는 유체의 유속을 측정하였더니 3.5 m/s이었다. 이러한 배관 내부에 수직관 1과 끝을 구부린 관 2를 넣었을 때 관 1과 관 2 사이 유체의 수면의 높이 차이 h는 몇 m인가?

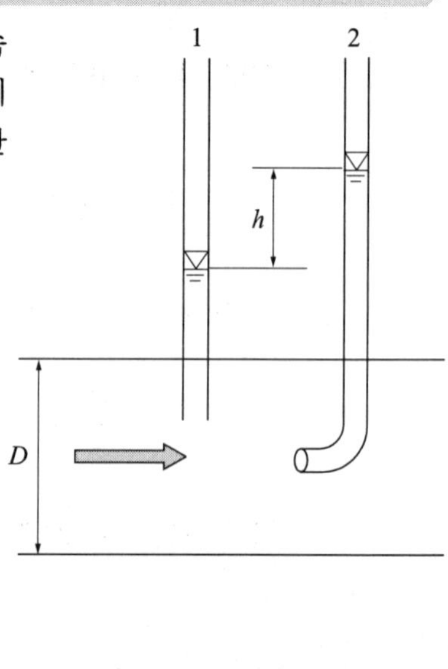

해설 피토관 앞쪽의 떨어진 거리의 배관 중심부분의 지점을 점 1, 피토관 입구를 점 2라 할 때, 점 1과 점 2 사이에 Bernoulli방정식을 적용하면

$$\frac{p_1}{\gamma}+\frac{V_1^2}{2g}+z_1=\frac{p_2}{\gamma}+\frac{V_2^2}{2g}+z_2$$

점 2 (정체점)에서 $V_2=0$ 또 $z_1=z_2$이므로 Bernoulli방정식은

$$\frac{p_1}{\gamma}+\frac{V_1^2}{2g}=\frac{p_2}{\gamma} \quad ⓐ$$

이다. 식 ⓐ를 정리하면

$$V_1=\sqrt{2g\frac{p_2-p_1}{\gamma}} \quad ⓑ$$

과 같이 쓸 수 있다.

수직관 1에서 물이 올라온 높이를 a라고 하면

$p_1=\gamma\times\left(\frac{D}{2}+a\right)$, $p_2=\gamma\left(\frac{D}{2}+a+h\right)$이므로 $\frac{p_2-p_1}{\gamma}=h$이다.

배관의 중심부분 지점에서의 유속은 V_1 은

$V_1=\sqrt{2g\frac{p_2-p_1}{\gamma}}=\sqrt{2gh}$ 이고 $V_1^2=2gh$에서 h는 $h=\frac{V_1^2}{2g}$ 이다.

$$h=\frac{V_1^2}{2g}=\frac{(3.5\,\mathrm{m/s})^2}{2\times9.8\,\mathrm{m/s^2}}=0.625\,\mathrm{m}$$

예제 27

그림과 같이 관 벽면의 작은 구멍을 통하여 정압관이 연결되어 있고, 관속에 유선방향에 평행하게 놓은 관 끝에 구멍이 뚫려 있는 피토관에서 유량을 구하라.

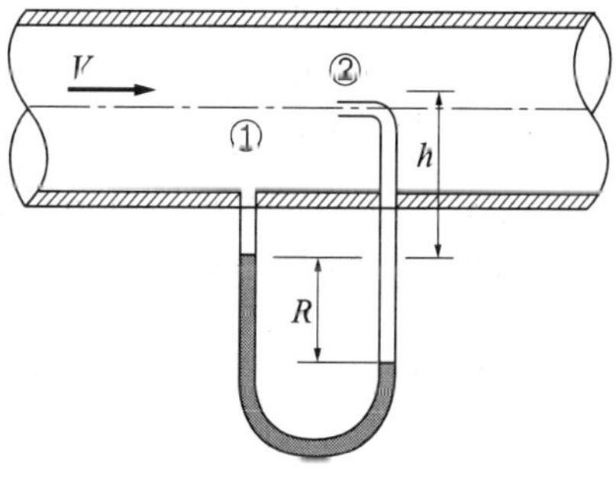

해설 점 1과 2는 동일 유선(流線)의 점이라고 생각한다. 점 2는 Pitot관의 선단점(先端點)이고 점 1은 점 2를 통과하는 유선의 상류점이다. 점 1을 통과하는 유체입자의 속도를 V_1, 압력을 p_1이라 할 때 점 1을 통과한 유체입자가 점 2에서 Pitot관의 선단과

충돌하면 속도(V_2)는 0이 되고 유체가 가졌던 속도수두($V_2^2/2g$)는 압력수두로 변할 것이다. 그러므로 점 2에서 압력은 정압(靜壓)과 동압(動壓)과의 합이 된다. Pitot관의 선단에서와 같이 속도가 0인 점을 정체점(停滯點, stagnation point), 정체점에서의 압력을 정체압력(停滯壓力, stagnation pressure) 또는 총압(總壓, total pressure)이라 부른다. 그림과 같이 정압관과 총압관을 연결하여 차압(差壓)을 측정할 수 있도록 한 것을 Pitot정압관(靜壓管)이라 한다. 여기서 차압(差壓)이란 유체동압(流體動壓)을 의미한다.

점1과 점 2사이에 Bernoulli방정식을 적용하면 $\dfrac{p_1}{\gamma}+\dfrac{V_1^2}{2g}+z_1=\dfrac{p_2}{\gamma}+\dfrac{V_2^2}{2g}+z_2$

점 2 (정체점)에서 $V_2=0$ 또 $z_1=z_2$ 이므로 Bernoulli방정식은

$$\frac{p_1}{\gamma}+\frac{V_1^2}{2g}=\frac{p_2}{\gamma} \qquad \text{ⓐ}$$

이다. 식 ⓐ에서 p_1은 정압, p_2는 총압이며, $p_2-p_1(=\gamma V_1^2/2g)$는 차압이다.

식 ⓐ를 정리하면

$$V_1=\sqrt{2g\frac{p_2-p_1}{\gamma}} \qquad \text{ⓑ}$$

과 같이 쓸 수 있다. 압력차 p_2-p_1를 수두(水頭) R의 항으로 표시하기 위하여 액주계의 방정식 $p_2+\gamma(h+R)=p_1+\gamma_0 R+\gamma h$를 적용하면

$$p_2-p_1=(\gamma_0-\gamma)R \qquad \text{ⓒ}$$

식 ⓒ의 관계를 식 ⓑ에 대입하면

$$V_1=\sqrt{2gR\frac{\gamma_o-\gamma}{\gamma}}=\sqrt{2gR\left(\frac{\gamma_o}{\gamma}-1\right)} \qquad \text{ⓓ}$$

여기서, γ : 관을 흐르는 유체의 비중량

γ_0 : 액주계액의 비중량

를 얻는다.

유량 Q는 속도 V_1과 단면적 A와의 곱이므로

$$Q=AV_1=A\sqrt{2gR\left(\frac{\gamma_0-\gamma}{\gamma}\right)} \qquad \text{ⓔ}$$

이다. 실제 유량은 마찰손실, 표면장력 등으로 인한 감소 때문에 식 ⓔ에 유량계수 C_d를 곱해서 수정한다. 즉,

$$Q=C_dA\sqrt{2gR\left(\frac{\gamma_0-\gamma}{\gamma}\right)} \qquad \text{ⓕ}$$

이다.

예제 28

피토-정압관과 액주계를 이용하여 공기의 속도를 측정하였다. 비중이 1.0인 액주계의 높이는 10 mm이고 공기밀도는 1.22 kg/m^{3}이다. 공기의 속도는 몇 m/s인가?

해설 피토-정압관과 액주계의 상황을 다음 그림과 같이 나타낼 수 있다.

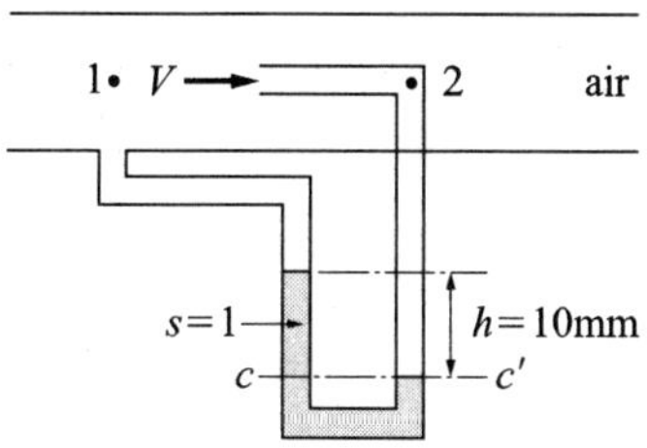

1점과 2점에 베르누이방정식을 적용하면 $\frac{p_1}{\gamma_{air}}+\frac{V_1^2}{2g}+z_1=\frac{p_2}{\gamma_{air}}+\frac{V_2^2}{2g}+z_2$ 이고,

$z_1=z_2$, $V_2=0$이므로 $\frac{p_1}{\gamma_{air}}+\frac{V_1^2}{2g}=\frac{p_2}{\gamma_{air}}$ 이며, V_1을 구하면 $V_1=\sqrt{2g\frac{p_2-p_1}{\gamma_{air}}}$ 이다.

c, c' 지점은 높이가 같으므로 압력이 같아서 $p_c=p_{c'}$ 이다.

관의 중심에서 비중이 1인 액주계의 액주 높이까지의 거리를 x라 하면

$p_c=p_1+\gamma_{air}\times x\,\text{m}+\gamma_w\times 0.01\,\text{m}$, $p_{c'}=p_2+\gamma_{air}\times(x+0.01)\,\text{m}$ 에서

$p_1+\gamma_{air}\times x\,\text{m}+\gamma_{water}\times 0.01m=p_2+\gamma_{air}\times(x+0.01)\,\text{m}$

$p_2-p_1=0.01\,\text{m}(\gamma_{water}-\gamma_{air})$

이다. 위에서 구한 V_1에 p_2-p_1 값을 대입하면

공기의 속도는 $V=\sqrt{2gR\frac{\gamma_{water}-\gamma_{air}}{\gamma_{air}}}=\sqrt{2gR\frac{\rho_{water}-\rho_{air}}{\rho_{air}}}$

$$=\sqrt{2\times 9.8\times 0.01\times\frac{1{,}000-1.22}{1.22}}=12.67\,\text{m/s}$$

예제 29

공기밀도는 17℃에서 1.22 kg/m^{3}임을 증명하시오.

해설 이상기체상태방정식 $pV=nRT=\frac{W}{M}RT$에서 $\rho=\frac{W}{V}=\frac{pM}{RT}$ 이다.

$$\rho=\frac{W}{V}=\frac{pM}{RT}=\frac{1\,\text{atm}\times 28.96\,\text{g/mol}}{0.082\,\text{atm}.\ell/\text{mol}\cdot\text{K}\times(273+17)\,\text{K}}=1.22\,\text{g}/\ell=1.22\,\text{kg/m}^3$$

예제 30

배관 안에 유동하는 물의 유속을 측정하기 위하여 U자관을 Pitot관에 연결하였더니 그림에서 $h = 16$ cm, R = 4 cm이었다. 이때의 유속 V는?

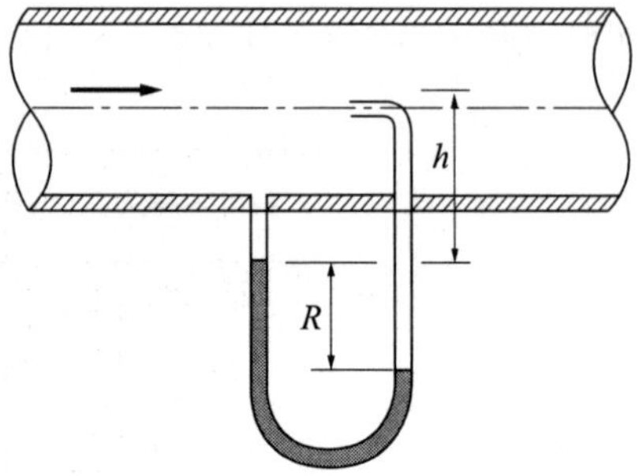

해설 물의 비중량 $\gamma = 1{,}000\,\mathrm{kg_f/m^3}$, 수은의 비중량 $\gamma_0 = 13{,}600\,\mathrm{kg_f/m^3}$, $R = 4\,\mathrm{cm}$ 이므로 V는

$$V = \sqrt{2gR\left(\frac{\gamma_o - \gamma}{\gamma}\right)} = \sqrt{2 \times 9.8 \times 0.04 \times 12.6} \fallingdotseq 3.143\,\mathrm{m/sec}\text{이다.}$$

예제 31

그림과 같이 화살표 방향으로 물이 흐르고 있는 직경 100 mm의 배관에 압력계와 피토게이지가 설치되어 있다. 압력계와 피토게이지의 지시바늘이 4 $\mathrm{kg_f/cm^2}$와 4.1 $\mathrm{kg_f/cm^2}$를 가리키고 있다면 유속(m/s)은?

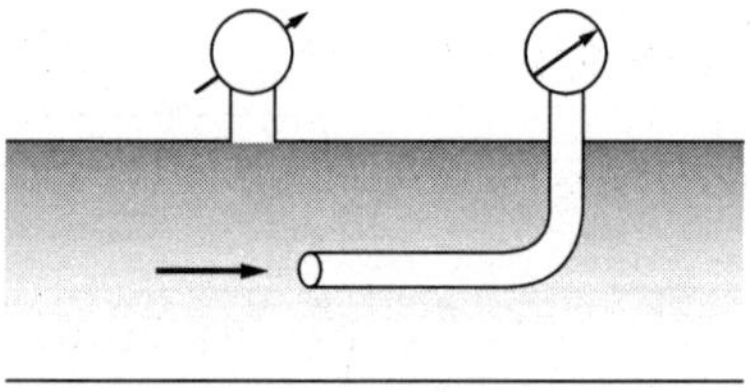

해설 피토게이지는 전압을 측정하고 압력계는 정압을 특정한다. 즉, 전압 = 정압 + 동압이므로 유속과 관련이 있는 동압을 계산하면 다음과 같다.

동압 = 전압 − 전압 = $4.1\,\mathrm{kg_f/cm^2} - 4\,\mathrm{kg_f/cm^2} = 0.1\,\mathrm{kg_f/cm^2}$

$V = \sqrt{2g\Delta h} = \sqrt{2 \times 9.8\,\mathrm{m/s^2} \times 1\,\mathrm{m}} = 4.4\,\mathrm{m/s}$

예제 32

수평면과 60°를 이루는 원관에서 분출되는 물이 상승하다가 중력의 영향을 받아 아래로 떨어질 때 물이 상승하는 최대높이는 얼마인가? 또 가장 큰 분류(噴流)의 직경을 구하라. 단, 원관의 직경을 10 cm, 관 출구에서의 유속은 7 m/s이다.

해설

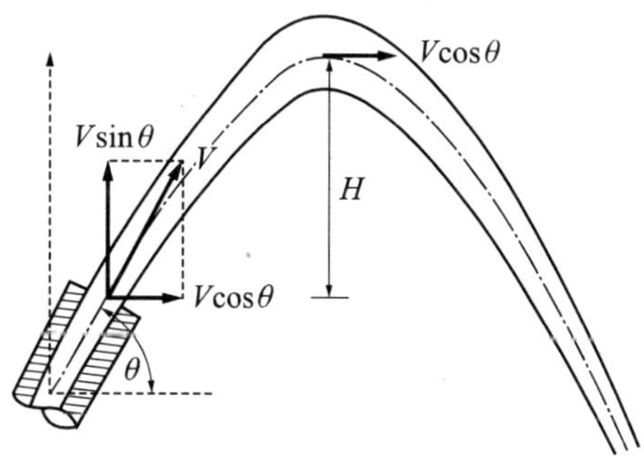

위 그림과 같이 관이 수평면과 이루는 각도를 θ, 관 출구에서 물의 속도를 V라 하면 그 수평방향 분속도(分速度)는 $V\cos\theta$이고, 수직방향 분속도는 $V\sin\theta$이다. 수직방향 분속도는 중력의 영향을 받아 점점 감소하여 0이 되고 다시 −(하향)가 된다. 수직방향 속도성분이 0이 되는 위치가 최고 높이가 된다. 그 사이에 수평방향 분속도는 변화하지 않으므로 최고점에서의 수평방향 분속도는 관의 출구에서와 같다.

관의 출구에서 속도수두는 $\dfrac{V^2}{2g}$, 압력수두는 $\dfrac{p_{atm}}{\gamma}$, 위치수두는 0이고 최고점에서의 속도수두는 $\dfrac{V^2\cos^2\theta}{2g}$, 압력수두는 $\dfrac{p_{atm}}{\gamma}$, 위치수두는 H이다.

이 두 지점 사이에 Bernoulli방정식을 적용하면

$$\frac{V^2}{2g}+\frac{P_{atm}}{\gamma}+0=\frac{V^2\cos^2\theta}{2g}+\frac{p_{atm}}{\gamma}+H$$

이다. 위 식에서 H를 구하면 H는

$$H=\frac{V^2}{2g}(1-\cos^2\theta)=\frac{V^2}{2g}\sin^2\theta=\frac{7^2}{2\times 9.8}\sin^2 60°\fallingdotseq 1.88\,\mathrm{m}$$

이다. 또 이 두 단면 사이에 연속방정식을 적용하면 $\dfrac{\pi d_1^2}{4}\cdot V=\dfrac{\pi d_2^2}{4}\cdot V\cos\theta$

이다. 그러므로 d_2는 $d_2=d_1\sqrt{\sec\theta}=10\sqrt{\sec 60°}\fallingdotseq 14\,\mathrm{cm}$이다.

예제 33

그림과 같이 노즐로부터 물이 방사(放射)되고 있다. 다음 물음에 답하라.

(가) 점 A를 통과하는 유량은?

(나) 물이 상승하는 최대높이는?

(다) 최대 수평도달거리는?

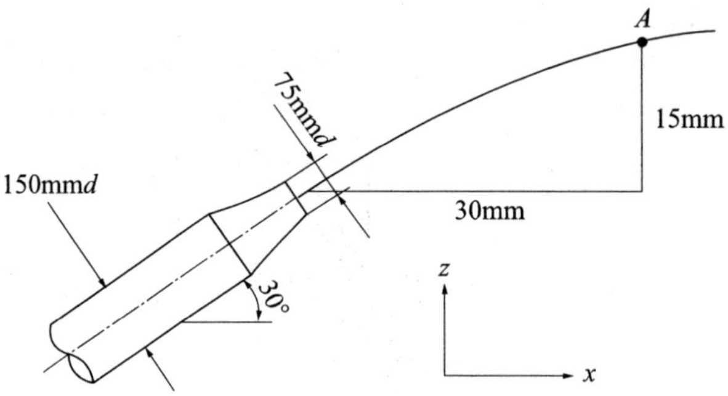

해설

(가) 노즐 출구에서 물의 분사속도를 V라고 하면

수평방향 도달거리 x는 $x = V_x \times t = V\cos 30^\circ \times t$ ①

수직방향 도달거리 y는 $y = V_y \times t - \frac{1}{2}gt^2 = V\sin 30^\circ \times t - \frac{1}{2}gt^2$ ②

이다. 노즐 출구에서 물의 분사속도 V는 식 ①, ②에 x = 30 m, y = 15 m를 대입하면 얻을 수 있다.

$30 = V\cos 30^\circ \times t$ ③

$15 = V\sin 30^\circ \times t - \frac{1}{2}gt^2$ ④

식 ③에서 Vt = 34.64이고 식 ④에 Vt 값을 대입하면

$15 = 34.64 \times 0.5 - 0.5 \times gt^2$, $gt^2 = 4.6$, $t^2 = 0.4694$

에서 t = 0.685이고, 이 값을 식 ③에 대입하면 V는 V = 50.57 m/sec이다.

따라서 점 A를 통과하는 유량과 노즐에서 분출되는 유량은 같으므로 점 A를 통과하는 유량 Q는 $Q = AV = \frac{\pi}{4} \times 0.075^2 \times 50.57 = 0.223\,\text{m}^3/\text{sec}$이다.

(나) 노즐이 수평면과 이루는 각도를 θ, 노즐 출구에서 물의 속도를 V라 하면 그 수평방향 분속도는 $V\cos\theta$, 수직방향 분속도는 $V\sin\theta$이다.

수직방향 분속도는 중력의 영향을 받아 점점 감소하여 0이 되고 다시 −가 된다. 수직방향 속도성분이 0이 되는 위치가 최고높이가 된다. 그 사이에 수평방향 분속도는 변화하지 않으므로 최고점에서의 수평방향 분속도는 관의 출구에서와 같다.

관의 출구에서의 속도수두는 $\frac{V^2}{2g}$, 압력수두는 $\frac{P_{atm}}{\gamma}$, 위치수두는 0이고 최고점에서의 속도수두는 $\frac{V^2\cos^2\theta}{2g}$, 압력수두는 $\frac{P_{atm}}{\gamma}$, 위치수두는 H이다.

이 두 지점 사이에 Bernoulli방정식을 적용하면

$$\frac{V^2}{2g}+\frac{P_{atm}}{\gamma}+0=\frac{V^2\cos^2\theta}{2g}+\frac{P_{atm}}{\gamma}+H$$

이다. 위 식에서 H를 구하면 H는

$$H=\frac{V^2}{2g}(1-\cos^2\theta)=\frac{V^2}{2g}\sin^2\theta=\frac{50.57^2}{2\times9.8}\sin^2 30°=32.62\,\text{m}$$ 이다.

(다) 식②의 y를 t에 관해서 미분하면 V_y는 $V_y=V\sin\theta-gt$이다.

최고점 도달 시간 t_1은 $V_y=V\sin\theta-gt$에서 최고점은 $V_y=0$이므로 $t_1=\frac{V\sin\theta}{g}$이다. 방수부터 수평에 도달한 시간 t_2는 최고점 도달 시간의 2배이므로 $t_2=2t_1=\frac{2V\sin\theta}{g}$

$$x_{\max}=V\cos\theta\times t_2=V\cos\theta\times\frac{2V\sin\theta}{g}=\frac{V^2\sin2\theta}{g}=\frac{50.57^2\times\frac{\sqrt{3}}{2}}{9.8}$$

$=225.99\,\text{m}$ 이다.

예제 34

그림과 같이 수조에 붙어 있는 상하 두 노즐에서 물이 분출하여 한 점에서 만난다. 이 때 $h_1y_1=h_2y_2$임을 증명하라.

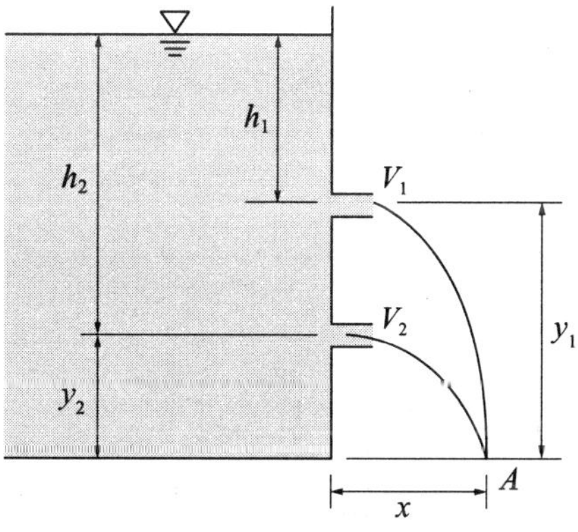

해설

위 노즐의 값들은 첨자 1, 아래 노즐의 값들은 2로 표시한다.

노즐에서 물은 수평으로 분출하므로 공기저항을 무시하면

$V_1t_1=V_2t_2=x$ ①

여기서 V_1, V_2는 각각 상하 노즐에서의 분사속도, t_1, t_2는 상하노즐에서 분사된 물이 A에 도달할 때까지의 시간이다. 또 $y=V_y t+\frac{1}{2}gt^2$에서 분류가 낙하한 수직거리 y_1, y_2는 $V_y=0$이므로

$y_1 = \frac{1}{2}gt_1^2$, $y_2 = \frac{1}{2}gt_2^2$ ②

인 관계가 성립한다. 식 ②에서 t_1과 t_2를 계산하면

$t_1 = \sqrt{2y_1/g}$, $t_2 = \sqrt{2y_2/g}$ ③

이다. 노즐에서의 손실을 무시하면 V_1, V_2는

$V_1 = \sqrt{2gh_1}$, $V_2 = \sqrt{2gh_2}$ ④

이므로 식 ③과 ④의 값을 식①에 대입하면

$\sqrt{2gh_1} \cdot \sqrt{2y_1/g} = \sqrt{2gh_2} \cdot \sqrt{2y_2/g}$

로부터 $h_1 y_1 = h_1 y_1$를 얻는다.

예제 35

그림은 안지름이 65 mm인 옥외소화전의 방수구에서 방수되고 있는 모습이다. 단, x는 방수된 물이 지면에 도달하는 거리이고, y는 지면에서 방수구의 중심까지의 거리로 0.8 m이다.

(가) 방수된 물이 지면에 도달하는 거리(x)가 16 m일 때 방수량 Q (m^3/sec)은?

(나) 방수구에서 화재안전기준의 방수압(2.5 kg_f/cm^2)을 만족하기 위해서는 방출된 물이 지면에 도달하는 거리(x)가 몇 m 이상이어야 하는가?

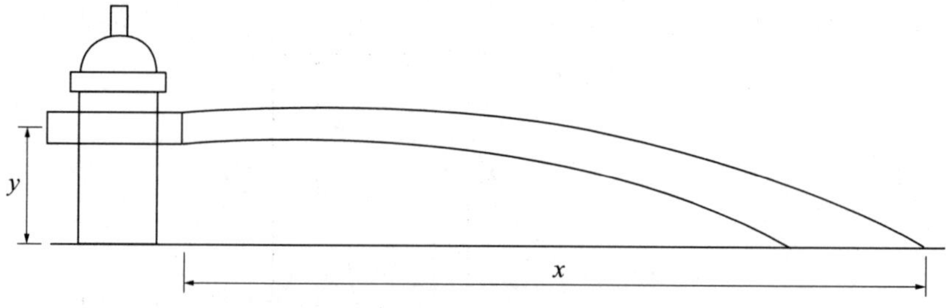

해설

(가) $y = V_y \cdot t + \frac{1}{2}gt^2$에서 방수된 물이 지면에 도달하는 때는 $V_y = 0$이고,

$y = 0.8\,\mathrm{m}$이므로 $y = \frac{1}{2}gt^2$, $0.8\,\mathrm{m} = \frac{1}{2} \times 9.8 \times t^2$에서 $t = 0.404\,\mathrm{sec}$이다.

$x = V_x \cdot t$이므로 방사속도 V_x는 $V_x = 16\,\mathrm{m} \div 0.404\,\mathrm{sec} = 39.6\,\mathrm{m/s}$

방수량 $Q = AV_x = \frac{\pi}{4}(0.065\,\mathrm{m})^2 \times 39.6\,\mathrm{m/s} = 0.131\,\mathrm{m^3/s}$

(나) $V = \sqrt{2gh}$, $h = 25\,\mathrm{m}$이므로 $V = \sqrt{2 \times 9.8 \times 25} = 22.135\,\mathrm{m/s}$

$\frac{x(\mathrm{m})}{0.404\,\mathrm{sec}} = 22.135\,\mathrm{m/s}$에서 $x(\mathrm{m}) = 8.944\,\mathrm{m}$

예제 36

그림과 같이 Siphon의 안지름이 15 cm인 관 속을 물이 흐른다. 국소대기압을 1.03 kg_f/cm^2_{abs}, 물의 포화증기압을 0.16 kg_f/cm^2_{abs}라 할 때 늘어뜨린 관의 길이를 조절하여 유량을 최대로 하려면 h는 얼마로 하면 좋은가? 단, 관로에서의 손실은 무시한다.

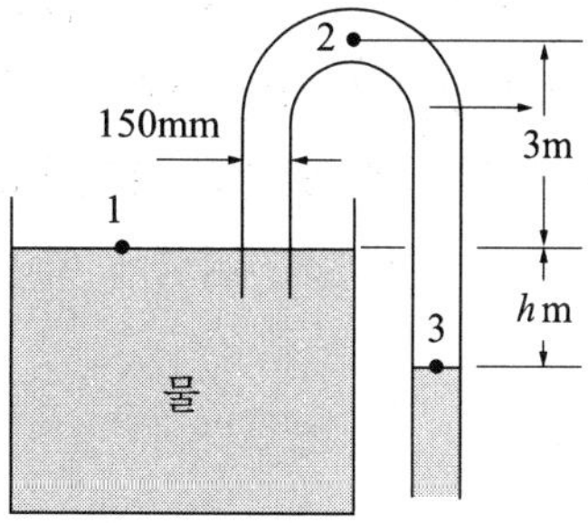

해설 마찰이 없을 때 사이펀으로부터 유출되는 유량은 토리첼리의 정리에 의하여

$$Q = AV = \frac{\pi}{4}(0.15^2)\sqrt{2\times 9.8\times h} = 0.078\sqrt{h}$$

이다. 즉, Q는 h의 증가에 따라 증가한다. 그러나 Q를 증가시키기 위하여 h를 크게 하면 유속 $V(=\sqrt{2gh})$도 증가되어 속도수두($V^2/2g$)가 커지며 반면에 관로에서의 압력수두가 감소된다. 만일 점 2에서의 압력(관로에서의 최저압력점)이 포화증기압 이하로 떨어지면 사이펀 작용이 불가능하게 된다. 그러므로 유량을 최대로 하는 h의 한계는 점 2에서의 압력을 포화증기압으로 만드는 h의 값이다.

점 1과 2에 대하여 Bernoulli정리를 적용하면

$$\frac{p_1}{\gamma} + \frac{V_1^2}{2g} + z_1 = \frac{p_2}{\gamma} + \frac{V_2^2}{2g} + z_2$$

$p_1 = p_{atm} = 1.03\times 10^4 \mathrm{kg_f/m^2}_{abs}$, $p_2 = 0.16\times 10^4 \mathrm{kg_f/m^2}_{abs}$, $z_1 = 0$, $V_1 = 0$, $z_2 =$, $3\,\mathrm{m}$ $V_2 = \sqrt{2gh}$를 위 식에 대입하고 h를 계산하면 유량을 최대로 하는 h의 값이 나.

$$h = \frac{p_1 - p_2}{\gamma} + z_1 - z_2 = \frac{(1.03 - 0.16)\times 10^4}{1{,}000} - 3 = 5.7\,\mathrm{m}$$

또 이 때 유량 Q는 $Q = 0.078\sqrt{5.7} = 0.186\,\mathrm{m^3/s}$이다. 관로 내에서 국부적으로 압력이 포화증기압 이하로 떨어져 증발이 일어나는 현상을 공동현상(空洞現象, cavitation)이라 한다 이 현상은 펌프 등 수력기계의 설계나 운전에서 항상 고려하여야 할 사항이다.

4. 수정 Bernoulli방정식

유체마찰이 존재하는 경우에 Bernoulli방정식의 변형에 대해 알아보기 위해 그림13과 같은 장치의 흐름을 생각하자. 그림13에서 직관 속을 유체가 흐를 때 유체마찰, 즉 관마찰이 존재한다. 관마찰에 대해 알기 쉽게 나타내기 위해 1, 2점에 유리관을 세워서 압력수두를 읽을 수 있도록 하였다고 하자. 그리고 관 내의 평균유속 V의 크기는 밸브 또는 콕의 열림을 가감함에 따라서 적당히 취할 수 있게 되어 있다고 하자.

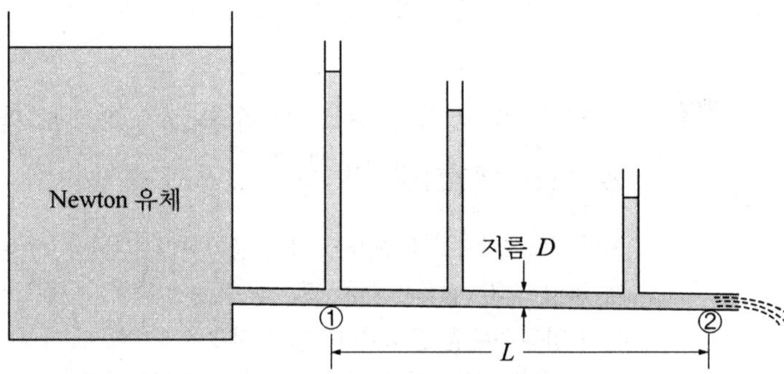

그림13. 유체의 마찰에 의한 저항

지금 단면 1, 2에서 평균유속 및 압력의 크기를 V_1, V_2 및 p_1, p_2라 하면 Bernoulli방정식으로부터 다음과 같은 관계가 성립한다.

$$\frac{p_1}{\gamma} + \frac{V_1^2}{2g} + z_1 = \frac{p_2}{\gamma} + \frac{V_2^2}{2g} + z_2$$

$$\frac{p_2 - p_1}{\gamma} = \frac{V_2^2 - V_1^2}{2g} \quad ⓐ$$

여기서 직관을 사용하였으므로 흐름의 단면적은 일정하므로 연속의 원리에 의하여 평균유속도 일정하다. 즉, $V_1 = V_2$이다. 이 관계를 식 ⓐ에 대입하면

$$\frac{p_1 - p_2}{\gamma} = 0$$

이다. γ은 유체에 대한 비중량으로서 일정한 상수 값이므로 $p_1 - p_2 = 0$이다.

그러나 실제 이와 같은 장치를 이용하여 측정한 결과는 결코 $p_1 - p_2 = 0$이 아니고 상류의 단면 1점에서의 압력 p_1이 하류의 단면 2점에서의 압력 p_2보다 언제나 약간 높다. 즉,

$$p_1 > p_2 \quad \text{또는} \quad h_1 = \frac{p_1}{\gamma} > h_2 = \frac{p_2}{\gamma}$$

이다.

식 ⓐ가 1, 2점에서 성립하지 않은 이유는 Bernoulli의 정리는 비압축성유체의 흐름에 대하여 에너지보존법칙, 즉 한 유선상의 두 점에서의 에너지 총합이 일정하다는 가성 하에서 유도한 것이므로 유체마찰에 의한 손실이 전혀 고려되어 있지 않았기 때문이다.

실험 결과에 의하면 $p_1 - p_2$의 값은 1, 2점의 거리가 멀어질수록 커지고, 또한 평균유속 V가 증가할수록 현저하게 증가한다.

그림에서 1, 2점 구간에서 마찰에 의한 (단위중량당)손실수두(損失水頭, head loss)는 $h_1 - h_2$ 이다. 즉,

$$h_\ell = \frac{p_1}{\gamma} - \frac{p_2}{\gamma}$$

이다. 그림에서 1점의 에너지 총합은 $\dfrac{V_1^2}{2g} + \dfrac{p_1}{\gamma} + z_1$이고, 점 2에서의 에너지 총합은 $\dfrac{V_2^2}{2g} + \dfrac{p_2}{\gamma} + z_2$인데, 1점과 2점 사이에서 h_ℓ의 에너지(단위 중량당)가 손실되었으므로 2점에서의 에너지 총합은 1점에서의 에너지 총합보다 h_ℓ만큼 적다. 따라서 마찰손실이 존재할 때 Bernoulli방정식은

$$\frac{V_1^2}{2g} + \frac{p_1}{\gamma} + z_1 = \frac{V_2^2}{2g} + \frac{p_2}{\gamma} + z_2 + h_\ell \qquad ⓑ$$

로 수정되어야 한다. 식ⓑ는 식ⓐ의 Bernoulli방정식과 유사한 형을 하고 있으므로 수정 Bernoulli방정식이라고 한다.

그림14(a)와 같이 단면 ①과 단면 ②사이에 펌프가 설치되어 유체가 펌프로부터 에너지를 공급받는다면

$$\frac{V_1^2}{2g}+\frac{p_1}{\gamma}+z_1+E_p=\frac{V_2^2}{2g}+\frac{p_2}{\gamma}+z_2+h_\ell$$

로 쓰고, 그림14(b)와 같이 단면 사이에 수차(水車, water turbine)가 설치되어 유체로부터 에너지를 뺏어 간다면

$$\frac{V_1^2}{2g}+\frac{p_1}{\gamma}+z_1=\frac{V_2^2}{2g}+\frac{p_2}{\gamma}+z_2+E_t+h_\ell$$

로 Bernoulli방정식을 수정하여 이용한다.

여기서 손실수두(h_ℓ), 펌프에너지(E_p), 터빈에너지(E_t)는 각각 단위중량당의 유체가 잃는 에너지, 공급받는 에너지, 공급하는 에너지이다.

펌프가 단위중량당의 유체에 E_p 만큼 에너지를 공급한다면 단위시간당의 에너지는 동력(Power)이므로 펌프의 동력 P는

$$P=E_p\times\gamma Q=E_p\times\dot{G}$$

이다.

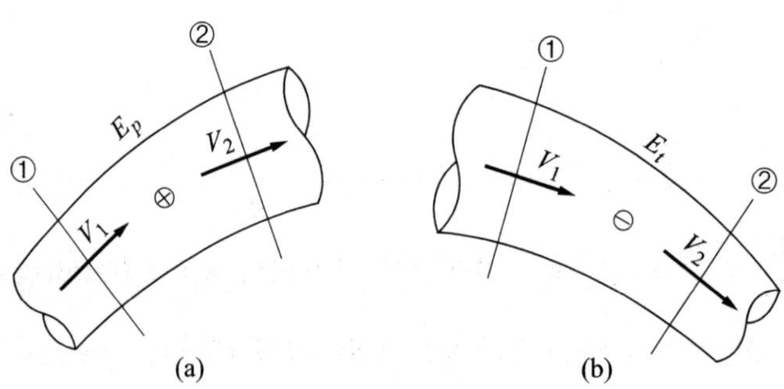

그림14.

예제 37

그림을 보고 각 물음에 답하시오. 단, 답은 소수점 두 자리까지 나타내시오.

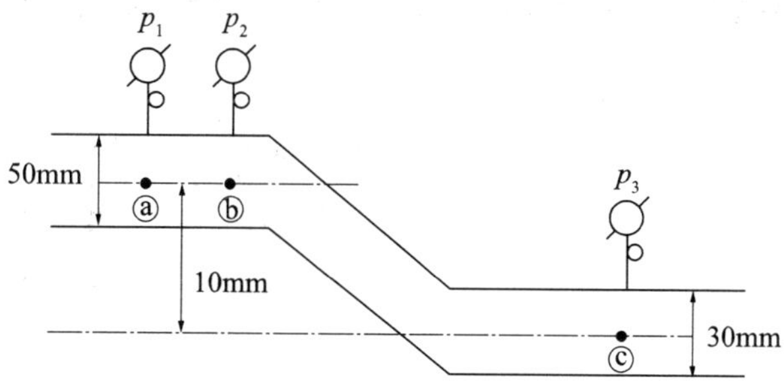

[조건]	ⓐ점의 압력 11 kPa ⓑ점의 압력 10.5 kPa ⓒ점의 압력 10.8 kPa, 유량 : $10\,\ell/s$

(가) ⓐ지점의 유속(m/s)을 구하시오.
(나) ⓒ지점의 유속(m/s)을 구하시오.
(다) ⓐ지점과 ⓑ지점 사이의 마찰손실(m)을 구하시오.
(라) ⓐ지점과 ⓒ지점간의 마찰손실(m)을 구하시오.

해설

(가) 연속방정식 $Q=AV$에서 ⓐ지점의 유속 V_a는

$$V_a=\frac{Q}{A_a}=\frac{10\ell/\mathrm{s}}{\left(\pi\dfrac{0.05^2}{4}\right)\mathrm{m}^2}=\frac{10\times10^{-3}\mathrm{m}^3/\mathrm{s}}{\left(\pi\dfrac{0.05^2}{4}\right)\mathrm{m}^2}=5.09\,\mathrm{m/s}$$

(나) 연속방정식 $Q=AV$에서 ⓒ지점의 유속 V_c는

$$V_c=\frac{Q}{A_c}=\frac{10\ell/\mathrm{s}}{\left(\pi\dfrac{0.03^2}{4}\right)\mathrm{m}^2}=\frac{10\times10^{-3}\mathrm{m}^3/\mathrm{s}}{\left(\pi\dfrac{0.03^2}{4}\right)\mathrm{m}^2}=14.15\,\mathrm{m/s}$$

(다) 수정베르누이방정식 $\dfrac{V_a^2}{2g}+\dfrac{p_a}{\gamma}+z_a=\dfrac{V_b^2}{2g}+\dfrac{p_b}{\gamma}+z_b+h_{\ell a-b}$

$$\frac{(5.09\,\mathrm{m/s})^2}{2\times9.8\,\mathrm{m/s^2}}+\frac{11\,\mathrm{kN/m^2}}{9.8\,\mathrm{kN/m^2}}+10\,\mathrm{m}=\frac{(5.09\,\mathrm{m/s})^2}{2\times9.8\,\mathrm{m/s^2}}+\frac{10.5\,\mathrm{kN/m^2}}{9.8\,\mathrm{kN/m^2}}+10\,\mathrm{m}+h_{\ell a-b}$$

$h_{\ell a-b}=1.00\,\mathrm{m}$

(라) 수정베르누이방정식 $\dfrac{V_a^2}{2g}+\dfrac{p_a}{\gamma}+z_a=\dfrac{V_c^2}{2g}+\dfrac{p_c}{\gamma}+z_c+h_{\ell a-c}$

$$\frac{(5.09\,\mathrm{m/s})^2}{2\times9.8\,\mathrm{m/s^2}}+\frac{11\,\mathrm{kN/m^2}}{9.8\,\mathrm{kN/m^3}}+10\,\mathrm{m}=\frac{(14.15\,\mathrm{m/s})^2}{2\times9.8\,\mathrm{m/s^2}}+\frac{10.8\,\mathrm{kN/m^2}}{9.8\,\mathrm{kN/m^3}}+0\,\mathrm{m}+h_{\ell a-c}$$

$h_{\ell a-c}=1.10\,\mathrm{m}$

예제 38

그림과 같은 사이폰에 물이 0.08 m^3/s로 흐르고 있다. 점 1과 점 3사이에 손실수두(m)는? 또 손실의 2/3가 점 1과 점 2사이에서 발생한다면 점 2에서의 압력(kg_f/cm^2)은?

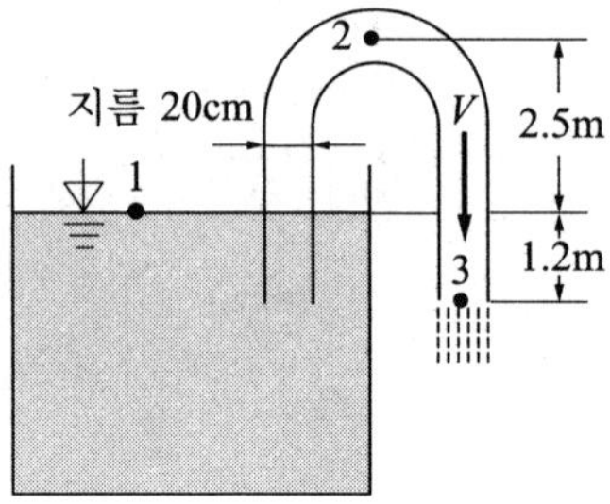

해설

점 1과 점 3에 수정 Bernoulli방정식을 적용하면

$$\frac{V_1^2}{2g}+\frac{p_1}{\gamma}+z_1=\frac{V_3^2}{2g}+\frac{p_3}{\gamma}+z_3+h_{\ell 1-3}$$

여기서 $p_1=p_3=p_{atm}$ (대기압), $V_1=0$, $z_1-z_3=1.2\,\mathrm{m}$ 이고,

V_3는 $V_3=\dfrac{Q}{A}=\dfrac{0.08}{\frac{\pi}{4}(0.2)^2}=2.547\,\mathrm{m/s}$

따라서 점 1과 점 3사이에 손실수두 $h_{\ell 1-3}$은

$$h_{\ell 1-3}=z_1-z_3-\frac{V_3^2}{2g}=1.2-\frac{2.547^2}{2\times 9.8}=0.869\,\mathrm{m}$$

문제의 주어진 조건에서 점 1과 점 2사이의 손실수두 $h_{\ell 1-2}$는

$$h_{\ell 1-2}=\frac{2}{3}h_{\ell 1-3}=0.579\,\mathrm{m}$$

점 1과 점 2에 수정 Bernoulli방정식을 적용하면

$$\frac{V_1^2}{2g}+\frac{p_1}{\gamma}+z_1=\frac{V_2^2}{2g}+\frac{p_2}{\gamma}+z_2+h_{\ell 1-2}$$

여기서 $p_1=p_{atm}$ (대기압) = 0, $V_1=0$, $z_1-z_2=-2.5\,\mathrm{m}$, $V_2=V_3=2.547\,\mathrm{m/s}$, $h_{\ell 1-2}=0.579\,\mathrm{m}$ 이므로

$$\frac{p_2}{\gamma}=-2.5-\frac{2.547^2}{2\times 9.8}-0.579=-3.41\,\mathrm{m}$$

이다. 따라서 p_2는

$p_2=-3.41\times 1{,}000=-3{,}410\,\mathrm{kg_f/m^2}=-0.341\,\mathrm{kg_f/cm^2}=0.341\,\mathrm{kg^2_{f/cm}}$ 진공

이다.

예제 39

그림과 같이 펌프의 입구 및 출구측에 있는 압력계 1, 2가 각각 −25 mmHg와 2.6 bar를 가리켰다. 이 펌프의 토출(배출)유량이 0.15 m^3/s이면, 펌프에 공급하여야 할 동력은 몇 kW인가?

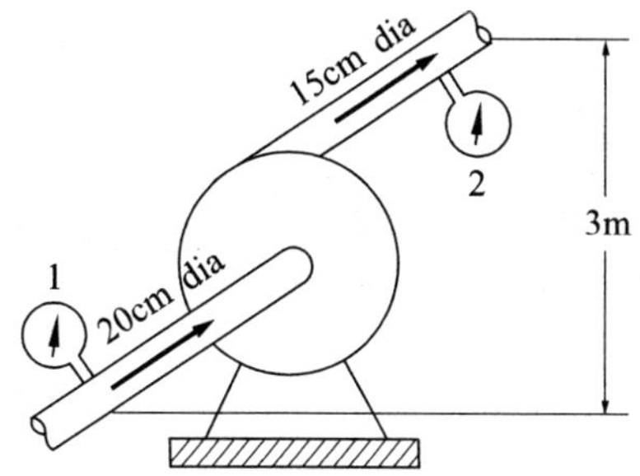

해설 유속 V_1과 V_2는

$$V_1 = \frac{Q}{A_1} = \frac{0.15}{\frac{\pi}{4}(0.2)^2} = 4.77\,\mathrm{m/s}, \quad V_2 = \frac{Q}{A_2} = \frac{0.15}{\frac{\pi}{4}(0.15)^2} = 8.49\,\mathrm{m/s}$$

펌프에서 물에 준 수두(단위중량당 에너지)를 E_p라 하고, 1과 2에 수정 Bernoulli방정식을 적용하면 $\frac{V_1^2}{2g} + \frac{p_1}{\gamma} + z_1 + E_p = \frac{V_2^2}{2g} + \frac{p_2}{\gamma} + z_2$

여기서, $p_1 = -25\,\mathrm{mmHg} = -9{,}800 \times 13.6 \times 0.025 = -3{,}332\,\mathrm{N/m^2}$

$$p_2 = 2.6\,\mathrm{bar} = 2.6 \times 10^5\,\mathrm{N/m^2}$$

$$z_2 - z_1 = 3\,\mathrm{m}$$

이므로 $-\frac{3{,}332}{9{,}800} + \frac{4.77^2}{2 \times 9.8} + E_p = \frac{2.6 \times 10^5}{9{,}800} + \frac{8.49^2}{2 \times 9.8} + 3$

$\therefore\ E_p = 32.38\,\mathrm{m}$

이다.

따라서 펌프의 동력은 $P = \gamma Q E_p = 9{,}800 \times 0.15 \times 32.38 = 47.60\,\mathrm{kW}$

예제 40

동수경사선(動水傾斜線 = 수력구배선)과 에너지 경사선(= 에너지구배선)에 대해 설명하고, 아래 그림과 같은 급수탑에서 관 끝 소화전지점의 압력(kPa)과 동수경사선을 구하라. 단, 급수탑에서 소화전까지 도달하는 동안에 수리에너지가 5 m 손실된다.

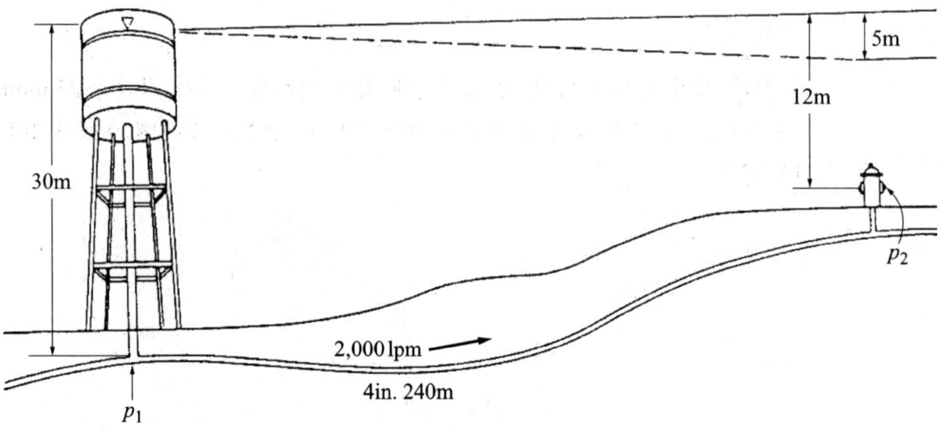

해설 <동수경사선과 에너지 경사선>

에너지 보존법칙은 에너지는 다른 것으로 변화될 수는 있어도 소멸되지는 않는다는 것을 말한다. 다른 말로 표현하면 수리학적 시스템에서 모든 에너지의 합은 일정하다는 것이다. 수학적으로 이런 전 에너지 E를 표현하면

$$E = \frac{V^2}{2g} + \frac{p}{\gamma} + z = \text{일정} \quad ⓐ$$

= 운동에너지수두 + 압력에너지수두 + 위치에너지수두

이다. 이 식을 Bernoulli방정식이라 한다.

식ⓐ는 비압축성유체의 흐름에 대하여 에너지보존법칙, 즉 유선상의 두 점에서의 에너지 총합이 일정하다는 가정 하에서 유도한 것으로 유체마찰에 의한 손실이 전혀 고려되어 있지 않다. 그런데 한 점에서 다른 점으로 물이 흐를 때 손실이 발생하며, 전수리에너지 E의 일부분을 줄이게 된다. 이런 전가용에너지는 아래 그림에 나타난 것처럼 두 점 사이를 흐르는 물의 방향에 따라 감소하는데, 에너지 보존법칙은 이런 형태를 갖는다.

$$E_{in} = E_{out} + \Delta E = E_{out} + h_{loss} \quad ⓑ$$

$$\frac{V_1^2}{2g} + \frac{p_1}{\gamma} + z_1 = \frac{V_2^2}{2g} + \frac{p_2}{\gamma} + z_2 h_{loss}$$

첨자 1과 2는 흐름 영역에서 선정된 두 점이며 h_{loss}의 항은 손실된 에너지이다. h_{loss}는 물이 한 점에서 다른 점으로 이동하는데 쓰이는 전수리에너지 E의 높이를 감소시키기 때문에 일반적으로 손실수두(損失水頭)라 한다.

한 유선상의 모든 점에서의 $p/\gamma + h + V^2/2g$을 연결한 선을 에너지선 또는 에너지 경사선(energy 또는 energy grade line)이라 한다. 또 한 유선상의 모든 점에서의 $p/\gamma + z$를 연결한 선을 동수경사선(動水傾斜線, hydraulic grade 또는 pizoemetric line)또는 수력구배선(水力勾配線)이라고 한다. 동수경사선은 액주계의 높이를 이은 선이다. 동수경사선은 에너지경사선보다 항상 $V^2/2g$만큼 아래에 위치한다. 개수로(開水路)나 저수지에서처럼 수면이 대기에 드러난 상태라면 압력을 받지 않으므로

동수경사선은 수면과 일치한다.

<소화전지점의 압력과 동수경사선>

2,000 lpm의 유량은 2,000 = 0.033 m^3/sec이다. 지름이 4인치인 관의 단면적은

$A = \pi(4 \times 2.54)2/4 = 81.1\,cm^2 = 8.1 \times 10^{-3}\,m^2$

이다. 속도가 변하지 않으므로 양 끝의 운동에너지 수두는 같다. 즉,

$$\frac{V^2}{2g} = \frac{(Q/A)^2}{2g} = \frac{(0.033/8.1 \times 10^{-3})^2}{2 \times 9.8} = 0.85\,m$$

관의 시작점에서 에너지경사선은 관의 입구에서 30 m 위에 있다. 이 점에서의 동수경사선은 30m에서 운동에너지인 0.85 m를 뺀다. 관의 끝점에서는 식 ⓑ를 사용하여 에너지를 합하면 $30 = 0.85 + p_2/\gamma + (30-12) + 5$이다. 미지수 p_2를 구하면

$p_2 = (30 - 0.85 - 18 - 5) \times 9{,}800 = 60.33\,kPa$

이다. 아래 그림으로부터 동수경사선의 기울기는 관길이에 대한 에너지손실로써 정의할 수 있다. 동수경사선 기울기 S는 $S = 5/240 = 0.02$이다.

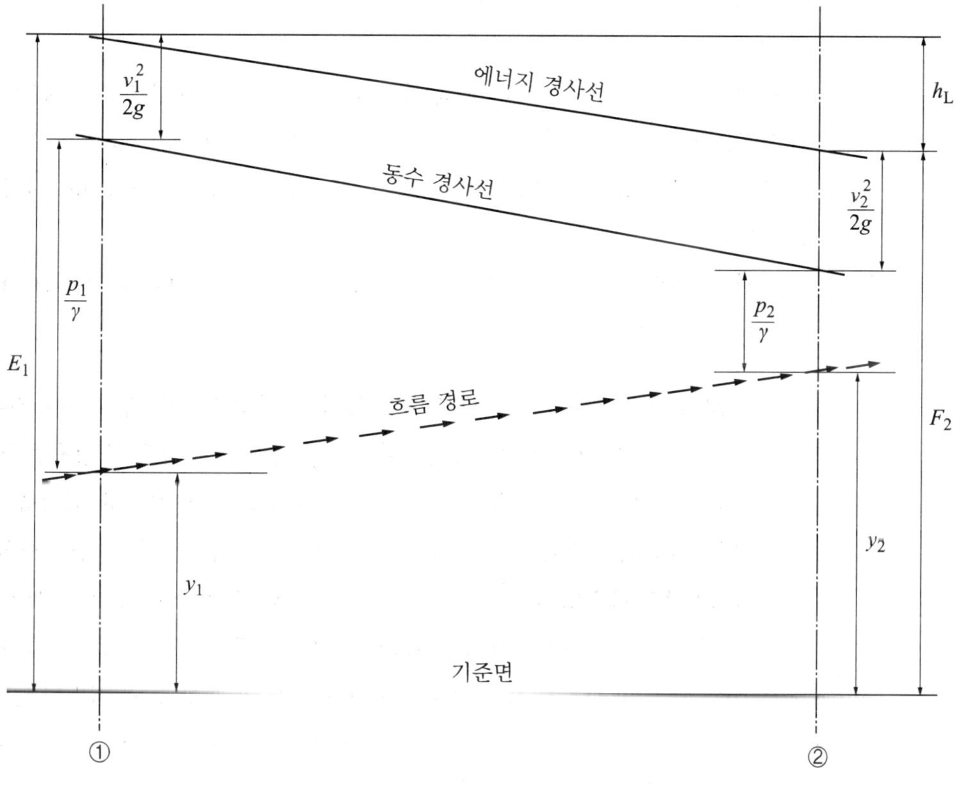

5. 소방시설에서의 응용 예

5.1 법정 방수압력을 얻는 방법

– 옥내소화전설비의 화재안전기준 제5조(옥내소화전설비의 가압송수장치) 제1항 제3호 –

(소방대상물의 어느 층에 있어서도 당해층의 옥내소화전(2개 이상 설치된 경우에는 2개의 옥내소화전)을 동시에 사용할 경우 각 소화전의 노즐 선단에서의 방수압력이 0.17 MPa (호스릴옥내소화전설비를 포함한다) 이상이고, 방수량이 130 ℓ/min(호스릴옥내소화전설비를 포함한다) 이상이 되는 성능으로 할 것. 다만, 하나의 옥내소화전을 사용하는 노즐 선단에서의 방수압력이 0.7 MPa을 초과한 경우에는 호스접결구의 인입측에 감압장치를 설치하여야 한다.)

옥내소화전설비의 화재안전기준에서 요구하고 있는 것은 "당해 층의 옥내소화전을 동시에 개방(2개 이상인 경우는 2개)하였을 때 ① 소방용호스의 노즐 선단에서의 방수압력이 0.17 MPa (1.7 kg_f/cm^2) 이상이고, ② 방수량이 130 ℓ/min 이상이어야 한다"는 것이다.

먼저 소방용호스의 노즐 선단에서의 방수압력 0.17 MPa (1.7 kg_f/cm^2)을 얻는 방법에 대해 알아보자.

ⓐ 저수조가 지하에 있어 펌프를 이용하여 최상층까지 송수하는 경우
저수조가 지하에 있어 펌프를 이용하여 송수하는 경우 소방용호스의 노즐 선단의 방수압력이 낮은 곳은 해당건물의 최상층일 것이므로 최상층의 노즐선단의 방수압력이 1.7 kg_f/cm^2가 되어야 한다. 최상층 노즐 선단에서의 방수압력이 0.17 MPa (1.7 kg_f/cm^2) 이상이 되도록 하려면, 펌프에서 송출해야 할 전양정(全揚程, H[6]))은 수두 10 m는 1.0 kg_f/cm^2이므로 H = 지하저수조에서 최상층 옥내소화전까지의 수직거리(m) + 지하수조에서 최상층 옥내소화전까지 송수하면서 손실되는 마찰손실수두(m) + 소방용호스에서의 마찰손실수두(m) + 17 m (노즐선단에서의 방수압력이 1.7 kg/cm^2일 경우) 이상이 되어야 한다.

---

6) H는 $\frac{p_1}{\gamma}+\frac{V_1^2}{2g}+z_1+E_p=\frac{p_2}{\gamma}+\frac{V_2^2}{2g}+z_2$ 식에서 E_p 임

최상층의 노즐선단에서의 방수압력이 1.7 kg_f/cm^2일 경우 최하층 노즐선단에서의 방수압력은 1.7 kg_f/cm^2보다 훨씬 클 것이다. 만일 최하층 옥내소화전에서 최상층 옥내소화전까지 수직거리가 60 m라고 하면, 최하층 노즐선단에서의 방수압력은

1.7 kg_f/cm^2 + 6.0 kg_f/cm^2 + 최하층에서 최상층 옥내소화전까지 송수하면서 손실되는 압력(kg_f/cm^2)이 되어 방수압력은 0.7 Mpa (7.0 kg_f/cm^2)보다 커진다. 이때에는 옥내소화전 호스 접결구 인입측에 감압장치를 설치하여 방수압력이 0.17～0.7 MPa (1.7～7.0 kg_f/cm^2)이 되도록 하여야 한다.

0.17～0.7 MPa (1.7～7.0 kg_f/cm^2)로 방수압력을 제한하는 이유는 방수 시 운동량의 원리에 따라 사용자에게 방수방향과 반대로 힘이 미치게 되어 사용자가 노즐을 잡고 있기 힘들며 노즐을 놓친 경우에는 노즐이 춤을 추어 사용자를 부상시킬 우려가 있기 때문이다.

ⓑ 고가수조인 경우

옥상의 고가수조에 의해 옥내소화전에 물이 송수되는 경우에는 소방용호스 노즐선단의 압력은 고가수조 하단부와 최고층 옥내소화전 사이의 수직거리가 17 m이면 옥내소화전에서의 압력은 0.17 Mpa (1.7 kg_f/cm^2)이므로, 고가수조와 옥내소화전 사이의 거리는 17 m 이상으로 하면 된다. 배관과 소방용호스에서의 마찰손실수두를 고려하면 낙차(H)는

$$H = 17\,\text{m} + h_1 + h_2$$

여기서, h_1 : 배관의 마찰손실수두

h_2 : 소방용호스의 마찰손실수두

이상이어야 한다.

ⓒ 압력수조인 경우

압력수조인 경우에는 펌프로 물이 수조로 공급되고 여기에 공기압축기로 공기압을 불어넣어 이 압축된 공기압으로 수조의 물을 배관을 통해 송수하므로 여기서도 문제가 되는 것은 최상층의 노즐선단 방수압력이다. 노즐선단에서 1.7 kg/cm^2 이상을 얻으려면 압력수조의 필요압력(p)은

$$p = 1.7\,kg_f/cm^2 + p_1 + p_2 + p_3$$

여기서, p_1 : 소방용호스의 마찰손실 수두압

p_2 : 배관의 마찰손실수두압

p_3 : 압력수조와 최상층 노즐선단 사이의 수직거리에 대한 환산수두압

이어야 한다.

방수압은 피토게이지(pitot gauge)를 이용하여 측정할 수 있다. 방수압시험은 가압송수장치로부터 가장 멀고 높은 위치에 설치된 소화전을 기준(층당 2개 이상인 경우 2개 개방)하여 동시 개방해 놓고 각 소방용호스의 노즐선단압력이 기준치(1.7 kg/cm^2 이상)인지 확인한다.

5.2 방수량(放水量) 산정과 방수압 측정 방법

옥내소화전 노즐 선단에서의 방수량(130 ℓ/min 이상) 산정에 대해 알아보자.

그림15와 같이 직경 D인 관에 유체가 흘러갈 때 유속 V를 측정할 수 있으면 연속방정식에 의해 유량을 구할 수 있다. 두 지점의 압력은 압력계로 쉽게 측정할 수 있으므로 유속 V를 두 지점의 압력을 이용하여 구하는 식을 구한다. 피토관 앞쪽의 떨어진 배관 중심부분의 지점을 점 1, 피토관 입구를 점 2라 할 때, 점 1과 점 2 사이에 Bernoulli방정식 $\frac{p_1}{\gamma}+\frac{V_1^2}{2g}+z_1=\frac{p_2}{\gamma}+\frac{V_2^2}{2g}+z_2$을 적용하면 점 2(정체점)에서 $V_2=0$ 또 $z_1=z_2$이므로 Bernoulli방정식은 $\frac{p_1}{\gamma}+\frac{V_1^2}{2g}=\frac{p_2}{\gamma}$이 되고, 유속 V는

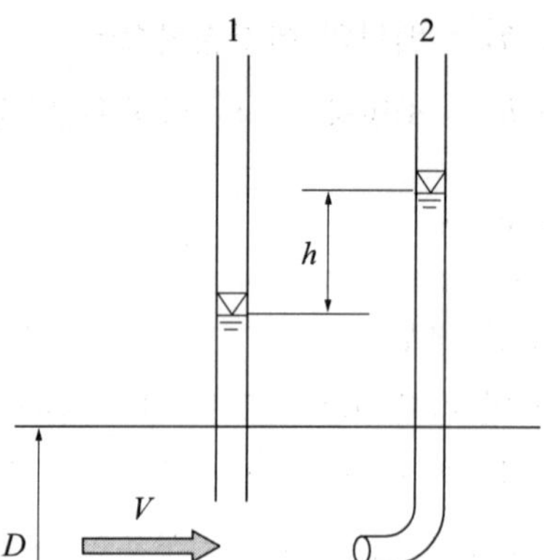

그림15.

$V=\sqrt{2g\frac{p_2-p_1}{\gamma}}$ 이 된다. 즉, 노즐 선단에서의 유속 V는 $V=\sqrt{2g\frac{p_2-p_1}{\gamma}}=\sqrt{2g\frac{p}{\gamma}}$ 의 식으로 구할 수 있다. 여기서 p는 동압이다.

방수량(유량) Q는 노즐의 단면적$(A)\times$속도(V)이므로 유량계수(C_d)를 고려하면

$$Q = C_d \times A \times V = C_d \times A \times \sqrt{2g\frac{p}{\gamma}} = C_d \times \frac{\pi D^2}{4} \times \sqrt{2g\frac{p}{\rho g}}$$

이다. 위의 식에 $\rho = 1{,}000\,\text{kg/m}^3$을 대입하면

$$\begin{aligned} Q &= C_d \times \frac{\pi \times D\,[\text{mm}^2][10^{-2}\text{cm}^2/\text{mm}^2]}{4} \times \\ &\qquad \sqrt{2\,\frac{p\,[\text{kg}_f/\text{cm}^2]\times[9.8\,\text{kg}\cdot\text{m/sec}^2/\text{kg}_f]\times[10^2\,\text{cm/m}]}{1{,}000\,(\text{kg/m}^3)(\text{m}^3/100^3\,\text{cm}^3)}} \\ &= C_d \times 0.007853982 D^2 \times 1{,}400\sqrt{p}\ (\text{cm}^3/\text{sec}) \\ &= C_d \times 10.99557429\, D^2\sqrt{p}\ (\text{cm}^3/\text{sec})(10^{-3}\ell/\text{cm}^3)(\text{sec}/\tfrac{1}{60}\text{min}) \\ &= C_d \times 0.659734459\, D^2\sqrt{p}\ (\ell/\text{min}) \end{aligned}$$

보통 위의 식에 $C_d = 0.99$를 넣으면

$$Q = 0.653137224 D^2\sqrt{p}\,(\ell/\text{min})$$
$$Q \fallingdotseq 0.653 D^2\sqrt{p}\,(\ell/\text{min})$$

이다. 여기서 D와 p의 단위는 D (mm), p (kg_f/cm^2)이다.

또한 D (mm), p (MPa)인 경우는 Q는 다음과 같다.

$$Q = 0.653 D^2\sqrt{10p}\,(\ell/\text{min})$$

따라서 피토게이지로 노즐 선단(先端)에서 동압 p를 측정하면 방수량을 알 수 있다.

피토게이지는 그림16과 같이 피토관과 압력계를 결합해서 동압을 측정하는 계기이다. $\frac{V^2}{2g}$에 상당하는 동압 p가 압력계에 나타난다. 측정할 때에는 피토관 입구를 노즐 선단에서 노즐구경의 0.5배 떨어진 위치(축맥지점)에서 수류의 중심선과 일치하도록 대면 압력계에 그 방수압력(동압)이 나타난다.

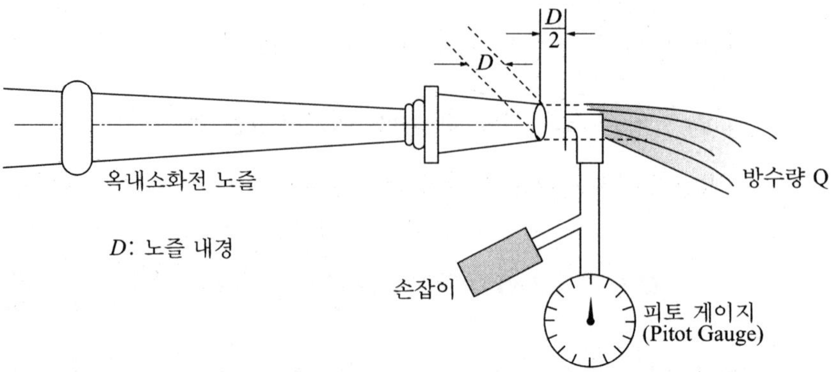

그림16. 피토게이지로 옥내소화전 노즐의 압력 측정 모습

예제 41

옥내소화전설비의 소방용 호스 노즐에서 방수량을 측정하려고 한다. 이때 사용하는 측정 기구의 명칭과 측정방법을 설명하시오.

해설 측정 기구는 피토게이지(Pitot gauge)이며, 측정방법은 노즐 선단에서 선단 직경의 1/2 지점(축맥 지점)에 피토게이지의 피토관 입구를 중심선상에 일치시켜 압력을 읽은 뒤 $Q = 0.653D^2\sqrt{10p}$ 에 대입시켜 방수량을 계산한다.
여기서 Q : 방수량(ℓ/min), D : 직경(mm), p : 방수압력(MPa)이다.

예제 42

물이 노즐을 통하여 대기로 방출된다. 노즐 출구에서 피토게이지로 측정한 압력이 계기압력으로 p (kg$_f$/cm^2)라면 방출속도는 몇 m/sec인가? 단, 마찰손실이 전혀 없고 속도수두는 무시하며 중력가속도는 9.8 m/s^{2}이다.

해설 Bernoulli방정식에서 $V = \sqrt{2gh} = \sqrt{2g\frac{p}{\gamma}}$
여기에 $g = 9.8\,\text{m/sec}^2$, $h = 10p$를 대입하면
$V\,(\text{m/s}) = \sqrt{2 \times 9.8 \times 10p} = 14\sqrt{p\,(\text{kg}_f/\text{cm}^2)}$

예제 43

용량 10톤의 물탱크차가 만수상태로 화재현장에 출동하여 노즐압력 3 kg$_f$/cm^2, 노즐구경 21 mm를 사용하여 방수하였다. 물탱크차 내의 물을 전부 방수하는데 몇 분이나 소요되겠는가?

해설 $Q = 0.653D^2\sqrt{10p} = 0.653 \times 21^2 \times \sqrt{3} = 498\,\ell/\text{min} = 0.5\,\text{m}^3/\text{min}$

매분당 0.5 m^3의 물이 소요되므로 10톤(10 m^3)의 물을 전부 방수하는 데는

$\dfrac{10\,\text{m}^3}{0.5\,(\text{m}^3/\text{min})} = 20\,\text{min}$이 소요된다.

예제 44

옥내소화전설비의 노즐에서 20분간 방수하면서 받아낸 소화수량을 측정하였더니 2,000 ℓ 이었다. 이 노즐의 방수압(kPa)을 구하시오. 단, 노즐의 구경은 20 mm이다.

해설 $Q = 0.653D^2\sqrt{10p}$ 에서

$$p = \frac{\left\{\dfrac{Q}{0.653D^2}\right\}^2}{10} = \frac{\left\{\dfrac{2000/20}{0.653\times 20^2}\right\}^2}{10} = 0.01465\,\text{MPa} = 14.65\,\text{kPa}$$

5.3 포혼합장치(泡混合裝置)

예제 45

포혼합장치에는 포소화약제를 흡인하여 혼합하는 관로혼합장치(그림 참조)가 있다. 관로혼합장치에서 약제흡인량 q가 다음과 같음을 입증하라. 여기서 a는 포소화약제 흡인배관(픽업관)의 단면적, γ는 물의 비중량, γ_ℓ은 포소화약제의 비중량, Q는 펌프 등 가압송수장치에서 관로혼합장치에 공급하는 물의 유량, A는 관로혼합장치에 연결된 물 공급배관의 단면적, A'는 벤츄리관의 단면적, β는 $\beta = \dfrac{A'}{A}$, p_1은 벤츄리관 1차측 물공급 배관 내의 압력, h는 포소화약제 저장통에서 관로혼합장치 중심부까지의 높이차이(낙차)이다.

$$q = a\sqrt{\frac{\gamma}{\gamma_\ell}\left(\frac{Q}{A}\right)^2\left\{\frac{1}{\beta^2} - 1\right\} - 2g\left\{\frac{p_1}{\gamma_\ell} + h\right\}}$$

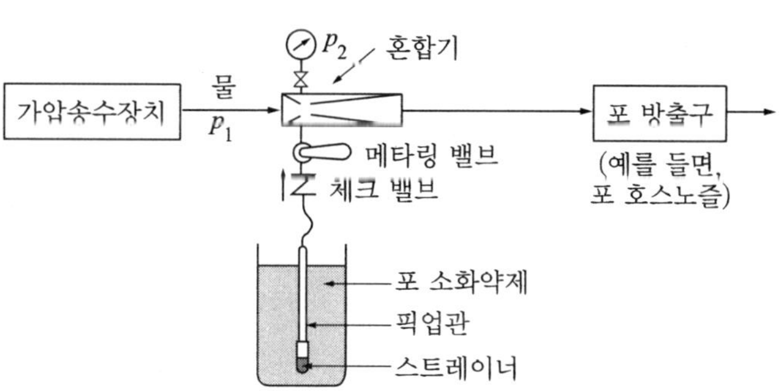

해설

관로혼합장치(line proportioner)의 혼합기는 노즐, 오리피스 또는 벤츄리관 등의 수축부분을 지닌 것으로서 이 부분에 생기는 진공에 의해서 포소화약제를 흡인한다. 이 흡인의 원리를 그림에 명시하였다.

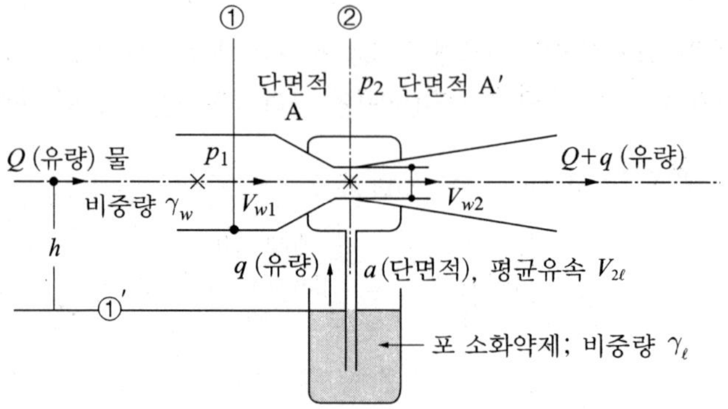

단면 ①과 ②의 각각 한 점에 대하여 연속방정식과 Bernoulli방정식을 적용하면

$$Q = A V_{w1} = A' V_{w2} \quad ⓐ$$

$$\frac{p_1}{\gamma} + \frac{V_{w1}^2}{2g} + h = \frac{p_2}{\gamma} + \frac{V_{w2}^2}{2g} + h \quad ⓑ$$

$V_{w2} = \dfrac{A}{A'} V_{w1} = \dfrac{V_{w1}}{\beta}$ 를 식 ⓑ에 대입하면

$$\frac{p_1 - p_2}{\gamma} = \frac{V_{w2}^2 - V_{w1}^2}{2g} = \frac{V_{w1}^2}{2g}\left\{\frac{1}{\beta^2} - 1\right\}$$

$$p_1 - p_2 = \gamma \frac{V_{w1}^2}{2g}\left\{\frac{1}{\beta^2} - 1\right\} = \frac{\gamma}{2g}\left(\frac{Q}{A}\right)^2\left\{\frac{1}{\beta^2} - 1\right\}$$

$$p_2 = p_1 - \frac{\gamma}{2g}\left(\frac{Q}{A}\right)^2\left\{\frac{1}{\beta^2} - 1\right\} \quad ⓒ$$

단면 ②의 약제흡입측 한 점(편의상 2ℓ점이라 한다)과 약제탱크 내에서 약제가 대기와 접한 점(편의상 3점이라 한다)에 Bernoulli방정식을 적용하면

$$\frac{p_3}{\gamma_\ell} + \frac{V_3^2}{2g} + z_3 = \frac{p_{2\ell}}{\gamma_\ell} + \frac{V_{2\ell}^2}{2g} + z_{2\ell} \quad ⓓ$$

관로혼합장치 내부로 들어오는 물의 압력과 약제의 압력이 같아야만 약제가 흡입될 수 있으므로 $p_{2\ell} = p_2$ 이고, $z_{2\ell} = z_2$, $p_3 = p_{atm}$, $V_3 = 0$이므로 식 ⓓ는

$$z_3 = \frac{p_2}{\gamma_\ell} + \frac{V_{2\ell}^2}{2g} + z_2$$

$$\frac{V_{2\ell}^2}{2g} = z_3 - z_2 - \frac{p_2}{\gamma_\ell} = -h - \frac{p_2}{\gamma_\ell} \quad ⓔ$$

가 된다. 위 식 ⓔ에 식ⓒ를 대입하면

$$\frac{V_{2\ell}^2}{2g} = -h - \frac{p_1}{\gamma_\ell} + \frac{\gamma}{2g\gamma_\ell}\left(\frac{Q}{A}\right)^2\left\{\frac{1}{\beta^2} - 1\right\}$$

$$V_{2\ell} = \sqrt{\frac{\gamma}{\gamma_\ell}\left(\frac{Q}{A}\right)^2\left\{\frac{1}{\beta^2} - 1\right\} - 2g\left\{\frac{p_1}{\gamma_\ell} + h\right\}} \quad ⓕ$$

이다. 따라서 약제흡인량 q는

$$q = a \times V_{2\ell} = a\sqrt{\frac{\gamma}{\gamma_\ell}\left(\frac{Q}{A}\right)^2\left\{\frac{1}{\beta^2} - 1\right\} - 2g\left\{\frac{p_1}{\gamma_\ell} + h\right\}} \quad ⓖ$$

이다. 위 식에서 알 수 있는 것처럼 관로혼합장치는 1차측의 조건(p_1과 V_1)뿐만 아니라 2차측의 조건(포방출구의 압력－유량특성, 낙차 등)에 의해서 성능이 크게 변한다.

예제 46

그림과 같은 포소화설비의 차압혼합장치(pressure proportioner)에서 가압송수장치에서 공급되는 물의 유량 Q와 약제 압송량 q의 혼합비 $\frac{q}{Q}$가 아래와 같음을 증명하라. 단, 다음과 같은 가정을 한다.

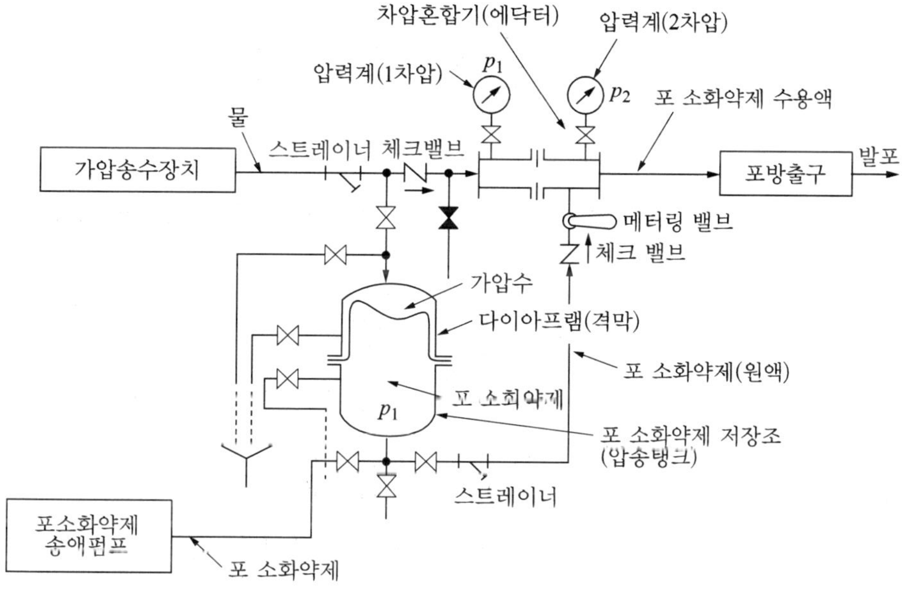

① 포소화약제 저장탱크(액면)와 혼합기와의 낙차를 무시한다.
② 각 부의 압력손실은 무시한다.

$$\frac{q}{Q} = \frac{a}{A}\sqrt{\frac{\gamma}{\gamma_\ell}\left\{\frac{1}{\beta^2} - 1\right\}} = K \text{ (일정)}$$

여기서 a는 포소화약제 흡인배관의 단면적, γ는 물의 비중량, γ_ℓ은 포소화약제의 비중량, Q는 펌프 등 가압송수장치에서 관로혼합장치에 공급하는 물의 유량, A는 관로혼합장치에 연결된 물 공급배관의 단면적, A'는 벤츄리관의 단면적, β는 $\beta = \dfrac{A'}{A}$, p_1은 벤츄리관 1차측 물공급 배관 내의 압력, h는 지면에서 차압혼합장치 중심부까지의 높이차이(낙차)이다.

해설 포소화약제탱크 부분과 혼합장치 부분을 확대하여 그리면 다음 그림과 같다.

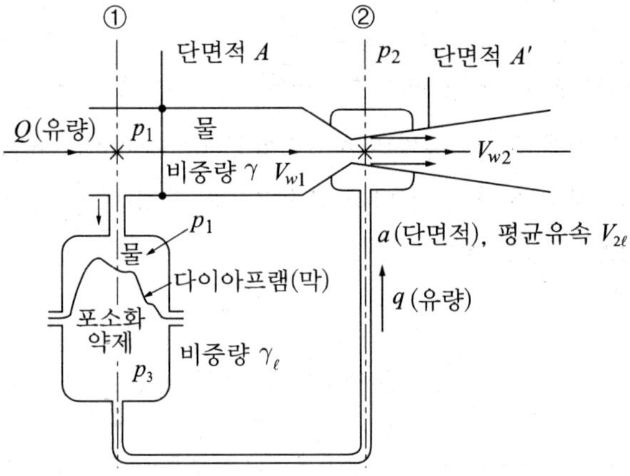

단면 ①과 ②의 각각 한 점에 대하여 연속방정식과 Bernoulli방정식을 적용하면

$$Q = AV_{w1} = A'V_{w2} \quad ⓐ$$

$$\frac{p_1}{\gamma} + \frac{V_{w1}^2}{2g} + z_1 = \frac{p_2}{\gamma} + \frac{V_{w2}^2}{2g} + z_2 \quad ⓑ$$

$z_1 = z_2$, $V_{w2} = \dfrac{A}{A'}V_{w1} = \dfrac{V_{w1}}{\beta}$를 식 ⓑ에 대입하면

$$\frac{p_1 - p_2}{\gamma} = \frac{V_{w2}^2 - V_{w1}^2}{2g} = \frac{V_{w1}^2}{2g}\left(\frac{1}{\beta^2} - 1\right)$$

$$p_1 - p_2 = \gamma\frac{V_{w1}^2}{2g}\left\{\frac{1}{\beta^2} - 1\right\} = \frac{\gamma}{2g}\left(\frac{Q}{A}\right)^2\left\{\frac{1}{\beta^2} - 1\right\} \quad ⓒ$$

ⓒ식에서 물의 유량 Q를 구하면

$$Q = A\sqrt{\frac{2g(p_1 - p_2)}{\gamma\left\{\dfrac{1}{\beta^2} - 1\right\}}} = K_1\sqrt{\Delta p} \quad ⓓ$$

단, $K_1 = A\sqrt{\dfrac{2g}{\gamma\left\{\dfrac{1}{\beta^2} - 1\right\}}}$, $\Delta p = p_1 - p_2$

단면 ②의 약제흡입측 한 점(편의상 2ℓ이라 한다)과 약제탱크 내의 한 점(편의상 3점이라 한다)에 Bernoulli방정식을 적용하면

$$\frac{p_3}{\gamma_\ell} + \frac{V_3^2}{2g} + z_3 = \frac{p_{2\ell}}{\gamma_\ell} + \frac{V_{2\ell}^2}{2g} + z_{2\ell} \qquad ⓔ$$

$p_3 = p_1$, $V_3 = 0$, $z_{2\ell} = z_3$(가정에 의해), $p_{2\ell} = p_2$ 이므로

$$\frac{p_1}{\gamma_\ell} = \frac{p_2}{\gamma_\ell} + \frac{V_{2\ell}^2}{2g} \Rightarrow \frac{V_{2\ell}^2}{2g} = \frac{p_1 - p_2}{\gamma_\ell}$$

위 식에 식ⓒ를 대입하면 $\frac{V_{2\ell}^2}{2g} = \frac{p_1 - p_2}{\gamma_\ell} = \frac{\gamma}{\gamma_\ell \cdot 2g}\left(\frac{Q}{A}\right)^2\left\{\frac{1}{\beta^2} - 1\right\}$

$$V_{2\ell} = \frac{Q}{A}\sqrt{\frac{\gamma}{\gamma_\ell}\left\{\frac{1}{\beta^2} - 1\right\}}$$

이다. 따라서 약제흡인량 q는

$$q = a \times V_{2\ell} = \frac{a}{A}Q\sqrt{\frac{\gamma}{\gamma_\ell}\left\{\frac{1}{\beta^2} - 1\right\}} = K_2 Q \qquad ⓕ$$

단, 여기서 K_2는 $K_2 = \frac{a}{A}\sqrt{\frac{\gamma}{\gamma_\ell}\left\{\frac{1}{\beta^2} - 1\right\}}$ 이다.

혼합비율은 ⓕ식에 의거

$$\frac{q}{Q} = \frac{a}{A}\sqrt{\frac{\gamma}{\gamma_\ell}\left\{\frac{1}{\beta^2} - 1\right\}} = K_2 \text{ (일정)} \qquad ⓖ$$

이다. 위 식에서 알 수 있듯이 차압혼압장치의 혼합비는 일정하다. 즉, 유량변화에 대해서 비례 혼합한다.

이 방식에서는 약제 압송용의 압력용기(탱크)와 다이아프렘(격막; 고무)을 사용하므로 그다지 큰 것을 만들 수 없다. 다이아프렘부착 탱크의 용량은 800ℓ 이상은 어렵다. 따라서 대용량의 약제탱크를 이용하려면 수압을 약제탱크 상부에 걸어서 압송한다. 약제는 수용성이므로 물과 기름의 경우와 같이 확실한 경계를 지을 수 없어 약제 가 물에 침투하여 농도변화가 있는 경계층이 형성된다. 따라서 한번 방출을 시작한 탱크에 남아있는 약제는 물과 혼합되므로 다시 사용할 수 없다.

그러므로 대유량(大流量)을 커버하고자 할 때는 각 계통마다 프로포셔너를 설치하게 된다. 차압혼합장치의 특징은 이론식에서도 알 수 있듯이 혼합비(q/Q)가 1차 측압력 p_1에 의해서 좌우되지 않는 점이다. 이것은 대단히 좋은 성질이다.

5.4 화재 플룸에 의한 부력

화재 플룸은 화염의 부력 기둥(buoyant column)과 연료원 위로 상승하는 뜨거운 연소생성물이다.

우리는 경험으로 바람이 없는 상태에서 굴뚝에서 연기가 상승하는 것을 알고 있다. 굴뚝 내부 온도(T_H)는 움직임이 없는 외부 공기온도(T_C)보다 높다. 굴뚝 유동으로 부력을 쉽게 설명할 수 있다. 그림17과 같이 하부에서 수평방향으로 유입되어 수직 굴뚝을 통해 유출되는 한 유선 상에 있는 1지점과 2지점에 대해 베르누이방정식을 적용해보자. 1지점을 기준점으로 하고 굴뚝 입구에서 충분히 먼 지점이라고 생각하면 거의 정지 상태라고 생각할 수 있으므로 $z_1 = 0, V_1 = 0$이고, $z_2 = H$이다.

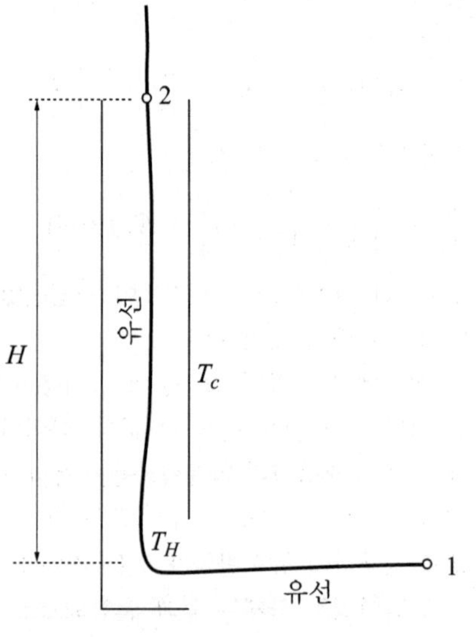

그림17. 굴뚝을 통해 유출되는 한 유선

$$\frac{p_1}{\gamma} + \frac{V_1^2}{2g} + z_1 = \frac{p_2}{\gamma} + \frac{V_2^2}{2g} + z_2 \text{ 에서}$$

$$p_1 = p_2 + \frac{\gamma V_2^2}{2g} + \gamma H = p_2 + \frac{\rho_H V_2^2}{2} + \rho_H g H \qquad ①$$

1지점과 2지점에서 압력 차이는 굴뚝 밖에서는 차갑고, 무겁고, 정지되어 있는 공기의 무게 때문에 발생한다. 굴뚝 내부가 뜨겁지 않아 유동이 없는 1지점과 2지점에 대해 베르누이방정식을 적용하면

$$\frac{p_1}{\gamma}+\frac{V_1^2}{2g}+z_1=\frac{p_2}{\gamma}+\frac{V_2^2}{2g}+z_2 \text{ 에서}$$

$$p_1=\rho_C gH+p_2,\ p_1-p_2=\rho_C gH \qquad ②$$

①식과 ②식을 결합하면

$$\frac{\rho_H V_2^2}{2}=(\rho_C-\rho_H)gH \qquad ③$$

③식에서 밀도의 차이가 굴뚝으로부터 속도(V_2)를 생기게 하였음을 알 수 있다. ③식에서 오른쪽 항은 부력으로 차가운 공기와 뜨거운 공기(연기) 사이의 위치에너지 차이로 해석될 수 있다. 즉, 플룸에서의 부력은 밀도 차에 의해서 나타나며, 밀도는 기체의 경우 온도에 반비례하기 때문에 플룸 온도는 주위 공기와 비교하여 뜨거운 기체에 대해 상향력(upward force)을 유발한다.

③식을 화재에 기인하는 흐름에 적절하게 온도 항으로 나타내보자. 화재 초기에 화재실의 압력이 일정하다고 하면, 뜨거운 연기와 차가운 공기는 이상기체상태방정식 $pV=nRT$ 에서 $\rho T=\text{constant}$, $\rho_C T_C=\rho_H T_H$의 관계가 성립하므로 ③식은 다음과 같이 고쳐 쓸 수 있다.

$$\frac{\rho_H V_2^2}{(\rho_C-\rho_H)gH}=\frac{V_2^2}{\frac{\rho_C-\rho_H}{\rho_H}gH}=\frac{V_2^2}{\frac{T_H-T_C}{T_C}gH}=2 \qquad ④$$

④식에서 분모에 있는 항은 부력 영향을 나타낸다. 왼쪽에 있는 항은 무차원수로 프루드 수(Froude number) Fr 로 물리적으로 운동량과 부력 사이의 비를 나타낸다. 굴뚝의 경우 $Fr=2$이다.

베르누이방정식은 마찰이 없는 이상적인 유동에서 적용할 수 있고 실제 화재실의 플룸들은 마찰 때문에 에너지손실이 있다. 수직 난류 플룸들의 경우 화염이 있거나 없는 고요한 대기 상황에서 Fr 이 보는 높이에 대해 내락 1.5 ± 0.1의 상수값이라는 것이 밝혀졌다. 따라서 난류 화재 플룸에서는 다음과 같은 식을 사용하고 있다.

$$\frac{V_2^2}{\frac{T_H-T_C}{T_C}gH}=1.5$$

5.5 자연배연

제연설비(制煙設備, smoke control system) 중 자연배연방식은 화재에 의해 높은 온도의 연기가 발생하여 그 부력에 의해 연기를 실의 상부의 벽이나 천장에 설치된 개구부로부터 옥외로 배출하는 방식이다.

그림18은 자연배연 시의 연기의 거동을 나타낸 것이다. 연기의 유출속도 V_s와 외부풍속으로 인해 배연이 안 되는 조건을 구해보자.

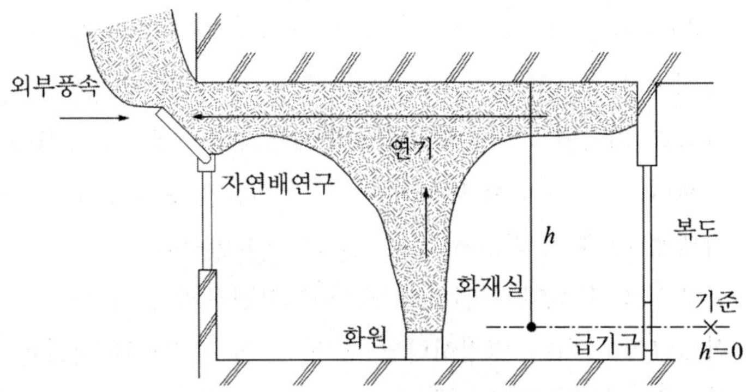

그림18. 자연배연 시 연기 유동의 개략적인 모습

화재에 의해서 발생하는 상승기류에 의해서 천장면에는 연기의 수평류(水平流)가 발생한다. 그 연기가 지닌 동압이 부력에 의해 발생한 압력과 같은 것으로 하면 개구부로부터 외부로 유출하는 연기의 유출속도 V_s를 다음과 같이 구할 수 있다.

$$\frac{\gamma_s}{2g} V_s^2 = (\gamma_a - \gamma_s)h$$

이 된다. 위 식을 정리하면

$$V_s = \sqrt{2gh\left(\frac{\gamma_a}{\gamma_s} - 1\right)} = \sqrt{2gh\left(\frac{\rho_a}{\rho_s} - 1\right)} \qquad ⓐ$$

이 된다.

외부로부터 바람이 실내로 들어오도록 부는 때는 배연이 곤란하게 될 것이고, 연기가 지니고 있는 동압과 외부풍이 지니고 있는 동압이 동일할 때 외부풍으로 인해 배연이 안 된다. 즉,

$$\frac{\gamma_s}{2g}V_s^2 = \frac{\gamma_a}{2g}V_o^2$$

일 때 배연이 안 된다. 따라서 배연이 안 되는 외부풍의 속도 V_o는

$$V_0 = \sqrt{\frac{\gamma_s}{\gamma_a}} \cdot V_s = \sqrt{\frac{\rho_s}{\rho_a}} \cdot V_s \qquad ⓑ$$

이 된다.

예제 47

다음은 각종 제연방식 중 자연제연방식에 대한 내용이다. 주어신 소선을 참소하여 각 물음에 답하시오.

> [조건]
>
> ① 연기층과 공기층의 높이차는 3 m이다.
>
> ② 화재실의 온도는 707℃이고, 외부온도는 27℃이다.
>
> ③ 공기평균분자량은 28이고, 연기 평균분자량은 29이며, 기체상수 R은 848kg · m/kmol · K로 한다.
>
> ④ 화재실 및 실외의 기압은 1기압이다.
>
> ⑤ 중력가속도는 9.8 m/s^{2}으로 한다.

(1) 외부개구부로부터 연기의 유출속도(m/s)를 구하시오.

(2) 외부로부터 바람이 실내로 들어오도록 부는 때는 배연이 곤란하게 될 것이다. 외부풍으로 인해 배연이 안 되는 조건일 때의 외부풍속(m/s)을 산출하시오.

해설 (1) 화재에 의해서 발생하는 상승기류에 의해서 천장면에는 연기의 수평류(水平流)가 발생한다. 그 연기가 지닌 동압이 부력과 동일한 것으로 하면

$$\frac{\gamma_s}{2g}V_s^2 = (\gamma_a - \gamma_s)h$$

이 된다. 위 식을 정리하면 연기속도 V_s는

$$V_s = \sqrt{2gh\left(\frac{\gamma_a}{\gamma_s} - 1\right)} \qquad ⓐ$$

이 된다.

$pV = nRT = \dfrac{W}{M}RT$ 에서 $pM = \dfrac{W}{V}RT = \rho RT = \dfrac{\gamma}{g}RT = \gamma\dfrac{R}{g}T = \gamma R'T$

이므로 $\gamma = \dfrac{pM}{R'T}$ 이고, 여기서 R'는 $R' = \dfrac{R}{g}$ 이다.

$R = 0.08205\text{atm} \cdot \ell/\text{mol} \cdot \text{K}$

$= 0.082 \times (1.0332\,\text{kg}_f/\text{cm}^2 \times 10^4\,\text{cm}^2/\text{m}^2) \cdot (1\,\text{m}^3)/\text{kmol} \cdot \text{K}$

$= 847.7406\,\text{kg}_f \cdot \text{m}/\text{kmol} \cdot \text{K} = 848\,\text{kg}_f \cdot \text{m}/\text{kmol} \cdot \text{K}$

$$R' = \frac{R}{g} = \frac{848\,\text{kg}_f \cdot \text{m}/\text{kmol} \cdot \text{K}}{9.8\,\text{m}/\text{s}^2} = \frac{848 \times (9.8\,\text{kg} \cdot \text{m}/\text{s}^2) \cdot \text{m}/\text{kmol} \cdot \text{K}}{9.8\,\text{m}/\text{s}^2}$$

$= 848\,\text{kg} \cdot \text{m}/\text{kmol} \cdot \text{K}$

이다.

연기의 비중량 γ_s는

$$\gamma_s = \frac{pM}{R'T} = \frac{101{,}300\,(\text{N}/\text{m}^2) \times 29\,\text{kg}/\text{kmol}}{848\,(\text{kg} \cdot \text{m}/\text{kmol} \cdot \text{K}) \times 980\,\text{K}} = 3.535\,\text{N}/\text{m}^3$$

공기의 비중량 γ_a는

$$\gamma_a = \frac{pM}{R'T} = \frac{101{,}300\,(\text{N}/\text{m}^2) \times 28\,\text{kg}/\text{kmol}}{848\,(\text{kg} \cdot \text{m}/\text{kmol} \cdot \text{K}) \times 300\,\text{K}} = 11.15\,\text{N}/\text{m}^3$$

식 ⓐ에 $h = 3.0\,\text{m}$, $\gamma_a = 11.15\,\text{N}/\text{m}^3$, $\gamma_s = 3.535\,\text{N}/\text{m}^3$을 대입하면

$$V_s = \sqrt{2g \times 3(\gamma_a/\gamma_s - 1)} = \sqrt{2 \times 9.8 \times 3(11.15/3.535 - 1)} = 11.26\,\text{m}/\text{s}$$

(2) 연기가 지니고 있는 동압과 외부풍이 지니고 있는 동압이 동일할 때 외부풍으로 인해 배연이 안 된다. 즉,

$$\frac{\gamma_s}{2g} V_s^2 = \frac{\gamma_a}{2g} V_o^2$$

일 때 배연이 안 된다. 따라서 배연이 안 되는 외부풍의 속도 V_o는

$$V_0 = \sqrt{\frac{\gamma_s}{\gamma_a}} \cdot V_s \qquad ⓑ$$

이 된다.

위 식에 $\gamma_a = 11.15\,\text{N}/\text{m}^3$, $\gamma_s = 3.535\,\text{N}/\text{m}^3$, $V_s = 11.26\,\text{m}/\text{s}$를 대입하면

$$V_0 = \sqrt{\frac{3.535}{11.15}} \times 11.26 = 6.34\,\text{m}/\text{s}$$

이다. 즉, 화재실의 온도가 707℃일 때 외부풍의 속도가 6.34m/s 이상이 되면 자연배연은 기대할 수 없다.

예제 48

그림A는 추운 날 굴뚝효과가 나타날 때 실내외 조건을 개념적으로 나타낸 그림이다. 공기의 온도, 밀도, 압력은 각각 T, ρ, p로 나타내며, 각 기호의 첨자 i는 실내 조건, o는 외기 조건을 나타낼 때, 굴뚝효과에 의한 개구부의 유속은 다음과 같이 주어짐을 증명하시오. 단, z는 중성대로부터 유입되고 유출되는 지점까지의 높이를, α는 속도계수를 나타낸다.

$$V_i(z) = \alpha \sqrt{\frac{2\Delta\rho}{\rho_o} g z}, \quad V_o(z) = \alpha \sqrt{\frac{2\Delta\rho}{\rho_i} g z}$$

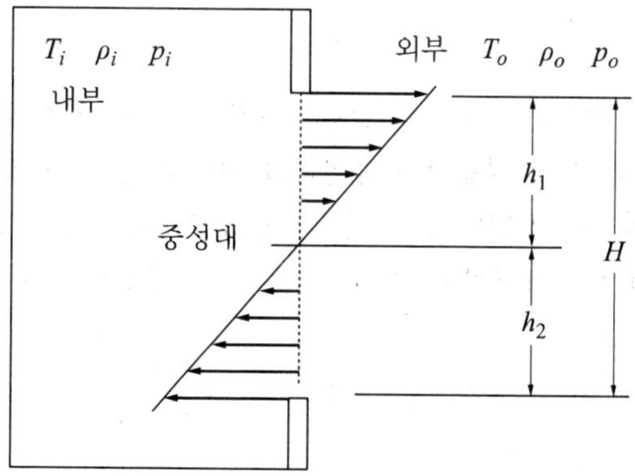

그림A. 굴뚝효과의 개념도

해설 그림A와 같은 흐름에서 내부 ①점과 외부 ②점을 생각하자. ②점이 충분히 밖에 있으면 속도 V_2는 거의 0에 가깝고, ①점의 압력 p_1는 건물 내부 공간의 압력 p_i와 같다. ①점과 ②점의 높이가 같다고 하면 베르누이방정식 $\frac{p_1}{\gamma}+\frac{V_1^2}{2g}+z_1=\frac{p_2}{\gamma}+\frac{V_2^2}{2g}+z_2$에서 $p_1=p_i$, $p_2=p_o$, $V_2=0$, $z_1=z_2$, $V_1=V_i$, $\rho_1=\rho_i$, $\rho_2=\rho_o$ (i-내부, o-외부)임을 고려하면

$$\frac{p_i}{\rho_i g}+\frac{V_i^2}{2g}=\frac{p_o}{\rho_o g} \text{ 에서 } p_o=\frac{\rho_o}{\rho_i}p_i+\frac{1}{2}\rho_o V_i^2 \fallingdotseq p_i+\frac{1}{2}\rho_o V_i^2$$

가 되므로 V_i (건물 내부에서 외부로 나가는 공기의 유속)는 다음과 같이 된다.

$$V_i=\sqrt{\frac{2(p_o-p_i)}{\rho_o}}=\sqrt{\frac{2\Delta p}{\rho_o}}$$

단, $\Delta p=p_o-p_i$이다.

그림A와 같이 아래쪽에서 유입되고, 위쪽에서 유출되는 경우에는 중성대로부터 유입되고 유출되는 지점까지의 높이를 z라고 하면

$p_i=\rho_i gz$, $p_o=\rho_o gz$

$\Delta p=p_o-p_i=(\rho_o-\rho_i)gz=\Delta\rho gz$

이므로 실내외의 온도차로 인해서 개구부를 통한 기류 유동속도는 속도계수 α를 고려하면 위 식의 $V_i=\sqrt{\frac{2\Delta p}{\rho_o}}$는 다음 식으로 변형할 수 있다.

$$V_i(z)=\alpha\sqrt{\frac{2\Delta\rho}{\rho_o}gz},\quad V_o(z)=\alpha\sqrt{\frac{2\Delta\rho}{\rho_i}gz}$$

위 식에서 보면 건물 안팎의 공기 밀도(ρ_i, ρ_o)는 다르므로 중성대로부터의 거리(z)가 같더라도 유속의 절대값은 서로 다르고, 밀도가 낮은 쪽(추운 겨울에는 건물 내부)에서 높은 쪽을 향하는 유속이 더 빠르다는 것을 알 수 있다.

예제 49

위 예제 그림A는 추운 날 굴뚝효과가 나타날 때 실내외 조건을 개념적으로 나타낸 그림이다. 아래 식이 성립함을 증명하라. 여기서 공기의 온도, 밀도, 압력은 각각 T, ρ, p로 나타내며, 각 기호의 첨자 i는 실내 조건, o는 외기 조건을 나타내며, 중성대까지의 높이는 h_1와 h_2, 개구부의 전체 높이는 H, 개구부의 폭과 면적은 각각 B, A로 나타낸다.

$$\frac{h_2}{H} = \frac{1}{1+\left(\frac{T_i}{T_o}\right)^{1/3}}, \quad \frac{h_1}{h_2} = \left(\frac{\rho_o}{\rho_i}\right)^{\frac{1}{3}} = \left(\frac{T_i}{T_o}\right)^{\frac{1}{3}}$$

해설 실내외의 온도차 및 그로 인한 밀도차 때문에 실내외 사이에는 개구부를 통한 기류 유동이 생기는데, 그림A에서 개구부에 나타낸 화살표는 그 기류 및 압력의 작용방향을 나타내며, 중성대(Neutral plane)는 실내외 압력이 균형을 이루는 위치이다.

일반적으로 어느 수직 위치 z에서의 기압은 기준점 기압에 대해 다음과 같은 기본적 관계로 나타낼 수 있다.

$$p(z) = p(0) - \rho g z \qquad ①$$

여기서, $p(z)$: 수직위치 z에서의 기압
$p(0)$: 기준점 기압
ρ, g : 공기의 밀도 및 중력가속도

그림A의 건물 내외부는 온도와 밀도가 다르므로 압력이 아래와 같이 각기 다르게 나타난다.

건물 내부는 $p_i(z) = p_i(0) - \rho_i g z$ ②

건물 외부는 $p_o(z) = p_o(0) - \rho_o g z$ ②′

식 ②와 ②′로 나타나는 압력의 차이는 바로 건물 안팎의 압력차이가 되므로, 수직위치 z에서의 건물 내외부 기압차이 $\Delta p(z)$는 다음과 같이 나타낼 수 있다.

$$\Delta p(z) = p_i(z) - p_o(z) = \{p_i(0) - \rho_i g z\} - \{p_o(0) - \rho_o g z\}$$

이 식에서 건물 내외의 압력이 동일한 위치, 즉 중성대를 가정하고 그 위치를 기준점으로 하면 $p_i(0)$과 $p_o(0)$는 같은 값이 되므로 압력 차이는 다음과 같이 정리된다.

$$\Delta p(z) = \rho_o g z - \rho_i g z = (\rho_o - \rho_i) g z = \Delta\rho \cdot g z \qquad ③$$

이 식은 건물 내부 기압에서 외기압을 뺀 것이기 때문에 양의 값(+)이 나오면 건물 내부 압력이 높은 것이고, 음(−)의 값이 나오면 외기압이 높은 것이다. 외기온이 실내온도보다 낮은 조건에서는 $\rho_o > \rho_i$이므로 z 값이 양의 값이 되는 위치, 즉 중성대보다 높은 위치에서 건물 내부 압력이 높고, 중성대 미만에서는 외기압이 높아서 그림A의 화살표와 같은 압력 작용 형태가 된다.

앞의 예제에서 실내외의 온도차로 인해서 개구부를 통한 기류 유동속도는 다음과 같이 주어졌다.

$$V_i(z) = \alpha\sqrt{\frac{2\Delta p}{\rho_o}} = \alpha\sqrt{\frac{2\Delta\rho}{\rho_o} g z} \qquad ④$$

$$V_o(z) = \alpha\sqrt{\frac{2\Delta p}{\rho_i}} = \alpha\sqrt{\frac{2\Delta\rho}{\rho_i} g z} \quad ④'$$

건물 안에서 개구부를 통해 밖으로 나가는 공기량 Q는 중성대로부터 개구부 상단까지 각 미분위치의 유속과 개구부 폭을 곱한 값을 적분함으로써 다음과 같이 구할 수 있다.

$$Q = \int_0^{h_1} V_o(z)\, B\, dz \quad ⑤$$

여기서 B는 전체적으로 일정한 것으로 가정한 개구의 폭(Width of the opening)이며, h_1은 그림A에 나타낸 바와 같이 중성대로부터 개구부 상단까지의 거리이다. 샤프트 안에서 밖으로 나가는 유량을 단위시간당의 공기 질량유동률로 나타내면 다음과 같다.

$$\dot{m}_{out} = \rho_i Q = \rho_i \int_0^{h_1} B\ V_o(z)\, dz = \rho_i \int_0^{h_1} \alpha B \left(\frac{2\Delta\rho}{\rho_i} g z\right)^{1/2} dz$$

$$= \alpha B\,(2g\rho_i\,\Delta\rho)^{1/2} \int_0^{h_1} z^{1/2}\, dz = \frac{2}{3}\alpha B(2g\rho_i\,\Delta\rho)^{1/2} h_1^{3/2} \quad ⑥$$

반대방향의 흐름에 대해서도 마찬가지로 구할 수 있다.

$$\dot{m}_{in} = \rho_o Q = \rho_o \int_0^{h_2} B\ V_i(z)\, dz = \rho_i \int_0^{h_2} \alpha B \left(\frac{2\Delta\rho}{\rho_i} g z\right)^{1/2} dz$$

$$= \frac{2}{3}\alpha B(2g\rho_o\,\Delta\rho)^{1/2} h_2^{3/2} \quad ⑦$$

양 방향의 기류는 연속방정식에 의해 단위시간당 유입질량과 유출질량이 같아야 하므로 $\dot{m}_{out} = \dot{m}_{in}$이고, 개구부 전체의 높이는 그림A에서 $H = h_1 + h_2$이므로 다음과 같이 정리할 수 있다.

$$\frac{2}{3}\alpha B(2g\rho_i\,\Delta\rho)^{1/2} h_1^{3/2} = \frac{2}{3}\alpha B(2g\rho_o\,\Delta\rho)^{1/2} h_2^{3/2}$$

$$\rightarrow\ \frac{2}{3}\alpha B(2g\rho_i\,\Delta\rho)^{1/2}(H - h_2)^{3/2} = \frac{2}{3}\alpha B(2g\rho_o\,\Delta\rho)^{1/2}(H - h_1)^{3/2} \quad ⑧$$

이 식의 양변의 공통상수를 소거하고 정리하면 다음과 같이 된다.

$$\rightarrow\ (\rho_i)^{1/2}(H - h_2)^{3/2} = (\rho_o)^{1/2}(H - h_1)^{3/2}$$

$$\rightarrow\ \left(\frac{\rho_i}{\rho_o}\right)^{1/2} = \left(\frac{H-h_1}{H-h_2}\right)^{3/2} = \left(\frac{h_2}{H-h_2}\right)^{3/2} \rightarrow \left(\frac{\rho_i}{\rho_o}\right) = \left(\frac{h_2}{H-h_2}\right)^3$$

$$\rightarrow\ \left(\frac{h_2}{H-h_2}\right) = \left(\frac{\rho_i}{\rho_o}\right)^{1/3} \rightarrow \left(\frac{H-h_2}{h_2}\right) = \left(\frac{H}{h_2} - 1\right) = \left(\frac{\rho_o}{\rho_i}\right)^{1/3}$$

$$\rightarrow\ \frac{H}{h_2} - 1 + \left(\frac{\rho_o}{\rho_i}\right)^{1/3} \rightarrow \frac{h_2}{H} - \frac{1}{1+\left(\frac{\rho_o}{\rho_i}\right)^{1/3}}$$

공기를 이상기체상태로 가정하면 $\frac{\rho_o}{\rho_i} = \frac{T_i}{T_o}$ 이므로 위 식에 대입하면

$$\frac{h_2}{H} = \frac{1}{1+\left(\frac{T_i}{T_o}\right)^{1/3}} \qquad ⑨$$

식 ⑨는 T_o에 비해 T_i이 커질수록 분모가 커져서 $\frac{h_2}{H}$의 값이 작아진다는 것, 즉 중성대가 내려간다는 것을 보여준다. 이것은 또한 화재가 커져서 실내온도가 높아질수록 중성대가 내려가게 되므로 고층부 화재 시에는 화염과 연기의 분출 폭이 더 커진다는 것을 의미하기도 한다.

⑧ 식에서 $\rho_i^{\frac{1}{2}}(H-h_2)^{\frac{3}{2}} = \rho_o^{\frac{1}{2}}(H-h_1)^{\frac{3}{2}}$이고 $H h_2 = h_1$, $H-h_1 = h_2$이므로

$\rho_i^{\frac{1}{2}} h_1^{\frac{3}{2}} = \rho_o^{\frac{1}{2}} h_2^{\frac{3}{2}}$이며, $\frac{h_1}{h_2} = \left(\frac{\rho_2}{\rho_1}\right)^{\frac{1}{3}}$이 되며, $\frac{\rho_o}{\rho_i} = \frac{T_i}{T_o}$의 관계가 성립하므로

$$\frac{h_1}{h_2} = \left(\frac{\rho_o}{\rho_i}\right)^{\frac{1}{3}} = \left(\frac{T_i}{T_o}\right)^{\frac{1}{3}}$$

예제 50

위 예제 그림A는 환기지배를 받는 구획실 화재에서 추운 날 굴뚝효과가 나타날 때 실내외 조건을 개념적으로 나타낸 그림이다. 자연환기에 의하여 단위시간당 화재실로 공급되는 공기의 질량이 개구부의 면적과 높이의 평방근에 비례함을 증명하라. 여기서 공기의 온도, 밀도, 압력은 각각 T, ρ, p로 나타내며, 각 기호의 첨자 i는 실내 조건, o는 외기 조건을 나타내며, 개구부의 전체 높이와 폭 및 면적은 각각 H, B, A로 나타내며, $\dot{m}_{in}$는 단위시간당 자연환기에 의하여 화재실 내로 유입하는 공기의 질량을 나타낸다.

해설 밀폐된 실내에서 내장재나 가구가 탈 경우에는 실내의 산소농도가 한계산소량 이하로 되면 타다가 꺼진다. 그러나 개구부가 있으면 그곳을 통해서 공기가 공급되기 때문에 계속 탄다. 이와 같은 경우 가연물의 연소속도를 좌우하는 것은 실내환기이지만 개구부가 더욱 더 커지면 공기공급은 환기여하에 관계없이 충분하게 되며 이 때에는 가연물의 연소속도는 연료특성에 의하여 지배되게 된다. 일반적으로 전자를 환기지배형화재(換氣支配形火災, ventilation-controlled fire), 후자를 연료지배형화재(燃料支配形火災, fuel-controlled fire)라고 한다. 콘크리트조와 같은 불연구조의 건물 내 화재는 대부분 환기지배형화재이다.

실내화재 거동은 실내바닥 위 또는 벽의 하부에서 발화가 일어나면 그곳을 중심으로 화염을 동반하는 화재기류가 발생하여 벽의 상부나 천장으로 착화해서 천장면의 연소확산으로 옮긴다. 이 시점에서 실내공간의 상부에서는 고온가스가 모아지고 또 천장이나 벽면의 온도도 상승하므로 이들로부터 열복사가 바닥위의 미연소 가연물의 가열, 발화를 일으켜서 실내 전역의 화재가 된다. 이와 같은 화재 경과는 거의 모든 실내 화재에 공통적인 것이며 방 전체가 타기 시작하는 시기를 flash over라 부르며, flash over에 이어지는 시기를 최성기(最盛期, post flash over)라 부르며 최성기 동안은 현상은 크게 보아서 정상상태로 간주할 수 있다.

따라서 화재실 내의 온도 등의 특성치는 시간적인 변동과 공간적인 차이는 있으나 거의 같은 가정이 성립한다. 단, flash over 이전에는 성립되지 않는다.

개구부를 가진 실내화재에서 공기는 개구부 하부로부터 유입되고 상부에서 유출된다.

⑨ 식에서 구한 $h_2 = \dfrac{H}{1+\left(\dfrac{T_i}{T_o}\right)^{1/3}}$ 를 ⑦ 식에 대입하고 $A = BH$임을 감안하면

$$\dot{m}_{in} = \frac{2}{3}\alpha B(2g\rho_o\Delta\rho)^{1/2}h_2^{3/2} = \frac{2}{3}\alpha B(2g\rho_o\Delta\rho)^{\frac{1}{2}}\left\{\frac{H}{1+\left(\dfrac{T_i}{T_o}\right)^{\frac{1}{3}}}\right\}^{\frac{3}{2}}$$

$$= \frac{2}{3}\alpha(2g\rho_o\Delta\rho)^{\frac{1}{2}}A\sqrt{H}\left\{\frac{1}{1+\left(\dfrac{T_i}{T_o}\right)^{\frac{1}{3}}}\right\}^{\frac{3}{2}}$$

이다. 위 식에서 알 수 있는 것처럼 자연환기에 의하여 회재실로 단위시간당 공급되는 공기의 질량 $\dot{m}_{in}$는 개구부의 면적과 높이의 평방근($A\sqrt{H}$)에 비례하여 증가하며 같은 면적이라면 길이방향으로 긴 개구부가 공급량이 크다. 이 경우 온도영향은 그다지 크지 않다.

환기지배영역의 실내화재에 있어서 각종 특성치가 자주 $A\sqrt{H}$를 사용해서 정리되는 것은 이 때문이며, $A\sqrt{H}$를 환기인자(換氣因子, ventilation parameter)라고 한다.

예제 51

그림 B는 건물의 개구부가 위와 아래에 별도로 뚫려 있는 경우 추운 날 굴뚝효과가 나타날 때 실내외 조건을 개념적으로 나타낸 그림이다. 공기의 온도, 밀도, 압력은 각기 T, ρ, p로, 상하부 개구 면적은 A_t와 A_b로 나타내며, 각 기호의 첨자 i는 실내 조건, o는 외기 조건을 나타낼 때, 중성대까지의 높이(h_2)와 전체 높이(H) 사이에 $\dfrac{h_2}{H} = \dfrac{1}{1+\dfrac{T_i}{T_o}\left(\dfrac{A_b}{A_t}\right)^2}$이 성립함을 증명하시오.

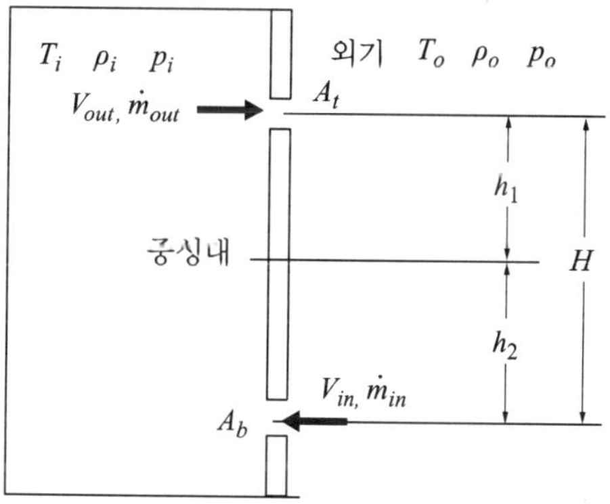

그림B. 굴뚝효과 하에서 2개의 개구부

해설 그림B의 상하부 개구 면적 A_t와 A_b와 그 개구부의 안팎 압력차에 의한 공기유동의 유속에 대해 앞의 예제 식 ④를 다음과 같이 변형할 수 있다.

$$V_{out} = \alpha\sqrt{\frac{2\Delta p}{\rho_i}} = \alpha\sqrt{\frac{2\Delta\rho}{\rho_i}gh_1} = \alpha\sqrt{\frac{2\Delta\rho}{\rho_i}g(H-h_2)} \quad ⑩$$

$$V_{in} = \alpha\sqrt{\frac{2\Delta p}{\rho_o}} = \alpha\sqrt{\frac{2\Delta\rho}{\rho_o}g(h_2)} \quad ⑩'$$

질량유동율 $\dot{m}$은 식 ⑩의 유속에 개구면적과 해당 공기의 밀도를 곱한 것이므로 다음과 같이 나타낼 수 있다.

$$\dot{m}_{out} = \rho_i A_t V_{out} = \alpha A_t (2g\rho_i \Delta\rho)^{1/2}(H-h_2)^{1/2}$$

$$\dot{m}_{in} = \rho_o A_b V_{in} = \alpha A_b (2g\rho_o \Delta\rho)^{1/2}(h_2)^{1/2}$$

정상상태에서는 $\dot{m}_{out} = \dot{m}_{in}$ 이므로 두 식을 정리하면

$$\alpha A_t (2g\rho_i \Delta\rho)^{1/2}(H-h_2)^{1/2} = \alpha A_b (2g\rho_o \Delta\rho)^{1/2}(h_2)^{1/2}$$

이 식에서 양변의 공통 상수를 소거하고 제곱하면 다음과 같이 된다.

$$\rightarrow \ A_t^2\rho_i(H-h_2) = A_b^2\rho_o h_2$$

$$\rightarrow \ \frac{H-h_2}{h_2} = \frac{H}{h_2} - 1 = \frac{A_b^2\rho_o}{A_t^2\rho_i}$$

$\dfrac{\rho_o}{\rho_i} = \dfrac{T_i}{T_o}$ 의 관계를 위 식에 대입하고 정리하면

$$\frac{h_2}{H} = \frac{1}{1+\dfrac{T_i}{T_o}\left(\dfrac{A_b}{A_t}\right)^2} \quad ⑪$$

중성대의 높이는 앞의 예제 식 ⑨와 마찬가지로 내외부 온도의 상대적 크기에 영향을 받지만, 그보다는 각 개구부 면적으로부터 훨씬 더 큰 영향을 받는다는 것을 알 수 있다. 일반적으로 혹한기에는 건물 내외부 온도차가 크고 건물 현관의 개구부가 건물 상부의 개구부에 비해 상대적으로 크므로, 중성대는 낮아져서 고층부의 차압이 저층부보다 더 커진다는 것을 식 ⑪로부터 예측할 수 있다.

연습문제

01. 직경이 0.3 m인 배관에 물이 3 m/s로 흐를 때 중량유량(kg_f/s)을 구하라.
[정답] 212.06 kg_f/s

02. 내경 80 mm인 배관에 물이 390 ℓ/min로 흐르고 있을 때 평균유속(m/s), 질량유량(kg/s), 중량유량(kg_f/s)을 구하라.
[정답] 평균유속 1.3 m/s, 질량유량 6.5 kg/s, 중량유량 6.5 kg_f/s

03. 온도 20℃, 압력 196.14 kPa인 공기가 내경이 200 mm인 관로를 1.5 kg/s로 유동하고 있다. 유동을 균일분포 유동으로 간주하여 유속을 구하시오. 단, 공기의 기체상수 $R = 0.287$ kJ/kg・K이다.
[정답] 20.492 m/s

04. 아래 배관의 1지점에서의 직경은 10 cm이고, 2지점에서의 직경은 4 cm인 벤추리관에 물이 흐르고 있을 때 수은의 높이차이 h는 $h=$ 10 cm이었다. 이러한 조건일 때 이 배관을 흐르는 유량(m^3/s)과 1지점 및 2지점에서의 유속(m/s)을 구하시오.

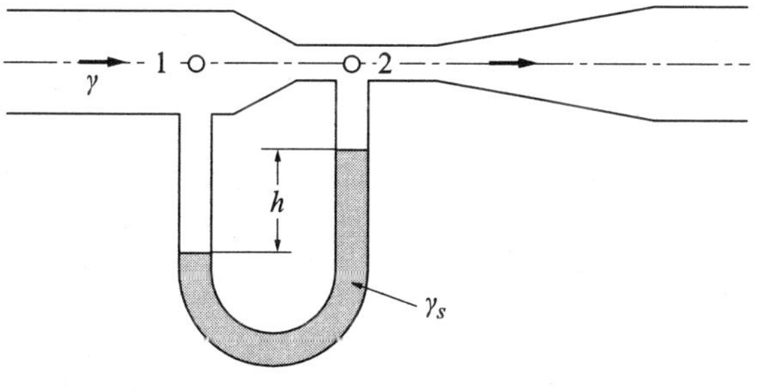

[정답] $Q = 6.31 \times 10^{-3} \mathrm{m^3/s}$, $V_1 = 0.804 \mathrm{m/s}$, $V_2 = 5.02 \mathrm{m/s}$

05. 그림에서 같은 관 속을 유량 $Q = 40 \times 10^{\ 3}$ m^3/sec의 물이 흐르고 있다. 단면 ① 빛 ②의 안지름을 각각 $d_1 = 50$ mm, $d_2 = 200$ mm라 하고 단면 ①에서 ②까지의 거리를 $\ell = 4$ m, 관의 경사각을 $\theta = 30°$, 단면 ①의 마노미터의 지시수두 $h_1 = 1$ m라 하면 단면 ②에서의 수두 h_2는 얼마인가?

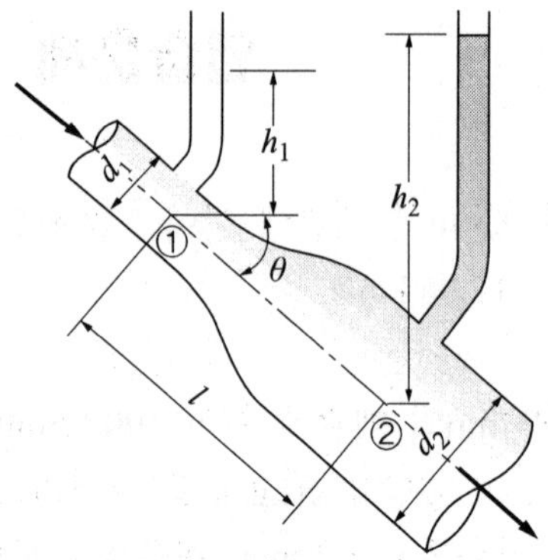

[정답] 3.17 m

06. 그림과 같이 직경이 D인 배관 내부 중심부에 피토관을 설치하였다. 중심부 지점에서의 유속은?

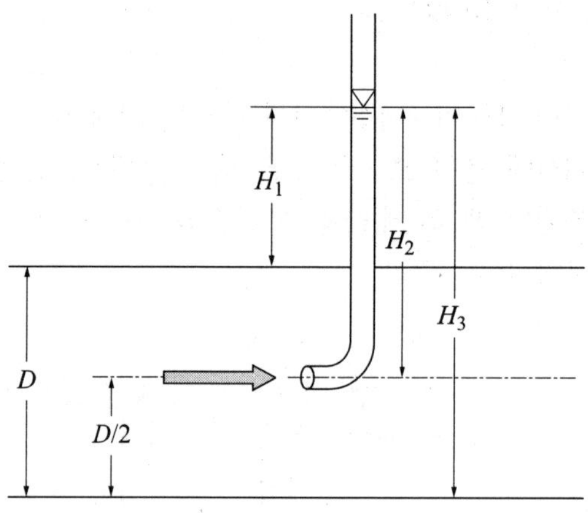

[정답] $\sqrt{2gH_1}$

07. 그림과 같이 직경이 D인 관창(nozzle)에서 물이 나오고 있을 때 토출량 Q (m^3/s)는 방사압력 p (kg_f/cm^2)에 대하여 이론적으로 평방근에 비례함을 입증하시오.

08. 스프링클러헤드에서 방수되는 방수량 Q는 $Q = K\sqrt{p}$ 식으로 계산하고 있다. 여기서 Q : 방수량(ℓ/min), K : 방출계수, p : 헤드의 방수압력(kg_f/cm^2)이다.

다음 그림과 같이 내용적 3 m^3의 압력수조에 물을 채우고 하부에 방출계수 80인 스프링클러헤드를 설치하였을 때 스프링클러헤드가 개방되어 물이 1 m^3 방출되는 순간에 방사되는 물의 양(ℓ/min)은 얼마인가? 단, 헤드와 수조간의 마찰손실은 무시하고 대기압은 1 kg_f/cm^2이다.

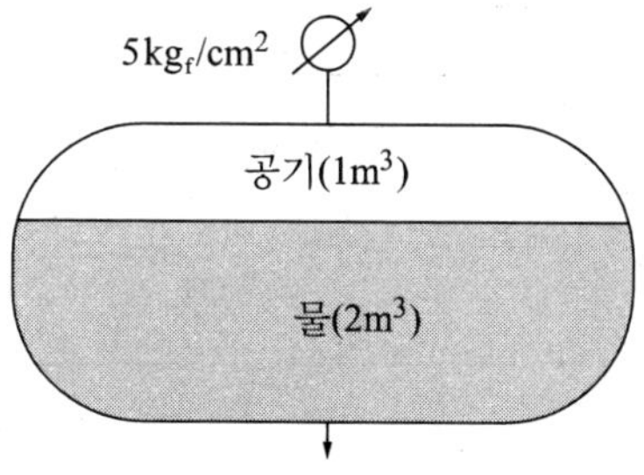

[정답] 113.14 ℓ/min

09. 15층인 건축물에 압력수조를 이용한 가압송수장치의 스프링클러설비가 설치되어 있다. 다음 조건을 참조하여 압력수조 내에 요구되는 공기압력(게이지 압력)은 몇 MPa인가?

> [조건]
>
> ① 압력수조의 내용적은 100 m^3이고, 내용적의 2/3가 물로 채워져 있다.
> ② 최상층 말단헤드의 방수압력은 0.11 MPa이고 압력수조와 최상층 말단헤드 수직높이는 45 m이다.
> ③ 대기압은 0.1 MPa이고, 배관의 마찰손실은 무시한다.

[정답] 1.88 MPa

10. 다음의 수조에서 물 전부가 빠져나가는데 소요되는 시간(h)을 구하시오. 단, 토리첼리의 정리를 이용하여 계산한다.

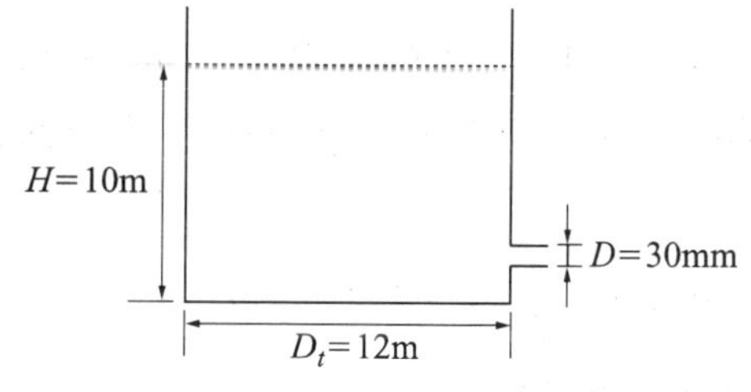

[정답] 63.491 H

11. 그림을 보고 각 물음에 답하시오. 단, 답은 소수점 두 자리까지 나타내시오.

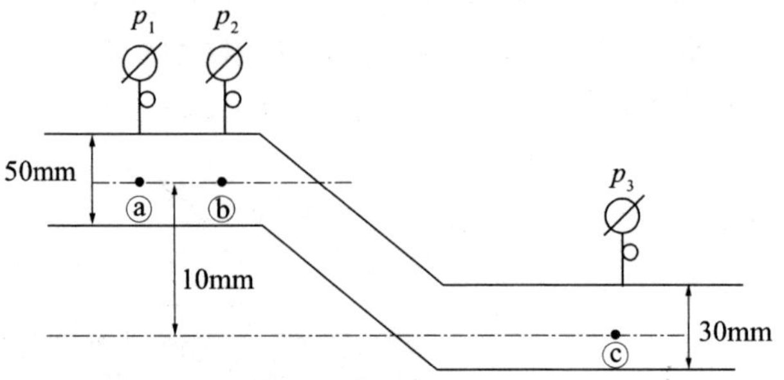

[조건]	
① $p_1 =$ 12 kN/m^2	② $p_2 =$ 11.5 kN/m^2
③ $p_3 =$ 11.83 kN/m^2	④ 유량 : 5 ℓ/s

(가) ⓐ지점의 유속(m/s)을 구하시오.
(나) ⓒ지점의 유속(m/s)을 구하시오.
(다) ⓐ지점과 ⓑ지점 사이의 마찰손실(m)을 구하시오.
(라) ⓐ지점과 ⓒ지점 사이의 마찰손실(m)을 구하시오.

[정답] (가) 2.55 m/s (나) 7.07 m/s
(다) 0.05 m (라) 7.80 m

12. 용량 2,000ℓ인 탱크에 물을 가득 채운 소방차가 화재현장에 출동하여 노즐압력 390 kPa (계기압력), 노즐구경 2.5 cm를 사용하여 방수한다면 소방차 내의 물이 전부 방수되는데 걸리는 시간은?
[정답] 2분 26초

13. 유량계수 $C_d = 0.99$인 직경 D (m)인 노즐선단에서 피토게이지로 측정한 방수압 p (kg$_f$/cm^2)일 때 방수량 Q (m^3/s)는 $Q = 10.8856 D^2 \sqrt{p}$ 임을 증명하라. 그리고 이 식을 이용하여 직경 D (mm), 방수압 p (kg$_f$/cm^2)일 때 방수량 Q (ℓ/min)는 $Q = 0.653 D^2 \sqrt{p}$ 임을 증명하시오.

14. 182쪽에서 $\frac{d\eta}{dU} = 0$에서 $2V(U^2 + V^2) - 4UV^2 = 0$ 임을 증명하시오.
(제4장 선행과제)

Chapter 4

운동량의 법칙

1. 운동량의 원리

Newton의 제2법칙에 의하면 힘은

$$F(\text{힘}) = m(\text{질량}) \times a(\text{가속도}) = m\frac{dV}{dt} = \frac{mdV}{dt} = \dot{m}(V_2 - V_1)$$

여기서, V : 속도
t : 시간

이다. 질량 m은 시간에 따라 변하지 않으므로, 즉 시간의 함수가 아니므로 위 식은 다음과 같이 표시할 수 있다.

$$\Sigma F = \frac{d(mV)}{dt} = \dot{m}(V_2 - V_1)$$

위 식에서 질량(m)과 속도(V)와의 곱인 mV를 운동량(運動量, momentum)이라 한다. 위 식은 "어떤 물체에 작용하는 외력의 합은 그 물체의 단위시간에 대한 운동량의 변화와 같다."는 것을 나타내고 있다. 이를 운동량의 원리(運動量의 原理, momentum principle)라고 한다.

2. 정상유동에서의 운동량방정식

정상유동에서 운동량방정식을 살펴보기 위하여 그림1과 같이 임의의 두 유선(流線) 사이의 흐름을 생각하여보자.

두 유선 사이에 흐르는 x방향의 유체운동량은 공간 ABCD에서

$$(\text{ABCD의 질량}) \cdot V_{x1} \qquad ⓐ$$

이다. V_{x1}은 AB단면에서의 x방향 속도이다. dt 시간 후에 ABCD 내의 유체가 A′B′C′D′로 옮겨갔다면 그 곳에서의 x방향에 대한 운동량은

$$(\text{A}'\text{B}'\text{C}'\text{D}'\text{의 질량}) \cdot V_{x2} \quad ⓑ$$

이다. V_{x2}는 단면 CD에서의 x방향 속도이다. 그러므로 dt 시간 동안에 x방향으로 순수한 운동량의 전증가량(全增加量)은

$$(\text{A}'\text{B}'\text{C}'\text{D}'\text{의 질량}) \cdot V_{x2} - (\text{ABCD의 질량}) \cdot V_{x1} \quad ⓒ$$

이다. 그런데 그림1을 살펴보면 (A′B′C′D′의 질량) · V_{x2}는

$$\begin{aligned}(\text{A}'\text{B}'\text{C}'\text{D}'\text{의 질량}) \cdot V_{x2} &= (\text{ABCD의 질량}) \cdot V_{x1} - (\text{ABB}'\text{A}'\text{의 질량}) \cdot V_{x1} \\ &\quad + (\text{CDD}'\text{C}'\text{의 질량}) \cdot V_{x2} \quad ⓓ\end{aligned}$$

이다. 이를 식 ⓒ에 대입하면

$$\begin{aligned}&(\text{A}'\text{B}'\text{C}'\text{D}'\text{의 질량}) \cdot V_{x2} - (\text{ABCD의 질량}) \cdot V_{x1} \\ &= (\text{ABCD의 질량}) \cdot V_{x1} - (\text{ABB}'\text{A}'\text{의 질량}) \cdot V_{x1} \\ &\quad + (\text{CDD}'\text{C}'\text{의 질량}) \cdot V_{x2} - (\text{ABCD의 질량}) \cdot V_{x1} \\ &= (\text{CDD}'\text{C}'\text{의 질량}) \cdot V_{x2} - (\text{ABB}'\text{A}'\text{의 질량}) \cdot V_{x1} \\ &= (\dot{m}\,dt) \cdot V_{x2} - (\dot{m}\,dt) \cdot V_{x1} = \dot{m}(V_{x2} - V_{x1})dt \quad ⓔ\end{aligned}$$

이 된다. 여기서 $\dot{m}$는 연속방정식에 의해 $\dot{m} = \rho_1 A_1 V_1 = \rho_2 A_2 V_2$이다.

식 ⓔ에서 알 수 있는 것처럼 x방향에 대한 전운동량의 증가는 CDD′C′부분의 x 방향운동량과 ABB′A′부분의 x방향 운동량의 차이이다.

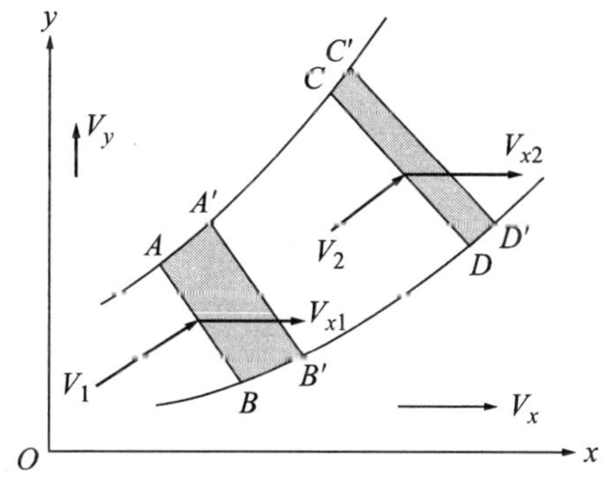

그림1. 두 유선 사이의 흐름

단위시간에 대하여 생각하면, 시간에 대한 속도의 변화는 가속도이므로

$$\dot{m}(V_{x2} - V_{x1}) = ma_x = F_x \tag{f}$$

이다. 즉, x방향에 대한 힘 F_x는

$$\begin{aligned} F_x &= \dot{m}(V_{x2} - V_{x1}) = \rho Q(V_{x2} - V_{x1}) \\ &= \rho_2 A_2 V_2 V_{x2} - \rho_1 A_1 V_1 V_{x1} \end{aligned} \tag{g}$$

이다. 마찬가지로 y방향에 대해서도 y방향에 대한 힘 F_y는

$$F_y = \rho Q(V_{y2} - V_{y1}) = \rho_2 A_2 V_2 V_{y2} - \rho_1 A_1 V_1 V_{y1} = \rho Q(V_{y2} - V_{y1}) \tag{h}$$

이다. 여기서 F_x와 F_y는 두 유선에 작용하는 모든 외력의 x방향성분과 y방향성분의 힘의 합을 각각 나타낸다.

3. 운동량방정식의 응용

3.1 고정날개에 작용하는 힘

자유분류(自由噴流)가 물체에 충돌하여 물체로부터 힘을 받으면 운동량의 변화를 일으키고 동시에 분류는 물체에 힘을 가한다(작용・반작용의 법칙). 그러므로 자유분류가 물체에 주는 힘(반작용력)은 운동량방정식으로부터 계산할 수 있다.

노즐이나 오리피스에서 분사되는 자유분류가 그림2와 같이 고정날개(Fixed vane)에 접해서 충돌이 없이 유입할 때 곡면날개를 고정시키는데 필요한 힘을 구해보자. 이 모델에 운동량 방정식을 적용하기 위해 다음과 같은 가정을 하자.

① 벽면과 분류사이의 점성은 무시한다.

② 날개의 입구단과 출구단의 고도차가 그리 크지 않으므로 유체의 위치수두의 변화는 무시한다.

③ 곡면날개에서의 속도는 일정하다. 즉, 유입단과 유출단의 분류는 균속유동이다.

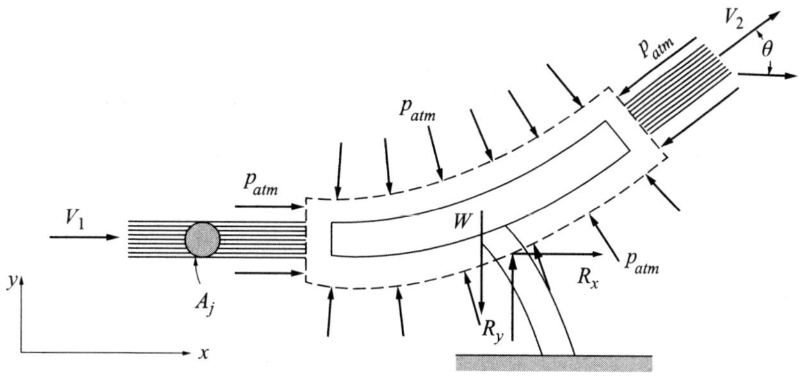

그림2.

④ 분류는 자유분류(대기 속에서의 분류)이므로 날개의 양단에 작용하는 외압은 대기압으로서 일정하다.

이러한 가정 밑에서 고정날개를 고정시키는데 필요한 힘을 계산하기 위하여 그림2 처럼 관제역(管制域, 제어체적, 검사체적, control volume)을 택하여 보자. 자유분류가 고정날개에 접해서 유입하는 유입속도를 V_1, 분류단면적을 A_j 라고 하자. 대기압은 지주(支柱)와 관제면(管制面)과의 교차부분을 제외하고는 4방(四方)에서 균일하게 작용하므로 대부분의 대기압은 서로 상쇄되어 평형을 이룬다. 그러므로 교차부분에 대기압이 작용하지 않음으로 해서 생기는 불평형력과 분류 때문에 발생하는 힘과의 합력 R만이 교차부분에서 표면력으로 작용하게 된다. 체력(體力)은 관제역(管制域)에 작용하는 중력이므로 관제역 안에 있는 분류, 곡면날개, 공기의 무게가 된다.

그림2에서 제어체적(점선부분)으로 유입하는 단위시간당 x방향운동량을 살펴보면

$$\rho_1 Q V_{1x} = \rho_1 A_1 V_1 V_{x1} = \rho_1 A_1 V_1^2 = \rho_1 A_j V_1^2 \qquad ⓘ$$

이 된다. 그림2에서 제어체적(점선부분)에서 단위시간당 유출하는 x방향운동량을 살펴보면

$$\rho_2 Q V_{2x} = \rho_2 A_2 V_2 (V_2 \cos\theta) = \rho_2 A_2 V_2^2 \cos\theta \qquad ⓙ$$

이 된다. 따라서 x방향에 대한 전운동량(全運動量)의 증가는 ⓙ와 ⓘ의 차(差)이다.

"어떤 물체에 작용하는 외력의 합은 그 물체의 단위시간에 대한 운동량의 변화와 같다."는 운동량의 원리에 따라 전운동량의 증가인 ⓙ와 ⓘ의 차이만큼의 힘이 날개를 고정시키기 위하여 필요하다. 즉,

$$\sum F_x = R_x = \rho_2 A_2 V_2^2 \cos\theta - \rho_1 A_j V_1^2$$

이다. 그런데 위치수두의 변화를 무시하고 마찰이 없다고 가정하면 Bernoulli정리에 의하여 $V_1 = V_2$ 이고, 연속방정식은 $\rho_1 V_1 A_j = \rho_2 V_2 A_2 = \rho Q$ 이므로

$$R_x = -\rho_1 V_1^2 A_j (1 - \cos\theta) = -\rho Q V_1 (1 - \cos\theta)$$

이다. $(1-\cos\theta)$는 $+$이므로 R_x 값은 $-$이다. 따라서 R_x 방향은 그림2의 방향과 반대방향이다.

마찬가지로 y방향에 대해서도

$$\sum F_y = R_y - W = \rho_2 Q V_{2y} - 0 = \rho_2 A_2 V_2 (V_2 \sin\theta) - 0 = \rho_2 A_2 V_2^2 \sin\theta$$

이므로 곡면을 고정시키는데 필요한 y방향의 힘 R_y 는

$$R_y = W + \rho_2 A_2 V_2^2 \sin\theta = W + \rho Q V_2 \sin\theta$$

이다.

예제 01

그림과 같이 곡면판이 제트를 받고 있다. 제트속도 V(m/s), 유량 Q(m^3/s), 밀도 ρ (kg/m^3), 유출방향을 θ라 하면, 곡면판이 x방향에 받는 힘(F_x)를 구하라.

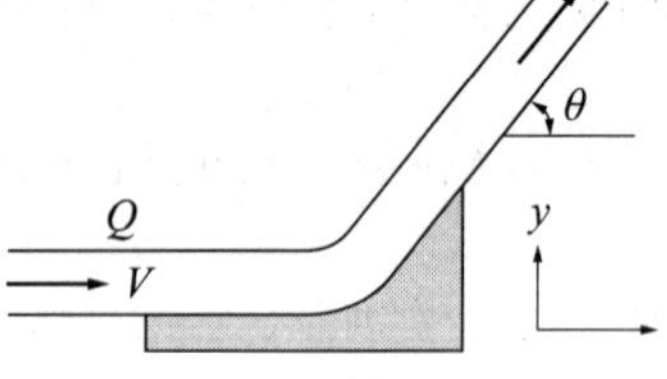

해설 자유물체도를 생각하면 $p_1 A_1 - p_2 A_2 \cos\theta - F_x = \rho Q (V_2 \cos\theta - V_1)$

$p_1 = p_2 = p_{atm} = 0$, $V_1 = V_2$ 이므로 $F_x = \rho Q V (1 - \cos\theta)$

예제 02

그림과 같이 속도 V인 유체가 정지하고 있는 곡면 깃에 부딪혀 θ의 각도로 유동방향이 바뀐다. 유체가 곡면에 가하는 힘의 x, y 성분의 크기를 F_x, F_y라 할 때 $\dfrac{F_y}{F_x}$는?

단, 유동단면적은 일정하고 $0° < \theta < 90°$이고, 물의 무게는 무시한다.

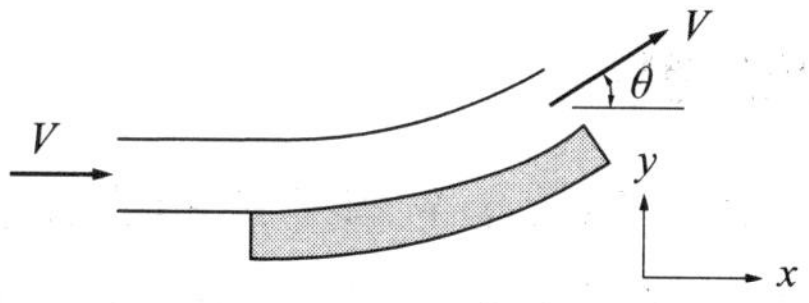

해설 "x방향 운동량의 변화량 = x방향 외력의 합" 운동량의 운동량의 원리를 적용한다.

x방향은 $p_1A_1 - p_2A_2\cos\theta - F_x = \rho Q(V_2\cos\theta - V_1)$, $p_1 = p_2 = 0, V_1 = V_2 = V$이므로

$F_x = \rho QV(1-\cos\theta)$

y방향은 $-p_2A_2\sin\theta + F_y = \rho Q(V_2\sin\theta - 0)$, $p_2 = 0$이고, $V_2 = V$이므로

$F_y = \rho QV\sin\theta$

그러므로 $\dfrac{F_y}{F_x}$는 $\dfrac{F_y}{F_x} = \dfrac{\rho QV\sin\theta}{\rho QV(1-\cos\theta)} = \dfrac{\sin\theta}{1-\cos\theta}$

예제 03

그림과 같은 고정 베인(vane)에 제트가 속도 V, 유입각 α, 유출각 β로 작용할 때 중심선 0−0 방향으로 작용하는 힘 k_x는? 단, 유량은 Q, γ는 유체 비중량으로 표기한다.

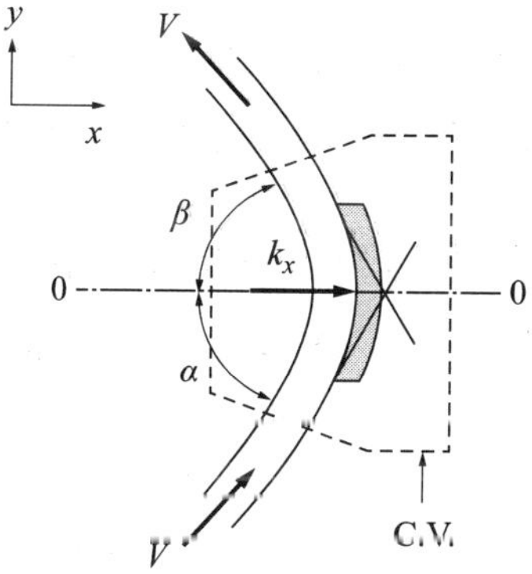

해설 x방향은 $p_1A_1\cos\alpha - p_2A_2\cos\beta - k_x = \rho Q(-V_2\cos\beta - V_1\cos\alpha)$, $p_1 = p_2 = 0$,

$V_1 = V_2 = V$이므로 $k_x = \rho QV(\cos\alpha + \cos\beta)$

3.2 노즐분사(관창에 작용하는 힘)

3.2.1 직관인 경우

화재현장에서 관창(노즐)을 잡고 주수(注水)할 때 상당한 힘이 필요하다는 것은 누구나 알고 있다. 옥내소화전에서는 관창에 작용하는 힘 때문에 방수압력을 1.7 ~ 7 kg_f/cm^2 (0.17 ~ 0.7 MPa)으로 제한하고 있다. 모두 방수 시 작용하는 운동량의 변화 때문이다.

아래에서는 관창과 같은 노즐에 유체가 정상적으로 흐를 때 관에 미치는 힘에 대하여 생각해본다. 노즐에 의하여 분사되는 분류에 의한 반력과 힘이 어떻게 작용되는가 알아보기 위하여 그림3과 같이 단면 (1), (2)에 균일직선 유동되는 수평노즐을 생각하여 보자.

단면 (1), (2) 사이에 x방향으로 발생하는 힘 F_x는 운동량의 원리에 따라 x방향으로 그리면 그림과 같다. 단위시간당 유입하는 운동량은 $\rho Q V_1$이고 유출하는 운동량은 $\rho Q V_2$이므로 "어떤 물체에 작용하는 힘의 합은 그 물체의 단위시간에 대한 운동량의 변화와 같다."는 운동량의 원리에 의해 작용하는 외력의 합은 x방향과 운동량의 변화와 같으므로

$$\Sigma F_x = p_1 A_1 - p_2 A_2 + F = \rho Q(V_2 - V_1)$$
$$F = \rho Q(V_2 - V_2) - (p_1 A_1 - p_2 A_2)$$

이다. 따라서 관창을 잡고 있다가 놓았거나 놓쳤을 때 x방향으로 발생하는 힘 F_x로 인해 관창은 관창의 한 쪽 끝이 고정된 상태이므로 관창은 춤을 춘다.

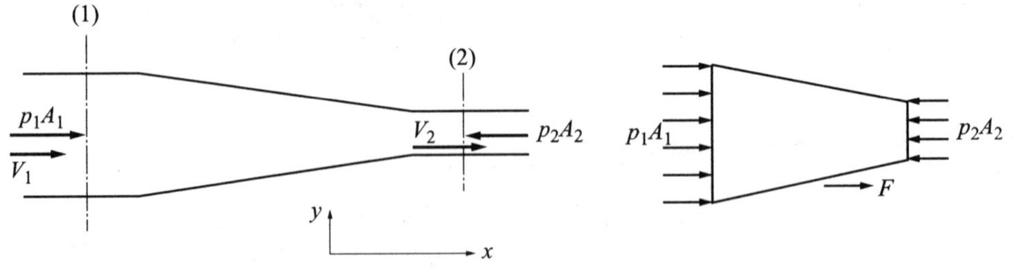

그림3.

예제 04

그림과 같이 비중이 0.8인 기름이 노즐로부터 분출하고 있다. 노즐 입구의 계기 압력(p_1)이 686.5 kPa일 때 유량 $Q\,(\mathrm{m^3/s})$은? 노즐이 받는 힘(N)은?

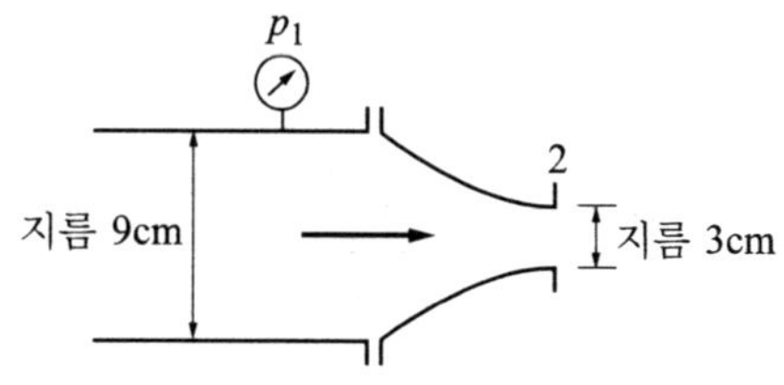

해설

연속방정식 $Q = A_1 V_1 = A_2 V_2$에 의거

$$\frac{\pi}{4} d_1^2 \times V_1 = \frac{\pi}{4} d_2^2 \times V_2$$

$$\frac{\pi}{4}(0.09\,\mathrm{m})^2 \times V_1 = \frac{\pi}{4}(0.03\,\mathrm{m})^2 \times V_2$$

$$V_2 = 9\,V_1$$

1점과 2점에 대한 베르누이방정식 $\dfrac{p_1}{\gamma_{oil}} + \dfrac{V_1^2}{2g} + z_1 = \dfrac{p_2}{\gamma_{oil}} + \dfrac{V_2^2}{2g} + z_2$에서

$z_1 = z_2$, $p_2 = 0$을 대입하면

$$\frac{p_1}{\gamma_{oil}} = \frac{V_2^2 - V_1^2}{2g} = \frac{81\,V_1^2 - V_1^2}{2g} = \frac{80\,V_1^2}{2g}$$

$$\frac{p_1}{\gamma_{oil}} = \frac{686.5\,\mathrm{kPa}}{0.8 \times 9.8\,\mathrm{kN/m^3}} = 87.564\,\mathrm{m}$$

$$87.564\,\mathrm{m} = \frac{80\,V_1^2}{2g}$$

$$V_1 = \sqrt{\frac{1}{80} \times 2 \times 9.8\,\mathrm{m/s^2} \times 87.564\,\mathrm{m}} = 4.63\,\mathrm{m/s}$$

$$Q = A_1 V_1 = \frac{\pi}{4} d_1^2 \times V_1 = \frac{\pi}{4}(0.09\,\mathrm{m})^2 \times 4.63\,\mathrm{m/s} = 0.02945\,\mathrm{m^3/s}$$

자유물체도를 생각하면 $p_1 A_1 - p_2 A_2 + F = \rho_{oil} Q(V_2 - V_1)$이고, $p_2 = 0$이므로

$$\begin{aligned} F &= -p_1 A_1 + \rho_{oil} Q(V_2 - V_1) \\ &= -686.5 \times 10^3\,\mathrm{N/m^2} \times \frac{\pi}{4} \times (0.09\,\mathrm{m})^2 + 800\,\mathrm{kg/m^3} \\ &\qquad \times 0.02945\,\mathrm{m^3/s} \times (41.67 - 4.63)\,\mathrm{m/s} \\ &= 3{,}496\,\mathrm{N} \end{aligned}$$

예제 05

직경 500 mm인 수평원관에 물이 흐르고 있다. ①단면에서의 압력이 100 kg_f/m^2, ②단면에서의 압력이 50 kg_f/m^2일 때 두 단면 사이의 벽면이 받는 마찰력은 몇 kg_f인가?

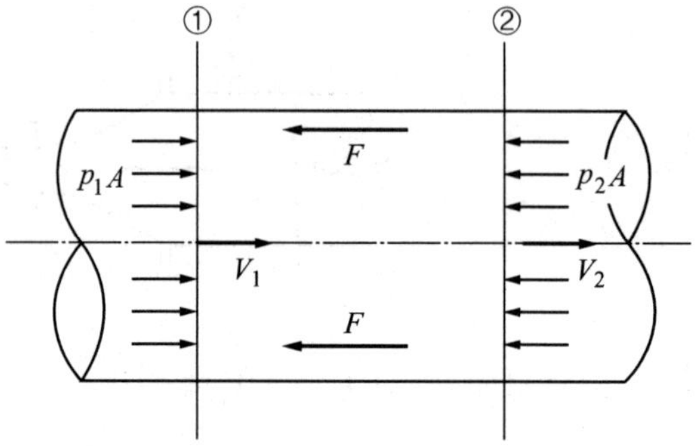

해설 그림에서 마찰력을 F, 각 단면에서의 압력을 p_1, p_2, 유속을 V_1, V_2, 단면적을 A라고 하고 두 단면 사이에 운동방정식을 적용하면

$\sum F_x = p_1A_1 - p_2A_2 - F = \rho Q(V_2 - V_1)$

에서 $V_1 = V_2$이므로

$p_1A_1 - p_2A_2 - F = 0 \Rightarrow F = p_1A_1 - p_2A_2 = (100-50) \times \frac{\pi}{4} \times 0.52 \fallingdotseq 9.8\,kg_f$

예제 06

그림과 같이 수평으로 놓인 점차축소관을 통하여 20 ℓ/sec의 물이 정상류로 흐르고 있다. 단면 ①에서의 압력이 220 kPa이면 단면 ①과 ②사이에서의 수축부가 받는 힘은 몇 N인가?

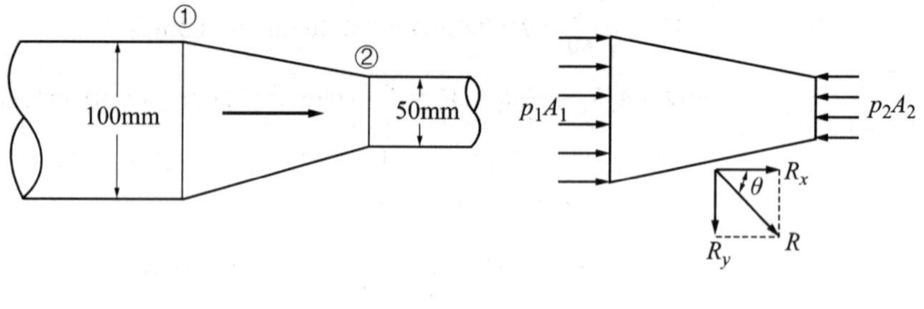

해설 먼저 단면 ①과 ②에서의 유속을 구하면 연속의 원리에 의거

$$V_1 = \frac{Q}{A_1} = \frac{4Q}{\pi d_1^2} = \frac{4 \times 20 \times 10^{-3}}{\pi \times 0.1^2} \fallingdotseq 2.55\,\mathrm{m/sec}$$

$$V_2 = \frac{Q}{A_2} = \frac{4Q}{\pi d_2^2} = \frac{4 \times 20 \times 10^{-3}}{\pi \times 0.5^2} \fallingdotseq 10.19\,\mathrm{m/sec}$$

또 ②에서의 압력을 구하기 위해 Bernoulli의 방정식을 단면 ①과 ②사이에 적용하면

$$\frac{V_1^2}{2g}+\frac{p_1}{\gamma}=\frac{V_2^2}{2g}+\frac{p_2}{\gamma}$$

$$p_2=p_1+\gamma\left(\frac{V_1^2-V_2^2}{2g}\right)=220\times 103+9{,}800\,\frac{2.55^2-10.19^2}{2\times 9.8}\fallingdotseq 171.333\,\mathrm{Pa}$$

$$\Sigma F_x=p_1A_1+R_x-p_2A_2=\rho Q(V_2-V_1)$$

$$\begin{aligned}R_x&=\rho Q(V_2-V_1)-(p_1A_1-p_2A_2)\\&=1{,}000\times 20\times 10-3(10.19-2.55)-220\times 10^3\\&\quad\times\frac{\pi}{4}\times 0.12+151.333\times\frac{\pi}{4}\times 0.052\\&\fallingdotseq -1{,}238\,\mathrm{N}\end{aligned}$$

R_x 값이 −이므로 자유물체도의 방향과 반대방향으로 작용한다.

$\Sigma F_y=\rho Q(V_{2y}-V_{1y})$ 에서 $V_{2y}=V_{1y}=0$, $\Sigma F_y=-R_y$ (유체의 자중은 무시) 이므로 $R_y=0$이다.

즉, 반력은 유동하는 방향과 반대로 1,328 N이 작용한다.

예제 07

그림과 같은 면적 A_1인 원형관의 출구에 노즐이 볼트로 연결되어 있으며 노즐 끝의 면적은 A_2이고 노즐 끝(2지점)에서의 물의 속도는 V, 물의 밀도는 ρ이다. 볼트 전체에 작용하는 힘이 F_B일 때, 1지점에서의 압력(게이지압력)은?

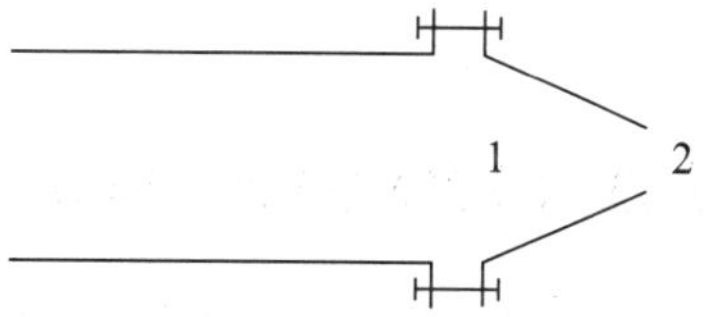

해설 연속방정식 $Q=A_1V_1=A_2V_2$에서 $V_1=\frac{A_2}{A_1}V_2=\frac{A_2}{A_1}V$

외력의 합은 운동량의 변화량과 같으므로 $p_1A_1-p_2A_2-F_B=\rho Q(V_2-V_1)$이고, $p_2=0$, $V_2=V$임을 감안하면

$$p_1A_1=F_B+\rho Q(V_2-V_1)=F_B+\rho Q\left(V_2-V_2\times\frac{A_2}{A_1}\right)$$

이다. 그러므로 p_1은

$$\begin{aligned}p_1&=\frac{F_B}{A_1}+\frac{\rho Q}{A_1}\left(V_2-V_2\times\frac{A_2}{A_1}\right)=\frac{F_B}{A_1}+\frac{\rho A_2V_2}{A_1}\left(V_2-V_2\times\frac{A_2}{A_1}\right)\\&=\frac{F_B}{A_1}+\rho V^2\left(1-\frac{A_2}{A_1}\right)\frac{A_2}{A_1}\end{aligned}$$

예제 08

그림과 같이 밀도 ρ의 유체가 직경 D, 단면적 A인 배관을 흐르다가 출구를 통해 대기로 방출될 때 이음매에 작용하는 힘은 얼마인가?

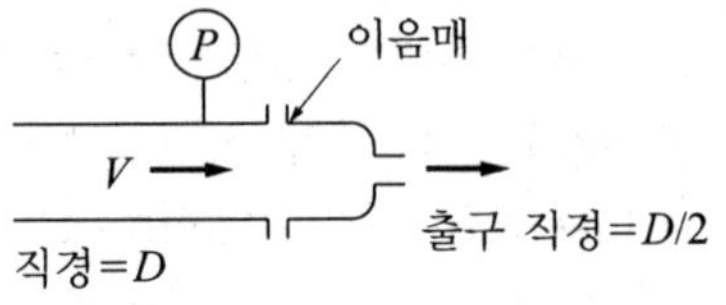

해설

유량 Q는 $Q=A_1V_1=A_2V_2$에서 $\frac{\pi}{4}\times D^2\times V_1=\frac{\pi}{4}\times\left(\frac{D}{2}\right)^2\times V_2$, $V_2=4V_1$이고

1점과 2점에 대한 베르누이방정식 $\frac{p_1}{\gamma}+\frac{V_1^2}{2g}+z_1=\frac{p_2}{\gamma}+\frac{V_2^2}{2g}+z_2$에서

$z_1=z_2$, $p_2=0$이므로 $\frac{p_1}{\gamma}=\frac{V_2^2-V_1^2}{2g}=\frac{16V_1^2-V_1^2}{2g}=\frac{15V_1^2}{2g}$이다.

자유물체도를 생각하면

$p_1A_1-p_2A_2-F=\rho Q(V_2-V_1)$에서 $p_2=0$, $V_1=V, V_2=4V$, $A_1=A$이므로

$$F=p_1A_1-\rho Q(4V-V)=\frac{15\rho V^2}{2}A-\rho AV(4V-V)=\frac{15\rho AV^2}{2}-3\rho AV^2$$

$$=\frac{9\rho AV^2}{2}$$

3.2.2 곡관인 경우(무반동관창의 원리)

그림4와 같이 유체가 곡관 속을 정상유동하고 있을 때 2개의 단면 A_1, A_2 사이의 관 벽에 미치는 힘에 대하여 알아보자.

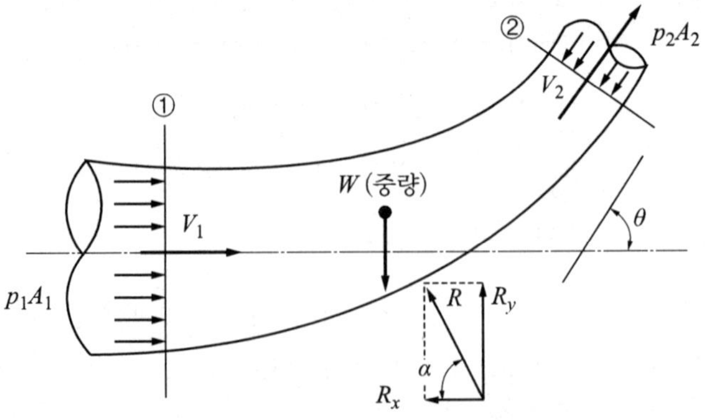

그림4.

단면 A_1에서 단위시간 동안 유입하는 유체의 x방향 운동량은 $\rho A_1 V_1 V_1$이고, 단면 A_2에서 단위시간동안 유출하는 유체의 x방향 운동량은 $\rho A_2 V_2 V_2 \cos\theta$이므로 단위시간동안 x방향의 운동량의 증가는 아래와 같다.

$$\rho A_2 V_2^2 \cos\theta - \rho A_1 V_1^2$$

"어떤 물체에 작용하는 (x방향)외력의 합은 그 물체에 단위시간에 대한 (x방향) 운동량의 변화와 같다."는 운동량의 원리에 의하여, x방향에서는 다음과 같은 평형식이 성립한다.

$$\begin{aligned}\Sigma F_x &= p_1 A_1 - p_2 A_2 \cos\theta - R_x = \rho A_2 V_2^2 \cos\theta - \rho A_1 V_1^2 \\ &= \rho Q(V_2 \cos\theta - V_1)\end{aligned}$$

마찬가지로 y방향에서는

$$\Sigma F_y = R_y - W - p_2 A_2 \sin\theta = \rho Q(V_2 \sin\theta - 0)$$

이 두 식으로부터 유체가 A_1, A_2 사이의 관벽에 주는 힘 R_x, R_y는

$$R_x = p_1 A_1 - p_2 A_2 \cos\theta - \rho Q(V_2 \cos\theta - V_1)$$
$$R_y = W + p_2 A_2 \sin\theta + \rho Q V_2 \sin\theta$$

따라서 반력의 크기 R은 $R = \sqrt{R_x^2 + R_y^2}$ 이다. 그리고 반력 R의 방향은 α를 구하면 구할 수 있다. 즉, R의 방향은 $\alpha = \tan\dfrac{-R_y}{R_x}$ 이다.

※ 반력의 방향은 임의루 정한 후 계산결과가 +값이면 그대로이고, −값이면 반대방향이다.

예제 09

그림과 같이 45° 구부러진 곡관이 수평으로 설치되어 0.6 m³/s의 물이 흐르고 있다. 단면 1에서의 압력이 150 kPa일 때 단면 2에서의 압력은 몇 kPa인가. 그리고 물이 곡관에 미치는 힘 F_x, F_y는 몇 N인가? 또한 이 곡관에 작용하는 F_x와 F_y의 합성 힘 F와 작용각도 α를 구하라. 단, 마찰손실과 중량은 무시한다.

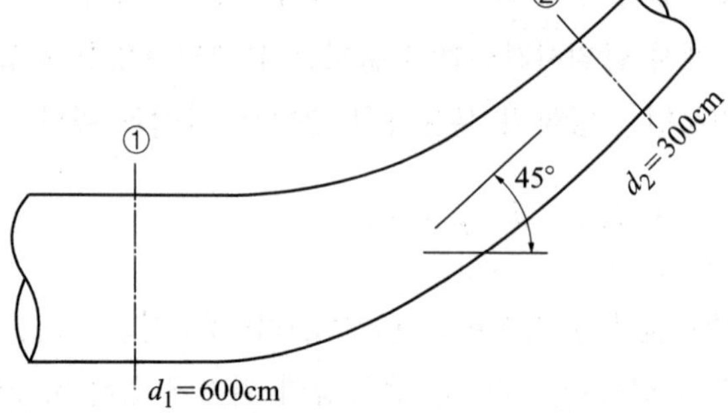

해설 평균속도를 구하면

$$V_1 = \frac{4Q}{\pi d_1^2} = \frac{4\times 0.6}{\pi \times 0.6^2} \fallingdotseq 2.12\,\text{m/s},\ V_2 = \frac{4Q}{\pi d_2^2} = \frac{4\times 0.6}{\pi\times 0.3^2} \fallingdotseq 8.48\,\text{m/s}$$

단면 1과 2사이에 Bernoulli방정식을 적용하면

$\frac{V_1^2}{2g} + \frac{p_1}{\gamma} + z_1 = \frac{V_2^2}{2g} + \frac{p_2}{\gamma} + z_2$에서 $p_1 + \frac{1}{2}\rho V_1^2 = p_2 + \frac{1}{2}\rho V_2^2$이므로 p_2는

$$p_2 = p_1 + \frac{1}{2}\rho(V_1^2 - V_2^2) = 150\times 10^3 + \frac{1}{2}\times 10^3(2.122 - 8.482)$$

$$= 116{,}292\,\text{Pa} \fallingdotseq 116.3\,\text{kPa}$$

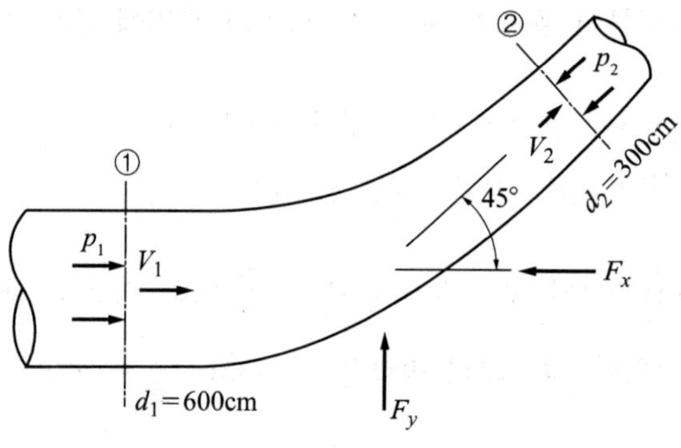

자유물체도를 그리면 위 그림과 같으며, 두 단면 사이에 운동량법칙을 적용하면

$$\Sigma F_x = p_1A_1 - p_2A_2\cos 45^\circ - F_x = \rho Q V_2\cos 45^\circ - \rho Q V_1 \quad ⓐ$$

$$\Sigma F_y = -p_2A_2\sin 45^\circ + F_y = \rho Q V_2 \sin 45^\circ - 0 \quad ⓑ$$

식 ⓐ에서

$$F_x = p_1A_1 - p_2A_2\cos 45^\circ - \rho Q(V_2\cos 45^\circ - V_1)$$

$$= 150\times 10^{3\times}\frac{\pi}{4}\times 0.62 - 116.3\times 10^{3\times}\frac{\pi}{4}\times 0.32\times\cos 45^\circ$$

$$-1{,}000\times 0.6\times(8.48\times\cos 45^\circ - 2.12) \fallingdotseq 34{,}256\,\text{N}$$

식 ⓑ에서

$$F_y = \rho Q V_2 \sin 45^\circ + p_2A_2\sin 45^\circ$$

$$= 1{,}000\times 0.6\times 8.48\times\sin 45^\circ + 116.3\times 10^{3\times}\frac{\pi}{4}\times 0.32\times\sin 45^\circ \fallingdotseq 9{,}406\,\text{N}$$

F_x와 F_y의 합력 F는 $F=\sqrt{F_x^2+F_y^2}=\sqrt{34{,}256^2+9{,}406^2}=35{,}523.88\,\text{N}$

합력 F의 작용각도 α는 $\alpha=\tan^{-1}\dfrac{F^y}{F_x}=\tan^{-1}\dfrac{9{,}406}{34{,}256}=15.35°$

예제 10

그림과 같은 곡관에 물이 흐르고 있고 p_1 = 98 kPa, p_2 = 29.42 kPa일 때 이 곡관을 고정시키는데 필요한 힘(N)은? 단, 높이차 및 모든 손실은 무시한다.

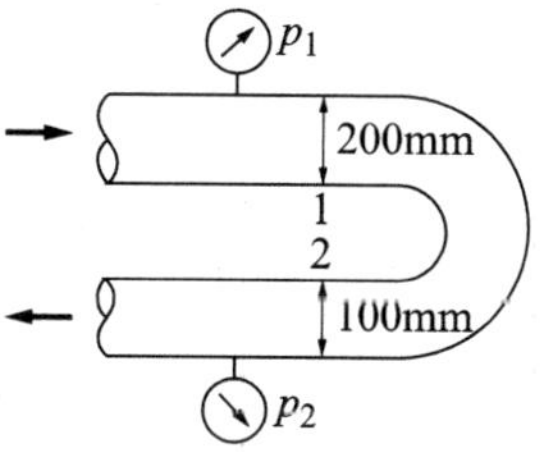

해설

유량 Q는 $Q=A_1V_1=A_2V_2$에서

$\dfrac{\pi}{4}\times(0.2\,\text{m})^2\times V_1=\dfrac{\pi}{4}\times(0.1\,\text{m})^2\times V_2$, $V_2=4V_1$ 이고,

1점과 2점에 대한 베르누이방정식 $\dfrac{p_1}{\gamma}+\dfrac{V_1^2}{2g}+z_1=\dfrac{p_2}{\gamma}+\dfrac{V_2^2}{2g}+z_2$ 에서

$z_1=z_2$ 이므로

$\dfrac{p_1-p_2}{\gamma}=\dfrac{V_2^2-V_1^2}{2g}=\dfrac{16V_1^2-V_1^2}{2g}=\dfrac{15V_1^2}{2g}$ 이며,

$\dfrac{p_2-p_1}{\gamma}=\dfrac{98\,\text{kPa}-29.42\,\text{kPa}}{9.8\,\text{kN/m}^3}=7\,\text{m}$ 이다.

$7\,\text{m}=\dfrac{15V_1^2}{2g}$

$V_1=\sqrt{\dfrac{2g\times7\,\text{m}}{15}}=\sqrt{\dfrac{2\times9.8\,\text{m/s}^2\times7\,\text{m}}{15}}=3.02\,\text{m/s}$

$V_2=4V_1=12.08\,\text{m/s}$

$Q=A_1V_1=\dfrac{\pi}{4}d_1^2\times V_1=\dfrac{\pi}{4}(0.2\,\text{m})^2\times3.02\,\text{m/s}=0.0949\,\text{m}^3/\text{s}$

자유물체도를 생각하면

$p_1A_1+p_2A_2-F=\rho Q[(-V_2)-V_1]=-\rho Q(V_2+V_1)$ 이므로

$$
\begin{aligned}
F&=p_1A_1+p_2A_2+\rho Q(V_2+V_1)\\
&=98\times10^3\,\text{N/m}^2\times\frac{\pi}{4}\times(0.2\,\text{m})^2+29.42\times10^3\,\text{N/m}^2\times\frac{\pi}{4}\times(0.1\,\text{m})^2\\
&\qquad+1{,}000\,\text{kg/m}^3\times0.0949\,\text{m}^3/\text{s}\times(12.08-3.02)\,\text{m/s}\\
&=4{,}743\,\text{N}
\end{aligned}
$$

3.2.3 탱크에 붙어있는 노즐에 의한 추진

노즐의 분사에 의하여 발생하는 반력을 알기 쉽게 설명하기 위하여 그림5(a)와 같이 큰 수조에서 하부에 뚫린 오리피스에서 분출되는 분류를 생각하여 보자,

그림5(a)와 같은 수조차의 벽에 설치된 노즐에서 분류가 속도 V로 분출될 때 탱크에서 단위시간당 잃게 되는 운동량은 ρQV이고, 유입하는 운동량은 없다. 따라서 운동량의 변화량은 ρQV이다. 따라서 탱크는 분류의 방향과 반대방향으로 ρQV의 힘을 받는다. 즉, $F_{th} = \rho QV$이다.

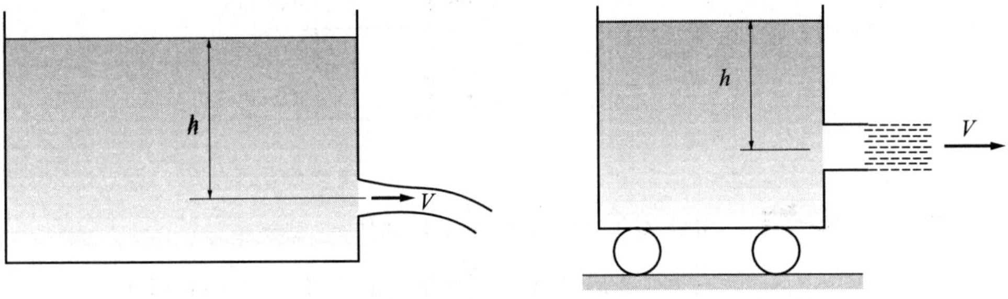

(a) (b)

그림5.

그런데 오리피스에 분출되는 유속에 비하여 수조 내의 물의 하강속도는 극히 작아서 무시할 수 있을 때, 노즐에서 분출되는 분류의 이론속도 V는 $V = \sqrt{2gh}$이고, 실제속도 V_{act}는 이론속도에 속도계수 C_V를 곱한 속도이므로

$$V_{act} = C_V\sqrt{2gh}$$

이고, 또 유량 Q_{act}는 $Q_{act} = A_c V_{act} = C_c A V_{act}$ (여기서, C_c : 수축계수)이므로

$$F_{th} = \rho QV = \rho C_c A\sqrt{2gh} \times C_V\sqrt{2gh} = 2C_d \gamma Ah$$

여기서, $C_d = C_c \cdot C_V$: 유량계수

이다. 노즐에서는 $C_d \fallingdotseq 1$이므로 $F_{th} = 2\gamma Ah$이다. 즉, 탱크의 분류에 의하여 노즐의 면적에 작용하는 정압(靜壓)의 2배에 해당하는 힘이 분류와 반대방향으로 작용한다. 따라서 탱크 아래에 그림5(b)와 같이 바퀴를 달아 놓으면 탱크는 유체분출 방향과 반대로 이동할 것이다.

관창의 노즐에서 물이 방사될 때 관창을 잡고 있는 것은 바퀴달린 탱크가 뒤쪽으로 움직이지 못하도록 잡고 있는 것과 같다고 할 수 있다.

예제 11

그림에서 노즐의 분출하는 속도(m/s)는? 탱크차가 받는 추력은 몇 N인가? 단, 노즐의 단면적은 0.03 cm^2이며 마찰은 무시한다.

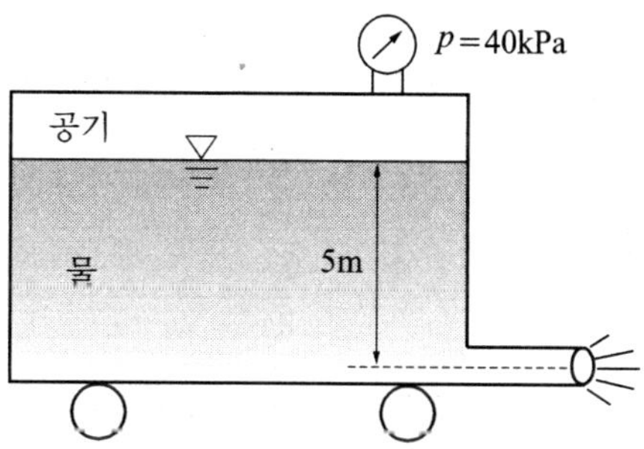

해설 노즐에서 분출속도 V는

$$V=\sqrt{2g\frac{p}{\gamma}}=\sqrt{2\times9.8\,\mathrm{m/s^2}\times\frac{(40\,\mathrm{kPa}+9.8\,\mathrm{kN/m^3}\times5\,\mathrm{m})}{9.8\,\mathrm{kN/m^3}}}=13.34\,\mathrm{m/s}$$

추력 F는

$$F=\rho QV=\rho AV^2=1{,}000\,\mathrm{kg/m^3}\times0.03\,\mathrm{m^2}\times(13.34\,\mathrm{m/s})^2=5{,}340\,\mathrm{N}$$

예제 12

그림5(b)와 같은 탱크차의 벽에 설치된 노즐로부터 물이 분출되고 있다. 노즐은 수면으로부터 3 m 아래에 있고 분류의 직경은 10 cm이다. 이 때 탱크차가 받는 추력(推力)은 몇 N인가?

해설 $F_{th}=2\gamma Ah=2\times9{,}800\times\frac{\pi}{4}\times0.1^2\times3\fallingdotseq462\,\mathrm{N}$

예제 13

물탱크에 붙어 있는 노즐에서 유속 V, 유량 Q의 물이 수평으로 유출된다.

① 물탱크가 받는 힘의 수평력, 즉 반동력은?

② 물탱크가 속도 U로서 분류와 반대방향으로 운동하고 있을 때 물탱크가 받는 동력은 얼마인가?

③ 물탱크의 물이 단위시간당 잃는 에너지(수동력)는?

④ 두 동력의 비는 U의 값에 따라 얼마나 변화하는가?

⑤ 효율을 최대로 하는 U의 값 및 최대효율은?

해설 ① 물탱크 전체를 포함하는 검사면을 취하면 이 검사면을 통하여 단위시간에 유입하는 운동량은 없고 유출하는 운동량은 ρQV이므로 물탱크가 받는 힘의 크기는 $F=\rho QV$

② 물탱크가 받는 힘의 크기 F는 ρQV이며, 그 물탱크가 속도 U로써 운동하고 힘의 방향과 운동방향이 일치하고 있으므로 힘의 크기와 속도의 크기를 곱한 값이 물탱크가 받는 동력 L_1이 된다. 즉, $L_1=\rho QV\cdot U$

③ 물탱크 속의 물은 속도 U로써 운동하고 있으므로 물탱크에 대해서 정지하고 있는 물이 갖는 속도수두는 $\dfrac{U^2}{2g}$이다. 이 문제의 물은 물탱크에 대해서 V의 속도를 갖고 있으므로 $\dfrac{U^2}{2g}$ 외에 $\dfrac{V^2}{2g}$의 속도수두로 갖고 있다. 즉, 정지좌표에서 본 전수두 H는 $H=\dfrac{U^2}{2g}+\dfrac{V^2}{2g}$이다. 전수두 H를 갖는 물이 유량 Q로써 물탱크에서 감소하게 되면 그로 인해 잃는 동력 L_2는 $L_2=\gamma QH=\dfrac{\gamma Q(U^2+V^2)}{2g}$

④ 물이 잃는 동력과 물탱크가 얻는 동력의 비 η는

$$\eta=\frac{L_1}{L_2}=\frac{\rho QV\cdot U}{\dfrac{\gamma Q(U^2+V^2)}{2g}}=\frac{2V\cdot U}{U^2+V^2}$$

⑤ η의 최대값을 얻기 위하여 U에 관해 미분하면 $\dfrac{d\eta}{dU}=0$에서

$2V(U^2+V^2)-4UV^2=0$이므로 $U=V$일 때 최대이다.

3.3 평판에 충돌하는 분류

그림6과 같이 평판에 분류(噴流)가 충돌하는 경우를 생각하자. 분류 1, 평판 2 사이의 유체에 대하여 노즐의 분류방향으로 운동량의 원리를 적용한다. x방향으로 단위시간에 유입하는 운동량은 ρQV이고, 유출량은 없으므로 단위시간동안 x방향의 운동량의 변화량은 $-\rho QV$이다.

충돌 후 분류는 상・하 방향으로 나눠지고 유량은 $\dfrac{1}{2}Q$씩이다.

충돌 전과 충돌 후는 동일한 유선상이므로 Bernoulli정리가 적용되어 전수두가 같다. 압력은 어디서나 대기압으로 같으므로 속도수두도 같고 충돌 후의 속도는 V이다. 속도의 방향은 평판에 접하는 방향이다.

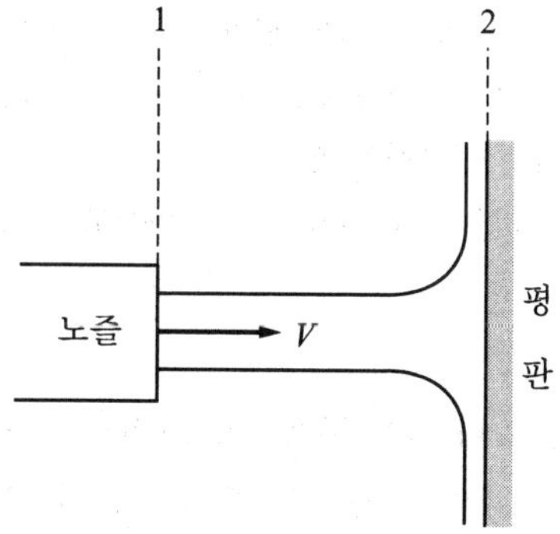

그림6.

y방향으로 단위시간에 유입하는 운동량은 없고, 단위시간에 상방향으로 유출하는 운동량과 아래방향으로 유출하는 운동량은 각각 $\frac{1}{2}QV$이므로 y방향의 단위시간동안 운동량의 변화는 0이다. 따라서 유체가 받는 외력 F는 ρQV이다.

외력은 평판에 주어지는 것 외에는 없으므로 F는 평판이 물에 가하는 힘이다. 물이 평판에 가하는 힘은 그 반작용이므로 $-F$이다. 즉, 크기는 같고 방향이 반대이다.

예제 14

그림과 같이 유량 0.314 m^3/s로 분출하는 물 제트가 5 m/s의 속도로 이동하고 있는 평판에 충돌할 때 평판에 작용하는 힘은 몇 N인가? 단, 제트의 지름은 200 mm이다.

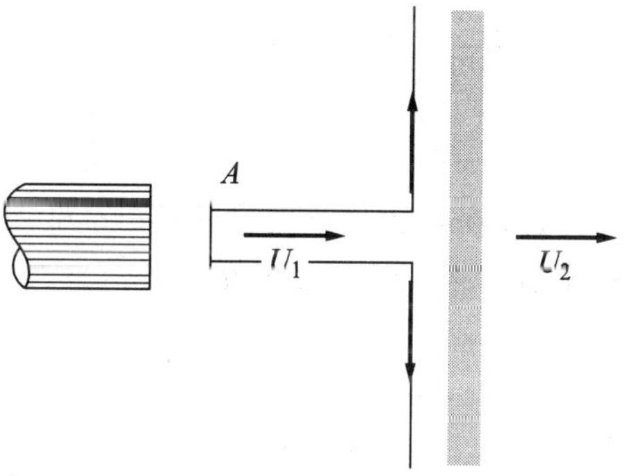

해설 유량 $Q=AV$에서 속도

$$U_1 = \frac{Q}{A} = \frac{0.314\,\mathrm{m^3/s}}{\pi\frac{0.2^2}{4}} = \frac{0.314\,\mathrm{m^3/s}}{0.0314\,\mathrm{m^2}} = 10\,\mathrm{m/s}$$

문제의 조건에서 평판이 $U_2 = 5\,\mathrm{m/s}$의 속도로 이동하고 있으므로 물 제트가 평판에 부딪히는 속도는 $10-5=5\,\mathrm{m/s}$이다. 그러므로 면적 $A=0.0314\,\mathrm{m^2}$, 유속

$V = 5\,\mathrm{m/s}$가 되어 평판을 이동시키는 물 제트의 유량 Q는

$Q = A \times V = 0.0314\,\mathrm{m}^2 \times 5\,\mathrm{m/s} = 0.157\,\mathrm{m}^3/\mathrm{s}$

평판에 작용하는 힘

$F = \rho Q V = 1{,}000\,\mathrm{kg/m}^3 \times 0.0157\,\mathrm{m}^3/\mathrm{s} \times 5\,\mathrm{m/s} = 785\,\mathrm{kg \cdot m/s}^2 = 785\,\mathrm{N}$

예제 15

지름 20 cm, 속도 1 m/s인 물제트가 그림과 같이 넓은 평판에 60° 경사지게 충돌한다. 제트가 평판에 수직으로 작용하는 힘 F_N은 약 몇 N인가? 단, 중력은 무시한다.

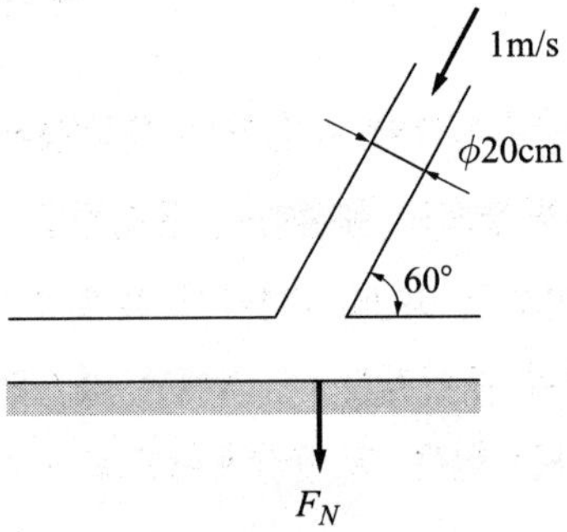

해설 외력의 합은 운동량의 변화량과 같으므로

$-p_1 A \sin\theta - F_N = \rho Q[0 - (-V\sin 60)]$

이고, $p_1 = 0$임을 감안하면 $F_N = \rho Q V \sin 60$ 이다.

$$F_N = \rho Q V \sin 60 = \rho A V^2 \sin 60 = 1{,}000\,\mathrm{kg/m}^3 \times \frac{\pi}{4}(0.2\,\mathrm{m})^2 \times (1\,\mathrm{m/s})^2 \times \frac{\sqrt{3}}{2}$$
$$= 27.2\,N$$

예제 16

그림과 같이 노즐로부터 분류가 평판에 경사지게 부딪히고 있다. 분할된 유량 Q_1, Q_2와 평판이 유체에 작용하는 힘을 구하라.

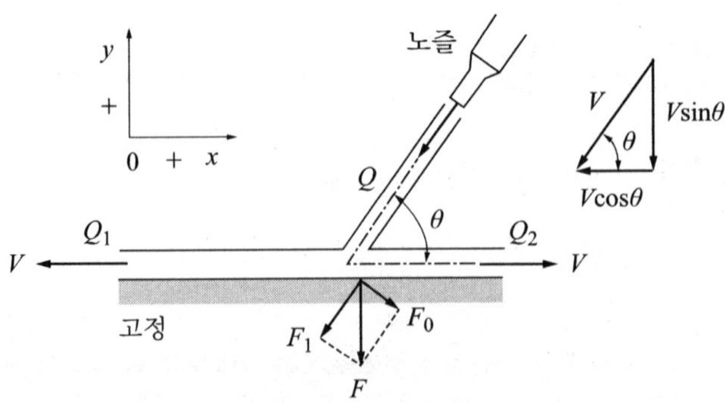

해설 (1) 분류가 평판에 작용하는 힘

외력의 합은 운동량의 변화량과 같으므로

$-p_1 A\sin\theta - F = \rho Q[0-(-V\sin 60)]$

이고, $p_1 = 0$임을 고려하면 $F = -\rho QV\sin 60$이다.

분류의 직각방향 분력 F_0는 $F_0 = -F\cos\theta = -\rho QV\sin\theta\cos\theta$

분류방향 분력 F_1은 $F_1 = F\sin\theta = \rho QV\sin^2\theta$

여기서 유량 $Q = Q_1 + Q_2$이다.

(2) Q_1과 Q_2

유체가 충돌 전과 후에 압력과 높이가 변화하지 않으므로 Bernoulli방정식에 의해서 유체가 나가는 속도는 들어오는 속도 V와 같으므로, x방향에 운동량방정식을 적용하면

$$\Sigma F_x = -p_0 A_0\cos\theta + p_1 A_1 - p_2 A_2 = 0 = \underbrace{(\rho Q_2 V - \rho Q_1 V)}_{\text{출구에서 운동량}} - \underbrace{(-\rho QV\cos\theta)}_{\text{입구에서 운동량}}$$

$\therefore\ Q_1 \quad Q_2 = Q\cos\theta$ ⓐ

이고, 연속방정식에서

$Q = Q_1 + Q_2$ ⓑ

이다. ⓐ, ⓑ 두 식을 풀면 Q_1과 Q_2는

$$Q_1 = \frac{Q}{2}(1+\cos\theta),\quad Q_2 = \frac{Q}{2}(1-\cos\theta)$$

예제 17

원판을 줄에 매달아 놓고 양쪽에서 물제트를 중심으로 향하도록 쏴서 평형을 유지한다. 제트지름의 비가 4 : 5라면 속도의 비는 얼마인가?

해설 문제의 조건을 그림으로 나타내면 다음과 같다.

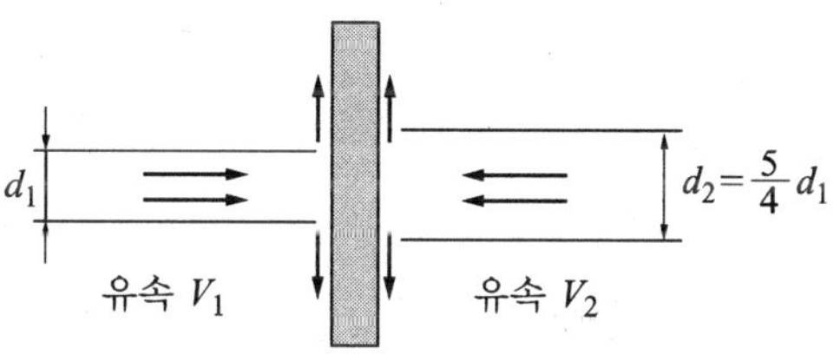

지름의 비가 $4(d_1)$인 원형 물제트가 정지한 수직원판에 가한 힘을 F_1, 지름의 비가 $5(d_2)$인 유체가 원형 물제트에 정지한 수직원판에 가한 힘을 F_2라 하고, 자유물체도를 고려하면 x방향에 대해

$p_1 A_1 - F_1 = \rho Q(0 - V_1)$, $p_1 = 0$에서 $F_1 = \rho QV_1 = \rho \times \frac{\pi}{4}d_1^2 \times V_1^2$

$-p_2A_2 - F = \rho Q(0 + V_1)$, $p_2 = 0$ 에서 $F_2 = -\rho Q V_2 = \rho \times \frac{\pi}{4} d_2^2 \times V_2^2$

$F_1 = F_2$, $d_1 : d_2 = 4 : 5$ ($d_2 = \frac{5}{4} d_1$)이므로

$$\frac{\pi}{4} d_1^2 \rho V_1^2 = \frac{\pi}{4} d_2^2 \rho V_2^2 = \frac{\pi}{4}\left(\frac{5}{4} d_1\right)^2 \rho V_2^2 = \frac{25}{16} d_1^2 \rho V_2^2,\ V_1^2 = \frac{25}{16} V_2^2,$$

$\frac{V_1}{V_2} = \frac{5}{4}$ 이므로 속도의 비는 5 : 4이다.

예제 18

50 mm 소방호스에서 100 ℓ/min 유량으로 흐르던 물이 직경 15 mm인 노즐로 방수되고 있다. 단, 소수점 6자리까지 계산한다.

(1) 노즐에서의 가속도(m/s^2)는 얼마인가?

(2) 호스와 노즐 팁에서의 속도수두(m)는 얼마인가?

해설 (1) $Q = 100 \frac{\ell}{\min} = 100 \times \frac{10^{-3}\,m^3}{60\,sec} = 0.00167\,m^3/s$

구경 50 mm 호스의 단면적 $A_1 = \frac{\pi}{4} d_1^2 = \frac{\pi \times (0.05\,m)^2}{4} = 0.00196\,m^2$

호스에서의 속도 $V_1 = \frac{Q}{A_1} = \frac{0.00167\,m^3/s}{0.00196\,m^2} = 0.85\,m/s$

노즐 끝(팁)의 단면적 $A_2 = \frac{\pi}{4} d_2^2 = \frac{\pi \times (0.015\,m)^2}{4} = 0.000177\,m^2$

노즐 끝에서의 속도 $V_2 = \frac{Q}{A_2} = \frac{0.00167\,m^3/s}{0.000177\,m^2} = 9.435\,m/s$

호스와 노즐 끝에서의 속도 차이 $\Delta V = V_2 - V_1 = 8.585\,m/s$

노즐에서의 가속도 $a = \frac{\Delta V}{sec} = 8.585\,m/s^2$

(2) 호스에서의 속도수두 $\frac{V_1^2}{2g} = \frac{0.85^2}{2 \times 9.8} = 0.036862\,m$

노즐 팁에서의 속도수두 $\frac{V_2^2}{2g} = \frac{9.435^2}{2 \times 9.8} = 4.541797\,m$

(3) 노즐의 반발력(N)은 얼마인가?

$$F = \rho Q(V_2 - V_1) = 1{,}000 \frac{kg}{m^3} \times 0.00167 \frac{m^3}{s} \times (9.435 - 0.85) \frac{m}{s}$$

$$= 14.33695\,kg \cdot m/s^2 = 14.33695\,N$$

[운동량 원리 풀이의 별해]

운동량의 원리에 의해 작용하는 힘을 아래와 같이 계산하면 훨씬 쉽다.

① 검사체적 입구, 출구에서의 운동량(momentum)을 검사체적 안쪽으로 그려 넣는다.
② 압력에 의한 힘을 검사체적 안쪽으로 그려 넣는다.
③ 이 힘을 지지하기 위한 반력을 그려 넣는다.
④ 자유물체도의 힘을 합성한다.

위와 같이 하면 입구와 출구가 아무리 많더라도 쉽게 반력 등을 구할 수 있다.
예로 앞 그림3에서 구했던 반력을 별해로 구해보자.

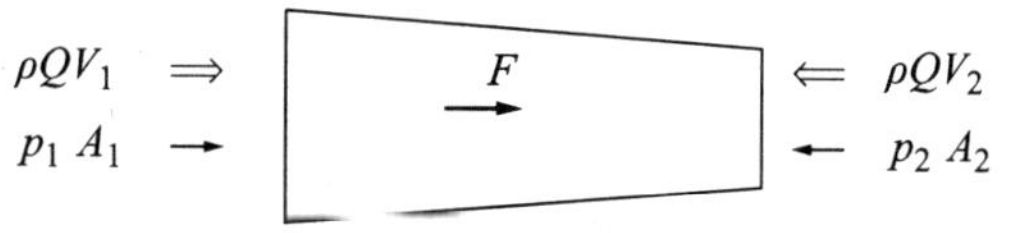

위 자유물체도에서 힘을 합성하면
$p_1A_1 + \rho QV_1 + F = p_2A_2 + \rho QV_2$, $F = p_2A_2 + \rho QV_2 - (p_1A_1 + \rho QV_1)$
이다. 곡관인 경우 등 다른 경우에도 위의 과정대로 하면 반력 등을 쉽게 구할 수 있다.

예제 19

지름 2 cm, 속도 50 m/s의 수평 물제트와 지름 3 cm, 속도 40 m/s의 수직 물제트가 분출되어 부딪힌 후 하나로 진행할 때 합쳐진 제트의 속도(m/s)는? 단, 제트가 고속이므로 중력효과는 무시한다.

해설 수평 물제트의 유량 $Q_1 = A_1 V_1 = \frac{\pi}{4} \times (0.02\,\text{m})^2 \times 50\,\text{m/s} = 0.01571\,\text{m}^3/\text{s}$

수직 물제트의 유량 $Q_2 = A_2 V_2 = \frac{\pi}{4} \times (0.03\,\text{m})^2 \times 40\,\text{m/s} = 0.02827\,\text{m}^3/\text{s}$

합쳐진 후의 유속을 V, 합쳐진 후의 유량을 $Q\,(= Q_1 + Q_2)$라 하면

'합쳐진 후의 운동량의 x방향 성분 = Q_1 의 운동량'이므로

$\rho(Q_1 + Q_2)\,V\cos\theta = \rho Q_1 V_1$에서

$$V\cos\theta = \frac{Q_1 V_1}{Q_1 + Q_2} = 50\,\text{m/s} \times \frac{0.01571\,\text{m}^3/\text{s}}{0.04398\,\text{m}^3/\text{s}} = 17.86\,\text{m/s}$$

'합쳐진 후의 운동량의 y방향 성분 = Q_2 의 운동량'이므로

$\rho(Q_1 + Q_2)\,V\sin\theta = \rho Q_2 V_2$에서

$$V\sin\theta = \frac{Q_2 V_2}{Q_1 + Q_2} = 40\,\text{m/s} \times \frac{0.02827\,\text{m}^3/\text{s}}{0.04398\,\text{m}^3/\text{s}} = 25.7\,\text{m/s}$$

$(V\cos\theta)^2 + (V\sin\theta)^2 = V^2(\cos\theta^2 + \sin\theta^2) = V^2 = 17.86^2 + 25.71^2$ 이므로

$V = \sqrt{17.86^2 + 25.71^2} = 32\,\text{m/s}$ 이다.

이 예제를 운동량 원리의 별해로 풀 수 있다.
자유물체도를 그리면 다음과 같다.

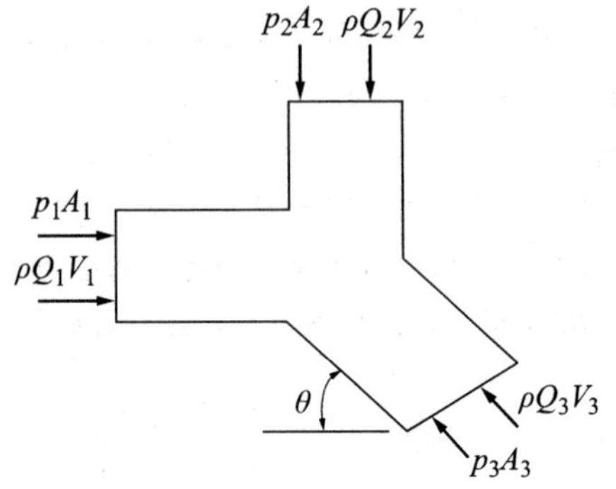

위 자유물체도에서 x방향 힘을 합성하면

$p_1A_1+\rho Q_1V_1=p_3A_3\cos\theta+\rho(Q_1+Q_2)V\cos\theta$

위 자유물체도에서 y방향 힘을 합성하면

$p_1=p_2=p_3=p_{atm}$이므로 $\rho(Q_1+Q_2)V\cos\theta=\rho Q_1V_1$에서

$$V\cos\theta=\frac{Q_1V_1}{Q_1+Q_2}=50\,\mathrm{m/s}\times\frac{0.01571\,\mathrm{m^3/s}}{0.04398\,\mathrm{m^3/s}}=17.86\,\mathrm{m/s}$$

$\rho(Q_1+Q_2)V\sin\theta=\rho Q_2V_2$에서

$$V\sin\theta=\frac{Q_2V_2}{Q_1+Q_2}=40\,\mathrm{m/s}\times\frac{0.02827\,\mathrm{m^3/s}}{0.04398\,\mathrm{m^3/s}}=25.71\,\mathrm{m/s}$$

$(V\cos\theta)^2+(V\cos\theta)^2=V^2(\cos\theta^2+\sin\theta^2)=V^2=17.86^2+25.71^2$이므로

$V=\sqrt{17.86^2+25.71^2}=32\,\mathrm{m/s}$이다.

예제 20

$p_1=100\,\mathrm{kPa}$, $p_2=50\,\mathrm{kPa}$, $d_1=30\,\mathrm{cm}$, $d_2=20\,\mathrm{cm}$, $\theta=60°$인 배관에 980 N/s의 물이 흐르고 있다. 이 배관에 작용하는 힘 R과 작용 각도 α를 구하라.

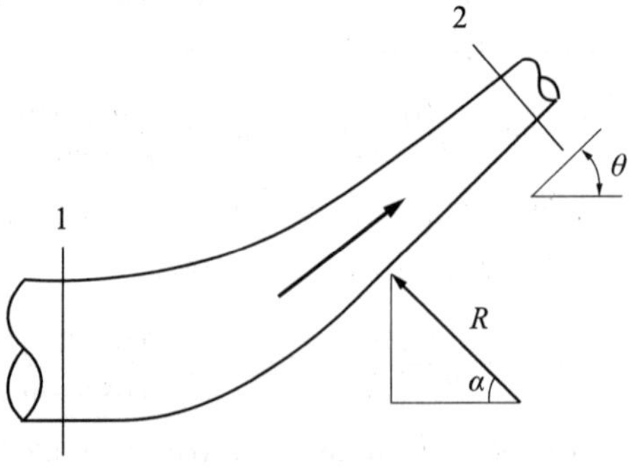

해설

$$Q=\frac{\dot{G}}{\gamma}=\frac{980}{9,800}=0.1\,\mathrm{m^3/s}$$

$$V_1=\frac{Q}{\frac{\pi d_1^2}{4}}=\frac{0.1\times4}{\pi\times0.3^2}=1.41\,\mathrm{m/s}$$

$$V_2=\frac{Q}{\frac{\pi d_2^2}{4}}=\frac{0.1\times4}{\pi\times0.2^2}=3.17\,\mathrm{m/s}$$

자유물체도를 고려하면 x방향은

$$p_1A_1+\rho QV_1=p_2A_2\cos\theta+\rho QV_2\cos\theta+R_x$$

$$R_x=p_1A_1-p_2A_2\cos\theta+\rho Q(V_1-V_2\cos\theta)$$

$$=100\times10^3\times\frac{\pi}{4}\times0.3^2-50\times10^3\times\frac{\pi}{4}\times0.2^2\times\cos60$$

$$+10^3\times0.1(1.41-3.17\cos60)$$

$$=6,262.5\,\mathrm{N}$$

y방향은

$$R_y=p_2A_2\sin\theta+\rho QV_2\sin\theta$$

$$50\times10^3\times\frac{\pi}{4}\times0.2^2\times\sin60+10^3\times0.1\times3.17\times\sin60$$

$$=1,634\,\mathrm{N}$$

힘 R은 $R=\sqrt{R_x^2+R_y^2}=\sqrt{6,262.5^2+1,634^2}=6,472.16\,\mathrm{N}$

힘 R의 작용각도 α는 $\alpha=\tan^{-1}\frac{R^y}{R_x}=\tan^{-1}\frac{1,634}{6,262.5}=14.62^\circ$

예제 21

그림에 나타낸 바와 같이 밀도 ρ, 단면적 A, 속도 v인 분류가 속도 v'로 움직이고 있는 원판에 충돌할 때 분류가 원판에 미치는 힘 F와 동력 L을 구하라. 또한 최대동력 $L_{\max}$를 얻고자 하면 원판의 속도 v'를 얼마로 하면 되는가? 단, 원판에 충돌한 분류는 θ만큼 방향을 바꾼다고 한다.

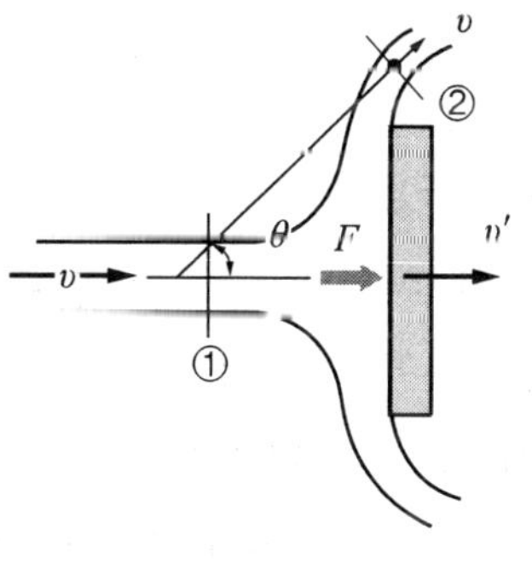

해설 분류가 원판에 미치는 힘을 F라 하면 원판이 분류에 미치는 힘은 $-F$가 된다. 평판에 대한 분류의 속도는 $v-v'$, 평판에 작용하는 분류의 유량은 $A(v-v')$이다. 단면 ①, ②에 대해 운동량원리를 적용하면

$-F=\rho A(v-v')\{(v-v')\cos\theta-(v-v')\}$

$F=\rho A(v-v')^2(1-\cos\theta)$

이다.

동력 L은 $L=F\times v'$에서 $L=Fv'=\rho A(v-v')^2(1-\cos\theta)v'$이다.

최대동력 L_{max}는 $dL/dv'=0$일 때이므로

$$\frac{dL}{dv'}=\rho A(1-\cos\theta)(v^2-4vv'+3v^{2'})=\rho A(1-\cos\theta)(v-v')(v-3v')=0$$

여기서 ρ, A, v, θ가 일정하다고 하면 $v'=v$ 또는 $v'=v/3$이며, $v'<v$이므로 $v'=v/3$일 때 L이 최대값 L_{max}가 된다. $L=Fv'=\rho A(v-v')^2(1-\cos\theta)v'$에 $v'=v/3$를 대입하면 $L_{max}=\dfrac{4}{27}\rho Av^3(1-\cos\theta)$

4. 운동량 보정계수

1차원유동에서 균일유동이라 가정하여도 단면에 정확히 수직인 균일유동을 얻기 어렵다. 실제 단면에 수직한 운동량의 유동량은 $\rho Q\overline{V}=\rho A\overline{V^2}$가 아니라 $\beta\rho A\overline{V}^2$이다. 여기서 $\overline{V}$는 단면상에서의 평균유속으로 $\overline{V}=\dfrac{1}{A}\displaystyle\int VdA$로 나타낸다. 여기서 β는 운동량 보정계수(運動量 補正係數, momentum correction coefficient)이다.

실제유체에서는 불균일한 유속분포를 가지기 때문에 운동량은 평균유속을 사용하여 계산한 결과 값과는 오차가 발생하게 되는데 이를 보정하기 위한 계수를 운동량 보정계수라 하며, 운동에너지 보정계수(kinetic energy correction coefficient)라고도 한다. 실제유체 흐름에서 운동량의 원리를 적용하기 위해 유속이 변수가 되는 속도수두 항에 보정을 취해 주어야 하기 때문에 운동량 보정계수를 이용한다.

단면 A를 통과하는 유체의 속도를 u, 평균속도를 V라 하고 미소단면적을 dA라 하면 운동량 보정계수 β는 다음 식으로 나타낸다.

$$\beta = \frac{1}{A V^2}\int u^2 dA$$

예제 22

폭 W를 갖는 평행평판 사이의 유속분포가 다음과 같을 때 유량 Q, 평균유속 V와 운동량 수정계수 β값은?

$$V_y = V_{\max}\left(1-\frac{y^2}{h^2}\right)$$

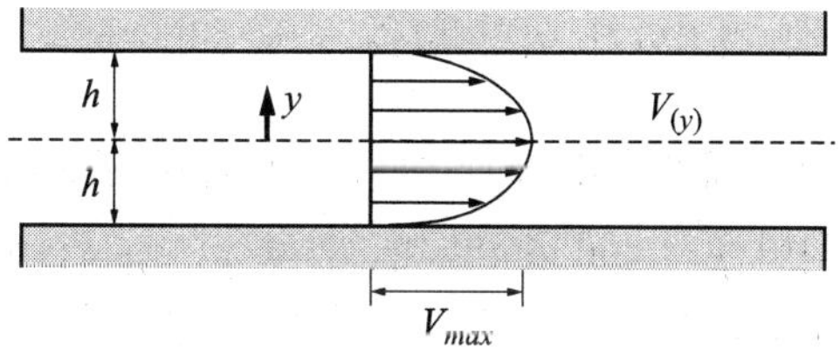

해설

평판 중심으로부터 y인 지점에서의 미소유량 dQ는

$$dQ = \text{미소면적} \times \text{지점유속}$$

$$= (W \times dy) \times \left\{V_{\max}\left(1-\frac{y^2}{h^2}\right)\right\} = W \times V_{\max} \times \left(1-\frac{y^2}{h^2}\right)dy$$

이므로 유량 Q는

$$Q = \int_{-h}^{h} dQ = 2\int_0^h dQ = 2WV_{\max} \times \int_0^h \left(1-\frac{y^2}{h^2}\right)dy = 2WV_{\max}\left(h-\frac{h^3}{3h^2}\right)$$

$$= \frac{4}{3}WV_{\max}h$$

평균유속 V는

$$V = \frac{Q}{A} = \frac{\frac{4}{3}WV_{\max}h}{2h \times W} = \frac{2}{3}V_{\max}$$

운동량 보정계수 β는

$$\beta = \frac{1}{AV^2}\int_{-h}^{h} V_y^2 dA$$

$$= \frac{1}{2hW \times \left(\frac{2}{3}V_{\max}\right)^2} \times \int_{-h}^{h} V_{\max}^2\left(1-2\frac{y^2}{h^2}+\frac{y^4}{h^4}\right)Wdy$$

$$= \frac{9\times 2}{8h}\int_0^h\left(1-\frac{y^2}{h^2}+\frac{y^4}{h^4}\right)dy = \frac{18}{8h}\times\left(h-\frac{2}{3h}+\frac{h}{5}\right) = \frac{6}{5}$$

5. 소방시설 설계와 관련이 있는 예

소방시설 중 물을 사용한 소화시설은 배관을 통해 물을 공급받으므로 배관이 필요하며, 송수구역이 넓은 경우에는 한 배관에서 분기되어 여러 개의 배관으로 분기된다.

이 때 배관에 물이 흐르면 운동량이 발생하므로 배관을 단단히 고정할 필요가 있다. 90° 각도로 분기되는 T형 배관과 90° 각 이하의 각도로 분기되는 Y형의 수평배관 설치 시 지지하기 위한 힘을 구해보자.

① T형의 배관에서 배관 안의 속도가 균일하며 손실이 없다고 보자. 입구에서의 압력이 $p = 200\,\text{kPa}$일 때, 압력 p_2, p_3와 이 T자형을 지지하기 위한 힘은 얼마인가?

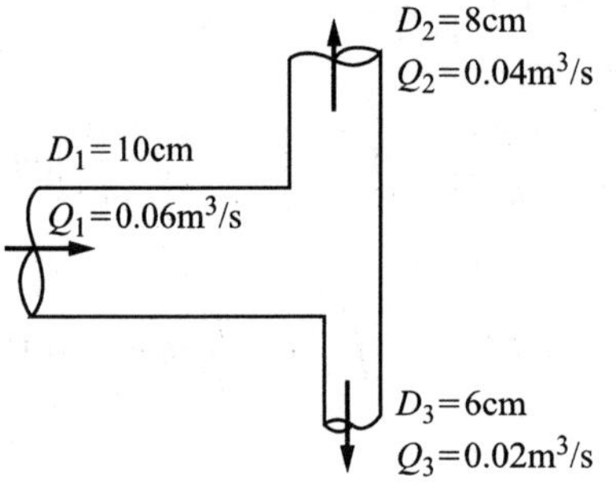

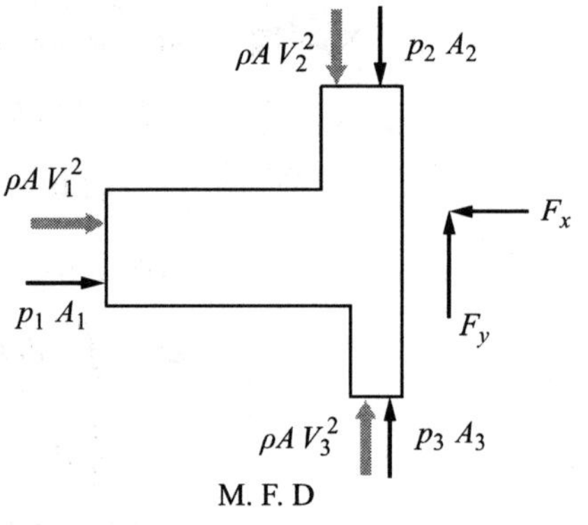

그림7.

먼저 입구・출구에서의 속도를 구하자. 입구에서의 속도를 V, 출구에서의 속도를 V_2, V_3라 하면, 배관에서의 손실이 없다고 가정하면 $Q = AV$에서

$$V_1 = \frac{4Q}{\pi d^2} = \frac{4 \times 0.06}{\pi \times 0.1^2} = 7.639437268 \fallingdotseq 7.64\,\text{m/sec}$$

$$V_2 = \frac{4 \times 0.04}{\pi \times 0.08^2} \fallingdotseq 7.96\,\text{m/sec}$$

$$V_3 = \frac{4 \times 0.02}{\pi \times 0.06^2} \fallingdotseq 7.07\,\text{m/sec}$$

출구에서의 압력을 구하기 위해 ①과 ②사이에 Bernoulli방정식을 적용시키면

$$\frac{p_1}{\gamma}+\frac{V_1{}^2}{2g}+z_1=\frac{p_2}{\gamma}+\frac{V_2{}^2}{2g}+z_2$$

$$\frac{200\times10^3}{9{,}800}+\frac{7.64^2}{2\times9.8}=\frac{p_2}{9{,}800}+\frac{7.96^2}{2\times9.8}\Rightarrow p_2=197.504\,\text{kPa}$$

①과 ③사이에 Bernoulli방정식을 적용시키면

$$\frac{p_1}{\gamma}+\frac{V_1^2}{2g}=\frac{p_3}{\gamma}+\frac{V_3^2}{2g}$$

$$\frac{200\times10^3}{9{,}800}+\frac{7.64^2}{2\times9.8}=\frac{p_3}{9{,}800}+\frac{7.07^2}{2\times9.8}\Rightarrow p_3=204.2\,\text{kPa}$$

수정자유물체도(modified free body diagram)에서 힘의 평형을 고려하면

$$F_x=\rho Q_1V_1+p_1A_1=1{,}000\times0.06\times7.64+200\times103\times\frac{\pi}{4}\times0.12=2{,}030\,\text{N}$$

$$F_y=\rho Q_2V_2+p_2A_2-\rho Q_3V_3-p_3A_3$$

$$=1{,}000\times0.04\times7.96+197.504\times103\times\frac{\pi}{4}\times0.082-1{,}00\times0.02\times7.07$$

$$-204.2\times103\times\frac{\pi}{4}\times0.062=592.4\,\text{N}$$

② Y자 모양의 수평배관이 있다. 물이 단면 ①을 통하여 유량 Q_1 = 0.12 m^3/sec으로 흐르고 압력 p_1 = 1.36 at이다. 압력 p_2, p_3와 이 Y자형을 지지하기 위한 힘(kg$_f$)은 얼마인가?

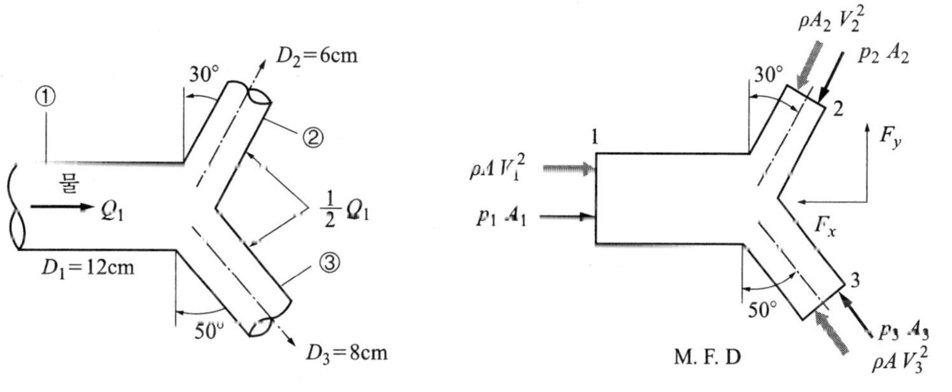

그림8.

먼저 입구·출구에서의 속도를 구하자. 입구에서의 속도를 V_1, 출구에서의 속도를 V_2, V_3라 하면, 관에서의 손실이 없다고 가정하면 $Q=AV$에서

$$V_1 = \frac{4Q_1}{\pi \times d_1^2} = \frac{4 \times 0.12}{\pi \times 0.12^2} = 10.61\,\text{m/sec}$$

$$V_2 = \frac{2Q_1}{\pi \times d_2^2} = \frac{2 \times 0.12}{\pi \times 0.06^2} = 21.22\,\text{m/sec}$$

$$V_3 = \frac{2Q_1}{\pi \times d_3^2} = \frac{2 \times 0.12}{\pi \times 0.08^2} = 11.94\,\text{m/sec}$$

출구에서의 압력을 구하기 위해 ①과 ② 사이에 Bernoulli방정식을 적용시키면

$\frac{p_1}{\gamma} + \frac{V_1{}^2}{2g} + z_1 = \frac{p_2}{\gamma} + \frac{V_2{}^2}{2g} + z_2$ 에서 $13.6 + \frac{10.61^2}{2 \times 9.8} = \frac{p_2}{\gamma} + \frac{21.22^2}{2 \times 9.8}$,

$\frac{p_2}{\gamma} = -3.63\,\text{m}$ 이므로 $p_2 = 0.363\,\text{at}$ 이다.

①과 ③사이에 Bernoulli방정식을 적용시키면

$$\frac{p_1}{\gamma} + \frac{V_1^2}{2g} = \frac{p_3}{\gamma} + \frac{V_3^2}{2g}$$

$$19.34 = \frac{p_3}{\gamma} + \frac{11.94^2}{2 \times 9.8}$$

$$\frac{p_3}{\gamma} = 12.067\,\text{m}$$

$$p_3 = 1.207\,\text{at}$$

수정자유물체도(M.F.D.)에서 힘의 평형을 고려하면

$$\rho Q_1 V_1 + p_1 A_1 = (\rho Q_2 V_2 + p_2 A_2)\sin 30° + (\rho Q_3 V_3 + p_3 A_3)\sin 50° + F_x$$

$$\begin{aligned} F_x &= \rho Q_1 V_1 + p_1 A_1 - (\rho Q_2 V_2 + p_2 A_2)\sin 30° - (\rho Q_3 V_3 + p_3 A_3)\sin 50° \\ &= 102 \times 0.12 \times 10.61 + \frac{\pi}{4} \times 12^2 \times 1.36 \\ &\quad - (102 \times 0.06 \times 21.22 - \frac{\pi}{4} \times 6^2 \times 0.36)\sin 30° \\ &\quad - (102 \times 0.06 \times 11.94 + \frac{\pi}{4} \times 8^2 \times 1.207)\sin 50° \\ &= 121.4\,\text{kg}_\text{f} \end{aligned}$$

$$\begin{aligned} F_y &= (\rho Q_2 V_2 + p_2 A_2)\cos 30° - (\rho Q_3 V_3 + p_3 A_3)\cos 50° \\ &= (102 \times 0.06 \times 21.22 - \frac{\pi}{4} \times 6^2 \times 0.36)\cos 30° \\ &\quad - (102 \times 0.06 \times 11.94 + \frac{\pi}{4} \times 8^2 \times 1.207)\cos 50° \\ &= 17.684\,\text{kg}_\text{f} \end{aligned}$$

예제 23

소방펌프 자동차에서 호스를 연장하여 방수할 경우의 반동력에 대해 설명하라.

해설 소방펌프 자동차에서 호스를 연장하여 방수할 경우의 각 부분에 작용하는 힘은 유체역학에서 취급하고 있는 유체가 곡관의 벽면에 주는 힘의 이론식을 기본으로 고찰할 수 있다.

(1) 유체가 곡관에 작용하는 힘

그림A와 같은 곡관에 작용하는 힘은 x축, y축으로 나누면 다음 식과 같이 된다.

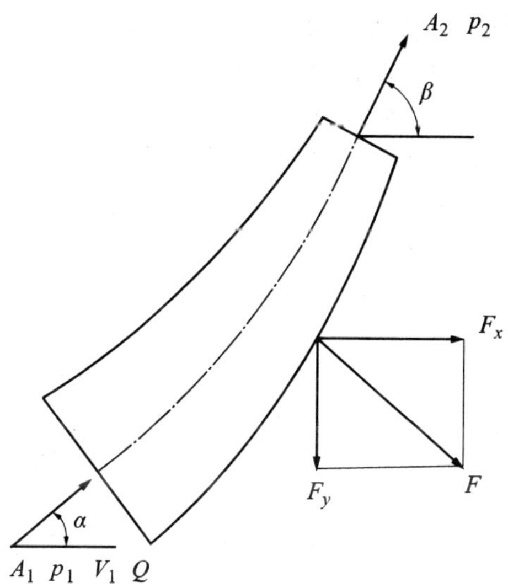

p_1, p_2 : 압력
A_1, A_2 : 단면적
V_1, V_2 : 유속
Q : 유량
ρ : 비중
F : 힘

그림A.

$$F_x = (p_2 A_2 \cos\beta - p_1 A_1 \cos\alpha) + \rho(QV_2 \cos\beta - QV_1 \cos\alpha) \quad ①$$

$$F_y = (p_1 A_1 \sin\alpha - p_2 A_2 \sin\beta) + \rho(QV_1 \sin\alpha - QV_2 \sin\beta) \quad ②$$

F_x, F_y를 합성한 것이 전체 힘 F이다.

$$F = \sqrt{F_x^2 + F_y^2} \quad ③$$

F의 방향은 $\theta = \tan^{-1}\frac{|F_y|}{|F_x|}$ ④

(2) 배관 및 노즐에 작용하는 힘

그림B와 같이 배관 및 노즐이 일체로 되어 있는 경우에는 그림A의 $\alpha = 0$, $\beta = 0$인 경우이므로, 식 ①, ②에 이를 대입하면 $F_y = 0$, $F = F_x$가 된다. 또한 p_2는 대기에 방출되므로 $p_2 = 0$이 되고 F를 F_n으로 하면

$$F_n = -p_1 A_1 + \rho Q(V_2 - V_1) \quad ⑤$$

따라서 방수 중인 배관 및 노즐에는 항상 식 ⑤의 힘(F_n)이 흐르는 방향으로 작용하고 있는 것이 된다.

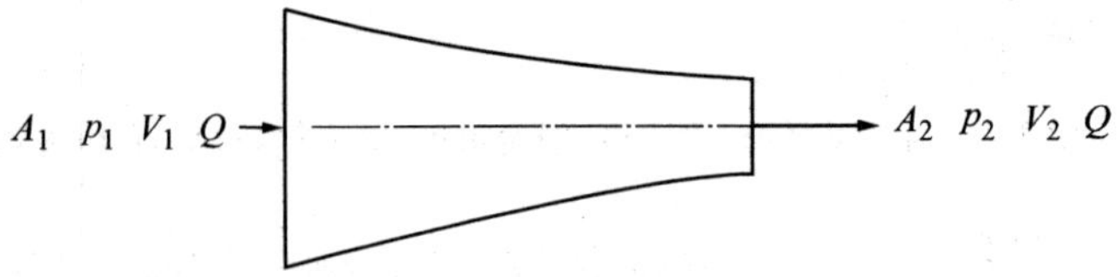

그림B.

식 ⑤의 제1항은 관의 근원단면적에 관계되는 힘으로서 역(−)방향으로 작용하고 있고, 제2항은 관의 근원에서 노즐 말단사이에 변화한 유속에 기인하는 것으로 $V_1 < V_2$ 이므로 정(+) 방향으로 작용하고 있다.

일반적으로 제1항의 값이 제2항의 값보다 크므로 합계는 역방향이 되어 관 및 노즐에는 후방으로 밀리는 힘이 작용한다.

(3) 호스의 곡선부분에 작용하는 힘

호스 곡선 부분을 착안하여 그림C와 같이 나타내면 역시 그림A의 특별한 경우이므로 ①, ②식에 $p_1 = p_2$, $A_1 = A_2$, $V_1 = V_2$, $\alpha = 0$, $\beta = 0$ 를 대입하면

$$F_x = (p_1A_1 + \rho QV_1)(\cos\theta - 1) \qquad ⑥$$

$$F_y = -(p_1A_1 + \rho QV_1)\sin\theta \qquad ⑦$$

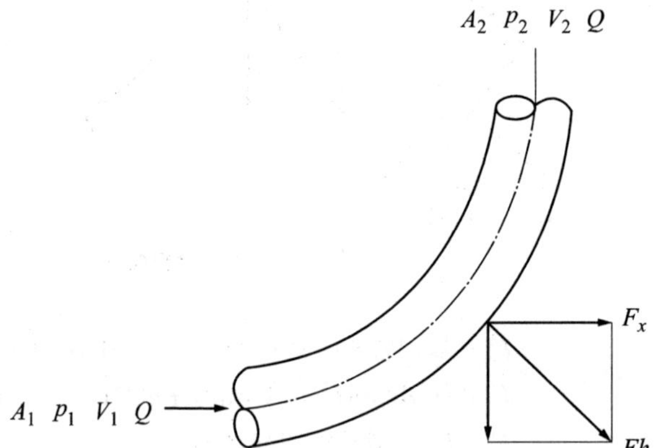

그림C.

호스의 곡선부분에 작용하는 힘을 F_h 로 나타내면 $F_h = \sqrt{F_x^2 + F_y^2}$ 이므로

$$\begin{aligned} F_x^2 + F_y^2 &= (p_1A_1 + \rho QV_1)^2(\cos\theta - 1)^2 + (p_1A_1 + \rho QV_1)^2\sin\theta \\ &= (p_1A_1 + \rho QV_1)^2\{(1-\cos\theta)^2 + \sin^2\theta\} \\ &= (p_1A_1 + \rho QV_1)^2\{1 - 2\cos\theta + \cos^2\theta + \sin^2\theta\} \\ &= (p_1A_1 + \rho QV_1)^2\{2(1-\cos\theta)\} \\ &= (p_1A_1 + \rho QV_1)^2\left\{2 \times 2\sin^2\frac{\theta}{2}\right\} \end{aligned}$$

$$\therefore \ F_h = 2\sin\frac{\theta}{2}(p_1A_1 + \rho QV_1) \qquad ⑧$$

F_h는 $\theta = 180°$일 때(호스가 접힌 상태) 가장 커서 $F_h = 2(p_1A_1 + \rho QV_1)$이 되고 $\theta = 0°$일 때(직선상태) 가장 적어 $F_h = 0$이 된다.

한편 호스곡선 부분을 그림D와 같이 변경시켜 그 양단에 작용하는 장력을 F_t라고 하면

$$F_h = 2\sin\frac{\theta}{2}F_t$$

$$F_t = F_h/2\sin\frac{\theta}{2} = p_1A_1 + \rho QV_1 \qquad ⑨$$

F_t는 식⑨와 같이 호스 곡선각 θ가 소거되어 각도에 관계없이 호스가 곡선으로 되어 있으면 항상 $p_1A_1 + \rho QV_1$의 힘으로 호스를 잡아당기고 있는 것이 된다.

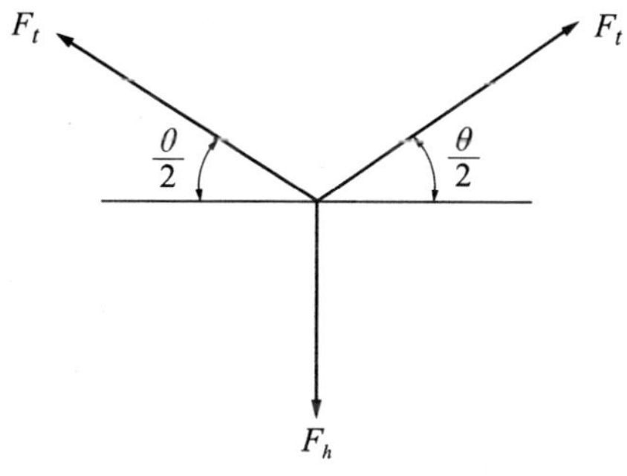

그림D.

호스에 일정한 힘이 작용하고 있다면 호스는 힘의 작용방향에 따라 움직이는데 실제적으로는 호스가 지면과 접지되는 부분의 마찰과 그림E에 나타나듯이 호스의 각 부분에 발생한 힘이 상호균형을 유지하고 있어 안정되어 있다.

그림E의 양단에서는 힘의 균형도 무너져서 한쪽은 결합되어 있는 소방펌프 자동차가 버티고 다른 쪽에서는 관창수가 지탱하는 것이 된다.

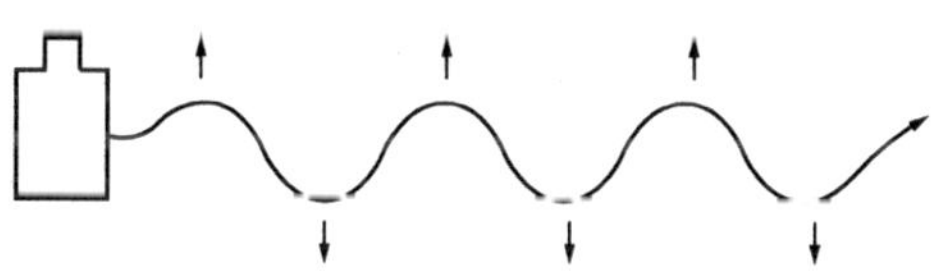

그림E.

(4) 노즐을 잡고 있는 관창수에 작용하는 힘

관창수가 지탱하는 힘은 호스의 접지마찰을 무시하면 그림F와 같이 식 ⑤의 노즐을 전방으로 밀어내는 힘 F_n과 식 ⑨의 끌어당기는 힘 F_t의 힘을 합한 것이 되는데 이 힘을 F_m으로 하면

$$F_m = F_t - F_n = (p_1 A_1 + \rho Q V_1) - \{p_1 A_1 + \rho Q(V_1 - V_2)\}$$

$$\therefore\ F_m = \rho Q V_2 \qquad ⑩$$

편의상 식 ⑩에서 산출된 간이식

$$F = 0.0156\, d^2 P \qquad ⑪$$

여기서, d : 노즐구경(mm)

p : 노즐압력(kg_f/cm^2)

를 노즐의 방수 반동력으로 적용하고 있다. 관창수에 작용하는 힘은 노즐방수 시 호스로 끌려오는 느낌을 받는 것으로도 이해할 수 있다.

식 ⑩을 적용할 수 있는 조건은 방수 중인 모든 상태에 적용할 수 있는 것이 아니고 호스에 곡선 구부러짐이 있고, 또한 접지마찰이 전혀 없는 경우이다. 이 조건에 가까운 상태는 미끄러지기 쉬운 기와지붕, 대리석 바닥 위에서의 방수, 또는 2층 창에 가반식 사다리를 걸고 사다리 위에서 방수하는 호스가 공간에서 원호를 형성하고 있는 경우이다.

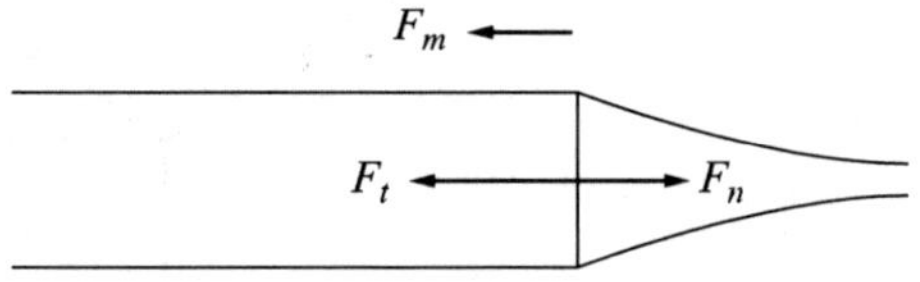

그림F.

따라서 화재현장에서의 안전관리로서는 호스를 일직선으로 연장하는 것이 무엇보다도 중요하다. 방수방향을 바꿀 경우는 되도록 호스와 지면의 접지부분을 크게 하여 접지마찰을 크게 하는 것이 중요하다.

(5) 분무방수대에 작용하는 힘

방수할 때의 반동력을 방수방향과 반대로 방수대에 작용시켜 체결안정화를 이루는 것이 분무방수대이다.

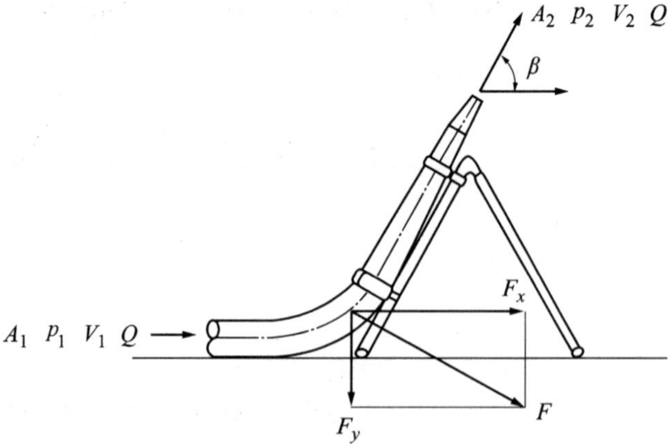

그림G.

그림G에서 식 ①, ②에 $\alpha=0$, $p_2=0$을 대입하면

$$F_x = p_1A_1+\rho QV_1-\cos\beta\times\rho QV_2 \quad ⑫$$

$$F_y = -\sin\beta\times\rho QV_2 \quad ⑬$$

$$F=\sqrt{F_x^2+F_y^2}$$

즉, 힘을 삼각으로 분산시켜 지지하고 있는 것이다. 이 힘은 압력, 방수량에 비례하여 증가하므로 방수대는 항상 안정되어 있다.

방수대는 구조가 간단하지만 호스가 방수방향과 동일하게 직선상태로 연장되어 있으면 후퇴하거나 뒤틀리지 않는다.

예제 24

소화활동 중 소방대원이 소방호스를 지탱하는 힘(소방호스의 노즐을 수평으로 유지하기 위한 힘)은 $F=0.0156d^2p$ 으로 나타낼 수 있다. 여기서 F : 반동력(소방대원이 소방호스를 지탱하는 힘, kg_f), d : 노즐구경(mm), p : 노즐압력(kg_f/cm^2)이다.

① 이를 증명하라

② 소화활동 중 지장을 받지 않으려면 소방대원 1인당 반동력은 20 kg_f이 한도이다. 노즐구경이 20 mm인 경우 노즐압력은 몇 kg_f/cm^2 이하이어야 하는가?

해설

① 관창수가 지탱하는 힘(소방호스의 노즐을 수평으로 유지하기 위한 힘)을 F (kg_f)이라고 하면

$$F=\rho QV=\frac{\gamma}{g}QV$$

이다. 위 식에 $\gamma=1{,}000\ kg_f/m^3$, $g=9.8\ m/sec^2$, $V=14\sqrt{p}$, $Q=0.653\,d^2\sqrt{p}$를 대입하면

$$F=\frac{\gamma}{g}QV=\frac{1{,}000}{9.8}\times0.653\,d^2\sqrt{p}\times\frac{1}{60}\times\frac{1}{1{,}000}\times14\sqrt{p}\fallingdotseq0.0156\,d^2p$$

가 성립된다. 노즐에서의 손실 등을 고려하면 대략 반동력 F (kg_f)은

$F=0.0156d^2p$

여기서, F : 반동력(kg_f)

d : 노즐구경(mm)

p : 노즐압력(kg_f/cm^2)

이다.

② $F=0.0156d^2p$ 에서

$$p=\frac{F}{0.015d^2}=\frac{20}{0.015\times20^2}=3.3\,kg_f/cm^2$$

이다.

연습문제

01. 그림과 같이 노즐을 통하여 액체가 대기로 유량 Q를 분출하고 있다. 노즐에 미치는 유체의 힘 F는 $F = \dfrac{\rho A_1 Q^2}{2}\left(\dfrac{A_1 - A_2}{A_1 A_2}\right)^2$ 이 됨을 증명하라.

단, A_1, A_2는 노즐의 단면 1, 2에서의 단면적이고, ρ는 유체의 밀도이다.

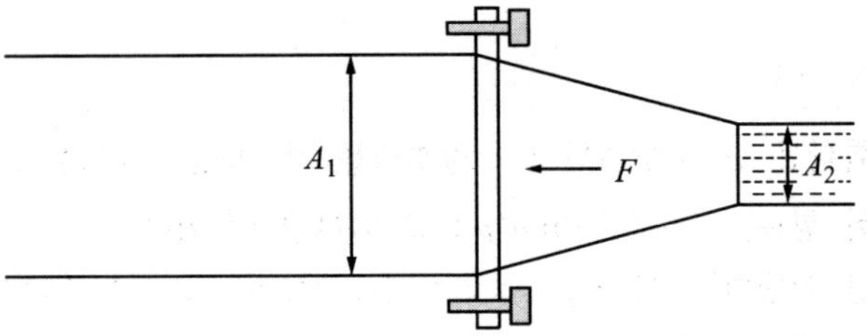

02. 내경이 65 mm인 소방용 호스에 36 mm인 노즐이 부착되어 있다. 0.02 m^3/s의 방수량으로 대기 중에 방사할 경우 노즐에 걸리는 반발력(N)을 계산하시오.
[정답] 307.82 N

03. 지름이 10 cm인 소방호스에 노즐구경이 3 cm인 노즐팁이 부착되어 있고, 1.5 m^3/min의 물을 대기 중으로 방수할 경우 다음 각 물음에 답하시오. 단, 마찰손실은 무시한다.
(가) 소방호스의 평균유속(m/sec)을 구하시오.
(나) 소방호스에 부착된 방수노즐의 평균유속을 구하시오.
(다) 노즐(nozzle)을 소방호스에 부착시키기 위한 플랜지볼트(flange blot)에 작용하고 있는 힘(N)을 구하시오.
[정답] (가) 3.183 m/s
(나) 35.367 m/s
(다) 4,067.784 N

04. 옥외소화전 1개를 개방하여 피토게이지로 방수압을 측정한 결과 0.6 MPa이었다. 단, 호스구경은 65 mm, 노즐구경은 20 mm이다.
(가) 방수량(유량)은 몇 m^3/s인가?
(나) 소방호스의 평균유속(m/s)을 구하시오.
(다) 방수노즐의 평균유속(m/s)을 구하시오.
(라) 운동량에 의한 노즐의 반발력(N)을 구하시오.

[정답] (가) 0.01 m^3/sec (나) 3.0135 m/s
(다) 31.8309 m/s (라) 288.174 N

05. 지름 40 mm인 소방호스 끝에 부착된 선단구경이 20 mm인 노즐로부터 100 ℓ/min로 방사될 때 다음 각 물음에 답하시오.

(가) 소방호스에서의 평균유속(m/s)을 구하시오.

(나) 노즐선단에서의 평균유속(m/s)을 구하시오.

(다) 방사 시 소방호스의 노즐을 수평으로 유지하기 위해 얼마의 힘(N)이 필요한지 구하시오.

[정답] (가) 1.326 m/s
(나) 5.305 m/s
(다) 8.85 N

06. 화재신압을 원활히 하기 위하여 소방내 1인당 반동력은 20 kg_f로 되어 있다. 이 때 노즐 구경이 13 mm인 경우 노즐압력은 몇 MPa인가?

[정답] 0.744 MPa

07. 직경 600 mm인 관에 물이 압력수두 30 m, 속도 3 m/s로 수평으로 흘러가다가 수평축과 75° 구부러져 흘러간다. 관의 구부러진 부분에 작용하는 힘 R_x, R_y와 이들 힘의 합력 R을 구하라.

[정답] $R_x = -63,618.5\,\text{N}$, $R_y = 82,909.2\,\text{N}$, $R = 104,504.8\,\text{N}$

08. 아래와 같이 45° 구부러진 곡관 속을 0.6 m^3/s의 물이 흐르고 있고, 단면 1에서의 압력이 150 kPa이다. 45° 구부러진 곡관이 아닌 직관으로 하여 수평으로 설치하였을 때 반력(N)은 얼마인가?

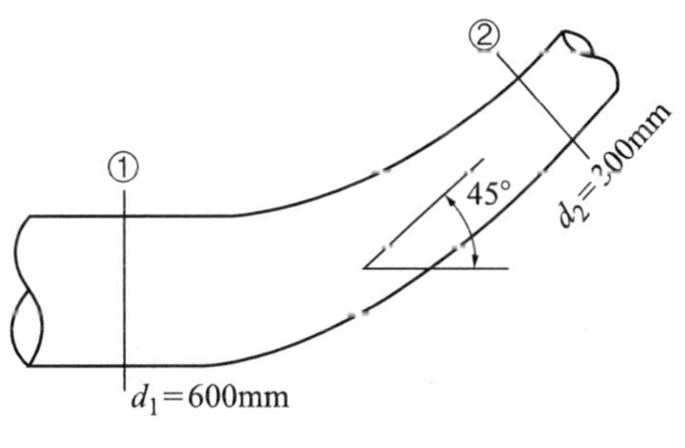

[정답] 30,416 N

09. 지름 40 mm인 소방호스 끝에 부착된 선단구경이 13 mm인 노즐로부터 300 ℓ /min로 방사될 때 다음 각 물음에 답하시오. 단, 소수점 두 자리로 답하시오.

(가) 소방호스에서의 유속(m/s)을 구하시오.

(나) 노즐 선단에서의 유속(m/s)을 구하시오.

(다) 방사 시 노즐의 운동량에 의한 반발력(N)을 구하시오.

(라) 노즐을 관창에 부착시키기 위한 플랜지볼트에 작용하는 힘(N)은 얼마인가?

(마) 소방호스를 땅에 뚫게 하여 방사할 때 관창수가 지탱하는 힘(소방호스의 노즐을 수평으로 유지하기 위한 힘)(kg_f)을 구하시오.

[정답] (가) 3.98　　(나) 37.67

(다) 168.45　　(라) 713.19

(마) 19.18

10. 그림과 같이 평판이 10 m/s의 속도로 이동하고 있다. 여기에서 노즐에서 20 m/s의 속도로 분출된 물 분류(단면적 0.02 m^2)가 평판에 수직으로 충돌할 때 평판에 작용하는 힘은 몇 N인가?

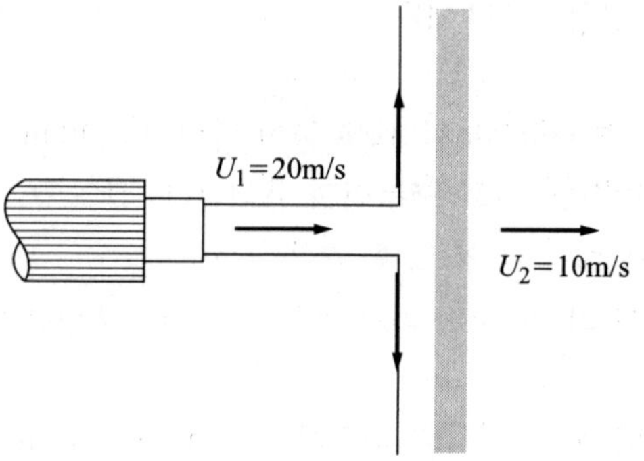

[정답] 2,000 N

Chapter 5

배관 속의 유체흐름

Fire Fluid Mechanics

1. 층류와 난류 - Reynolds의 실험

유체입자가 서로 층을 형성하여 층과 층이 서로 미끄러지면서 규칙적으로 흐르는 유동을 층류(層流, laminar flow), 유체입자가 불규칙한 유동을 할 때 이 유동을 난류(亂流, turbulent flow)라고 한다. Reynolds는 점성유동에서 층류와 난류의 현상을 고찰하고, 층류와 난류를 지배하는 인자가 무엇인가를 알아보기 위하여 그림1과 같은 실험장치로 다음과 같은 실험을 하였다.

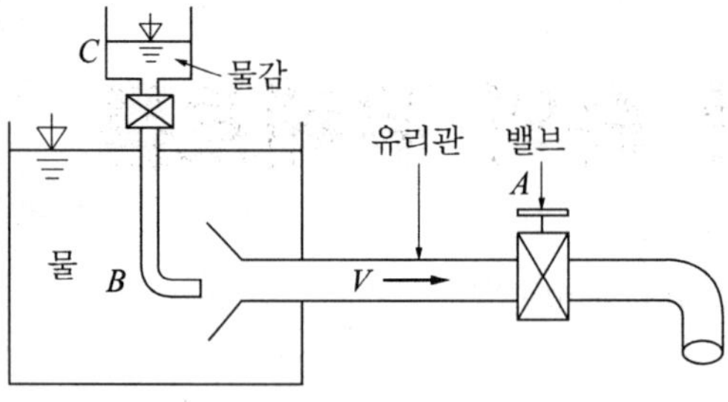

그림1.

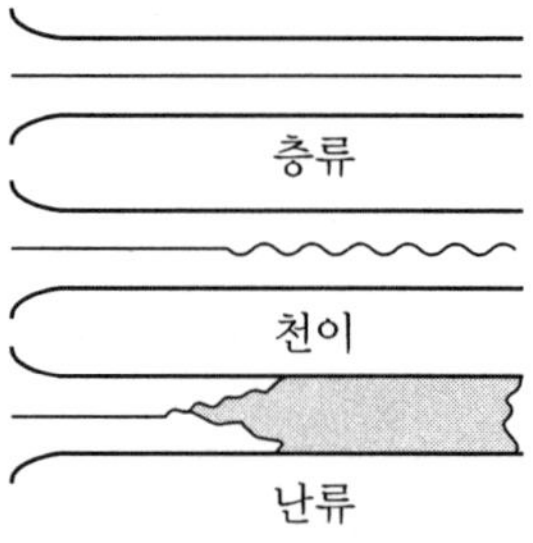

그림2.

Reynolds는 수조에 붙어 있는 유리관을 통하여 수조의 물을 유출시키면서, 동시에 물과 비중이 같은 염료수를, 염료수 분출구로부터 분출시켜 유리관에 유입하게끔 하였다. 유리관을 흐르는 유량(유속)이 비교적 작을 때에는 염료수는 선명한 선을 그리면서 관축(管軸)에 평행하게 흐르는 것을 관찰하였다. 이러한 유동은 정의로부터 층류유동이라는 것을 알 수 있다. 밸브를 열어 유량을 증대시켜 유속을 크게 하면 어느 속도 부근에서 염료수의 사선(絲線)은 진동을 일으키고, 순간순간 끊겼다 이어졌다하는 불안정 유동이 일어난다. 이 불안정한 유동은 층류로부터 난류로 천이하는 유동이므로 천이유동(遷移流動, transition flow)이라 한다. 다시 유량을 증가시키면 관입구로부터 약간 들어온 곳에서 염료수의 사선(絲線)은 파괴되며 하류는 관 단면 전체에 염료수가 확산된다. 이 불규칙한 유동을 난류라 정의하였다.

Reynolds는 층류와 난류는 점성력과 관성력의 상대적 크기에 의하여 지배될 것이라는 생각에서 관성력과 점성력의 비(=관성력/점성력)로서 무차원수 Reynolds수를 정의하고, Reynolds 수와 유동(층류와 난류) 사이의 함수관계를 밝혀냈다.

실제로 층류는 유체입자가 갖는 관성력에 비하여 입자에 작용하는 점성력(제동력)이 크게 작용하는 유동이다. 난류는 반대로 입자가 갖는 관성력이 입자에 작용하는 점성력에 비하여 크게 작용되는 유동이다. Reynolds는 유리관의 관지름을 여러 종류 바꾸어 가면서 여러 가지 액체에 대하여 실험한 결과를 가지고 Reynolds수 $\rho Vd/\mu$ (여기서, ρ : 유체의 밀도, μ : 유체점성계수, V : 평균속도, d : 원관의 직경)와 유동 사이의 관계를 연구하였다.

층류로부터 난류로 천이될 때의 Reynolds수를 상임계 Reynolds수(上臨界 Reynolds數; upper critical Reynolds number)라 한다. Reynolds의 실험에 의하면 상임계 Reynolds수는 12,000～14,000 사이의 범위이었다. 그러나 상임계 Reynolds수는 수조 내의 조건, 관입구의 형상, 관의 조도(粗度, 거칠기) 등의 영향을 크게 받으므로 실험조건에 따라 변동이 심하다.

그리하여 공학자들은 많은 실험결과를 종합하여 상임계 Reynolds수로서 원관에 대하여 2,700～4,000 사이의 범위로 하였나. 난류유동에서 속노를 삼소시키년 다시 층류로 되돌아온다. 난류로부터 층류로 천이될 때의 Rcynolds수를 하임계 Reynolds수(lower critical Reynolds number)라 한다. 많은 실험에 의하면 원관에 대하여 하임계 Reynolds수는 2,100～4,000 사이이었다. 하임계 Reynolds수는 공학적으로 매우 중요한 뜻을 갖는다. 왜냐하면 하임계 Reynolds수 이하에서는 외부로부터 교란을 주어 난류로 만들더라도 점성력의 작용 때문에 결국 스스로 천이되어 버리기 때문이다.

그러므로 이 하임계 Reynolds수를 임계 Reynolds수라 말하고 난류로부터 층류로 천이되는 척도로 삼는다. 하임계 Reynolds수는 2,100과 4,000 사이에 존재한다.

그러나 공학자들은 안전한 쪽을 택하는 것이 원칙이므로 원관에 대한 임계 Reynolds수로서 2,100을 택한다.

따라서 원관유동에서 Reynolds수 $<$ 2,100이면 층류, Reynolds수 $>$ 2,100이면 난류로 예측할 수 있다.

2. 층류운동

2.1 원관 내의 층류유동 ; Hagen – Poiseuille의 법칙

원관 내의 유동은 공학적으로 매우 중요한 문제이다. 이 절에서는 원관유동 중 점성계수가 상수인 Newton 유체의 비압축성 층류정상유동에 대하여 속도분포, 유량, 압력분포에 관해서 설명하고자 한다. 원형단면 직관 내의 유체유동에 대하여는 1839년 독일의 공학기사인 G.H.L Hagen (1879～1884)에 의해 실시되었다. 그는 아주 작은 황동관을 사용하여 물을 흘려보냈는데, 주어진 길이를 흐르는 동안에 압력손실(head loss)은 유량에 비례하고, 관지름의 4승에 반비례함을 알아냈다.

그리고 프랑스의 J.L.M Poiseille (1799～1869)은 혈관 내에 흐르는 피의 유동에 대하여 연구하고자 아주 힘들고 정밀한 실험을 하여 1840년 Hagen과 동일한 결과를 얻었다.

관의 단면적이 유동방향에 따라 일정하므로 속도도 일정하고 점성에 의한 마찰손실은 압력에너지의 감소로 나타난다.

그림3과 같은 수평 원관에서 미소체적인 검사체적(檢査體積, control volume)에 운동량방정식을 적용하면 검사체적의 입구와 출구에서 유속은 일정($V_1 = V_2$)하므로 운동량의 변화는 없다. 그러므로 검사체적 내의 유체에 작용하는 모든 외력의 유동방향 성분은 0이다.

따라서 그림3에 도시한 검사체적 $2\pi r dr dz$에 대하여 압력이 z만의 함수라고 가정하고 Newton의 운동법칙을 적용하면, 정상유동에 대하여

$$p(2\pi r dr) - \left(p + \frac{dp}{dz}dz\right)(2\pi r dr) - \tau_{rz}(2\pi r dz) + \left(\tau_{rz} + \frac{d\tau_{rz}}{dr}dr\right)(2\pi r dz) = 0$$

이다. 위 식을 정리하면

$$\frac{dp}{dz}(2\pi r dr)dz = \frac{d\tau_{rz}}{dr}(2\pi r dz)dr$$

이다. 위 식을 $2\pi dr dz$로 나누면

$$\frac{d(r\tau_{rz})}{dr} = r\frac{dp}{dz}$$

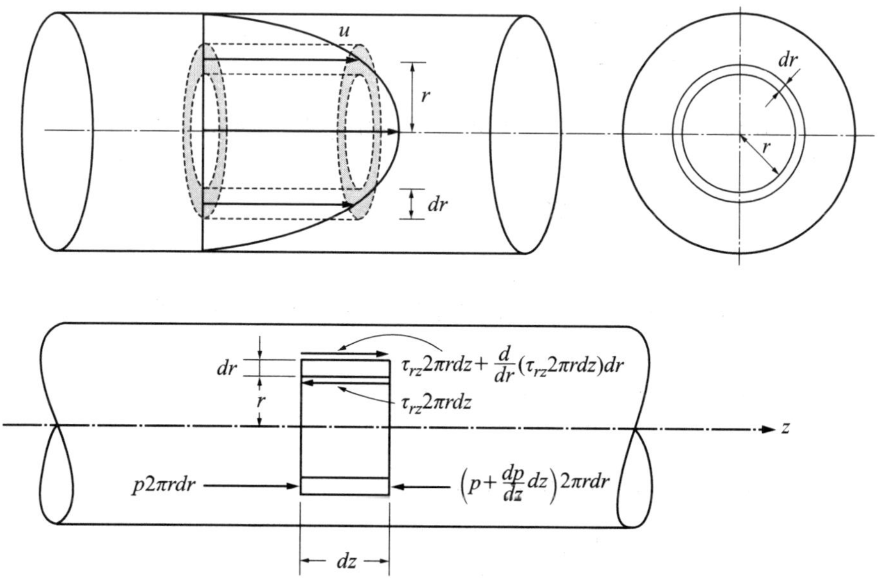

그림3. 수평 원관 내의 층류유동

이다. r에 관해서 적분하면

$$r\tau_{rz} = \frac{r^2}{2}\cdot\frac{dp}{dz} + C,\ \tau_{rz} = \frac{r}{2}\cdot\frac{dp}{dz} + \frac{C}{r} \qquad ①$$

여기서, C : 적분상수

이다. 층류유동에서의 전단응력 τ_{rz}는 "유체입자들이 평행으로 직선유동할 때 「유체 내에 발생하는 전단응력은 유체의 각변형속도(속도구배)에 비례한다.」"는 Newton의 점성법칙(粘性法則)에 의해 τ_{rz}는

$$\tau_{rz} = \mu\frac{du}{dr}$$

이며, 이를 시 ①에 대입하면 $\frac{du}{dr}$는

$$\mu\frac{du}{dr} = \frac{r}{2}\cdot\frac{dp}{dz} + \frac{C}{r},\ \frac{du}{dr} = \frac{r}{2\mu}\cdot\frac{dp}{dz} + \frac{C}{\mu r}$$

이다. 여기서 $r=0$일 때 $\frac{du}{dr}=0$이므로 $C=0$이다. 즉,

$$\frac{du}{dr} = \frac{r}{2\mu} \cdot \frac{dp}{dz} \qquad ②$$

이다. 식 ②을 r에 대하여 적분하면, μ는 일정하므로

$$u = \frac{r^2}{4\mu} \cdot \frac{dp}{dz} + A \qquad ③$$

적분상수 A를 구하기 위하여, 경계조건을 살펴보면

$$r = R \text{일 때 } u = 0 \text{이므로 } A = -\left(\frac{R^2}{4\mu}\right)\frac{dp}{dz}$$

이다. 따라서 속도분포 u는

$$u = -\frac{1}{4\mu}\left(\frac{dp}{dz}\right)(R^2 - r^2) \qquad ④$$

여기서, dp/dz 자체는 감소하므로 $-$이다.

식 ④에서 알 수 있는 바와 같이 중심에서 최대속도를 갖는다. 따라서 층류유동에서 속도분포선도(線圖)를 그리면 식 ④에 의하여 그림4와 같이 된다.

관에 흐르는 유량을 구하기 위하여, 미소면적 $2\pi r dr$에 흐르는 미소유량 dQ를 고려하면

$$dQ = -\frac{1}{4\mu}\left(\frac{dp}{dz}\right)(R^2 - r^2)2\pi r dr = -\frac{\pi}{2\mu}\left(\frac{dp}{dz}\right)(R^2 r - r^3)dr$$

이다.

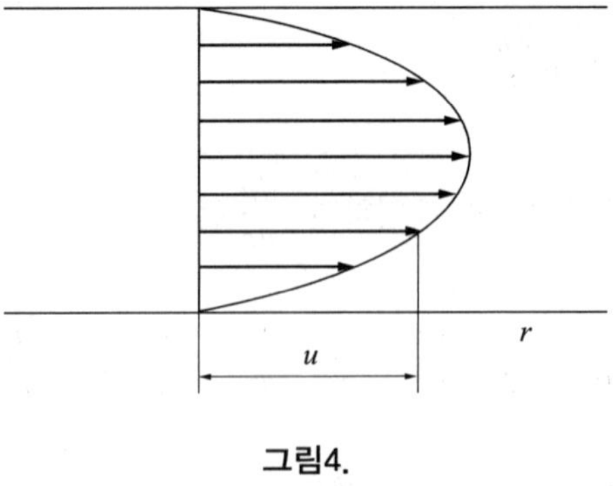

그림4.

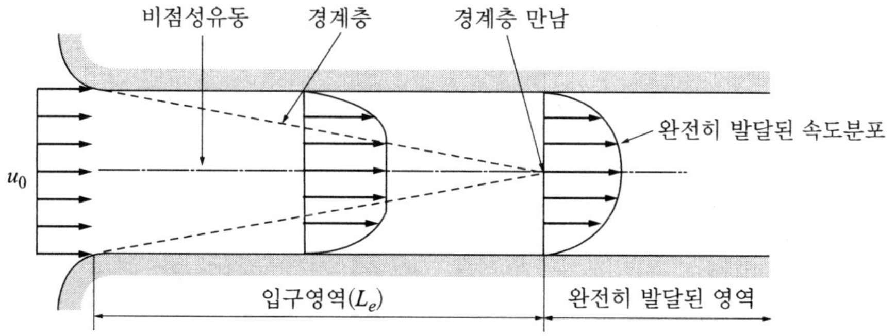

그림5.

그러므로 전단면(全斷面)에 흐르는 유량 Q는

$$Q = -\frac{\pi}{2\mu}\left(\frac{dp}{dz}\right)\int_0^R (R^2 r - r^3)dr = -\frac{\pi}{2\mu}\left(\frac{dp}{dz}\right)\left\{\frac{R^4}{2} - \frac{R^4}{4}\right\}$$

$$= -\frac{\pi R^4}{8\mu}\left(\frac{dp}{dz}\right) \qquad ⑤$$

식 ⑤를 Poiseuille의 식 또는 Hagen-Poiseuille의 식이라고 한다.

식 ⑤는 극히 작은 길이 dz만 고려하였고, 어떤 밀도의 항도 삽입되어 있지 않으므로 압축 및 비압축성 유체에 공히 적용할 수 있다.

Hagen-Poiseuille의 식은 층류, 완전히 발달된 흐름(fully developed flow), 정상류, μ일정, 뉴턴유체라는 가정 하에서 얻은 이론식이다.

길이가 L이고 양쪽의 압력차가 p_1, p_2일 때 식 ⑤는 다음과 같이 쓸 수 있다.

$$Q = -\frac{\pi R^4}{8\mu L}(p_2 - p_1) = \frac{\pi D^4}{128\mu L}(p_1 - p_2) \qquad ⑥$$

식 ⑥의 경우는 상당한 관의 길이 L에 대하여 생각한 식이므로 L을 흐르는 동안에 밀도가 변할 수 있기 때문에 밀도가 일정한 유동에서만 적용이 가능하다. 나아가서 이 방정식들의 적용한계는 그림5에서 볼 수 있는 바와 같이 관이 입구에서 거리의 증가에 따라 층류가 발달되어 가기 때문에 완전히 발달된 속도분포를 갖는 곳이어야 한다.

식 ⑥은 유체의 흐름속도를 알 수 없는 경우에 유량을 측정하는 데 널리 사용되는 식으로 유량은 압력차(Δp)에 비례하고, 직경(D)의 4제곱에 비례하며, 유체의 점성계수(μ)에 반비례하며, 유체가 유동한 거리(L)에 반비례함을 알 수 있다.

식 ⑤로부터 평균속도 u_{mean} 를 계산하면

$$u_{mean} = \frac{Q}{\text{면적}} = -\frac{\pi R^4}{8\pi}\left(\frac{dp}{dz}\right) \Big/ \pi R^2 = -\frac{R^2}{8\mu} \cdot \frac{dp}{dz} \quad ⑦$$

그리고 식 ④에서 $r = 0$일 때 최대속도를 가지므로

$$u_{\max} = -\frac{R^2}{4\mu} \cdot \frac{dp}{dz} \quad ⑧$$

이다. 따라서 평균속도 u_{mean} 는 $\frac{1}{2}u_{\max}$ 가 됨을 알 수 있다.

또 압력강하(압력손실)는 식 ⑥에서

$$p_2 - p_1 = -\frac{8\mu\ell Q}{\pi R^4} \quad ⑨$$

$p_1 - p_2 = \Delta p$ 라 하면

$$p_1 - p_2 = \Delta p = \frac{8\mu\ell Q}{\pi R^4}, \quad Q = Au_{mean} = \frac{\pi D^2}{4} \times u_{mean} = \frac{\pi D^4}{128\mu L}\Delta p$$

이므로

$$\Delta p = \frac{128\mu L}{4D^2} \times u_{mean} = \frac{32\mu L}{D^2} \times u_{mean} \quad ⑩$$

이다. 식⑩에서 압력손실($\Delta p = p_1 - p_2$)은 유속(u_{mean})에 비례하고, 직경(D)의 제곱에 반비례하며, 유체의 점성계수(μ)에 비례하며, 유체가 이동한 거리(L)에 비례함을 알 수 있다.

그리고 벽면에 작용하는 전단응력 τ_{wall} 은

$$\tau_{wall} = \mu\left(-\frac{du}{dr}\right) = \mu\left\{-\frac{d}{dr}\left[-\frac{1}{4\mu}\left(\frac{dp}{dz}\right)(R^2 - r^2)\right]\right\}_{r=R}$$

$$= \frac{R}{2}\left(-\frac{dp}{dz}\right) = \frac{4\mu u_{mean}}{R} \quad ⑪$$

위 ⑪을 통해 유추할 수 있는 것은 유량을 늘리기 위해 유속을 증가시키면 τ_{wall} 도 커지기 때문에 이를 버틸 수 있는 배관인지를 검토해야 한다는 점이다.

예제 01

일정한 유량의 물이 원관 속을 층류로 흐른다고 가정할 때 직경을 3배로 하면 손실수두는 몇 배가 되는가?

해설 $Q=\dfrac{\pi D^4}{128\mu L}\Delta p$, $\Delta p=\gamma h_\ell=\dfrac{128\mu LQ}{\pi D^4}$에서 손실수두 h_ℓ은 $h_\ell \propto \dfrac{1}{D^4}$이므로 $\dfrac{1}{81}$이다.

예제 02

반지름 5 cm인 원형 관에 층류가 흐르고 있다. 관 길이 1 m당 압력손실이 10 N/m^{2}라면 관 중심에서 유체 흐름의 속도(m/s)와 평균속도(m/s)는? 단, 유체의 점성계수는 0.05 N · s/m^{2}이다.

해설 주어진 조건에서 $\dfrac{dp}{dz}=-10\dfrac{\mathrm{N/m^2}}{\mathrm{m}}$이고, $u=-\dfrac{1}{4\mu}\left(\dfrac{dp}{dz}\right)(R^2-r^2)$에서 중심에서 유체 흐름의 속도(최대속도)는 $r=0$을 대입하면

$$u=-\frac{1}{4\mu}\left(\frac{dp}{dz}\right)(R^2-r^2)=-\frac{1}{4\times 0.05\,\mathrm{N\cdot s/m^2}}\times\left(-10\frac{\mathrm{N/m^2}}{\mathrm{m}}\right)(0.05\,\mathrm{m})^2$$
$$=0.125\,\mathrm{m/s}$$

평균속도는 최대속도의 1/2이므로 0.0625 m/s이다.

예제 03

지름 5 cm, 길이 20 m인 원형 관으로 점성계수가 0.6 poise인 유체가 0.05 m^3/s의 유량으로 흐르고 있다. 이 유체를 수송하는데 필요한 동력장치(펌프)의 압력(kPa)은 얼마인가?

해설 유체의 흐름에서 일정한 유량을 일정거리까지 이동하는데 동력장치인 펌프를 사용한다. 이때 펌프의 압력은 실제적으로 유체의 이동에 필요한 압력변화(손실) 값과 같으므로 유량에 따른 압력변화를 계산하기 위해서는 하겐－포아젤의 식을 이용하여야 한다.

$$\Delta p=\frac{128\mu LQ}{\pi D^4}$$
$$=\frac{128\times 0.06\dfrac{\mathrm{g}}{\mathrm{cm\cdot s}}\times\dfrac{1\,\mathrm{kg}}{1{,}000\,\mathrm{g}}\times\dfrac{100\,\mathrm{cm}}{\mathrm{m}}\times 20\,\mathrm{m}\times 0.5\dfrac{\mathrm{m^3}}{\mathrm{s}}}{\pi(0.05\mathrm{m})^4}$$
$$=391{,}337.6\,\mathrm{kg/m\cdot s^2}=391{,}337.6\,\mathrm{N/m^2}=391.3376\,\mathrm{kPa}$$

2.2 경사진 원관 내의 층류운동

임의의 각도 θ 로 경사져 있는 원형관 내의 층류유동을 해석하기 위해 그림6과 같은 경우를 생각한다. 이 배관 내를 흐르는 유체는 비압축성이며, 가속이 없다.

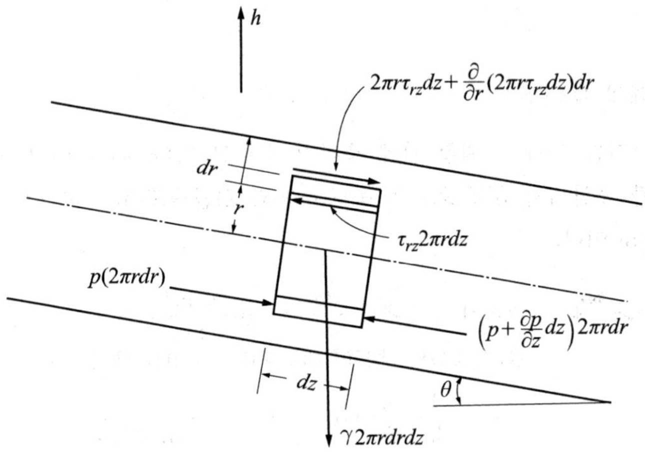

그림6. 경사진 원관 내의 층류 유동

그림6에 도시한 좌표계에서 검사체적 $2\pi rdrdz$에 Newton의 운동법칙을 적용하면

$$\begin{aligned} &p(2\pi rdr)-\left(p+\frac{dp}{dz}dz\right)(2\pi rdr)-\tau_{rz}(2\pi rdz) \\ &\quad+(2\pi rdz)\tau_{rz}+\frac{d}{dr}(2\pi rdz\tau_{rz}dr)+\gamma 2\pi rdrdz\sin\theta=0 \end{aligned} \tag{1}$$

위 식을 정리하면

$$-\frac{dp}{dz}(2\pi rdrdz)+\frac{d}{dr}(2\pi rdz\tau_{rz})dr+\gamma(2\pi rdrdz\sin\theta)=0$$

위 식을 $2\pi drdz$로 나눈 후 $\sin\theta=-\dfrac{dh}{dz}$를 대입하면

$$-\frac{dp}{dz}r+\frac{d}{dr}(r\tau_{rz})-\gamma\frac{dh}{dz}r=0$$

$$-\frac{dp}{dz}-\gamma\frac{dh}{dz}+\frac{1}{r}\times\frac{d}{dr}(r\tau_{rz})=0$$

이다. 위 식에서 γ는 z의 함수가 아니므로

$$-\frac{d}{dz}(p+\gamma h)+\frac{1}{r}\times\frac{d}{dr}(r\tau_{rz})=0 \tag{2}$$

으로 쓸 수 있다.

앞 식의 두 번째 항은 $\frac{d}{dr}(r\tau_{rz})=\tau_{rz}+r\frac{d\tau_{rz}}{dr}$ 이고, 뉴턴의 점성법칙에 의거 $\tau_{rz}=\mu\frac{du}{dr}$ 이므로

$$\frac{d}{dr}(r\tau_{rz})=\mu\frac{du}{dr}+\mu r\frac{d^2u}{dr^2} \tag{3}$$

이다. 식 (3)을 식 (2)에 대입하고 정리하면

$$-\frac{d}{dz}(p+\gamma h)+\frac{\mu}{r}\left(\frac{du}{dr}+r\frac{d^2u}{dr^2}\right)=0 \tag{4}$$

이다. u는 r만의 함수이므로

$$-\frac{d}{dz}(p+\gamma h)+\frac{\mu}{r}\left(\frac{du}{dr}+r\frac{d^2u}{dr^2}\right)=-\frac{d}{dz}(p+\gamma h)+\frac{\mu}{r}\cdot\frac{d}{dr}\left(r\frac{du}{dr}\right)=0$$

$$\frac{d}{dz}(p+\gamma h)=\frac{\mu}{r}\cdot\frac{d}{dr}\left(r\frac{du}{dr}\right) \tag{5}$$

을 얻는다. 위 식의 우변은 r만의 함수이고, 좌변은 z만의 함수이다. 이들 각 함수가 모든 r, z에 대하여 등식이 성립하려면 위 식의 좌우변은 상수이어야만 한다.

식 (5)에서 $\frac{d}{dr}\left(r\frac{du}{dr}\right)=\frac{r}{\mu}\cdot\frac{d}{dz}(p+\gamma h)$이고, $\frac{d(p+\gamma h)}{dz}$는 상수이므로 r에 관해서 적분하면

$$r\frac{du}{dr}=\frac{r^2}{2\mu}\cdot\frac{d}{dz}(p+\gamma h)+C,\quad \frac{du}{dr}=\frac{r}{2\mu}\cdot\frac{d}{dz}(p+\gamma h)+\frac{C}{r}$$

이다. 경계조건 $r=0$에서 $\frac{du}{dr}=0$이므로 적분상수 $C=0$이다. 즉, $\frac{du}{dr}$은

$$\frac{du}{dr}=\frac{r}{2\mu}\cdot\frac{d}{dz}(p+\gamma h) \tag{6}$$

이다. 다시 한 번 r에 관해서 적분하면

$$u=\frac{r^2}{4\mu}\cdot\frac{d}{dz}(p+\gamma h)+A \tag{7}$$

이다. 경계조건 $r=R$에서 $u=0$이므로 $A=-\dfrac{R^2}{4\mu}\cdot\dfrac{d}{dz}(p+\gamma h)$을 얻는다. 이 A를 식 (7)에 대입하면 원관 내에서의 비압축성, 층류, 정상유동에 대한 속도분포는 다음 식으로 주어진다.

$$u=-\frac{1}{4\mu}\cdot\frac{d}{dz}(p+\gamma h)(R^2-r^2) \tag{8}$$

이다. 평균속도 u_{mean}은

$$\begin{aligned} u_{mean} &= \frac{1}{A}\int_0^R u dA = \frac{1}{\pi R^2}\int_0^R u 2\pi r dr \\ &= \frac{2\pi}{\pi R^2}\int_0^R\left\{-\frac{1}{4\mu}\cdot\frac{d}{dz}(p+\gamma h)(R^2-r^2)\right\}rdr \\ &= -\frac{2}{R^2}\cdot\frac{\pi}{4\mu}\cdot\frac{d(p+\gamma h)}{dz}\left\{\frac{R^4}{2}-\frac{R^4}{4}\right\} \\ &= -\frac{R^2}{8\mu}\cdot\frac{d}{dz}(p+\gamma h) \end{aligned} \tag{9}$$

유량 Q는

$$\begin{aligned} Q &= \int_A u dA = \int_0^R\left\{-\frac{1}{4\mu}\cdot\frac{d}{dz}(p+\gamma h)(R^2-r^2)\right\}2\pi r dr \\ &= -\frac{\pi R^4}{8\mu}\frac{d}{dz}(p+\gamma h) \end{aligned} \tag{10}$$

중심선의 속도(최대속도) $u_{\max}$는 식(8)에 $r=0$을 대입하면 얻는다.

$$u_{\max}=-\frac{R^2}{4\mu}\cdot\frac{d}{dz}(p+\gamma h) \tag{11}$$

식 (9)와 (11)을 비교하면

$$u_{\max} = 2\left(-\frac{R^2}{8\mu}\cdot\frac{d}{dz}(p+\gamma h)\right) = 2u_{mean} \tag{12}$$

원관길이 L 사이에서 일어나는 압력강하를 $\Delta(p+\gamma h)$라고 표시하면

$$-\frac{d}{dz}(p+\gamma h) = \frac{\Delta(p+\gamma h)}{L} \tag{13}$$

이 관계를 유량공식 식(10)에 대입하고 $R = \dfrac{D}{2}$를 고려하면 Hagen-Poiseuille방정식

$$Q = \frac{\pi D^4 \Delta(p+\gamma h)}{128\mu L} \tag{14}$$

을 얻는다. 따라서 수평원관에 대해서는 $h=0$이므로

$$Q = \frac{\pi D^4 \Delta p}{128\mu L} \tag{15}$$

또는 $\Delta p = \dfrac{128\mu L Q}{\pi D^4}$와 같이 표시된다.

예제 04

그림과 같은 원관에 뉴턴 유체가 층류로 흐르고 있다. 유동방향을 결정하고, 유체의 비중량 $\gamma = 8{,}000\,\mathrm{N/m^3}$, 점성계수 $\mu = 0.04\,\mathrm{kg/m\cdot sec}$일 때 원관에 흐르는 유량과 Reynolds 수를 구하라.

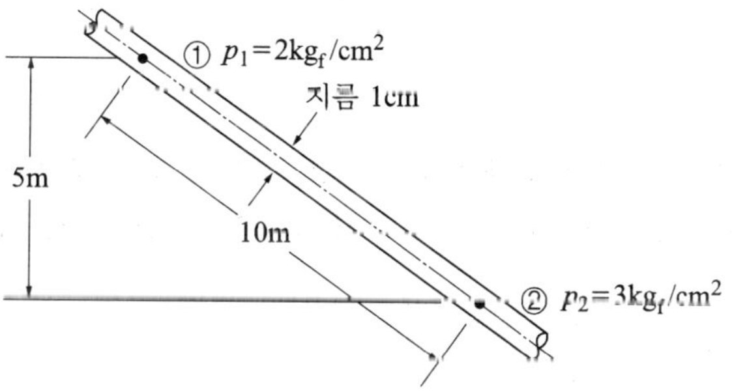

해설 단면 ①에서 단면 ②로 흐르는 경우는 아래 식이 성립한다.

$$\frac{p_1}{\gamma} + \frac{V_1^2}{2g} + z_1 = \frac{p_2}{\gamma} + \frac{V_2^2}{2g} + z_2 + h_\ell \tag{1}$$

단면 ②에서 단면 ①로 흐르는 경우는 아래 식이 성립한다.

$$\frac{p_2}{\gamma}+\frac{V_2^2}{2g}+z_2=\frac{p_1}{\gamma}+\frac{V_1^2}{2g}+z_1+h_\ell \qquad (2)$$

단면이 변하지 않으므로 $V_1=V_2$ 이고, (1)식과 (2)식에 주어진 값을 대입하면

$$20+\frac{V_1^2}{2g}+5=30+\frac{V_2^2}{2g}+0+h_\ell \qquad (3)$$

$$30+\frac{V_2^2}{2g}+0=20+\frac{V_1^2}{2g}+5+h_\ell \qquad (4)$$

속도수두는 같고, h_ℓ은 −가 될 수 없는바 (3)식은 부적절하고, (4)식이 적절하므로 유동은 ②로부터 ①로 향하여 흐른다.

$$p_1+\gamma h_1=2\frac{\text{kg}_\text{f}}{\text{cm}^2}\times\frac{101{,}325\,\text{N}}{1.0332\,\text{kg}_\text{f}/\text{cm}^2}+(8{,}000\,\text{N/m}^2)\times(5\,\text{m})=236{,}138\,\text{N/m}^2$$

$$p_2+\gamma h_2=3\frac{\text{kg}_\text{f}}{\text{cm}^2}\times\frac{101{,}325\,\text{N}}{1.0332\,\text{kg}_\text{f}/\text{cm}^2}+(8{,}000\,\text{N/m}^2)\times(0\,\text{m})=294{,}207\,\text{N/m}^2$$

유량 Q는 $Q=\dfrac{\pi D^4\Delta(p+\gamma h)}{128\mu L}=\dfrac{\pi D^4\Delta\{(p_2+\gamma h_2)-(p_1+\gamma h_1)\}}{128\mu L}$에 이들 값을 대입하면

$$Q=\frac{\pi D^4\Delta\{(p_2+\gamma h_2)-(p_1+\gamma h_1)\}}{128\mu L}$$

$$=\frac{\pi(0.01\,\text{m})^4(294{,}207\,\text{kg}\cdot\text{m/s}^2\text{m}^2-236{,}138\,\text{kg}\cdot\text{m/s}^2\text{m}^2)}{(128)\times(0.04\,\text{kg/m}\cdot\text{sec})(10\,\text{m})}=3.56\times10^{-5}\,\text{m}^3/\text{sec}$$

$$=0.0356\,\ell/\text{sec}$$

속도 V는 $V=\dfrac{Q}{(\pi/4)D^2}=\dfrac{3.56\times10^{-5}}{(\pi/4)(0.01)^2}=0.453\,\text{m/s}$

레이놀즈수는 $Re=\dfrac{\rho VD}{\mu}=\dfrac{\left(\dfrac{8{,}000}{9.8}\,\text{kg/m}^3\right)(0.453\,\text{m/sec})(0.01\,\text{m})}{0.04\,\text{N}\cdot\text{sec/m}^2}=92.5$

예제 05

임의의 각도 θ로 경사져 있는 지름 D인 원형 관에 점성계수 μ, 밀도 ρ인 뉴튼 유체가 흐른다. 층류조건에서 임계레이놀즈수가 2,000일 때 얻을 수 있는 최대 전단응력은 $-\dfrac{16{,}000\mu^2}{\rho D^2}$ 임을 증명하라.

해설 원관 층류유동에서 평균속도는

$$u_{mean}=-\frac{R^2}{8\mu}\cdot\frac{d}{dz}(p+\gamma h) \qquad ①$$

원관 내의 층류속도 분포는

$$u = -\frac{1}{4\mu} \cdot \frac{d}{dz}(p+\gamma h)(R^2-r^2) \qquad ②$$

임의의 반지름 r인 곳에서 작용하는 전단응력은 $\tau_{rz} = \mu\frac{du}{dr}$ 이므로

$$\tau_{rz} = \mu\frac{du}{dr} = \frac{r}{2}\times\frac{d}{dz}(p+\gamma h) \qquad ③$$

이다. 벽면에서의 전단응력은

$$(\tau_{rz})_{wall} = \frac{R}{2}\times\frac{d}{dz}(p+\gamma h) \qquad ④$$

식①과 식④에서 $\frac{d}{dz}(p+\gamma h)$를 소거하면

$$(\tau_{rz})_{wall} = -\frac{4\mu u_{mean}}{R} \qquad ⑤$$

층류에서 얻을 수 있는 최대평균속도는

$$Re = \frac{\rho u_{mean} D}{\mu} = 2{,}000 \qquad ⑥$$

을 만족시켜야 하므로

$$u_{mean} = \frac{2{,}000\mu}{\rho D} \qquad ⑦$$

이다. 식⑦을 식⑤에 대입하면 층류에서 얻을 수 있는 최대 벽면전단응력은

$$(\tau_{rz})_{wall} = -\frac{4\mu u_{mean}}{R} = -\frac{16{,}000\mu^2}{\rho D^2} \qquad ⑧$$

이다. 여기서 $-$부호는 벽이 유체에 작용하는 전단응력은 $-$의 방향, 즉 유동을 방해하는 방향이라는 것을 의미한다.

예제 06

압력 100 kPa, 온도 60℃인 산소가 직경 10 mm인 관 속을 흐르고 있다. 임계레이놀즈수가 2,100일 때 층류로 흐를 수 있는 최대평균속도(m/s)와 유량(m^3/s)은? 단, 점성계수 $\mu = 23\times10^{-6}\,\text{kg/m}\cdot\text{sec}$이고, 기체상수는 $R = 260\,\text{N}\cdot\text{m/kg}\cdot\text{K}$이다.

해설 산소를 이상기체로 간주하면 $pV = nRT = \frac{W}{M}RT$

$p = \frac{W}{VM}RT = \rho\frac{R}{M}T = \rho R'T$ 에서 $\rho = \frac{p}{R'T}$ 이다.

여기서 R'는 $R' = \frac{R}{M}$ 이다.

$$R' = \frac{R}{M} = \frac{0.082\,\text{atm}\cdot\ell/\text{mol}\cdot\text{K}}{32\,\text{g/mol}} = \frac{0.082\,\text{atm}\cdot\ell}{32\,\text{g}\cdot\text{K}}$$

$$= \frac{0.082\times(1.01325\times10^5\,\text{N/m}^2)\times10^{-3}\,\text{m}^3}{32\times10^{-3}\,\text{kg}\cdot\text{K}} = 259.65\,\text{N}\cdot\text{m/kg}\cdot\text{K}$$

$$\fallingdotseq 260\,\text{N}\cdot\text{m/kg}\cdot\text{K}$$

$$\rho = \frac{p}{R'T} = \frac{100\times10^3\,\frac{\mathrm{N}}{\mathrm{m}^2}}{260\,\frac{\mathrm{N\cdot m}}{\mathrm{kg\cdot K}}\times(273+60)\,\mathrm{K}} = 1.155\,\mathrm{kg/m^3}$$

$$Re = 2{,}100 = \frac{\rho VD}{\mu} = \frac{1.155\,\frac{\mathrm{kg}}{\mathrm{m}^3}\times \mathrm{V}\,\frac{\mathrm{m}}{\mathrm{s}}\times 0.01\,\mathrm{m}}{23\times10^{-6}\,\frac{\mathrm{kg}}{\mathrm{m\cdot s}}} \text{ 에서 } V = 4.18\,\mathrm{m/s}$$

$$Q = AV = \frac{\pi D^2}{4}\times V = \frac{3.14\times0.01^2}{4}\times4.18 = 3.28\times10^{-4}\,\mathrm{m^3/s}$$

2.3 층류유동에서 에너지 손실

비압축성, 정상, 층류에서 생기는 에너지의 손실을 관찰하여 보자. 원관 내에서의 에너지 손실을 구하기 위해 그림7의 검사체적 $2\pi rdrdz$에 대한 에너지 평형을 고려하면

"단위시간당 유입에너지 − 단위시간당 유출에너지
= 단위시간당 축적에너지" ⓐ

와 같은 관계가 성립한다.

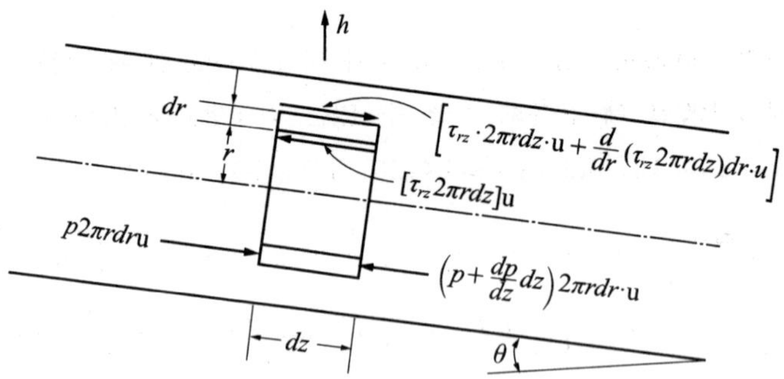

그림7.

지금 단위체적당 단위시간당 에너지 축적량을 $\dot{e}$라 하면 검사체적(미소체적소) $2\pi rdrdz$에서 단위시간당 축적되는 에너지는

$$\dot{e} \times 2\pi rdrdz \qquad ⓑ$$

또 단위시간당 검사체적에 유입하는 에너지는

$$\text{유입에너지} = p2\pi rdru + \left\{\tau_{rz}2\pi rdzu + \frac{d}{dr}(\tau_{rz}2\pi rdz)dru\right\} + \gamma 2\pi rdrdz\sin\theta u \qquad ⓒ$$

이고, $\sin\theta = -\dfrac{dh}{dz}$이다.

단위시간당 유출하는 에너지는

$$\text{유출에너지} = (p + \frac{dp}{dz}dz)2\pi rdru + (\tau_{rz}2\pi rdz)u \qquad ⓓ$$

식 ⓑ, ⓒ 및 ⓓ의 관계를 식 ⓐ에 대입하고 정리하면 단위시간당 축적에너지는

$$\dot{e}\times 2\pi rdrdz = p2\pi rdru + \left\{\tau_{rz}2\pi rdzu + \frac{d}{dr}(\tau_{rz}2\pi rdz)dru\right\} - \gamma 2\pi rdrdz\frac{dh}{dz}u - \left\{p2\pi rdru + \frac{d}{dz}(p2\pi rdr)dzu\right\} - \tau_{rz}2\pi rdzu \qquad ⓔ$$

와 같이 쓸 수 있다. 식 ⓔ를 정리하면

$$\dot{e}\times 2\pi rdrdz = \frac{d}{dr}(\tau_{rz}2\pi rdz)dru - \frac{d}{dz}(p2\pi rdr)dzu - \gamma 2\pi rdrdz\frac{dh}{dz}u$$

다시 위 식의 양변을 $2\pi rdrdz$로 나누면

$$\dot{e} = \frac{d}{dr}(\tau_{rz}u) - \frac{d}{dz}(pu) - \gamma\frac{dh}{dz}u$$

위 식에서 u, r은 z의 함수가 아니므로

$$\dot{e} = \frac{d}{dr}(\tau_{rz}u) - u\frac{d}{dz}(p + \gamma h)$$

우변 제1항을 미분하여 정리하면

$$\dot{e} = \mu\frac{d\tau_{rz}}{dr} + \tau_{rz}\frac{du}{dr} - u\frac{d}{dz}(p + \gamma h) \qquad ⓕ$$

비압축성, 정상유동, 층류유동에 대하여 식 (5)에서

$$\frac{d}{dz}(p+\gamma h)=\frac{\mu}{r}\cdot\frac{d}{dr}\left(r\frac{du}{dr}\right)$$

이므로 단위체적당 단위시간당의 에너지 손실은 다음과 같이 주어진다.

$$\dot{e}=\mu\frac{d\tau_{rz}}{dr}+\tau_{rz}\frac{du}{dr}-u\frac{d}{dz}(p+\gamma h)=\tau_{rz}\frac{du}{dr}=\mu\left(\frac{du}{dr}\right)^2 \qquad ⓖ$$

따라서 반지름 R인 원관에 Newton유체가 비압축성 정상 층류유동 할 때 일어나는 단위시간당 에너지 손실은 식ⓖ에 체적을 곱하면 구할 수 있으므로

$$E=\int e dv=\int_0^R\int_0^{2\pi}\int_0^L\mu\left(\frac{du}{dr}\right)^2 rdrd\theta dz=2\pi L\int_0^R\mu\left(\frac{du}{dr}\right)^2 rdr$$

와 같이 계산된다. 위 식에서 식 (8)을 미분하여 대입하고 적분하면

$$E=\frac{L\pi R^4}{8\mu}\left\{\frac{d}{dz}(p+\gamma h)\right\}^2 \qquad ⓗ$$

이다. 식 (13), (14)에서 $d(p+\gamma h)/dz=\Delta(p+\gamma h)/L=\dfrac{128\mu Q}{\pi D^4}$이므로 위 식은

$$E=\frac{L\pi R^4}{8\mu}\times\frac{128\mu Q}{\pi D^4}\times\Delta(p+\gamma h)/L=Q\Delta(p+\gamma h) \qquad ⓘ$$

이다. 따라서 비압축성 정상 층류유동 할 때 생기는 단위체적당의 에너지 손실은

$$\frac{E}{Q}=\Delta(p+\gamma h) \qquad ⓙ$$

이다. 식 ⓙ로부터 알 수 있는 바와 같이 Newton유체가 비압축성 정상 층류유동 할 때 $p+\gamma h$의 강하(수평관에서는 p)는 단위체적당의 에너지손실을 나타낸다. 이 관계와 Hagen-Poiseuille의 법칙 식(13)과 관련시키면 지름이 D인 원관을 Newton유체가 비압축성 정상 층류유동 할 때 길이 L사이에서 생기는 단위체적당의 에너지 손실은

$$\text{단위체적당의 에너지 손실}=\Delta(p+\gamma h)=\frac{128\mu LQ}{\pi D^4} \qquad ⓚ$$

이다. 여기서 Q는 유량이다. 또 이 손실을 단위중량당의 손실로 나타내고자 할 때는 단위중량당의 손실 h_ℓ은 $h_\ell = \Delta(p+\gamma h)/\gamma$인 관계가 있으므로

$$\text{단위중량당의 에너지 손실} = \frac{\Delta(p+\gamma h)}{\gamma} = \frac{128\mu LQ}{\pi D^4 \gamma} \quad ①$$

와 같이 주어진다. 이를 수두손실(水頭損失)이라고 한다.

응용예

그림8은 모세관유동을 이용하여 액체의 점성계수를 측정하는 원리도이다.

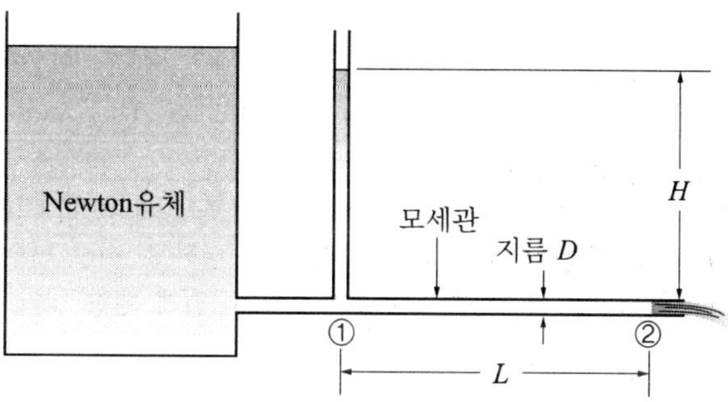

그림8

지점 1과 2 사이에 에너지방정식(수정 Bernoulli방정식)을 적용하면

$$\frac{p_1}{\gamma} + \frac{V_1^2}{2g} + z_1 = \frac{p_2}{\gamma} + \frac{V_2^2}{2g} + z_2 + h_\ell \quad ⓐ$$

이다. 모세관이 수평으로 놓여 있으므로 $z_1 = z_2$, 또 모세관의 관지름이 일정하므로 $V_1 - V_2$, 따라서 지점 1과 2사이에서 생기는 수두손실 h_ℓ은

$$h_\ell = \frac{p_1 - p_2}{\gamma} = H \quad ⓑ$$

이다. 그러므로 지점 1에 세운 액주계 수두 H는 전부 모세관 L 사이에서 마찰손실로 소산(消散)된다. 모세관에서의 유동은 정상상태에서 층류유동이므로 Hagen-Poiseuille의 방정식으로부터 H는

$$H = h_\ell = \frac{128\mu QL}{\pi D^4 \gamma}$$

이다. 따라서 μ는

$$\mu = \left(\frac{\pi D^4}{128L}\right)\frac{\gamma H}{Q} \qquad ⓒ$$

로부터 계산할 수 있다.

식 ⓒ의 우변 괄호안의 값은 장치가 결정되면 장치상수가 되므로 H와 유량 Q를 측정하여 점성계수 μ를 계산할 수 있다.

레이놀즈수

(1) 일반적인 표현방법

레이놀즈는 실험을 통하여 층류, 난류의 구분이 속도(V)뿐만 아니라 유체의 점성계수(μ), 밀도(ρ), 관의 직경(D)에도 관계됨을 규명하고, 이들 변수에 대한 무차원 함수를 정의하였다. 이 함수를 레이놀즈수(Re)라 부르며, 이에 대한 일반식은 다음과 같다.

$$Re = \frac{\rho VL}{\mu} = \frac{VL}{\nu}$$

여기서, ρ : 유체의 밀도
V : 유체의 속도
L : 특성길이(特性長, characteristic length)
μ : 점성계수
ν : 동점성계수

(증명) 레이놀즈수 $= \dfrac{\text{관성력}}{\text{점성력}} = \dfrac{\text{질량} \times \text{가속도}}{\text{전단응력} \times \text{면적}}$

$$= \frac{\rho L^3 \times \dfrac{L}{T^2}}{\mu \dfrac{du}{dy} \times L^2} = \frac{\rho L^3 \times \dfrac{L}{T^2}}{\mu \times \dfrac{V}{L} \times L^2} = \frac{\rho L^3 \times \left(\dfrac{L}{T}\right)^2 \times \dfrac{1}{L}}{\mu \times \dfrac{V}{L} \times L^2}$$

$$= \frac{\rho L^2 V^2}{\mu VL} = \frac{\rho VL}{\mu} = \frac{VL}{\nu}$$

(2) 표현방법

① 원관인 경우

L (특성길이) 대신에 원관의 직경(D)을 대입하면 된다.

$$\mathrm{Re} = \frac{\rho VD}{\mu} = \frac{VD}{\nu}$$

② 원관 이외의 경우
임의의 단면을 갖는 관로에서의 흐름이 원관의 흐름과 유사할 때는 L (특성길이) 대신에 원관의 수력직경 D_h (水力直徑, hydraulic diameter)를 대입하면 된다.

$$\mathrm{Re} = \frac{\rho V D_h}{\mu} = \frac{V D_h}{\nu}$$

수력반지름(동수반경, 動水半徑, hydraulic radius)과 레이놀즈수

실제적인 문제에서 가끔 단면이 원형이 아닌 경우가 있다. 이러한 경우에 수력반지름의 개념을 도입함으로써 원관에 사용하였던 방정식들을 비원형단면을 갖는 관로문제에 그대로 적용할 수 있다. 유동 단면적을 A, 접수길이(接水길이, 濕潤長, wetted perimeter)를 P라 할 때 수력반지름 R_h는 다음과 같이 정의한다.

$$R_h = \frac{A\,(\text{cross sectional area})}{P\,(\text{wetted perimeter})}$$

원관의 경우, 수력반지름 R_h는

$$R_h = \frac{\pi D^2/4}{\pi D} = \frac{D}{4} \quad \text{또는} \quad D = 4R_h$$

이다. 임의의 단면을 갖는 관로에서의 흐름이 원관의 흐름과 유사하다고 생각하면 Darcy-Weisbach 방정식은

$$h_\ell = f \frac{L}{4R_h} \frac{V^2}{2g}$$

로 표시되고, 이 때 Reynolds 수와 상대조도(相對粗度, relative roughness) $\dfrac{e}{D}$는

$$Re = \frac{V(4R_h)}{\nu}, \quad \frac{e}{D} = \frac{e}{4R_h}$$

이다.
수력직경은 $D_h = 4R_h$ 이며, R_h는 수력반경 또는 수력깊이(hydraulic depth)라 한다.

ⓐ 그림과 같은 사각형 관로의 빗금 친 부분에 유체가 흐르는 경우

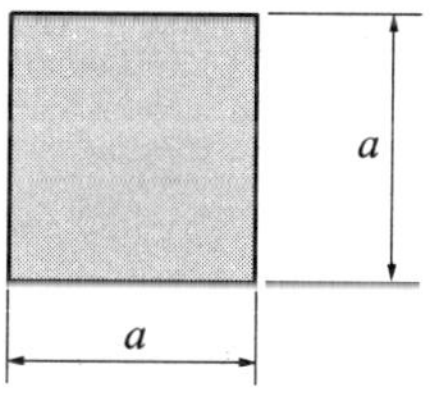

$A = a^2$, $P = 4a$ 이므로 $R_h = \dfrac{A}{P} = \dfrac{a}{4}$, $D_h = 4R_h = a$

따라서 레이놀즈수는 $Re = \dfrac{\rho V D_h}{\mu} = \dfrac{\rho V a}{\mu}$

ⓑ 그림과 같은 관에 빗금 친 부분에만 유체가 흐르는 경우

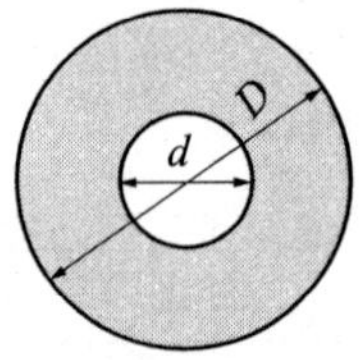

$A=\frac{\pi}{4}(D^2-d^2)$, $P=\pi(D+d)$ 이므로 $R_h=\frac{A}{P}=\frac{D-d}{4}$, $D_h=4R_h=D-d$

따라서 레이놀즈수는 $Re=\frac{\rho VD_h}{\mu}=\frac{\rho V(D-d)}{\mu}$

예제 07

그림과 같이 안지름 10 cm, 바깥지름 18 cm인 매끈한 동심2중관(同心2重管, annular pipe)에 물이 가득 차 흐르고 있다. 동심관에 흐르는 물의 평균유속이 1 m/s라 하면 길이 100m에 대하여 손실수두는 약 몇 m인가? 단, 동점성계수 $\nu=10^{-6}\,m^2/s$, 관마찰계수 $f=0.0188$이다.

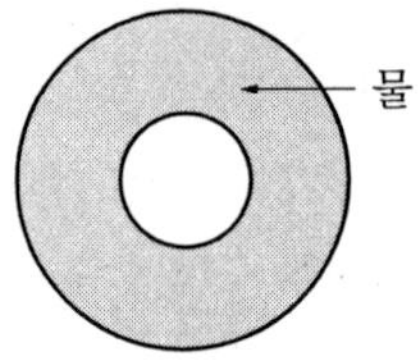

해설

수력반경 $R_h=\frac{A(\text{cross sectional area})}{P(\text{wetted perimeter})}=\frac{\frac{\pi}{4}[(0.18\,m)^2-(0.1\,m)^2]}{\pi(0.18\,m+0.???\,m)}=0.02\,m$

$D_h=4R_h=4\times0.02\,m=0.08\,m$

$h_\ell=f\frac{L}{D_h}\frac{V^2}{2g}=0.018\times\frac{100\,m}{0.08\,m}\times\frac{(1\,m/s)^2}{2\times9.8\,m/s^2}=1.2\,m$

예제 08

직경 75 mm인 관에서 $Re=20{,}000$일 때, 직경 150 mm인 관에서 Re는? 단, 모든 손실은 무시한다.

해설

$Re=\frac{\rho VD}{\mu}=\frac{\frac{Q}{A}D}{\nu}=\frac{\frac{QD}{\frac{\pi D^2}{4}}}{\nu}=\frac{4Q}{\pi\nu D}$의 관계가 얻어진다.

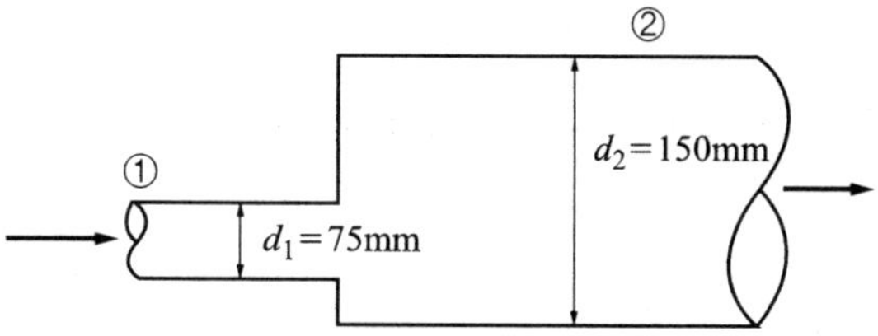

①과 ②에서 레이놀즈수는 $Re_1 = \dfrac{4Q}{\pi\nu D_1}$, $Re_2 = \dfrac{4Q}{\pi\nu D_2}$ 이고,

$\dfrac{Re_2}{Re_1} = \dfrac{4Q/\pi\nu D_2}{4Q/\pi\nu D_1} = \dfrac{D_1}{D_2}$ 이므로 $Re_2 = Re_1 \times \dfrac{D_1}{D_2} = 20{,}000 \times \dfrac{75}{150} = 10{,}000$

3. 난류유동

3.1 난류유동에서 속도

난류(turbulence)라 함은 혼잡하고 무질서한 유체입자들의 유동을 말한다. 다시 말해서 유체입자들은 3차원 유동의 어느 점에서나 그 속도가 시간 t와 방향 x, y, z에 따라 변하는 유동이다. 정상난류유동장(正常亂流流動場) 내의 한 점에서의 순간속도를 정밀한 속도측정장치를 이용 측정하면, 그림9와 같이 평균속도에 대하여 난동이 일어나는 것을 관찰할 수 있다. 그림9는 x방향에 대하여 예로써 나타낸 것이나 y, z 방향에 대해서도 마찬가지의 현상으로 나타난다.

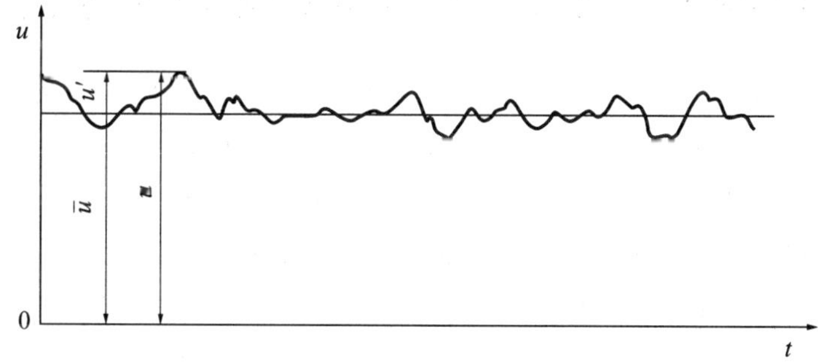

그림9. x 방향 순간속도

따라서 x, y, z방향에 대한 각각의 순간속도들을 u, v, w, 평균속도들을 각각 $\overline{u}$, $\overline{v}$, $\overline{w}$, 또 난동속도(亂動速度, fluctuating velocity)들을 각각 u', v', w'라 하면 순간속도 u, v, w는

$$u = \overline{u} + u', \ v = \overline{v} + v', \ w = \overline{w} + w' \tag{1}$$

이며, 평균속도 $\overline{u}$, $\overline{v}$, $\overline{w}$는

$$\overline{u} = \frac{1}{t}\int_0^t u dt, \ \overline{v} = \frac{1}{t}\int_0^t v dt, \ \overline{w} = \frac{1}{t}\int_0^t w dt \tag{2}$$

이다. 난동속도 u'의 시간평균은

$$\overline{u'} = \frac{1}{T}\int_0^T u' dt = \frac{1}{T}\int_0^T (u - \overline{u}) dt = \frac{1}{T}\int_0^T u dt - \frac{\overline{u}}{T}\int_0^T dt = \overline{u} - \overline{u} = 0$$

이다. 즉, 난동속도의 시간평균 $\overline{u'}$은 0이다. 마찬가지로 $\overline{v'}$, $\overline{w'}$도 0이다. 그러나 실제로 난동속도의 값은 영이 아니므로 이 값들을 측정하기 위하여 다음과 같이 변형하여 사용한다.

$$\overline{u'^2} = \frac{1}{t}\int_0^t u'^2 dt, \ \overline{v'^2} = \frac{1}{t}\int_0^t v'^2 dt, \ \overline{w'^2} = \frac{1}{t}\int_0^t w'^2 dt \tag{3}$$

따라서 0이 아닌 $\overline{u'}$, $\overline{v'}$, $\overline{w'}$를 구하기 위해서는 식 (3)의 근(root)을 취하여 계산한다.

3.2 Prandtl의 혼합거리 이론과 난류흐름에서의 전단응력

서로 다른 속도로 유동하고 있으며 이웃하고 있는 2개의 유체의 층을 생각하여 보자. 한 유체입자가 한 층에서 다른 층으로 이동하여 가면 두 층 사이에는 운동량의 교환이 이루어진다. 속도가 느린 유체입자가 빠른 유동층으로 들어가면 속도를 감소시키는 역할을 하게 되며, 빠른 유체입자가 느린 유동층으로 들어가면 속도를 증가시키는 역할을 하게 된다.

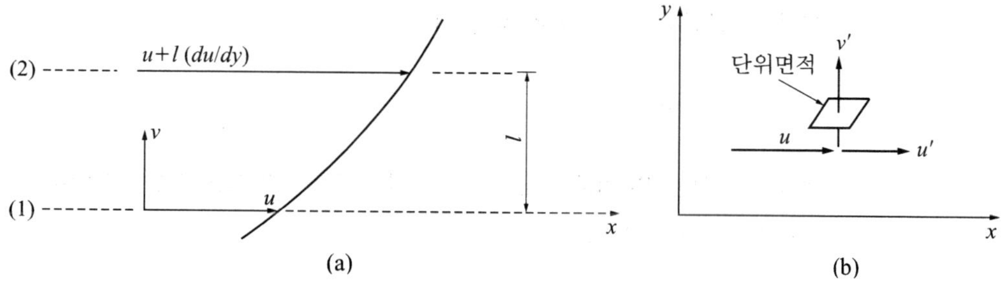

그림10.

Prandtl은 유체입자가 운동량 변화 없이 움직일 수 있는 거리를 혼합거리로 정의하였다. 따라서 난류정도가 심하면 난동하는 유체입자의 운동량이 크므로 운동량변화 없이 움식일 수 있는 거리는 커진다.

그림10은 한 유체입자가 다른 유체입자와 부딪히며 x방향으로 유동하고 있는 난류유속도선도(亂流速度線圖)의 일부이다. 그러므로 $v=w=0$이며 단면 (1)에서 평균유속은 u, 단면 (2) 즉, ℓ만큼 떨어진 곳에서의 평균유속은 $u+\ell(du/dy)$이다. 단면 (1)에서 x방향으로의 난동속도를 u', y방향으로의 난동속도를 v'라 하면 Prandtl은 혼합거리를 다음과 같이 정의하였다.

$$u' = \ell_i \frac{du}{dy} \tag{4}$$

즉, x방향의 난동속도는 ℓ_i만큼 떨어져 있는 두 층 사이의 평균속도의 차이만큼의 크기이다. 여기서 ℓ_i는 순간혼합길이이다.

난류의 x, y방향의 속도변동을 u', v'라 할 때[그림10 (b)], x축과 평행한 단위면적을 단위시간에 지나는 유체질량은 $\rho v'$이다. 이 유체($\rho v'$)의 x방향의 속도변동 u'에 상당하는 운동량은 $\rho u'v'$이고 운동량이 단위면적을 지나 위층으로 이동함으로 인하여 이 위층을 x방향으로 당기려고 하는 힘은, 즉 전단응력은 운동량의 법칙에 의하여

$$(\tau_t)_i = \rho u'v' \tag{5}$$

이다. 여기서 $(\tau_t)_i$는 순간난류응력(瞬間亂流應力)이다. 식 (4)를 식 (5)에 대입하면

$$(\tau_t)_i = \rho v' \ell_i \frac{du}{dy}$$

이다. 평균난류응력(平均亂流應力)은

$$\tau_t = \rho \overline{u'} \, \overline{v'}$$

이다. 위 식을 Reynolds 응력 또는 난류전단응력(亂流剪斷應力)이라고 한다.

위 식을 층류의 경우와 같이

$$\tau_t = \eta \frac{d\bar{u}}{dy} \tag{6}$$

로 표시하기도 한다. 여기서 η은 와점성계수(渦粘性係數, eddy viscosity)라 한다.

Prandtl은 u'와 v'를 동일한 크기로 가정하여 다음과 같은 난류전단응력의 식으로 표시하였다.

$$\tau_t = \rho \left\{ \ell \frac{d\bar{u}}{dy} \right\}^2 \tag{7}$$

여기서, ℓ : 평균혼합거리(平均混合거리, mean mixing length)

이다. 식 (6)과 (7)를 비교하면 와점성계수 η는

$$\eta = \rho \ell^2 \frac{d\bar{u}}{dy}$$

이다. 벽면 근처에서 유체의 혼합현상은 벽면에 의하여 억제되어 작고, 벽면으로부터 멀리 떨어져 있으면 유체의 혼합현상이 커져 ℓ은 커진다. 즉, Prandtl은 ℓ을 벽으로부터 잰 수직거리 y에 비례한다고 생각하였다. 즉,

$$\ell = ky$$

이다. 여기서 k는 난동상수로 실험에 의하면 매끈한 원관의 경우 $k = 0.4$이다.

이를 식 (7)에 대입하면 다음과 같다.

$$\tau_t = \rho k^2 y^2 \left(\frac{d\bar{u}}{dy} \right)^2 \tag{8}$$

3.3 배관 내 난류유동분포 – 혼합거리이론에 의한 난류속도분포

난류경계층에서도 경계면(표면)에 인접하고 있는 극히 얇은 층은 층류유동을 한다. 이 층류층을 층류저층(層流底層, laminar sublayer) 또는 층류막(層流膜, laminar film)이라 한다. 층류저층과 난류역 사이에는 층류와 난류가 혼합되는 얇은 층(층류로부터 난류로 천이되는 영역)이 또 존재한다. 이 층을 완충역(緩衝域, buffer zone)이라 한다. 층류저층의 두께는 레이놀즈수가 증가할수록 얇아지는데, 그 이유는 레이놀즈수가 크면 클수록 속도난동이 세차기 때문에 유체입자가 층류저층 쪽으로 침투하기 때문이다.

Prandtl은 혼합거리이론을 난류속도분포 계산에 적용하기 위하여 난류유동에 있어서 층류저층, 완충역, 경계면에 비교적 가까운 난류영역에서 유체유동에 의하여 발생하는 전단응력은 일정한 값을 갖는다고 가정하였다. 이와 같은 가정 밑에서 층류저층에서는 전단응력과 속도구배 사이에

$$\tau_{\circ} = \mu \frac{du}{dy} \tag{9}$$

와 같은 관계가 성립한다. 식 (9)를 적분하고 경계조건 ; $y=0$에서 $u=0$을 적용하면 층류저층에서의 속도분포를 얻을 수 있다.

$$\frac{\tau_{\circ}}{\rho} = \frac{\mu}{\rho}\frac{u}{y} = \nu\frac{u}{y} \quad \text{(층류저층에서)} \tag{10}$$

여기서, y : 경계면으로부터의 수직거리

$\tau_{\circ}$: 벽면전단응력(壁面剪斷應力)

이다. 또 $\sqrt{\tau_{\circ}/\rho}$는 속도의 차원을 갖는다. 이 값을 유체역학에서는

$$u^{*} = \sqrt{\frac{\tau_{\circ}}{\rho}} \tag{11}$$

와 같이 표기하고 전단응력속도(剪斷應力速度, shearing stress velocity) 또는 전단속도(剪斷速度, shear velocity)라 한다. 식 (11)에서 $u^{*2} = \nu\dfrac{u}{y}$ 이므로, 층류저층에서의 속도분포를 전단속도항으로 표시하면

$$\frac{u}{u^*} = \frac{u^* y}{\nu} \text{ (층류저층에서)} \tag{12}$$

와 같이 쓸 수도 있다. 식 (12)의 우변 $u^* y/\nu$는 Reynolds수의 성질을 갖는다. 이 무차원수를 전단 Reynolds수라 한다. 전단 Reynolds수는 유동역을 구별하는 데 있어서 매우 중요한 지표가 된다. 원관 경계면에 있어서 실험에 의하면 유동역과 전단 Reynolds수 사이에는 다음 관계가 있음이 밝혀졌다.

$$\begin{aligned} &\text{층류저층} : 0 < \frac{u^* y}{\nu} < 5 \\ &\text{완충역} \quad : 5 < \frac{u^* y}{\nu} < 30 \\ &\text{난류역} \quad : \frac{u^* y}{\nu} > 30 \ (\text{단, } y/\delta < 0.2) \end{aligned} \tag{13}$$

여기서, δ : 경계층 두께

이다. 이론과 실험에 의하면 매끈한 원관 내에서 벽면근방에서의 속도분포는 다음과 같다.

$$\begin{aligned} &u^* y/\nu < 5 \text{ (층류저층)에서 } \frac{u}{u^*} = \frac{u^* y}{\nu} \\ &u^* y/\nu > 30 \text{ (난류역)에서 } \frac{u}{u^*} = 2.5 \ln\left\{\frac{u^* y}{\nu}\right\} + 5.5 \end{aligned} \tag{14}$$

거친 원관 내의 속도분포는 조도(粗度) e의 영향을 받는다. $u^* e/\nu$를 조도(粗度) Reynolds수라 한다. Nikuradse는 원관 내에서 $u^* e/\nu < 4$일 때 수력학적으로 매끈한 관, $u^* e/\nu > 80$일 때 수력학적으로 거친 관이라고 정의하였다. 수력학적으로 매끈한 표면이라 함은 조립면(粗粒面)이 층류저층에 깊이 파묻혀서 마치 매끈한 표면처럼 작용한다는 것이다.

거친 원관에서 난류속도분포는 다음과 같이 주어진다.

$$\frac{u}{u^*} = 2.5\{\ln(u^* y/\nu) - \ln(u^* e/\nu)\} + 8.5 \tag{15}$$

Prandtl이 구한 원관 내의 난류속도 분포는 $3 \times 10^3 < \mathrm{Re} < 10^5$에서

$$\frac{u}{u_{\max}} = \left(\frac{y}{R}\right)^{\frac{1}{7}}$$

이다. 위 식을 난류속도분포의 $\frac{1}{7}$의 제곱법칙(one-seventh law) 또는 7승근법칙(seventh-root law)이라 한다.

4. 배관마찰 손실

4.1 원관유동에서의 수두(主)손실(head loss in pipe flow)

파이프 등에서 유체가 흐름에 따라 벽과의 마찰에 의해서 전단응력이 생기며, 이로 인해 압력강하가 일어난다. 이를 주손실(major loss)이라고 한다. "실험에 의하면 압력강하(손실수두)는 속도수두($V^2/2g$)에 비례하고, 길이(L)에 비례하고 관 직경(D)에 반비례한다." 이에 따라 달시(Darcy)나 바이스바하(Weisbach) 등은 손실수두를 아래 식과 같이 정의하였다. 다음 식을 Darcy-Weisbach의 식 또는 Darcy의 식, 미국에서는 Fanning의 식이라 한다.

$$h_\ell = f \cdot \frac{L}{D} \cdot \frac{V^2}{2g} \tag{16}$$

여기서, f는 마찰계수(摩擦係數, friction factor) 또는 관마찰계수(friction coefficient of pipe)로서 아음속유동(亞音速流動, subsonic flow)에서 Reynolds수 VD/ν와 상대조도(相對粗度, relative roughness) e/D의 함수이다.

4.1.1 층류유동(Re 〈 2,100)

층류흐름인 경우에는 Hagen-Poiseuille의 방정식이 성립하므로 압력손실은 다음과 같다.

$$\Delta p = \gamma h_\ell = \frac{128\mu LQ}{\pi D^4}$$

이 식을 식 (16)과 비교하면 $h_\ell = f\dfrac{L}{D}\dfrac{V^2}{2g} = \dfrac{\Delta p}{\gamma} = \dfrac{128\mu LQ}{\gamma\pi D^4}$에서

$$f = \frac{128\mu LQ}{\gamma\pi D^4}\times\frac{D}{L}\times\frac{2g}{V^2} = \frac{256\mu Qg}{\gamma\pi D^3 V^2} = \frac{256\mu\times(\pi D^2/4)\times V\times g}{\gamma\pi D^3 V^2}$$

$$= \frac{64\mu g}{\gamma DV} = \frac{64\mu}{\rho DV}$$

이 된다.

$$Re = \frac{\rho VD}{\mu} = \frac{VD}{\nu}$$

이므로 위 식은 다음과 같이 된다.

$$f = \frac{64}{Re} \tag{17}$$

예제 09

유체가 원관 속을 층류유동 하는 경우에 손실수두 h_ℓ은 $h_\ell = \dfrac{64}{Re}\dfrac{L}{D}\dfrac{V^2}{2g}$임을 Hagen-Poiseuille의 식을 이용하여 입증하시오.

해설 Hagen-Poiseuille의 식으로부터 유도된 유량 Q는

$$Q = \frac{\pi D^4}{128\mu L}(p_1 - p_2) = \frac{\pi D^4}{128\mu L}\times\gamma h_\ell \quad ⓐ$$

이다. 연속방정식 $Q = AV = \dfrac{\pi D^2}{4}\times V$에서 유체의 속도($V$)를 구하면

$$V = \frac{Q}{A} = \frac{\pi D^4}{128\mu L}\times\gamma h_\ell\times\frac{4}{\pi D^2} = \frac{\gamma h_\ell D^2}{32\mu L} \quad ⓑ$$

이고, 식ⓑ에서 h_ℓ을 구하면 $h_\ell = \dfrac{32\mu L}{\gamma D^2}\times V$ ⓒ

이다. 식ⓒ는 다음과 같이 정리할 수 있다.

$$h_\ell = \frac{32\mu L}{\gamma D^2}\times V = \frac{64\mu}{\rho VD}\frac{L}{D}\frac{V^2}{2g} \quad ⓓ$$

레이놀즈수 $Re = \dfrac{\rho VD}{\mu}$이므로 h_ℓ은 $h_\ell = \dfrac{64\mu}{\rho VD}\dfrac{L}{D}\dfrac{V^2}{2g} = \dfrac{64}{Re}\dfrac{L}{D}\dfrac{V^2}{2g}$이다.

예제 10

원관 속의 층류흐름에 대해서 관마찰계수 f는 $f=\dfrac{64}{Re}$가 됨을 증명하라.

해설 다음 그림과 같이 원관의 길이 L이라 하자. 반경 r인 원통면과 반경 $r+dr$인 원통면 사이에 있는 환상(環狀)부분은 등속운동을 한다.

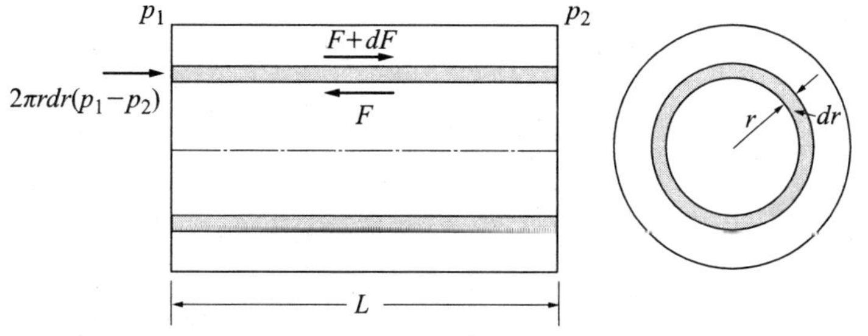

따라서 운동량의 원리에 따라 이 환상부분에 작용하는 힘의 합은 0이 되어야 한다. 좌측 단면의 압력은 p_1, 우측 단면의 압력을 p_2라고 하면 양 단면에서의 힘의 크기는 $2\pi rdr(p_1-p_2)$이고 방향은 우측방향이다. 환상원통의 내면에서는 전단력이 작용하고 속도구배는 du/dr이므로 전단응력은 $\tau=\mu\dfrac{du}{dr}$이다. 여기에 면적 $2\pi rL$을 곱하면 전단력 F가 되고 방향은 좌측방향이다.

$$F=2\pi rL\times\mu\frac{du}{dr}$$

환상원통(環狀圓筒)의 외측면(外側面)에서는 전단력 $F+dF$가 작용하고 방향은 우측방향이다.

운동량의 원리에 따라 운동량의 변화가 없으므로 이들 3가지 힘의 합이 0이다.

$$2\pi rdr(p_1-p_2)-F+F+dF=0$$

$$2\pi rdr(p_1-p_2)+2\pi\mu L\times\frac{d}{dr}\left(r\frac{du}{dr}\right)=0$$

$$\frac{d}{dr}\left(r\frac{du}{dr}\right)=-\left(\frac{p_1-p_2}{\mu L}\right)rdr$$

적분하면 $r\dfrac{du}{dr}=-\left(\dfrac{p_1-p_2}{\mu L}\right)\dfrac{r^2}{2}+C$

$r=0$일 때 위 식이 성립하기 위해서는 적분상수 C가 0이다. 즉,

$$\frac{du}{dr}=-\left(\frac{p_1-p_2}{\mu L}\right)\frac{r}{2}$$

다시 적분하면 u는 $u=-\left(\dfrac{p_1-p_2}{2\mu L}\right)\dfrac{r^2}{2}+A$

이다. 관 벽에 대해서는 유체의 속도 u는 0이므로, 즉 $r=R$일 때 $u=0$이므로 적분상수 A는 $A=\left(\dfrac{p_1-p_2}{4\mu L}\right)R^2$

이다. 따라서 u는 $u=\left(\frac{p_1-p_2}{4\mu L}\right)(R^2-r^2)$

이다. 유량을 Q라고 하면 Q는

$$Q=\int_0^R u\cdot 2\pi r dr=\int_0^R\left(\frac{p_2-p_2}{4\mu L}\right)(R^2-r^2)2\pi r dr=\frac{\pi R^4(p_1-p_2)}{8\mu L}$$

이다. 관의 단면적은 πR^2이므로 평균유속을 V라 하면 V는

$$V=\frac{Q}{\pi R^2}=\frac{R^2(p_1-p_2)}{8\mu L}$$

이다. p_1-p_2에 관해서 풀고 $\mu=\rho\nu=\frac{\gamma\nu}{g}$를 대입하면

$$p_1-p_2=\frac{8\mu LV}{R^2}=\frac{8\gamma\nu LV}{gR^2}$$

이다. $\frac{p_1-p_2}{\gamma}$는 손실수두 h_ℓ과 같다. 직경 $D=2R$을 대입하면

$$h_\ell=\frac{p_1-p_2}{\gamma}=\frac{8\nu LV}{gR^2}=\frac{32\nu LV}{gD^2}=64\frac{\nu}{DV}\frac{L}{D}\frac{V^2}{2g}$$

그리고 달시-바이스바하 식에서 $h_\ell=f\frac{L}{D}\frac{V^2}{2g}$

$$\therefore\ f=64\frac{\nu}{DV}=\frac{64}{Re}$$

예제 11

안지름 3 mm의 원관에 $\mu=60\,\text{cp}$, $s=0.8$인 액체가 흐른다. $Re=100$일 때 1 m당 압력강하는 몇 kPa인가?

해설

점성계수 $\mu=60\,\text{cp}=0.6\,\text{poise}=0.06\,\text{N}\cdot\text{sec/m}^2=0.06\,\text{kg/m}\cdot\text{sec}$

밀도 $\rho=0.83\times1{,}000\,\text{kg/m}^3=830\,\text{kg/m}^3$이다.

$Re=100$일 때 평균속도 V는

$Re=\frac{\rho VD}{\mu}$에서 $V=\frac{100\mu}{\rho D}=\frac{100\times0.06}{830\times0.003}=2.41\,\text{m/s}$

이다. 원관에 흐르는 유량은 $Q=AV$에서

$$Q=\frac{\pi D^2}{4}\times V=\frac{\pi}{4}(0.003)^2\times2.41=1.704\times10^{-5}\,\text{m}^3/\text{sec}$$

Hagen-Poiseuille의 식으로부터 유도된 유량 Q는 $Q=\frac{\pi D^4}{128\mu L}(p_1-p_2)$이므로

$$\Delta p=\frac{128\mu LQ}{\pi D^4}=\frac{128\times0.06\times1\times1.704\times10^{-5}}{\pi\times(0.003)^4}=5.14\times10^5\,\text{Pa}=514\,\text{kPa}$$이다.

예제 12

동점성계수 $\nu = 1.5\,\mu m^2/sec$인 액체가 수직 원관을 흐르고 있다. 전체 원관에 따라 압력이 일정할 때 $Re = 1,800$이었다. 이때 관의 지름은 몇 mm인가?

해설 수직 원관의 상부 한 지점 1과 하부 한 지점 2에 대해 수정베르누이방정식을 적용하면

$$\frac{p_1}{\gamma} + \frac{V_1^2}{2g} + z_1 = \frac{p_2}{\gamma} + \frac{V_2^2}{2g} + z_2 + h_\ell \quad ①$$

주어진 조건에서 $V_1 = V_2$, $p_1 = p_2$이므로 식 ①은

$$h_\ell = z_1 - z_2 = L \quad ②$$

$Re = 1,800$이면 이 유동은 층류이므로 Hagen-Poiseuille의 식

$$Q = \frac{\pi D^4}{128\mu L}\Delta(p+\gamma h)\text{에서}$$

$$h_\ell = \frac{\Delta(p+\gamma h)}{\gamma} = \frac{128\mu LQ}{\pi D^4\gamma} = \frac{32\mu LV}{\gamma D^2} \quad ③$$

식 ②와 식 ③으로부터 h_ℓ을 소거하면

$$\frac{32\mu V}{\gamma D^2} = 1 \quad ④$$

이다. $Re = 1,800$이므로 $\frac{VD}{\nu} = 1,800$ ⑤

식 ④와 식 ⑤에서 V를 소거하면 $\frac{57,600\mu\nu}{\gamma D^3} = 1$ ⑥

식⑥을 D에 관해서 풀면

$$D = \left(\frac{57,600\mu\nu}{\gamma}\right)^{1/3} = \left(\frac{57,600\nu^2}{g}\right)^{1/3} = \left(\frac{57,600\times(1.5\times10^{-6})^2}{9.8}\right)^{1/3}$$

$$= 23.6\times10^{-4}\,\text{m} = 2.36\,\text{mm}$$

예제 13

수평으로 된 소방배관에 레이놀즈수가 1,200으로 소화수가 흐르고 있다. 유량이 200 ℓ/min, 배관의 길이가 100 m, 배관지름이 40 mm일 때 다음을 구하시오. 단, 소수점 세 자리에서 반올림하여 소수점 두 자리로 나타낸다.

(가) 배관의 마찰손실수두(m)는 얼마인가? 단, 달시－바이스바하의 식을 사용한다.
(나) 출발점의 압력이 784.55 kPa이라면 끝점의 압력(kPa)은 얼마인가?

해설 (가) 유량 $Q = AV$에서 $V = \frac{Q}{A} = \frac{200\,\ell/\text{min}}{\frac{\pi}{4}\times0.04^2} = \frac{\frac{0.2\,\text{m}^3}{60\,\text{sec}}}{\frac{\pi}{4}\times0.04^2} = 2.65\,\text{m/s}$

레이놀즈수가 1,200이므로 이 소화수의 흐름은 층류이고, 층류에서 마찰계수 f는

$$f = \frac{64}{Re} = \frac{64}{1,200} = 0.05$$

달시－바이스바하의 식 $h_\ell = f\dfrac{L}{D}\dfrac{V^2}{2g} = 0.05 \times \dfrac{100}{0.04} \times \dfrac{2.65^2}{2 \times 9.8} = 44.79\,\text{m}$

(나) $h_\ell = 44.79\,\text{m}$ 이므로 손실압력은 $44.79\,\text{m} \times \dfrac{101.325\,\text{kPa}}{10.332\,\text{m}} = 439.25\,\text{kPa}$이다.

끝점의 압력 p_2 = 출발점 압력 p_1 − 손실압력 = 784.55 kPa − 439.25kPa

= 345.3kPa

예제 14

비중이 0.5이고, 점성계수가 0.2 g/cm·s인 유체가 지름 20 cm이며 길이가 10 m인 수평원관에 100 ℓ/min 유량으로 흐르고 있다. 이때 발생하는 손실수두(cm)와 압력강하(kg$_f$/cm^2)는 얼마인가?

해설

$$V = \frac{Q}{A} = \frac{0.1\,\text{m}^3/60\,\text{sec}}{\pi(0.1\,\text{m})^2/4} = 0.2123\,\text{m/s} = 21.23\,\text{cm/s}$$

$$Re = \frac{\rho VD}{\mu} = \frac{0.5\dfrac{\text{g}}{\text{cm}^3} \times 21.23\dfrac{\text{cm}}{\text{s}} \times 10\,\text{cm}}{0.2\dfrac{\text{g}}{\text{cm}\cdot\text{s}}} = 530.75$$

$$f = \frac{64}{Re} = \frac{64}{530.75} = 0.12$$

$$h_\ell = f\frac{L}{D}\frac{V^2}{2g} = 0.12 \times \frac{1{,}000\,\text{cm}}{10\,\text{cm}} \times \frac{(21.23\,\text{cm/s})^2}{2 \times 980\,\text{cm/s}^2} = 2.76\,\text{cm}$$

$$\Delta p = \gamma h_\ell = \gamma f\frac{L}{D}\frac{V^2}{2g} = 500\frac{\text{kg}_\text{f}}{10^6\text{cm}^3} \times 0.12 \times \frac{1{,}000\,\text{cm}}{10\,\text{cm}} \times \frac{(21.23\text{cm/s})^2}{2 \times 980\,\text{cm/s}^2}$$

$$= 0.00138\,\text{kg}_\text{f}/\text{cm}^2$$

예제 15

직경 30 cm의 수평 원통관에 유체가 흐를 때 관 길이 20 m에서 압력강하가 50 kPa이었다면 관 벽에서의 전단응력(N/m^2)은 얼마인가?

해설

단면적을 A, 유체와 접하는 부분의 표면적을 A_0, 압력강하를 Δp라 하고, 그림으로 표현하면 아래와 같다.

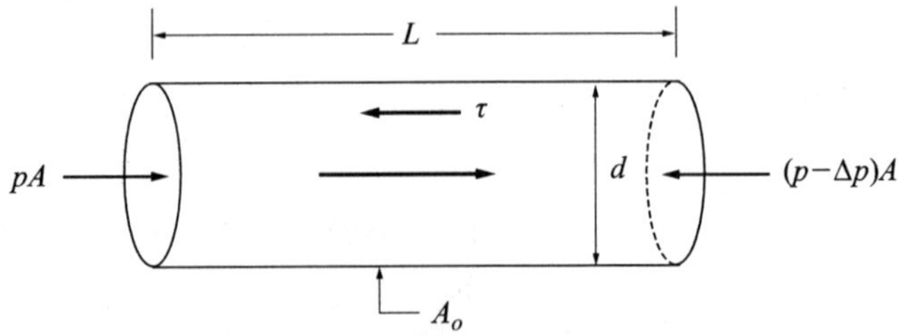

관 길이 L의 양쪽에 작용하는 힘의 평형을 고려하면

$pA-(p-\Delta p)A-\tau A_0=0$

$$\tau=\frac{\Delta pA}{A_0}=\frac{\Delta p\times\frac{\pi}{4}D^2}{\pi DL}=\frac{50\times10\frac{\mathrm{N}}{\mathrm{m}^2}\times\frac{\pi}{4}\times0.3^2}{\pi\times0.3\,\mathrm{m}\times20\,\mathrm{m}}=187.5\,\mathrm{N/m^2}$$

(별해) $$\tau=\frac{\Delta pA}{A_0}=\frac{\Delta p\times\frac{\pi}{4}D^2}{\pi DL}=\frac{50\times10\frac{\mathrm{N}}{\mathrm{m}^2}\times\frac{\pi}{4}\times0.3^2}{\pi\times0.3\,\mathrm{m}\times20\,\mathrm{m}}=187.5\,\mathrm{N/m^2}$$

$u=-\frac{1}{4\mu}\left(\frac{dp}{dz}\right)(R^2-r^2)$이고

$$\tau_{rz}=\mu\frac{du}{dr}=\mu\times\left\{-\frac{1}{4\mu}\frac{dp}{dz}(-2r)\right\}=\frac{r}{2}\frac{dp}{dz}$$

이다. 관 벽에서의 전단응력은 $r=R$일 때이므로

$$\tau_{wall}=\frac{R}{2}\frac{\Delta p}{L}=\frac{0.15\,\mathrm{m}}{2}\times\frac{50{,}000\,\mathrm{N/m^2}}{20\,\mathrm{m}}=187.5\,\mathrm{N/m^2}$$

예제 16

미국의 소방실무에서는 관이나 호스 내의 수두손실을 계산하는데 통수능(通水能, discharge capacity) 방정식이 사용되고 있다. 통수능 방정식은 $h_\ell=L\left(\frac{Q}{K}\right)^2$로 나타낸다. 이 통수능 방정식과 Darcy-Weisbach 방정식 $h_\ell=f\frac{L}{D}\frac{V^2}{2g}$으로부터 관의 통수능 K를 구하시오.

해설 $h_\ell=L\left(\frac{Q}{K}\right)^2=f\frac{L}{D}\frac{V^2}{2g}$에서 $\left(\frac{Q}{K}\right)^2=f\frac{1}{D}\frac{V^2}{2g}$

이다. 연속방정식 $Q=AV$에서 $V=\frac{Q}{A}=\frac{4Q}{\pi D^2}$를 위 식에 대입하면

$$\left(\frac{Q}{K}\right)^2=f\frac{1}{D}\frac{V^2}{2g}=f\frac{1}{2gD}\left(\frac{4Q}{\pi D^2}\right)^2=\frac{f}{2g}\left(\frac{4}{\pi}\right)^2\frac{Q^2}{D^5}$$

$$\left(\frac{1}{K}\right)^2=\frac{f}{2g}\left(\frac{4}{\pi}\right)^2\frac{1}{D^5}$$

$$K^2=\frac{1}{\frac{f}{2g}\left(\frac{4}{\pi}\right)^2\frac{1}{D^5}}=\frac{2g\pi^2D^5}{4^2f}=\frac{\pi^2}{4^2}D^5\frac{2g}{f}$$

$$K=\frac{\pi}{4}D^{\frac{5}{2}}\sqrt{\frac{2g}{f}}$$

4.1.2 난류유동(Re 〉4,000)

① 수력학적으로 매끈한 관($u^* e/\nu < 4$)일 때 조립(粗粒)은 층류 저층이 깊게 파묻혀 마치 매끈한 표면처럼 작용한다. 이 때 마찰계수는 Reynolds수만의 함수이며, 다음의 Ka'rman－Nikuradse의 식이 가장 대표적이다.

$$\frac{1}{\sqrt{f}} = 0.86\ln\left(Re\sqrt{f} - 0.8\right) \tag{18}$$

식(18)에 의해 구해진 관마찰계수는 광범위한 Reynolds수 범위에서 실험결과와 일치한다.

② 수력학적으로 완전히 거친관($u^* e/\nu > 80$)일 때 조립(粗粒)은 완전히 층류저층에 노출되어 완전히 거친 관으로 작용한다. 관마찰계수는 상대조도(相對粗度) $\frac{e}{D}$만의 함수이고 Reynolds수와는 무관하다. 이 경우 Nikuradse의 실험결과에 의하면 다음 식이 성립한다.

$$\frac{1}{\sqrt{f}} = 1.14 - 0.86\ln\frac{e}{D} \tag{19}$$

③ 매끈한 관에서 거친관으로의 천이영역인 경우($4 < u^* e/\nu < 80$)일 때 관마찰계수는 Reynolds수와 상대조도 $\frac{e}{D}$의 함수이다.
Colebrook은 상품관에 대하여 전난류역(全亂流域, 매끈한 관, 천이역, 완전히 거칠은 관)에서 적용할 수 있는 마찰계수공식을 얻었다.

$$\frac{1}{\sqrt{f}} = -0.86\ln\left(\frac{e/D}{3.71} + \frac{2.51}{Re\sqrt{f}}\right) \tag{20}$$

Moody는 위의 식 (20)을 기초로 하여 실제문제에서 f를 손쉽게 구할 수 있게끔 그림11과 같은 Moody 선도(Moody chart, Moody 線圖)를 작성하였다. 무디 선도는 배관 유동에서 압력 강하에 관한 경험적인 결과를 수식으로 표현된 식을 만들고 다시 이것을 그래프화시킨 것이다. 임계레이놀즈수를 넘으면 Moody선도에서는 천이구역과 완전난류구역 두 구역이 존재한다. 후자인 완전난류구역인 경우 f는 Reynolds수에 무관하고 오직 거칠기에만 의존하는 것을 알 수 있다. 천이구역에서 관마찰계수는 어떠한 특성이 없이 Reynolds수와 상대조도 $\frac{e}{D}$의 함수임을 알 수 있다.

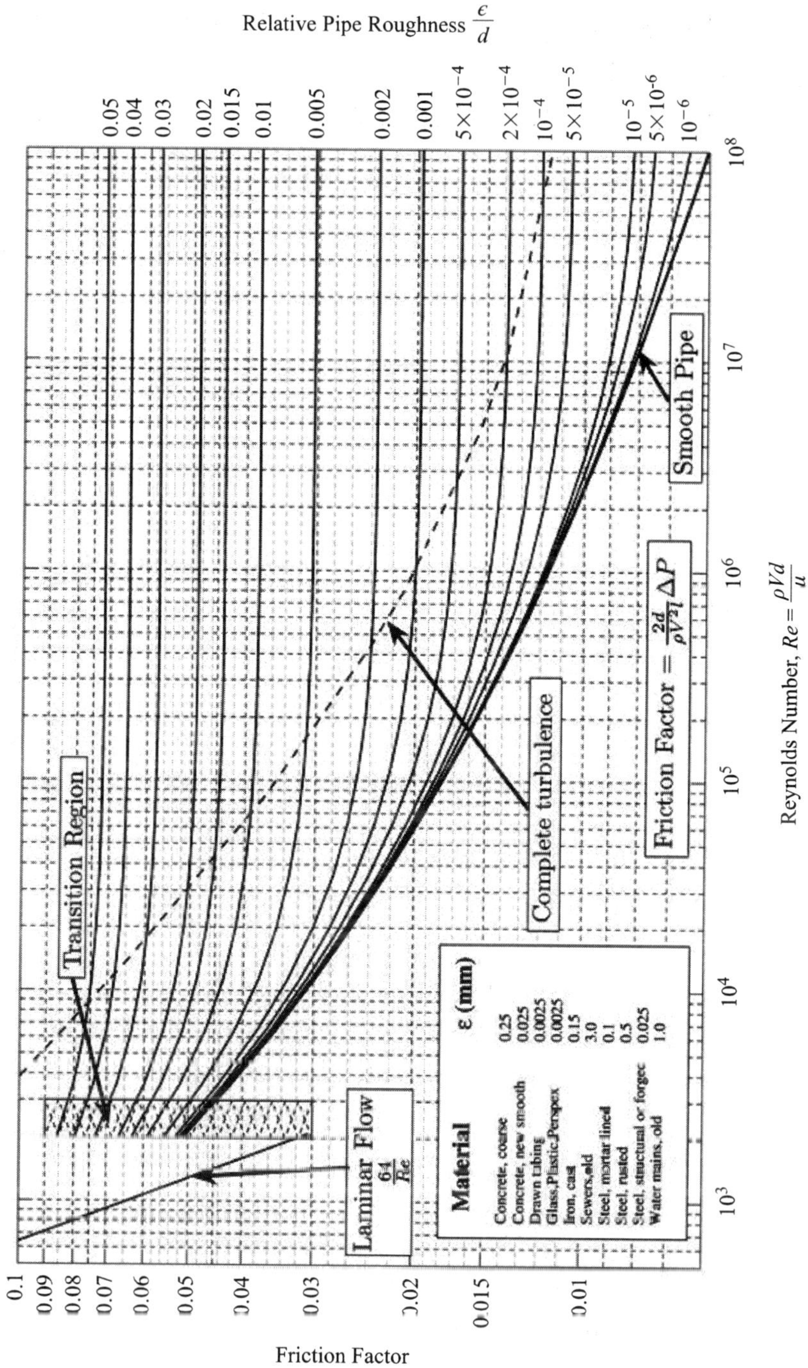

그림11. Moody 선도

Moody선도로부터 관마찰계수(管摩擦係數) f를 결정하기 위해서는 관의 거칠기를 알아야 한다.

Moody선도로부터 마찰계수 f를 구하는 방법은 다음과 같다.

① 레이놀즈수 Re를 계산한다.
② 주어진 관의 표면 거칠기(조도, e) 값으로부터 상대조도 $\frac{e}{D}$를 계산한다.
③ 상대조도 $\frac{e}{D}$와 레이놀즈 값 Re을 활용하여 두 값을 연결하고 관의 형태를 결정한다.
④ 관의 형태에 해당하는 마찰계수 f를 읽는다.

예제 17

그림 및 조건을 참조하여 노즐에서의 유속(m/s)을 계산하시오. 그리고 유량(ℓ/min)을 계산하시오.

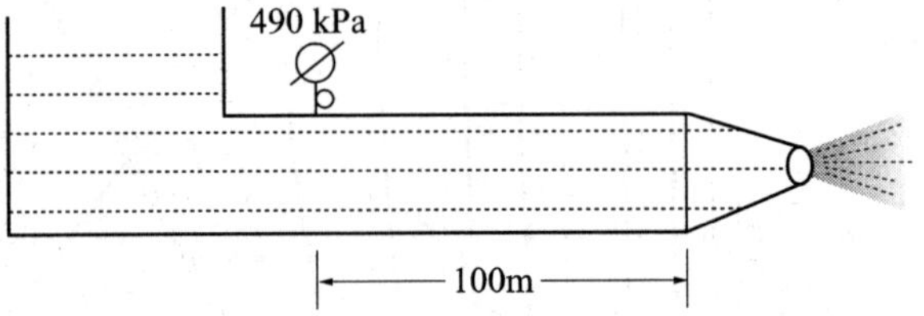

[조건]
① 배관의 내경은 60 mm이다.
② 노즐의 내경은 20 mm이다.
③ 배관에서 마찰손실계수 f는 0.0235로 한다.
④ 노즐의 마찰손실은 무시한다.

해설

연속방정식 $Q = A_1 V_1 = A_2 V_2$에서

$$\left(\frac{\pi \times 0.06^2}{4}\right) \mathrm{m}^2 \times V_1 (\mathrm{m/s}) = \left(\frac{\pi \times 0.02^2}{4}\right) \mathrm{m}^2 \times V_2 (\mathrm{m/s})$$

그러므로 $V_2 = 9V_1$이다.

배관의 마찰손실 h_ℓ은

$$h_\ell = f\frac{L}{D}\frac{V_1^2}{2g} = 0.0235 \times \frac{100\,\mathrm{m}}{0.06\,\mathrm{m}} \times \frac{V_1^2}{2 \times 9.8\,\mathrm{m/s^2}} = 2V_1^2$$

$p_1 = 490\,\mathrm{kPa} = 490\,\mathrm{kN/m^2}$이므로 수정베르누이방정식을 적용하면

$$\frac{V_1^2}{2g}+\frac{p_1}{\gamma}+z_1=\frac{V_2^2}{2g}+\frac{p_2}{\gamma}+z_2+h_\ell$$

$$\frac{V_1^2}{2\times 9.8\,\mathrm{m/s^2}}+\frac{490\,\mathrm{kN/m^2}}{9.8\,\mathrm{kN/m^3}}+0\,\mathrm{m}=\frac{(9V_1)^2}{2\times 9.8\,\mathrm{m/s^2}}+0+0\,\mathrm{m}+2V_1^2$$

$$6.08\,V_1^2=50\,\mathrm{m}$$

그러므로 $V_1=\sqrt{\dfrac{50}{6.08}}=2.87\,\mathrm{m/s}$

$$V_2=9V_1=9\times 2.87\,\mathrm{m/s}=25.83\,\mathrm{m/s}$$

유량은 $Q=A_1V_1=A_2V_2$에 의거하여 $Q=A_1V_1=A_2V_2$

$$Q=\frac{\pi}{4}(0.06)^2\times 2.87=8.11\times 10^{-3}\,\mathrm{m^3/s}=486.6\,\ell/\mathrm{min}$$

예제 18

지름 5 cm, 길이 20 m, 관마찰계수 0.02인 원관 속을 난류의 물이 흐르고 있다. 배관 출구와 입구의 압력 차이가 0.2기압이라면 유량(ℓ/s)은?

해설 압력강하가 0.2기압이므로

$$h_\ell=0.2\,\mathrm{atm}\times\frac{10.332\,\mathrm{mAq}}{1\,\mathrm{atm}}=2.066\,\mathrm{mAq}\text{이고}$$

$$h_\ell=2.066\,\mathrm{m}=f\cdot\frac{L}{D}\cdot\frac{V^2}{2g}=0.02\times\frac{20\,\mathrm{m}}{0.05\,\mathrm{m}}\times\frac{V^2}{2\times 9.8\,\mathrm{m/s^2}}$$

$V=3.234\,\mathrm{m/s}$ 이므로

$$Q=AV=\frac{\pi D^2}{4}\times V=\frac{\pi}{4}D^2\times V=\frac{\pi}{4}(0.05\,\mathrm{m})^2\times(3.324\,\mathrm{m/s})$$

$$=0.00635\,\mathrm{m^3/s}=6.35\,\ell/\mathrm{s}$$

예제 19

절대압력 150 kPa, 온도 17℃인 공기(점성계수 $\mu=18\times 10^{-6}$ kg/m · sec)가 길이 100 m이고 단면이 500 mm × 300 mm인 사각형 덕트 속에서 평균유속 1 m/s로 유동할 때 레이놀즈수, 손실수두(m), 상대조도를 구하라. 단, 공기의 기체상수는 $R=287$ N · m/kg · K, 덕트의 마찰계수는 $f=0.02$, 덕트의 절대조도는 $e=0.005$ m이다.

해설 공기를 이상기체로 간주하면 $pV=nRT=\dfrac{W}{M}RT$

$p=\dfrac{W}{VM}RT=\rho\dfrac{R}{M}T=\rho R'T$ 에서 $\rho=\dfrac{p}{R'T}$ 이다.

여기서 R'는 $R'=\dfrac{R}{M}$ 이다.

$$R'=\frac{R}{M}=\frac{0.082\,\mathrm{atm\cdot\ell/mol\cdot K}}{28.96\,\mathrm{g/mol}}=\frac{0.082\,\mathrm{atm\cdot\ell}}{28.96\,\mathrm{g\cdot K}}$$

$$= \frac{0.082 \times (1.01325 \times 10^5 \text{N/m}^2) \times 10^{-3} \text{m}^3}{28.96 \times 10^{-3} \text{kg} \cdot \text{K}} = 287 \text{N} \cdot \text{m/kg} \cdot \text{K}$$

$$\rho = \frac{p}{R'T} = \frac{150 \times 10^3 \frac{\text{N}}{\text{m}^2}}{287 \frac{\text{N} \cdot \text{m}}{\text{kg.K}} \times (273 + 17)\text{K}} = 1.8 \text{kg/m}^3$$

수력직경 $D_h = 4R_h = 4\frac{A}{P} = 4\frac{0.5 \times 0.3}{2(0.5 + 0.3)} = 0.375 \text{m}$

$$Re = \frac{\rho V D_h}{\mu} = \frac{1.8 \frac{\text{kg}}{\text{m}^3} \times 1 \frac{\text{m}}{\text{s}} \times 0.375 \text{m}}{18 \times 10^{-6} \frac{\text{kg}}{\text{m} \cdot \text{s}}} = 3.75 \times 10^4$$

$$h_\ell = f \frac{L}{D_h} \frac{V^2}{2g} = 0.02 \times \frac{100}{0.375} \times \frac{1^2}{2 \times 9.8} = 0.272 \text{m}$$

$$\frac{e}{D_h} = \frac{0.005}{0.375} = 0.013$$

예제 20

내경이 100 mm, 길이 150 m의 배관에 소방용수를 500 ℓ/min 유량으로 높이 50 m의 옥외 소화전에서 방수하려고 한다. 마찰손실계수가 0.025일 때 관로의 마찰손실수두(m)를 구하라.

해설

$$V = \frac{Q}{A} = \frac{0.5 \frac{\text{m}^3}{60 \text{sec}}}{\frac{\pi (0.1 \text{m})^2}{4}} = 1.057 \text{m/s}$$

$$h_\ell = f \frac{L}{D} \frac{V^2}{2g} = 0.025 \times \frac{150}{0.1 \text{m}} \times \frac{(1.057)^2}{2 \times 9.8 \text{m/s}^2} = 2.137 \text{m}$$

4.2 원관에서의 부차손실(圓管 副次損失, Minor loss in pipe system)

앞 절에서 설명한 마찰에 의한 손실수두 h_ℓ 은 단면의 변화가 없는 곧은 관로를 유체가 흐를 때의 손실수두이다. 즉, 단면에서의 속도 분포의 상태가 변화하지 않을 때에 생기는 손실수두이다. 그러나 흐름의 단면이나 그 방향이 변화할 때는 관벽에 의한 마찰손실 외에 흐름의 속도변화에 의한 수두손실이 발생한다. 이는 속도가 다른 유체의 부분이 충돌함으로써 발생하는 것이므로 충돌손실(衝突損失, shock loss)이라고 한다.

충돌수두는 관계(管系, pipe system)에서 곡관, 엘보우, 밸브, 단면 변화부분, 유입구, 기타 관 접속부속부품 등으로 직관손실(直管損失)을 제외한 모든 관로손실이므로 부차손실이라고도 한다.

부차손실을 일으키는 관이음쇠(pipe fitting)는 표1, 그림12와 같이 분류할 수 있다.

표1. 관이음쇠의 종류

구분	관이음쇠의 종류
직경이 동일한 2개 관의 연결	flange, union, coupling, nipple, socket
직경이 동일 관의 방향 변경	Y-piece (Y형 관이음쇠), tee, cross
관의 직경 변경	reducer, bushing
유로의 차단	plug, valve, cap
지선의 연결	Y-piece, tee, cross

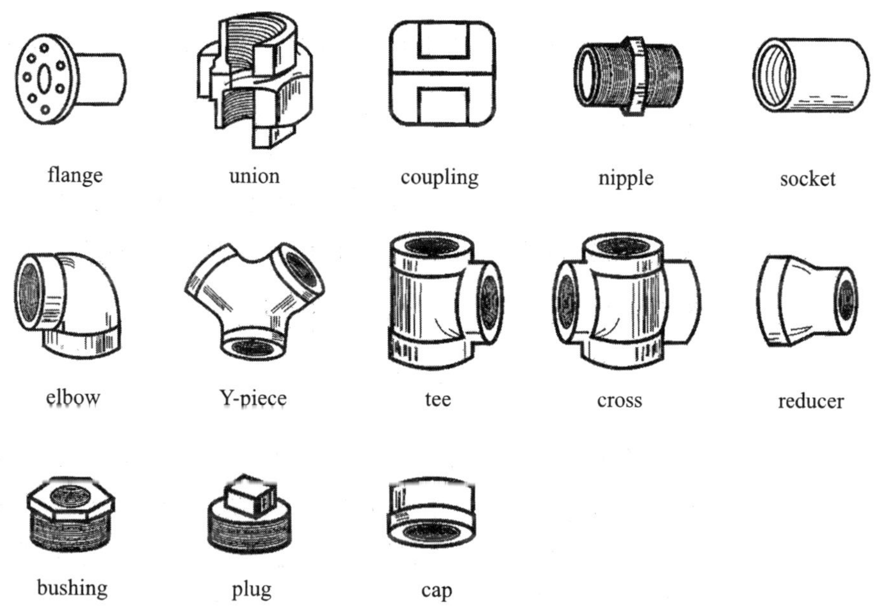

그림12. 관이음쇠의 외관

4.2.1 돌연 확대, 돌연 축소관에서의 손실

가. 돌연확대관에서의 손실

그림13과 같이 흐름의 단면이 A_1에서 A_2로 급격히 확대되는 돌연확대관(突然擴大管, sudden enlargement pipe)에서는 A_1 중의 고속 V_1의 흐름이 A_2 중의 저속 V_2의 흐름에 의하여 충돌혼합하여 그 때 특수한 소용돌이가 생기므로 관벽의 마찰손실인 주손실 이외에 충돌손실인 부차손실이 발생한다.

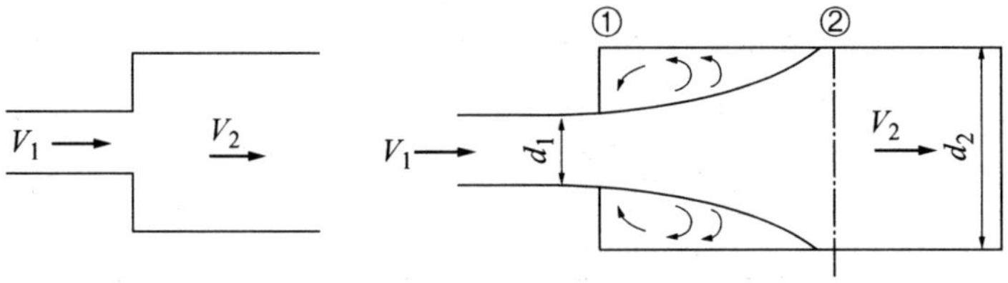

그림13. 돌연확대관의 흐름

그림13에서 단면 1과 2에서 평균유속을 V_1, V_2라 하면 연속의 원리에 의하여

$$Q = A_1 V_1 = A_2 V_2$$

이다. 그리고 단면 1과 2를 단위초당 흐르는 유체의 운동량은 각각 $\rho Q V_1$, $\rho Q V_2$이다. 따라서 유체가 A_1에서 A_2로 흐르기 위하여 매초 일어나는 운동량의 변화는

$$\rho Q V_1 - \rho Q V_2 = \rho A_1 V_1 (V_1 - V_2)$$

이다. 속도가 큰 주류가 속도가 작은 와류(渦流, eddy current) 사이에 속도차이에 의한 강한 전단력이 발생하게 되므로 관 벽의 마찰력은 와류에 의한 전단력에 비해서 작으므로 관 벽의 마찰력을 무시하면, "어떤 물체에 작용하는 외력의 합은 단위시간에 대한 그 물체의 운동량의 변화와 같다."는 운동량의 원리에 의하여 1, 2 사이의 흐름에 대해서 다음 관계식이 성립된다.

$$p_2 A_2 - p_1 A_2 = \rho A_1 V_1 (V_1 - V_2)$$

위 식에서 $p_1 A_1$로 표기하지 않고 $p_1 A_2$로 표기한 것을 유의할 필요가 있다. 그림14와 같이 단면 A_1과 A_2에서의 압력 p_1 및 p_2가 각 단면상에 균일하게

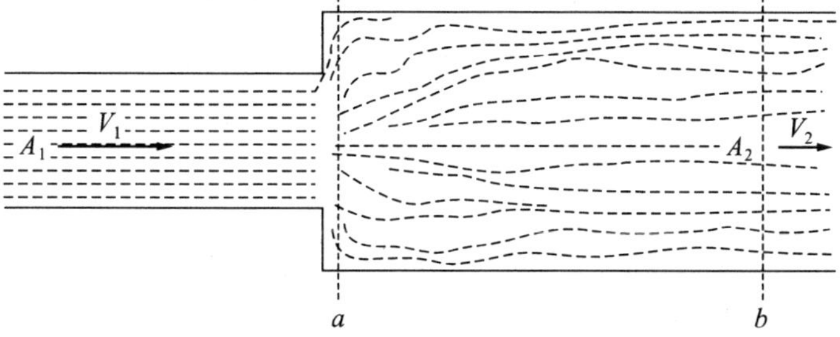

그림14.

분포되어 있는 것으로 가정하면 위의 운동량의 변화를 일으키기 위하여 A_1를 나온 직후(돌연확대된 부분)의 단면 aa와 흐름이 대략 안정되었다고 생각되는 단면 bb와의 사이에 있는 유체에 작용하는 압력에 의한 힘은

① 단면 aa에서 우측방향으로 작용하는 힘 $p_1 A_2$
② 단면 bb에서 좌측방향으로 작용하는 힘 $p_2 A_2$

이다. 단, aa 단면에서 작용하는 압력은 일정하지 않고 계속 변화하는 것으로 생각되나 단면 A_1를 나온 직후이므로 A_1에서와 같은 압력 p_1이 작용하고 있다고 볼 수 있고 aa 단면의 단면적은 A_2이다. 위와 같은 이유로 $p_1 A_1$로 표기하지 않고 $p_1 A_2$로 표기한 것이다.
위 식에 $A_2 = A_1 \dfrac{V_1}{V_2}$을 대입하면

$$\frac{\gamma}{g} A_1 V_1 (V_1 - V_2) = p_2 A_2 - p_1 A_2 = A_1 \frac{V_1}{V_2} (p_2 - p_1)$$

$$\frac{V_2}{g} (V_1 - V_2) = \frac{p_2 - p_1}{\gamma}$$

가 된다. 위 식으로부터 $\dfrac{p_1}{\gamma}$을 구하면

$$\frac{p_1}{\gamma} = \frac{p_2}{\gamma} - \frac{V_1 V_2}{g} + \frac{V_2^2}{g} = \frac{p_2}{\gamma} - \frac{2 V_1 V_2}{2g} + \frac{V_2^2}{2g} + \frac{V_2^2}{2g}$$

으로 되며, 다시 이 식의 양변에 $\dfrac{V_1^2}{2g}$을 더하면

$$\frac{p_1}{\gamma}+\frac{V_1^2}{2g}=\frac{p_2}{\gamma}+\frac{V_2^2}{2g}-\frac{2V_1V_2}{2g}+\frac{V_2^2}{2g}+\frac{V_1^2}{2g}$$

$$=\frac{p_2}{\gamma}+\frac{V_2^2}{2g}+\frac{(V_1-V_2)^2}{2g} \quad ⓐ$$

지금 단면 A_1 및 A_2의 중심선에 대하여 손실수두를 무시하면 Bernoulli의 식에 의하여

$$\frac{p_1}{\gamma}+\frac{V_1^2}{2g}=\frac{p_2}{\gamma}+\frac{V_2^2}{2g}$$

로 된다. 이 식과 식 ⓐ를 비교하면, 손실수두를 고려하지 않을 때는 ⓐ식의 마지막 항 $\frac{(V_1-V_2)^2}{2g}=0$이 되며, 그리고 이 항이 단면의 확대에 의한 손실수두 h_ℓ임을 알 수 있다. 따라서

$$h_\ell=\frac{(V_1-V_2)^2}{2g} \quad ⓑ$$

으로 된다. 다시 $V_1=\frac{A_2}{A_1}V_2$ 또는 $V_2=\frac{A_1}{A_2}V_1$의 관계를 고려하면

$$h_\ell=\frac{(V_1-V_2)^2}{2g}=\frac{V_1^2}{2g}\left\{1-\frac{A_1}{A_2}\right\}^2=\frac{V_2^2}{2g}\left\{\frac{A_2}{A_1}-1\right\}^2 \quad ⓒ$$

가 된다. 여기서 $K=\left\{1-\frac{A_1}{A_2}\right\}^2$라고 놓으면 손실수두는

$$h_\ell=K\frac{V_1^2}{2g} \quad (21)$$

와 같은 형으로 표시할 수 있다. K를 손실계수(損失係數, loss factor)라고 한다.

예제 21

안지름이 각각 300 mm와 450 mm의 원관이 직접 연결되어 있다. 안지름이 작은 관에서 큰 관 방향으로 매초 230 ℓ 의 물이 흐르고 있을 때 돌연확대부분에서의 손실(m, Pa)은 얼마인가?

해설

축소관 유속 V_1은 $V_1 = \dfrac{Q}{A_1} = \dfrac{230 \times 10^{-3}\,\mathrm{m^3/s}}{\dfrac{\pi}{4} \times 0.3^2\,\mathrm{m^2}} = 3.253\,\mathrm{m/s}$

확대관의 유속 V_2는 $V_2 = \dfrac{Q}{A_2} = \dfrac{230 \times 10^{-3}\,\mathrm{m^3/s}}{\dfrac{\pi}{4} \times 0.45^2\,\mathrm{m^2}} = 1.446\,\mathrm{m/s}$

돌연확대관에서의 손실수두 h_ℓ은 $h_\ell = \dfrac{(V_1 - V_2)^2}{2g} = \dfrac{(3.25 - 1.45)^2}{2 \times 9.8} = 0.165\,\mathrm{m}$

돌연확대관에서의 압력손실 Δp는 $\Delta p = 0.165\,\mathrm{m} \times \dfrac{101{,}325\,\mathrm{kPa}}{10.332\,\mathrm{m}} = 1{,}618.14\,\mathrm{Pa}$

나. 돌연축소관에서의 손실

그림15와 같이 흐름의 단면이 갑자기 축소할 때 흐름이 날카로운 부분을 지나가므로 흐름의 단면이 일시 축소되었다가 다시 확대되어 관벽에 충돌할 경우, 역시 마찰 이외의 충돌손실이 생긴다. 이 단면이 최소로 되는 수축부를 축맥(縮脈, vena contract)이라 한다. 여기서 축맥부에서의 속도를 V_0, 축맥부의 유로 단면적을 A_0라고 표시하자.

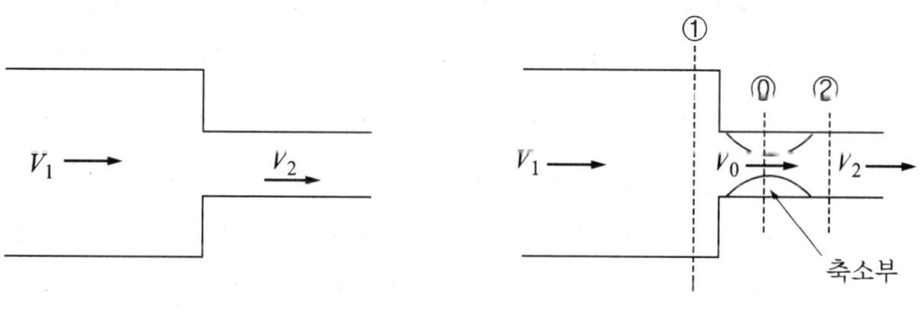

그림15. 돌연축소관의 흐름

단면1과 축맥부 0 사이에서 생기는 손실은 확대부 0과 2 사이에서 생기는 손실에 비하면 무시할 수 있으므로 돌연축소관(突然縮小管, sudden contraction pipe)에서 생기는 손실은

$$h_\ell = \frac{(V_0 - V_2)^2}{2g} \tag{22}$$

로 근사시킬 수 있다. C_c를 수축계수라고 하면 $A_0 = C_c A_2$이므로 연속방정식 $V_0 A_0 = V_0 C_c A_2 = V_2 A_2$의 관계를 식 (22)에 대입하면 돌연축소관의 관로손실은 다음 식으로 표시할 수 있다.

$$h_\ell = \left\{\frac{A_2}{A_0} - 1\right\}^2 \frac{V_2^2}{2g} = \left\{\frac{1}{C_c} - 1\right\}^2 \frac{V_2^2}{2g} = K\frac{V_2^2}{2g} \tag{23}$$

여기서 손실계수 K는 $K = \left\{\frac{1}{C_c} - 1\right\}^2$이다. 물에 대한 수축계수는 Weisbach의 실험 결과에 의하면 다음 표와 같이 $\frac{A_2}{A_1}$의 증가에 따라서 C_c는 증가한다.

A_2/A_1	0.1	0.2	0.3	0.4	0.5	0.6	0.7	0.8	0.9	1.0
C_c	0.624	0.632	0.643	0.659	0.681	0.712	0.755	0.813	0.892	1.0

4.2.2 점진 확대, 점진 축소관에서의 손실

가. 점진 확대관에서의 손실

점차확대관은 유체의 속도를 감소시키고 압력을 상승시키고자 할 때 사용된다. Gibson은 1910년경 안지름 D_1의 가는 관과 안지름 D_2의 굵은 관을 연결하는 원추관의 길이를 여러 가지로 변경시키면서 실험하였다. 이 실험결과, 원추관이 짧고 θ가 클 때에는 주류(主流)가 관벽으로부터 이탈하여 소용돌이가 생기고, 충돌손실 h_s가 커지며 65°일 때 최대가 된다. 반대로 θ가 너무 작으면 원추관이 매우 길게 되어 관 벽의 마찰손실 h가 커진다. Gibson은 θ가 5°30′가 되도록 원추관의 길이를 선정했을 때, 손실수두의 합계 $h_\ell = h_s + h$이 최소치로 된다고 하였다.

$$h_\ell = K\frac{(V_1 - V_2)^2}{2g} \tag{24}$$

단, V_1, V_2는 안지름 d_1 및 d_2의 관에서의 평균유속이며 K는 그림16과 같이 각 θ에 따라 변화하는 손실계수이다. $\theta = 180°$일 때는 돌연확대관과 같으므로 $K = 1$이다.

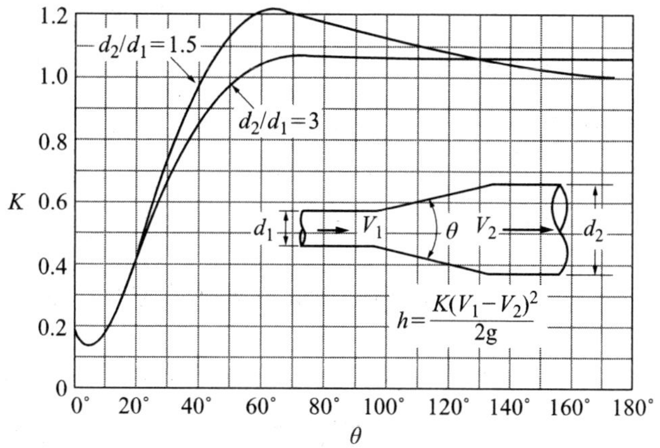

그림16. 점진확대관에 대한 손실계수

나. 점진 축소관에서의 손실

점진축소관은 점진확대관과 반대로 속도를 증가시키고 압력을 감소시키는 목적으로 사용되며 이 경우는 일반적으로 마찰손실만 고려한다.
손실수두 h_ℓ은

$$h_\ell = K\frac{V_2^2}{2g} \tag{25}$$

이이에 valve나 cock에 이한 손실, 곡관(曲管, bend pipe)에 이한 손실, 관 입구 및 출구에서의 부차손실이 있다. 일반적으로 이러한 부차손실은

$$h_\ell = K\frac{V^2}{2g}$$

와 같이 표시된다. 손실계수 K는 실험에 의하여 결정할 수밖에 없다. 그림17에 유입구 및 직각부분에 대한 손실계수를, 그림18에 큰 반지름의 곡관에 대한 손실계수의 대략치를 표시하여 놓았다.
그림19와 같이 급격확대 부분의 직경이 아주 큰 경우, 즉 $d_1 \ll d_2$이면 손실계수 $K = 1$로 간주한다.

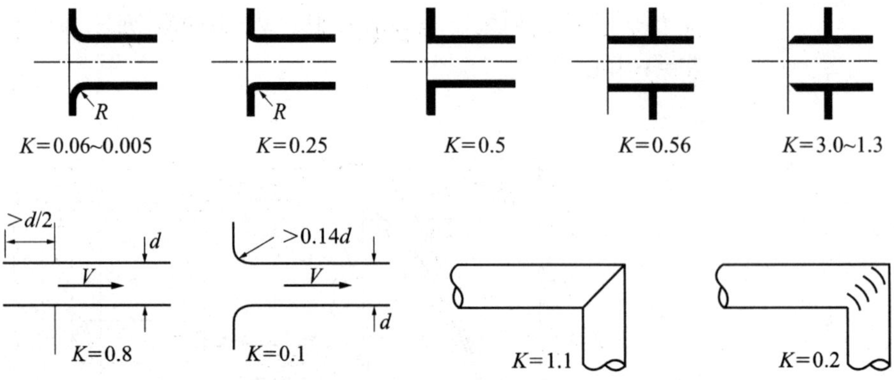

그림17. 유입구 및 직각 부분에 대한 손실계수

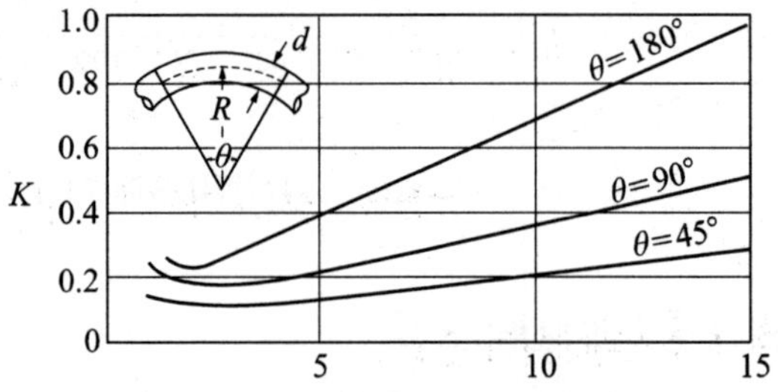

그림18. 곡관에 대한 손실계수

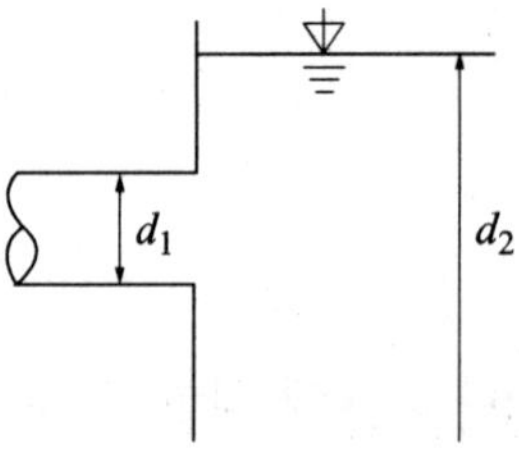

그림19. 큰 차이의 급확대관

4.2.3 부차손실의 같은 손실을 갖는 직관길이로의 환산

부차손실은 이것과 같은 손실을 갖는 직관의 길이로 환산하여 모든 관로손실을 직관손실로 계산할 수 있다. 이 환산된 직관길이 L_e를 등가길이 또는 상당직관길이(相當直管長, equivalent length of pipe)라 한다. 그러므로

$$f\frac{L_e}{D}\frac{V^2}{2g} = K\frac{V^2}{2g}$$

으로부터 상당직관길이는 $L_e = \dfrac{KD}{f}$ 로 계산된다. 모든 부분품에 대한 상당직관길이를 $\sum L_e$ 라 표기하면 관로손실은

$$h_\ell = f\frac{(L+\sum L_e)}{D}\frac{V^2}{2g} \tag{27}$$

으로 계산한다. $L+\sum L_e$ 를 조정길이(調整長, adjusted length)라고도 한다.

예제 22

그림에서 d_1, d_2는 각각 300 mm, 200 mm이고, l_1, l_2는 각각 600 m, 900 m이며, 마찰계수 f_1, f_2는 0.03, 0.02라고 할 때 직경 d_1인 관길이 l_1을 직경 d_2인 관으로 환산한 등가길이는 몇 m인가?

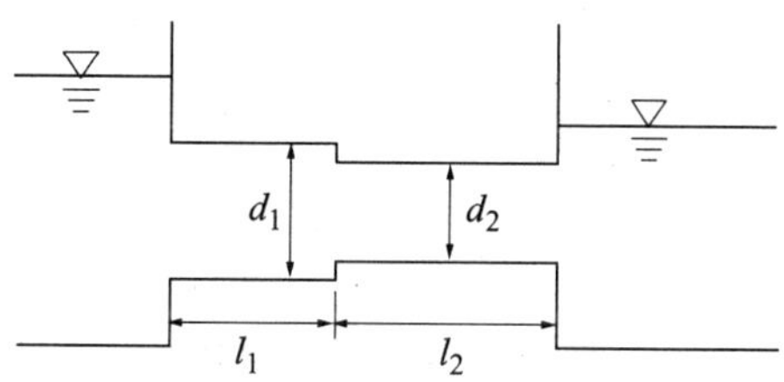

해설

$$Q = AV = \frac{\pi}{4}(0.3\,\mathrm{m})^2 \times V_1 = \frac{\pi}{4}(0.2\,\mathrm{m})^2 \times V_2 \text{에서}$$

$$V_1 = \frac{4}{9}V_2 \text{이고,}$$

$$h_{\ell 1} = f_1\frac{L_1}{D_1}\frac{V_1^2}{2g} = f_2\frac{L_e}{D_2}\frac{V_2^2}{2g} \text{에서}$$

$$L_e = \frac{f_1}{f_2} \times \frac{D_2}{D_1} \times \frac{V_1^2}{V_2^2} \times L_1 = \frac{0.03}{0.02} \times \frac{0.2\,\mathrm{m}}{0.3\,\mathrm{m}} \times \frac{4^2}{9^2} \times 600\,\mathrm{m} = 118.5\,\mathrm{m}$$

예제 23

그림에서 $H = 9$ m일 때 유량은 60ℓ/sec이다. 15℃의 물이며, 원관은 강관으로서 조도는 $\varepsilon = 4.6 \times 10^{-3}$ cm이며, 또 유입구, 90°엘보, 글로브밸브에서의 손실계수는 각각 0.5, 0.73, 0.2이다. 그리고 15℃의 물은 동점성계수 $\nu = 1.007 \times 10^{-6}$ m^2/sec이다.

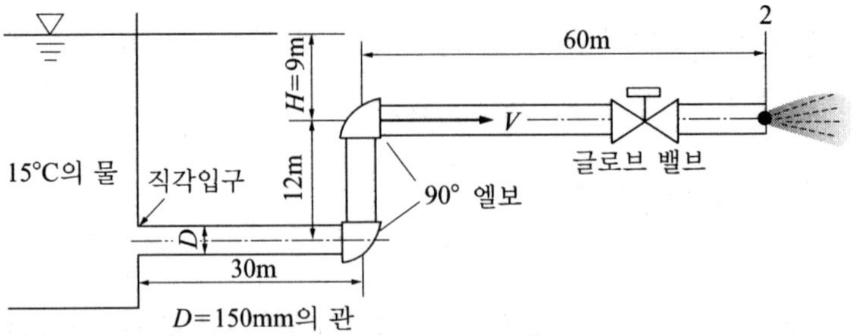

(1) 이 흐름은 층류인가? 난류인가?

(2) 상대조도는 얼마인가?

(3) 손실은 얼마인가?

(4) 에너지경사선(energy grade line)과 동수경사선(hydraulic grade line)은?

해설

(1) 평균속도 V는 $V=\dfrac{Q}{A}=\dfrac{0.06\,\mathrm{m^3/sec}}{(\pi/4)(0.15\,\mathrm{m})^2}=3.40\,\mathrm{m/sec}$

이고, 15℃의 물은 동점성계수 $\nu = 1.007\times10^{-6}\ \mathrm{m^2/sec}$이므로

Reynolds수는

$$Re=\frac{VD}{\nu}=\frac{(3.40\,\mathrm{m/sec})(0.15\,\mathrm{m})}{1.007\times10^{-6}\mathrm{m^2/sec}}=506{,}000=5.06\times10^5$$

이어서 이 흐름은 난류이다.

(2) 상대조도 e/D는 $\dfrac{e}{D}=\dfrac{4.6\times10^{-3}\mathrm{cm}}{15\,\mathrm{cm}}=0.0003$이다.

(3) Moody 선도로부터 마찰계수 $f=0.0165$이다.

그러므로 수두손실은

$$h_\ell=(0.5+2\times0.73+0.2)\frac{3.4^2}{2\times9.8}+0.0165\times\frac{102}{0.15}\times\frac{3.4^2}{2\times9.8}=7.9\,\mathrm{m}$$

이다. 아래와 같이 상당직관길이로 손실을 계산할 수 있다.

입구에서의 상당직관길이 $=\dfrac{KD}{f}=\dfrac{0.5\times0.15}{0.0165}=4.55\,\mathrm{m}$

엘보우에서의 상당직관길이 $=2\times\dfrac{0.73\times0.15}{0.0165}=13.27\,\mathrm{m}$

글로브밸브에서의 상당직관길이 $=\dfrac{0.2\times0.15}{0.0165}=1.82\,\mathrm{m}$

$\sum L_e=4.55+13.27+1.82=19.64$

따라서 손실수두는 식 (27)에 의거

$$h_\ell=f\frac{(L+\sum L_e)}{D}\frac{V^2}{2g}=0.0165\times\frac{102+19.64}{0.15}\times\frac{3.4^2}{2\times9.8}=7.9\,\mathrm{m}$$

(4) 에너지경사선과 동수경사선

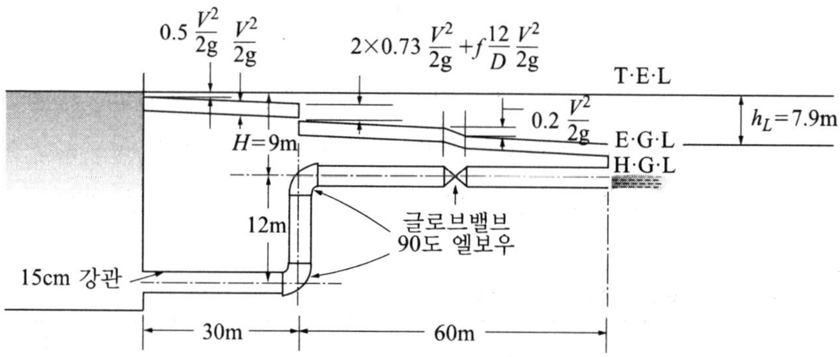

5. 단위길이당 압력손실

관마찰손실에 대한 계산식은 Darcy-Weisbach의 식

$$h_\ell = f\frac{L}{D}\frac{V^2}{2g} \quad ⓐ$$

과 Hazen-Williams의 지수식이 있다. Hazen-Williams의 지수식은

$$h_\ell = \frac{RQ^n}{D^m}L \quad ⓑ$$

여기서, Q : 유량

D : 관지름

L : 관길이

h_ℓ : 길이 L에서 일어나는 수두손실(水頭損失)

R : 저항계수(抵抗係數)로 관조도(管粗度)만의 함수

로 표현된다.

상온(常溫)에서 물에 대한 저항계수는

$$R = \frac{10.675}{C^n}\ (\text{SI단위계}),\ R = \frac{4.727}{C^n}\ (\text{영국단위계}) \qquad ⓒ$$

와 같이 주어진다. 여기서 $n = 1.852$, $m = 4.8704$, C는 조도계수(粗度係數, roughness coefficient)라 하며 조도에 따라 결정되는 무차원상수(無次元常數)로서 다음 표와 같은 값을 갖는다.

표2. 여러 가지 관에 대한 C

C	관 종류
140	극히 매끈하고 반듯한 관, abestos-cement 관
130	매우 매끈한 직관, 콘크리트 관, 신품 주철관
120	wood-stave, 신품 용접 강관
110	vitrified clay, 신품 리벳 강관
100	중고 주철관
95	중고 리벳 강관
60~80	고물 동관

따라서 배관 내에 흐르는 유체가 물인 경우

① 단위길이당 직관손실은 $\dfrac{h_\ell}{L} = \dfrac{10.675}{C^{1.852}} \times \dfrac{Q^{1.852}}{D^{4.8704}}$ ⓓ

② 단위길이당 압력손실은 $\dfrac{\Delta p}{L} = \gamma\dfrac{h_\ell}{L} = \gamma\dfrac{10.675}{C^{1.852}} \times \dfrac{Q^{1.852}}{D^{4.8704}}$ ⓔ

이다. 그러므로 γ의 단위를 1,000 kg_f/m^3, 유량 Q의 단위를 ℓ/min, 관의 직경 D의 단위를 mm로 할 때 1 m당 압력손실 Δp (kg_f/cm^2)는

$$\Delta p\,(\mathrm{kg_f/cm^2}) = 6.174 \times 10^5 \times \frac{Q^{1.852}}{C^{1.852} D^{4.8704}} \fallingdotseq 6.174 \times 10^5 \times \frac{Q^2}{C^2 D^5}$$

$$\Delta p\,(\mathrm{MPa}) = 6.174 \times 10^4 \times \frac{Q^{1.852}}{C^{1.852} D^{4.8704}} \fallingdotseq 6.174 \times 10^4 \times \frac{Q^2}{C^2 D^5} \qquad ⓕ$$

이 된다. 소방시설 설계에서는 일반적으로 식 ⓕ의 우변, 즉

$$\Delta p\,(\mathrm{kg_f/cm^2/m}) \fallingdotseq 6.174\times 10^5 \times \frac{Q^2}{C^2 D^5}$$

$$\Delta p\,(\mathrm{MPa/m}) \fallingdotseq 6.174\times 10^4 \times \frac{Q^2}{C^2 D^5} \qquad ⓖ$$

의 공식을 이용하여 손실수두를 계산한다.

부차손실에 의한 압력강하는 상당직관길이 L_e로 환산하여 식 ⓕ 또는 식 ⓖ에 L_e를 대입하면 된다.

따라서 배관 전 길이에 걸친 총마찰손실압력은 길이 L과 상당직관길이 L_e를 합한 후 이를 식 ⓕ 또는 식 ⓖ에 곱하면 된다.

예제 24

다음은 소화설비의 배관에서 물흐름에 대한 마찰손실을 산출하는 하젠 윌리엄스 공식이다.

$$\Delta p = 4.52\times \frac{Q^{1.85}}{C^{1.85}\times d^{4.87}}$$

여기서, Δp : 배관의 단위길이(feet)당 마찰손실에 의한 압력강하(psi/feet)
Q : 배관 내의 유수량(gallon/min)
C : 무차원수
d : 배관의 직경(inch)

위의 공식을 우리의 사용 습관에 맞게 하도록 Δp (kg$_f$/cm^2/m), Q(ℓ/min), d(mm)의 단위가 되도록 차원변환(dimension conversion)을 하라. 단, 1 pound = 0.4535 kg, 1 gallon = 3.785 ℓ, 1 inch = 25.4 mm, 14.7 lb$_f$/in^2 = 1.0332 kg$_f$/cm^{2}이다.

해설 $\Delta p = 4.52\times \frac{Q^{1.85}}{C^{1.85}\times d^{4.87}}$를 $\Delta p' = K\times \frac{Q'^{1.85}}{C'^{1.85}\times d'^{4.87}}$로 바꾸는 문제이다.

즉, $\Delta p = 4.52\times \frac{Q^{1.85}}{C^{1.85}\times d^{4.87}}$ 식에서 4.52 대신에 어떤 숫자로 바꿔야 하는지를 묻는 문제이다. 4.52는 상수가 아니라 $4.52\left\{\Delta p \times \frac{C^{1.85}\times d^{4.87}}{Q^{1.85}}\right\}$와 같은 단위가 포함되어 있으므로 포함된 단위를 원하는 단위로 아래와 같이 변환하면 된다.

$$4.52\times\left\{\Delta p\times\frac{C^{1.85}\times d^{4.87}}{Q^{1.85}}\right\} = 4.52\times\left\{\frac{\mathrm{lb_f/inch^2}}{\mathrm{ft}}\times\frac{C^{1.85}\times(\mathrm{inch})^{4.87}}{(\mathrm{galon/min})^{1.85}}\right\}$$

$$= 4.52\times\left\{\frac{\frac{1.0332}{14.7}\mathrm{kg_f/cm^2}}{\mathrm{ft}\times\frac{0.3048\,\mathrm{m}}{\mathrm{ft}}}\times\frac{C^{1.85}\times(25.4\,\mathrm{mm})^{4.87}}{(3.785\,\ell/\mathrm{min})^{1.85}}\right\}$$

$$= 616{,}749.56$$

다음과 같이 구할 수도 있다.

$$\Delta p' : \frac{\mathrm{lb_f/inch^2}}{\mathrm{ft}} \times \frac{\mathrm{ft}}{0.3048\,\mathrm{m}} \times \frac{1.0332\,\mathrm{kg_f/cm^2}}{14.7\,\mathrm{lb_f/inch^2}} = 0.2306\,\mathrm{kg_f/cm^2/m}$$

$$Q' : \frac{\mathrm{gallon}}{\mathrm{min}} \times \frac{3.785\,\ell}{\mathrm{gallon}} = 3.785\,\ell/\mathrm{min}$$

$$d' : 25.4\,\mathrm{mm},\ C = C'$$

$$K = 4.52 \times \frac{0.2306 \times 1 \times 25.4^{4.87}}{3.785^{1.85}} = 6.168 \times 10^5$$

$$\Delta p = 6.168 \times 10^5 \times \frac{Q^{1.85}}{C^{1.85} \times d^{4.87}}$$

예제 25

그림과 같이 지름 2.5인치인 소방호스 75 m가 소방차에 연결되어 있다. 이 호스의 끝에서 700 kPa의 압력과 600 lpm의 유량이 필요한 경우 펌프에서의 압력(kPa)은?
단, Hazen-Williams의 지수식에서 조도계수 C는 130이다.

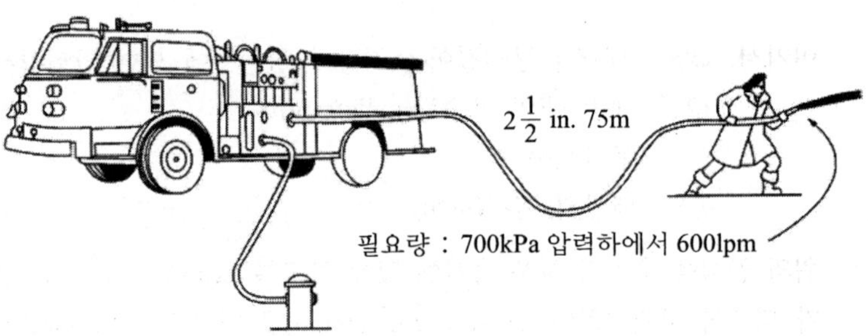

해설 유량 $Q(\ell/\mathrm{min})$, 관의 직경 $D\,(\mathrm{mm})$일 때 1 m당 압력손실 $\Delta p\ (\mathrm{kg_f/cm^2})$는 Hazen-Williams의 지수식에 의거

$$\Delta p\ (\mathrm{kg_f/cm^2}) = 6.174 \times 10^5 \times \frac{Q^{1.852}}{C^{1.852} D^{4.8704}}$$ 이므로

$$\Delta p\ (\mathrm{kg_f/cm^2}) = 6.174 \times 10^5 \times \frac{600^{1.852}}{130^{1.852} \times (2.5 \times 2.54 \times 10)^{4.8704}}$$

$$= 0.017396\,(\mathrm{kg_f/cm^2}) = 1{,}706\,(\mathrm{N/m^2})$$

이므로 총손실압력 p_{loss}은 $p_{loss} = \Delta p \times 75 = 127{,}950\,\mathrm{Pa} = 127.95\,\mathrm{kPa}$이다.
펌프에서 필요한 압력은 마찰에 의한 손실압력과 필요한 노즐압력을 더하면 되므로 소방차의 펌프에서 필요한 압력 p_{engine}은 다음과 같다.

$$p_{engine} = p_{loss} + p_{nozzle} = 127.95 + 700 = 827.95\,\mathrm{kPa}$$

예제 26

배관에 설치된 압력계의 압력이 아래 그림과 같을 때 두 배의 유량을 흘려보낸다면 압력차는 얼마나 되겠는가? 단, 배관의 마찰손실은 하젠－윌리엄스공식을 따른다.

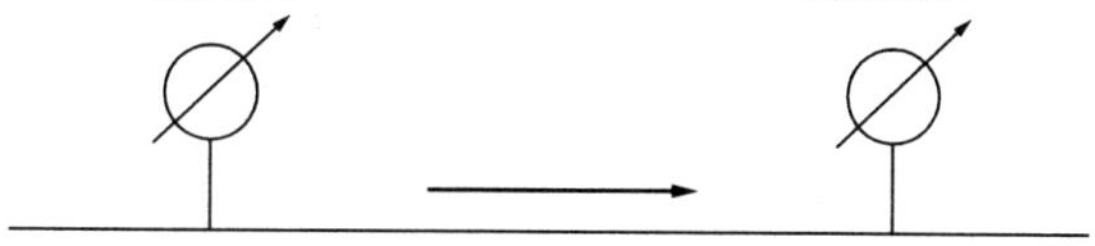

해설

단위길이당 압력손실을 나타내는 공식이 하젠－윌리엄스공식이다.

$\Delta p\ (\text{MPa}) = 6.174 \times 10^4 \times \dfrac{Q^{1.852}}{C^{1.852} D^{1.8704}}$ 이다.

Q 유량을 흘려보낼 때 $\Delta p_1\ (\text{MPa}) = 6.174 \times 10^4 \times \dfrac{Q_1^{1.852}}{C_1^{1.852} D_1^{4.8704}} \times L_1$ ①

$2Q$ 유량을 흘려보낼 때 $\Delta p_2\ (\text{MPa}) = 6.174 \times 10^4 \times \dfrac{Q_2^{1.852}}{C_2^{1.852} D_2^{4.8704}} \times L_2$ ②

$C_1 = C_2$, $D_1 = D_2$, $L_1 = L_2$ 을 감안하고, ②식을 ①식으로 나누면

$\dfrac{\Delta p_2}{\Delta p_1} = \dfrac{Q_2^{1.852}}{Q_1^{1.852}} = \left(\dfrac{2Q_1}{Q_1}\right)^{1.852} = 2^{1.852}$ 이므로

$\Delta p_2 = \Delta p_1 \times 2^{1.852} = (0.86 - 0.63) \times 2^{1.852} = 0.83\,\text{MPa}$

예제 27

배관마찰계수가 0.016의 배관 내에 유체가 3 m/s로 흐르고 있다. 배관의 길이가 1,000 m, 내경이 100 mm인 배관 내의 거칠기(조도) C값을 구하시오. 단, 배관 마찰은 Darcy-Weisbach 식과 Hazen-Williams 식을 이용한다.

해설

이 배관 내에 흐르는 유량 Q는

$Q = AV = \dfrac{\pi}{4} D^2 \times V = \dfrac{\pi}{4} 0.1^2 \times 3 = 0.02356\,\text{m}^3/\text{s} = 1{,}413.72\,\ell/\text{min}$

Darcy-Weisbach 식 $h_\ell = f \dfrac{L}{D} \dfrac{V^2}{2g}$ 에서 주어진 값을 대입하면

$h_\ell = f \dfrac{L}{D} \dfrac{V^2}{2g} = 0.016 \dfrac{1{,}000}{0.1} \dfrac{3^2}{2 \times 9.8} = 73.47\,\text{m}$

이고 이 손실수두를 압력으로 환산하면 0.7342 MPa이다.

Hazen-Williams 식 $\Delta p = 6.174 \times 10^4 \times \dfrac{Q^{1.85}}{C^{1.85} D^{4.87}} \times L$ 에서 주어진 값을 대입하면

$$\Delta p = 0.7342\,\text{MPa} = 6.174 \times 10^4 \times \frac{\text{Q}^{1.85}}{\text{C}^{1.85}\text{D}^{4.87}} \times \text{L}$$

$$= 6.174 \times 10^4 \times \frac{1{,}413.72^{1.85}}{C^{1.85} 100^{4.87}} \times 1{,}000$$

에서 조도 C의 값을 구하면

$$C^{1.85} = 6.174 \times 10^4 \times \frac{1{,}413.72^{1.85}}{0.7342 \times 100^{4.87}} \times 1{,}000 = 10{,}302$$

$$C = 10{,}302^{\frac{1}{1.85}} = 147.62$$

6. 관로문제

관로문제(管路問題, pipe problem)는 단일관로문제(單一管路, simple pipe line problem)와 복합관로문제(復合管路問題, multiple-path pipe problems)로 크게 나눌 수 있다. 단일관로 문제는 다음과 같은 세 가지 유형의 문제로 분류할 수 있다.

6.1 단일관로문제

가. 관로의 임의 단면에서의 유동조건(Q, ρ, ν), 표면조도 e, 관의 기하학적 치수(L, D)와 형상을 알 때 다른 단면에서의 유동조건을 계산하는 문제

이 유형의 문제는 연속방정식, 수정 Bernoulli방정식, Moody 선도를 이용하여 직접 계산된다. 다음 예를 통하여 상세히 설명하기로 한다.

예제 28

그림과 같은 관로계(管路系, pipe system)에서 펌프가 150 mm 상품 강관을 통하여 20℃의 물을 30 ℓ/sec의 유량으로 수송한다. 펌프의 송출압력을 700 kPa이라 할 때 장치에 유입되는 물의 압력은 몇 kg_f/cm^2인가? 단, 20℃의 물은 $\gamma = 9{,}789\ N/m^3$, $\rho = 998.2\ kg/m^3$, $\mu = 1.005 \times 10^{-3}\ kg/m \cdot s$, $\nu = 1.007 \times 10^{-6}\ m^2/sec$이고 상대조도 e/D는 0.046/150 = 0.0003이다.

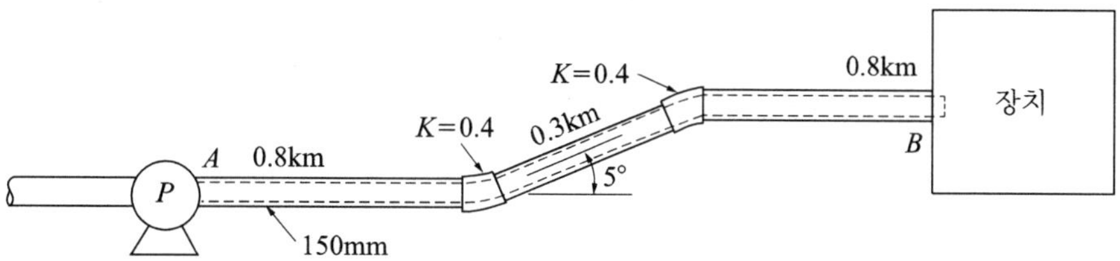

해설 검사체적(檢査體積, control volume)을 전체 원관 내부로 택하고, 이 검사체적에 수정 Bernoulli방정식을 적용하면

$$\frac{V_A^2}{2g} + \frac{p_A}{\gamma} + z_A = \frac{V_B^2}{2g} + \frac{p_B}{\gamma} + z_B + h_{\ell(A-B)} \tag{1}$$

$V_A = V_B = V$이고, 연속방정식에 의하여 $V = \dfrac{Q}{A} = \dfrac{0.03\,m^3/sec}{(\pi/4)(0.15)\,m^2} = 1.7\,m/sec$

A-B 사이에서 생기는 수두손실 $h_{\ell(A-B)}$를 계산하기 위하여 먼저 Reynolds수를 계산한다.

$$Re = \frac{VD}{\nu} = \frac{(1.7\,m/sec)(0.15\,m)}{1.007 \times 10^{-6}\,m^2/sec} = 2.5 \times 10^5$$

또 상대조도 e/D는 $0.046/150 = 0.0003$이고, Moody선도로부터 $f = 0.0173$이다. 이들 값을 사용하면 수두손실은

$$h_{\ell(A-B)} = \left(0.0173 \times \frac{1{,}900}{0.15} + 2 \times 0.4\right)\frac{1.7^2}{2 \times 9.8} = 32.4\,m$$

을 얻는다 이 값을 식 (1)에 대입하고 $V_A = V_B$를 적용하면 수정 Bernoulli방정식은 다음과 같이 쓸 수 있다.

$$\frac{p_A}{\gamma} + z_A = \frac{p_B}{\gamma} + z_B + 32.4$$

$z_A = 0$으로 놓으면, $z_B = 300\sin 5° = 26.1\,m$ 이므로 p_B는

$$p_B = p_A - (26.1 + 32.4)\gamma = 700{,}000\,Pa - (58.5\,m) \times (9{,}789\,N/m^3)$$
$$= 127{,}343.5\,Pa = 1.3\,kg_f/cm^2$$

이다.

나. 몇 개의 단면에서의 압력(혹은 수두손실)과 표면조도 e, 관로의 기하학적 치수와 형상을 알 때 유량 Q를 계산하는 문제

이 유형의 문제는 주어진 유동변수와 배관의 기하학적 형상으로부터 유속 V 또는 유량 Q를 계산하는 문제이다. 마찰계수 f는 속도 V의 항으로 표시할 수 없으므로 수정 Bernoulli방정식에는 미지수 V와 f가 나타난다. 그러므로 f와 V(Reynolds수) 사이의 관계를 Moody 선도로부터 찾아가며 축차법을 사용하여 V를 계산하여야 한다.

다음 예를 통하여 상세히 설명하기로 한다.

예제 29

그림과 같은 배관계에서 20℃의 물이 200 mm 강관을 통하여 분출한다. 유량을 계산하라.

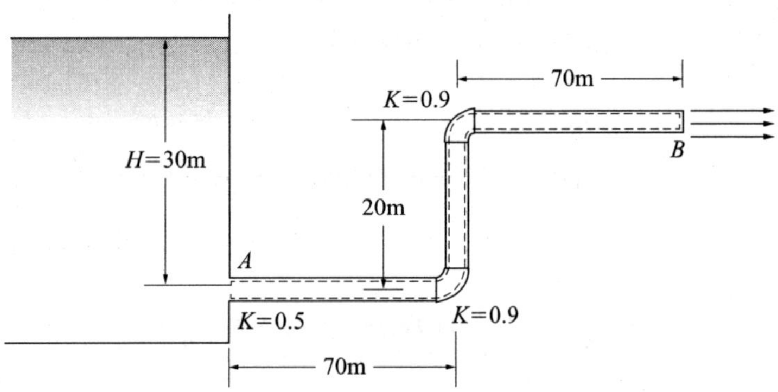

해설 점선으로 표시한 검사체적에 대하여 수정 Bernoulli방정식을 적용하면

$$\frac{V_A^2}{2g}+\frac{p_A}{\gamma}+z_A=\frac{V_B^2}{2g}+\frac{p_B}{\gamma}+z_B+h_{\ell(A-B)} \tag{1}$$

또 수조 자유표면과 배관 유입구 사이에 Bernoulli 정리를 적용하면

$$30=\frac{p_A}{\gamma}+\frac{V_A^2}{2g} \tag{2}$$

(1)식에 (2)식을 대입하면

$$30+z_A=\frac{V_B^2}{2g}+\frac{p_B}{\gamma}+z_B+h_{\ell(A-B)} \tag{3}$$

를 얻는다.

$z_A=0,\ z_B=20,\ p_B=0$ (대기압, 계기압 0)이고,

$$h_{\ell(A-B)}=(0.5+2\times 0.9)\frac{V_B^2}{2g}+f\,\frac{160}{0.2}\,\frac{V_B^2}{2g} \tag{4}$$

이다. 이들 값을 (3)식에 대입하고 정리하면

$$(3.4+800f)\,V_B = 20g = 196 \qquad (5)$$

(5)식은 f와 V_B 사이에 수학적 관계가 주어지면 직접 V_B를 계산할 수 있다. 그러나 f를 V_B의 항으로 표시하는 수학적 관계를 얻을 수 없으므로 방정식 (5)식은 Moody 선도와 연립해서 풀어야 한다. 먼저 f의 값을 가정하여야 한다. f의 값을 어떻게 가정하는가에 따라서 축차계산과정(逐次計算過程)을 단축할 수 있는지의 여부가 결정된다. 보통은 Moody 선도에서 상대조도 e/D에 대응하는 완전난류역(完全亂流域, 완전히 거칠은 영역)에서의 f값을 첫 시행치로 취한다. 이 문제에서는 상대조도 $e/D = 0.046/200 = 0.00023$이므로 $e/D = 0.00023$에 대응하는 완전난류역에서의 f는 대략 0.014이다. $f = 0.014$를 (5)식에 대입하면

$$V_B = 3.66\,\mathrm{m/sec}$$

f의 가정치가 타당한가를 검토하기 위하여 $V_B = 3.66\,\mathrm{m/sec}$에 대한 Reynolds수를 계산하여 f값을 Moody 선도로부터 찾아본다.

$$Re = \frac{V_B D}{\nu} = \frac{(3.66\,\mathrm{m/sec})(0.2\,\mathrm{m})}{1.007\times10^{-6}\,\mathrm{m^2/sec}} = 7.27\times10^5$$

Moody 선도로부터 $e/D = 0.00023$에 대한 $Re = 7.27\times10^5$에 대응하는 f를 읽는다.

$$f = 0.0152$$

만일 계산된 $f\,(=0.0152)$가 먼저 가정한 $f\,(=0.014)$와 일치하면 계산된 속도 V_B ($=3.66$ m/sec)는 문제가 요구하는 답이다. 그러나 f값이 서로 일치하지 않으므로 계산된 f(여기서는 0.0152)를 제2시행치로 하여 계산을 되풀이한다. 이와 같은 계산과정을 f가 일치할 때까지 되풀이한다. $f = 0.0152$를 (5)식에 대입하고 V_B를 다시 계산하면 $V_B = 3.55\,\mathrm{m/sec}$

Reynolds 수는 $Re = \dfrac{V_B D}{\nu} = \dfrac{(3.55\,\mathrm{m/sec})(0.2\,\mathrm{m})}{1.007\times10^{-6}\,\mathrm{m^2/sec}} = 7.05\times10^5$

$Re = 7.05\times10^5$에 대응하는 $f \fallingdotseq 0.0152$

따라서 $V_B = 3.55$는 요구하는 유속이다. 유량 Q는

$Q = AV = \dfrac{\pi}{4}(0.2\,\mathrm{m})^2(3.55\,\mathrm{m/sec}) = 0.112\,\mathrm{m^3/sec}$이다.

Bernoulli방정식이나 수정 Bernoulli방정식을 적용할 때 압력을 절대압력 대신 계기압력을 사용하였다. 그 이유로서는 양변에 p/γ항이 있으므로 $p/\gamma = p/\gamma + p_{atm}/\gamma$ (p는 계기압력)의 p_{atm}/γ 항은 서로 생략되기 때문이다.

지름이 서로 다른 관이 연결되어 있는 배관계에 대하여도 같은 과정으로 계산할 수 있다. 먼저 각 관에서의 마찰계수를 가정하고, 각 관에서의 유속을 연속방정식과 수정 Bernoulli방정식으로부터 계산한다. 다음에 각 관에서의 속도에 대한 Reynolds수를 계산하여 Moody 선도로부터의 값들을 검토한다. 각 관에서의 f의 값이 시행치(試行値)와 일치될 때까지 되풀이하여 요구하는 유량을 계산할 수 있다.

다. 관로의 기하학적 형상과 유량 Q, 두 단면에서의 압력을 알 때 요구하는 관 종류에 대한 지름을 계산하는 문제

이 유형의 문제도 축차법(逐次法)을 사용하여 푼다. 다음 예를 통하여 상세히 설명하기로 한다.

예제 30

그림과 같은 배관계에 $\mu = 71.8 \times 10^{-4}\,\text{N}\cdot\text{sec/m}$, $\rho = 856\,\text{kg/m}^3$의 원유가 28 ℓ/s의 유량으로 물탱크 A로부터 물탱크 B로 수송된다. 알맞은 관의 지름을 결정하여라.

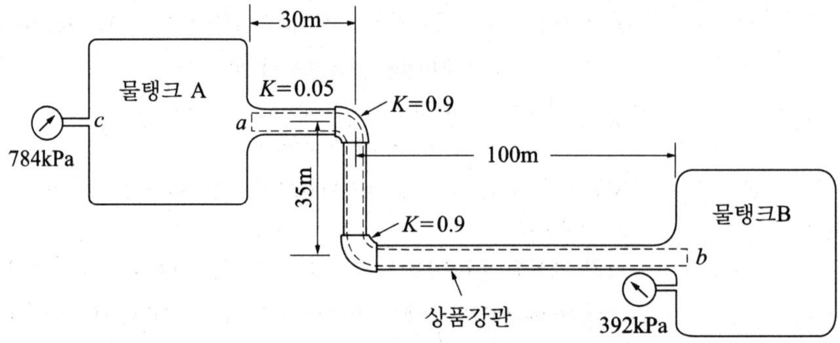

해설 검사체적을 그림에 도시한 바와 같이 관 내벽에 의하여 둘러싸인 영역과 출구(수조 B의 유입구)에서 수조로 약간 연장된 부분을 포함해서 택한다. 검사체적을 이와 같이 택하면 출구에서는 압력이 392 kPa인 수조에 자유분출을 한다고 생각할 수 있으므로 검사체적의 b부분에 작용하는 압력은 392 kPa이다. 또 A수조의 c와 a 사이에 Bernoulli 정리를 적용하면

$$\frac{p_c}{\gamma} = \frac{784 \times 10^3}{(856)(9.8)} = \frac{p_a}{\gamma} + \frac{V_a^2}{2g} \tag{1}$$

a와 b 사이의 수정 Bernoulli방정식은

$$\frac{p_a}{\gamma} + \frac{V_a^2}{2g} + z_a = \frac{p_b}{\gamma} + \frac{V_b^2}{2g} + z_b + h_\ell(a-b) \tag{2}$$

식 (2)에서 식 (1)의 관계를 대입하면

$$\frac{784 \times 10^3}{(856)(9.8)} + z_a = \frac{p_b}{\gamma} + \frac{V^2}{2g} + z_b + h_\ell(a-b) \tag{3}$$

와 같이 쓸 수 있다. 이 식에 $z_a = 35\,\text{m}$, $z_b = 0$, $p_b = 392{,}000\,\text{Pa}$, $V_b = V$

$$h_\ell(a-b) = (0.05 + 2 \times 0.9)\frac{V^2}{2g} + f\,\frac{165}{D}\,\frac{V^2}{2g}$$

을 대입하고 정리하면 $\left(2.85 + f\,\dfrac{165}{D}\right)V^2 = 1{,}602$ (4)

연속방정식으로부터 $Q = 28 \times 10^{-3}\,\mathrm{m^3/s} = \dfrac{\pi}{4} D^2 V,\ \ V = \dfrac{35.65 \times 10^{-3}}{D^2}$ (5)

식 (5)를 식 (4)에 대입하면 수정 Bernoulli방정식은 다음 식으로 표시된다.

$1{,}602D^2 - 0.0036D - 0.21f = 0$ (6)

이 방정식은 Moody 선도와 연립해서 시행오차법(試行誤差法)으로 풀 수 있다. f의 값을 $f = 0.015$로 가정하면

$1{,}602D^2 - 0.0036D - 0.00315 = 0$ (7)

식 (7)에서 D에 관해서 풀면 $D = 0.073\,\mathrm{m}$를 얻는다. 이 지름에 대응하는 속도와 Reynolds 수는 $V = \dfrac{28 \times 10^{-3}}{\dfrac{\pi}{4} \times 0.073^2} = 6.69\,\mathrm{m/s},\ Re = \dfrac{(856)(6.69)(0.073)}{71.8 \times 10^{-4}} = 58{,}223$

또 상품강관(商品鋼管)에 있어서 $D = 0.046\,\mathrm{m}$, 상대조도 $e/D = 0.00063$, $Re = 58{,}223$에 대응하는 마찰계수는 Moody 선도로부터 $f = 0.023$을 얻는다.

이 f값을 방정식 식 (6)에 대입하고 D에 관해서 방정식을 풀면

$1{,}602D^5 - 0.0036D - 0.00483 = 0$

이 식을 풀면 $D = 0.08\,\mathrm{m}$

또 $V = \dfrac{28 \times 10^{-3}}{\dfrac{\pi}{4} \times 0.08^2} = 5.57\,\mathrm{m/s},\ Re = \dfrac{(856)(5.57)(0.08)}{71.8 \times 10^{-4}} = 53{,}124$

Moody 선도로부터 $f \fallingdotseq 0.023$이므로 구하고자 하는 관의 지름은 80 mm이다.

예제 31

그림과 같은 배관계에 $\mu = 5 \times 10^{-5}\ \mathrm{lb_f sec/ft^2}$, $\gamma = 50\ \mathrm{lb_f sec/ft^3}$의 기름이 1 cfs의 유량으로 물탱크 A로부터 물탱크 B로 수송된다. 알맞은 관의 치수를 결정하여라.

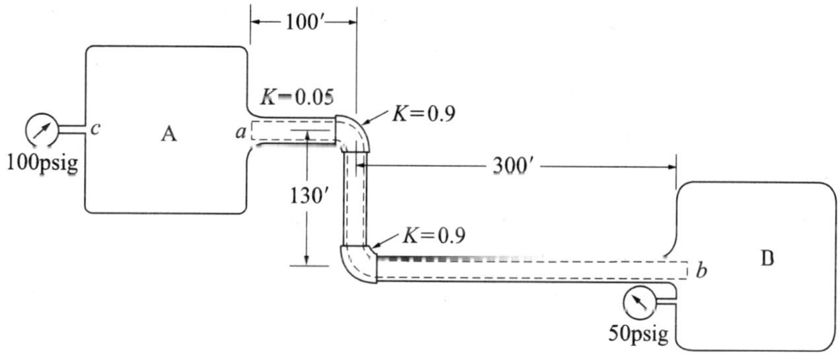

해설 검사체적을 그림에 도시한 바와 같이 관 내벽에 의하여 둘러싸인 영역과 출구(수조 B의 유입구)에서 수조로 약간 연장된 부분을 포함해서 택한다. 검사체적을 이와 같이 택하면 출구에서는 압력이 50 psig인 수조에 자유분출을 한다고 생각할 수 있으므로 검사체적의 b부분에 작용하는 압력은 50 psig이다. 또 A수조의 c와 a 사이에

Bernoulli 정리를 적용하면

$$\frac{p_c}{\gamma}=\frac{100(\mathrm{lb_f/inch^2})(12\,\mathrm{inch/ft})^2}{50(\mathrm{lb_f/ft^3})}=\frac{p_a}{\gamma}+\frac{V_a^2}{2g} \tag{1}$$

a와 b 사이의 수정 Bernoulli방정식은

$$\frac{p_a}{\gamma}+\frac{V_a^2}{2g}+z_a=\frac{p_b}{\gamma}+\frac{V_b^2}{2g}+z_b+h_\ell(a-b) \tag{2}$$

식 (2)에서 식 (1)의 관계를 대입하면

$$\frac{14{,}400}{50}+z_a=\frac{p_b}{\gamma}+\frac{V_b^2}{2g}+z_b+h_\ell(a-b) \tag{3}$$

와 같이 쓸 수 있다. 이 식에

$z_a=130,\ z_b=0$

$p_b=50\,\mathrm{lb_f/inch^2}=50(\mathrm{lb_f/inch^2})(12\,\mathrm{inch/ft})^2=50\times144\,\mathrm{lb_f/ft^2}$

$h_\ell(a-b)=(0.05+2\times0.9)\dfrac{V_b^2}{2g}+f\dfrac{530}{D}\dfrac{V_b^2}{2g}$

을 대입하고 정리하면

$$\left(2.85+f\frac{530}{D}\right)V_b^2=548\,g \tag{4}$$

연속방정식으로부터

$$Q=1\,\mathrm{cfs}(\mathrm{ft^3/s})=\frac{\pi}{4}D^2V,\ \ V=\frac{4}{\pi D^2}(\mathrm{ft/sec}) \tag{5}$$

식 (5)를 식 (4)에 대입하면 수정 Bernoulli방정식은 다음 식으로 표시된다.

$$10{,}885D^2-2.85D-530f=0 \tag{6}$$

이 방정식은 Moody 선도와 연립해서 시행오차법(試行誤差法)으로 풀 수 있다.

f의 값을 $f=0.015$로 가정하면

$$10{,}885D^2-2.85D-7.95=0 \tag{7}$$

식 (7)의 제2항은 부차손실과 운동에너지항을 대표하는 항이다. 문제에 따라서는 이 항은 무시할 수 있으나 대부분의 관로문제에 있어서는 무시할 수는 없다. 그러나 이 항은 다른 항에 비하여 비교적 작은 값을 갖는다. 그러므로 D의 첫 시행치로서 식 (7)의 제2항을 무시하고 D에 관해서 풀어 얻은 값을 취한다.

$D=0.326\,\mathrm{ft}$

이 지름에 대응하는 속도와 Reynolds 수는

$V=22.9\,\mathrm{ft/s},\ Re=167{,}800$

또 상품강관(商品鋼管)에 있어서 $D=0.326\,\mathrm{ft}$에 대한 상대조도는 0.00061이므로 Moody 선도로부터 마찰계수 $f=0.0198$을 얻는다. 이 f값을 방정식 식 (6)에 대입하고 D에 관해서 방정식을 풀면 (제2항을 무시하지 않고)

$D=0.253\,\mathrm{ft}$

$D=0.253\,\mathrm{ft}$에 대하여

$V=19.80\,\mathrm{ft/s},\ Re=156{,}300$

$e/D=0.00059,\ f=0.0198$

이 문제는 수렴속도가 빠르다는 것을 알 수 있다. 단 한 번의 시행으로 f값이 일치하였다. 만일 f값이 다르게 계산되면 새로운 f값을 식 (6)에 대입하여 다시 방정식을 푼다. 이와 같이 하여 f가 일치할 때까지 계산을 되풀이한다.
배관설계에 있어서 지름을 가장 적당하게 결정하는 문제는 극히 중요한 문제이다. 관지름의 결정은 공동현상의 발생, 수격작용의 발생 등의 여부와 경제성을 충분히 고려하여 결정하여야 한다. 여기서 경제성이란, 예를 들면 손실을 줄이기 위하여(운전동력비를 줄이기 위하여) 관지름을 크게 택하면 배관비(초기투자 및 보수비)가 증가된다. 반면에 배관비를 줄이기 위하여 관지름을 작게 택하면 손실이 커서 운전비가 많이 든다. 그러므로 배관설계에 있어서 관지름의 결정은 이들 모든 사항을 충분히 고려하면서 축차 최적점(逐次 最適點)을 찾아야 한다.

6.2 복합 관로문제(復合 管路問題, multiple-path pipe problems)

복합 관로문제는 다지관(多枝管, branching pipe system) 문제와 회로망(回路網, networks of pipes) 문제로 크게 나누어 생각할 수 있다. 회로망 문제는 화학공장의 배관, 상수도 배관 등에서 매우 중요하게 다루어진다. 복잡한 회로망 문제는 손으로 계산하기란 극히 힘들므로 전용프로그램을 사용하여 계산한다.

여기에서는 손쉽게 계산할 수 있는 간단한 문제를 예로 하여 회로망 계산과정을 설명한다.

6.2.1 다지관

한 점으로부터 여러 갈래의 관로가 각각 저장용기에 연결된 것을 다지관(多枝管, branching pipe system)이라 한다. 그림20은 다지관의 한 예이다. 다지관 문제는 수조의 위치, 관지름, 관계(管系, pipe system)의 기하학적 형상을 알 때 각 관로를 통하여 흐르는 유량을 계산하는 문제와, 필요한 유량으로 흐르기 위한 관지름 결정문제로 나누어 생각할 수 있는데, 여기서는 전자(前者)의 경우에 대하여만 언급한다.

관지름과 수조의 위치, 관계의 기하학적 형상이 주어지고 유체의 물성(物性, physical property)을 안다고 가정하면 각 관에서는 Darcy-Weisbach 식, 분기점에서는 연속방정식이 만족하여야 한다.

그림20과 같은 다지관에서는 공통점(또는 分枝點) J에 유입하는 유량과 유출하는 유량이 같으므로 공통점 J에서의 연속방정식은 다음과 같이 두 가지 경우로 표시할 수 있다.

$$Q_1 = Q_2 + Q_3 \text{ (1 → 2, 3으로 흐르는 경우)} \quad ⓐ$$

$$Q_1 + Q_2 = Q_3 \text{ (1, 2 → 3으로 흐르는 경우)} \quad ⓑ$$

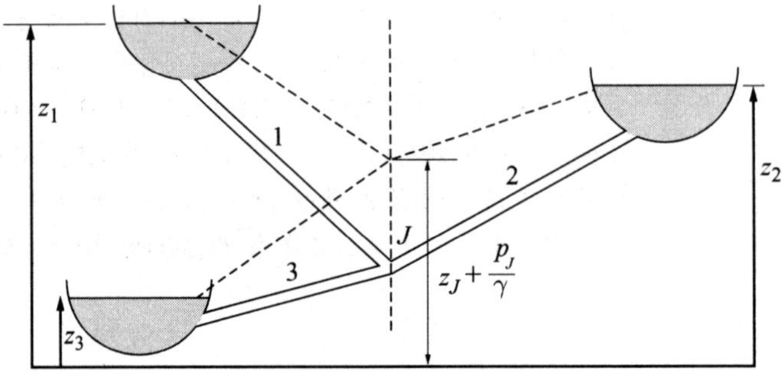

그림20.

공통점 J 에서의 연속방정식이 식 ⓐ 또는 식 ⓑ 로 표시되는가?의 판정은 분기점 J 에서의 수력구배선 $z_J + p_J/\gamma$가 중간 수조 위의 위에 있는가 혹은 아래에 있는가에 따라 판정할 수 있다.

만일 J의 수력구배선 $z_J + p_J/\gamma$가 수조 1의 아래에 있고, 수조 2와 3의 위에 있다면 수조 1에서 흘러나온 유체는 수조 2와 3으로 유입하므로 공통점에서의 연속방정식은 식 ⓐ로 주어진다.

만일 J의 수력구배선이 수조 1과 2 아래에 있고, 수조 3의 위에 위치한다면 수조 1과 2에서 유출한 유체는 수조 3으로 유입하므로 J 에서의 연속방정식은 식 ⓑ로 주어진다.

다지관 문제를 푸는 과정은

① 먼저 공통점 J 에서의 수력구배선(水力勾配線)을 가정한다.

② 각 수조의 자유표면과 공통점 사이에 수정 Bernoulli방정식과 Darcy-Weisbach 식을 이용하여 각 분지관(分枝管)에 흐르는 유량 Q_1, Q_2, Q_3 을 계산한다.

③ 다음에 공통점에서 연속방정식 성립여부를 검토한다.

연속방정식이 성립하면 가정한 수력구배선은 실제의 수력구배선과 일치되었다는 것을 의미하고 계산된 유량 Q_1, Q_2, Q_3 은 구하고자 하는 답이다. 그러나 연속방정식이 성립하지 않을 때는 다시 J 에서의 수력구배선을 가정하여 계산을 되풀이한다.

예제 32

그림20의 다지관(多枝管)에는 20℃의 물이 흐른다. 각 관에 흐르는 유량을 계산하여라. 단, $L_1 = 3{,}000$ m, $D_1 = 1$ m, $e_1/D_1 = 0.0002$; $L_2 = 600$ m, $D_2 = 0.45$ m, $e_2/D_2 = 0.002$; $L_3 = 1{,}000$ m, $D_3 = 0.6$ m, $e_3/D_3 = 0.001$; $z_1 = 30$ m, $z_2 = 18$ m, $z_3 = 9$ m이다. 또 길이 L은 부차손실에 해당하는 상당직관장(相當直管長)이 포함된 것으로 가정한다.

해설 먼저 공통점 J에서의 수력구배 $z_J + p_J/\gamma = 23$ m로 가정한다. 공통점 J에서의 속도수두는 무시하고 각 수조의 액면과 공통점 J 사이에 수정 Bernoulli방정식을 적용하면

$$z_1 = \frac{p_J}{\gamma} + z_J + f_1 \frac{L_1}{D_1}\frac{V_1^2}{2g}, \quad \frac{p_J}{\gamma} + z_J = z_2 + f_2 \frac{L_2}{D_2}\frac{V_2^2}{2g}, \quad \frac{p_J}{\gamma} + z_J = z_3 + f_3 \frac{L_3}{D_3}\frac{V_3^2}{2g}$$

이들 식에 주어진 수치를 대입하면

$$7 = f_1 \frac{3{,}000}{1}\frac{V_1^2}{2g} \tag{1}$$

$$5 = f_2 \frac{600}{0.45}\frac{V_2^2}{2g} \tag{2}$$

$$14 = f_3 \frac{1{,}000}{0.60}\frac{V_3^2}{2g} \tag{3}$$

식 (1), (2), (3)을 각각 Moody 선도와 연립하여 축차법을 사용해서 f와 V, Q를 계산하면

$f_1 = 0.014$, $V_1 = 1.75$ m/sec, $Q_1 = 1.380$ m^3/sec

$f_2 = 0.024$, $V_2 = 1.75$ m/sec, $Q_2 = 0.278$ m^3/sec

$f_3 = 0.020$, $V_3 = 2.87$ m/sec, $Q_3 = 0.811$ m^3/sec

를 얻는다. 계산한 유량 Q_1, Q_2, Q_3을 연속방정식에 대입하면

$1.380 \neq 0.278 + 0.811$, $1.380 - (0.278 + 0.811) = 0.291$ m^3/sec

다시 $z_J + p_J/\gamma = 24.6$ m로 가정하면

$$5.4 = f_1 \frac{3{,}000}{1}\frac{V_1^2}{2g}, \quad f_1 = 0.015, \quad V_1 = 1.534 \text{ m/sec}, \quad Q_1 = 1.205 \text{ m}^3\text{/sec}$$

$$6.6 = f_2 \frac{600}{0.45}\frac{V_2^2}{2g}, \quad f_2 = 0.024, \quad V_2 = 2.011 \text{ m/sec}, \quad Q_2 = 0.320 \text{ m}^3\text{/sec}$$

$$15.6 = f_3 \frac{1{,}000}{0.60}\frac{V_3^2}{2g}, \quad f_3 = 0.020, \quad V_3 = 3.029 \text{ m/sec}, \quad Q_3 = 0.856 \text{ m}^3\text{/sec}$$

$1.205 \neq 0.320 + 0.856$, $1.205 - (0.320 + 0.856) = 0.029$ m^3/sec

아직도 $Q_1 > Q_2 + Q_3$이다. 그러므로 $z_J + p_J/\gamma$를 다시 가정하여 계산을 반복하여야 한다. $z_J + p_J/\gamma$의 가정치를 선형외삽(線型外插)에 의하여 구하면

$$z_J + \frac{p_J}{\gamma} = 24.6 + \frac{24.6 - 23}{0.291 - 0.029} \times 0.029 = 24.8 \text{ m}$$

$z_J + p_J/\gamma = 24.8$ m에 대한 유량은 각각

$Q_1 = 1.183\ \mathrm{m^3/sec}$, $Q_2 = 0.325\ \mathrm{m^3/sec}$, $Q_3 = 0.862\ \mathrm{m^3/sec}$

$1.183 - (0.325 + 0.862) = 0.004$

이 값은 만족할 만한 결과이다.

6.2.2 관회로망

관회로망(管回路網, pipe network) 문제는 2절점 회로망과 다절점(多節點) 회로망 문제로 나누어 생각할 수 있다.

가. 2절점 관회로망

그림21에 2절점 회로망의 한 예를 소개하여 놓았다. 그림21과 같이 한 관로에서 여러 개의 관로로 분기(分岐)하였다가 다시 하나의 관로로 합쳐지는 것을 2절점 관회로망 또는 병렬관(竝列管, parallel pipes)이라 한다.

그림21의 관회로망은 2개의 절점(節點, node)과 2개의 망(網, mesh), 그리고 3개의 지관(枝管, branch pipe)으로 구성되어 있는데, 여기서는 2개의 절점과 n개의 지관을 갖는 관회로망에 대해 알아보자.

각 지관의 단면은 각각 균일단면이라고 가정하면 A, B 사이에 일어나는 압력강하는 모든 지관에서 같아야 하므로 각 지관에서 생기는 수두손실은 같다. 즉, 경로(지관)에 관계없이 단위중량당의 유체가 손실로 잃는 에너지는 같으므로 각 지관의 손실수두는 같다.

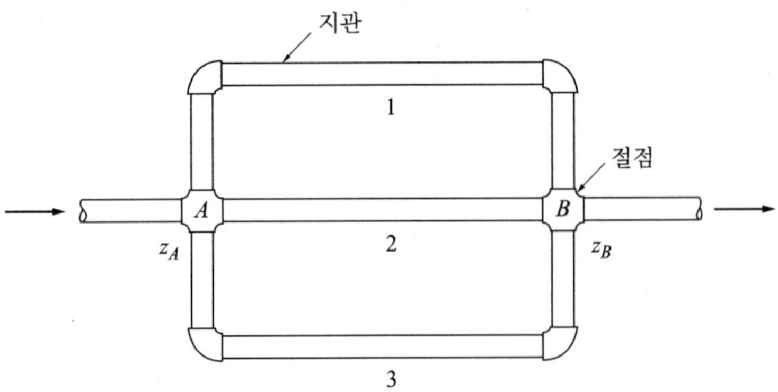

그림21.

$$h_{\ell 1} = h_{\ell 2} = h_{\ell 3} = \cdots = h_{\ell n} \quad ⓒ$$

식 ⓒ의 관계는 A, B 사이에서 각 지관에 대하여 수정 Bernoulli방정식을 적용하면 쉽게 얻을 수 있다. 절점 A, B에서 손실이 없다고 가정하면 각 지관에 대한 수정 Bernoulli방정식은

$$\frac{p_A - p_B}{\gamma} = z_B - z_A + h_{\ell 1} \quad ⓓ$$

$$\frac{p_A - p_B}{\gamma} = z_B - z_A + h_{\ell n}$$

식 ⓓ에서 $p_A - p_B$와 $z_B - z_A$는 각 지관에서 공통이므로 식 ⓒ가 자연히 얻어진다. 또 회로망 내에 흐르는 유체는 연속방정식을 만족하여야 하므로

$$Q_{in} = Q_1 + Q_2 + Q_3 + \cdots + Q_n = Q_{out} \quad ⓔ$$

2절점 관회로망 문제는 아래와 같이 2개의 유형으로 나누어 생각할 수 있다.

① A와 B에서의 압력과 관조도, 배관의 기하학적 형상을 알 때 유량 Q를 계산하는 문제
이 유형의 문제는 두 절점 사이의 압력강하를 알고 있으므로 단순관로문제의 해법을 적용하여 각 지관에서의 유량을 직접 계산할 수 있다. 전유량은 각 지관 유량의 합으로 계산한다.

예제 33

그림과 같이 한 점에서 분기한 후 다시 합류하는 관이 있다. 그 중 관 ①은 직경 25 cm, 길이 250 m이고 관 ②는 직경 20 cm, 길이 300 m이다. 두 관을 흐르는 총유량이 100 ℓ/sec일 때 각 관을 흐르는 유량을 구하라. 단, 관마찰손실 이외의 손실은 없는 것으로 한다. 또한 두 관의 마찰계수 f는 0.03이다.

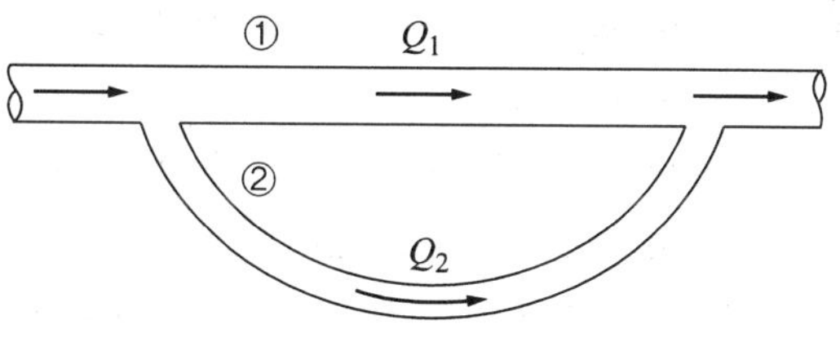

해설 큰 관의 입구와 작은 관의 입구는 같은 점이므로 같은 압력이다. 또 큰 관의 출구와 작은 관의 출구도 같은 점이므로 같은 압력이다. 따라서 두 관에서의 압력강하는 같다. 즉, 양쪽 관 모두 같은 손실수두를 갖는다. 손실수두는 관마찰손실 뿐이므로 큰 관의 직경을 D_1, 길이를 L_1, 유속을 V_1, 작은 관의 직경을 D_2, 길이를 L_2, 유속을 V_2라고 하면

$f\dfrac{L_1}{D_1}\dfrac{V_1^2}{2g} = f\dfrac{L_2}{D_2}\dfrac{V_2^2}{2g}$ 이다.

여기서 V_2 / V_1를 구하면 $\dfrac{V_2}{V_1} = \sqrt{\dfrac{D_2 L_1}{D_1 L_2}}$

각 관에서의 유량 Q_1, Q_2는 $Q_1 = \dfrac{\pi}{4}D_1^2 V_1$, $Q_2 = \dfrac{\pi}{4}D_2^2 V_2$ 이다.

$$\text{그러므로 } \frac{Q_2}{Q_1} = \frac{V_2}{V_1}\left(\frac{D_2}{D_1}\right)^2 = \sqrt{\frac{D_2 L_1}{D_1 L_2}} \times \left(\frac{D_2}{D_1}\right)^2 = \left(\frac{D_2}{D_1}\right)^{2.5} \times \left(\frac{L_2}{L_1}\right)^{-0.5}$$

$$= \left(\frac{20}{25}\right)^{2.5} \times \left(\frac{300}{250}\right)^{-0.5} \fallingdotseq 0.523$$

$Q = Q_1 + Q_2 = Q_1 + 0.523Q_1$ 에서 $Q_1 = 100 \times \dfrac{1}{1+0.523} \fallingdotseq 65.7\,\ell/\mathrm{sec}$

$Q_2 = 100 - Q_1 \fallingdotseq 34.3\,\ell/\mathrm{sec}$

예제 34

그림과 같은 배관에 물이 흐를 경우 배관 ①, ②, ③ 에 흐르는 각각의 유량을 계산하여라. 단, A, B 사이의 배관 ①, ②, ③의 마찰 손실수두는 모두 각각 10 m로 같고, 관경 및 유량은 아래 그림과 같다. 이 때 다음의 Hazen-Williams의 식을 이용하라.

$$\Delta p\,(\mathrm{kg_f/cm^2}) = 6.174 \times 10^5 \times \frac{Q^{1.85}}{C^{1.85} \times D^{4.87}} \times L$$

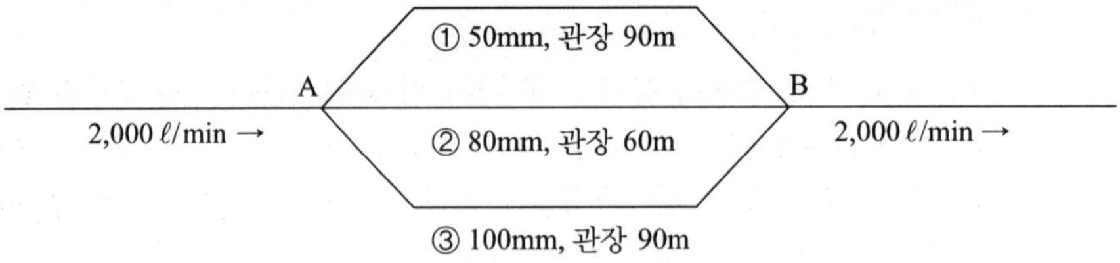

해설 배관의 마찰 손실에 의한 손실 압력을 Δp라 하면, 주어진 조건에 의해

$\Delta p_1 = \Delta p_2 = \Delta p_3$ ①

각 배관에 흐르는 유량을 Q_1, Q_2, Q_3라 하면,

$Q_1 + Q_2 + Q_3 = 2{,}000\,\ell/\mathrm{min}$ ②

위의 배관에 Hazen-Williams의 식을 이용하면

$$\Delta p_1\,(\mathrm{kg_f/cm^2}) = 6.174 \times \frac{Q_1^{1.85} \times 10^5}{C^{1.85} \times 50^{4.87}} \times 90$$

$$\Delta p_2\,(\mathrm{kg_f/cm^2}) = 6.174 \times \frac{Q_2^{1.85} \times 10^5}{C^{1.85} \times 80^{4.87}} \times 60$$

$$\Delta p_3\,(\mathrm{kg_f/cm^2}) = 6.174 \times \frac{Q_3^{1.85} \times 10^5}{C^{1.85} \times 100^{4.87}} \times 90$$

①식에 의거 $\Delta p_1 = \Delta p_2 = \Delta p_3$ 이므로

$$\frac{Q_1^{1.85}}{50^{4.87}} \times 90 = \frac{Q_2^{1.85}}{80^{4.87}} \times 60 = \frac{Q_3^{1.85}}{100^{4.87}} \times 90 \qquad ③$$

③식에 $\left(\dfrac{100^{4.87}}{30}\right)$을 곱하면

$$\left(\frac{100}{50}\right)^{4.87} \times Q_1^{1.85} \times 3 = \left(\frac{100}{80}\right)^{4.87} \times Q_2^{1.85} \times 2 = Q_3^{1.85} \times 3$$

$Q_2^{1.85} = \left(\dfrac{100/50}{100/80}\right)^{4.87} \times \dfrac{3}{2} \times Q_1^{1.85}$에서 $Q_2 = 1.6^{\frac{4.87}{1.85}} \times \left(\dfrac{3}{2}\right)^{\frac{1}{1.85}} Q_1 = 4.29\,Q_1$

$Q_3^{1.85} = \left(\dfrac{100}{50}\right)^{4.87} \times 1 \times Q_1^{1.85}$에서 $Q_3 = 2^{\frac{4.87}{1.85}} \times (1)^{\frac{1}{1.85}} \times Q_1 = 6.20\,Q_1$

②식에서 $Q_1 + Q_2 + Q_3 = 2{,}000$ 이므로

$Q_1 + Q_2 + Q_3 = Q_1 + 4.29\,Q_1 + 6.20\,Q_1 = 2{,}000$

$Q_1 \fallingdotseq 174\,\ell/\mathrm{min},\ Q_2 = 746\,\ell/\mathrm{min},\ Q_3 = 1{,}079\,\ell/\mathrm{min}$

예제 35

직사각형 주철 관로망에서 Ⓐ지점에서 0.6 $\mathrm{m^3/sec}$ 유량으로 물이 들어와서 Ⓑ와 Ⓒ 지점에서 각각 0.2 $\mathrm{m^3/sec}$와 0.4 $\mathrm{m^3/sec}$의 유량으로 물이 나갈 때 관내에서 흐르는 물의 유량 Q_1, Q_2, Q_3는 각각 몇 $\mathrm{m^3/sec}$인가? 단, 관 마찰손실 이외의 손실은 무시하고 d_1, d_2 관의 관 마찰계수는 $f_{12} = 0.025$이고, d_3, d_4의 관에 대한 관 마찰계수는 $f_{34} = 0.028$이다. 각각의 각의 내경은 $d_1 = 0.4\,\mathrm{m}$, $d_2 = 0.4\,\mathrm{m}$, $d_3 = 0.322\,\mathrm{m}$, $d_4 = 0.322\,\mathrm{m}$ $d_4 - 0.322\,\mathrm{m}$이며, 달시-바이스바하의 방정식을 이용하여 유량을 구한다.

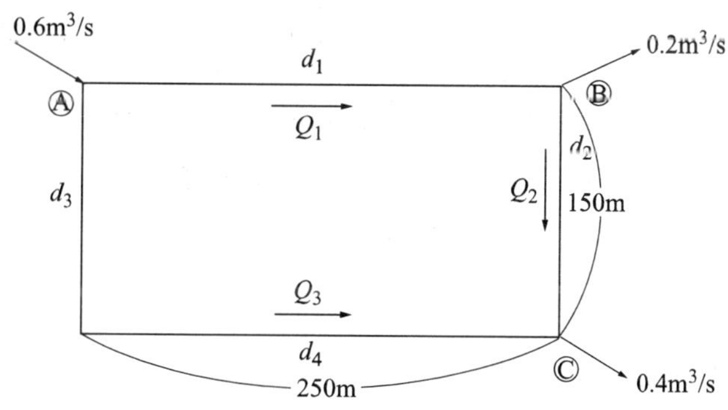

해설 $Q_1 = 0.2\,\mathrm{m^3/s} + Q_2$ ①

$Q_1 + Q_3 = 0.6\,\mathrm{m^3/s}$ ②

d_1 배관의 마찰손실수두 $h_{\ell 1}$ 은

$$h_{\ell 1} = f_1 \frac{\ell_1}{d_1}\frac{V_1^2}{2g} = f_1 \frac{\ell_1}{d_1}\frac{\left[\dfrac{Q_1}{\dfrac{\pi d_1^2}{4}}\right]^2}{2g} = 0.025 \times \frac{250\,\mathrm{m}}{0.4\,\mathrm{m}}\frac{\left[\dfrac{Q_1}{\dfrac{\pi(0.4\,\mathrm{m})^2}{4}}\right]^2}{2\times 9.8\,\mathrm{m/s^2}} = 50.48\,Q_1$$

d_2 배관의 마찰손실수두 $h_{\ell 2}$ 은

$$h_{\ell 2} = f_2 \frac{\ell_2}{d_2}\frac{V_2^2}{2g} = f_2 \frac{\ell_2}{d_2}\frac{\left[\dfrac{Q_2}{\dfrac{\pi d_2^2}{4}}\right]^2}{2g} = 0.025 \times \frac{150\,\mathrm{m}}{0.4\,\mathrm{m}}\frac{\left[\dfrac{Q_2}{\dfrac{\pi(0.4\,\mathrm{m})^2}{4}}\right]^2}{2\times 9.8\,\mathrm{m/s^2}} = 30.29\,Q_2$$

d_3 배관과 d_4 의 마찰손실수두 $h_{\ell 3-4}$ 은

$$h_{\ell 3-4} = f_{34} \frac{\ell_3+\ell_4}{d_{34}}\frac{V_{34}^2}{2g} = f_{34} \frac{\ell_3+\ell_4}{d_{34}}\frac{\left[\dfrac{Q_3}{\dfrac{\pi d_3^2}{4}}\right]^2}{2g}$$

$$= 0.028 \times \frac{150\,\mathrm{m} + 250\,\mathrm{m}}{0.322\,\mathrm{m}} \times \frac{\left[\dfrac{Q_3}{\dfrac{\pi(0.322\,\mathrm{m})^2}{4}}\right]^2}{2\times 9.8\,\mathrm{m/s^2}} = 276.61\,Q_3$$

$h_{\ell 1} + h_{\ell 2} = h_{\ell 3-4}$ 에서

$50.48\,Q_1^2 + 30.29\,Q_2^2 - 267.61\,Q_3^2 = 0$ ③

Q_2 와 Q_3 에 아래 식을 대입하면

$Q_2 = Q_1 - 0.2\,\mathrm{m^3/s}\,,\ \ Q_3 = 0.6\,\mathrm{m^3/s} - Q_1$ ④

$50.48\,Q_1^2 + 30.29(\,Q_1 - 0.2)^2 - 267.61(0.6 - Q_1)^2 = 0$

$50.48\,Q_1^2 + 30.29(\,Q_1^2 - 0.2\,Q_1 + 0.04)^2 - 267.61(0.36 - 1.2\,Q_1 + Q_1^2) = 0$

$186.84\,Q_1^2 - 309.016\,Q_1 + 95.128 = 0$

$$Q_1 = \frac{309.016 \pm \sqrt{(-309.016)^2 - 4\times 186.84 \times 95.128}}{2\times 186.84} = 1.24\,\mathrm{m^3/s}\,,\ 0.41^3\,\mathrm{m/s}$$

전체 유량 $Q = 0.6\,\mathrm{m^3/s}$ 이므로 $Q_1 = 1.24\,\mathrm{m^3/s}$ 은 적절하지 않고 $Q_1 = 0.41^3\,\mathrm{m/s}$ 이다. $Q_1 = 0.41^3\,\mathrm{m/s}$ 을 식 ④에 대입하면

$Q_2 = 0.41 - 0.2 = 0.21\,\mathrm{m^3/s},\ \ Q_3 = 0.6 - 0.41 = 0.19\,\mathrm{m^3/s}$

예제 36

펌프에서 매초 10 ℓ/sec의 유량으로 흘러나온 물이 분기관을 통과한다. 다음 그림과 같이 관 ①은 직경 10 cm, 길이 50 m이고 대기 중에 개방되며, 관 ②는 직경 8 cm, 길이 40 m이고 관 ①보다 수직높이 2 m 아래에서 대기 중에 개방된다. 각 관에 배분되는 유량은? 단, 관마찰계수는 0.025로 하고, 관마찰 손실 이외의 손실은 무시한다.

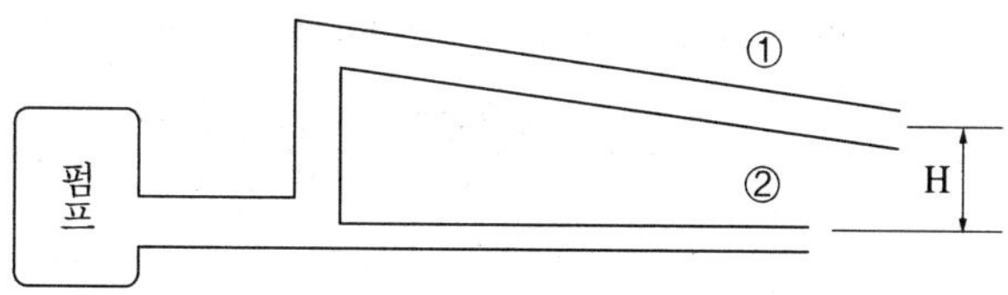

해설

관 ①의 직경을 D_1, 길이를 L_1, 관 속의 평균유속을 V_1, 유량을 Q_1 라고 하고, 관 ②의 직경을 D_2, 길이를 L_2, 관 속의 평균유속을 V_2, 유량을 Q_2 라고 하면

관 ①과 관 ②에서의 손실수두 h_{ℓ_1} 과 h_{ℓ_2} 는

$$h_{\ell 1} = f\frac{L_1}{D_1} \cdot \frac{V_1^2}{2g}, \quad h_{\ell 2} = f\frac{L_2}{D_2} \cdot \frac{V_2^2}{2g}$$

이다. 분기점에서 관 ①에 대해 첨자 01로, 관 ②에 대해 첨자 02로 나타내면 수정 베르누이 방정식은

$$\frac{p_{01}}{\gamma} + \frac{V_{01}^2}{2g} + z_{01} = \frac{p_1}{\gamma} + \frac{V_1^2}{2g} + z_1 + h_{\ell 1}$$

$$\frac{p_{02}}{\gamma} + \frac{V_{02}^2}{2g} + z_{02} = \frac{p_2}{\gamma} + \frac{V_2^2}{2g} + z_2 + h_{\ell 2}$$

이다. 위 식에서 양쪽관의 분기점에서의 압력이 같고 관의 출구에서도 압력이 대기압으로 같으며 높이 차이를 고려하면 $p_{01} = p_{02}$, $p_1 = p_2 = p_{atm}$, $V_{01} = V_1$, $V_{02} = V_2$, $z_{01} = 0$, $z_1 = H = 2m$, $z_{02} = 0$이다. 따라서 위 식은 다음과 같이 정리할 수 있다.

$$2 = h_{\ell 2} - h_{\ell 1} = f\frac{L_2}{D_2}\frac{V_2^2}{2g} - f\frac{L_1}{D_1}\frac{V_1^2}{2g} \quad ①$$

또 $$Q_1 = \frac{\pi}{4}D_1^2 V_1 \quad ②$$

$$Q_2 = \frac{\pi}{4}D_2^2 V_2 \quad ③$$

$$Q = Q_1 + Q_2 \quad ④$$

식 ②에서 V_1, 식 ③에서 V_2를 구하여 식 ①에 대입하면

$$2 = \frac{8fL_2}{\pi^2 g D_2^5} Q_2^2 - \frac{8fL_1}{\pi^2 g D_1^5} Q_1^2 \quad ⑤$$

식 ④, ⑤에서 Q_1과 Q_2를 미지수로 하는 연립방정식으로 생각하여 푼다.

위 식에 주어진 값을 대입하면

$$2=\frac{8\times0.025\times40}{\pi^2\times9.8\times0.08^5}Q_2^2(\mathrm{m^3/s})^3-\frac{8\times0.025\times50}{\pi^2\times9.8\times0.1^5}Q_1^2(\mathrm{m^3/s})^3(m^3/\mathrm{sec})^2$$

$$2=25{,}241.45Q_2^2-10{,}338.9Q_1^2 \qquad ⑥$$

이다.

$Q=Q_1+Q_2=0.01\,\mathrm{m^3/s}$ 이므로 $Q_1=0.01-Q_2$를 식 ⑥에 대입하면

$$2=25{,}241.45Q_2^2-10{,}338.9Q_1^2=25{,}241.45Q_2^2-10{,}338.9(0.01-Q_2)^2$$

이다. 위 식을 정리하면 $14{,}902.55Q_2^2+206.778Q_2-3.033=0$

$$Q_2=\frac{-206.778+\sqrt{206.778^2+4\times14{,}902.55\times3.033}}{2\times14{,}902.55}=0.0089\,\mathrm{m^3/s}=8.9\,\ell/\mathrm{s}$$

$$\therefore\ Q_1=10-Q_2=1.1\,\ell/\mathrm{s}$$

---

② 유량 Q와 관조도, 유체물성(流體物性), 배관의 기하학적 형상을 알 때 수두손실과 유량 분포를 계산하는 문제

이러한 유형의 문제는 수두손실도 어느 한 지관의 유량도 모르기 때문에 난해한 문제이다. 이 유형의 해법은 다음과 같은 과정을 밟아서 한다.

ⓐ 지관 1을 통하여 흐르는 유량을 가정한다. 가정한 유량을 Q_1'로 표기한다.

ⓑ 가정한 유량 Q_1'에 대응하는 수두손실 $h_{\ell 1}'$를 계산한다.

ⓒ $h_{\ell 1}'$를 사용하여 나머지 지관에서의 유량 Q_2', Q_3', ⋯ , Q_n'를 계산한다.

ⓓ 수두손실 $h_{\ell 1}'$(공통)에 대한 유량 Q_2', Q_3', ⋯ , Q_n'를 사용하여 전유량 Q를 비례 배분한다. 즉,

$$Q_1=\frac{Q_1'}{\Sigma Q_i'}Q,\ Q_2=\frac{Q_2'}{\Sigma Q_i'}Q,\ Q_3=\frac{Q_3'}{\Sigma Q_i'}Q,\ \cdots\ Q_n=\frac{Q_n'}{\Sigma Q_i'}Q$$

ⓔ 계산된 Q_1, Q_2, ⋯ , Q_n에 대한 수두손실 $h_{\ell 1}'$, $h_{\ell 2}'$, ⋯ , $h_{\ell n}'$을 계산하여, 이들 유량이 옳게 계산되었는가를 검토한다.

ⓕ 만일 $h_{\ell i}'$가 일치하지 않으면 Q_1을 제2시행치로 가정하고 ⓐ부터 다시 되풀이 계산한다.

예제 37

그림21의 2절점회로망서 $L_1=3{,}000$ ft, $D_1=1$ ft, $e_1=0.001$ ft ; $L_2=2{,}000$ ft, $D_2=8$ in, $e_2=0.001$ ft ; $L_3=4{,}000$ ft, $D_3=16$ in, $e_3=0.0008$ ft ; $\rho=2.00$ slugs[7)]/ft^3, $\nu=0.00003$ ft^2/sec, $p_A=80$ psi, $z_A=100$ ft, $z_B=80$ ft이다. 전 유량을 12 cfs라 할 때 각

지관에 흐르는 유량과 p_B를 계산하여라.

해설 $Q_1' = 3$ cfs로 가정하면 $V_1' = 3.82$ ft/sec, Re = (3.82)(1)/(0.00003) = 127,000

$e_1/D_1 = 0.001$이므로 $f_1' = 0.022$, 따라서

$$h_{\ell 1}' = 0.022 \times \frac{3{,}000}{1.0} \times \frac{3.82^2}{(2)(32.2)} = 14.95\,\text{ft}$$

지관 2에 대하여 $14.95 = f_2' \dfrac{2{,}000}{0.667} \times \dfrac{V_2'^2}{(2)(32.2)}$

$e_2/D_2 = 0.00015$와 Moody 선도로부터

$f_2' = 0.02$로 가정하면 $V_2' = 4.01$ ft/sec, $Re' = 4.01 \times (2/3) \times 1/0.00003 = 89.000$

$f_2' = 0.019$로 가정하면, $V_2' = 4.11$ ft/sec, $Q_2' = 1.44$ cfs

지관 3에 대하여 $14.95 = f_3' \dfrac{4{,}000}{1.333} \times \dfrac{V_3'^2}{(2)(32.2)}$

$e_3/D_3 = 0.0006$, $f_3' = 0.020$으로 가정하면

$V_3' = 4.01$ ft/sec, $Re' = 4.10 \times 1.333/0.00003 = 178.000$, $f_3' = 0.020$, $Q_3 = 5.60$ cfs

$\Sigma Q_i' = 3.0 + 1.44 + 5.60 = 10.04$ cfs

따라서, $Q_1 = \dfrac{3.0}{10.04} \times 12 = 3.58$ cfs

$Q_2 = \dfrac{1.44}{10.04} \times 12 = 1.72$ cfs

$Q_3 = \dfrac{5.60}{10.04} \times 12 = 6.70$ cfs

h_ℓ 의 값을 검토한다.

$V_1 = \dfrac{3.58}{\pi/4} = 4.46$, Re = 152.000, $f_1 = 0.021$, $h_{\ell 1} = 20.4$ ft

$V_2 = \dfrac{1.72}{\pi/9} = 4.93$, Re = 109.200, $f_2 = 0.0186$, $h_{\ell 2} = 21.0$ ft

$V_3 = \dfrac{6.70}{4\pi/9} = 4.80$, Re = 213.000, $f_3 = 0.019$, $h_{\ell 3} = 20.4$ ft

계산은 이 정도에서 족하다. $h_\ell = 20.4$에 대하여 $h_{\ell 2}$의 오차는 불과 3% 정도이다. 이 값은 공학적으로 충분히 만족할 수 있는 오차범위 내에 있다.

점 B에서의 압력 p_B는 $h_\ell = 20.6$ ($h_{\ell i}$의 평균값)에 대하여 수정 Bernoulli방정식으로부터 계산할 수 있다.

$$\frac{p_A}{\gamma} + z_A = \frac{p_B}{\gamma} + z_B + h_\ell$$

---

7) 1 slug는 1중량 파운드의 힘에 의해 1 ft/s^{2}의 가속도가 생기는 질량이다.
1 slug는 약 14.593 kg이다.

$$즉,\ \frac{p_B}{\gamma} = \frac{(80)(144)}{(2)(32.2)} + 100 - 80 - 20.6 = 178.3\ \text{ft}$$

$$p_B = (178.3)(2 \times 32.3) = 11{,}482.5\ \text{lbf/ft}^2 = 79.7\ \text{psi}$$

나. 다절점 관회로망

2절점 회로망의 조합으로 되어 있는 관회로망을 다절점 관회로망이라고 한다. 그림22에 다절점 관회로망의 한 예를 도시하여 놓았다. 유체가 다절점 관회로망을 유동할 때는 다음 조건들을 만족하면서 흐른다.

① 폐회로(閉回路)를 따라 한 방향으로 측정한 압력강하의 대수화(代數和)는 0이다. 측정방향이 유동방향과 일치할 경우 압력강하는 양, 반대방향일 경우에는 음으로 한다.

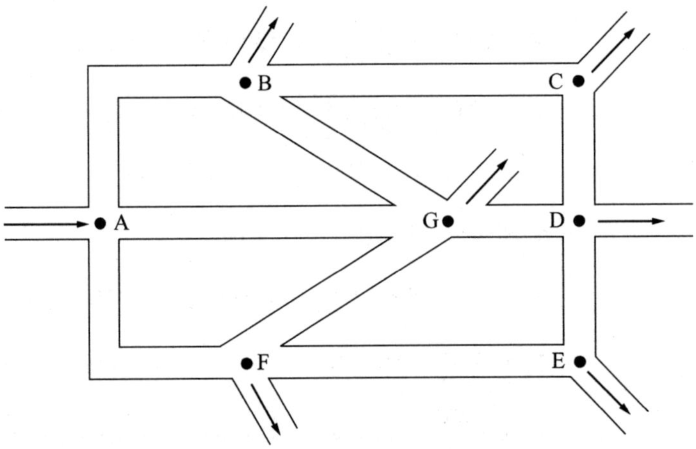

그림22.

② 한 절점에 유입하는 유량과 유출하는 유량은 같다.

③ 각 지관은 Darcy-Weisbach의 식이나 Hazen-Williams의 식을 만족한다. 즉, 수두손실과 유량 사이에 적당한 관계가 각 지관에서 유지된다.

제①조건은 한 회로 내의 임의의 두 점, 예를 들면 A와 G 사이의 압력강하는 경로에 관계없이 같다는 뜻이다. 즉, AG나 AFG나 ABG를 통하여 생기는 압력강하는 물론 AFEDG나 ABCDG를 통하여 생기는 압력강하도 같다는 것을 의미한다.

제②조건은 연속방정식을 의미한다. 다절점 관회로망문제는 Hardy-Cross법이라고 불리는 축차법을 이용하여 해석한다. Hardy-Cross법이란 각 절점(節點)에서 연속방정식이 만족하게끔 각 지관에서의 유량을 가정하여 나가는 방법이다. 즉, 가정된 유량으로부터 수정값을 계산하고, 이 수정값을 사용하여 다시 유량을 계산한다. 만일 계산된 유량이 각 절점에서 연속방정식이 만족하지 않으면 계산된 유량을 다시 가정치로 하여 계산을 되풀이한다.

ⓐ 각 지관에서의 손실은 Hazen-Williams의 식을 이용하면 편리하며 부차손실은 직관 상당길이로 환산한다.
Hazen-Williams 지수형 마찰공식은

$$h_\ell = \frac{RQ^n}{D}L \quad ⓕ$$

여기서, Q : 유량
D : 관 안지름
L : 관길이
h_ℓ : L에서 일어나는 수두손실
R : 저항계수(저항계수는 관조도만의 함수이다)

이므로 h_ℓ은

$$h_\ell = rQ^n, \; r = \frac{RL}{D^m} \quad ⓖ$$

로 변형할 수 있다. 위 식에서 r의 값은 한 지관에서 유량에 관계없이 일정한 값이며 주어진 자료를 이용하여 계산할 수 있다.

ⓑ 위 식에서 Q를 구하면 h_ℓ을 구할 수 있다. 유량 Q는 Hardy-Cross법을 이용하여 구한다. Q_0을 임의의 지관에 흐르는 가정한 유량이라 하고 Q를 수정된 유량이라고 하면

$$Q = Q_0 + \Delta Q \quad ⓗ$$

와 같이 쓸 수 있다. 여기서 ΔQ는 유량의 수정값이다.
또 유량 Q에 대한 지관의 수두손실은

$$h_\ell = rQ^n = r(Q_0 + \Delta Q)^n$$
$$= r\left[Q_0^n + nQ_0^{n-1}\Delta Q + \frac{n(n-1)}{2}Q_0^{n-2}(\Delta Q)^2 + \cdots \right]$$

만일 ΔQ가 Q_0에 비하여 작은 값이라 하면 급수의 $(\Delta Q)^2$ 이하의 항은 무시할 수 있다. 따라서

$$h_\ell \fallingdotseq r(Q_0^n + nQ_0^{n-1}\Delta Q) \qquad ⓘ$$

와 같이 줄여 쓸 수 있다. 지금 임의의 한 폐회로를 따라 일순(一巡) 수두손실의 합을 계산하면 조건 ①에 의하여 0이 되어야 한다. 즉,

$$\Sigma h_\ell = \Sigma rQ|Q|^{n-1} = \Sigma rQ_0|Q_0|^{n-1} + \Delta Q \Sigma rn|Q_0|^{n-1} = 0 \qquad ⓙ$$

이 식에서 ΔQ는 한 폐회로에서 일정한 값을 가지므로 공통인수로 내놓았다. 또 폐회로를 일순할 때 Q_0의 방향을 고려해서 대수화(代數和)를 계산하기 위하여 절대치 기호를 사용하여 총화(總和)를 계산하였다. 식 ⓙ을 ΔQ에 관해서 풀면 모든 폐회로망(閉回路網)에 대하여

$$\Delta Q = -\frac{\Sigma rQ_0|Q_0|^{n-1}}{\Sigma r|Q_0|^{n-1}} \qquad ⓚ$$

를 얻는다. ΔQ가 얻어지면 각 지관에 흐르는 유량 Q는 식 ⓗ에 의하여 가정한 유량 Q_0와 수정 값 ΔQ와의 대수화로부터 얻어진다. Q_0와 ΔQ를 대수화할 때 화(和)의 방향은 매우 중요하다. 실제로 수치계산을 할 때에는 ΔQ의 방향은 그림24(a)와 같이 시계방향으로 취한다. 그리고 만일 Q_0의 방향이 ΔQ의 방향과 일치할 때 (시계방향일 때) Q_0와 ΔQ를 보태고, 만일 반대방향(반시계방향)이면 Q_0에서 ΔQ를 뺀다.

수치계산과정을 요약하면 다음과 같다.

① 각 절점에서 연속방정식이 성립하게끔 각 지관의 유량을 신중히 가정한다.

② 각 지관에서의 수두손실 $h_\ell = rQ_0^n$을 계산한다. 다음에 각 단위폐회로망에 대하여 일순 수두손실(시계방향) $\Sigma h_\ell = \Sigma rQ_0|Q_0|^{n-1}$을 계산한다. 완전히 폐회로가 평형이 될 때에는 $\Sigma h_\ell = 0$이 된다.

③ 각 단위폐회로망(單位閉回路網)에 대하여 $\Sigma nr|Q_0|^{n-1}$을 계산한다.

④ 식 ⓚ를 사용하여 각 단위폐회로망에 대하여 수정값 ΔQ를 계산한다.

⑤ 각 지관에서의 수정된 유량 Q를 식 ⓗ을 사용하여 계산한다.

⑥ ΔQ가 0이 될 때까지 이 계산과정을 되풀이한다. 이때 유량의 결정값을 수정된 유량으로 취한다.

식 ⓚ를 보면 r의 값이 분모와 분자에 각각 인수(因數)로서 포함되어 있다. 그러므로 ΔQ를 계산할 때는 r 대신 r에 비례하는 값들을 사용하여도 무방하다. 그러나 수두손실 h_ℓ을 계산할 때는 실제의 r값을 사용하여야 한다.

예제 38

관회로망에 유출입하는 유량이 그림과 같을 때 그림에 표시한 r에 대하여 각 지관에 흐르는 유량을 계산하여라. 단, $n=2$로 계산하라.

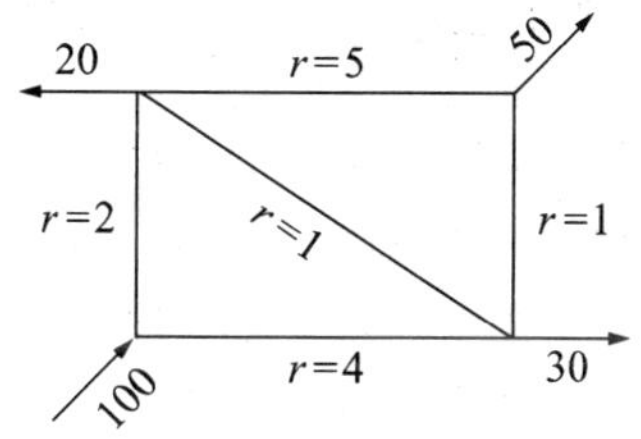

해설 가정한 유량분포를 그림(a)에 표시하여 놓았다.

$70^2 \times 2 = 9800$ $\quad 2\times 70\times 2 = 280$

$35^2 \times 1225$ $\quad 2\times 35\times 1 = 70$

$-30^2 \times 4 = \underline{-3600}$ $\quad 2\times 30\times 4 = \underline{240}$

7425 $\quad 590$

$$\Delta Q_1 = -\frac{7425}{590} \fallingdotseq -13$$

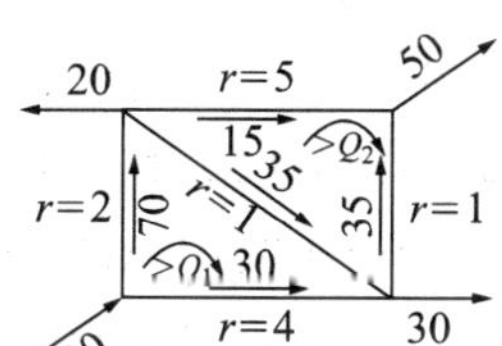

(a)

$15^2 \times 5 = 1125$ $\quad 2\times 15\times 2 = 150$

$-35^2 \times 1 = -1225$ $\quad 2\times 35\times 1 = 70$

$-35^2 \times 1 = \underline{-1225}$ $\quad 2\times 35\times 1 = \underline{70}$

-1325 $\quad 290$

$$\Delta Q_2 = -\frac{1325}{290} \fallingdotseq 5$$

$57^2 \times 2 = 6500$ $\quad 2\times 57\times 2 = 228$

$17^2 \times 1 = 289$ $\quad 2\times 17\times 1 = 34$

$-43^2 \times 4 = \underline{-7400}$ $\quad 2\times 43\times 4 = \underline{344}$

-611 $\quad 606$

$$\Delta Q_2 = -\frac{611}{606} \fallingdotseq 1$$

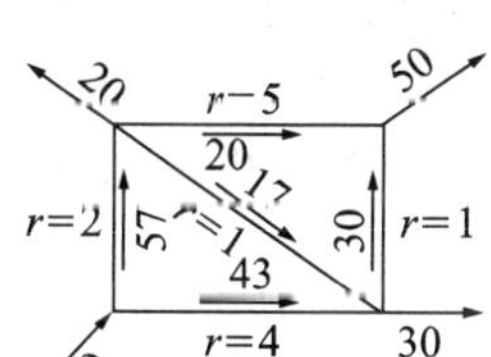

(b)

$20^2 \times 5 = 2000$ $\quad 2\times 20\times 2 = 200$

$17^2 \times 1 = -289$ $\quad 2\times 17\times 1 = 34$

$-30^2 \times 1 = \underline{-900}$ $\quad 2\times 30\times 1 = \underline{70}$

811 $\quad 290$

$$\Delta Q_2 = -\frac{811}{294} \fallingdotseq -3$$

$58^2\times2=6740$	$2\times58\times2=232$
$21^2\times1=441$	$2\times21\times1=42$
$-42^2\times4=-7050$	$2\times42\times4=336$
131	610

$\Delta Q_2=-\frac{13}{610}\fallingdotseq 0$

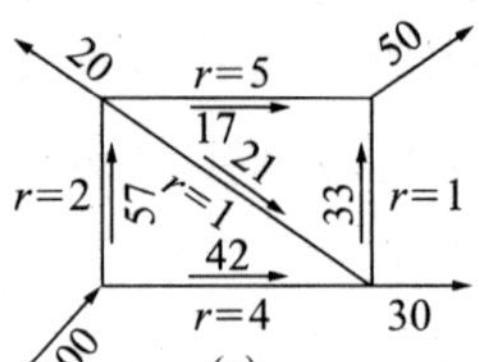

(c)

$17^2\times5=1444$	$2\times17\times2=170$
$-21^2\times1=-441$	$2\times21\times1=42$
$-33^2\times1=-1089$	$2\times33\times1=66$
-86	278

$\Delta Q_2=-\frac{86}{278}\fallingdotseq 0$

좌측 아래에 위치한 폐회로망 1에 대한 $\sum rQ_0|Q_0|^{n-1}$의 값을 그림(a)의 좌단에, $\sum nr|Q_0|^{n-1}$의 값을 그 옆에 계산하여 놓았다. 또 우측 위에 위치한 폐회로망 2에 대한 이들 값들도 그림(a)의 우측에 계산하여 놓았다. 각 회로망에 대한 수정값 ΔQ_1과 ΔQ_2는 식 ⓚ로부터 각각 -13과 5가 얻어졌다. 대각선 지관의 유량 Q는 $Q_0=35$의 유동방향이 ΔQ_1과는 일치하고 ΔQ_2와는 반대방향이다.

$Q=Q_0+\Delta Q_1-\Delta Q_2=35+(-13)-(5)=17$

또 하단(下端枝管)의 유량 Q는 $Q_0=30$의 유동방향이 ΔQ_1과 반대방향이므로

$Q=Q_0-\Delta Q_1=30-(-13)=43$

좌단지관(左端枝管)의 유량 Q는 $Q_0=70$의 유동방향이 ΔQ_1과 일치하므로

$Q=Q_0-\Delta Q_1=70+(-13)=57$

회로망 2에 대하여도, 상단지관(上端枝管)의 유량

$Q=Q_0+\Delta Q_2=15+5=20$

우단지관(右端枝管)의 유량 $Q=Q_0-\Delta Q_2=35-(5)=30$

이다. 1차 시행에서 얻은 유량분포를 그림(b)에 표시하여 놓았다. 또 이 유량분포에 대한 수정값 ΔQ_1과 ΔQ_2를 그림(b)의 좌, 우측에 계산하여 놓았다. 수정값 $\Delta Q_1=1$, $\Delta Q_2=-3$를 사용하여 수정한 2차 시행 유량분포를 그림(c)에 표시하고, 수정값 ΔQ_1과 ΔQ_2도 계산하여 놓았다. 수정값은 각각 $\Delta Q_1=-0.2$, $\Delta Q_2=0.3$이다. 이 계산과정은 $\Delta Q_1=0$, $\Delta Q_2=0$이 될 때까지 시행하여야 하나, $\Delta Q_1=-0.2$와 $\Delta Q_2=0.3$으로 유량을 수정하였을 때 유량의 수정은 불과 1% 미만에 불과하다. 그러므로 유량분포로서 그림(c)에 표시한 유량으로 택하였을 때 이 유량은 공학적으로 충분히 이용가치가 있는 값이라고 생각된다.

더욱 큰 회로망이나 수조, 펌프 등을 포함한 복잡한 회로는 손으로 수치계산하기가 어렵다. 그러므로 전자계산기를 사용하여 수치계산을 하여야 한다.

7. 소방시설과 관련 있는 문제

문제 01

그림과 같이 옥내소화전을 설치할 때 전양정(=전수두)은 몇 m인가? 단, 소방용호스의 마찰손실수두 및 직관의 마찰손실수두, 관이음쇠, 밸브 등의 상당 직관장은 (표1), (표2), (표3)과 같으며 호칭경은 작은 쪽을 따른다. 그리고 옥내소화전에 연결된 소방용호스 끝에서의 방수압력은 0.17~0.7 MPa이고, 앵글밸브에 15 m 호스 2개가 연결되며 방수량은 130ℓ/min이다.

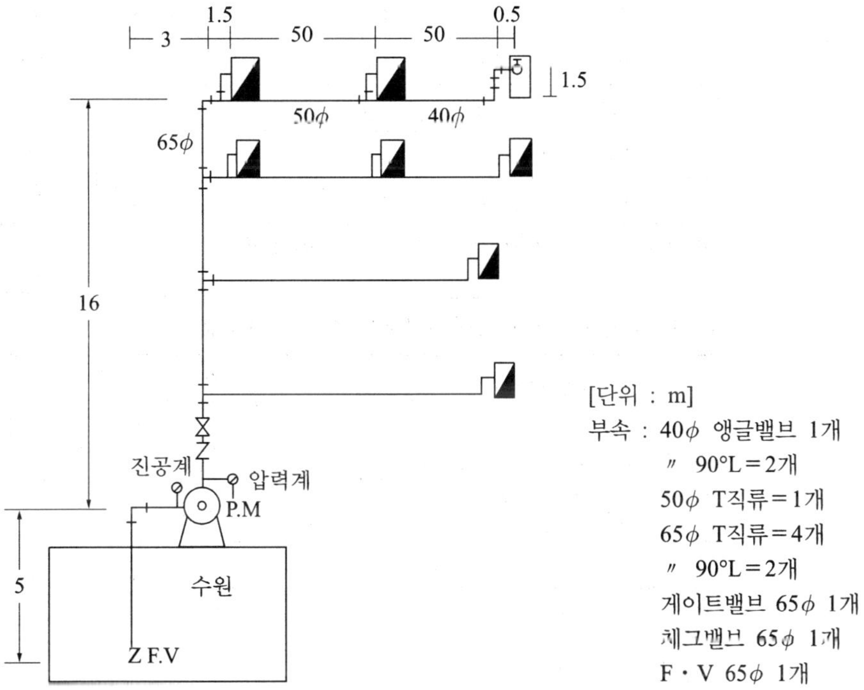

(표1) 직관의 마찰손실수두(관길이 100 m당)

유량 (ℓ/min)	관의 호칭경(mm)						
	40	50	65	80	100	125	150
130	13.32	4.15	1.23	0.53	0.14	0.05	0.02
260	47.84	14.90	4.40	1.90	0.52	0.18	0.08
390		31.60	9.34	4.02	1.10	0.38	0.17
520			15.65	6.76	1.86	0.64	0.28
650				10.37	2.84	0.99	0.43
780					3.98	1.38	0.60

(표2) 관이음쇠, 밸브류의 마찰손실수두에 상당하는 직관길이(m)

호칭경(mm) \ 종류	90˚엘보	45˚엘보	90˚T (분류)	90˚T (직류)	게이트 밸브	볼밸브	앵글 밸브
15	0.60	0.36	0.90	0.18	0.12	4.50	2.4
20	0.75	0.45	1.20	0.24	0.15	6.00	3.6
25	0.90	0.54	1.50	0.27	0.18	7.50	4.5
32	1.20	0.72	1.80	0.36	0.24	10.50	5.4
40	1.5	0.9	1.50	0.45	0.30	13.8	6.5
50	2.1	1.2	3.0	0.60	0.39	16.5	8.4
65	2.4	1.3	3.6	0.75	0.48	19.5	10.2
80	3.0	1.8	4.5	0.90	0.60	24.0	12.0
100	4.2	2.4	6.3	1.20	0.81	37.5	16.5
125	5.1	3.0	7.5	1.50	0.99	42.0	21.0
150	6.0	3.6	9.0	1.80	0.20	49.5	24.0

※ 푸트밸브, 체크밸브는 표의 앵글밸브와 같다.

(표3) 소방용호스의 마찰손실수두(호스 100 m당)

유량(ℓ/min) \ 구경종별	호스의 호칭(mm)					
	40		50		65	
	마제	고무내장	마제	고무내장	마제	고무내장
130	26 m	12 m	7 m	3 m	-	-
350	-	-	-	-	10 m	4 m

해설

전양정 $H = h_1 + h_2 + h_3 + 17\,\mathrm{m}$

여기서, h_1 : 실양정(흡입측 실양정 + 토출측 실양정)

h_2 : 배관마찰(주)손실수두와 밸브 등에 의한 부차손실수두

h_3 : 소방용호스의 마찰손실수두

① $h_1 = 5 + 16 + 1.5 = 22.5\,\mathrm{m}$

② h_2 : 배관마찰(주)손실수두 및 밸브등에 의한 부차손실수두

ⓐ 구경 65 mm 배관

직관길이 : 1.5 + 16 + 3 + 5 = 25.5 m

(표2)에서 상당직관장은

T직류(4개) : 0.75 m × 4개 = 3 m

90°엘보(2개) : 2.4 m × 2개 = 4.8 m

게이트밸브(1개) : 0.48 × 1개 = 0.48 m
체크 밸브(1개) : 10.2 m × 1개 = 10.2 m
푸트 밸브(1개) : 10.2 m × 1개 = 10.2 m
26.68 m

총길이(직관 + 상당직관장)는 25.5 + 26.68 = 54.18(m)이다. 65 mm배관은 옥내소화전 3개의 유량(390ℓ/min)을 담당하고 있고, (표1)에서 100 m당 마찰손실수두는 9.34 m이므로 구경 65 mm 배관에서의 마찰손실수두(x_1)는

100 : 9.34 = 54.18 : x_1

$$x_1 = \frac{9.34 \times 54.18}{100} = 5.06\,(\mathrm{m})\text{이다.}$$

ⓑ 구경 50 mm 배관

직관길이는 50 m이고, (표2)에서 T직류 1개의 상당직관장은 0.6 m이므로 총길이(직관 + 상당직관장)는 50 + 0.6 = 50.6(m)이다. 50 mm배관은 옥내소화전 2개의 유량(260ℓ/min)을 담당하고 있고 (표1)에서 100 m당 마찰손실이 14.90 m이므로

100 : 14.9 = 50.6 : x_2

$$x_2 = \frac{14.9 \times 50.6}{100} = 7.53\,(\mathrm{m})$$

ⓒ 구경 40 mm 배관

직관길이 : 50 + 1.5 + 0.5 = 52 m
(표2)에서 상당직관장은
앵글밸브(1개) : 6.5 m × 1개 = 6.5 m
90°엘보 (2개) : 1.5 m × 2개 = 3 m
9.5

총길이(직관 + 상당직관장)는 52 + 9.5 = 61.5(m)이다. 40 mm배관은 옥내소화전 1개의 유량(130ℓ/min)을 담당하고 있고 (표1)에서 100 m당 마찰손실이 13.32 m이므로

100 : 13.32 = 61.5 : x_3

$$x_3 = \frac{13.32 \times 61.5}{100} - 8.19\,(\mathrm{m})\text{이다.}$$

그러므로 $h_2 = x_2 + x_2 + x_3 = 5.05 + 7.53 + 8.19 = 20.78\,(\mathrm{m})$이다.

③ h_3 : 호스의 마찰손실수두

(표3)에서 고무내장호스는 100 m당 12 m의 손실수두가 발생하므로 30 m(2개)에서는

100 : 12 = 30 : h_3

$$h_3 = \frac{12 \times 30}{100} = 3.6\,(\mathrm{m})$$

∴ 전양정 $H = h_1 + h_2 + h_3 + 17\,\mathrm{m}$
= 22.5 + 20.78 + 3.6 + 17 = 63.88(m)

문제 02

아래 조건으로 그림과 같은 6층 철근콘크리트건물에 1층부터 6층까지 각 층에 옥내소화전을 1개씩 설치하고자 할 때 전양정(m)은 얼마인가? 소화전 앵글밸브에는 직경 40 mm, 길이 15 m의 고무내장호스 2개가 연결된다.

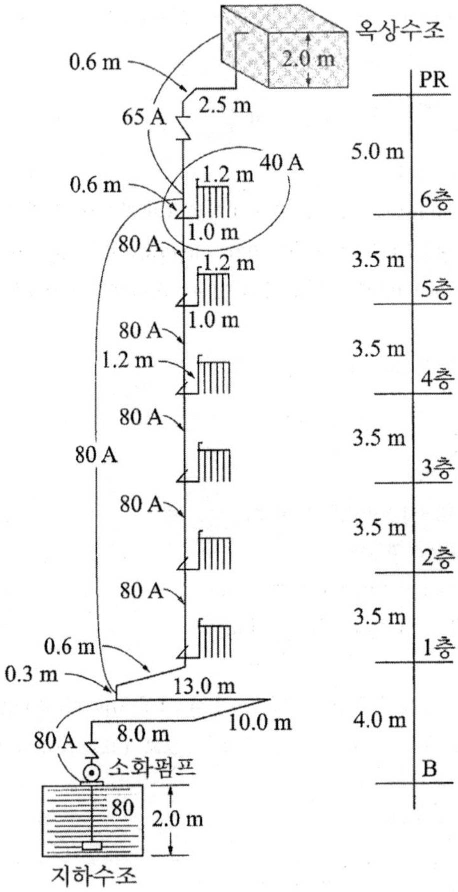

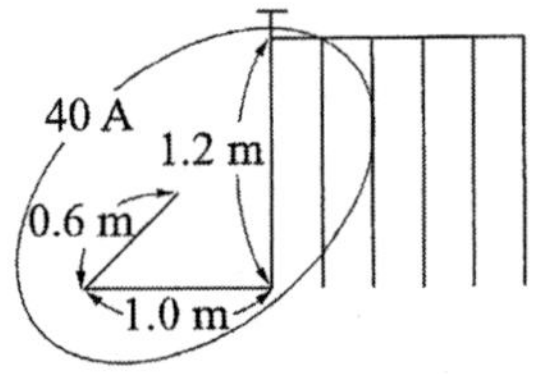

옥내소화전 상세도

조건1. 직관의 마찰손실은 다음 표와 같다.

유량(ℓ/min)	130	260	390	520
40 mm	14.7 m			
50 mm	5.1 m	18.4 m		
65 mm	1.72 m	6.20 m	13.2 m	
80 mm	0.71 m	2.57 m	5.47 m	9.20 m

조건2. 관이음 및 밸브 등의 등가길이는 다음 표와 같다.

종류 / 호칭경(mm)	90˚엘보	45˚엘보	90˚T (분류)	90˚T (직류)	게이트 밸브	글로브 밸브	앵글 밸브
40	1.5	0.9	1.50	0.45	0.30	13.8	6.5
50	2.1	1.2	3.0	0.60	0.39	16.5	8.4
65	2.4	1.3	3.6	0.75	0.48	19.5	10.2
80	3.0	1.8	4.5	0.90	0.60	24.0	12.0
100	4.2	2.4	6.3	1.20	0.81	37.5	16.5
125	5.1	3.0	7.5	1.50	0.99	42.0	21.0
150	6.0	3.6	9.0	1.80	0.20	49.5	24.0

조건3. 호스의 마찰손실수두(100 m당)는 다음 표와 같다.

구경종별 / 유량(ℓ/min)	호스의 호칭(mm)					
	40		50		65	
	마제	고무내장	마제	고무내장	마제	고무내장
130	26 m	12 m	7 m	3 m	-	-
350	-	-	-	-	10 m	4m

해설 전양정 $H = h_1 + h_2 + h_3 + 17\,\text{m}$

여기서, h_1 : 실양정(흡입측 실양정 + 토출측 실양정)

h_2 : 배관마찰 주손실수두와 밸브 등에 의한 부차손실수두

h_3 : 소방용호스의 마찰손실수두

① $h_1 = 2 + 4 + (3.5 \times 5) + 1.2 = 24.7\,\text{m}$

② h_2 : 배관마찰 수손실수두 및 밸브 등에 의한 부차손실수두

구경	유량	직관 및 등가길이	m단 마찰손실 수두	마찰 손실수두
80A	130 ℓ/min	직관 : 2 + (4 − 0.3) + 8 + + 10 + 0.3 + 0.6 + (3.5×5) = 55.1 관부속 : 푸트밸브 1개 ×12.0 m = 12 m 체크밸브 1개 × 12.0 m − 12 m 90°엘보 6개 × 3.0 m = 4.5 m T직류 5개 × 0.9 m = 4.5 m T분류 1개 × 4.5 m = 4.5 m 계 106.1 m	$\frac{0.71}{100}$	$\frac{0.71}{100} \times 106.1$ $= 0.7533\,\text{m}$

40A	130 ℓ/min	직관 : 0.6+ +1.0+1.2=2.8 m 관부속 : 90°엘보 2개 × 1.5 m=3.0 m 앵글밸브 1개 × 6.5 m=6.5 m 계 12.3 m	$\frac{14.7}{100}$	$\frac{14.7}{100}\times 12.3$ $=1.8081\,\text{m}$
			계	2.5641 m

③ h_3 : $15\times 2\times \frac{12}{100}=3.6\,\text{m}$

따라서 옥내소화전설비의 전양정(H)은

$H=h_1+h_2+h_3+17\,\text{m}$

$=24.7+2.56+3.6+17 = 47.86\,\text{m}$

문제 03

그림과 같이 스프링클러를 설치할 때 전양정(=전수두)은 몇 m인가? 단, 관의 길이와 관의 구경 및 직관의 마찰손실수두, 관이음쇠, 밸브 등의 상당직관장은 (표1), (표2), (표3)과 같다. 그리고 말단헤드에서의 방수압력은 0.1～1.2 MPa이어야 하며, 방수량은 80ℓ/min이상이어야 한다.

구분 / 구간	관길이 (m)	유량 (ℓ/min)	관경 (mm)	구분 / 구간	관길이 (m)	유량 (ℓ/min)	관경 (mm)
A～B	2.7	2,400	100	H～I	2.3	880	65
B～C	5.14	2,400	100	I～J	2.7	560	50
C～D	34.5	2,400	150	J～K	1.3	400	40
D～E	4.2	2,400	100	K～L	1.3	240	32
E～F	4.2	1,600	100	L～M	0.4	240	32
F～G	1.3	1,600	80	M～N	1.9	160	25
G～H	2.2	1,600	80	N～O	2.1	80	25

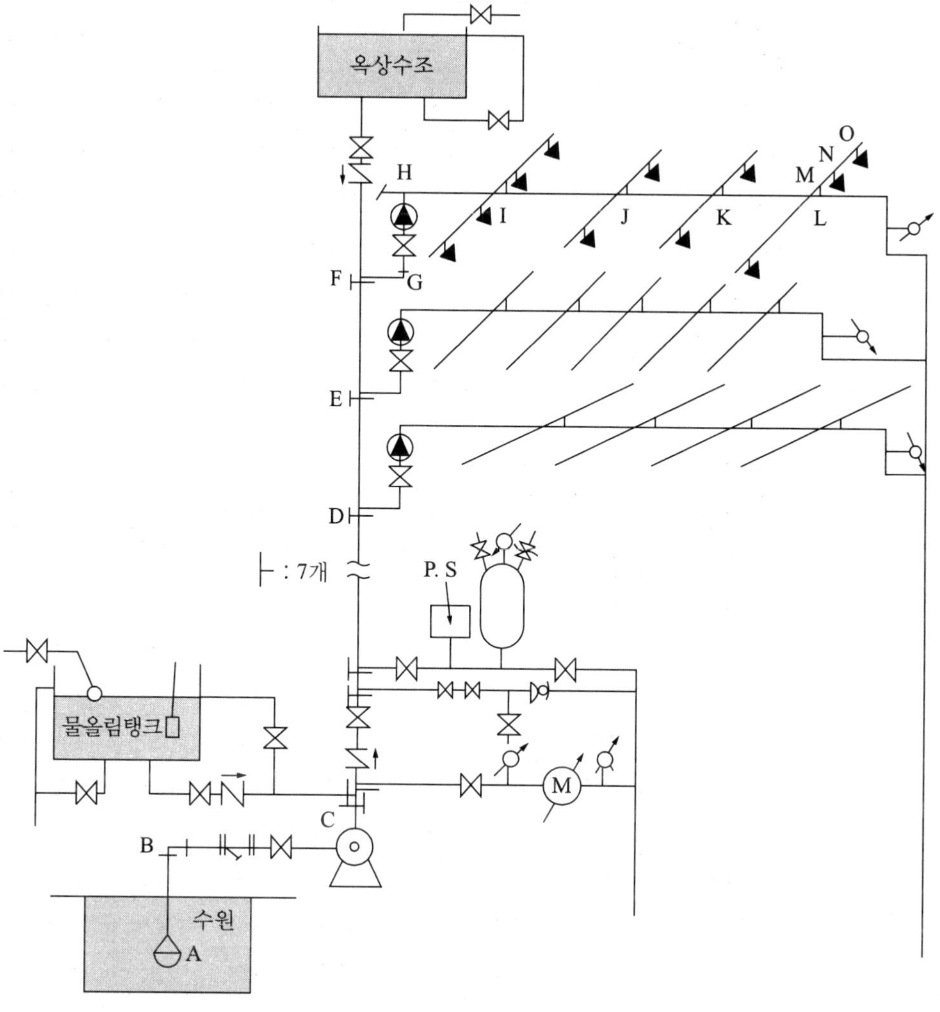

2. 스프링클러 배관 마찰 손실 수두(m) (100 m당)

관경 유량	25A	32	40	50	65	80	90	100	125	150	200
80	39.82	11.38	5.40	1.68	0.5	0.22	0.11				
160	150.42	42.84	20.29	6.32	1.87	0.80	0.40	0.22			
240	307.77	148.66	41.51	12.93	3.82	1.65	0.82	0.45			
320		106.31	70.4	21.93	6.48	2.79	1.39	0.77			
400		152.26	106.31	32.99	9.79	4.22	2.10	1.16			
480			152.26	47.43	14.01	6.04	3.01	1.66			
560			198.11	61.71	18.23	7.68	3.91	2.16	0.76		

유량 \ 관경	25A	32	40	50	65	80	90	100	125	150	200
720			315.08	98.14	29.0	12.5	6.22	3.43	1.19		
880				142.42	42.08	18.14	9.03	4.98	1.73		
1,520					115.51	49.78	24.77	13.66	4.74		
1,600					122.61	54.9	27.24	15.03	5.23		
1,680					139.07	59.94	29.83	16.44	5.71		
2,320						108.91	54.19	29.88	10.38	4.52	1.17
2,400						115.94	57.67	31.83	11.07	4.82	1.25

3. 관 부속품의 직관장(m)

관경(mm) \ 부속품명칭	90° 엘보	45° 엘보	90°T (분류)	90°T (직류)	게이트 밸브	볼밸브	앵글 밸브	레듀셔	90° 밴드
15	0.60	0.36	0.9	0.18	0.12	4.5	2.4		
20	0.75	0.45	1.2	0.24	0.15	6.0	3.6		
25	0.90	0.54	1.5	0.27	0.18	7.5	4.5	0.54	0.5
32	1.20	0.72	1.8	0.36	0.24	10.5	5.4	0.72	0.6
40	1.5	0.9	2.1	0.45	0.30	13.8	6.5	0.90	0.7
50	2.1	1.2	3.0	0.60	0.39	16.5	8.4	1.20	0.9
65	2.4	1.3	3.6	0.75	0.48	19.5	10.2		
80	3.0	1.8	4.5	0.90	0.60	24.0	12.0		
100	4.2	2.4	6.3	1.2	0.81	37.5	16.5		
125	5.1	3.0	7.5	1.5	0.99	42.0	21.0		
150	6.0	3.6	9.0	1.8	1.20	49.5	24.0		

※ 단, 후트밸브, 체크밸브, 스트레이너, 알람밸브는 앵글밸브의 값을 기준으로 한다.

해설

전양정 $H = h_1 + h_2 + 10\,\text{m}$

여기서, h_1 : 실양정(흡입측 실양정+토출측 실양정)

h_2 : 배관마찰(주)손실수두와 부속밸브 등에 의한 부차손실수두

10 m : 헤드 끝(先端)의 방수압력 환산 수두

① h_1 : 실양정(흡입측 실양정+토출측 실양정)

$= 2.7 + 34.5 + 4.2 + 4.2 + 2.2 + 0.4 = 48.2(\text{m})$

② h_2 : 배관마찰(주)손실수두와 부속밸브 등에 의한 부차손실수두

ⓐ A－C 구간(구경 100 mm, 유량 2,400 ℓ/min)

직관길이 : 2.7＋5.1 ＝ 7.8 m

(표3)에서 상당직관장은

푸트밸브(1개) : 16.5 m × 1개 ＝ 16.5 m

90°엘보(1개) : 4.2 m × 1개 ＝ 4.2 m

게이트밸브(1개) : 0.81 m × 1개 ＝ 0.81 m

스트레이너(1개) : 16.5 m × 1개 ＝ 16.5 m

38.01 m

총길이(직관장＋상당직관장)는 7.8 ＋ 38.01 ＝ 45.81(m)

(표2)에서 구경 100 mm 배관에서 2,400ℓ/min일 때 100 m당 손실수두 31.83 m 이므로 마찰손실수두(x_1)는 100 : 31.83 ＝ 45.81 : x_1

$$x_1 = \frac{31.83 \times 45.81}{100} = 14.581323\,(\mathrm{m})$$

ⓑ C－D 구간(구경 150 mm, 유량 2,400 ℓ/min)

직관길이 : 34.5 m

(표3)에서 상당직관장은

T직류(12개) : 1.8 m × 12개 ＝ 21.6 m

체크밸브(1개) : 24.0 m × 1개 ＝ 24.0 m

게이트밸브(1개) : 1.20 m × 1개 ＝ 1.20 m

46.8 m

총길이(직관장＋상당직관장)는 34.5 46.8 ＝ 81.3(m)

(표2)에서 구경 150 mm 배관에서 2,400 ℓ/min일 때 100 m당 손실수두 4.82 m 이므로 마찰손실수두(x_2)는 100 : 4.82 ＝ 81.3 : x_2

$$x_2 = \frac{4.82 \times 81.3}{100} = 3.91866\,(\mathrm{m})$$

ⓒ D－E구간(구경 100 mm, 유량 2,400 ℓ/min)

직관길이 : 4.2 m

(표3)에서 상당직관장은

T직류(1개) : 1.2 m × 1개 ＝ 1.2 m

총길이(직관장＋상당직관장)는 4.2＋1.2 ＝ 5.4 (m)

(표2)에서 구경 100 mm 배관에서 2,400 ℓ/min일 때 100 m당 손실수두 31.83 m 이므로 마찰손실수두(x_3)는 100 : 31.83 ＝ 5.4 : x_3

$$x_3 = \frac{31.83 \times 5.4}{100} = 1.71882\,(\mathrm{m})$$

ⓓ E－F 구간(구경 100 mm, 유량 1,600 ℓ/min)

직관길이 : 4.2 m

(표3)에서 상당직관장은

T분류(1개) : 6.3 m × 1개 ＝ 6.3 m

총길이(직관장＋상당직관장)는 4.2＋6.3 ＝ 10.5(m)

(표2)에서 구경 100 mm 배관에서 1,600 ℓ/min일 때 100 m당 손실수두 15.03 m

이므로 마찰손실수두(x_4)는 100 : 15.03 = 10.5 : x_4

$$x_4 = \frac{15.03 \times 10.5}{100} = 1.57815\,(\mathrm{m})$$

ⓔ F－H 구간(구경 80 mm, 유량 1,600 ℓ/min)

직관길이 : 1.3 + 2.2 = 3.5 m

(표3)에서 상당직관장은

90°엘보(1개) : 3.0 m × 1개 = 3.0 m

게이트밸브(1개) : 0.6 m × 1개 = 0.6 m

알람밸브(1개) : 12.0 m × 1개 = 12.0 m

T분류(1개) : 4.50 m × 1개 = 4.50 m

20.1m

총길이(직관장 + 상당직관장)는 3.5 + 20.1 = 23.6 m

(표2)에서 구경 80 mm배관에서 1,600 ℓ/min일 때 100 m당 손실수두 54.9 m

이므로 마찰손실수두(x_5)는 100 : 54.9 = 23.6 : x_5 → x_5 = 12.956 (m)

ⓕ H－I 구간(구경 65 mm, 유량 880 ℓ/min)

직관길이 : 2.3 m

(표3)에서 상당직관장은 T직류(1개) : 0.75 × 1개 = 0.75 m

총길이(직관장 + 상당직관장)는 2.3 + 0.75 = 3.05 (m)

(표2)에서 구경 65 mm 배관에서 880 ℓ/min일 때 100 m 당 손실수두 42.08 m

이므로 마찰손실수두(x_6)는 100 : 42.08 = 3.05 : x_6

$$x_6 = \frac{42.08 \times 3.05}{100} = 1.28344\,(\mathrm{m})$$

ⓖ I－J 구간(구경 50 mm, 유량 560 ℓ/min)

직관길이 : 2.7 m

(표3)에서 상당직관장은

레듀셔(1개) : 1.20 m × 1개 = 1.20 m

T직류(1개) : 0.60 m × 1개 = 0.60 m

1.8 m

총길이(직관장 + 상당직관장)는 2.7 + 1.8 = 4.5 (m)

(표2)에서 구경 50 mm 배관에서 560 ℓ/min일 때 100 m 당 손실수두 61.71 m

이므로 마찰손실수두(x_7)는 100 : 61.71 = 4.5 : x_7

$$x_7 = \frac{61.71 \times 4.5}{100} = 2.77695\,(\mathrm{m})$$

ⓗ J－K 구간(구경 40 mm, 유량 400 ℓ/min)

직관길이 : 1.3 m

(표3)에서 상당직관장은

레듀셔(1개) : 0.90 m × 1개 = 0.90 m

T직류(1개) : 0.45 m × 1개 = 0.45 m

1.35 m

총길이(직관장 + 상당직관장)는 1.3 + 1.35 = 2.65 (m)

(표2)에서 구경 40 mm 배관에서 400 ℓ/min일 때 100 m 당 손실수두 106.31 m 이므로 마찰손실수두(x_8)는 100 : 106.31 = 2.65 : x_8

$$x_8 = \frac{106.31 \times 2.65}{100} = 2.817215\,(\text{m})$$

ⓘ K－M 구간(구경 32 mm, 유량 240 ℓ/min)

직관길이 : 1.3 + 0.4 = 1.7 m

(표3)에서 상당직관장은

레듀셔(1개) : 0.72 m × 1개 = 0.72 m

T분류(2개) : 1.80 m × 2개 = 3.60 m

4.32 m

총길이(직관장 + 상당직관장)는 1.7 + 4.32 = 6.02 (m)

(표2)에서 구경 32 mm 배관에서 240 ℓ/min일 때 100 m 당 손실수두 148.66 m 이므로 마찰손실수두(x_9)는 100 : 148.66 = 6.02 : x_9

$$x_9 = \frac{148.66 \times 6.02}{100} = 8.949332\,(\text{m})$$

ⓙ M－N 구간(구경 25 mm, 유량 160 ℓ/min)

직관길이 : 1.9 m

(표3)에서 상당직관장은

T직류(1개) : 0.27 m × 1개 = 0.27 m

리듀셔(1개) : 0.54 m × 1개 = 0.54 m

0.81 m

총길이(직관장 + 상당직관장)는 1.9 + 0.81 = 2.71 (m)

(표2)에서 구경 25 mm 배관에서 160 ℓ/min일 때 100 m 당 손실수두 150.42 m 이므로 마찰손실수두(x_{10})는 100 : 150.42 = 2.71 : x_{10}

$$x_{10} = \frac{150.42 \times 2.71}{100} = 4.076382\,(\text{m})$$

ⓚ N－O 구간(구경 25 mm, 유량 80 ℓ/min)

직관길이 : 2.1 m

(표3)에서 상당직관장은

T분류(1개) : 1.50 m × 1개 = 1.50 m

총길이(직관장 + 상당직관장)는 2.1 + 1.50 = 3.6 (m)

(표2)에서 구경 25 mm 배관에서 80 ℓ/min일 때 100 m 당 손실수두 39.82 m 이므로 마찰손실수두(x_{11})는 100 : 39.82 = 3.6 : x_{11}

$$x_{11} = \frac{39.82 \times 3.6}{100} = 1.43352\,(\text{m})$$

$$h_2 = x_1 + x_2 + x_3 + \cdots + x_{11}$$

$= 14.581323 + 3.91866 + 1.71882 + 1.57815 + 12.956 + 1.28344 + 2.77695 + 2.817215 + 8.949332 + 4.076382 + 1.43352 = 56.08998811$ m

따라서 펌프의 전양정은

$H = h_1 + h_2 + 10\,\text{m}$ = 48.2 + 56.09 + 10 = 114.29 (m)

문제 04

그림은 어느 습식스프링클러설비에서 배관의 일부를 나타내는 평면도이다. 점선 안에 필요한 각 관부속품의 개수를 빈칸에 써넣으시오. 그리고 빈칸을 채우는 내용을 입증할 수 있는 그림을 각각 표의 우측에 그리시오.

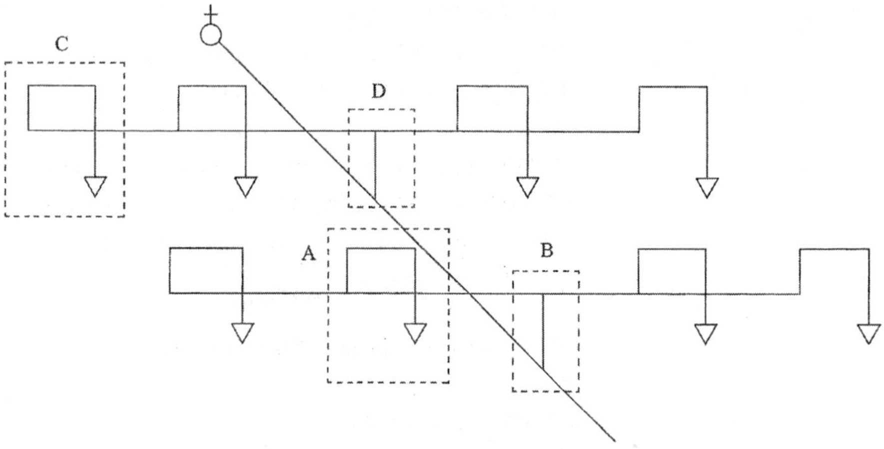

<조건> 폐쇄형 스프링클헤드의 관경이 담당하는 헤드의 개수는 다음 표와 같다.

관경(mm)	25	32	40	50	65	80	90	100
담당하는 헤드 수(개)	2	3	5	10	30	60	80	100

[A구역]

관부속품	규격	수량
티	25×25×25A	
니플	25A	
엘보	25A	
리듀셔	25×15A	

[B구역]

관부속품	규격	수량
티	50×50×40A	
티	40×40×40A	
니플	40A	
니플	50A	
리듀셔	40×25A	
리듀셔	50×40A	

[C구역]

관부속품	규격	수량
엘보	25A	
니플	25A	
리듀셔	25×15A	

[D구역]

관부속품	규격	수량
티	40×40×40A	
니플	40A	
리듀셔	40×25A	

해설

[A구역]

관부속품	규격	수량
티	25×25×25A	1
니플	25A	3
엘보	25A	3
리듀셔	25×15A	1

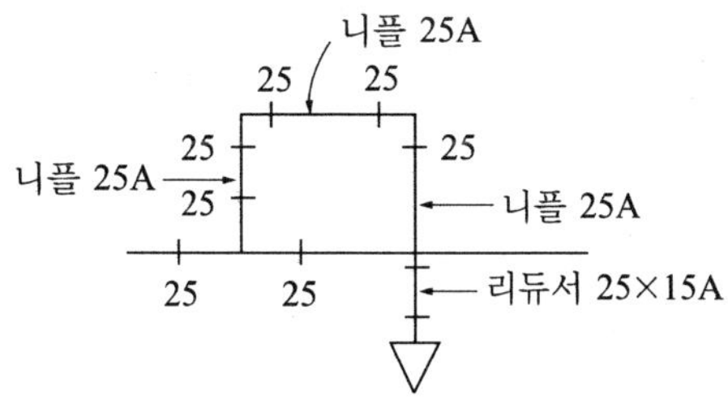

[B구역]

관부속품	규격	수량
티	50×50×40A	1
티	40×40×40A	1
니플	40A	3
니플	50A	1
리듀셔	40×25A	2
리듀셔	50×40A	1

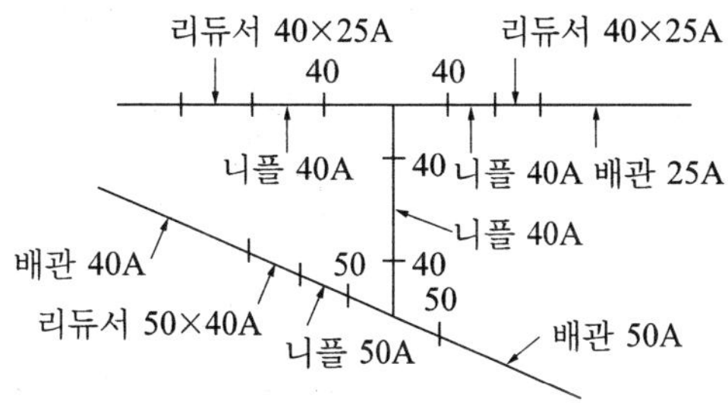

[C구역]

관부속품	규격	수량
엘보	25A	3
니플	25A	3
리듀셔	25×15A	1

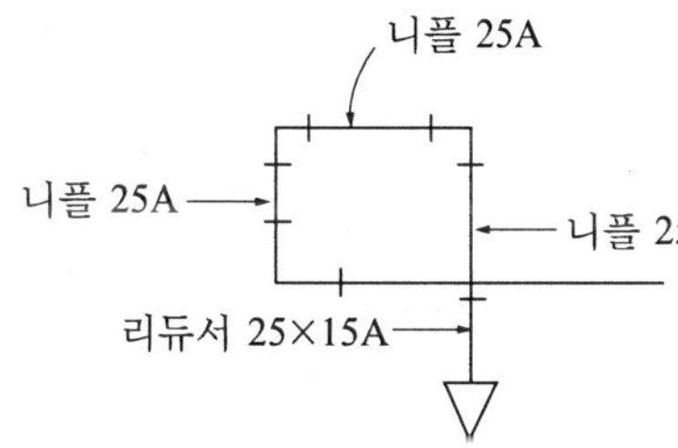

[D구역]

관부속품	규격	수량
티	40×40×40A	2
니플	40A	3
리듀셔	40×25A	2

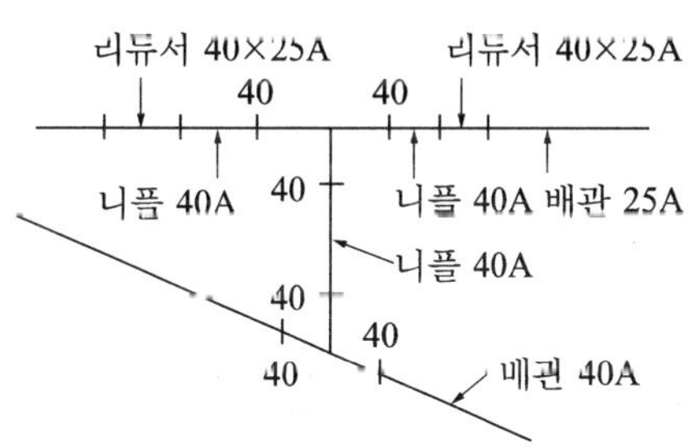

문제 05

그림은 어느 습식스프링클러설비에서 배관의 일부를 나타내는 평면도이다. 말단헤드 A부터 G 사이 구간에 필요한 관 부속품의 개수를 빈칸에 기입하시오. 그리고 빈칸을 채우는 내용을 입증할 수 있는 그림을 그리시오.

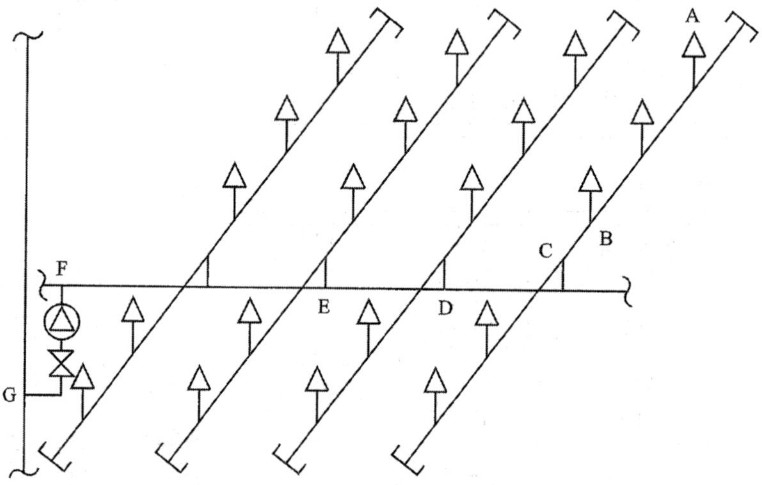

구간	배관구경(mm)	구간	배관구경(mm)
A~B	25	B~C	32
C~D	40	D~E	50
E~F	65	F~G	80

배관구경(mm)	관부속품			
	엘보	티	리듀셔	니플
25				
32				
40				
50				
65				
80				

해설

배관구경 (mm)	관부속품			
	엘보	티	리듀셔	니플
25	0	2	1	1
32	0	1	1	1
40	0	2	1	2
50	0	1	1	1
65	0	2	1	1
80	1	1	1	1

관부속품이 들어가는 위치는 다음과 같다.

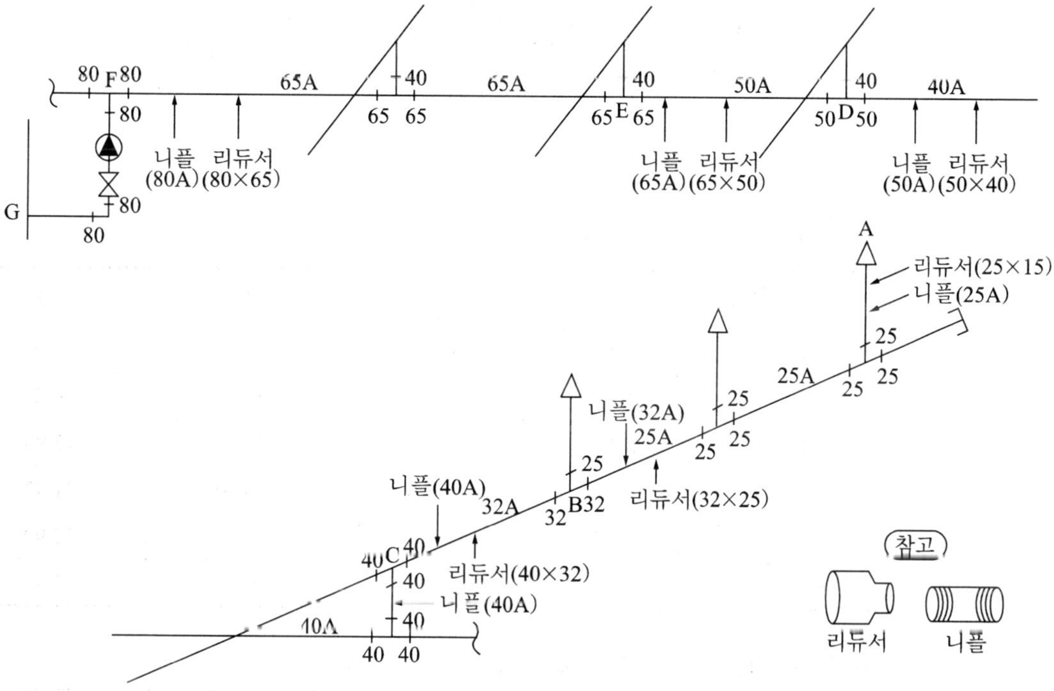

문제 06

폐쇄형헤드를 사용한 스프링클러설비의 말단 배관 중 K점에 필요한 수압을 주어진 조건을 이용하여 산정하시오.

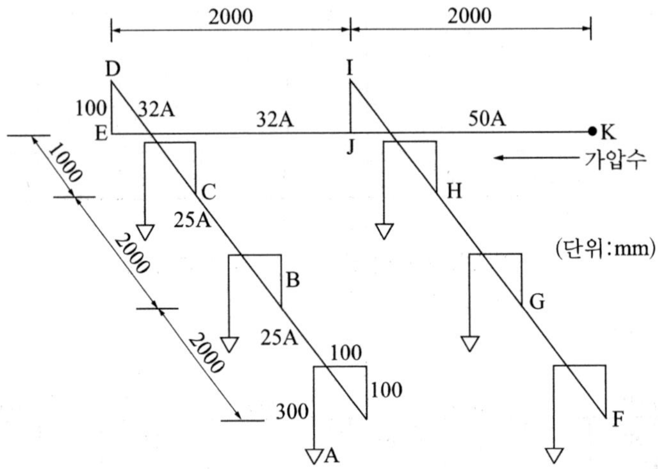

[조건]

1. 직관 마찰손실수두(100 m당)

유량 \ 관경	25A	32	40	50
80	39.82	11.38	5.40	1.68
160	150.42	42.84	20.29	6.32
240	307.77	87.66	41.51	12.93
320		148.66	70.40	21.93
400		224.75	106.31	32.99
480		321.55	152.26	47.43

2. 관이음쇠 마찰손실에 해당하는 직관길이(단위 : m)

부속품명칭 \ 관경(mm)	90°엘보	90°T (분류)	90°T (직류)	레듀셔
25A	0.90	1.5	0.27	0.54
32A	1.20	1.8	0.36	0.72
40A	1.5	2.1	0.45	0.90
50A	2.1	3.0	0.60	1.20

3. 헤드나사는 PT1/2 (15A)기준
4. 헤드방사압은 0.1 MPa기준
5. 수압산정에 필요한 계산과정을 상세히 명시할 것

해설 K점의 압력

구간	관경	유량	직관 및 등가길이	마찰손실수두
K~J	50A	480 ℓ/min (헤드 6개)	직관 : 2m 티직류 : 1개 × 0.6m = 0.6m 리듀서(50 × 32A) : 1개 × 1.2m = 1.2m 총길이 : 3.8m	$3.8m \times \frac{47.43m}{100m}$ = 1.80m
J~C	32A	240 ℓ/min (헤드 3개)	직관 : 2m + 0.1m + 1m = 3.1m 90°엘보 : 2개 × 1.2m = 2.4m 티직류 : 1개 × 0.36m = 0.36m 리듀서(32 × 25A) 1개 × 0.72m = 0.72m 총길이 : 6.58m	$6.58m \times \frac{87.66m}{100m}$ = 5.77m
C~B	25A	160 ℓ/min (헤드 2개)	직관 : 2m 티직류 : 1개 × 0.27m = 0.27m 총길이 : 2.27m	$2.27m \times \frac{150.42m}{100m}$ = 3.41m
B~A	25A	80 ℓ/min (헤드 1개)	직관 : 2m + 0.1m + 0.1m + 0.3m = 2.5m 90°엘보 : 3개 × 0.9m = 2.7m 리듀서(25 × 15A) 1개 × 0.54m = 0.54m 총길이 : 5.74m	$5.74m \times \frac{39.82m}{100m}$ = 1.80m
총마찰손실수두				13.27m

총배관마찰손실수두 13.27 m를 압력으로 환산하면

$$13.27\,m \times \frac{0.101325\,MPa}{10.332\,m} = 0.13\,MPa$$

헤드말단 최소방사압 0.1 MPa

헤드 A, D~E구간 입상수두 −0.1 m을 압력으로 환산하면

$$-1\,m \times \frac{0.101325\,MPa}{10.332\,m} = 0.001\,MPa$$

K점에서 소요 압력은 $p = 0.13 - 0.001 + 0.1 = 0.23\,MPa$

연습문제

01. 그림과 같이 내경이 50 mm인 작은 배관으로 물이 공급되어 내경이 100 mm인 배관으로 나오고 있다. 내경이 50 mm일 때 레이놀즈수가 15,000이라면 내경 100 mm의 경우 레이놀즈수는 얼마인가?

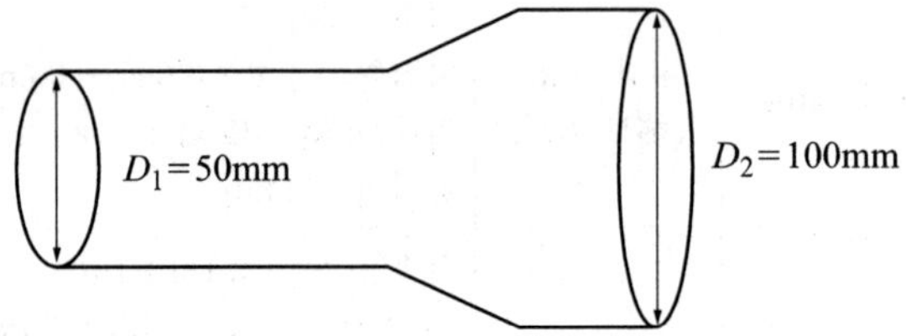

[정답] 7,500

02. 그림과 같은 Loop 배관에 직결된 살수노즐로부터 매분 210 ℓ의 물이 방사되고 있다. 화살표방향으로 흐르는 유량 q_1 및 q_2 (ℓ/min)를 구하시오.

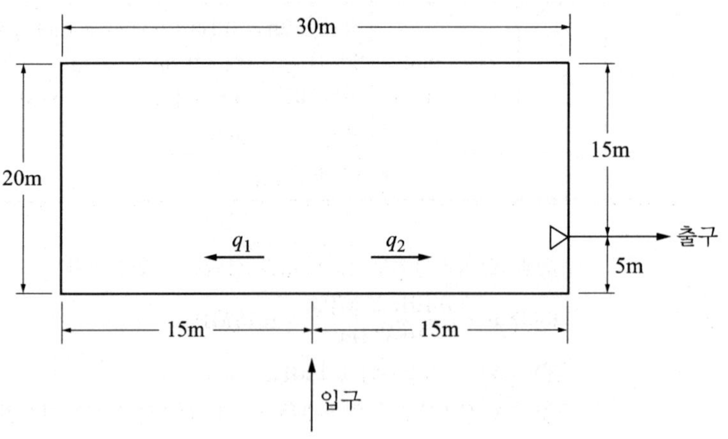

[조건]

① 배관 부속의 등가길이는 모두 무시한다.

② 계산 시의 마찰손실공식은 하젠-윌리엄스 식을 사용하되 계산 편의상 다음과 같다고 가정한다.

$$\Delta p = 6 \times 10^4 \times \frac{Q^2}{100^2 d^5}$$

여기서, Δp : 배관 1 m당 마찰손실압력(MPa)
Q : 배관 내의 유량(ℓ/min)
d : 배관의 안지름(mm)

③ 루프 배관의 안지름은 40 mm이다.

[정답] $q_1 = 70\ell/\text{min}$, $q_2 = 140\ell/\text{min}$

03. 그림은 어느 배관 평면도이며 화살표의 방향으로 물이 흐르고 있다. 배관 ABCD 및 AEFD 간의 흐르는 유량을 계산하시오.

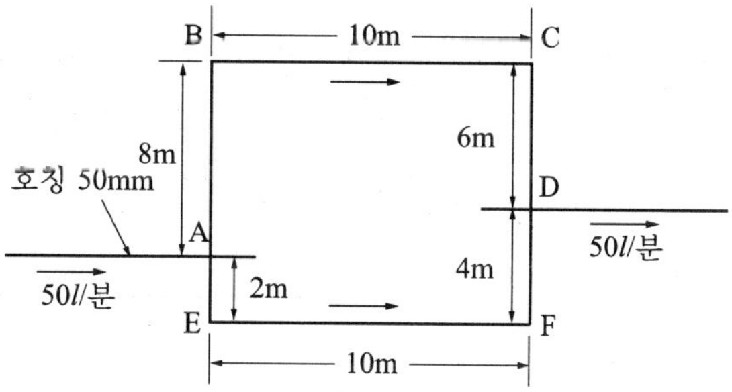

[조건]

① 하젠 – 윌리엄스 공식은 다음과 같다.

$$\Delta p = 6.174 \times 10^4 \times \frac{Q^{1.85}}{C^{1.85} d^{4.87}}$$

여기서, Δp : 배관 1 m당 마찰손실압력(MPa)
Q : 배관 내의 유수량(ℓ/min)
d : 배관의 안지름(mm)

② 호칭 50 mm 배관의 안지름은 54 mm이다.

③ 호칭 50 mm 엘보(90°)의 등가길이는 1.6 m이다.

④ A점 D점에 있는 티(Tee)의 마찰손실은 무시한다.

⑤ 루프(loop)배관 BCFEB의 호칭구경은 50 mm이다.

[정답] $Q_1 = 226.48\ell/\text{min}$, $Q_2 = 273.52\ell/\text{min}$

04. 다음과 같은 조건으로 그림과 같은 배관평면도에서 배관 ABCD 및 AEFD 사이를 흐르는 유량은 얼마인가?

[조건]

① 호칭 60 mm 배관의 안지름은 63 mm이다.
② 호칭 60 mm의 90°엘보의 등가길이는 2 m이다.
③ A 및 D 지점에 있는 T의 마찰손실은 무시한다.
④ Loop 배관 BCFEB의 호칭구경은 60 mm이다.
⑤ 이때 마찰손실은 아래의 하젠－윌리엄스 공식을 따른다.

$$\Delta p = 6.174 \times 10^5 \times \frac{Q^{1.85}}{100^{1.85} d^{4.87}}$$

여기서, Δp : 배관 1 m당 마찰손실압력(kg_f/cm^2)
Q : 배관 내의 유수량(ℓ/min)
d : 배관의 안지름(mm)

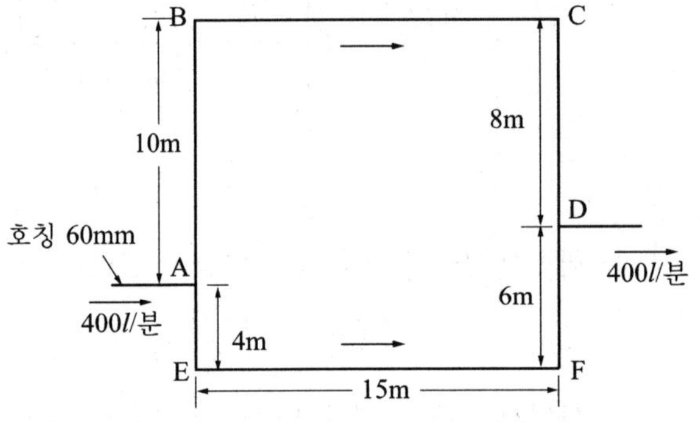

[정답] $Q_1 = 186.78\ell/\text{min}$, $Q_2 = 213.22\ell/\text{min}$

05. 다음 그림은 어느 공장에 설치된 지하매설 소화용 배관도이다. "가～마"까지의 각각의 옥외소화전의 측정수압이 다음 표와 같을 때 다음 각 물음에 답하시오. 단, 소수점 넷째자리에서 반올림하여 소수점 셋째자리까지 나타내시오.

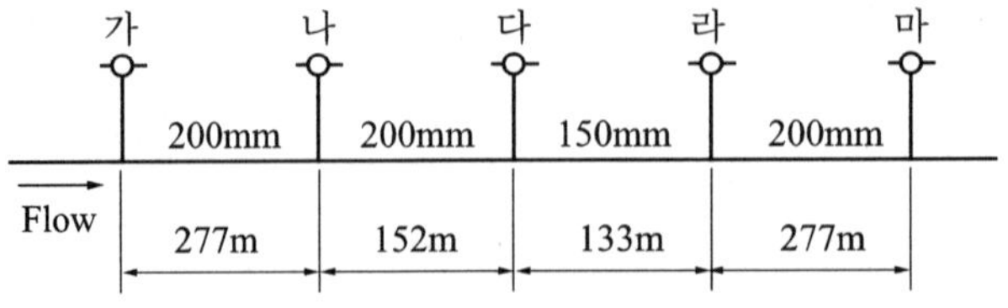

	가	나	다	라	마
정압(MPa)	0.557	0.517	0.572	0.586	0.552
방사압력(MPa)	0.49	0.379	0.296	0.172	0.069

※ 방사압력은 소화전의 노즐캡을 열고 소화전 본체 직근에서 측정한 Residual pressure를 말한다.

(가) 다음은 동수경사선(hydraulic gradient line)을 작성하는 과정이다. 주어진 자료를 활용하여 표의 빈 곳을 채우시오. 단, 계산과정을 아래의 표에 쓰시오(단, 기준 elevation으로부터의 정압은 0.586 MPa로 본다).

	구경 (mm)	실 관장 (m)	측정압력(MPa)		펌프로부터 각 소화전까지의 전마찰손실 (MPa)	소화전간의 배관미찰손실 (MPa)	gauge elevation (MPa)	경사선의 elevation (MPa)
			정압	방사 압력				
가	-	-	0.557	0.49	①	-	0.029	0.519
나	200	277	0.517	0.379	②	⑤	0.069	⑩
다	200	152	0.572	0.296	③	0.138	⑧	0.31
라	150	133	0.586	0.172	0.414	⑥	0	⑪
마	200	277	0.552	0.069	④	⑦	⑨	⑫

(나) (가)의 완성된 표를 자료로 하여 답안지의 동수경사선과 pipe profile을 완성하시오.

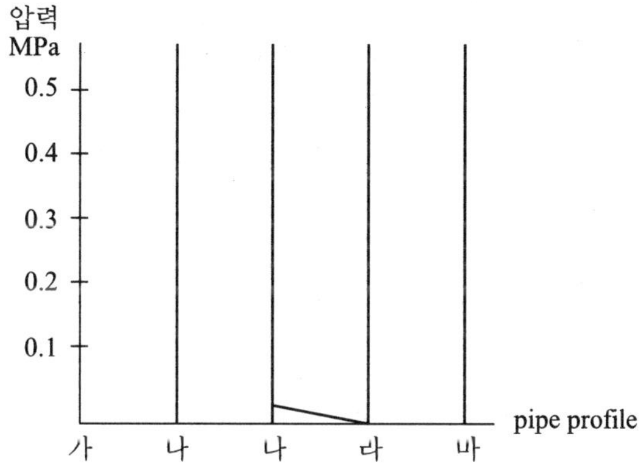

경수선도

06. 일정한 관경인 배관의 두 지점에서 압력을 측정하였더니 각각 0.45 MPa, 0.4 Mpa이었다. 두 배의 유량을 흘려보낸다면 압력차는 얼마나 되겠는가? 단, 배관의 마찰손실은 하젠-윌리엄스 공식을 따른다.

[정답] 0.18 MPa

07. $Q = K\sqrt{10p}$ 에서 $K = 3$일 때 $Q = \text{galon/min}$을 ℓ/min으로, $p = \text{lb}_f/\text{인치}^2$을 MPa로 단위를 환산하여 $Q' = K'\sqrt{10p'}$ 하면 K' 값은 얼마인가?

[정답] 42.93

08. 수평으로 된 소방배관에 레이놀즈수가 1,200으로 소화수가 흐르고 있다. 유량이 200ℓ/min, 배관의 길이가 100 m, 배관지름이 40 mm일 때 다음을 구하시오. 단, 소수점 세 자리에서 반올림하여 소수점 두 자리로 나타낸다.

(가) 배관의 마찰손실수두(m)는 얼마인가? 단, 달시-바이스바하의 식을 사용한다.

(나) 출발점의 압력이 784.55 kPa이라면 끝점의 압력(kPa)은 얼마인가?

[정답] (가) 44.47 m

(나) 319.344 kPa

09. 다음 조건을 이용하여 개방된 고가수조에서 배관을 통하여 물을 방수할 때 Ⓐ 지점에서 방출압력은 몇 kPa인지 구하시오.

[조건]
① 배관의 안지름은 100 mm이고 배관길이는 250 m이다.
② 방출유량은 2,500ℓ/min, 배관의 총마찰손실수두는 7 m이다.
③ 대기압은 표준상태이고, 방출압력은 계기압력으로 구한다.

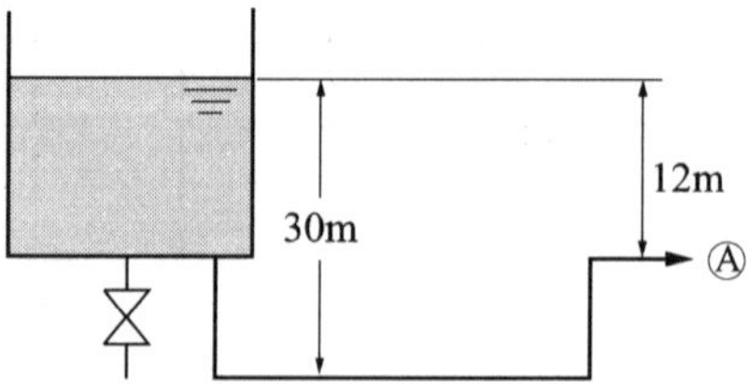

[정답] 34.89 kPa

10. 그림의 스프링클러설비 가지배관에서의 구성부품과 규격 및 수량을 산출하시오.

[조건]

① 티는 모두 동일 구경을 사용하고 배관이 축소되는 부분은 반드시 리듀셔를 사용한다.

② 교차배관은 제외한다.

③ 구경에 따른 헤드개수는 다음과 같다.

25mm	32mm	40mm	50mm
2개	3개	5개	10개

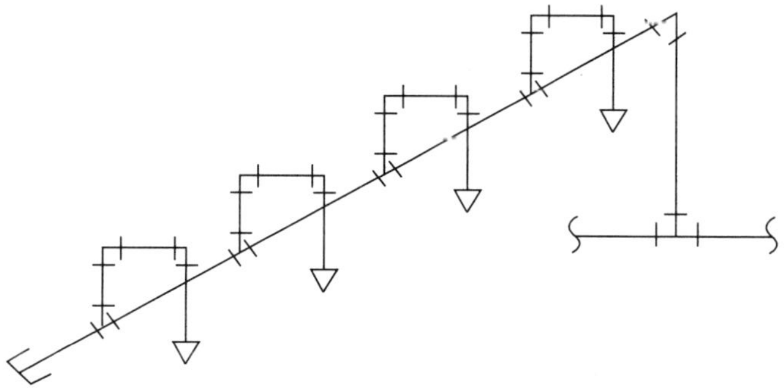

구성부품	규격 및 수량
헤드	15 mm 4개
캡	
티	
90°엘보	
리듀셔	

[정답]

구성부품	규격 및 수량
헤드	15 mm 4개
캡	25mm 1개
티	25×25×25 mm 2개, 32×32×32 mm 1개, 40×40×40 mm 1개
90°엘보	25 mm 8개, 40 mm 1개
리듀셔	25×15 mm 4개, 32×25 mm 2개, 40×25 mm 1개, 40×32 mm 1개

11. 코사인의 제1법칙과 제2법칙을 설명하고 입증하라(제6장 선행 과제).

Chapter 6

펌프

소방시설은 소화설비, 경보설비, 피난구조설비, 소화용수설비, 소화활동설비로 분류하고 있으며, 소화설비는 옥내소화전설비, 옥외소화전설비, 스프링클러설비, 포소화설비 등 수계소화설비와 이산화탄소소화설비, 할로겐화합물소화설비, 분말소화설비 등 가스계소화설비로 나눌 수 있다. 수계소화설비의 대부분은 가압송수장치로 펌프를 이용하고 있다.

수계소화설비(水系消火設備, water-based extinguishing system)의 가장 기초적인 설비인 옥내소화전설비의 계통도(系統圖, isometric diagram)는 다음과 같다.

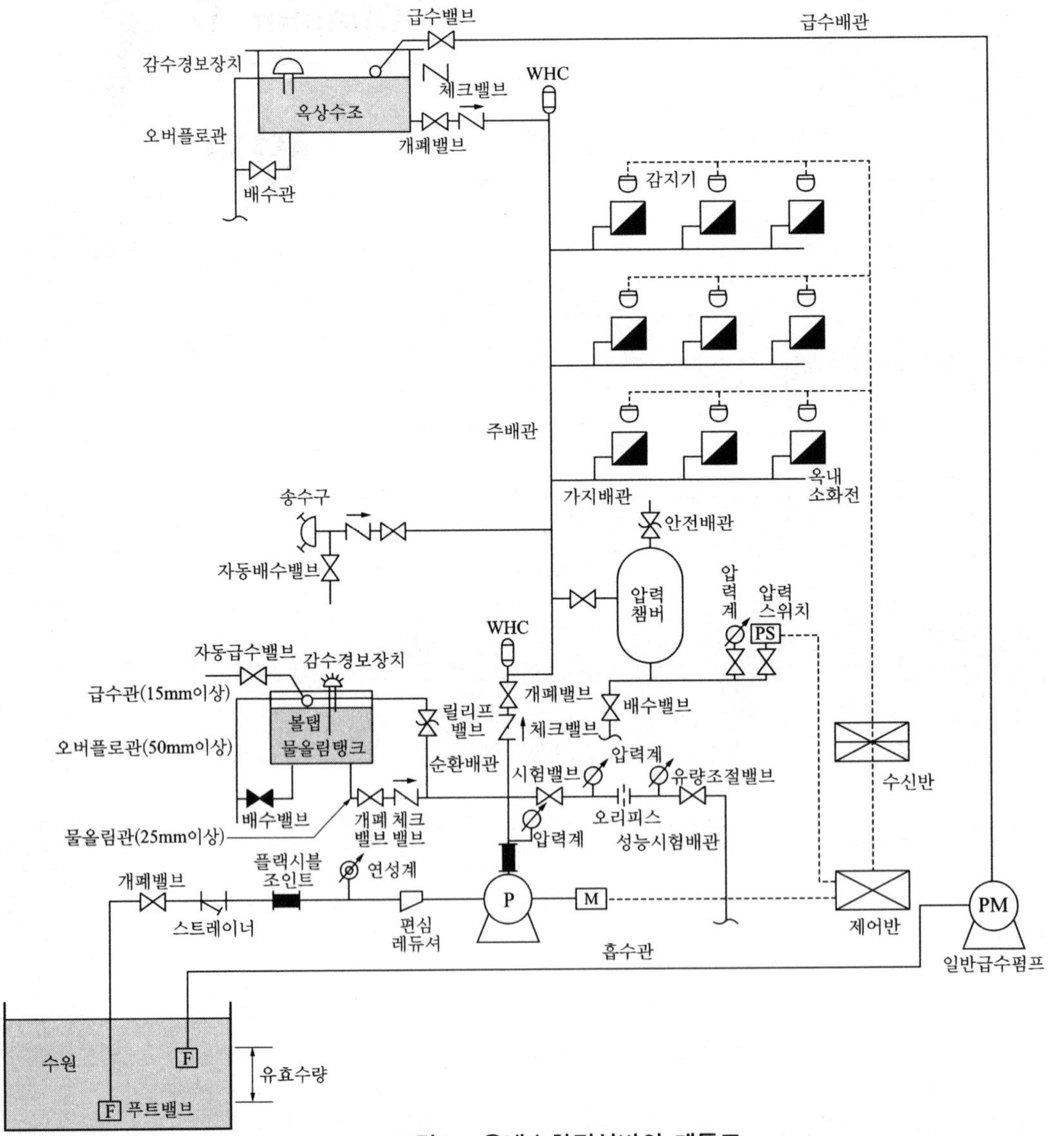

그림A. 옥내소화전설비의 계통도

1. 펌프흡입의 원리

펌프의 원리를 알기 쉽게 설명하기 위하여 컵 속에 얼음이 든 주스를 빨대를 이용해서 마시는 경우를 생각해보자. 빨대를 컵 바닥 가까이 닿게 하고 한쪽 끝에 입을 대고 빨아들이면 얼음덩어리에 신경 쓸 필요 없이 주스만을 마실 수 있음을 경험을 통해 알고 있다. 이 과정을 유심히 관찰하자.

처음에 빨대를 주스 안에 찔러 넣을 때 빨대는 중간까지 주스로 차고 나머지 부분은 공기로 차 있는 상태이다. 이 상태를 좀 더 자세히 설명하면 컵 안의 주스 표면은 대략 1기압의 대기압을 받고 있고, 빨대 안의 주스 표면도 마찬가지로 대기압을 받고 있으며 빨대 안의 공기는 대기와 연결되어 있다.

주스를 마시기 위해 빨대에 입을 대면 빨대 내의 공기는 대기와 차단된 상태가 된다. 폐를 부풀리면 입 안의 공기와 함께 빨대 안의 공기도 빨려들며 입 안도, 빨대 안도 공기가 아주 희박하게 되어 대기압보다 낮아진다. 결국 빨대 안의 주스 표면을 누르고 있던 압력이 컵 안의 표면을 누르고 있던 압력보다 작아져 빨대 내의 주스 표면은 컵 안의 주스 표면에 가해진 대기압력에 의해 눌려 올라가서 최종적으로 입 안까지 도달하게 된다. 이 빨대를 이용해 주스를 마시는 방법은 모든 종류의 펌프에도 적용되는 「흡입(빨아들임)」의 메커니즘이라고 할 수 있다.

2. 원심펌프

2.1 원심펌프의 원리와 구조

2.1.1 원심펌프의 원리(흡입 및 압상)

원심펌프(遠心펌프, centrifugal pump, radial flow pump)는 그림1과 같이 물을 담은 원통형의 용기를 그 축을 중심으로 회전시키면 용기 내의 물은 원심력(遠心力, centrifugal force)에 의하여 둘레는 압력이 높아지고 중심부에서는 낮아져 최초의 수면은 실선(實線)과 같이 변형된다. 압력이 낮아진 중심부와 아래쪽에 있는 물탱크를 연결하면 용기 아래에 있는 물탱크로부터 물이 차차 흡상(吸上) 하게 된다.

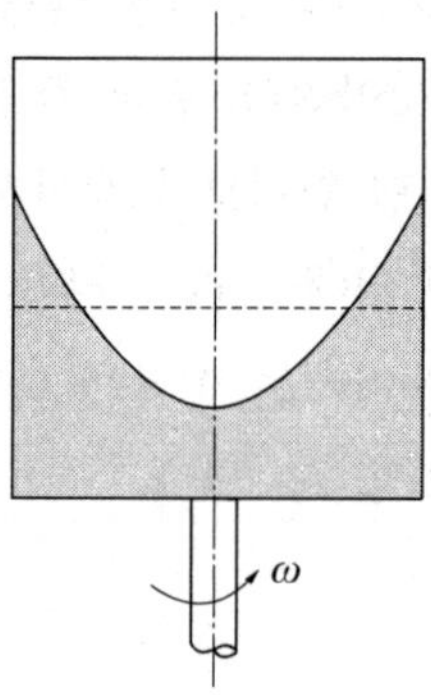

그림1.

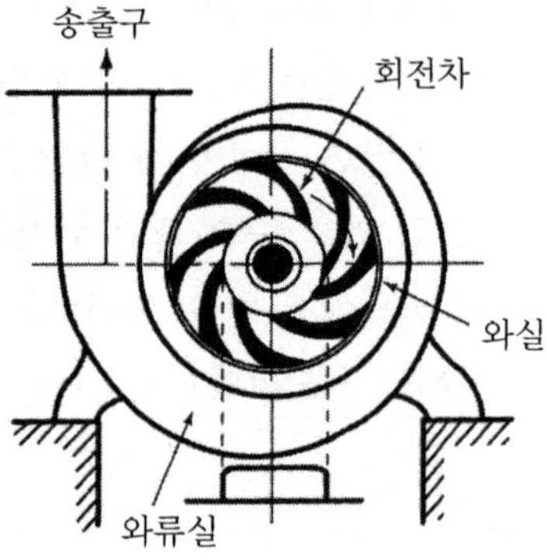

그림2. 원심펌프

이와 같은 원리를 이용하여 그림1과 같은 밀폐된 용기 대신에 케이싱, 회전하게 되는 물체 대신에 회전차(回轉車, impeller), 그리고 중심부분에 흡입관으로 구성된 것이 원심펌프의 기본골격이다. 즉, 그림2와 그림3 및 그림4에서 보는 바와 같이 원심펌프는 다수의 깃(날개, vane)이 달린 회전차가 밀폐된 케이싱(와류실) 내에서 회전함으로써 원심력에 의하여 물은 외주(外周)로 밀려 회전차의 중심부는 압력이 낮아져 바깥의 압력에 의해 물은 흡입관을 따라 회전차의 중심(impeller eye)으로 흡입되며, 반지름 방향으로 흐르는 사이에 압력 및 속도에너지를 얻어 송출관(送出管, discharge pipe)으로 송출된다.

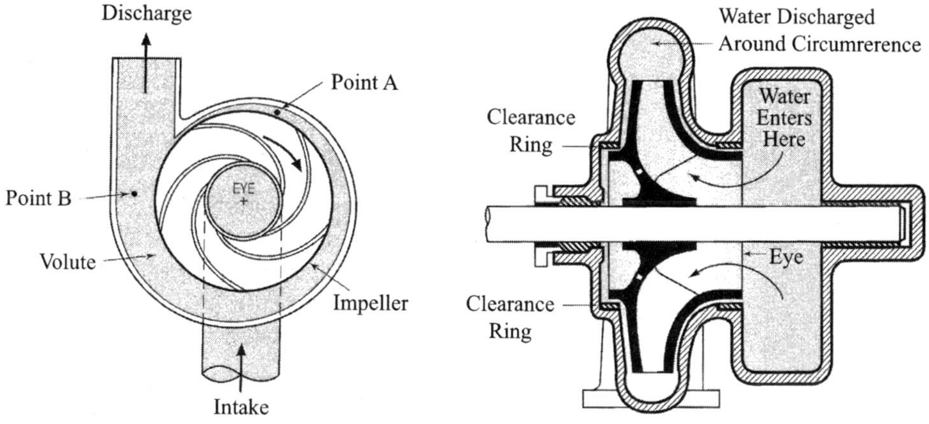

그림3. 원심펌프

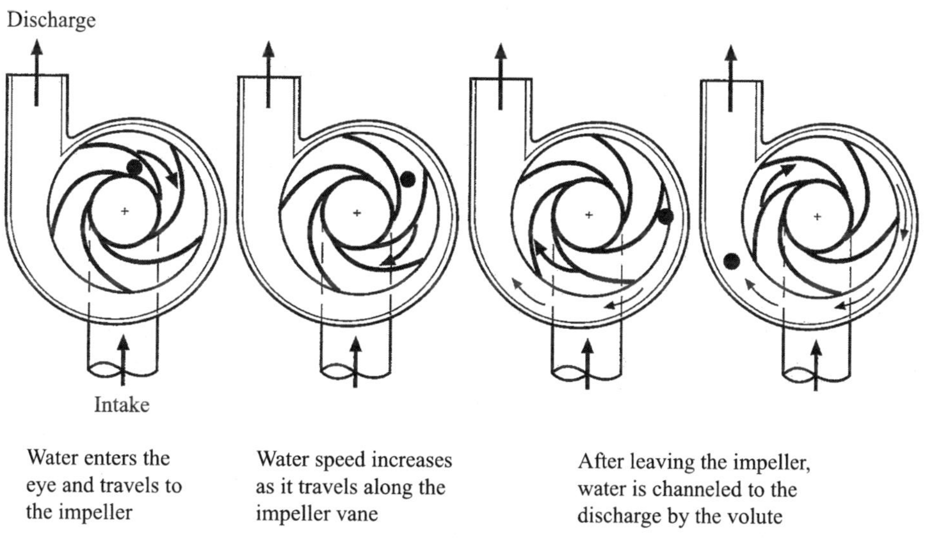

그림4. 원심펌프의 유체 흡입에서 토출까지의 과정

2.1.2 원심펌프의 구조

원심펌프를 포함한 양수장치의 개략도는 그림5와 같으며 계통도는 흡입관, 원심펌프, 송출관으로 구성되며, 원심펌프의 기본 구성요소는 그림6에 도시한 바와 같이 회전차, 주축, 펌프본체, 안내깃 및 와실, 베어링본체, 패킹상자, 베어링 등으로 구성된다.

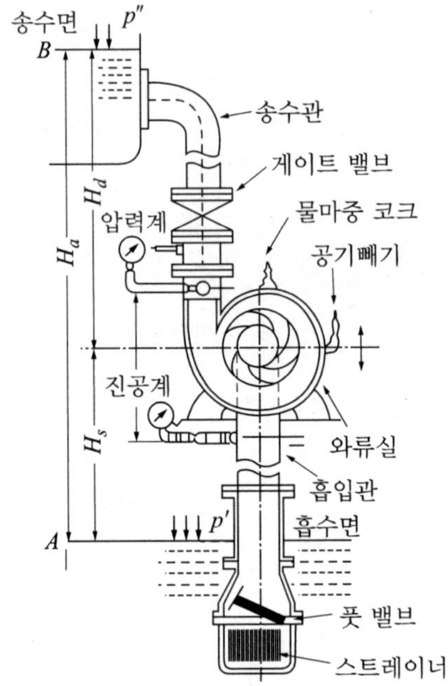

그림5. 원심펌프의 계통도

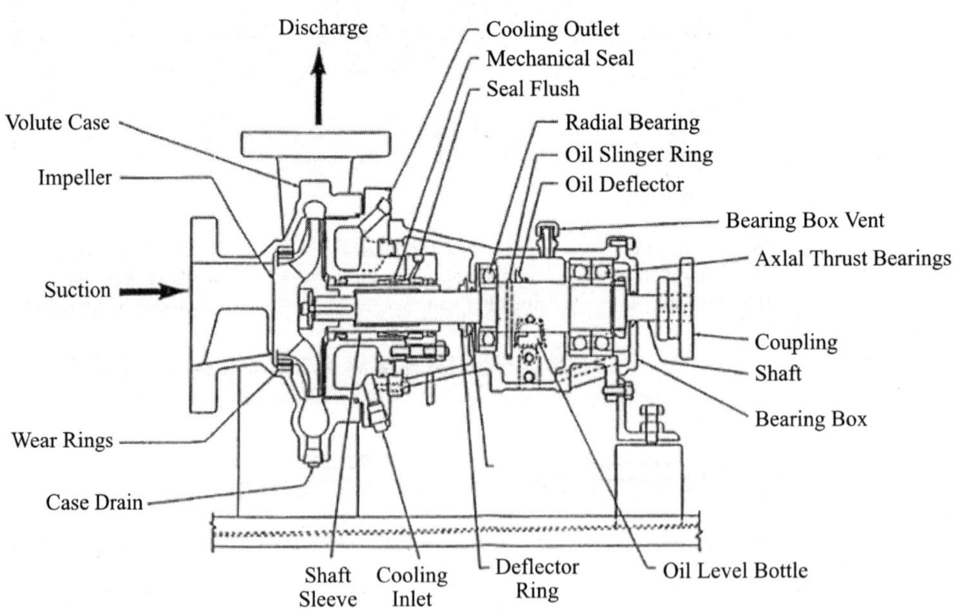

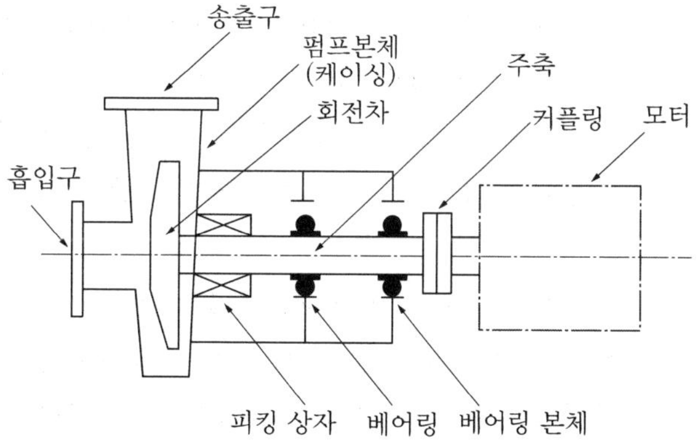

그림6. 원심펌프의 구조

① 회전차(回轉車, impeller, vane)는 그림7과 같이 여러 개의 만곡된 깃(날개)을 가진 회전물체로 밀폐된 용기 내의 유체 속에서 회전차가 회전함으로써 깃으로부터 유체에 에너지를 부여해주는 가장 중요한 요소이다.

(a) open impeller (b) semi-open impeller (c) closed impeller

그림7. 회전자

② 주축(主軸, main shaft)은 회전차와 체결되어 일체화돼 있으며 펌프의 외부에 있는 전동기(電動機, motor)에 연결되어 동력을 전달받게 된다.

③ 안내깃(guide vane)은 회전차로부터 에너지를 부여받고 유출되는 유체를 와류실로 유도하는 가운데 유체가 회전차로부터 부여받은 속도에너지를 보다 더 송출에 적합한 압력에너지의 형태로 변환하는 역할을 한다.

④ 와실(渦室, vortex chamber)은 회전차의 바깥둘레에 배치된 환상(環狀)의 공간으로 케이싱에 고정된다.

⑤ 와류실(渦流室, spiral casing 또는 volute)은 와실에서 나온 유체를 모아서 송출

관 쪽으로 보내는 나선형(螺線形, spiral type)의 동체(胴體)이다. 회전차가 그림 3의 point A에서 point B로 회전함에 따라 유체의 증가하는 체적을 수용한다. 단면이 출구 쪽으로 갈수록 커지는 점진 확대관이므로 이 공간을 통과하는 사이에 물이 가지고 있는 속도에너지가 송출에 적합한 압력에너지의 형태로 변환된다.

⑥ 흡입관(吸入管, suction pipe)은 펌프 본체의 중심, 즉 회전차의 중심부에 연결 접속되고 다른 끝부분은 흡입 수면 속에 개구(開口) 되며 흡상(吸上) 되는 액체가 흡입되는 관로(管路)이다. 흡입관 말단(末端)에는 그림8과 같은 foot valve가 부착되어 있으며, 이 내부에는 check valve (F)가 장치되어 있어서 펌프의 운전이 정지되었을 때 흡입관 속 액체의 역류(逆流)를 방지하는 역할을 한다. foot valve의 밑에는 여과기(濾過器, strainer)(S)를 달아 이물질의 유입을 방지한다.

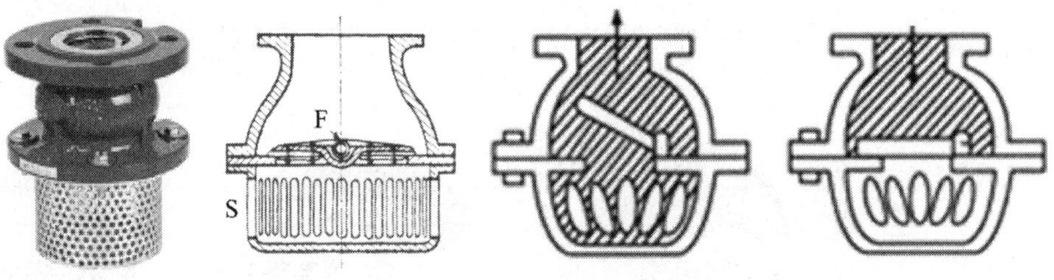

그림8. Foot Valve

⑦ 송출관(送出管, discharge pipe)은 와류실의 출구에 접속되어 요구되는 장소로 액체를 수송한다. 와류실과 송출구 사이에 gate valve가 달려 송출유량을 조절할 수 있다.

⑧ 베어링은 펌프의 본체(本體, casing, pump housing)를 관통한 주축의 원활한 회전과 아울러 지지하는 역할을 한다.

⑨ 패킹상자(packing box)는 주축이 케이싱을 관통하는 부분에서 펌프 내부의 액체가 외부로 누설되는 것을 방지하기 위한 장치이다.

⑩ 물받이 콕은 펌프 본체의 상부에 달려 있으며, 흡입관 속에 들어 있는 공기의 비중량은 액체와 비교해 매우 작으므로 회전차에서 발생하는 원심력으로는 이 공기를 송출구로 밀어내지 못하므로 흡입관 속에 들어 있는 공기를 빼내기 위하여 설치되어 있다. 이곳으로 물을 넣어서 펌프 속을 완전히 액체로 채운다.

2.2 원심펌프의 분류

2.2.1 안내깃의 유무에 의한 분류

① 볼류트 펌프(volute pump) : 회전차의 외주(外周)에 접하여 안내깃이 없는 펌프
② 터빈펌프(diffuser or turbine pump) : 회전차의 외주에 접하여 안내깃이 있는 원심펌프

볼류트펌프는 일반적으로 회전차 1개(1단)가 발생하는 양정이 낮은 것에 사용되고, 터빈펌프는 보다 더 높은 양정에 사용된다.

볼류트펌프와 터빈펌프와의 중간적인 것으로서 와실(W)을 갖는 원심펌프가 있다.

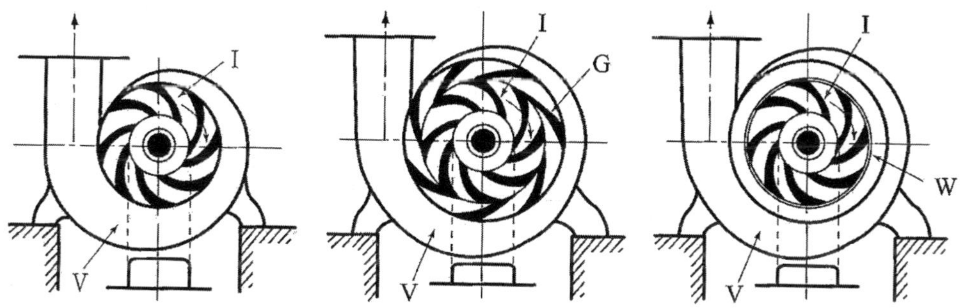

(a) 볼류트펌프 (b) 터빈펌프 (c) 와실을 갖는 원심펌프

I : Impeller, G : Guide vane, V : Volute, W : Vortex chamber

그림9. 원심펌프의 종류

2.2.2 흡입구의 수에 의한 분류

① 단흡입 펌프(single suction pump) : 회전차의 한쪽에서만 유체를 흡입
② 양흡입 펌프(double suction pump) : 회전차의 양쪽으로 유체를 흡입하는 펌프로서 회전차의 바깥지름, 안지름 및 그 외의 치수가 동일한 경우 양정은 동일하지만 유량은 양흡입이 단흡입의 2배가 된다. 따라서 송출량이 많을 경우에 사용된다.

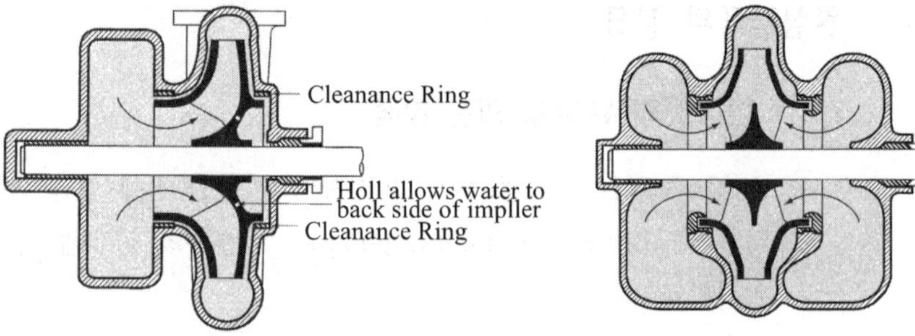

그림10. 단흡입펌프와 양흡입펌프

2.2.3 단수(段數)에 의한 분류

① 단수펌프(單數 펌프, single stage pump) : 펌프 1대에 회전차 1개를 단 것으로 양정의 범위는 일반적으로 80~100 m 정도이다.

② 다단펌프(多段 펌프, multiple stage pump) : 하나의 케이싱 내의 동일축에 2개 이상의 회전차를 직렬로 배치한 것으로 제1단에서 나온 유체를 제2단으로 흡입하고, 차례로 다음 단으로 송출함으로써 고압을 얻을 수 있다.

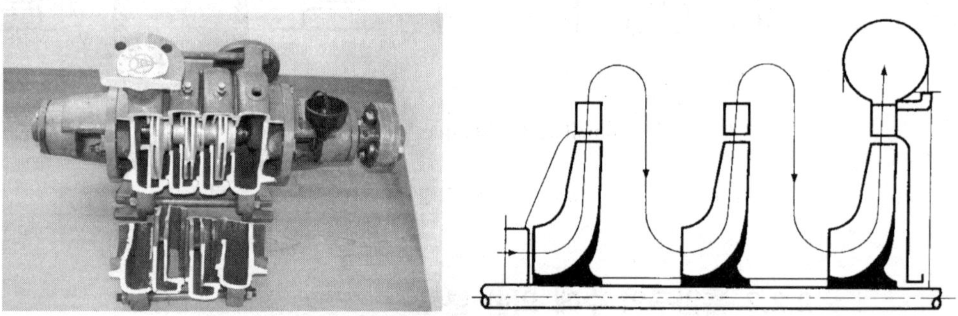

그림11. 다단펌프 중 3단펌프의 예

그림12. 1단펌프와 4단펌프의 예

그림13. 소방펌프실의 4단펌프의 설치 예

2.2.4 축의 방향에 의한 분류

① 횡축식 펌프(橫軸式 펌프, horizontal pump) : 펌프의 주축이 수평으로 놓인 것으로 대부분의 펌프가 횡축식 펌프이다.

② 종축식 펌프(縱軸式 펌프, vertical pump) : 펌프의 주축이 수직으로 놓인 것으로 설치장소가 협소하거나 또는 양정이 높아서 공동현상의 발생 우려가 있을 경우에 적합하다.

2.2.5 케이싱의 형상에 의한 분류

케이싱의 형상에 따라 상하분할형(split casing), 윤절형(輪切形, sectional casing), 원통형(cylindrical casing), 배럴형(barrel casing) 또는 2중동형(二重胴形, double casing type) 등으로 분류할 수 있다.

2.3 원심펌프의 크기

일반적으로 펌프의 크기는 흡입구경과 송출구 직경으로 표시하는데, 예를 들면 흡입구경 $D_1 = 100$ mm, 송출구 직경 $D_2 = 90$ mm인 원심펌프의 크기는 「100 × 90 원심펌프」로 표시하며 흡입구경과 송출구 직경이 다같이 100 mm인 경우에는 「100원심펌프」라 한다.

실제로 펌프의 흡입구 구경은 일반적으로 흡입관의 구경과 같으나 송출구 구경은 송출관의 구경과 반드시 같지 않다.

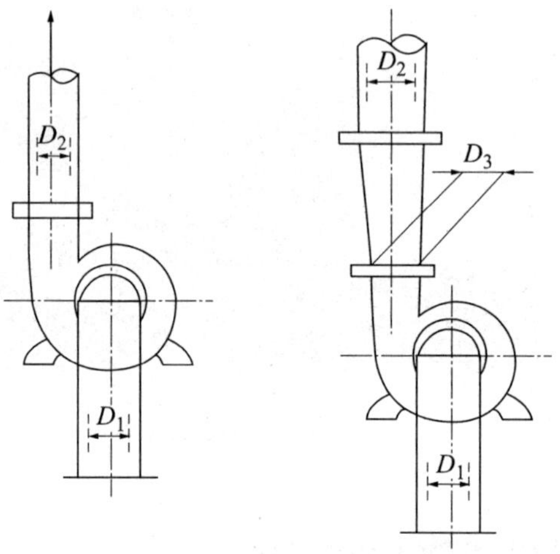

(a) 소형 (b) 대형

그림14. 원심펌프의 흡입구와 송출구의 크기 표시

소형의 경우는 그림14(a)와 같이 와류실의 출구 직경이 송출관 구경과 같고 또한 흡입구경과도 같은 치수로 하기도 하나, 대형펌프 또는 고양정용 펌프에서는 그림 14(b)와 같이 와류실을 작게 하고 출구 직경을 흡입구경보다 작게 설계한다. 그 이유는 회전차에서 빠른 속도로 유출되어져 나온 유체가 갑자기 넓은 공간에 이르게 되면 속도가 떨어지고 와류가 생겨 에너지의 손실이 커지게 되어 펌프의 효율이 저하되는 것을 방지하기 위해서이다. 이러한 점을 고려하여 송출구 부근에서 손실두수가 가장 적게 되도록 이경관(異徑管, D_3에서 D_2 사이의 원추확대관)을 붙여 유속이 점차 떨어지게끔 한다.

펌프의 구경을 결정할 때 제일 먼저 결정해야 하는 것은 흡입구와 송출구에서의 유속이다. 유속이 빠르게 되면 마찰손실이 크게 되고 느리게 되면 구경이 커지게 되므로 경제적이지 못하다.

일반적으로 흡입구의 유속 V_s는 2～3 m/sec, 송출구의 유속 V_d는 2.5～3 m/s로 한다. 이를 고려하여 옥내소화전의 국가화재안전기준 제8조(옥내소화전 배관) 제4항에서 "펌프의 토출측 주배관의 구경은 유속이 3 m/sec 이하가 될 수 있는 크기 이상으로 하여야 한다."고 규정하고 있다.

2.4 펌프의 양정

그림15는 하수조(下水槽)에서 상수조(上水槽)로 양수하는 장치이다.

여기에서 흡입수면과 송출수면 사이의 수직높이를 실양정(實揚程, actual head) H_a 라 하며, 펌프의 중심선으로부터 흡입수면까지의 수직높이를 흡입실양정(吸入實揚程, actual suction head) H_s, 펌프중심선으로부터 송출수면까지의 수직높이를 송출실양정(送出實揚程, actual discharge head) H_d 라 하며, 따라서

$$H_a = H_s + H_d$$

가 된다. 그러나 물은 흡수관과 송출관 속을 흐르기 때문에 마찰저항이 발생한다.

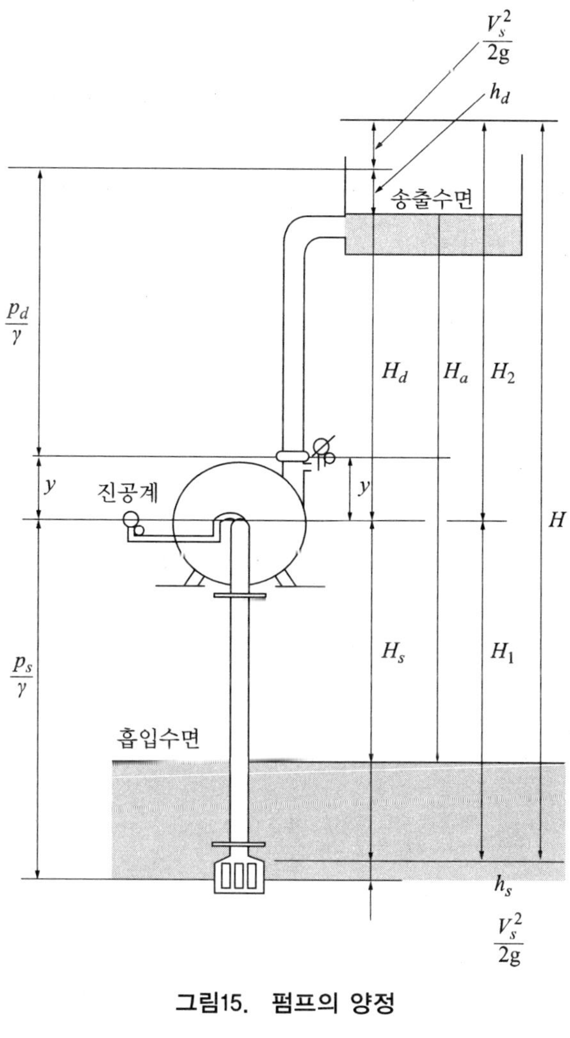

그림15. 펌프의 양정

이 마찰저항에 상당하는 흡입관쪽의 마찰손실수두(h_s)와 송출관쪽의 마찰손실수두(h_d)도 펌프가 부담해야 할 동력이 된다. 또 그림에서와 같이 송출관이 수조에 접속되어 있을 때는 $V_d^2/2g$에 상당하는 수두는 잔류속도수두로 수조에 방출되어 전부 손실이 된다. 펌프는 이 동력도 감당해야 한다.

따라서 펌프로서는 실양정 H_a 이외에 h_s, h_d 및 $V_d^2/2g$의 에너지를 부담하지 않으면 V_d의 속도로 수면 H_a까지 양수할 수 없다.

이 총손실수두를 실양정에 합친 양정을 전양정(全揚程, total head) H라 한다. 전양정을 송출쪽과 흡입쪽으로 나누어 각각 H_1, H_2라 하면 전양정은 다음과 같다.

$$H = \underbrace{(H_s + h_s)}_{H_1} + \underbrace{\left[H_d + h_d + \frac{V_d^2}{2g}\right]}_{H_2} = H_a + (h_d + h_s) + \frac{V_d^2}{2g} \qquad ⓐ$$

펌프의 흡입측과 송출측에 진공계와 압력계를 달았을 때, 계기의 읽음과 양정과의 관계를 알아보자.

펌프의 출구의 압력계가 있는 위치와 위 송출 수면 입구 사이에 수정 Bernoulli방정식을 적용하면,

$$\frac{p_{d(abs)}}{\gamma}\left[= \frac{p_{d(atm)} + p_{d(gau)}}{\gamma}\right] + \frac{V_d{}^2}{2g} = \frac{p_{atm}}{\gamma} + \frac{V_d{}^2}{2g} + H_d - y + h_d$$

$$\Rightarrow \frac{p_{d(gau)}}{\gamma} = H_d + h_d - y \qquad ⓑ$$

이다.

흡입 수면과 펌프 입구 사이에 수정 Bernoulli방정식을 적용하면

$$\frac{p_{atm}}{\gamma} + \frac{V_1{}^2}{2g} = \frac{p_{s(abs)}}{\gamma}\left[= \frac{p_{s(atm)} - p_{s(vac)}}{\gamma}\right] + \frac{V_s{}^2}{2g} + H_s + h_s$$

인데, $V_1 = 0$이므로 $p_{s(vac)}/\gamma$는 아래 식과 같이 된다.

$$\frac{p_{s(vac)}}{\gamma} = H_s + h_s + \frac{V_s{}^2}{2g} \qquad ⓒ$$

식 ⓑ에서 $H_d + h_d = \dfrac{p_{d(gau)}}{\gamma} + y$이므로 이를 식 ⓐ에 대입하면 H_2은

$$H_2 = H_d + h_d + \frac{V_d^{\,2}}{2g} = \frac{p_{d(gau)}}{r} + \frac{V_d^{\,2}}{2g} + y$$

이다.

식 ⓒ에서 $H_s + h_s = \dfrac{p_{s(vac)}}{\gamma} - \dfrac{V_s^2}{2g}$ 이고, 식 ⓐ에서 $H_1 = H_s + h_s$ 이므로

$$H_1 = H_s + h_s = \frac{p_{s(vac)}}{\gamma} - \frac{V_s^2}{2g}$$

이다. 따라서 전양정 H는

$$H = H_1 + H_2 = \frac{p_{d(gau)}}{\gamma} + \frac{Vd^2}{2g} + y + \frac{p_{s(vac)}}{\gamma} - \frac{V_s^2}{2g}$$

이며, 위 식을 정리하면 전양정 H는 다음 식과 같이 된다.

$$H = \frac{p_{d(gau)} + p_{s(vac)}}{\gamma} + \frac{V_d^2 - V_s^2}{2g} + y \qquad ⓓ$$

여기서, y : 진공계와 압력계의 수직거리

이다. 만약 펌프의 중심과 같은 위치에 진공계와 압력계를 달았다면 위 식 ⓓ에서 $y = 0$이므로 전양정 H는

$$H = \frac{p_{d(gau)} + p_{s(vac)}}{\gamma} + \frac{V_d^2 - V_s^2}{2g}$$

이 되고, $V_d = V_s$이라면 $H = \dfrac{p_{d(gau)} + p_{s(vac)}}{\gamma}$ 이 된다.

예제 01

운전 중인 펌프의 압력계를 측정하였더니 아래 그림과 같이 흡입측 진공계의 눈금이 150 mmHg, 토출측 압력계는 0.294 MPa이었다. 펌프의 전양정을 구하시오. 단, 토출측 압력계는 흡입측 진공계보다 50 cm 높은 곳에 있고 직경은 같다.

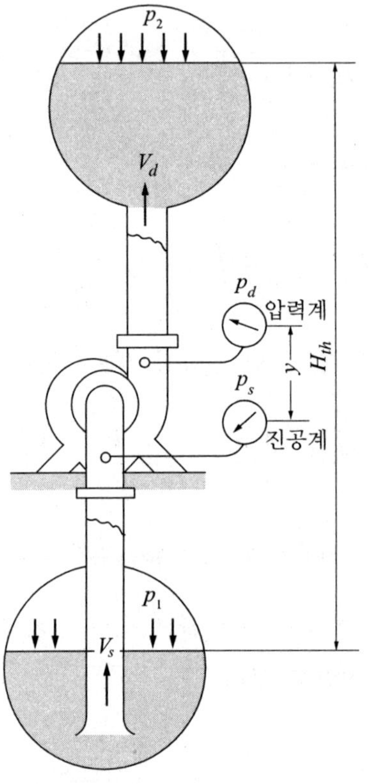

해설 압력계의 지시값(p_d)은 0.294 MPa이므로 양정으로 환산하면

$0.294\,\text{MPa} \times \dfrac{10.332}{0.101325\,\text{MPa}} = 29.42\,\text{mAq}$이고, 진공계의 지시값($p_s$)은 150 mmg이므로 양정으로 환산하면

$$150\,\text{mmHg} = \frac{10.332\,\text{mAq}}{760\,\text{mmHg}} \times 150\,\text{mmHg} = 2.039\,\text{mAq}$$

이며, 펌프의 흡입측과 토출측의 직경은 같으므로 $V_d = V_s$이며, $y = 0.5\,\text{m}$ 이다.

위 값을 식 ⓓ에 대입하면 전양정 H는

$H = 29.42 + 2.04 + 0.5 = 31.96$ m이다.

예제 02

그림과 같이 흡입관과 송출관의 직경이 동일한 펌프에서 운전 중 압력계는 20 mAq, 진공계는 73.5 mmHg이었다. 압력계와 진공계의 거리가 0.5 m일 때 펌프의 전양정(m)은 얼마인가?

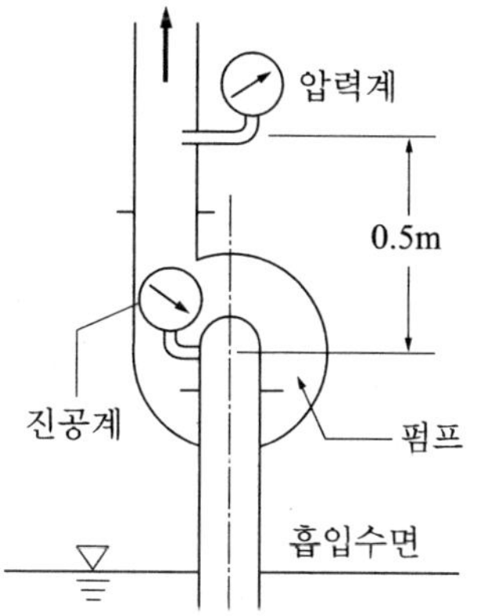

해설

$$\frac{p_s}{\gamma} = 73.5\,\text{mmHg} \times \frac{10.332\,\text{mAq}}{760\,\text{mmHg}} = 1\,\text{mAq},$$

$$\frac{p_d}{\gamma} = 20\,\text{mAq},\ \ V_d = V_s \text{ 이므로}$$

$$H = \frac{p_{d(gau)} + p_{s(vac)}}{\gamma} + \frac{V_d^2 - V_s^2}{2g} + y = 20 + 1 + 0.5 = 21.5\,\text{m}$$

예제 03

그림과 같은 흡입관과 송출관의 직경이 같은 펌프에서 펌프의 운전 중 압력계의 읽음이 0.294 MPa, 진공계의 읽음이 150 mmHg이었다. 이때 압력계와 진공계 사이의 수직거리가 50 cm일 경우 펌프의 전양정(H)은?

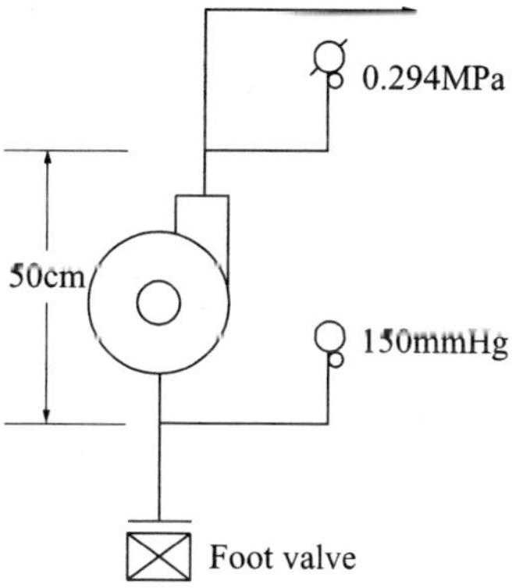

해설 $\frac{p_s}{\gamma} = 150\,\text{mmHg} \times \frac{10.332\,\text{mAq}}{760\,\text{mmHg}} = 2.0392\,\text{mAq}$

$\frac{p_d}{\gamma} = 0.294\,\text{MPa} \times \frac{10.332\,\text{mAq}}{0.101325\,\text{MPa}} = 29.9788\,\text{mAq}$

$y = 0.5\,\text{m}$, 흡입관과 송출관의 직경이 같으므로 $V_d = V_s$ 이므로

$$H = \frac{p_s + p_d}{\gamma} + \frac{V_d^2 - V_s^2}{2g} + y = 2.039 + 29.979 + 0 + 0.5 = 32.518\,\text{m}$$

예제 04

운전 중인 펌프의 압력계를 조사하니 송출쪽은 4 m, 흡입쪽은 5 m의 진공이었다. 송출쪽 압력계는 흡입쪽의 진공계보다 300 mm 높은 곳에 있다고 하면, 펌프의 전양정은 얼마인가? 단, 흡입관과 송출관의 안지름은 같다.

해설 $H = \frac{p_s + p_d}{\gamma} + \frac{V_d^2 - V_s^2}{2g} + y = 4 + 5 + 0 + 0.3 = 9.3\,\text{m}$

예제 05

소방시설에서 펌프는 아주 중요한 비중을 차지한다. 펌프 전후에 진공계와 압력계가 설치되어 있는데 설치이유를 설명하고 압력계와 진공계를 읽어 전양정을 산출하는 식을 유도하라. 그리고 소방시설 설계에서 전양정(全揚程)을 계산하는 이유에 관해 설명하라.

예제 06

그림과 같이 양정 50 m 성능을 갖는 펌프가 운전 중 방수압을 측정하여 보니 0.15 MPa이었다. 만약 노즐의 방수압을 0.25 MPa으로 증가하고자 할 때 조건을 참조하여 펌프가 요구하는 양정(m)은 얼마인가?

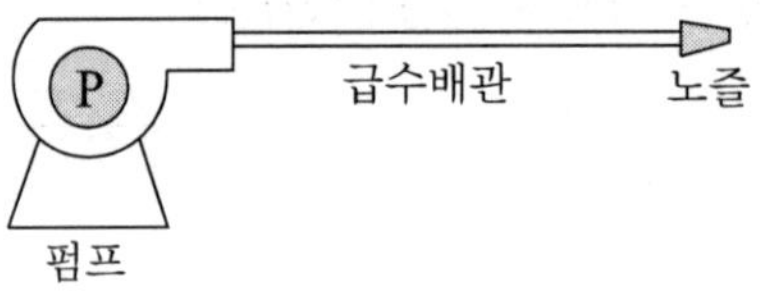

[조건]	① 배관의 마찰손실은 하젠－윌리엄스 공식을 이용한다. ② 노즐의 방출계수 K는 K = 100으로 한다. ③ 펌프의 특성곡선은 토출유량과 무관하다. ④ 펌프와 노즐은 수평관계이다.

해설 양정 50 m일 때 방수압이 0.15 MPa이므로

$$Q\,(\ell/\text{min}) = K\sqrt{10p\,(\text{MPa})} = 100\sqrt{10\times 0.15} = 122.47\,\ell/\text{min}$$

노즐의 방수압이 0.25 MPa이므로

$$Q\,(\ell/\text{min}) = K\sqrt{10p\,(\text{MPa})} = 100\sqrt{10\times 0.25} = 158.11\,\ell/\text{min}$$

하젠－윌리엄즈식에서

$$\Delta p = 6.174\times 10^4 \times \frac{Q^{1.85}}{C^{1.85}\times d^{4.87}}\times L$$

여기서, Δp_m : 배관 1 m당 마찰손실압력(MPa)

Q : 배관 내의 유량(ℓ/min)

d : 배관의 안지름(mm)

L : 상당직관장(m)

$$\Delta p_1 = 0.5 \quad 0.15 = 0.35\,\text{MPa} - 6.174\times 10^4 \times \frac{Q_1^{1.85}}{C_1^{1.85}\times d_1^{4.87}}\times L_1$$

$$\Delta p_2 = 6.174\times 10^4 \times \frac{Q_2^{1.85}}{C_2^{1.85}\times d_2^{4.87}}\times L_2$$

에서 $C_1 = C_2$, $d_1 = d_2$, $L_1 = L_2$ 이므로 $\dfrac{\Delta p_2}{\Delta p_1} = \left(\dfrac{Q_2}{Q_1}\right)^{1.85}$ 이어서

$$\Delta p_2 = \Delta p_1 \times \left(\frac{Q_2}{Q_1}\right)^{1.85} = 0.35\times\left(\frac{1{,}588.11}{122.47}\right)^{1.85} = 0.561\,\text{MPa}$$

이다. 따라서 펌프가 요구하는 양정 p_2는

p_2 = 노즐의 방수압(0.25 MPa) + Δp_2 (0.561 MPa) = 0.811 MPa

이고, 이를 양정(m)으로 환산하면 $0.811\,\text{MPa}\times\dfrac{10.332\,\text{m}}{0.101325\,\text{MPa}} = 81.15\,\text{m}$ 이다.

2.5 원심펌프의 기본이론

2.5.1 운동량모멘트의 원리

그림16과 같이 유체입자가 회전차 속을 유동할 때, 그 경로와 속도는 지면에서 볼 때와 회전차 위에 서서 볼 때는 다르다. 유체입자를 지면에서 본 속도를 절대속도 v라 하고, 회전차 위에서 본 속도를 상대속도 w라 한다. 또 회전하고 있는 회전차 둘레 위의 임의의 점의 지면에 대한 상대적인 속도 u를 원주속도라 한다.

회전차 속에서의 흐름상태가 2차원일 때 절대속도 v는 상대속도 w와 원주속도 u와의 벡터 합과 같다. 이 벡터 다이어그램을 속도삼각형(速度三角形, velocity triangle)이라 한다.

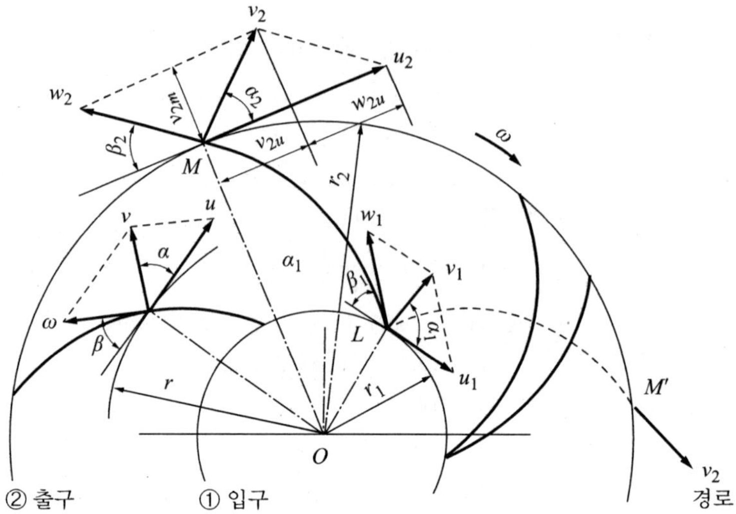

그림16. 회전차에서의 유체의 속도분포

그림16은 회전차의 중심(impeller eye) 가운데 쪽에서 유체가 흡수되어 반지름 방향으로 유출할 때의 입구 ①과 출구 ②사이에서의 u, v, w의 관계를 표시한다.

이 세 개로써 표시되는 ①, ② 각각의 사변형을 속도사변형이라고 한다. 유체입자가 어디에서나 깃을 따라 흐른다고 가정하면 상대속도 w는 항상 깃의 접선방향이 된다.

따라서 이러한 가정 하에서 회전차에 대한 유체의 상대적 경로는 깃의 윤곽, 즉 LM이다. 또 LM´는 절대경로를 표시한다.

회전차가 회전하게 되면 유체의 절대속도 v와 그 원주방향 분속도 v_u가 증가하게 된다. 즉, 회전차에 작용하는 토크 T가 유체의 회전차 입구와 출구에서의 운동량 모멘트의 변화를 일으키게 된다.

운동량모멘트의 원리(moment of momentum theory 또는 각운동량의 원리(角運動量의 原理, angular momentum theory))에 따라 "어떤 한 점을 중심으로 하여 물체에 미치는 힘의 모멘트(토크)는 그 점을 중심으로 한 물체의 운동량모멘트의 단위시간에 대한 변화와 같다." 즉, 질량 m인 물체가 임의의 한 점을 중심으로 하여 반지름 r인 곡선상을 운동하고 있을 때, 이 물체에 미치는 모멘트(토크) T는 다음 식으로 나타낼 수 있다(토크 = 단위시간 동안의 운동량모멘트의 변화).

$$T = F \times r = \frac{d(mv_u) \times r}{dt} = \frac{d(mv_u r)}{dt}$$

여기서, v_u : 운동궤적인 곡선상의 임의의 한 점에서의 원주방향 분속도

2.5.2 펌프의 이론양정

회전하는 중에 깃과 깃 사이의 공간에서의 유동 현상은 너무 복잡하여 회전하고 있는 실제의 회전차 내에서의 유동 해석은 불가능하다. 이론적인 측면에서 유동의 해석은 깃의 두께가 무한히 얇고, 또한 깃의 수가 무한한 이상적인 경우는 가능하다. 이상적일 때 회전하고 있는 회전차 내의 유동의 유선은 모두 깃의 곡선모양을 따르게 되므로 유선에 대한 방정식을 파악할 수 있다. 이와 같은 유동으로 가정했을 때 회전차에 의해서 단위 무게의 유체에 주어지는 에너지, 즉 양정(수두)을 '깃수 무한인 경우의 이론양정'이라고 하고, $L_{th\infty}$ 로 표시하기로 한다.

원심펌프의 이론양정에 관한 식은 각운동량원리(운동량모멘트)를 회전차의 입구와 출구를 통과하게 되는 유체에 적용함으로써 구할 수 있다.

그림16에서와 같이 일정한 각속도 ω 로 회전하고 있는 회전차에 유량 Q 인 유체가 유입된다고 하자. 이때 깃 입구 ①, 출구 ②에서의 원주속도를 각각 u_1, u_2, 절대속도를 각각 v_1, v_2 라 하면 v_1, v_2 의 원주방향 분속도는 $v_{1u} = v_1 \cos\alpha_{11}$, $v_{2u} = v_2 \cos\alpha_2$ 가 된다. 여기서 α_1, α_2 는 유입각 및 유출각이다(그림16에서 β_1, β_2 는 입구각 및 출구각이다).

운동량모멘트의 원리에 따라 회전차가 물에 미치는 토크 T는 다음과 같다.

$$T = \frac{d(mv_u r)}{dt} = \rho Q\ (v_{2u} r_2 - v_{1u} r_1)$$

$\rho = \gamma / g$, $v_{2u} = v_2 \cos\alpha_2$, $v_{1u} = v_1 \cos\alpha_1$ 을 위 식에 대입하면

$$T = \frac{\gamma}{g} Q (r_2 v_2 \cos\alpha_2 - r_1 v_1 \cos\alpha_1)$$

이다. 여기서 T는 전동기로부터 축을 통해 가해지는 회전력(토크)이다. 따라서 축에 가하여 할 구동력 L (power)은 $L = T\omega$ 이고 $u = r\omega$ 이므로

$$L = T\omega = \frac{\gamma}{g} Q\ (u_2 v_2 \cos\alpha_2 - u_1 v_1 \cos\alpha_1) \quad ⓐ$$

과 같이 된다. 위 식을 펌프에 관한 기초식이라 한다.

펌프에 대한 기초식은 유체의 모든 입자가 회전차 안에서 회전차 날개와 꼭 같은 모양의 유선상을 흐르며, 또한 유체가 마찰이나 충돌 등에 의한 손실을 전혀 갖지 않는다는 가정에서 얻은 식이다.

모든 유체입자가 날개와 꼭 같은 유선상을 흐른다는 가정은 두께가 없는 날개가 회전차에 무한개 붙어 있다는 가정과 같은 의미가 있다. 그러므로 식 ⓐ로 주어지는 동력은 날개 무한대의 경우 펌프의 회전차가 유체에 주는 이론동력이라고 할 수 있다. 이러한 이유로 $L_{th\infty}$ 라고 표시한다. 위 식을 다시 써보면

$$L_{th\infty} = \frac{\gamma}{g} Q \ (u_2 v_2 \cos\alpha_2 - u_1 v_1 \cos\alpha_1)$$

유체가 펌프를 통과하는 사이에 회전차로부터 받은 동력 $L_{th\infty}$ 가 전부 압력에너지로 변환하였다면

$$L_{th\infty} = \gamma H_{th\infty} Q = p_{th\infty} Q \tag{ⓑ}$$

인 관계가 성립한다. 여기서 $H_{th\infty}$ 를 날개무한인 경우의 펌프의 이론전압수두 또는 이론전양정이라 한다. 식 ⓐ와 ⓑ로부터 다음 식이 성립한다.

$$H_{th\infty} = \frac{1}{g} \ (u_2 v_2 \cos\alpha_2 - u_1 v_1 \cos\alpha_1) \tag{ⓒ}$$

식 ⓒ를 Euler의 방정식이라 하고 $H_{th\infty}$ 를 Euler수두 또는 Euler 양정이라고 한다. 실제로는 날개입구에서 $\alpha_1 = 90°$가 되게 설계한다. 따라서 이론전양정은

$$H_{th\infty} = \frac{1}{g} u_2 v_2 \cos\alpha_2 \tag{ⓓ}$$

펌프를 제작할 때 두께가 없는 날개를 만들 수 없다. 실제로 펌프에는 두께가 있는 날개를 유한개 붙인다. 유한개의 날개를 갖는 경우, 이상적인 펌프로서 유체의 마찰이나 충돌 등에 의한 손실이 없는 경우를 가상할 수 있다. 이 경우에는 유체의 유로가 넓기 때문에 부차유동인 순환이 발생되어 에너지의 손실을 가져온다. 날개가 유한개인 경우 마찰이나 충돌손실이 없는 이상적인 펌프에서 회전차로부터 유체가 받는 이론양정을 H_{th} 라고 하면,

H_{th} 는 $H_{th\infty}$ 보다 약간 작은 값을 갖고, H_{th} 와 $H_{th\infty}$ 사이에는

$$H_{th} = \mu H_{th\infty}$$

과 같은 관계가 있다. 여기서 μ를 미끄럼계수라 한다.

유체가 회전차 날개를 통과하는 사이에 회전차로부터 받는 에너지는 단위중량당 H_{th}를 받으나 유체는 받은 에너지 중 일부는 마찰이나 유로의 변화, 충돌 등으로 손실되고 나머지 에너지 H만을 실제로 받게 된다. 이 H를 펌프의 전압수두 또는 전양정이라 하면

$$H = H_{th} - \text{펌프 내에서의 제(諸)손실}$$

의 관계가 있다.

예제 07

날개 무한인 펌프와 관련하여 오일러의 이론 전압수두 $H_{th\infty}$는 $H_{th\infty} = \frac{1}{g}(u_2 v_2 \cos\alpha_2 - u_1 v_1 \cos\alpha_1)$로 나타낸다. 오일러의 이론 전압수두 $H_{th\infty}$는 다음 식으로도 표시됨을 증명하라. 그리고 반동도에 대해 설명하라.

$$H_{th\infty} = \frac{{u_2}^2 - {u_1}^2}{2g} + \frac{{v_2}^2 - {v_1}^2}{2g} + \frac{w_1^2 - w_2^2}{2g}$$

해설 그림16에서 회전차 입구와 출구에 대한 속도삼각형에 코사인 제2법칙을 적용하면

$w^2 = v^2 + u^2 - 2uv\cos\alpha$ 로부터

회전차 입구에서

$$w_1^2 = v_1^2 + u_1^2 - 2u_1 v_1 \cos\alpha_1 \quad ①$$

회전차 출구에서

$$w_2^2 = v_2^2 + u_2^2 - 2u_2 v_2 \cos\alpha_2 \quad ②$$

이다. 식 ①에서 $u_1 v_1 \cos\alpha_1$는

$$u_1 v_1 \cos\alpha_1 = \frac{v_1^2 + u_1^2 - w_1^2}{2} \quad ③$$

식 ②에서 $u_2 v_2 \cos\alpha_2$는

$$u_2 v_2 \cos\alpha_2 = \frac{v_2^2 + u_2^2 - w_2^2}{2} \quad ④$$

이다. 그런데 식 ⓒ에서 $H_{th\infty}$는

$$H_{th\infty} = \frac{1}{g}(u_2 v_2 \cos\alpha_2 - u_1 v_1 \cos\alpha_1) \quad ⓒ$$

이다. 식 ⓒ에 식 ③과 ④를 대입하면

$$H_{th\infty} = \frac{1}{g}\left(\frac{v_2^2+u_2^2-w_2^2}{2} - \frac{v_1^2+u_1^2-w_1^2}{2}\right) = \frac{u_2^2-u_1^2}{2g} + \frac{v_2^2-v_1^2}{2g} + \frac{w_1^2-w_2^2}{2g}$$

이다. 여기에서 $H_{th\infty p} = \dfrac{u_2^2-u_1^2}{2g} + \dfrac{w_1^2-w_2^2}{2g}$, $H_{th\infty v} = \dfrac{v_2^2-v_1^2}{2g}$ 으로 놓으면

$$H_{th\infty} = H_{th\infty p} + H_{th\infty v},\ \rho = \frac{H_{th\infty p}}{H_{th\infty}} \qquad ⑤$$

이다.

$H_{th\infty p}$는 양액(揚液)에 공급하는 압력수두로서 제1항은 원심력, 제2항은 회전체 속의 통로의 단면변화에 기인하는 각각의 압력증가를 나타낸다. 또 $H_{th\infty v}$는 속도수두의 증가를 표시한다.

따라서 식 ⑤의 ρ는 양액이 펌프 회전차로부터 받는 전체의 수두 가운데 얼마만을 압력수두의 형태로 받는가를 비율로 나타내는 것으로서, 이 ρ를 반동도(反動度, degree of reaction)라고 한다.

예제 08

회전차의 날개 바깥지름이 300 mm인 원심펌프를 1,500 rpm의 속도로 운전할 때 $H_{th\infty}$는 몇 m인가? 단, 물은 회전차 날개 입구에서는 반지름방향으로 들어오고, 날개 출구에서의 상대속도 ω_2는 반지름방향을 향한다고 가정한다.

해설 일반적인 회전차 출구에서의 속도삼각형을 그리면 아래 그림(a)와 같다. 문제의 조건과 같이 회전차 날개 입구에서 반지름방향으로 들어오는 경우에는 $\alpha_1 = 90$이므로 그림(b)의 좌측그림과 같이 되며, 날개 출구에서의 상대속도 ω_2가 반지름방향으로 향하는 경우에는 $\beta_2 = 90$이므로 그림(b)의 우측그림과 같이 된다.

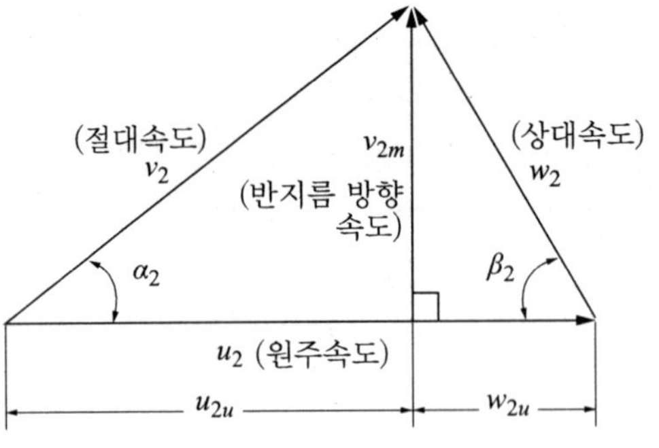

(a) 회전차 출구에서의 속도삼각형

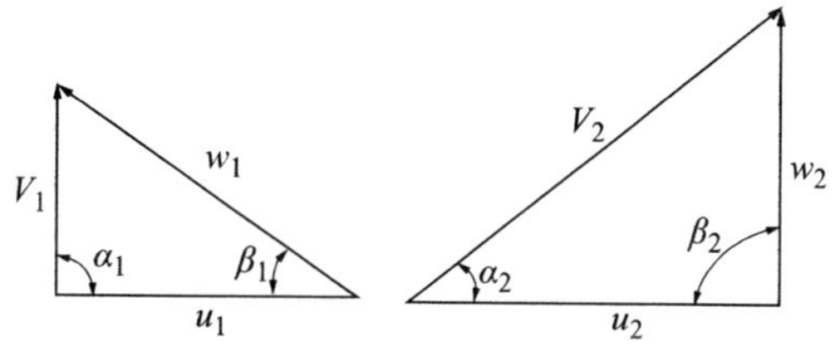

(b) 입구와 출구에서의 속도삼각형

그림A.

물은 회전차 입구에서 반지름방향으로 들어오므로 $\alpha_1 = 90°$, 또 회전차 출구에서의 상대속도의 방향도 반지름 방향이므로 속도삼각형에 의하면 $v_2 \cos\alpha_2 = u_2$가 된다. 따라서 $u_2 = r\omega = \pi D_2 N/60$ 으로부터 $u_2 = 3.14 \times 0.30 \times 1{,}500/60 = 23.55\,\text{m/s}$가 되므로

$$H_{th\infty} = \frac{1}{g} u_2 v_2 \cos\alpha_2 = \frac{1}{g} u_2^2 = \frac{(23.55)^2}{9.8} = 56.59\,\text{m}$$

예제 09

회전차의 날개 바깥지름이 460 mm인 원심펌프가 1,150 rpm으로 회전하고 있을 때의 유량은 5.1 m^3/min이다. 펌프의 전양정(m) 및 수동력(HP)을 구하여라. 단, 물은 날개 입구에서는 반지름방향으로 들어오고, 날개 출구에서의 상대속도도 반지름방향인 것으로 하며, 또한 $\dfrac{H}{H_{th\infty}} = 0.85$ 로 한다.

해설 물은 회전차 입구에서 반지름방향으로 들어오므로 $\alpha_1 = 90°$, 또 회전차 출구에서의 상대속도의 방향도 반지름 방향이므로 속도삼각형에 의하면 $v_2 \cos\alpha_2 = u_2$가 된다. 따라서 $u_2 = \pi D_2 N/60$ 으로부터 $u_2 = 3.14 \times 0.46 \times 1{,}150/60 = 27.7\,\text{m/s}$가 되므로

$$H_{th\infty} = \frac{1}{g} \times u_2 v_2 \cos\alpha_2 = \frac{1}{g} u_2 = \frac{(27.7)^2}{9.8} = 78.1\,\text{m}$$

가 된다 전양정 H는 $\dfrac{H}{H_{th\infty}} = 0.85$로부터 $H = 0.85 \times H_{th\infty} = 0.85 \times 78.1 = 66.4\,\text{m}$

수동력 $L_w = \dfrac{\gamma QH}{75 \times 60} = \dfrac{1{,}000 \times 5.1 \times 66.4}{75 \times 60} = 75.2\,\text{HP}$

2.5.3 깃 출구각 β_2와 양정 및 유량과의 관계

회전차에서의 깃의 형상은 입구각 β_1과 출구각 β_2의 크기에 따라 지배되는데, 깃 곡선은 마찰과 충격이 되도록 작도록 유로를 단축하고 단면적도 점진적으로 증가하여 유동을 완만하게 유도하도록 하고 있다. 특히, 깃 출구각 β_2의 대소는 펌프의 성능을 좌우하며, 회전차가 유체에 부여하는 에너지가 압력의 형태를 주로 하느냐, 속도의 형태를 주로 하느냐는 비율을 정한다.

깃 수 무한인 경우의 이론양정은 이론양정의 식 ⓒ로부터 회전차 입구에서의 유체의 유입방향을 반지름방향으로 간주하면 앞에서 언급했던 것처럼 그 결과식은 식 ⓓ와 같이 된다.

$$H_{th\infty} = \frac{1}{g} u_2 v_2 \cos\alpha_2 \qquad ⓓ$$

위 식에 속도삼각형에서의 기하학적 관계를 이용하여 β_2의 값이 포함된 식으로 변형하면, 즉 그림17에서

$$v_{2u} = v_2 \cos\alpha_2 = u_2 - w_{2u} = u_2 - v_{2m} \cot\beta_2$$

의 관계를 유도할 수 있고, 이 식을 식 ⓓ에 대입하면

$$H_{th\infty} = \frac{u_2^2}{g} - \frac{u_2 v_{2m} \cot\beta_2}{g} \qquad ⓔ$$

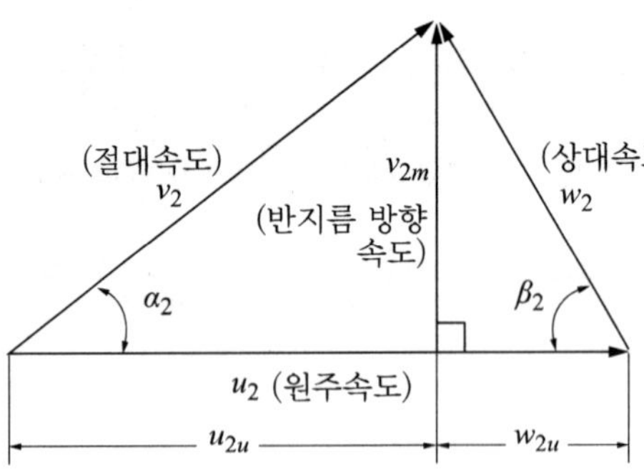

(a) 회전차 출구에서의 속도삼각형

그림17. 회전차 출구에서의 속도삼각형

가 된다. 식 ⓔ을 이용하여 회전차의 회전수 N을 일정하게 한 상태에서 β_2에 따라 양정($H_{th\infty}$)과 유량(회전차 출구의 유로 단면적을 A_2, 반지름 방향 속도를 v_{2m} 이라 하면 $Q = v_{2m} A_2$ 이므로 $Q \propto v_{2m}$ 임)이 어떻게 변화되는지를 해석할 수 있다. 깃 출구각 β_2는 0~180°를 취할 수 있으므로

① $\beta_2 > 90°$이면 $\cot\beta_2 < 0$ [8]이 되므로
$v_{2m}\cot\beta_2 < 0$이 되어 양정($H_{th\infty}$)의 값과 관계없이 유량($Q \propto v_{2m}$)의 증가에 따라 증가하게 된다.

② $\beta_2 = 90°$이면 $\cot\beta_2 = 0$이 되므로
$v_{2m}\cot\beta_2 = 0$이 되어 양정($H_{th\infty}$)의 값은 유량($Q \propto v_{2m}$)에 관계없이 일정한 값(u_2^2/g)을 갖게 된다.

③ $\beta_2 < 90°$이면 $\cot\beta_2 > 0$이 되므로
$v_{2m}\cot\beta_2 > 0$이 되어 양정($H_{th\infty}$)의 값은 유량($Q \propto v_{2m}$)의 증가에 따라 감소하게 된다.

이러한 β_2 각도에 대한 양정과 유량과의 관계를 요약하여 살펴보면 그림18과 같이 표시된다.

같은 크기의 펌프라도 깃 출구각 β_2를 크게 함으로써 $H_{th\infty}$를 증대시킬 수 있다. 그러나 β_2를 크게 할수록 회전차 내의 손실은 증가하고 회전차에서 나오는 곳에서의 유속 v_2가 크게 되며 운동에너지를 압력에너지로 변환시킬 때에 생기는 손실도 증가한다. 다시 말하면 β_2를 크게 할수록 효율은 반대로 떨어진다.

---

8) $y = \cot x$ 의 그래프는 다음 그림과 같다.

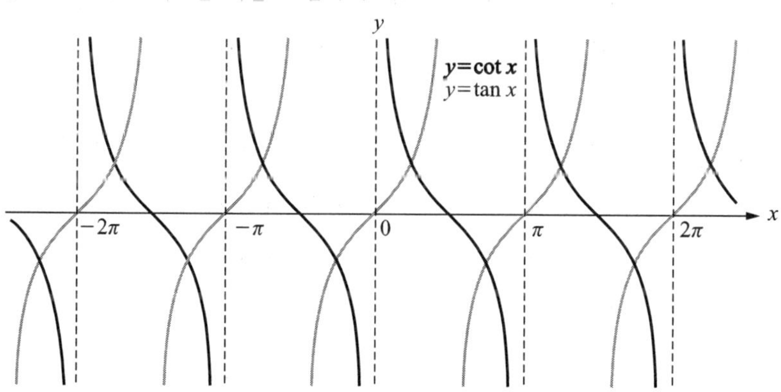

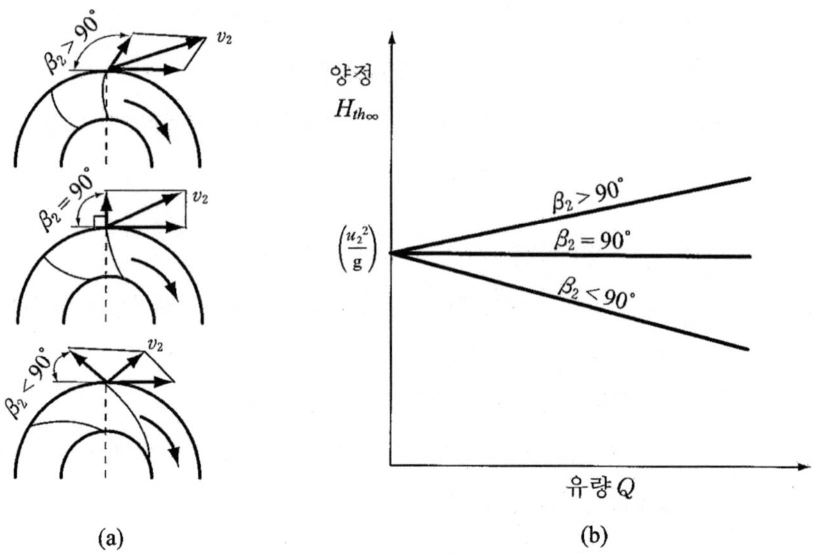

그림18. 깃 출구각 β_2에 따른 유량 및 양정과의 관계

회전차의 형상은 β_2의 크기에 따라 회전차의 유로형상과 단면적이 크게 변화하는 것을 알 수 있으며, β_2가 커짐에 따라서 회전차는 점차 직통형으로 되어 통로가 단축되며, 유체는 회전차 내에 유입되고도 단시간 내에 통과해 버리므로 회전차는 충분히 유체에 에너지를 부여하지 못하는 경향이 있을 뿐 아니라 유로의 급격한 확대로 유동은 흐트러진다.

$\beta_2 > 90°$인 것은 전향익(前向翼, forward curved vane), $\beta_2 < 90°$인 것은 후향익(後向翼, backward curved vane), $\beta_2 = 90°$인 것은 직선익(直線翼, straight vane, radial vane)이라고 하며, $\beta_2 \geq 90°$에서는 유로의 확대가 급하게 되므로 유동은 불안정하고 손실이 크다. 펌프와 같이 주로 압력에너지를 필요로 하는 경우는 회전차 출구 후방에서 유동의 속도를 확산작용에 의해 감속시켜야 하므로 손실이 더욱 증대한다. 이와 같은 이유로 인하여 펌프의 경우에는 $\beta_2 < 90°$의 후향익이 적합하다고 할 수 있다.

여러 가지의 조건을 고려하여 깃 출구각 β_2는 일반적으로 20°에서 30° 사이로 하는데, Stepanoff는 β_2의 각도가 17°30′에서 27° 30′의 범위에 있을 때 β_2가 효율에 미치는 영향이 작음을 실험을 통하여 밝히고 있으며, 비교회전도와 관계없이 깃 출구각 β_2를 22° 30′의 값을 제시하고 있다.

2.6 펌프에서의 동력

2.6.1 수동력 L_w

펌프 내의 회전차의 회전에 따라 펌프를 통과하게 되는 유체에 주어지는 동력, 즉 펌프로부터 유체가 실제로 얻은 정미동력(正味動力)을 수동력(水動力, water horse-power)이라고 한다.

펌프의 송출유량(送出流量)을 Q (m^3/min), 전양정(全揚程)을 H (m), 액체의 비중량을 γ (kg$_f$/m^3)라 하면 수동력은 다음 식으로 표시된다.

$$L_w = \frac{\gamma Q H}{75 \times 60} \quad \text{(HP, PS)}$$

$$L_w = \frac{\gamma Q H}{102 \times 60} \quad \text{(kW)}$$

여기서, 1마력(HP, PS)은 75 kg$_f$ · m/sec, 1 kW는 102 kg$_f$ · m/sec이다.

예제 10

펌프의 입구 및 출구측에 연결된 진공계와 압력계가 각각 25 mmHg와 260 kPa을 가리켰다. 이 펌프의 배출유량이 0.15 m^3/s가 되려면 펌프의 동력은 약 몇 kW가 되어야 하는가? 단, 펌프의 입구 진공계와 출구 압력계의 높이 차는 없고, 입구측 관직경은 20 cm, 출구측 관직경은 15 cm이다.

해설 펌프 입구와 펌프 출구에 수정베르누이방정식을 적용하면

$$\frac{p_s}{\gamma} + \frac{V_s^2}{2g} + z_s + H = \frac{p_d}{\gamma} + \frac{V_d^2}{2g} + H_d + z_d$$

이고 $z_s = z_d$, 입구측 속도 V_s는 $V_s = \frac{Q}{A_s} = \frac{0.15\,\text{m}^3/\text{s}}{\frac{\pi}{4}(0.2\text{m})^2} = 4.775\,\text{m/s}$

출구측 속도 V_d는 $V_d = \frac{Q}{A_d} = \frac{0.15\,\text{m}^3/\text{s}}{\frac{\pi}{4}(0.15\,\text{m})^2} = 8.49\,\text{m/s}$

흡입압력 $p_s = 25\,\text{mmHg} \times \frac{101.325\,\text{kPa}}{760\,\text{mmHg}} = 3.333\,\text{kPa}$

$$H = \frac{p_{d(gau)} + p_{s(vac)}}{\gamma} + \frac{V_d^2 - V_s^2}{2g} + y$$

$$= \frac{300\,\text{kPa} + 3.333\,\text{kPa}}{9.8\,\text{kN/m}^3} + \frac{(8.49\,\text{m/s})^2 - (4.775\,\text{m/s})^2}{2 \times 9.8\,\text{m/s}^2} + 0 = 24.9\,\text{m}$$

동력 P는 $P=\gamma QH=9.8\,\text{kN/m}^3\times 0.15\,\text{m}^3/\text{s}\times 29.4\,\text{m}=43.22\,\text{kW}$

예제 11

그림과 같은 소방정의 펌프가 물에 담긴 배관으로부터 해수(비중 = 1.03)을 끌어들여 노즐을 통해 방수한다. 펌프 효율이 60%이고 펌프 동력이 305 HP일 때 펌프 내부를 제외한 총 손실수두는 대략 얼마인가? 단, 1 HP = 746 W, 물의 단위중량은 9,790 N/m^{3}이다.

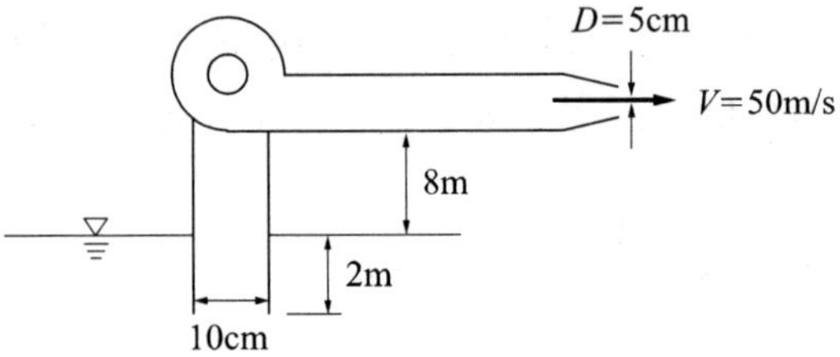

해설

펌프 동력 $P=305\,\text{HP}=305\,\text{HP}\times\dfrac{0.746\,\text{kW}}{1\,\text{HP}}=227.73\,\text{kW}$

전양정 = 실양정(8 m) + 속도수두($\dfrac{V^2}{2g}$) + 손실수두(h_ℓ)

$$= 8\,\text{m}+\frac{(50\,\text{m/s})^2}{2\times 9.8\,\text{m/s}^2}+h_\ell=135.55\,\text{m}+h_\ell$$

유량 $Q=AV=\dfrac{\pi D^2}{4}\times V=\dfrac{\pi\times(0.05\,\text{m})^2}{4}\times 50\,\text{m/s}=0.0982\,\text{m}^3/\text{s}$

펌프 동력 $P=\dfrac{\gamma QH}{\eta}=\dfrac{1.03\times 9.79\,\text{kN/m}^3\times 0.0982\,\text{m}^3/\text{s}\times(135.55\,\text{m}+h_\ell)}{0.6}$

$=227.53\,\text{kW}$

손실수두 $h_\ell=2.316\,\text{m}$

예제 12

그림과 같이 펌프의 압력계가 출구 쪽에서 400 kPa, 입구 쪽에서 −20 kPa을 나타내고 있을 때 펌프가 물에 공급하는 에너지는 얼마인가? 단, 도중에 에너지 손실은 없고 또 출구 쪽 압력계는 입구 쪽의 진공계보다 50 cm 높은 곳에 있으며 흡입관과 송출관의 직경은 같다. 또 펌프의 송출량은 5 m^3/min일 때 펌프의 동력(kW)은 얼마인가?

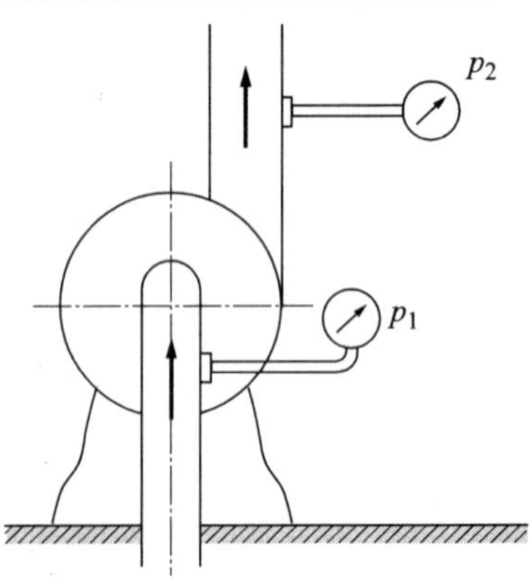

해설

$$H=\frac{p_{d(gau)}+p_{s(vac)}}{\gamma}+\frac{V_d^2-V_s^2}{2g}+y=\frac{(400+20)\times 1{,}000}{9{,}800}+0+5=47.86\,\text{m}$$

$$L_w=\frac{\gamma QH}{102\times 60}=\frac{1{,}000\,\text{kg}_\text{f}/\text{m}^3\times 5\,\text{m}^3/\text{min}\times 47.86\,\text{m}}{102\,\text{kg}_\text{f}\cdot\text{m/s}\times 60\text{s}}=39.10\,(\text{kW})$$

예제 13

그림과 같은 펌프를 이용하여 물을 10 m^3/min씩 퍼 올린다. 입구 ①의 직경 15 cm, 압력 150 mmHg 진공이고, 출근 ②는 직경 10 cm, 압력 5 bar이라면 펌프의 동력(HP)은 얼마이어야 하는가?

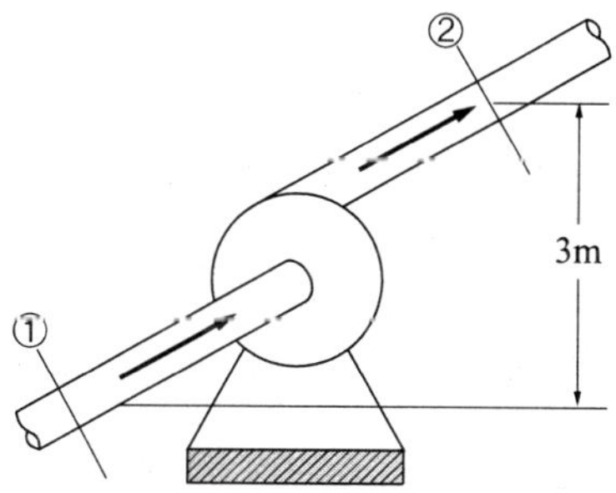

해설

$$V_1=\frac{Q}{A_1}=\frac{10\dfrac{\text{m}^3}{\text{min}}\times\dfrac{1\,\text{min}}{60\,\text{sec}}}{\dfrac{\pi}{4}\times(0.15\,\text{m})^2}=9.43\,\text{m/s},$$

$$V_2=\frac{Q}{A_2}=\frac{10\dfrac{\text{m}^3}{\text{min}}\times\dfrac{1\,\text{min}}{60\,\text{sec}}}{\dfrac{\pi}{4}\times(0.1\,\text{m})^2}=21.22\,\text{m/s}$$

$$p_1=150\,\text{mmHg}\times\frac{101{,}325\,\text{Pa}}{760\,\text{mmHg}}=19{,}998.4\,\text{Pa},\ \ p=10^5\,\text{Pa}$$

$$H=\frac{p_{d(gau)}+p_{s(vac)}}{\gamma}+\frac{V_d^2-V_s^2}{2g}+y=\frac{19{,}998.4+5\times 10^5}{9{,}800}+0+3=74.4\,\text{m}$$

$$L_w=\frac{\gamma QH}{76\times 60}=\frac{1{,}000\times 10\times 74.4}{75\times 60}=165.33\,(\text{HP})$$

2.6.2 축동력 L_s

펌프의 외부에 있는 동력공급원(원동기, 전동기)으로부터 펌프의 회전차를 구동하는데 필요한 동력을 축동력(軸動力, shaft horsepower)이라 하고, 단위는 PS 또는 kW로 표시한다.

앞에서 논의된 2가지 관점에서의 동력은 각각 펌프라는 유체기계를 중심으로 하여 볼 때 전자는 출력(出力, output)에 해당되고 후자는 입력(入力, input)에 해당하는 동력으로 볼 수 있으므로 양자 사이의 관계를 효율이라는 개념으로 정의할 수 있다.

예제 14

안지름 75 cm인 파이프를 사용하여 실양정 50 m, 수평거리 20 km인 지점에 물을 유량 72 m^3/min의 유량으로 송출하고자 한다. 관로손실을 $500\dfrac{V^2}{2g}$라 가정할 때 필요한 펌프의 수동력, 축동력은 몇 마력인가? 단, 펌프의 효율은 75%이다.

해설

관로평균유속 $V=\dfrac{Q}{A}=\dfrac{Q/60}{\pi d^2/4}=\dfrac{72}{60}\times\dfrac{4}{\pi\times 0.75^2}=2.72\,\mathrm{m/s}$

물이 펌프를 통과할 때 펌프로부터 단위중량당 얻은 에너지를 H라고 하고 취수면과 송출면 사이에 대하여 수정베르누이방정식을 적용하면

$$\frac{p_1}{\gamma}+\frac{V_1^2}{2g}+z_1+H=\frac{p_2}{\gamma}+\frac{V_2^2}{2g}+z_2+h_\ell$$

$p_1=p_2=p_{atm}$, $V_1=0$, $z_1=0$ 임을 고려하면 송출속도수두와 관로손실수두의 합은

$$\frac{V_2^2}{2g}+500\frac{V_2^2}{2g}=501\frac{V_2^2}{2g}=501\times\frac{2.72^2}{2\times 9.8}=189\,\mathrm{m}$$

이므로 H는 $H=\dfrac{V_2^2}{2g}+500\dfrac{V_2^2}{2g}+z_2=189+z_2=50+189=239\,\mathrm{m}$

수동력 $L_w=\dfrac{\gamma QH}{75\times 60}=\dfrac{1{,}000\times 72\times 239}{60\times 75}=3{,}824\,\mathrm{HP}$

축동력 $L=\dfrac{L_w}{\eta}=\dfrac{3{,}824}{0.75}=5{,}098.7\,\mathrm{HP}$

2.7 펌프에서의 제효율과 손실

효율의 일반적인 개념인 출력에 대한 입력과 비의 관계를 펌프에 적용해보면 앞에서 언급한 바와 같이

$$\eta_p = \frac{L_w}{L_s} \tag{5}$$

로 표시할 수 있는데, 여기서 η_p 를 펌프의 전효율(全效率) 또는 단순히 효율이라고 하며, 펌프에 가한 에너지 중 실제로 유체가 받은 에너지의 비율을 나타내는 지표(指標, indicator)이다. 펌프에 가한 동력 중 일부는 수력손실로 소실되고, 일부는 회전차를 통과한 유체의 일부가 송출구를 통하여 송출되지 않고 흡입구로 되돌아간다든가, 또는 축봉장치를 통하여 누수된다든가 하여 회전차로부터 받은 동력을 유효하게 이용하지 못하는 누수손실, 일부는 베어링, 축봉장치의 패킹 등에서의 기계적 마찰에 의한 동력손실, 회전차와 케이싱 사이에서 발생하는 원판마찰에 의한 동력손실 등으로 소실되고 나머지 동력만이 송출구를 통하여 송출되는 유체에 주어진다. 따라서 펌프의 전효율 η_p 은 수력효율(hydraulic efficiency) η_h, 기계효율(mechanical efficiency) η_m, 체적효율(volumetric efficiency) η_v 로 나눌 수 있다. 이들 효율은 다음과 같다.

2.7.1 수력효율(η_h)

펌프 내에서 생기는 수력손실수두를 H_t 라 하면, 수력효율 η_h 는 다음 식으로 나타낼 수 있다.

$$\eta_h = \frac{\text{펌프의 실제양정}}{\text{깃수 유한인 경우의 이론양정}} = \frac{H}{H_{th}} = \frac{H_{th} - H_t}{H_{th}} \tag{6}$$

수력효율 η_h 는 펌프의 전효율 η_p 에 영향을 주는 조건 중에서 가장 중요한 효율이다. 따라서 수력효율의 실질적인 내용이 되는 수력손실을 규명해보는 것이 필요하나. 수력손실을 지배하는 인자는 다양하고 복잡하며 정확히 평가하는 것은 불가능하다. 그러나 수력손실의 내용으로는

① 펌프의 흡입구에서 송출구에 이르는 유로(流路) 전체에 따르는 마찰로 인한 손실

② 회전차, 안내깃, 와류실, 송출관 등에서 유체의 부차적 손실인 와류로 인한 손실

③ 회전차의 깃 입구와 출구에서의 유체입자들의 충돌에 의한 손실 등으로 볼 수 있다.

η_h 의 값은 0.80～0.96이다.

2.7.2 기계효율(η_m)

펌프에서 회전하는 부분인 회전차와 고정된 부분인 케이싱(와류실)과의 상대적인 부분에 있어서 원활한 회전을 위한 축수장치(軸受裝置, bearing)와 누설방지를 위해 설치된 축봉장치에 의한 마찰에 의한 동력손실, 즉 베어링 및 축봉장치에서의 마찰에 의한 손실동력(L_m)과 또한 회전차를 단순한 원판(disc)으로 간주하고 그 원판인 회전차가 케이싱 내의 유체를 헤치고 회전하는 데에 수반되는 마찰손실동력, 즉 회전차 바깥쪽의 원판마찰에 의한 동력손실(L_d)을 합한 것을 기계손실이라고 할 수 있는데, 전자를 외부 기계적 손실, 후자를 내부 기계적 손실 또는 원판마찰손실이라고 구분하기도 한다. 따라서 펌프의 기계효율 η_m 은

$$\eta_m = \frac{L_s - (L_m + L_d)}{L_s} \tag{7}$$

또, 동력 $L_s - (L_m + L_d)$는 회전차를 통과하는 동안 유량 Q_i 의 유체에 주어지는 동력이므로

$$L_s - (L_m + L_d) = \frac{\gamma H_{th} Q_i}{75 \times 60} \text{ (PS)}$$

이다. 따라서 η_m 은 다음과 같이 표시할 수 있다.

$$\eta_m = \frac{\gamma H_{th} Q_i}{75 \times 60 \times L_s} \text{ (PS)} \tag{8}$$

η_m 의 값은 0.90～0.97이다.

2.7.3 체적효율(η_v)

앞에서 언급한 2가지의 손실 외에도 누설손실로 알려진 펌프에서의 유량손실이 존재하며, 이것은 펌프의 회전부분과 고정부분 사이의 틈을 통해서 일어나며 펌프 출구에서 유효한 유량은 회전차를 통과한 유량보다 유량 손실량만큼 적다. 이러한 유량의 2가지 측면에서의 비를 체적효율 η_v라 정의한다. 펌프가 실제로 송출하는 유량을 Q_o, 펌프의 회전차 속을 지나는 유량(회전차 속을 지나는 유량)을 $Q_i\ (= Q_o + q)$, 펌프 내부에서의 누설 및 순환 잔류유량으로 인한 손실유량을 q라 하면

$$\eta_v = \frac{\text{펌프의 송출유량}}{\text{회전차 속을 지나는 유량}} = \frac{Q_0}{Q_i} \tag{9}$$

가 된다.

체적손실 또는 누설손실로 많이 알려진 유량손실은 어휘에서 보는 바와 같이 누설만의 손실을 뜻하지 않으며, 오히려 누설되는 것보다는 펌프 내부에서 제대로 송출되지 못하고 펌프의 회전차 내부를 순환하면서 잔류되는 유량이 누설량 못지않게 존재하고 있음을 알 수 있다. 따라서 유량손실은 회전부분과 고정부분 사이의 경계 지점의 틈을 통한 누설유량과 펌프 내부에서의 순환잔류유량으로 손실유량은 나눠진다.

누설 및 순환잔류유량이 생기는 부위를 살펴보면 다음과 같다.

① 회전차 입구에서의 웨어링 링(wearing ring)
② 축추력방지를 위한 평형공(balance hole)
③ 다단 펌프에서의 각 단 사이의 간극
④ 패킹 박스(packing box)

η_v의 범위는 0.90～0.95이다.

식 (6), (8) 및 (9)로부터

$$\eta_p = \underbrace{\frac{H}{H_{th}}}_{\eta_h} \times \underbrace{\frac{\gamma H_{th} Q_i}{75 \times 60 \times L_s}}_{\eta_m} \times \underbrace{\frac{Q_0}{Q_i}}_{\eta_v} = \frac{\gamma Q_0 H}{75 \times 60 \times L_s} = \frac{L_w}{L_s} \tag{10}$$

이다. 따라서 펌프의 전효율 η_p는 $\eta_p = \eta_h \times \eta_m \times \eta_v$와 같이 표시할 수 있다.

예제 15

안지름 750 mm인 원관을 써서 수평거리로 20 km 떨어진 곳에 유량 72 m^3/min의 물을 수송하려고 한다. 여기에 필요한 펌프의 수동력과 축동력을 구하여라. 단, 원관의 마찰계수는 $f = 0.02$, 펌프의 전효율은 75%이다.

해설 원관 속의 평균유속 V는 $V = \dfrac{Q/60}{\pi d^2/4} = \dfrac{72}{60} \times \dfrac{4}{\pi \times 0.75^2} = 2.72\,\mathrm{m/sec}$

물이 펌프를 통과할 때 펌프로부터 단위중량당 얻은 에너지를 H라고 하고 취수면과 송출면 사이에 대하여 수정 Bernoulli방정식을 적용하면

$$\frac{p_1}{\gamma} + \frac{V_1^2}{2g} + z_1 + H = \frac{p_2}{\gamma} + \frac{V_2^2}{2g} + z_2 + h_\ell$$

$p_1 = p_2 = p_{atm}$, $V_1 = 0$, $z_1 = z_2$ 임을 고려하면 H는

$$H = \frac{V_2^2}{2g} + h_\ell = \frac{V^2}{2g} + f\frac{\ell}{d}\frac{V^2}{2g} = \frac{2.72^2}{2 \times 9.8} + 0.02 \times \frac{20{,}000}{0.75} \times \frac{2.72^2}{2 \times 9.8} = 202\,\mathrm{m}$$

수동력 L_w는 $L_w = \dfrac{\gamma HQ}{60 \times 102} = \dfrac{1{,}000 \times 202 \times 72}{6{,}120} = 2{,}380\,\mathrm{kW}$

축동력 L_s는 $L_s = \dfrac{L_w}{\eta} = \dfrac{2{,}380}{0.75} = 3{,}180\,\mathrm{kW}$

예제 16

펌프의 전양정(H), 유량(Q), 효율(E)과 전동기의 소요동력 P(kW) 사이에 $P\,(\mathrm{kW}) = \dfrac{0.163 \times Q \times H}{E} \times K$가 성립됨을 증명하여라. 그리고 HP으로는 어떻게 표시되는가?

해설 펌프의 효율(E)은 수동력(L_w) / 축동력(L_s)이다. 따라서 축동력은

$$\text{축동력}(L_s) = \frac{\text{수동력}(L_w)}{\text{효율}(E)} = \frac{\gamma QH}{E} \qquad ⓐ$$

이다. 소요동력은 펌프의 회전차를 구동하는 데 필요한 동력인 축동력을 말한다. 1 kW = 102 $\mathrm{kg_f \cdot m/s}$, γ = 1,000 $\mathrm{kg_f/m^3}$임을 고려하면

$$\text{축동력 } L_s\,(\mathrm{kW}) = \frac{1{,}000\,\mathrm{kg_f/m^3} \times Q\,(\mathrm{m^3/min}) \times H\,(\mathrm{m})}{(102\,\mathrm{kg_f \cdot m/s}) \times 60\,E} = \frac{0.163398693\,QH}{E}$$

이 된다. 여유계수 K를 고려하면 전동기 소요 동력 P(KW)는

$$P\,(\mathrm{kW}) = \frac{0.163 \times Q \times H}{E} \times K$$

이다. 그리고 1 HP = 76 $\mathrm{kg_f \cdot m/s}$이므로

$$\text{축동력(HP)} = \frac{1{,}000\,\mathrm{kg_f/m^3} \times Q\,(\mathrm{m^3/min}) \times H}{(76\,\mathrm{kg_f \cdot m/s}) \times 60E} = \frac{0.21929823\,QH}{E}$$

이 된다. 여유계수 K를 고려하면 전동기의 소요 동력 P(HP)는

$$P(\text{HP}) = \frac{0.219 \times Q \times H}{E} \times K$$

예제 17

그림과 같이 0.5 kg_f/cm^2로 가압되어 있는 수조로부터 펌프를 통하여 45° 경사진 75 mm 노즐에서 물이 분출되어 7 m 높이까지 올라간다. 펌프의 효율을 85%라 할 때 소요 축마력은 얼마인가? 단, 관로손실은 무시한다.

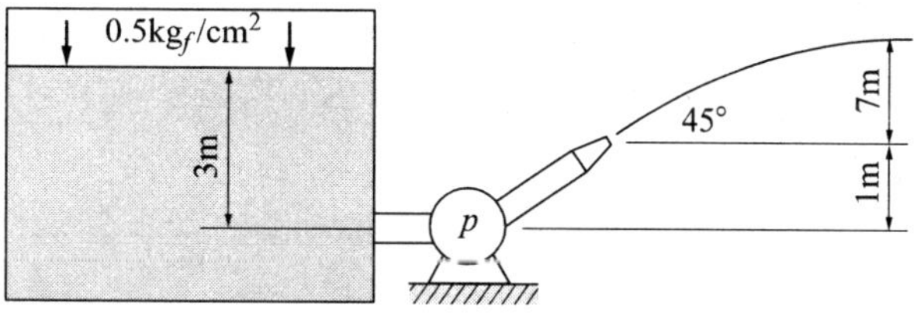

해설 노즐출구에서 분사속도를 V, t초 후 분류가 이동한 수평 및 연직거리(수직거리)를 각각 x, y라고 하면

$$x = V\cos\theta \times t, \; y = V\sin\theta \times t - \frac{1}{2}gt^2 \quad ①$$

y를 t에 관해서 미분하면 분류속도의 연직성분 V_y는

$$V_y = dy/dt = V\sin\theta - gt \quad ②$$

와 같이 된다. 분류가 정점에서 $V_y = 0$이므로 분류가 노즐을 출발하여 정점에 도달하는 시간은 $V\sin\theta - gt = 0$, 즉 $t = V\sin\theta/g$ ③

이다. 정점의 높이는

$$y_{\max} = V\sin\theta\left(\frac{V\sin\theta}{g}\right) - \frac{1}{2}g\left(\frac{V\sin\theta}{g}\right)^2 = \frac{V^2}{2g}\sin^2\theta \quad ④$$

식 ④에서 $y_{\max} = 7$, $\theta = 45°$를 대입하면 V는 $V = 16.57\,\text{m/s}$이다.

따라서 유량 Q는 $Q = AV = (\pi/4) \times 0.0752 \times 16.57 = 0.0732\,\text{m}^3/\text{sec}$이다.

물이 펌프를 통과할 때 펌프로부터 단위중량당 얻은 에너지를 H라고 하고, 수조의 수면의 한 점과 노즐 출구의 한 점에 수정 Bernoulli방정식을 적용하면

$$\frac{p_1}{\gamma} + \frac{V_1^2}{2g} + z_1 + H = \frac{p_2}{\gamma} + \frac{V_2^2}{2g} + z_2 + h_\ell$$

에서 $V_1 = 0$, $z_1 = 3$, $p_2 = p_{atm}$, $z_2 = 2$, $h_\ell = 0$임을 고려하면

$$\frac{p_1}{\gamma} + 3 + H = \frac{V^2}{2g} + 2 \quad ⑤$$

$p_1 = 0.5\,\text{kg}_f/\text{cm}^2 = 0.5 \times 9.8 \times 10^4\,\text{Pa}$, $\gamma = 9{,}800\,\text{N/m}^3$, $V = 16.57\,\text{m/s}$를 식 ⑤에 대입하면 H는 $H = \frac{V^2}{2g} - 1 - \frac{p_1}{\gamma} = \frac{16.57^2}{2 \times 9.8} - 1 - 5 = 8\,\text{m}$

이다. 따라서 물이 펌프로부터 얻은 동력은

$$P = \gamma QH = 9{,}800\frac{\mathrm{N}}{\mathrm{m}^3}\times 0.073\frac{\mathrm{m}^3}{\mathrm{s}}\times 8\,\mathrm{m} = 5{,}739\,\mathrm{W}$$

$$= 5.739\,\mathrm{kW}\times\frac{102\,\mathrm{kg_f}\cdot\mathrm{m/s}}{1\,\mathrm{kW}}\times\frac{1\,\mathrm{HP}}{75\,\mathrm{kg_f}\cdot\mathrm{m/s}} = 7.805\,\mathrm{HP}$$

이다. 펌프효율이 85%이므로 축동력은 $P_{shaft} = P/\eta = \dfrac{7.805\,\mathrm{HP}}{0.85} = 9.18\,\mathrm{HP}$이다.

예제 18

그림과 같이 지름이 400 mm인 베어링이 400 rpm으로 회전하고 있을 때 마찰에 의한 손실동력은 약 kW인가? 단, 베어링과 축 사이에는 점성계수가 0.049 N · sec/m^{2}인 기름이 차 있다.

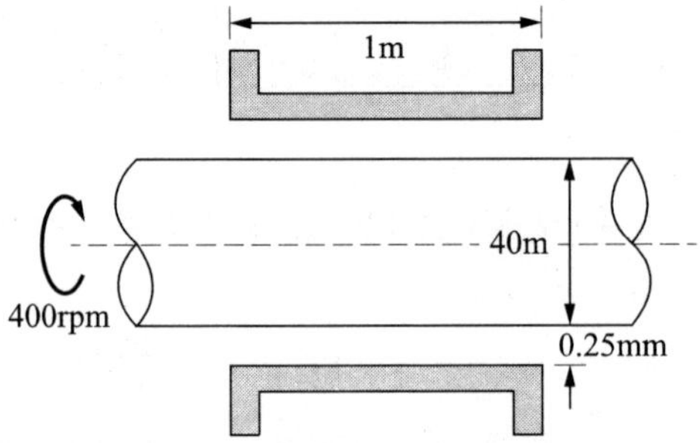

해설

손실동력 = 마찰력 × 거리/시간이므로 손실동력 = 마찰력 × 회전선속도이다.

회전선속도 $u = r\omega = \dfrac{D}{2}\times\dfrac{2\pi N}{60} = \dfrac{\pi DN}{60} = \dfrac{3.14\times 0.4\times 400}{60} = 8.373\,\mathrm{m/s}$

마찰력 = 전단응력 × 접촉면적이므로

마찰력$(F) = \mu\dfrac{du}{dy}\times\pi DL = 0.049\times\dfrac{(8.373-0)}{0.25/1{,}000}\times\pi\times 0.4\times 1 = 2{,}061\,\mathrm{N}$

손실동력 = 마찰력 × 회전선속도 = 2,061 N × 8.373 m/s = 17,257 W

예제 19

그림과 같이 지름이 D인 원형 축과 슬라이딩 베어링 사이(간격 = t, 길이 = L)에 점성계수가 μ인 유체가 채워져 있다. 축을 ω의 각속도로 회전시킬 때 필요한 토크를 구하라. 단, $t \ll D$이다.

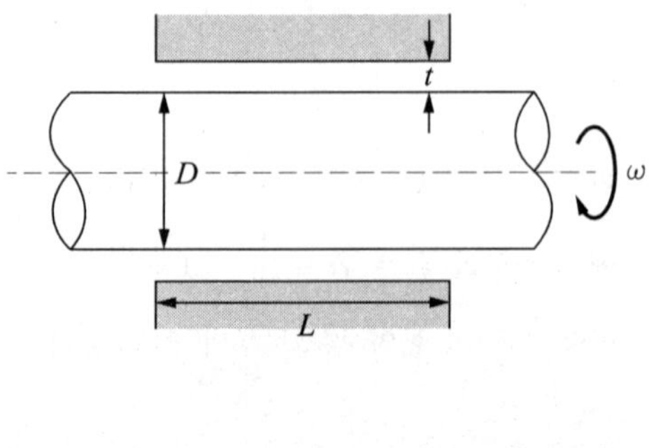

해설 마찰력 = 전단응력 × 접촉면적이므로

$$\text{마찰력}(F) = \mu\frac{du}{dy}\times\pi DL = \mu\frac{r\omega}{t}\times\pi DL = \mu\frac{D}{2}\frac{\omega}{t}\times\pi DL = \frac{\pi\mu\omega D^2 L}{2t}$$

토크(T) = 마찰력 × 회전반경이므로

$$T = \frac{\pi\mu\omega D^2 L}{2t}\times\frac{D}{2} = \frac{\pi\mu\omega D^3 L}{4t}$$

2.8 상사법칙과 비교회전도

유체를 해석하는데 있어서 이론적 해석만으로는 불충분할 뿐만 아니라 불가능한 때가 있다. 이들의 해석은 가정한 방정식에 실험값을 대입하여 정확한 해석에 근접해 가나 정확한 실험값을 얻기 위해서는 수없이 반복된 실험을 하여야 한다. 그런데 실험자료를 얻기 위하여 실형(實型)을 가지고 실험하기란 어려울 뿐만 아니라 경우에 따라서는 불가능하므로 설계자는 대부분 문제를 모형실험(模型實驗)으로부터 얻은 결과를 가지고 해석하고, 분석하여 설계에 이용한다. 설계자가 모형실험결과를 이용하여 실형설계를 할 때는 반드시 모형과 실형 사이에는 상사법칙(相似法則, similarity law, similitude law)이 성립하게끔 설계하여야 한다.

여기서 상사법칙이란 "모형실험으로부터 얻은 자료를 실형에 적용할 때 성립하여할 법칙"으로서 기하학적, 운동학적, 역학적 상사성이 모형과 실형 사이에는 존재해야 한다.

펌프에서는 원형과 모형 사이에 상사성을 적용하여 모형에 적합한 회전수를 바꾸어 줌으로써 원형과의 성능을 비교하는 데 이용되고 있다. 펌프에서 상사성을 적용하는 것은 기하학적 상사(幾何學的 相似, geometric similarity)와 유동에 대한 운동학적(運動學的 相似, kinematic similarity), 역학적 상사(力學的相似, dynamic similarity)(유동의 특성을 대표하는 속도삼각형이 상사)가 성립됨을 전제로 한 것이다.

상사법칙을 만족하는 2대의 펌프는 그림19와 같이 기하학적으로 상사이며 속도삼각형과 성능곡선(특성곡선)도 상사이다.

그림19에서 두 특성곡선이 서로 대응하는 위치(최고 효율점), 즉 펌프 내의 유동도 상사가 되는 특성곡선 상에서의 유량을 Q_1, Q_2, 양정을 H_1, H_2, 축동력을 L_1, L_2라 하면 2대의 펌프 사이에는 다음과 같은 상사법칙이 성립한다.

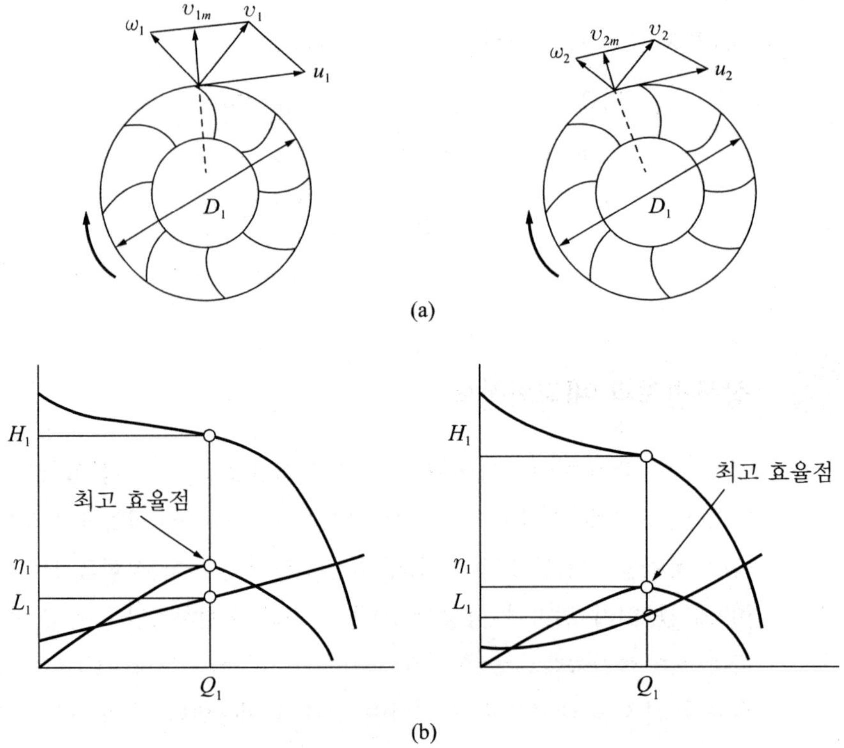

그림19. 두 상사 펌프의 속도삼각형과 성능곡선

2.8.1 유량에 관한 상사법칙(Q-similarity)

2대의 펌프의 회전차 출구에서의 유로의 면적을 A_1, A_2, 반지름방향 유속을 v_{1m}, v_{2m} 이라고 하면 2대 펌프의 유량 Q_1, Q_2 는

$$Q_1 = A_1 v_{1m}, \ Q_2 = A_2 v_{2m}$$

이 된다. 각각의 회전차의 원주속도를 u_1, u_2 라 하면 유동은 상사가 되므로 속도삼각형에서 $u = u_a + u_b$ 로 놓으면 $\tan\alpha = \dfrac{v_m}{u_a}$ 에서 $u_a = v_m \cot\alpha$, $\tan\beta = \dfrac{v_m}{u_b}$ 에서 $u_b = v_m \cot\beta$ 이므로 $u = u_a + u_b = v_m(\cot\alpha + \cot\beta)$, $\dfrac{u}{v_m} = \cot\alpha + \cot\beta = C$ 가 되어 $\dfrac{u_1}{v_{1m}} = \dfrac{u_2}{v_{2m}}$, $\dfrac{v_{2m}}{v_{1m}} = \dfrac{u_2}{u_1}$ 가 성립한다.

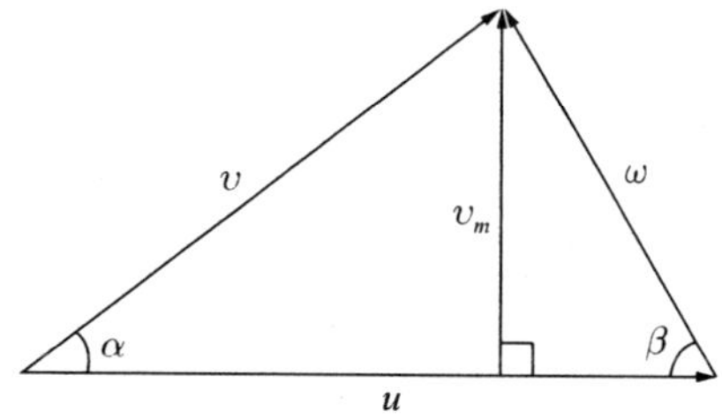

위 식을 $\dfrac{v_{1m}}{u_1} = \dfrac{v_{2m}}{u_2}$ 으로 변형하여 $v_{1m} = \dfrac{Q_1}{A_1}$, $v_{2m} = \dfrac{Q_2}{A_2}$ 을 대입하면

$$\frac{Q_1}{A_1 \cdot u_1} = \frac{Q_2}{A_2 \cdot u_2}$$

또는

$$Q_2 = Q_1 \frac{A_2}{A_1} \frac{u_2}{u_1} \qquad ⓐ$$

이다. 위의 관계식은 2대의 펌프 사이에 상사인 관계가 성립되면 내부의 유동이 상사인 관계를 유지하는 한 일정한 상수가 되며 일반적으로

$$\frac{Q}{A \cdot u} = \Phi$$

로 표시되며, 이 상수 Φ를 유량계수(流量係數, coefficient of discharge)라 한다.

기하학적인 상사로부터 구조가 상사하므로, 2대의 펌프의 유로의 단면적의 비는 회전차의 바깥지름(출구 직경)을 D, 회전차의 출구폭을 b라고 하면[9] $b = D$로 설계하므로

---

9)

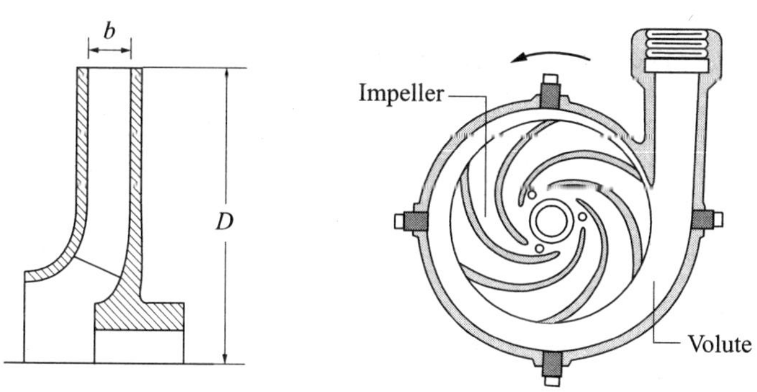

원심펌프 회전차의 출구직경(D)과 출구폭(b)

$$\frac{A_2}{A_1} = \frac{\pi D_2 \cdot b_2}{\pi D_1 \cdot b_1} = \frac{\pi D_2 \cdot D_2}{\pi D_1 \cdot D_1} = \left\{ \frac{D_2}{D_1} \right\}^2 \quad ⓑ$$

이 된다. 주어진 회전차의 원주속도의 비도 다음의 관계로 표시된다.

$$\frac{u_2}{u_1} = \frac{r_2 \omega_2}{r_1 \omega_1} = \frac{\pi D_2 \cdot N_2/60}{\pi D_1 \cdot N_1/60} = \frac{D_2}{D_1} \cdot \frac{N_2}{N_1} \quad ⓒ$$

따라서 위의 두 식 ⓑ와 ⓒ에 의하여 식 ⓐ는 다음과 같이 된다.

$$Q_2 = Q_1 \frac{A_2}{A_1} \frac{u_2}{u_1} = Q_1 \left(\frac{D_2}{D_1} \right)^2 \frac{D_2}{D_1} \frac{N_2}{N_1} = Q_1 \left(\frac{D_2}{D_1} \right)^3 \frac{N_2}{N_1}$$

또는

$$\frac{Q_1}{D_1^3 N_1} = \frac{Q_2}{D_2^3 N_2} \quad ⓓ$$

예제 20

어떤 펌프가 970 rpm으로 회전할 때 전양정 9.2 m, 유량 0.6 m^3/min으로 송출한다. 펌프의 회전수가 1,450 rpm으로 되었을 때 유량은 얼마인가?

해설 유량 상사법칙 공식으로부터

$Q_2 = Q_1 \left(\frac{D_2}{D_1} \right)^3 \frac{N_2}{N_1}$ 에서 동일한 펌프이므로 $D_1 = D_2$가 된다.

따라서 $Q_2 = 0.6 \times 1^3 \times \frac{1,450}{970} = 0.9 \, m^3/min$

2.8.2 전양정에 관한 상사법칙(H – similarity)

2대의 펌프에 관한 이론상의 양정은 각각 다음과 같이 표시된다.

$$H_{th\infty 1} = \frac{1}{g} u_1 v_1 \cos \alpha_1 \quad ⓔ$$

$$H_{th\infty 2} = \frac{1}{g} u_2 v_2 \cos \alpha_2$$

2대의 펌프가 기하학적 상사와 역학적 상사인 관계를 모두 만족한다고 보면 미끄럼계수($\mu = H_{th} / H_{th\infty}$)와 수력효율($\eta_h = H/H_{th}$)도 각각 동일하므로 $\mu_1 \times \eta_{h1} = \mu_2 \times \eta_{h2}$ 이다.

따라서 $\dfrac{H_{th1}}{H_{th\infty 1}} \times \dfrac{H_1}{H_{th1}} = \dfrac{H_{th2}}{H_{th\infty 2}} \times \dfrac{H_2}{H_{th2}}$ 가 되며

$$\frac{H_{th\infty 1}}{H_{th\infty 2}} = \frac{H_1}{H_2} \qquad ⓕ$$

가 된다. 각각의 회전차의 원주속도를 u_1, u_2 라 하면 유동은 상사가 되므로 아래 속도삼각형에서 $u = u_a + u_b$ 로 놓으면 $u_a = v\cos\alpha$, $u_b = w\cos\beta$, $\cos\alpha = \dfrac{v_m}{w} = \dfrac{v\sin\alpha}{w}$, $w = \dfrac{v\sin\alpha}{\cos\alpha}$ 이므로 $u = u_a + u_b = v\left(\cos\alpha + \dfrac{\sin\alpha}{\cos\alpha}cos\beta\right)$, $\dfrac{u}{v} = \cos\alpha + \dfrac{\sin\alpha}{\cos\alpha}\cos\beta = C$가 되어

$$\frac{u_1}{v_1} = \frac{u_2}{v_2},\ \frac{v_1}{v_2} = \frac{u_1}{u_2},\ \alpha_1 = \alpha_2 \qquad ⓖ$$

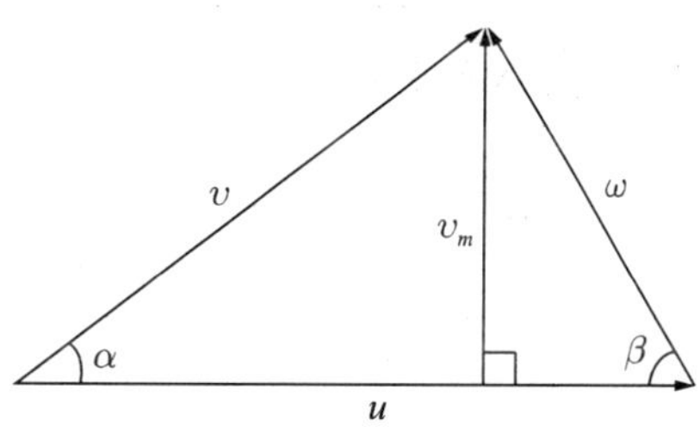

가 성립하므로 식 ⓔ, ⓕ, ⓖ로부터 $\dfrac{H_{th\infty 1}}{H_{th\infty 2}} = \dfrac{u_1 v_1 \cos\alpha_1/g}{u_2 v_2 \cos\alpha_2/g} = \dfrac{u_1^2/2g}{u_2^2/2g} = \dfrac{H_1}{H_2}$

$$\frac{H_1}{u_1^2/2g} = \frac{H_2}{u_2^2/2g} \quad \text{또는} \quad H_2 = H_1 \frac{u_2^2/2g}{u_1^2/2g} \qquad ⓗ$$

이다. 이 식의 값도 역시 상사인 관계가 유지되는 한 일정한 값을 취하게 되므로 일반적으로는

$$\frac{H}{u^2/2g} = \Psi \qquad ⓘ$$

로 표시되고, 이 Ψ를 양정계수(揚程係數, coefficient of head)라 한다.

또한 $u_1 = r_1\omega_1 = \pi D_1 N_1/60$, $u_2 = r_2\omega_2 = \pi D_2 N_2/60$의 관계로부터 식 ⓗ는 다음과 같이 표시된다.

$$H_2 = H_1 \frac{u_2^2/2g}{u_1^2/2g} = H_1\left(\frac{u_2}{u_1}\right)^2 = H_1\left\{\frac{\dfrac{\frac{D_2}{2}\times 2\pi N_2}{60}}{\dfrac{\frac{D_1}{2}\times 2\pi N_1}{60}}\right\}^2 = H_1\left(\frac{D_2}{D_1}\right)^2\left(\frac{N_2}{N_1}\right)^2$$

또는

$$\frac{H_1}{D_1^2 N_1^2} = \frac{H_2}{D_2^2 N_2^2} \qquad ⓙ$$

예제 21

어떤 펌프가 2,000 rpm으로 운전되고 전양정 100 m일 때 0.17 m^3/sec의 유량을 방출한다. 이것과 상사이고 치수가 2배인 펌프가 1,500 rpm으로 운전되고 그 외는 동일한 상태로 운전하는 경우의 전양정을 구하라.

해설 양정 상사법칙 공식으로부터

$$H_2 = H_1\left(\frac{D_2}{D_1}\right)^2\left(\frac{N_2}{N_1}\right)^2 = 100\times\frac{2^2}{1^2}\times\left(\frac{1,500}{2,000}\right)^2 = 225\,\text{m}$$

예제 22

소화펌프가 임펠러직경 150 mm, 회전수 1,770 rpm, 유량 4,000 ℓ/min, 양정 50 m로 가압 송수하고 있다. 이 펌프와 상사법칙을 만족하는 펌프가 임펠러 직경 200 mm, 회전수 1,170 rpm으로 운전하면 유량(ℓ/min)과 양정(m)은 각각 얼마인가?

해설 유량 상사법칙 공식으로부터

$$Q_2 = Q_1\left(\frac{D_2}{D_1}\right)^3\frac{N_2}{N_1} = 4,000(\ell/\text{min})\left(\frac{200\,\text{mm}}{150\,\text{mm}}\right)^3\times\frac{1,170\,\text{rpm}}{1,770\,\text{rpm}}$$

$$= 6,267.419 ≒ 6,267.42\,\ell/\text{min}$$

양정 상사법칙 공식으로부터

$$H_2 = \text{H}_1\left(\frac{\text{D}_2}{\text{D}_1}\right)^2\left(\frac{\text{N}_2}{\text{N}_1}\right)^2 = 50\,\text{m}\times\left\{\frac{200\,\text{mm}}{150\,\text{mm}}\right\}^2\times\left\{\frac{1,170}{1,770}\right\}^2 = 38.839 ≒ 38.84\,\text{m}$$

2.8.3 축동력에 관한 상사법칙(L_s-similarity)

상사인 관계가 성립되는 2대의 펌프의 효율은 각각

$$\eta_{p1} = \frac{\gamma_1 Q_1 H_1}{L_{s1}}, \quad \eta_{p2} = \frac{\gamma_2 Q_2 H_2}{L_{s2}}$$

이다. 2대의 펌프가 기하학적인 상사와 역학적인 상사인 관계를 만족한다고 하면 $\eta_{p1} = \eta_{p2}$이므로

$$\frac{L_{s1}}{\gamma_1 Q_1 H_1} = \frac{L_{s2}}{\gamma_2 Q_2 H_2}$$

또는

$$L_{s2} = L_{s1} \frac{\gamma_2 \cdot Q_2 \cdot H_2}{\gamma_1 \cdot Q_1 \cdot H_1} \qquad ⓚ$$

가 된다. 식 ⓐ와 ⓗ

$$Q_2 = Q_1 \frac{A_2}{A_1} \frac{u_2}{u_1} \qquad ⓐ$$

$$H_2 = H_1 \frac{u_2^2/2g}{u_1^2/2g} \qquad ⓗ$$

를 식 ⓚ에 대입하면

$$\frac{L_{s1}}{A_1 \gamma_1 u_1^3/2g} = \frac{L_{s2}}{A_2 \gamma_2 u_2^3/2g}$$

또는

$$L_{s2} = L_{s1} \frac{\gamma_2 \cdot Q_2 \cdot H_2}{\gamma_1 \cdot Q_1 \cdot H_1} = L_{s1} \frac{A_2 \gamma_2 u_2^3/2g}{A_1 \gamma_1 u_1^3/2g} \qquad ⓛ$$

가 되며, 이 값도 상사인 관계가 유지되는 한 항상 일정하다. 일반적으로는

$$\frac{L_s}{A \gamma u^3/2g} = \zeta$$

로 표시할 수 있으며 이 상수 ζ를 출력계수(出力係數, coefficient of output)라 한다.

또한 $\dfrac{A_2}{A_1} = \left(\dfrac{D_2}{D_1}\right)^2$, $\dfrac{u_2}{u_1} = \dfrac{D_2 \cdot N_2}{D_1 \cdot N_1}$ 의 관계로부터 식 ①은

$$L_{s2} = L_{s1} \frac{A_2 \gamma_2 u_2^3 / 2g}{A_1 \gamma_1 u_1^3 / 2g} = L_{s1} \frac{\gamma_2}{\gamma_1} \left(\frac{D_2}{D_1}\right)^5 \left(\frac{N_2}{N_1}\right)^3$$

위 식에서 $\gamma_1 = \gamma_2$ 라 하면 L_{s2}는 다음 식으로 표시할 수 있다.

$$L_{s2} = L_{s1} \left(\frac{D_2}{D_1}\right)^5 \left(\frac{N_2}{N_1}\right)^3 \qquad ⓜ$$

예제 23

50사이클 지역에서 펌프의 회전수가 1,450 rpm인 경우에 양정 25 m, 유량 4 m^3/min, 축동력 22 kW인 펌프가 60사이클 지역에서 펌프의 회전수가 1,740 rpm으로 된다면 축동력은 몇 kW인가?

해설 $L_{s2} = L_{s1} \left(\dfrac{D_2}{D_1}\right)^5 \left(\dfrac{N_2}{N_1}\right)^3 = 22 \times 1^5 \times \dfrac{1{,}740^3}{1{,}450^3} = 38\,\text{kW}$

2.8.4 펌프의 비교회전도(n_s)

형상과 구조가 상사인 두 펌프에서 유동의 상태가 상사일 때에는 앞에서 논의한 상사법칙에 관련된 식 ⓓ, ⓙ, ⓜ의 관계가 성립된다.

$$Q_2 = Q_1 \left(\frac{D_2}{D_1}\right)^3 \frac{N_2}{N_1} \qquad ⓓ$$

$$H_2 = H_1 \left(\frac{D_2}{D_1}\right)^2 \left(\frac{N_2}{N_1}\right)^2 \qquad ⓙ$$

$$L_{s2} = L_{s1} \left(\frac{D_2}{D_1}\right)^5 \left(\frac{N_2}{N_1}\right)^3 \qquad ⓜ$$

식 ⓓ에서 D_1/D_2를 구하면 $\left(\dfrac{D_2}{D_1}\right)^3 = \dfrac{Q_2}{Q_1}\dfrac{N_1}{N_2}$, $\dfrac{D_2}{D_1} = \left(\dfrac{Q_2}{Q_1}\right)^{1/3} \left(\dfrac{N_2}{N_1}\right)^{1/3}$

D_1/D_2 을 식 ⓙ에 대입하면 $H_2 = H_1\left(\frac{Q_2}{Q_1}\right)^{2/3}\left(\frac{N_2}{N_1}\right)^{4/3}$

양변에 3/4승을 곱하면 $H_2^{\frac{3}{4}} = H_1^{\frac{3}{4}}\left(\frac{Q_2}{Q_1}\right)^{\frac{1}{2}}\left(\frac{N_2}{N_1}\right)$

$$N_1\frac{Q_1^{\frac{1}{2}}}{H_1^{\frac{3}{4}}} = N_2\frac{Q_2^{\frac{1}{2}}}{H_2^{\frac{3}{4}}} \quad \text{ⓝ}$$

를 얻는다. 즉, 상사가 되는 A, B 두 펌프(2개의 회전차)에서 유동상태가 상사가 되려면 식 ⓝ의 관계가 성립되어야 하며 또한 이와 반대로 A회전차의 회전수, 유량, 양정이 각각 N_1, Q_1, H_1, B회전차가 각각 N_2, Q_2, H_2인 운전상태에 있을 때 식 ⓝ의 관계가 성립하면 이 A, B 두 회전차(두 펌프)는 기하학적 상사인 동시에 운동학적 상사인 관계가 성립하게 된다. 따라서 A회전차를 기준이 되는 펌프라 보고 N_1을 N, Q_1을 Q, H_1을 H라 놓고 B회전차를 기준이 되는 펌프에 대해 상사인 관계의 펌프라 하고 Q_2를 단위유량(lm^3/min), H_2를 단위양정(lm), 회전차에 주어져야 할 회전수 N_2를 n_s라 하면 식 ⓝ에 의해 n_s는 다음과 같이 된다.

$$n_s = N\frac{Q^{\frac{1}{2}}}{H^{\frac{3}{4}}} \quad \text{ⓞ}$$

위 식에서 n_s를 펌프에 관한 비교회전도 또는 비속도(比較回轉度, 比速度, specific speed)라 한다. 즉, 비교회전도(비속도)란 두 펌프(2개의 회전차)에 있어서 하나의 펌프를 형상과 운전상태를 상사하게 유지하면서 단지 그 크기만을 바꾸어서 단위 유량에서 단위 양정을 내게 할 때 그 펌프에 주어져야 할 회전수이다. 따라서 비교회전도가 같은 펌프는 모두 상사의 관계에 놓여 있다고 할 수 있다. 그리고 비교회전도는 회전차의 형상을 나타내는 척도가 되므로 펌프의 성능을 나타내거나 최적합한 회전수를 결정하는 데 이용되어 진다.

n_s의 값은 펌프의 구조(유로, 회전차)가 상사(기하학적 상사)이고 유체의 유동이 상사일 때에는 일정하며, 펌프의 크기나 회전수에 따라 변하지 않는다.

위 식에서의 H, Q는 일반적으로 특성곡선 상에서 최고 효율점에 대한 값들을 각각 나타내게 되어 있다. 또한 양흡입일 때에는 위 식에서 Q 대신에 $Q/2$, 다단펌프

(단수가 i)일 경우는 H 대신에 H/i를 대입하여 사용한다.

비교회전도 n_s는 무차원수가 아니므로 H, Q, N의 단위를 잡는 방법에 따라 값이 달라진다. 일반적으로 Q는 m^3/min, H는 m, N은 rpm의 단위를 사용하는데 이때의 비교회전도를 n_s (m^3/min, m, rpm)라 하고 다른 단위를 사용했을 때의 비교회전도를 n_s'라 하면 $n_s' = kn_s$로서 다른 단위와의 환산계수이고 그 값은 각 단위에 따라 표1과 같다.

표1. 비교회전도와 단위 환산계수

n_s'	k	n_s'	k
m, m^3/sec, rpm	0.129	ft, ft^3/min, rpm	2.44
m, ℓ/sec, rpm	4.08	m, meter마력, rpm	0.471
ft, ft^3/sec, rpm	0.314		

펌프의 비교회전도 n_s의 공식으로부터 알 수 있는 바와 같이 회전수를 일정하게 하면 높은 양정에서 유량이 적은 펌프의 회전차는 n_s의 값이 작고, 반대로 유량이 크고 양정이 낮은 펌프의 n_s의 값은 크게 된다. 고양정, 소유량인 펌프의 회전차는 출구 직경에 대하여 출구폭이 좁고, 반대로 저양정, 대유량인 펌프일수록 출구 직경에 대한 출구폭의 치수는 크게 된다. 이와 같은 사실로부터 회전차의 형상을 n_s에 따라 정리하면 표2와 같다. 표2에서도 알 수 있는 것처럼 n_s가 커질수록 출구 직경(D_2)에 대한 출구폭(b_2)과 입구 직경(D_1)이 점점 커지게 된다.[10]

10)

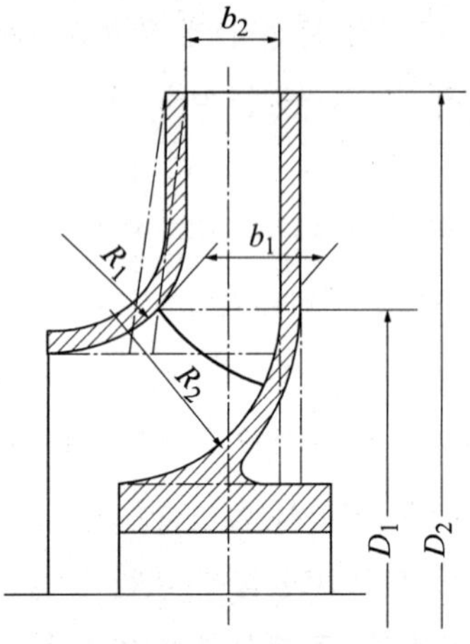

입구직경(D_1), 출구직경(D_2), 입구폭(b_1), 출구폭(b_2)

비교회전도가 작은 펌프는 양정(수두)이 크고 유량이 작은 펌프, 즉 원심펌프가 이에 속한다. 비교회전도가 큰 펌프는 양정이 작고 유량이 큰 펌프, 즉 축류펌프 또는 프로펠러펌프이다. 비교회전도가 이들 중간의 값을 갖는 펌프는 펌프의 특성이 이들 중간의 특성을 갖는 사류(斜流)펌프이다. 원심펌프의 비교회전도는 대략 150～850 (m^3/min, m, rpm), 사류펌프의 비교회전도는 대략 650～1,300 (m^3/min, m, rpm), 축류펌프의 비교회전도는 대략 1,000～2,000 (m^3/min, m, rpm)의 범위에서 설계된다.

그림20은 횡축에 n_s, 종축에 효율 η_p를 잡고 각종 펌프의 n_s와 η_p와의 관계를 나타낸 것이다.

표2. 비교회전도 n_s에 따른 회전차의 형상

번호	회전차의 형식	n_s의 범위	n_s가 자주 사용되는 값	흐름에 의한 분류	전양정 (m)	양수량 (m^3/min)	펌프의 명칭	
1	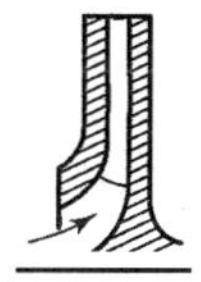	80～120	100	반경류형	30	8 이하	고양정 원심펌프	터빈
2	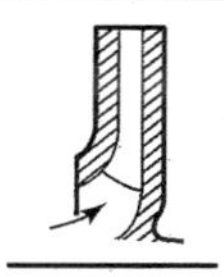	120～250	150	반경류형	20	10 이하	고양정 원심펌프	터빈 벌류트
3		250～450	350	혼류형	12	10～100	중양정 원심펌프	벌류트
4		450～750	550	사류형	10	10～300	저양정 원심펌프	양흡입 벌류트
5	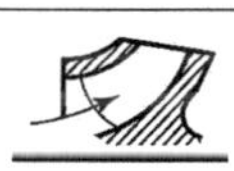	700～1,000	800	사류형	8	8～200	사류펌프	
6		800～1,200	1,100	사류형	5	8～400	축류펌프	
7		1,200～2,200	1,500	축류형	3	8이상	축류펌프	

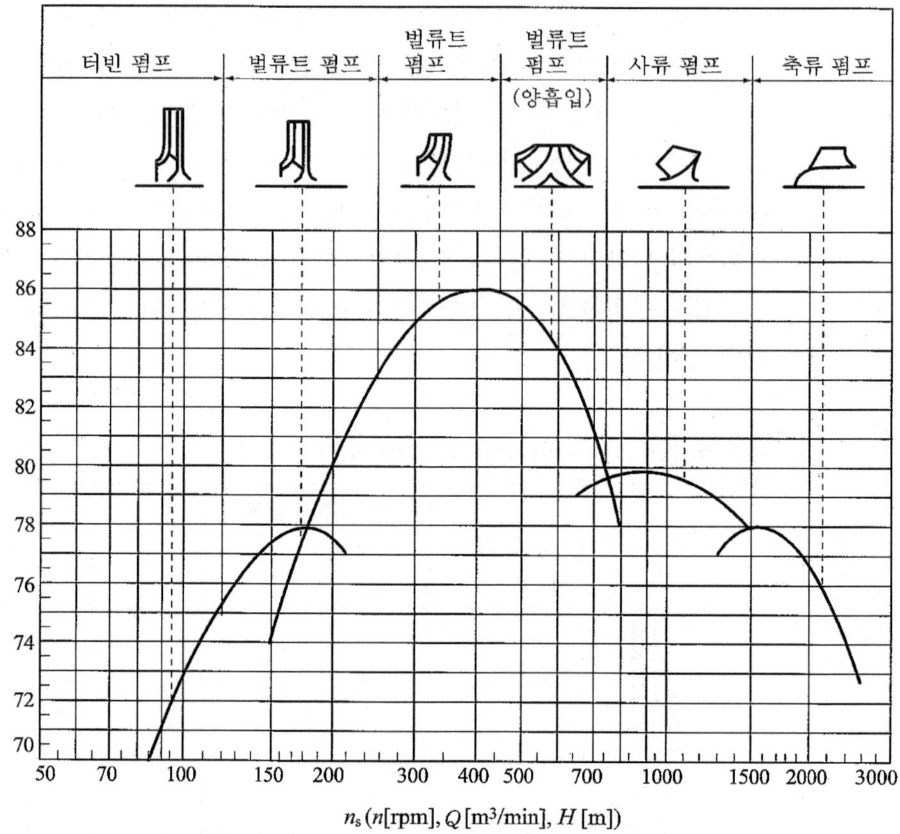

그림20. 비교회전도 n_s 에 따른 각 펌프의 효율

예제 24

펌프의 구조가 상사이고 유동상태가 상사일 때, 펌프의 비교회전도 n_s 는 크기나 회전수에 따라 변하지 않음을 증명하라.

해설 유량에 관한 상사법칙 식 ⓓ에서 $Q_2 = Q_1\left(\dfrac{D_2}{D_1}\right)^3\dfrac{N_2}{N_1}$, $\dfrac{Q_1}{D_1{}^3N_1} = \dfrac{Q_2}{D_2{}^3N_2}$ 이므로

$\dfrac{Q}{D^3N} = C_1$ 이고 $Q = C_1D^3N$이다.

양정에 관한 상사법칙 ⓙ에서 $H_2 = H_1\left(\dfrac{D_2}{D_1}\right)^2\left(\dfrac{N_2}{N_1}\right)^2$, $\dfrac{H_1}{D_1^2N_1^2} = \dfrac{H_2}{D_2^2N_2^2}$ 이므로

$\dfrac{H}{D^2N^2} = C_2$ (일정)이고, $H = C_2D^2N^2$ 이다.

비교회전도 $n_s = N\dfrac{Q^{\frac{1}{2}}}{H^{\frac{3}{4}}}$ 의 식에 Q, H를 대입하면

$$n_s = N\frac{Q^{\frac{1}{2}}}{H^{\frac{3}{4}}} = N\frac{(C_1D^3N)^{\frac{1}{2}}}{(C_2D^2N^2)^{\frac{3}{4}}} = \frac{C_1^{\frac{1}{2}}}{C_2^{\frac{3}{4}}} = \text{일정}$$

따라서 n_s는 크기(D)나 회전수(N)에 따라 변하지 않는다.

예제 25

1,800 rpm으로 회전하면서 9.5 m³/min, 전양정 61 m를 발생하는 펌프가 있다. 이 펌프와 상사하며 유량 38 m³/min인 경우 전양정 4.5 m를 발생하는 펌프를 제작하려고 한다. 어떤 형식의 펌프가 적당한가? 또한 이 경우의 펌프의 회전수를 구하여라.

해설 주어진 펌프의 비교회전도 n_{s1}은

$$n_{s1} = N_1\frac{Q_1^{1/2}}{H_1^{3/4}} = 1{,}800 \times \frac{9.5^{1/2}}{61^{3/4}} = 254.2\,(\mathrm{m,\ m^3/min,\ rpm})$$

이다. 따라서 그림20에서 벌류트펌프가 적당하다.

설계하는 펌프의 비교회전도 n_{s2}는

$$n_{s2} = N_2\frac{Q_2^{1/2}}{H_2^{3/4}} = N_2 \times \frac{38^{1/2}}{4.5^{3/4}} = N_2 \times \frac{6.16}{3.08} = 254.2\,(\mathrm{m,\ m^3/min,\ rpm})$$

에서 매분 회전수 N_2는 $N_2 = 254.5 \times \frac{3.08}{6.16} = 127\,\mathrm{rpm}$이다.

예제 26

원심펌프가 회전수 3,600 rpm으로 회전할 때의 전양정은 128 m이고 1.228 m³/min의 유량을 가진다. 비교회전도가 200~260 (m, m³/min, rpm)의 범위의 펌프로 설정할 때 몇 단 펌프가 되는가?

해설 비교회전도 $n_s = N\frac{Q^{\frac{1}{2}}}{\left(\frac{H}{i}\right)^{\frac{3}{4}}}$ 에서 $\left(\frac{H}{i}\right)^{\frac{3}{4}} = \frac{H^{\frac{3}{4}}}{i^{\frac{3}{4}}} = \frac{N \times Q^{\frac{1}{2}}}{n_s}$ 이므로

$$i^{\frac{3}{4}} = \frac{H^{\frac{3}{4}}}{\frac{N \times Q^{\frac{1}{2}}}{n_s}},\quad i^{\frac{3}{4}\times\frac{4}{3}} = \left\{\frac{H^{\frac{3}{4}}}{\frac{N \times Q^{\frac{1}{2}}}{n_s}}\right\}^{\frac{4}{3}}$$

$$i = \left\{\frac{H^{\frac{3}{4}}}{\frac{N \times Q^{\frac{1}{2}}}{n_s}}\right\}^{\frac{4}{3}} = \left\{\frac{(128\,\mathrm{m})^{\frac{3}{4}}}{\frac{3{,}600\,\mathrm{rpm} \times (1.288\,\mathrm{m^3/min})^{\frac{1}{2}}}{200 \sim 260\,\mathrm{m^3/min \cdot m/rpm}}}\right\}^{\frac{4}{3}} = 2.3 \sim 3.3$$

이므로 3단펌프로 해야 한다.

3. 원심펌프의 운전특성

3.1 원심펌프의 운전

어떠한 종류의 펌프라도 시동 시에는 펌프 케이싱 내에 유체가 충만하여 펌프의 깃, 즉 회전차가 유체 속에 잠겨 있지 않으면 펌핑작업(양수)을 할 수 없다. 이유는 공기에 대하여 회전차가 회전을 하여 에너지를 부여하여도 유체를 흡상하는데 필요한 진공압력을 생기게 할 수 없기 때문이다. 따라서 펌프를 시동할 때는 유체(액체)가 케이싱 내에 충만하고 있는가를 체크하고 충만되어 있지 않을 경우는 프라이밍(呼水 : priming)에 의하여 유체를 채우든가 또는 대형 펌프에서는 진공펌프를 설비해 두어 이것을 운전해서 유체를 충만시킨 후 시동해야 한다. 일단 운전하였다가 정지한 경우는 보통 흡입관의 입구에 설치한 푸트밸브(foot valve)가 체크밸브의 작용을 하여 흡입관과 케이싱 속의 유체가 비지 않게 할 수 있으므로 장시간의 정지가 아닐 때는 그대로 시동을 할 수 있다.

일반적인 회전기계에서와 마찬가지로 펌프의 운전 시에도 베어링, 축 조인트, 축 등에 대하여 주의를 기울여야 하고, 축봉장치(주로 패킹상자)의 작동상태, 흡입관, 케이싱 등에서의 누설에 주의해야 하고, 흡입관과 축봉장치(흡입쪽)를 통하여 공기가 침입하는가에 특별히 주의를 기울여야 한다.

공기침입은 펌핑작용을 해치는 가장 큰 원인 중의 하나가 된다. 또 흡입배관의 흡입구 입구 가까이에 흡입구를 막는 찌꺼기 등 장애물 따위에도 조심해야 하고, 직경의 1.5배 이상의 깊이에 있도록 하여 흡수면 강하로 인한 공기의 침입을 막아야 한다.

원심펌프를 시동할 때 송출밸브를 전폐해서 체절운전(締切運轉, shut off operation)을 하는 것이 특징이기도 하나 체절운전을 오랫동안 하거나 대단히 작은 유량만으로 장시간 운전할 경우는 케이싱 내의 유체가 과열되므로 이것을 피해야 한다.

3.2 성능곡선

펌프뿐만 아니라 일반적으로 기계 전반의 성능의 작동상태를 판단할 수 있도록 나타낸 선도를 성능곡선(性能曲線, performance curve) 또는 특성곡선이라 한다.

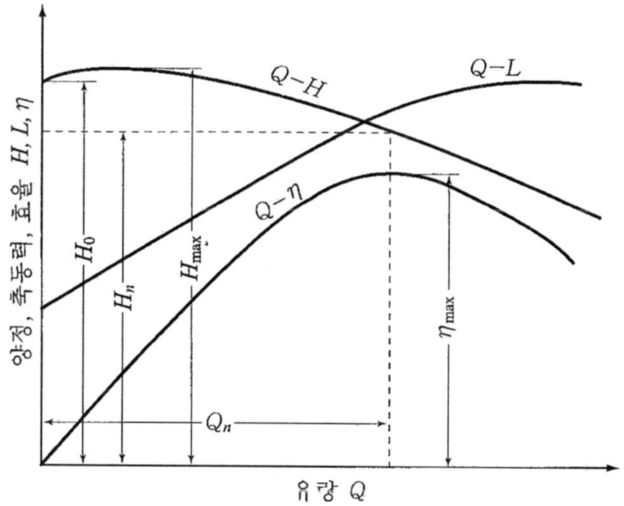

그림21. 성능곡선

펌프에서는 회전차의 회전수를 일정하게 하고 횡축에 유량을 잡고 종축에 양정, 효율, 축동력의 값을 잡아 최고효율점을 100%로 하여 무차원이 되도록 백분율로 나타낸 선도를 성능곡선 또는 특성곡선(特性曲線)이라 한다.

즉, 특성곡선은 그림21에 표시한 바와 같이 회전수 N과 흡입양정 H_s를 일정하게 하여 횡축에 유량 Q, 종축에 양정 H, 축동력 L_s, 효율 η을 잡아 $H-Q$, L_s-Q, $\eta-Q$ 곡선으로 표시한다. 이들의 곡선은 보통의 펌프장치에서 회전수를 일정하게 유지하면서 펌프의 송출밸브를 조정하여 관로에 저항을 줌으로써 구한다.

$H-Q$ 곡선이 종축과 만나는 점, 다시 말하자면 $Q=0$일 때의 양정 H_0를 체절양정(締切揚程, shut off head)이라고 한다.

최고효율점에서의 유량 Q_n을 정격유량(定格流量, rated flow), 양정 H_n을 정격양정(定格揚程, rated head)이라고 한다.

그림21에 표시된 바와 같이 $H-Q$ 곡선에서는 유량의 증가에 따라 H가 증가하고 어떠한 Q의 값에서 H_{max}에 도달하고 거기에서는 Q가 더욱 증가함에 따라서 H는 감소한다. 이와 같이 H_{max}를 가진 양정곡선은 우향상승구배(右向上昇勾配)의 양정곡선(揚程曲線) 또는 산고곡선(山高曲線)이라고 한다.

일반적으로 H_0에서 우향하강(右向下降)으로, 즉 Q가 증가함에 따라 H가 감소하는 것이 보통이다. 체절양정이 최고양정 H_{max}이고, Q가 증가함에 따라 양정이 감소하는 특성곡선을 하강특성곡선이라고 한다. 이 우향하강구배의 정도가 매우 적어서 횡축에 거의 평행하다고 볼 수 있는 부분이 길 때는 특히 평탄(flat)한 특성곡선이 된다.

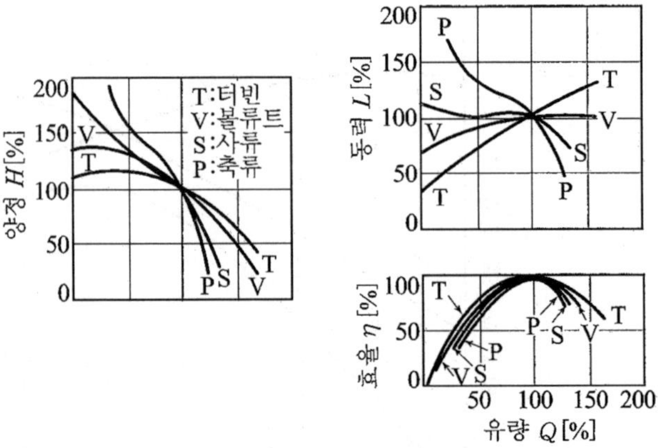

그림22. 각종 펌프의 특성곡선

그림22는 펌프 형식에 따라 특성곡선이 어떻게 달라지는가를 비교한 것으로서 최고 효율점에 대한 전양정, 유량과 축동력을 기준으로 하여 백분율로 표시한 것이다.

물론 여기서 사용한 특성곡선은 각각의 형식의 특징을 대표하는 전형적인 예이고 각각에는 다소의 차이가 있다.

터빈펌프와 볼류트 펌프와의 구조상의 큰 차이는 안내깃의 유무이지만 이 양자의 특성상의 차이는 양정곡선에서 뚜렷이 나타나 있다. 일반적으로 볼류트 펌프는 하강특성이 되고 우향상승특성을 갖는 경우는 드물다.

3.3 배관계의 저항곡선

펌프의 전양정은 $H = H_a + \left(h_s + h_d + \dfrac{V_d^2}{2g}\right) = H_a + H_l'$ 이고, 여기서 $H_l' = (h_s + h_d) + \dfrac{V_d^2}{2g}$ 이다.

펌프의 실양정 H_a와 배관계의 전손실수두 H_l'와의 합, 즉 $H_a + H_l'$와 송출유량 Q와의 관계를 나타내는 곡선을 배관계의 저항곡선(配管系의 抵抗曲線, system curve of pipe line, system head curve)이라 한다.

어떤 운전상태에 있어서의 운전점(運轉点, operating point)은 그림23과 같이 펌프의 특성곡선 $H-Q$와 $(H_a + H_l') \sim Q$ 곡선과의 교점 D가 된다. 이때 송출량은 Q_d이다.

또 Q_c의 유량을 요구할 때는 밸브에 의하여 저항을 주고(밸브를 필요한 만큼 잠그는 것을 말한다), $H-Q$곡선과 C점에서 만나는 곳에서 운전하면 된다. 이때 H_p는 Q_c의 유량에 대한 장치(관로)의 손실수두이고, H_v는 밸브에 의한 손실수두이다. B점에 대해서도 마찬가지이다. 다시 밸브를 다 잠가 전폐(全閉)하면 A점에서의 운전, 즉 체절운전(締切運轉, shut off operation)이 된다.

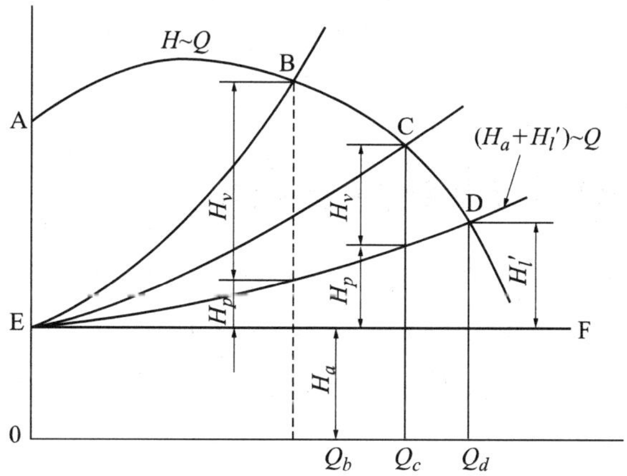

그림23. 펌프의 성능곡선과 배관계의 운전점

3.4 원심펌프의 운전효율

그림24에서 빗금 친 부분은 송출밸브를 잠금으로써 펌프가 수행한 양정의 일부를 소비한 것을 표시한다.

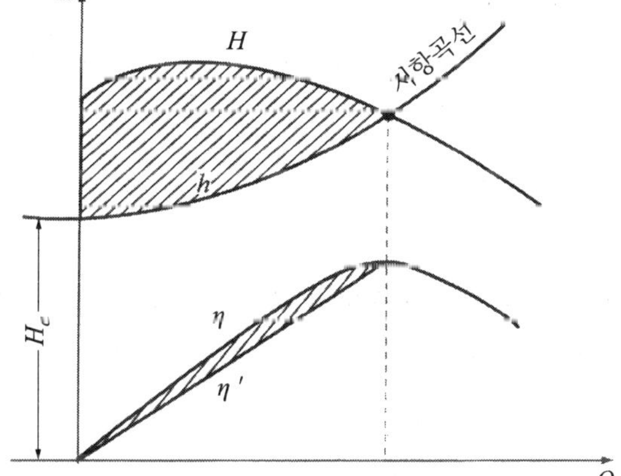

그림24. 펌프장치의 저항곡선과 운전효율곡선

펌프 장치에 유동을 일으키기 위하여 사용된 유효한 양정은 그림에 있어서 빗금을 친 아래, 즉 h 곡선으로 표시된 것이다. 유효하게 사용된 양정을 사용하여 구한 효율을 운전효율(運轉效率, running efficiency)이라 하고 이것을 나타내는 운전효율 곡선(η')은 정격송출량이 아닌 운전이므로 역시 정격보다 떨어진다.

일반적으로 펌프운전은 항상 정격송출량에서만 운전되는 것이 아니므로 정격이하의 송출량에서도 운전효율을 고려할 필요가 있다.

3.5 원심펌프의 연합운전(連合運轉)

1대의 펌프로 요구되는 사양(仕樣, 전양정, 유량)을 만족시키지 못 할 때는 여러 개의 펌프를 직렬(series) 또는 병렬(parallel)로 연결하여 이용할 수 있다. 이러한 경우를 펌프의 연합운전이라고 한다.

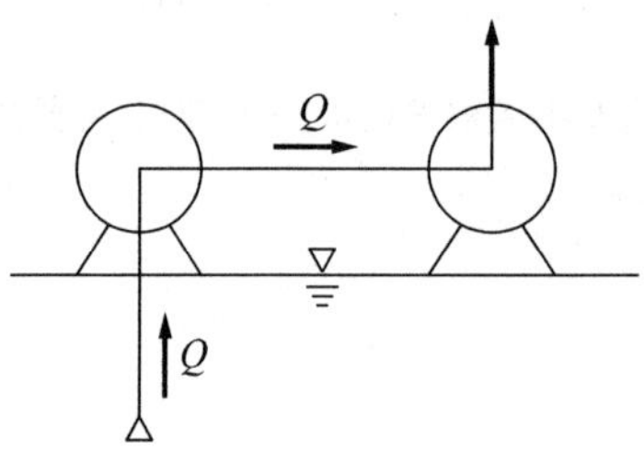

〈펌프의 직렬운전〉

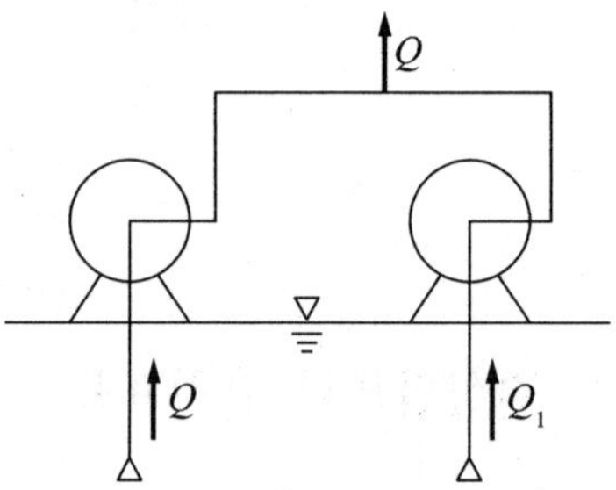

〈펌프의 병렬운전〉

3.5.1 직렬운전

펌프를 직렬로 연결한 경우는 원리상 다단펌프에 의하여 양정을 크게 한 것과 같다. 양정의 변화가 커서 1대의 펌프로서는 양정이 부족할 경우는 2대 이상의 펌프를 직렬로 연결하여 운전한다.

가. 특성이 동일한 펌프의 직렬운전

그림25에서 I를 단독일 때의 특성곡선이라고 하면 동일 특성인 다른 1대의 펌프를 직렬운전한 경우의 합성특성곡선은 II와 같이 된다. II는 I을 세로축 방향으로 2배하면 구해진다. 이때 2대째의 펌프는 압입운전이 되기 때문에 그 흡입관부는 내압에 대하여 유의할 필요가 있다. 저항곡선이 R일 때의 운전점은 A

이고 단독인 펌프는 각각 H_1을 부담하고 있다.

나. 특성이 다른 펌프의 직렬운전

그림26과 같이 I인 펌프와 II인 펌프를 직렬운전할 때의 합성특성곡선은 III과 같이 된다. III은 I, II를 세로축 방향으로 합치면 된다. 저항곡선이 R일 때의 합성 운전점은 A이고 각 펌프의 운전점은 B, C이다.

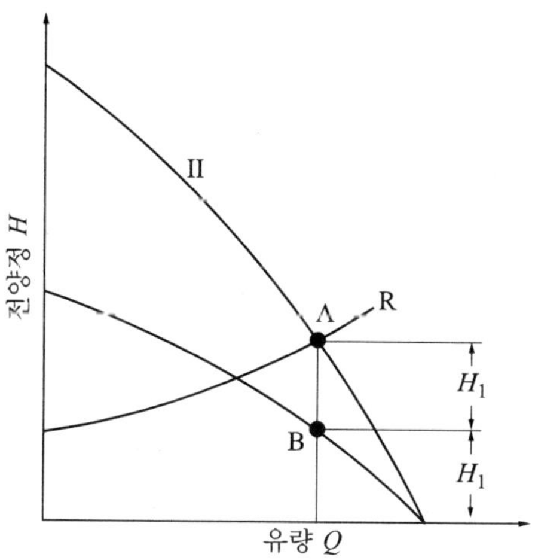

그림25.

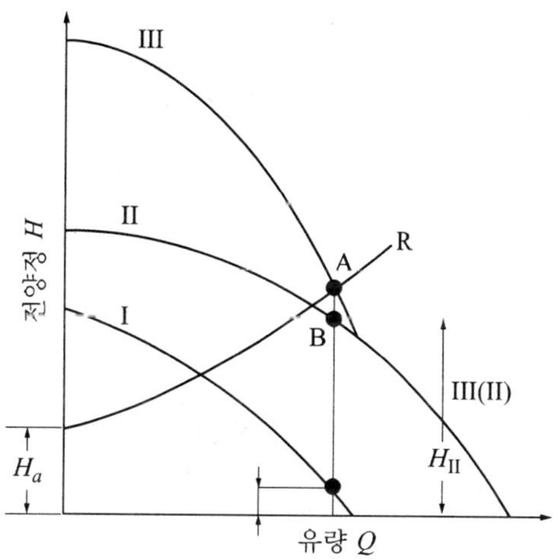

그림26.

3.5.2 병렬운전

병렬운전은 유량의 변화가 크고 1대의 펌프로서 유량이 부족할 때 2대 이상의 펌프를 병렬연결하여 운전하는 방법이다.

가. 특성이 동일한 펌프의 병렬운전

그림27에서 I를 단독인 경우의 특성곡선으로 하면 동일특성인 다른 1대의 펌프를 병렬로 운전할 때의 합성곡선은 II와 같이 된다. II는 I을 가로축 방향으로 2배하면 구해진다. 저항곡선이 R일 때의 운전점은 A이다.

나. 특성이 다른 펌프의 병렬운전

그림28에서와 같이 특성이 다른 2대의 펌프 I, II를 병렬로 운전할 때의 합성특성곡선은 III과 같이 된다. III은 I, II를 가로축 방향으로 합함으로써 구해진다.

저항곡선이 R_1 일 때의 운전점은 A 로서 펌프 I, II의 유량은 Q_{I}, Q_{II} 와 같이 된다. 저항이 R_2 보다 크게 되면 I의 펌프는 양수되지 않고 이 펌프가 체크밸브 또는 푸트밸브를 가지고 있다면 체절운전상태가 된다. 이들의 밸브가 없다면 I의 펌프는 역류상태가 된다.

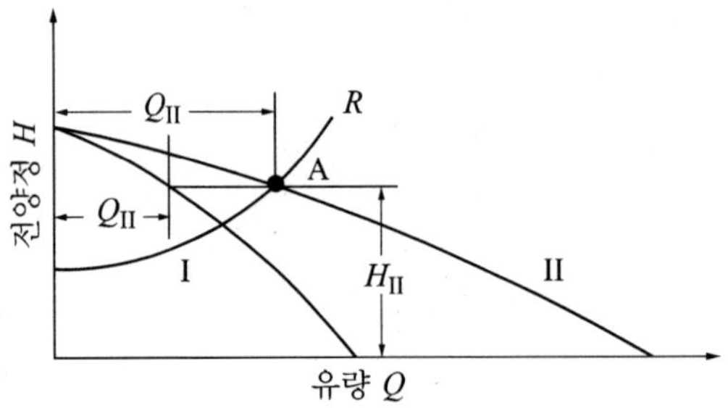

그림27.

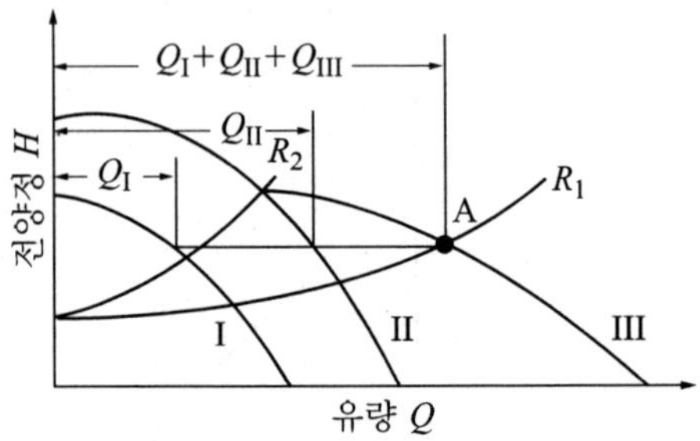

그림28.

3.5.3 직렬운전의 변형

앞에 기술한 직렬, 병렬운전은 두 대의 펌프를 극히 가까이에 고정시켜 직렬, 병렬로써 사용한 경우이다. 따라서 토출관은 펌프에서 곧 한 관으로 합류되거나 펌프에서 곧 펌프에 접속되는 것이 보통이다. 직렬운전의 변형으로서 직렬운전이지만 처음 펌프와 다음 펌프가 떨어져 있을 경우의 직렬운전을 생각할 수 있다. 국가화재안전기준에서는 연결송수관설비에서 70 m 이상인 소방대상물에는 가압송수장치를 설치토록 규정(연결송수관설비에서 가압송수는 소방펌프차에 의하여 행하여지나 지면으로부터 높이가 70 m를 초과하는 건축물에는 소방펌프차의 힘만으로 유효한 압력(최상층에 설치된 시험방수구의 압력이 3.5 kg/cm^2 이상)을 얻을 수 없으므로 높이 70 m마다 따로 가압송수장치를 설치토록 규정하고 있는데, 이러한 가압송수장치는 직렬운전의 변형의 좋은 예이다.

예제 27

펌프의 실양정이 변화하는 경우, 또는 펌프의 송출밸브를 교축(絞縮)시킬 경우에 펌프의 운전점이 어떻게 변하는지 그림으로 설명하라.

해설 실양정이 그림(a)에 도시된 것과 같이 H_{ac1} 에서 H_{ac2} 로 변화하는 경우 저항곡선 h_l 과 성능곡선과의 교점이 A_1 에서 A_2 로 이동되며, 밸브를 교축시킬 때에는 그림(b)와 같이 운전점은 A_1에서 A_2로 변하고 송출유량은 감소한다.

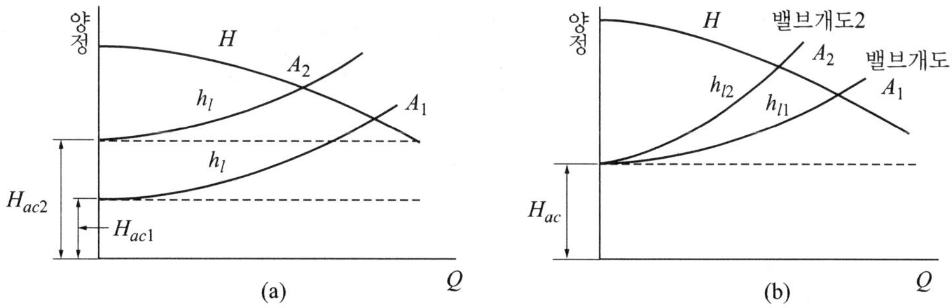

그림B. $H-Q$ 선도

예제 28

동일 성능의 펌프를 2대 직렬운전을 할 경우 전양정은 단독 운전 시의 2배가 되지 않는다. 또한 병렬운전을 할 경우에도 2배의 유량이 얻어지지 않는다. 그 이유를 $H-Q$곡선(성능곡선)과 저항곡선을 이용하여 설명하라.

해설 동일성능의 펌프 2대를 직렬운전을 할 경우, 그림에서 1대의 $H-Q$곡선이 $abcd$이면 2대 직렬운전 시의 $H-Q$곡선은 $a'b'c'd$이다.

저항곡선과 $H-Q$곡선의 교차점에서 펌프가 작동(운전)되므로 1대의 경우 c점에 해당하는 2대에서는 c'점에 해당하는 압력으로 상승할 뿐이며, 결코 2배의 압력이 얻어지는 것은 아니다. 저항곡선이 누워있으면 누워있을수록 이 증가의 비율이 낮아 직렬운전 효과를 얻을 수 없다. 그림에서 알 수 있는 것처럼 병렬운전을 할 경우 2배의 유량이 얻어지지 않는다.

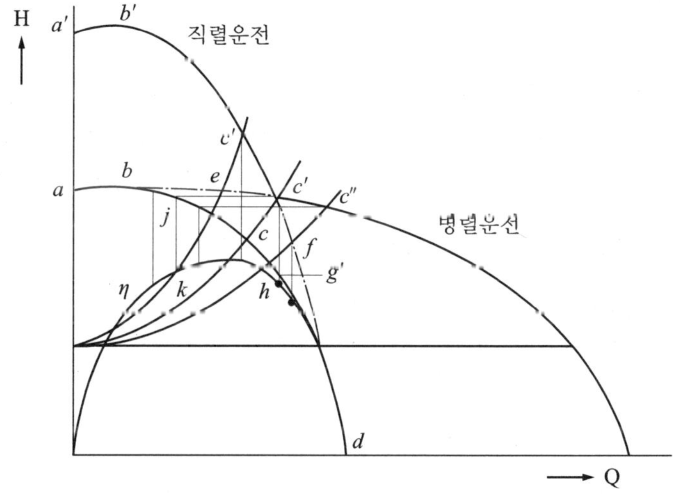

3.6 원심식 다단펌프의 압축비

원심식 다단펌프는 펌프를 직렬운전한 경우와 같다고 볼 수 있고, 다단펌프에서 각 단의 임펠러에 가해지는 압력은 다음 식의 압축비 K을 이용하여 구할 수 있다.

$$\text{압축비 } K = \sqrt[\epsilon]{\frac{p_2}{p_1}}$$

여기서, ϵ : 단수
p_1 : 흡입측 압력
p_2 : 토출측 압력

1단의 임펠러에 가해지는 압력은 1단 흡입측에 가해지는 압력에 압축비 K를 곱하고, 2단 임펠러에 가해지는 압력은 1단 토출압력이 2단에 흡입되므로 1단 토출압력(2단 흡입압력)에 압축비 K를 곱하여 구하며, 같은 방식으로 3단 임펠러에 가해지는 압력은 2단 토출압력에 압축비 K를 곱하는 방식으로 구한다.

예제 29

압축비 3인 2단 펌프의 토출압력(p_2)이 27 kg_f/cm^2인 경우에 이 펌프의 흡입압력(p_1)은 몇 kg_f/cm^2인가?

해설 압축비 $K = \sqrt[\epsilon]{\frac{p_2}{p_1}}$ 에서 $3 = \sqrt[2]{\frac{27}{p_1}}$ 이므로 $p_1 = 3\,kg_f/cm^2$이다.

예제 30

단수가 5인 어느 수평회전축 소화펌프를 운전시키면서 물의 압력을 측정하였더니 흡입측 압력이 0.05 MPa, 토출측 압력이 1.05 MPa이었다. 각 단의 임펠러에 가해지는 압력(MPa)은 얼마인가? 단, 소수점 넷째자리에서 반올림하여 소수점 셋째자리까지 구하시오.

해설 압축비 $K = \sqrt[\epsilon]{\frac{p_2}{p_1}}$, $K = \sqrt[5]{\frac{1.05}{0.05}} = 1.838$

① 1단 − 흡입측의 압력은 조건대로 0.05 MPa
토출측의 압력 = 흡입측 압력 × 압축비 = 0.05 × 1.838 = 0.092 MPa

② 2단 − 흡입측의 압력은 1단의 토출압력과 같으므로 0.092 MPa
토출측의 압력 = 흡입측 압력 × 압축비 = 0.092 × 1.838 = 0.169 MPa

③ 3단 − 흡입측의 압력은 2단의 토출압력과 같으므로 0.169 MPa
토출측의 압력 = 흡입측 압력 × 압축비 = 0.169 × 1.838 = 0.311 MPa

④ 4단 - 흡입측의 압력은 3단의 토출압력과 같으므로 0.311 MPa
토출측의 압력 = 흡입측 압력 × 압축비 = 0.311 × 1.838 = 0.572 MPa
⑤ 5단 - 흡입측의 압력은 4단의 토출압력과 같으므로 0.572 MPa
토출측의 압력 = 흡입측 압력 × 압축비 = 0.572 × 1.838 = 1.05 MPa

4. 펌프에서 일어나는 제현상

펌프 속에서 발생하는 제현상(諸現象)에는 공동현상(空洞現象, cavitation), 수격현상(水擊現象, water hammering) 및 맥동현상(脈動現象, surging) 등이 있다. 어느 것이나 소음과 진동을 수반하지만 이들은 각각 전혀 다른 원인에 의하여 발생한다.

4.1 공동현상

4.1.1 공동현상이란?

일반적으로 유체가 배관 속을 유동하고 있을 때 흐르는 유체 속의 어느 부분의 정압(靜壓, static pressure)이 그 때의 유체의 온도에 해당되는 포화증기압(飽和蒸氣壓, saturated vapor pressure) 이하로 되면 부분적으로 증기가 발생하는데 이러한 현상을 공동현상(空洞現象, cavitation)이라고 한다.

특히 펌프에서 회전차 속을 유체가 흐를 때 회전차 입구에서의 흡입으로 인한 압력저하가 국부적이지만 그 때의 액온에 상당하는 포화증기압 이하로 떨어지면 자연적인 비등현상에 의하여 액체 중에 용해되어 있는 기체가 미세한 기포가 된다.

공동현상으로 생긴 기포는 회전차의 바깥 출구 부분인 하류부분에서, 즉 고압영역에 이르렀을 때 기포는 파괴되어 다시 수중으로 말려들어 소멸된다. 기포가 파괴될 때에는 심한 충격을 동반하고 소음과 진동을 초래한다. 이 진동은 대체로 800~3,000 cycle 정도나 된다. 또, 기포가 파괴될 때 기포의 표면에 밀어붙이는 액체의 압력은 기포체적의 급격한 축소에 따른 기포표면적의 격감에 의하여 그 압력강도가 매우 커진다. 실측에 의하면 300기압이나 될 때도 있다. 이와 같은 큰 힘의 충격 때문에 깃의 금속표면에 기계적인 손상이 발생하며(침식) 또한 기포 내에 포함된 산류(酸

類)에 의한 화학적인 손상인 부식도 생기는 데 대부분의 공동현상의 침식은 예리한 칼끝으로 쪼은 것과 같은 작은 구멍이 모인 형태로 되는데 이를 점침식(點侵蝕, pitting)이라고 부른다.

점침식의 현상은 부식의 일종이긴 하지만 일반적인 부식과는 양상이 다르다. 즉, 공동현상이 발생하면 처음에는 벽면이 귤껍질과 같은 모양이 되고, 이것이 더욱 심해지면 벽 속이 경석(輕石)처럼 퍼석퍼석해진다. 펌프에서 공동현상은 여러 곳에서 발생하지만 가장 문제가 되는 곳은 깃 입구 뒷면에서 발생하는 것으로 펌프의 성능을 저하시키고 또 효율도 나빠지게 한다.

이와 같은 회전차 내에서 발생하는 공동현상은 다음의 결과를 낳게 된다.

① 소음과 진동 : 기포의 생성과 파괴가 순식간에 반복되므로 이에 따른 충격파에 의하여 소음과 진동이 수반되고 때로는 운전불능으로 되는 수도 있다.

② 성능의 저하 : 공동현상은 펌프의 회전차 깃 입구 뒷면에서 발생하게 되므로 회전차 내의 유동이 산만해지고 양정, 효율, 수동력이 급격히 저하된다. 이러한 경향은 깃의 통로가 넓고 짧을수록, 비교회전도가 큰 펌프일수록 큰 영향을 받는다.

③ 깃의 손상 : 깃의 침식은 성능을 저하시킬 뿐만 아니라 특히 깃의 벽면부분의 결손(괴식)은 중대한 사고발생으로 이어질 염려가 있으므로 공동현상이 발생된 그대로 장시간 운전을 하는 것은 극히 위험하다.

4.1.2 펌프에서 공동현상이 발생하는 원인

그림29(a)에 표시된 바와 같이 회전차의 입구 A부분에서는 어느 곳에서나 유입속도가 같다. 그러나 회전차의 곡률반지름 r부분과 r'부분에 있어서는 그 반지름이 다르므로 자연히 유입속도가 달라진다. 즉, 회전차의 입구 A부분의 유속 v는 r 부분에 와서 v_1이 되고, r' 부분에서는 $v_1{}'$로 변화한다.

r부분을 지나는 유체의 속도 v_1 이 증대함에 따라 압력은 떨어져서, r'부분의 유체압보다 ΔH [m]만큼 낮아진다.

또 그림29의 (b)에 표시한 깃 입구의 원호 BC사이를 지나는 유체의 속도는 어디에서나 같지만, BC를 지나 깃의 출구방향으로 갈수록 각 부분에서의 유속은 각각 달라진다. 점 B에서 점 D(D점은 깃의 이면)에 이를 때까지 유체의 속도는 w_1에서 w_2로 증가하여 간다.

C점과 B점은 같은 상태이므로 C점의 유속은 B점의 유속과 같다. 만일 w_1이 커지면 아울러 w_1'도 커지기 때문에, 동시에 압력은 떨어지고 D점의 압력이 더욱 낮아진다.

D점을 지나면 깃의 반지름 r'가 커지고, 이와 동시에 양액(揚液)이 회전되므로 원심력에 의하여 차차 압력이 높아진다.

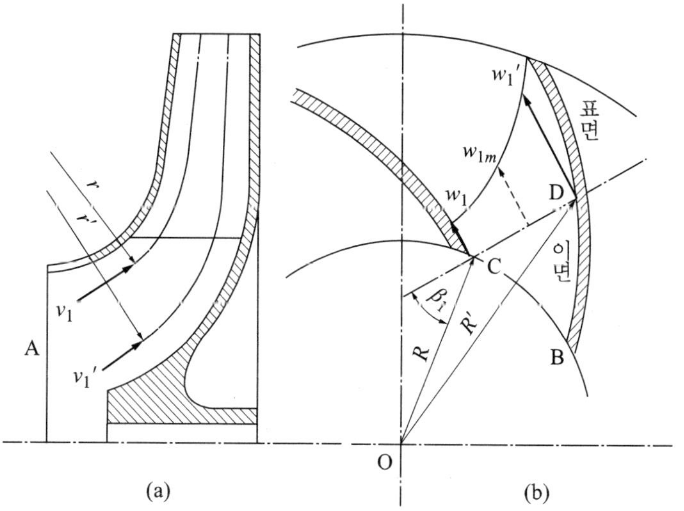

그림29. 공동현상의 설명도

이처럼 압력이 가장 낮은 곳은 D점이고, B점의 압력과의 차를 $\Delta H'$ [m]라 하면 B점에 공동현상이 발생하지 않더라도 D점에서는 발생하기 쉬운 상태가 된다.

또 r쪽의 D점에서는 A부분보다 압력이 $\Delta H + \Delta H'$ [m]만큼 낮아지므로, 회전자 입구에서는 공동현상이 발생하지 않더라도 깃의 이변 D점에서는 발생하기 쉽다.

4.1.3 공동현상의 방지법

앞에서 말한 바와 같이 공동현상은 펌프의 성능을 저하시키고 또한 효율을 저하시킨다. 오랫동안 이와 같은 운전을 하면 깃에 손상이 생겨서 펌프의 수명을 짧게 하는 결과가 된다.

펌프의 캐비테이션의 방지대책으로는 다음과 같은 것이 있다.

① 펌프의 설치위치를 가능한 한 낮추어서 정미유효흡입양정(正味有效吸入水頭) NPSH를 크게 한다. 즉, 흡입양정을 작게 한다.

② 펌프의 회전차의 회전수를 작게 한다. 회전수가 작아지면 비교회전도가 작아지고 공동현상이 일어나기 힘들다.

③ 단흡입펌프이면 양흡입펌프로 한다. 이것으로도 불충분할 경우는 펌프를 2대로 나눈다(연합운전).

④ ①의 방법에도 불구하고 공동현상이 발생하면 흡입관로 중의 마찰손실로 인한 압력강하의 요인을 제거 또는 개선한다.

- 흡입관의 직경을 펌프구경보다 큰 것을 사용한다.
- 관 내면의 액체에 대한 마찰저항이 적은 관을 사용한다.
- 흡입관의 배관은 가능한 한 간단하게 한다.
- 스트레이너는 통수면적(通水面積)을 크게 잡는다.

4.2 수격현상

유체가 유동하고 있는 관로의 끝에서 밸브를 갑자기 잠그면 유체의 감속된 분량의 운동에너지가 압력에너지로 변하기 때문에 밸브의 직전인 지점에서 고압이 발생하고, 이 고압은 관로 속을 압축파의 전파속도로 상류 쪽의 관로로 진행하며, 상류 쪽에 도달하면 다시 돌아온다. 이후 밸브와 상류 사이를 왕복하며, 이것이 반복되어 압력의 변화를 가져온다. 이 압력변화로 인해 관로의 벽면을 타격하는 현상을 수격현상((水擊現象, water hammering))이라고 한다. 즉, 수격현상이란 배관 속의 유체의 운동상태가 급변함에 따라 압력의 상승 또는 강하가 일어나 관로의 벽면을 타격하는 현상이다.

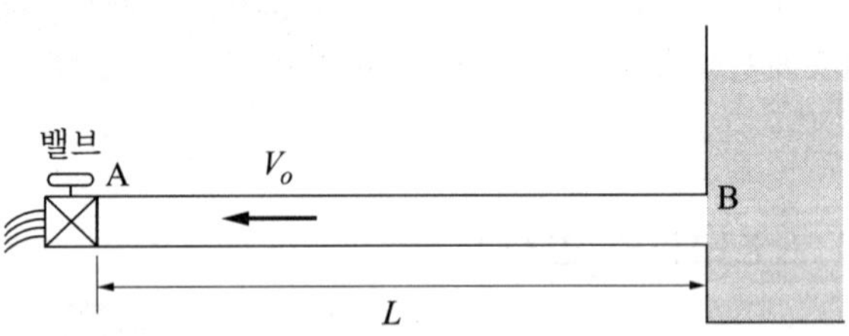

그림30. 수격현상의 원리

이 과정을 그림30에 나타낸다. 그림30에서 표시한 바와 같이 관로 속을 흐르고 있는 유체를 관단(管端)의 밸브로써 갑자기 닫으면, 유체의 감속된 양의 운동에너지가 압력에너지로 변하기 때문에 밸브의 직전 A에서 고압이 발생하고, 이 고압은 배관 속을 압축파의 전파속도(음속)로 상류의 탱크의 관입구 B를 향하여 진행하며, B점에 도달하면 다시 A로 되돌아온다. 다음에 음압이 되어 다시 B, A 사이를 진행한다. 이후 이것이 반복된다.

이 현상은 관로 속의 유속이 빠를수록 또 밸브를 닫는 시간이 짧을수록 격심하고 때로는 배관이나 밸브를 파괴할 수 있다. 펌프가 운전 중에 정전 등에 의하여 동력을 잃게 될 때도 마찬가지 현상이 발생한다.

수격현상의 방지대책으로는 ① 압력강하의 경우는 경감하는 방법으로는 fly wheel을 설치하여 관성을 부여하는 방법과 ② 조압수조(調壓水槽, surge tank)를 관로 중에 설치하여 적정 압력상태를 유지하고, 압력상승의 경우에는 송출밸브를 펌프의 송출구 가까이에 설치하여 이 밸브로써 압력을 제어하는 방법이 채택되고 있다.

유체가 유동 중인 배관계통을 급격히 폐쇄할 때 순간적으로 상승하는 압력은 1898년 러시아의 Joukowsky가 발표한 아래의 공식으로 계산할 수 있다. 즉, 수격현상에 의해 상승하는 압력을 Δp (kg_f/cm^2) 또는 Δp (Pa), 유체의 비중량을 γ (kg_f/cm^3), 유체의 밀도를 ρ (kg_f/cm^3), 압력파의 전파속도(음속)를 a (m/s), 유속을 V (m/s), 중력가속도를 g라 하면,

$$\Delta p\ (\mathrm{kg_f/cm^2}) = \frac{\gamma a V}{10{,}000 g} = \frac{\rho a V}{10{,}000}$$

$$\Delta p\ (\mathrm{Pa}) = \rho\ (\mathrm{kg/m^3})\ a\,(\mathrm{m/s})\ V\,(\mathrm{m/s})$$

으로 표시한다. 물의 압력파 전파속도는 1,200 ~ 1,500 m/s 정도이다. 위 식에서 알 수 있는 것처럼 수격현상에 의한 압력상승은 유체의 속도 및 압력파의 전파속도에 비례하고 배관의 길이 및 형태와는 무관하다.

압력파의 전파속도(음속) a는 관의 재질에 따라 다르고 다음 식으로 표시된다.

$$a = \sqrt{\frac{\dfrac{K}{\rho}}{1 + \dfrac{K}{E} \cdot \dfrac{D}{\delta}}}$$

여기서, K : 유체의 체적탄성계수(kg/m^2)

ρ : 물의 밀도

E : 배관의 종탄성계수(kg/m^2)

D : 배관의 안지름(m)

δ : 관벽의 두께(m)

이다. 배관 내 유체가 상온의 물일 경우에 물의 비중량이 1,000 kg/m^{3}이고 압력파의 전파속도는 1,200~1,500 m/s이므로 이 값을 식에 대입하면 대체로 유속의 14배 정도에 해당하는 압력이 발생한다.

예제 31

길이 800 m인 관로 속을 2.5 m/s의 속도로 물이 흐르고 있을 때 출구의 밸브를 1.3초 사이에 잠그면 압력상승은 몇 Pa인가? 단, 수관 속의 압력파의 전파속도(음속) $a=1{,}000$ m/s이다.

해설 상승압력은 $\Delta p\,(\mathrm{kg_f/cm^2}) = \dfrac{\gamma a V}{10{,}000\,g}$로 구할 수 있으므로

$$\Delta p\,(\mathrm{kg_f/cm^2}) = \frac{1{,}000\,\mathrm{kg_f/m^3}\times 1{,}000\,\mathrm{m/s}\times 2.5\,\mathrm{m/s}}{10{,}000\times 9.8\,\mathrm{m/s^2}} = 25.510\,(\mathrm{kg_f/cm^2})$$

$$= 255.10\,\mathrm{kg_f/cm^2}\times\frac{101{,}325\,\mathrm{Pa}}{1.0332\,\mathrm{kg_f/cm^2}} = 2{,}501{,}742.89\,\mathrm{Pa}$$

또는 $\Delta p\,(\mathrm{Pa}) = \rho a V = 1{,}000(\mathrm{kg/m^3})\times 1{,}000(\mathrm{m/s})\times 2.5(\mathrm{m/s}) = 2.5\times 10^6(\mathrm{Pa})$

예제 32

펌프가 운전 중에 정전 등에 의하여 동력을 잃게 될 때 수격현상이 발생하는 과정을 설명하고, 수격작용의 방지대책에 대해 설명하라.

해설

① 펌프가 운전 중에 정전 등에 의하여 동력을 잃게 될 때 펌프의 회전부분, 전동기의 로우터, 펌프축, 회전차는 관성력에 의해 계속 회전하려고 하고 회전차 내의 유체도 동일하게 운동을 계속하려고 하나 이 힘은 약하므로 급속하게 회전속도는 떨어져 양수량(유속)은 감소되며, 토출압력의 저하현상을 일으킨다. 결국에는 펌프가 정지되고 토출관의 유체도 정지된다.

② 다음에 토출관의 물은 역류를 시작한다. 역류된 물은 ①에서 저하된 압력을 이번에는 반대로 상승시키는 것이 되고 진공부에서 큰 충격압을 발생시킨다. 펌프도 역류수(逆流水)에 의해 역회전을 한다. 만일 푸트밸브, 체크밸브가 없으면 물이 없어질 때까지 역회전을 할 것이나 대개의 경우 푸트밸브, 체크밸브가 붙어 있으므로 ①의 저압부가 생긴 다음 토출관 내를 역류해 온 유체가 체크밸브로 막혀 있으므로 대단한 고압이 된다.

이처럼 저압 때문에 대기압으로 관이 밖으로부터 붕괴되거나, 고압 때문에 파열하게 된다. 또 그렇게까지는 되지 않더라도 큰 소리와 진동을 내게 된다. 특히 대용량인 펌프에서 긴 관로의 경우에는 심해진다.

이와 같은 수격현상을 방지하려면

ⓐ 완폐(緩閉)체크밸브를 사용한다. 급속히 체크밸브를 막으면 압력의 상승이 커

지므로 대부분은 급속히 닫히나 그 다음은 천천히 닫혀 이 사이에 역류하는 물을 펌프 쪽으로 흐르게 한다. 이것으로 역류를 막는 동시에 압력의 상승을 적게 한다(스모렌스키체크밸브).

ⓑ 펌프에 플라이휠을 붙인다. 펌프의 동력이 끊겨도 급격하게 회전이 떨어지지 않도록 하여 압력의 저하를 방지한다.

ⓒ 에어챔버(공기실)를 설치한다. 이 방법은 압력저하나 다음에 오는 압력상승도 동시에 방지할 수 있다. 그 원리는 ㉠ 동력이 정지되고 토출관 속의 물이 흘러 저압부가 생기면 챔버 내의 물이 토출관 속으로 흘러 저압부를 만들지 못하도록 한다. ㉡ 다음에 역류가 시작되면 그 물은 에어챔버 속으로 유입되어 공기를 압축한다. 공기가 압력상승의 쿠션이 되어 고압발생을 방지한다.

ⓓ 원 웨이 서지탱크를 설치한다.
이는 관로의 볼록부에서 압력저하가 일어나는 것을 방지하고 한편 역류도 방지한다. 관로의 볼록부에서는 펌프가 정지하였을 때 "볼록부에서 펌프측의 수류(水流)의 관성"에 비해 "볼록부에서 토출측의 수류의 관성"이 크므로 볼록부에 압력저하가 발생한다. 이때 서지탱크 속으로부터 물을 흐르게 하여 이를 방지한다.

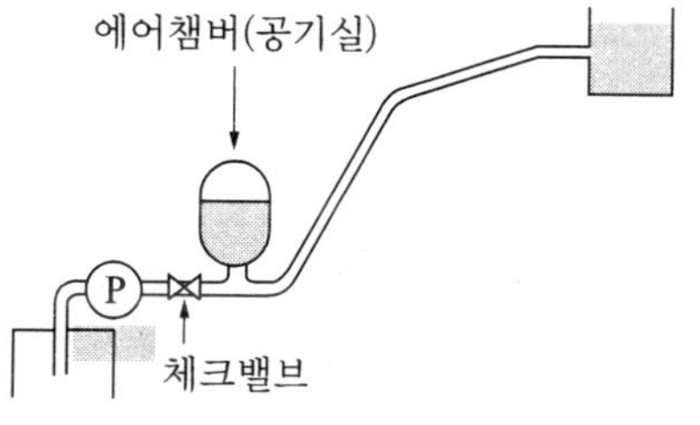

4.3 맥동현상

펌프 운전 중에 한숨을 쉬는 것과 같은 상태가 되어 펌프 입구와 출구의 진공계, 압력계의 바늘이 흔들리고 동시에 송출유량 사이에 주기적인 변동이 일어나는 현상을 맥동현상(脈動現象, surging)이라고 한다. 즉, 송출압력과 송출유량 사이에 변동이 일어나는 현상을 맥동현상이라고 한다.

펌프의 성능(특성)곡선이 그림31에 나타난 바와 같은 산(山) 모양의 양정(揚程)-유량곡선($Q-H$)일 때 맥동현상이 발생한다. 배관장치에서 그림32와 같이 송출관의 도중에 물탱크가 있으며, 유량의 조절을 수조의 후방에 있는 밸브 V_2로 하는 경우 유량을 줄이면 물탱크 내의 수두는 일시적으로 상승하여 펌프의 저항은 증가하게 된다. 즉, 그림31에서 Q_c의 유량으로 운전 중 밸브 V_2를 잠금으로써 Q_1이 되었다고 하면 그림32에서 물탱크의 수두는 H에서 H'로 한때 상승하여 펌프의 저항을 증가시킨다. 한편 펌프의 능력인 헤드(그림31)는 H_c에서 H_1으로 떨어지므로 펌프에서 물탱크로 가는 유량은 점점 감소하고 종말에 이르러서는 0이 된다(헤드는 H_0가 된다). 그 결과 물탱크의 헤드도 동시에 저하한다. 그런데 펌프는 H_1, Q_1의 능력을 갖추고 있으므로 유량은 0에서 많은 쪽으로 옮겨지지 않으면 안 된다. 이때 유량 0과 Q_2에서는 헤드가 같으므로($H_0 = H_2$), 펌프의 작동점은 단번에 H_2, Q_2로 바뀐다. 그러나 Q_1은 펌프능력이 Q_2보다 매우 작아서 H_2, Q_2는 H_c, Q_c를 거쳐 H_1, Q_1으로 되돌아오고, 다시 앞서와 같은 작동이 반복된다. 이와 같은 유량－헤드는 주기적으로 변동을 하게 된다. 이로 인해 실제 펌프 운전 시에는 펌프의 입구와 출구에 부착된 진공계기와 압력계에서의 미세한 움직임과 동시에 유량의 변화를 가져온다. 압력과 유량변동의 주기는 비교적 규칙적이고 거의 일정한데 만약 맥동현상이 일어났다면 송출밸브의 개도(開度)를 변경시키든가 하여 인위적으로 운전상태를 변경하지 않는 한 그 상태가 계속되는 것이 보통이다.

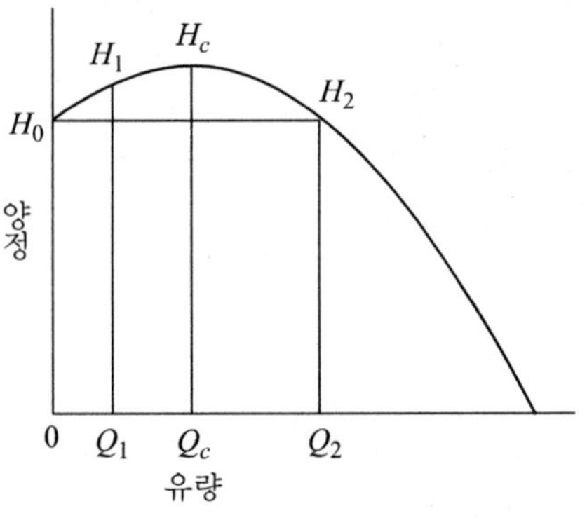

그림31.

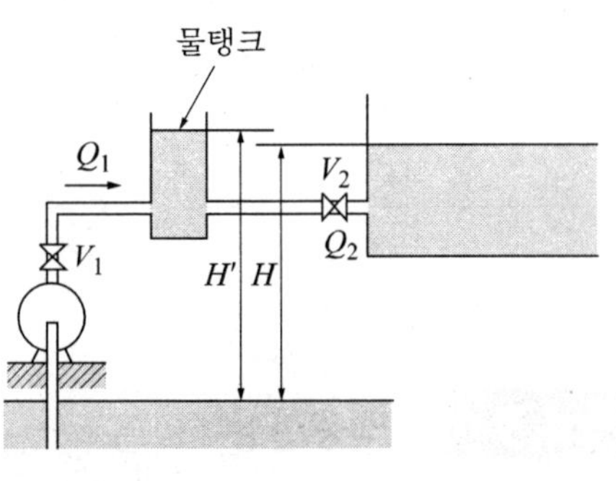

그림32.

펌프 운전 중에 진동과 소리를 내는 것은 공동현상과 동일하나 맥동현상은 다음과 같은 조건에서만 일어나며, 일반적으로 발생하는 현상은 아니다. 첫째로 펌프의 $Q-H$곡선이 산(山) 모양의 곡선으로서 이 곡선의 상승부에서 운전하는 경우, 두 번째는 송출관로 중에 외부와 접촉할 수 있는 수조 등이 있는 경우, 세 번째로 송출유량의 조절이 수조의 후방에서 행하여지는 경우를 들 수 있다.

맥동현상의 방지대책으로는

① 종래에는 깃 출구각 β_2를 작게 하여 우향하강구배의 양정곡선을 만드는 방법

을 취해왔는데 이 방법은 효율을 저하시키는 결점이 있고 β_2의 감소만으로는 맥동현상의 방지가 완전히 이루어질 수 없다.

② 방출밸브를 사용하여 펌프 내의 양수량을 맥동현상 때의 양수량 이상으로 증가시키거나 무단변속기(無段變速機) 등을 써서 회전차의 회전수를 변화시킨다.

③ 관로에 불필요한 공기탱크나 잔류공기를 제거하고 관로의 단면적, 양액(揚液)의 유속, 저항 등을 조정한다.

4.4 축추력현상

그림33에서 편흡입 회전차에 있어서 전면측벽(前面側壁, front shroud)과 후면측벽(後面側壁, back shroud)에 작용하는 정압(靜壓)의 차이와 단면적의 차로 인한 결과력의 차이로 인하여 축방향(화살표 방향)으로 추력이 작용한다. 회전차가 축방향, 즉 펌프의 입구 쪽으로 추력이 작용하여 밀리게 되는 현상을 축추력현상(軸推力現象, axial thrust force)이라고 한다.

크기는 T_h (kgf)는 다음과 같다.

$$T_h = \frac{\pi}{4}(d_a^2 - d_b^2) \times (p_1 - p_s) \tag{13}$$

여기서, d_a : 웨어링 링의 지름(m)

d_b : 회전차 축의 지름(m)

p_1 : 회전차 후면 측벽에 작용하는 압력(kgf/cm^2)

p_s : 회전차 전면 측벽에 작용하는 압력(kgf/cm^2)

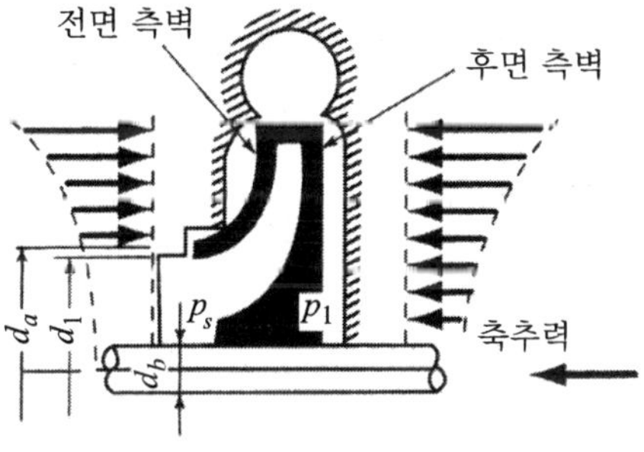

그림33. 축추력현상

이다. p_1의 값은 회전차 후면의 정조(精粗), 후면과 케이싱 사이의 틈 및 그 형상, 회전차의 송출압력, 유량 등에 따라 다르다. Stepanoff는 완전한 반경류(半徑流)의 회전차에 대한 개략식으로서

$$p_1 - p_s = \frac{3}{4}\frac{\gamma\left(u_2^2 - u_1^2\right)}{2g} \tag{14}$$

을 주장했다. 여기서 u_1, u_2는 회전차 깃의 입구와 출구에서의 원주속도이다.

유체가 회전차에 유입할 때 운동량의 변화에 의한 힘도 회전차를 축방향으로 미는 힘이 된다. 이 추력은 전술(前述)한 축추력과 반대방향으로 작용하는데, 그 값은 그리 크지 않으므로 무시한다.

축추력은 회전차 한 개에 대한 경우이고 다단펌프인 경우(단수가 i단일 경우)에는 추력은 $T_h \times i$가 된다.

다음과 같은 방법으로 축추력의 평형을 이룰 수가 있다.

① 트러스트 베어링(thrust bearing)의 설치
② 그림 34(a)와 같이 회전차 후면 측벽의 boss부분에 흡입측과 통하는 구멍[平衡孔(balance hole)이라 한다]을 내어 회전차압력을 평형이 되게끔 유도하는 방법
③ 그림34(b)와 같이 다단펌프에 있어서는 전회전차(全回轉車)의 반수씩을 반대(對向)되게끔 배열(자기평형, 自己平衡(self balance)이라 한다)하여 축추력이 상쇄되게끔 하는 방법
④ 회전차 전후면 측벽에 각각 웨어링 링을 붙이고, 또 후면 측벽과 케이싱과의 틈에 흡입압력을 유도하여 양측벽 사이의 압력차를 경감시키는 방법
⑤ 그림34(c)와 같이 후면 방사상(後面 放射狀)의 이면 깃을 달아 후면 측벽에 작용하는 압력을 감쇠시키는 방법
⑥ 그림34(d)와 같이 다단펌프인 경우 회전차 모두를 동일방향으로 배열한 상태에서 최종단에 밸런스 디스크(balance disc)나 밸런스 피스톤(balance piston)을 부착하여 제어하는 방법

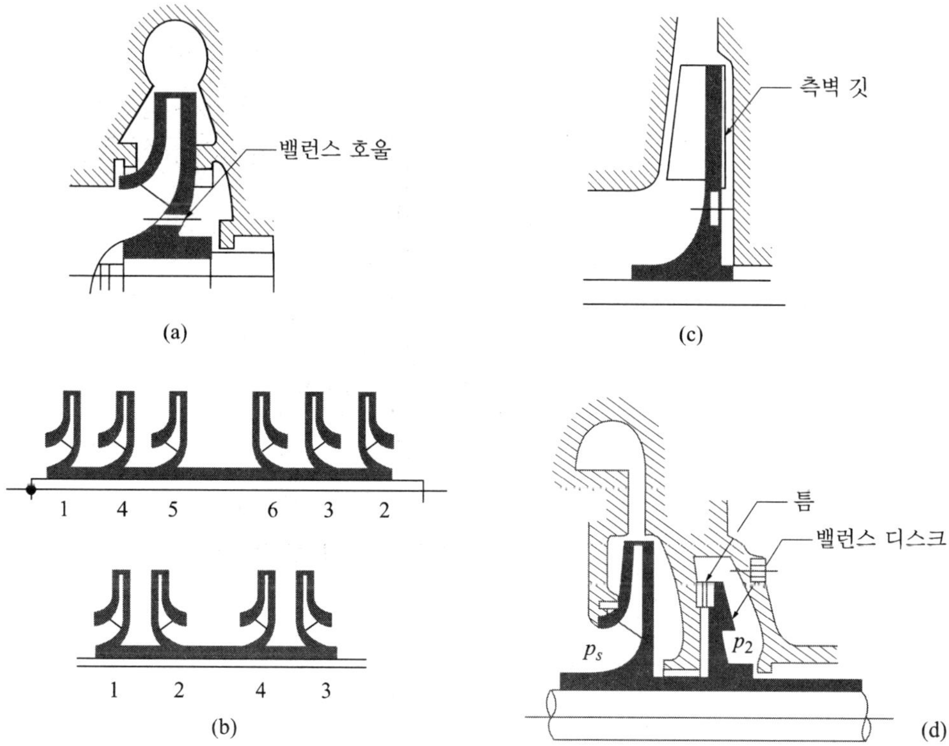

그림34. 축추력의 평형을 이루는 방법의 예

5. 펌프의 최대 설치 높이

펌프의 송출양정은 펌프의 종류와 출력에 따라 얼마든지 높일 수 있지만, 흡입양정은 흡입액면 위의 기압과 펌프의 회전차 중심에 대한 압력의 차에 의하여 정해지기 때문에 그때의 상태에 따라 일정한 한도가 있다. 이를 펌프의 최대설치높이라고 한다.

그림35에 표시한 펌프를 회전시킬 때 회전자의 내부가 진공이 되어 흡입관 내의 압력이 대기압보다 낮아졌다고 하면, 흡입액면은 항상 대기압 p_a $[H_a(\mathrm{mAq})]$에 의하여 전면 균일하게 눌리고 있으므로 액체는 흡입관 속을 h(m)만큼 상승한다. 액체의 비중량 γ, 흡입관 속의 압력을 p라 하면

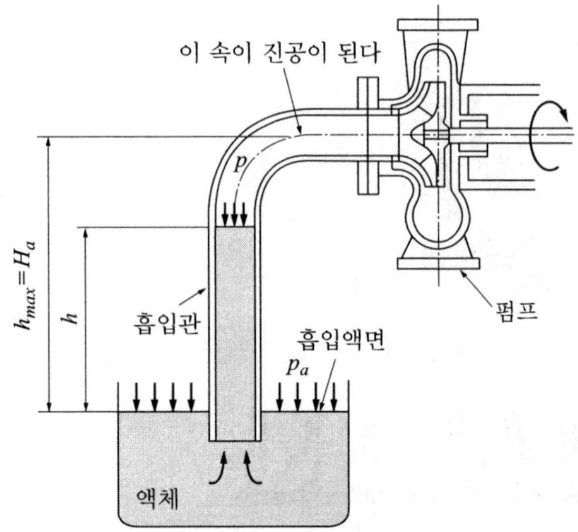

그림35. 펌프 흡입의 예

$$p_a = p + \gamma h \Rightarrow \frac{p_a}{\gamma} = \frac{p}{\gamma} + h$$

가 되고, $\frac{p_a}{\gamma} = H_a$, $\frac{p}{\gamma} = h'$라 하면 $H_a = h' + h$이 된다.

계속하여 펌프를 돌려 회전차 내부의 압력, 다시 말하면 흡입관 속의 압력이 완전진공($p = 0$)이 되면, 이때가 액이 흡입관을 상승하는 최대높이 $h_{\max}$가 될 것이므로

$$h_{\max} = \frac{p_a}{\gamma} = H_a \quad ⓐ$$

가 된다. 이와 같은 $h_{\max}$의 값을 최대흡입양정이라 하고, 이를 이론상의 최대설치높이라고 한다. 이론상의 최대설치높이는 식 ⓐ에서 알 수 있는 바와 같이 유체의 비중에 따라 다르다.

① 물인 경우에는 비중이 1이므로 $h_{\max} = \frac{10.332}{1} = 10.332\,\text{m}$

② 알코올인 경우에는 비중이 0.79이므로 $h_{\max} = \frac{10.332}{0.79} = 13.1\,\text{m}$

③ 수은인 경우에는 비중이 13.6이므로 $h_{\max} = \frac{10.332}{13.6} = 0.76\,\text{m}$

가 된다. 그러나 실제에 있어서는 펌프의 내부를 완전진공이 되도록 하는 것은 구조

상 불가능하고 흡입관 속의 손실수두, 양액(揚液)의 증기압, 설치위치의 표고(標高) 등의 영향을 받기 때문에 h_{max}의 값은 이론값보다 낮아진다. 즉, 양액(揚液)이 물인 경우 실제의 설치높이는 7 m 정도가 한계이다. 만일 8 m의 높이에 펌프를 설치하였다고 하면, 물은 흡상되지 않거나 흡상되더라도 회전차의 입구에 공동현상이 발생하여 운전이 불가능하게 된다.

따라서 펌프를 설치하기 전에 펌프의 최대설치높이를 충분히 검토해야 한다.

이와 같은 사실로부터 공동현상의 발생 여부는 흡입양정에 따라 정해짐을 알 수 있다.

회전차의 깃에 양액(揚液)이 유입할 때는 회전차의 회전에 따라 생긴 진공압이 양액(揚液)의 포화증기압까지 내려가지 않아야 펌프의 흡입구에서 공동현상이 일어나지 않는다. 이때의 흡입양정을 정미유효흡입양정(正味有效吸入揚程, Net Positive Suction Head ; NPSH라 한다)이라 한다.

그림36은 펌프의 일반적인 흡입상태의 배관계(配管系)이다. 여기서 H_s는 펌프의 흡입실양정(吸入實揚程)이다.

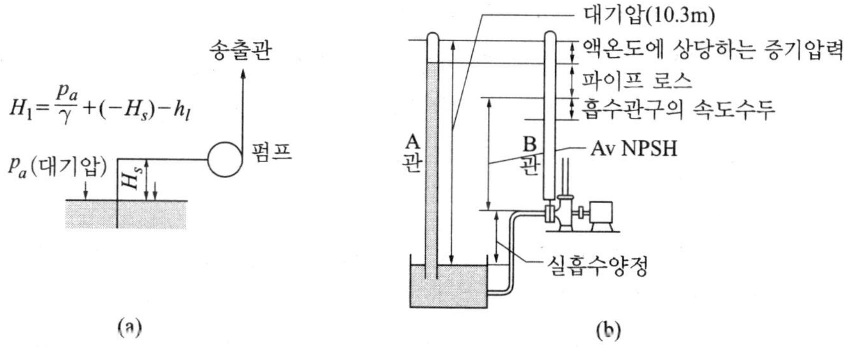

그림36. 흡입상태의 배관계

또 흡입관로의 총손실수두를 $h_l=\Sigma K(V_s^2/2g)$(여기서, K는 손실계수), 흡입액면에 작용하는 절대압력을 p_a, 흡입관 속의 유속을 V_s라 하면, 회전차 중심에 있어서 흡입 직전[그림36의(a) 참조]의 흡입전양정(吸入全揚程) H_1은

$$H_1=\frac{p_a}{\gamma}-H_s-h_l \qquad ⓑ$$

으로 표시할 수 있다. 이 H_1에서 양액(揚液)의 온도에 대한 포화증기압 H_v를 뺀 값

을 이용가능한(Available) 정미유효흡입양정(正味有效吸入揚程)이라 하고 Av-NPSH로 표시하며, Av-NPSH는 공동현상 발생까지의 여유양정이다.

지금 Av-NPSH의 값을 H_{sv}로 표시하면

$$H_{sv} = H_1 - H_v \qquad ⓒ$$

가 되고, 식 ⓑ을 여기에 대입하면 H_{sv}는

$$\text{Av-NPSH} = H_{sv} = H_a - H_s - h_l - H_v$$

이다. 식 ⓑ에서 알 수 있는 바와 같이 h_l은 V_s의 함수, 즉 송출량 Q의 함수이므로 H_{sv}도 Q의 함수로서 흡입관로의 특성을 표시하는 양이다.

공동현상을 일으키지 않는 이용가능한 정미유효흡입양정 Av-NPSH에 대하여 그림 36(b)를 고찰하면 더욱더 쉽게 이해할 수 있을 것이다. A관은 대기압(수주 10.332 m)에서 그 액의 온도에 의한 포화증기압력을 뺀 곳까지 수위가 올라간다. B관은 대기압에서 액온의 포화증기압력, 흡입실양정, 관로마찰손실수두, 흡입관 입구의 속도수두를 뺀 곳까지 올라간다. 이것이 펌프 흡입구에서 물이 갖고 있는 흡입양정이고 이것에 흡입관의 속도수두를 더한 것이 펌프가 이용할 수 있는 Av-NPSH이다. 이 액을 펌프의 회전차가 저압부로 빨아들이므로 다시 액의 압력이 내려가고 이때에 그 액의 포화증기압력과 같거나 이하가 되면 공동현상을 일으킨다.

또 원심펌프 입구에서 유로의 마찰손실, 유체가 깃에 유입하면서 충격으로 인한 충격손실 및 속도수두에 의해 압력강하를 일으킨다. 또 축류펌프 등에서는 이외에 깃표면과 깃이면 사이의 압력차에 의한 압력저하가 있다. 이러한 압력저하의 총합을 Δh로 나타내고, 펌프 자체가 필요로 하는(Required) 유효흡입수두(Re-NPSH) 또는 요구흡입수두 또는 필요흡입양정이라 하며 다음 식으로 나타낸다.

$$\Delta h = \lambda_1 \frac{w_1^2}{2g} + \lambda_2 \frac{v_1^2}{2g} \qquad ⓓ$$

여기서, v_1 : 깃 입구에서의 유체의 절대유속
w_1 : 깃 입구에서의 유체의 상대유속
λ_1, λ_2 : 실험계수 또는 압력강하계수

이 Δh는 펌프가 공동현상을 일으키지 않고 운전하는데 필요한 흡입양정으로서

역시 송출량 Q의 함수이다. 필요로 하는 유효흡입수두(Re-NPSH)는 펌프 제작사에서 출시할 때 펌프가 가지는 고유한 특성으로 펌프를 설치하는 위치 및 조건과는 관련이 없다.

그림37에 Av-NPSH와 Re-NPSH의 곡선을 표시한다. 그림에서 알 수 있는 바와 같이 Av-NPSH와 Re-NPSH가 교차하는 점을 한계로 하여 송출량이 많은 쪽에서는 깃에서의 가장 낮은 압력이 증기압 이하로 되어 공동현상이 발생하므로, 깃에 의하여 정해지는 Re-NPSH인 Δh와 흡입관계(吸入管系)에 의하여 정해지는 Av-NPSH인 H_{sv}를 요구하는 송출량의 범위에 들도록 충분히 여유를 고려해야 한다.

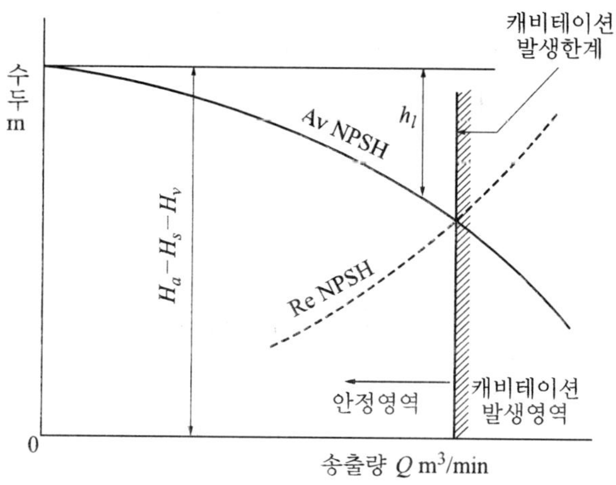

그림37. Av-NPSH와 Re-NPSH의 곡선

이상의 사실을 종합하면 공동현상의 발생 한계조건은 Av-NPSH = Re-NPSH라고 할 수 있고 Av-NPSH > Re-NPSH일 때에는 공동현상이 발생하지 않는다. 펌프의 설치높이를 정할 때 붙이는 여유는 보통 다음과 같은 정도로 한다.

$$\text{Av-NPSH} \geqq 1.3 \times \text{Re-NPSH} \qquad ⓔ$$

Re-NPSH를 구하기 위하여

$$\sigma = \frac{\Delta h}{H} = \frac{H_{sv}\text{의 최저한계값}}{H} \qquad ⓕ$$

여기서, H : 전양정

으로 표시되는 σ를 사용한다. σ는 Thoma의 케비테이션계수라 한다. σ는 펌프의 크기나 회전수와는 관계없고, 구조 즉 비교회전도(比較回轉度)에 의하여 정해지는 무차원 상수이다. 즉, 기하학적으로 상사인 펌프들에서 이 σ가 동일하면 공동현상의 발생상황도 동일하다. 미국의 수력협회(Hydraulic Institute)에서 발표하고 있는 σ와 비교회전도 n_s와의 관계는 아래와 같다.

$$\sigma = 7.88 \times 10^{-5} n_s^{\frac{4}{3}} \ \text{(단흡입 펌프)}$$

$$\sigma = 5.00 \times 10^{-5} n_s^{\frac{4}{3}} \ \text{(양흡입 펌프)} \tag{g}$$

또 다음 식으로 정의되는 흡입비교회전도(suction specific speed) S가 있다.

$$S = N \frac{Q^{\frac{1}{2}}}{\Delta h^{\frac{3}{4}}} \tag{h}$$

비교회전도 $n_s = N \dfrac{Q^{\frac{1}{2}}}{H^{\frac{3}{4}}}$와 Thoma의 케비테이션계수 $\sigma = \dfrac{\Delta h}{H}$를 사용하여 위 식을 변형하면

$$S = N \frac{Q^{\frac{1}{2}}}{\Delta h^{\frac{3}{4}}} = N \frac{Q^{\frac{1}{2}}}{\Delta h^{\frac{3}{4}}} \times \frac{H^{\frac{3}{4}}}{H^{\frac{3}{4}}} = N \frac{Q^{\frac{1}{2}}}{H^{\frac{3}{4}}} \times \frac{H^{\frac{3}{4}}}{\Delta h^{\frac{3}{4}}} = n_s \left(\frac{1}{\sigma}\right)^{\frac{3}{4}}$$

가 되므로

$$S^{\frac{4}{3}} = \frac{n_s^{\frac{4}{3}}}{\sigma} \tag{i}$$

인 관계를 얻는다. 이 식에 $\sigma = 7.88 \times 10^{-5} n_s^{4/3}$ (단흡입 펌프), $\sigma = 5.00 \times 10^{-5} n_s^{4/3}$ (양흡입 펌프)의 관계를 사용하면 단흡입과 양흡입의 경우에 대한 S의 값이 정해진다. 이 결과에 의하면

- 단흡입의 경우 : $S^{\frac{4}{3}} = (1/7.88) \times 10^5 \fallingdotseq 1{,}200$

• 양흡입의 경우 : $S^{\frac{4}{3}} = (1/5) \times 10^5 \fallingdotseq 1{,}700$ ⓙ

을 얻는다. $S = N\dfrac{Q^{\frac{1}{2}}}{\Delta h^{\frac{3}{4}}}$ 에서 Δh를 구하면 $\Delta h = \left(\dfrac{1}{S}\right)^{\frac{4}{3}} N^{\frac{4}{3}} Q^{\frac{2}{3}}$ 가 되고, 이 식에 앞에서 구한 흡입비교회전도 S의 값을 대입하면

• 단흡입의 경우 : $\Delta h = 7.88 \times 10^{-5} \times N^{\frac{4}{3}} Q^{\frac{2}{3}}$

• 양흡입의 경우 : $\Delta h = 5 \times 10^{-5} \times N^{\frac{4}{3}} Q^{\frac{2}{3}}$ ⓚ

가 된다.

예제 33

양정 60 m, 유량 2 m^3/min, 회전수 2,890 rpm을 설계조건으로 하는 단흡입 펌프가 있다. 취급하는 액체가 80℃의 맑은 물이면 공동현상의 발생을 방지하기 위한 흡입조건을 어떻게 하면 되는가? 단, 80℃ 물의 비중량은 971.8 kg_f/m^3, 포화증기압은 47.37 kPa이며, 흡입관 안에서의 유동에 의한 손실수두는 1 m로 간주한다.

해설 필요로 하는 요구흡입수두 Re-NPSH인 Δh를 식 ⓚ로 구하면

$\Delta h = 7.88 \times 10^{-5} \times N^{\frac{4}{3}} Q^{\frac{2}{3}} = 7.88 \times 10^{-5} \times 2{,}890^{\frac{4}{3}} 2^{\frac{2}{3}} = 5.15\,\text{m}$ 이다.

공동현상은 $\Delta h =$ Av-NPSH일 때 일어나고, Av-NPSH $= H_a - H_s - h_l - H_v$ 이므로

$$H_s = H_a - H_v - h_l - \text{Av-NPSH}$$
$$= \frac{1.0332 \times 10^4}{971.8}\text{m} - \frac{47.37 \times 10^0\,\text{Pa}}{1.01325 \times 10^5\,\text{Pa}} \times 10.332\,\text{m} - 1\,\text{m} - 5.15\,\text{m} = -0.35\,\text{m}$$

이다. 여기서 H_s가 -0.35m이므로 흡입액면이 펌프 입구에서 0.35 m 이상 높은 곳에 있어 압입을 주어야 공동현상을 발생을 막을 수 있다.

예제 34

전양정 19.5 m, 유량 2.6 m^3/min, 회전수 1,450 rpm을 정격으로 하는 단흡입 벌류트 펌프가 있다. 이 펌프를 지상에 설치하여 물을 흡상시키는 경우 우물의 수면이 지하 몇 m에 있을 때 공동현상이 발생하기 시작하는가? 단, 수면의 기압은 1 atm (= 1.0332 kg_f/cm^2), 수온은 80℃, 흡입관 내의 손실수두는 1 m로 하며, 80℃ 물의 비중량은 971.8 kg_f/m^3, 포화증기압은 47.37 kPa이다.

해설 펌프가 필요로 하는 요구흡입수두 Re-NPSH인 Δh를 식 ⓚ로 구하면

$\Delta h = 7.88 \times 10^{-5} \times N^{\frac{4}{3}} Q^{\frac{2}{3}} = 7.88 \times 10^{-5} \times 1{,}450^{\frac{4}{3}} 2.6^{\frac{2}{3}} = 2.45\,\text{m}$ 이다.

공동현상은 $\Delta h =$ Av-NPSH일 때 일어나고, Av-NPSH = $H_a - H_s - h_l - H_v$ 이므로

$H_s = H_a - H_v - h_l -$ Av-NPSH

$$= \frac{1.0332 \times 10^4}{971.8}\text{m} - \frac{47.37 \times 10^3\,\text{Pa}}{1.01325 \times 10^5\,\text{Pa}} \times 10.332\,\text{m} - 1\,\text{m} - 2.45\,\text{m} = -2.35\,\text{m}$$ 이다.

예제 35

그림과 같이 해발고도 1,000 m의 고지대인 정상에 펌프를 설치하였다. 조건을 참조하여 펌프의 NPSH를 계산하시오.

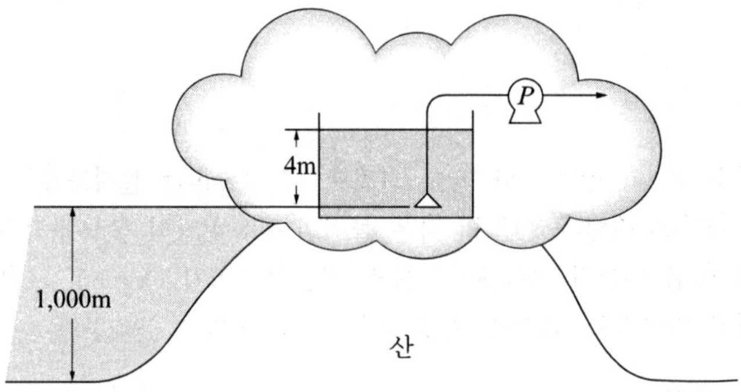

[조건] ① 해발고도 0 m에서 대기압은 0.0132 MPa이다.
② 해발고도 1,000 m에서 대기압은 0.0918 MPa이다.
③ 물의 포화증기압은 0.0023 MPa이다.
④ 흡입배관의 마찰손실수두는 0.7 m이다.

해설 NPSH = 대기압수두 − 흡입수두 − 배관의 마찰손실수두 − 포화증기압수두

대기압수두 $H_a = \frac{0.0918 MPa}{0.10325 MPa} \times 10.332\,\text{m} = 9.36\,\text{m}$

흡입수두 $H_s = 4\,\text{m}$, 배관의 마찰손실수두 $= 0.7\,\text{m}$

물의 포화증기압수두 $H_v = \frac{0.0023\,\text{MPa}}{0.10325\,\text{MPa}} \times 10.332\,\text{m} = 0.235\,\text{m}$

이므로 NPSH = 9.36 m − 4 m − 0.7 m − 0.235 m = 4.425 m

예제 36

대기압은 760 mmHg, 수은의 비중량은 133,280 N/m³, 물의 비중량은 9,800 N/m³인 조건에서 펌프의 흡입이론에서 볼 때 물을 흡수할 수 있는 이론최대높이는 몇 m인가?

해설

$p_{atm} = \gamma h$ 에서 대기압은

$p_{atm} = \gamma h = (133{,}280\,\mathrm{N/m^3}) \times 0.76\,\mathrm{m} = 101{,}292.8\,\mathrm{Pa}$이다.

$p_{atm} = \gamma_{water} \times h_{water} = 9800\,\mathrm{N/m^3} \times h_{water} = 101{,}292.8\,\mathrm{Pa}$에서

$$h_{water} = \frac{101{,}292.9\,\mathrm{N/m^2}}{9{,}800\,\mathrm{N/m^3}} = 10.336\,\mathrm{m}$$

예제 37

그림과 같은 펌프系에서 펌프의 송출구 압력이 펌프의 흡입측에서 공동현상이 일어나는 순간, 노즐 입구의 압력은 34 kPa를 유지해야만 된다고 한다.

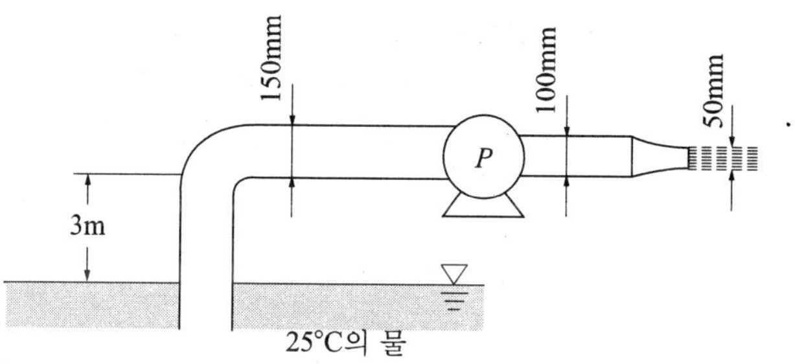

① 흡입관로에서의 손실이 $0.03\dfrac{L}{D}\dfrac{V^2}{2g}$과 같이 표시될 때 이와 같은 운전조건 아래에서 흡입관로의 길이 L은 최대 얼마까지 허용되겠는가? 단, 관로에서의 손실은 흡입관에서만 발생하고, 송출 측에서는 발생하지 않는다.

② 또 펌프로부터 유체가 받는 동력은 몇 kW인가?

③ 동력 중 손실을 극복하는 데 소비된 동력부분의 비율은 얼마인가? 단, 대기압은 755 mmHg이다. 노즐에서의 손실은 무시한다. 또 물의 온도는 25℃이며 이때의 포화증기압은 3,227 Pa이다. 수은의 비중은 13.57이다.

해설

① 노즐에서 분사하는 속도를 V_e, 펌프의 송출관(100 mm 관)에서의 유속을 V_d, 펌프의 흡입관(150 mm 관)에서의 유속을 V_s라고 표기한다.

노즐의 입구와 출구 사이에 Bernoulli방정식을 적용하면

$$\frac{34{,}000}{9{,}800} + \frac{V_d^2}{2g} = \frac{V_e^2}{2g} \qquad ⓐ$$

연속방정식 $Q = A_d V_d = A_e V_e$ 로부터

$V_e = (100/50)^2 V_d = 4 V_d$ ⓑ

또 식ⓐ와 식ⓑ를 연립해서 풀면 $V_d = 2.13$ m/s, $V_e = 8.52$ m/s이고,

연속방정식 $Q = A_s V_s = A_d V_d$에 의거 흡입측 유속 V_s는

$V_s = (100/150)2(2.13) = 0.95$ m/s이다.

흡입수면과 펌프 흡입측 사이에 수정 Bernoulli방정식을 적용하면

$$\frac{p_{atm}}{\gamma} + 0 + 0 = \frac{p_s}{\gamma} + \frac{V_s^2}{2g} + 3 + 0.03\frac{L}{D}\frac{V_s^2}{2g} \quad ⓒ$$

흡입측 공동현상은 포화증기압에 도달했을 때 발생하므로 흡입측 압력은 $p_s = 3{,}227\ \mathrm{Pa_{abs}}$이고, 또 대기압 p_{atm}은

$$p_{atm} = 13.57 \times 9{,}800(\mathrm{N/m^3}) \times 0.755(\mathrm{m}) = 100{,}404\,\mathrm{Pa_{abs}}$$

이다. 이 값들을 수정 Bernoulli방정식인 식 ⓒ에 대입하면

$$\frac{p_{atm}}{\gamma} - \frac{p_s}{\gamma} - \frac{V_s^2}{2g} - 3 = 0.03\frac{L}{D}\frac{V_s^2}{2g}$$

$$\frac{100{,}404}{9{,}800} - \frac{3{,}227}{9{,}800} - \frac{0.95^2}{2 \times 9.8} - 3 = 6.87 = 0.03\frac{L}{0.15}\frac{0.95^2}{2 \times 9.8}$$

L에 관해서 풀면 $L = 746$ m이다.

② 펌프로부터 유체가 받는 동력을 구하기 위해 흡입수면과 노즐 출구 사이에 수정 Bernoulli방정식을 적용한다. 관로에서의 손실은 흡입관에서만 발생하고 송출측에서는 발생하지 않는다고 가정하면

$$\frac{p_1}{\gamma} + \frac{V_1^2}{2g} + z_1 + H = \frac{p_2}{\gamma} + \frac{V_e^2}{2g} + z_2 + h_\ell \text{에서}$$

$$p_1 = p_2 = p_{atm},\ V_1 = 0,\ z_1 = 0,\ z_1 = 0,\ h_\ell = 0.03\frac{L}{D}\frac{V^2}{2g} \text{ 이므로}$$

$$0 + 0 + 0 + H = 0 + \frac{V_e^2}{2g} + 3 + 0.03\frac{L}{D} \cdot \frac{V_s^2}{2g} \quad ⓓ$$

여기서 H는 단위중량당의 물이 펌프로부터 받는 에너지이다.

식 ⓓ에 수치를 대입하고 풀면

$$H = \frac{(8.52)^2}{2 \times 9.8} + 3 + 0.03\frac{746}{0.15}\frac{(0.95)^2}{2 \times 9.8} = 13.6\,\mathrm{m}$$

또 유량 Q는 $Q = \frac{\pi}{4}(0.05)^2(8.52) = 0.0167\,\mathrm{m^3/s}$

따라서 펌프로부터 받는 동력, 즉 수동력은

$P(\mathrm{kW}) = \gamma QH = (9{,}800)(0.0167)(13.6) = 2{,}225.8\,\mathrm{W} = 2.23\,\mathrm{KW}$이다.

③ 손실수두 h_ℓ은 $h_\ell = 0.03\frac{746}{0.15}\frac{(0.95)^2}{2 \times 9.8} = 6.87\,\mathrm{m}$ 이다.

따라서 손실동력의 비율은 $\mathrm{ratio} = \frac{6.87}{13.6} = 0.505 = 50.5\,\%$ 이다.

예제 38

흡입측 배관의 마찰손실수두가 2 m일 때 공동현상이 일어나지 않는 수원의 수면으로부터 소화펌프까지의 설치높이는 몇 m로 하여야 하는지 구하시오. 단, 펌프의 요구흡입수두($NPSH_{re}$)는 7.5 m, 흡입관의 속도수두는 무시하고 대기압은 표준대기압, 물의 온도는 20℃이고 이때의 포화수증기압은 2,340 Pa, 비중량은 9,800 N/m³이다.

해설

$NPSH_{av}$ = 1.3 × 펌프의 요구흡입수두($NPSH_{re}$) = $H_a - H_s - h_\ell - H_v$

$$1.3 \times 7.5\,\text{m} = \frac{1.01325 \times 10^5\,\text{N/m}^2}{9{,}800\,\text{N/m}^3} - \text{H}_s - \frac{2{,}340\,\text{N/m}^2}{9{,}800\,\text{N/m}^3} - 2\,\text{m}$$

$$H_s = 10.3392\,\text{m} - 0.2388\,\text{m} - 2\,\text{m} - 1.3 \times 7.5\,\text{m} = -1.649\,\text{m}$$

예제 39

흡입측 배관의 마찰손실수두가 2 m일 때 공동현상이 일어나지 않는 수원의 수면으로부터 소화펌프까지의 설치높이는 몇 m로 하여야 하는지 다음 조건을 참조하여 구하시오.

[조건]	① 물의 온도는 20℃이고 흡입측 속도수두는 무시한다. ② 대기압은 표준대기압이다. ③ 포화수증기압은 2,340 Pa, 비중량은 9,800 N/m³이다. ④ 펌프의 유효흡입수두는 7.5 m이다.

해설

펌프의 유효흡입수두 = $NPSH_{av}$ = $H_a - H_s - h_\ell - H_v$

$$7.5\,\text{m} = \frac{1.01325 \times 10^5\,\text{N/m}^2}{9{,}800\,\text{N/m}^3} - \text{H}_s - \frac{2{,}340\,\text{N/m}^2}{9{,}800\,\text{N/m}^3} - 2\,\text{m}$$

$$H_s = 10.3392\,\text{m} - 0.2388\,\text{m} - 2\,\text{m} - 7.5\,\text{m} = 0.6\,\text{m}$$

예제 40

다음 조건을 참조하여 펌프의 NPSH (유효흡입양정)을 계산하고 공동현상의 발생유무를 쓰시오.

[조건]	① 흡입수두는 3 m이다. ② 물의 포화증기압은 2.33 kPa이다. ③ 흡입배관 마찰손실수두는 3.5 kPa이다. ④ Re-NPSH는 5 m이다. ⑤ 수조가 펌프보다 낮은 경우이다.

해설

$$
\begin{aligned}
\text{NPSH}_{\text{av}} &= H_a - H_s - h_\ell - H_v \\
&= 10.332\,\text{m} - 3\text{m} - \frac{2.33\,\text{kPa}}{101.325\,\text{kPa}} \times 10.332\,\text{m} - \frac{3.3\,\text{kPa}}{101.325\,\text{kPa}} \times 10.332\,\text{m} \\
&= 10.332\,\text{m} - 3\,\text{m} - 0.238\,\text{m} - 0.357\,\text{m} = 6.737\,\text{m}
\end{aligned}
$$

이다. Av-NPSH > Re-NPSH이면 공동현상이 발생하지 않으므로 이 문제의 조건에서는 공동현상이 발생하지 않는다.

예제 41

수면이 펌프보다 1 m 낮은 지하수조에서 분당 0.3 m^3의 물을 이송하는 원심펌프가 있다. 흡입배관과 토출배관의 구경이 각각 100 mm이고, 송출구의 압력계가 0.1 MPa일 때, 이 펌프에서 공동현상이 발생하는지 판별하시오. 단, 흡입관의 속도수두는 무시하고 흡입측의 손실수두는 0.5 m이다. 대기압은 표준대기압, 물의 온도는 20℃, 이때 포화수증기압은 2,340 Pa, 비중량은 9,789 N/m^3, 필요흡입양정(Re-NPSH)은 11 m이다.

해설

$$
\begin{aligned}
\text{NPSH}_{\text{av}} &= H_a - H_s - h_\ell - H_v \\
&= \frac{101{,}325}{9{,}789}\,\text{m} - 1\,\text{m} - 0.5\,\text{m} - \frac{2{,}340}{9{,}789}\,\text{m} \\
&= 10.35\,\text{m} - 1\,\text{m} - 0.5\,\text{m} - 0.24\,\text{m} = 8.61\,\text{m}
\end{aligned}
$$

이다. Av-NPSH (8.61 m) < Re-NPSH (11 m)이므로 이 문제의 조건에서는 공동현상이 발생한다.

예제 42

공동현상(Cavitation)과 유효흡입수두, 요구흡입수두에 대해 설명하라.

해설

(1) 공동현상(空洞現象, Cavitation)

원심펌프 등의 유로 내에서 물이 관속을 유동하고 있을 때, 흐르는 물속의 어느 부분의 정압(靜壓)이 국부적으로 저하하게 되면, 그때의 물의 온도에 해당하는 포화증기압에 도달하게 된다. 이때 물속에 함유된 기포는 유리(遊離)되고, 또 물이 증발하면서 부분적으로 증기가 발생한다. 이러한 현상을 공동현상(空洞現象, Cavitation)이라고 한다. 펌프에 공동현상(Cavitation)이 발생하면 여러 가지 나쁜 영향을 준다. 즉, 진동과 소음을 일으키고, 성능의 저하를 가져오므로, 운전을 지속하기 곤란하게 한다. 특히 공동현상(Cavitation)은 회전차(impeller) 또는 케이싱에 부식작용을 가져온다. 펌프에서 공동현상은 주로 회전차 입구부근 깃 이면에서 발생한다.

(2) 유효흡입 수두(有效吸入 水頭, NPSH)

아래 그림은 펌프의 흡입측 배관도이다. 흡수면에는 대기압이 작용하고 있다. 흡입측의 실양정을 H_{sa}, 그때의 물의 온도에 해당하는 포화증기압의 절대압력환산수두를 H_v, 흡수관에서 손실수두를 h_{sl} 라 할 때, 다음 식으로 표시되는 H_{sv}를 이용가능한 유효흡입수두(Av-NPSH : Net Positive Suction Head)라 한다.

$$H_{sv} = H_a - H_{sa} - h_{sl} - H_v \qquad ⓐ$$

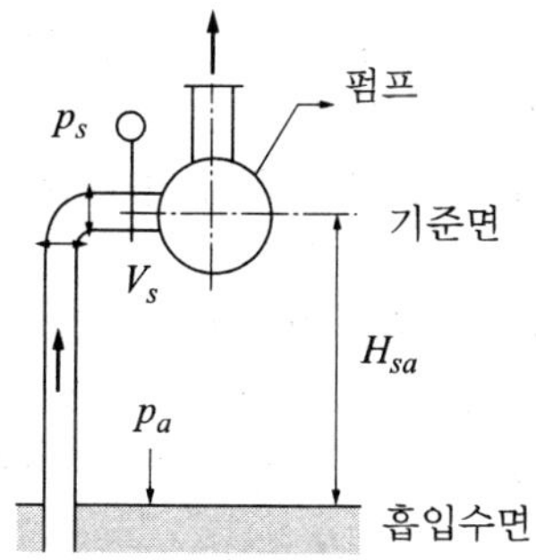

즉, 이용가능한 유효흡입 수두(有效吸入 水頭)란 펌프의 흡입구에서 전압이 그 때의 물의 온도에 상당하는 증기압보다 얼마만큼 높은가를 표시하는 것이다. 흡입수면에 대기압이 작용하고 있을 때는 식 ⓐ를 사용하고, 흡입수면이 밀폐된 용기 내에 있고, 그 수면이 절대압력 $p_a(=p_g+p_o)$가 작용하고 있을 때는 다음 식을 사용한다.

$$H_{sv} = \frac{p_a}{\gamma} - H_{sa} - h_{sl} - H_v \qquad ⓑ$$

식 ⓐ의 식 중에서 $H_{sa}+h_{sl}$를 흡입수두라 하고 H_s로 표시한다. 즉

$$H_s = H_{sa} + h_{sl} \qquad ⓒ$$

그림에 도시된 원심펌프의 흡입구에서 측정한 흡입압력을 p_s, 그 점의 평균유속을 V_s라 하면 H_s는 다음 식으로도 표시할 수 있다.

$$H_s = \frac{p_s}{\gamma} - \frac{V_s^2}{2g} \qquad ⓓ$$

(3) 요구흡입 수두(要求吸入 水頭, 要求 NPSH)

원심펌프 입구에서 유로의 마찰손실, 유체가 깃에 유입하면서 충격으로 인한 충격손실 및 속도수두에 의해 압력상하를 일으킨다. 또 축류 펌프 등에서는 이외에도 깃표면과 깃이면 사이의 압력차(揚力)에 의한 압력저하가 있다. 이러한 압력저하의 총합을 Δh라 하면, Δh는 다음 식으로 표시한다.

$$\Delta h = \frac{v_1^2}{2g} + \lambda \frac{w_1^2}{2g} \qquad ⓔ$$

위의 식에서 v_1은 깃 입구에서 유체의 절대유속, w_1은 깃 입구에서 유체의 상대유속, λ는 실험계수 또는 압력강하계수라 하며, 깃 입구 형상과 유체가 깃에 유입할 때의 유입각 등에 따라 정해진다. v_1, w_1은 실험에 의해 정해지므로 예측하기가 어렵기 때문에 깃 입구 직전의 v_0, w_0를 이용한 다음 식을 사용한다.

$$\Delta h = \frac{v_o^2}{2g} + \lambda \frac{w_o^2}{2g} \qquad ⓕ$$

이 Δh는 펌프를 운전하면 반드시 발생하는 것이기 때문에 요구흡입수두 또는 요구 NPSH라 칭한다.

$H_{sv} > \Delta h$ ⓖ

이면 공동현상에 대한 여유가 압력강하를 상회하여 공동현상은 발생하지 않는다. 식 ⓖ를 공동현상이 발생하지 않는 조건이라 한다.

$H_{sv} = \Delta h$ ⓗ

일 때에 공동현상이 발생하기 시작한다. 이 상태를 초생(初生)이라 한다.

식 ⓐ와 ⓒ에서

$H_{sv} > H_a - H_v - H_s$ ⓘ

와 같이 됨을 알 수 있다. 그러므로 공동현상을 초생하는 한계최저흡입수두 $H_{\min}$은 식 ⓗ의 조건식을 사용하여

$H = H_a - H_v - \Delta h$ ⓙ

가 얻어진다.

예제 43

펌프의 공동현상(Cavitation)과 NPSH에 설명하라.

해설

(1) 공동현상(Cavitation)

표준대기압 상태에서 펌프가 끌어올릴 수 있는 물의 높이(흡입양정)는 이론적으로 약 10.33 m이지만 관 마찰이나 기타의 손실 때문에 실제로는 약 6~7 m 정도밖에 안된다. 그러나 흡입높이가 그 이상이 되거나 또는 물의 온도가 높아지면 펌프의 흡입구 측에서 물의 일부가 증발하여 기포가 되어 펌프로 흡입되고 펌프에 흡입된 증기의 기포는 임펠러를 거쳐 토출구 측으로 넘어가면 압력이 상승되므로 기포는 물속으로 다시 소멸된다. 이 소멸되는 순간에 격심한 소음과 진동이 일어나게 되는 현상을 공동현상(Cavitation)이라 하며, 공동현상은 소음, 진동, 관 부식 및 심하면 펌프의 흡입불능 현상을 가져온다.

(2) NPSH (Net Positive Suction Head)

펌프의 흡입구 압력은 항상 흡입구에서의 포화증기 압력 이상으로 유지되어야 공동현상이 일어나지 않는다. 즉, 공동현상이 일어나지 않는 유효 흡입양정을 수치로 표시한 것을 펌프의 유효 흡입양정(NPSH)이라 한다. 유효 흡입양정은 펌프의 설치 상태 및 유체의 온도 등에 따라 다르게 되는데 이것을 펌프설비에서 얻어지는NPSH-av (NPSH-available) 이라고 한다.

그런데 펌프는 그 자체가 필요로 하는 NPSH-re (NPSH-required)가 있다. 따라서 설치에서 얻어지는 NPSH-av는 펌프 자체가 필요로 하는 NPSH-re보다 커야만 공동현상이 일어나지 않는다.

※ 펌프설비에 얻어지는 NPSH-av

펌프설비에 얻어지는 이용 가능한 유효 흡입양정의 계산식은 다음과 같다.

$$\text{NPSH-av} = \frac{p_a}{\gamma} - \left(\frac{p_{vp}}{\gamma} \pm H_s + H_{fs}\right)$$

여기서, NPSH-av : 이용가능한 유효 흡입양정(available NPSH) (m)

p_a : 흡입수면의 절대압력(kgf/m^2) (표준대기압 : 10,322 kgf/m^2)

H_s : 흡입양정으로 흡상일 때(+), 압입일 때(−) (m)

H_{fs} : 흡입손실수두(m)

P_{vp} : 유체의 온도에 상당하는 포화증기 압력(kgf/m^2)

γ : 유체의 비중량(kg/m^2)

<그림>의 (a)와 같이 흡입측의 수위가 흡입구보다 아래에 있을 때, 흡입양정(H_s) + 흡입 손실수두(H_{fs}) + 물의 온도에 상응하는 포화증기압력수두($\frac{p_a}{\gamma}$)가 대기압력($\frac{p_a}{\gamma}$)보다 작으면 물은 흡상된다. 즉, 그림(a)에서 같이 그 차이를 펌프설비에서 얻어지는 이용가능한 유효 흡입양정 NPSH-av (H_{av})이라고 한다.

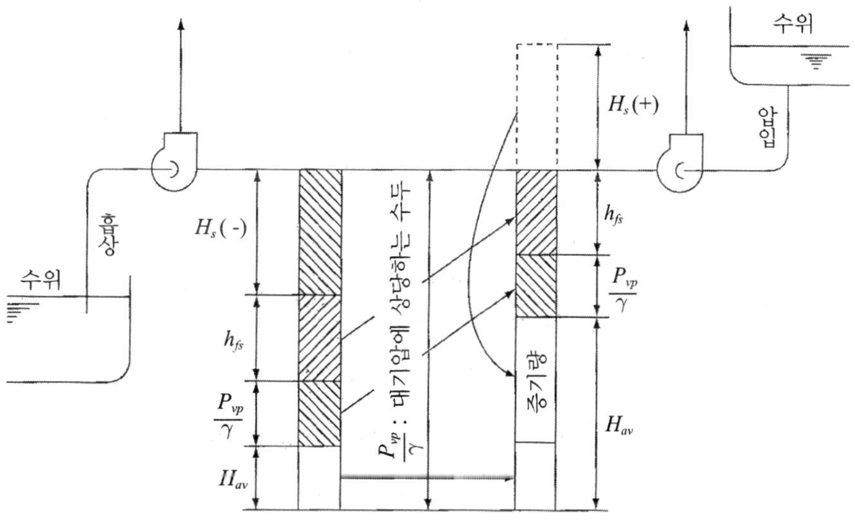

(a) 흡상 (b) 압입

그러나 이 같은 경우는 유효 흡입양정이 너무 작아 공동현상 발생우려가 있다. 따라서 펌프의 설치 위치를 그림(b)와 같이 변경시켜본다. 즉, 흡입수위를 흡입구보다 높게 잡았다. 따라서 흡입양정은 압입수두(H_s)로 변하므로 이용 가능한 유효 흡입양정(NPSH-av)인 H_{av}는 (a)의 경우보다 커진다.

따라서 온수와 같이 포화증기압력이 높은 경우에는 펌프의 흡입구 측에서 쉽게 증발하여 공동현상이 일어나므로 그림(b)와 압입함으로써 압입수두(H_s)를 형성하여 유효 흡입양정을 높인다.

펌프자체가 필요로 하는 NPSH-re (NPSH-required)는 그 펌프의 실험 결과에서 얻어지게 되지만 실험 결과의 이용이 불가능하면 다음 식에 의하여 구한다. 즉, 펌프 자체가 필요로 하는 NPSH-re (NPSH-required)는

NPSH-re $=\sigma H$

여기서, σ : 캐비테이션 계수

H : 양정

한편, 설비에서 얻어지는 NPSH-av는 펌프 자체에서 필요로 하는 NPSH-re가 되도록 한다.

예제 44

옥외소화전설비에서 펌프의 소요양정이 45 m이고 말단방수노즐의 방수압력이 0.15 MPa이었다. 화재안전기준(0.25 MPa)에 맞게 펌프를 교체하려고 하면 펌프의 소요양정을 몇 m로 하여야 하는가? 단, 옥외소화전은 1개를 기준으로 하고 펌프의 토출압력과 방수압력과의 차이는 마찰손실에 기인한다고 가정하며, 방수구 방출계수 K값은 222, 배관마찰손실은 Hagen-William의 식을 이용한다.

해설 방수량 Q는 $Q=K\sqrt{10p}$ 에 의해 구할 수 있다.

펌프 교체 전 방수량 $Q_1=222\sqrt{10\times 0.15}=271.893\,\ell/\text{min}$

펌프 교체 후 방수량 $Q_2=222\sqrt{10\times 0.25}=351.012\,\ell/\text{min}$

마찰손실압력 = 토출압력 − 방수압력이므로

펌프 교체 전 마찰손실 압력은

45 m − 0.15 MPa = 0.45 MPa − 0.15 MPa = 0.3 MPa

이고, Hagen-William의 식에 의거

$$\Delta p_1=0.3\,\text{MPa}=6.174\times 10^4\times\frac{Q_1^{1.85}}{C_1^{1.85}\times d_1^{4.87}}\times L_1$$

이다. 펌프 교체 후 마찰손실압력 Δp_2은

$$\Delta p_2=6.174\times 10^4\times\frac{Q_2^{1.85}}{C_2^{1.85}\times d_2^{4.87}}\times L_2$$

에서 $C_1=C_2,\ d_1=d_2,\ L_1=L_2$ 이므로 $\dfrac{\Delta p_2}{\Delta p_1}=\left(\dfrac{Q_2}{Q_1}\right)^{1.85}$ 이어서

$$\Delta p_2=\Delta p_1\times\left(\frac{Q_2}{Q_1}\right)^{1.85}=0.3\times\left(\frac{351.09}{271.89}\right)^{1.85}=0.4812\,\text{MPa}$$

이다. 따라서 펌프가 요구하는 압력 p_2는

p_2 = 노즐의 방수압(0.25 MPa) + Δp_2 (0.4812 MPa) = 0.7312 MPa

이고, 이를 양정(m)으로 환산하면 73.12 m이다.

6. 축류펌프

송출량이 매우 많고 전양정(全揚程)이 낮으면, 즉 비속도(比速度) $n_s\,(= N\frac{Q^{\frac{1}{2}}}{H^{\frac{3}{4}}})$가 크게 되면 표2에 표시한 것과 같이 회전차의 형상이 원심펌프와는 다르다.

n_s가 낮은 원심펌프에서는 축방향에서 유입한 흐름이 회전차 입구에서 직각으로 방향을 바꾸어 반지름방향으로 유출하는 반경류형(半徑流形, radial flow type)이지만, n_s가 증가함에 따라 흐름방향이 기울어지게 된다. 즉, 혼류형(混流形, mixed flow type)에서 사류형(斜流形, diagonal flow type), 축류형(軸流形, axial flow type)으로 이행하여 간다. 표2에서 보는 바와 같이 사류(斜流)펌프는 n_s = 700～1,200의 범위이고 축류펌프는 n_s = 1,200～2,200의 범위에 있다.

따라서 회전차의 날개는 그림38에서 보는 바와 같이 크고 넓으며, 마치 선풍기의 팬과 같은 형상으로 되어 있다. 이 날개가 회전함으로써 발생하는 양력(揚力)에 의하여 유체에 압력에너지와 속도에너지를 공급하고 유체는 회전차 속으로 축방향에서 유입하여 회전차를 지나 축방향으로 유출한다. 회전차에서 나온 유체의 속도에너지를 압력에너지로 변환시키는 데에는 안내깃, 즉 정익(靜翼)을 사용한다.

축류펌프는 대유량(大流量), 저양정(低揚程, 보통 10 m 이하)에 적합한 것이므로 농업용의 양수 및 배수펌프 또는 상수도, 하수도용 펌프 등에 사용된다.

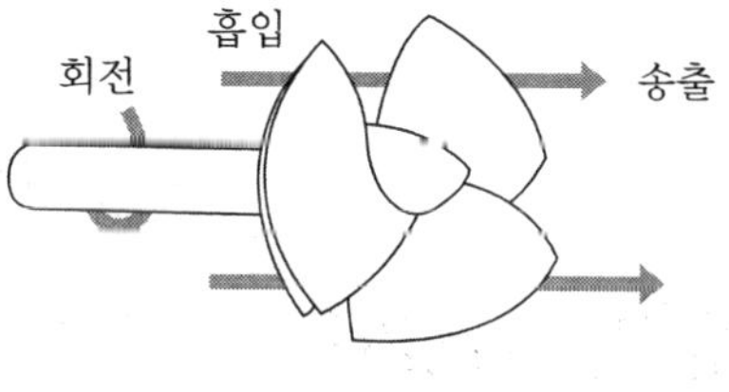

그림38. 축류펌프의 날개

6.1 구조와 성능

그림39와 같이 안내 깃과 일체인 동체(胴體) 및 곡동(曲胴)으로써 펌프의 외곽을 구성하고 안내 깃, 보스 내에 내장된 수중베어링과 곡동 바깥의 트러스트베어링으로써 회전차의 축을 지지하는 구조로 되어 있다.

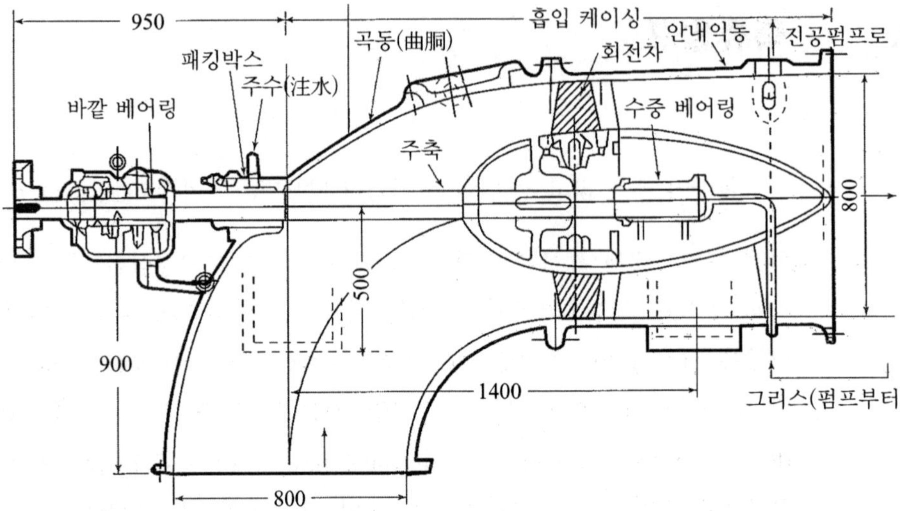

그림39. 횡축 고정익 축류펌프

축이 곡동을 관통하는 부분에는 패킹박스를 두어 유체의 누설이나 공기의 침입을 방지한다. 각도를 조정할 수 있는 장치를 달고 있는 것과 그렇지 못하는 것이 있다. 전자를 가동익(可動翼) 축류펌프, 후자를 고정익(固定翼) 축류펌프라고 한다. 또 축의 방향에 따라 횡축, 입축 축류펌프로 분류된다. 그림39는 횡축 고정익 축류펌프의 한 예이고, 그림40은 횡축 가동익 축류펌프의 한 예이다. 축류펌프의 회전차는 그 단면이 익형(翼型, airfoil 또는 aerofoil)모양이고, 전면측벽(前面側壁)이 없으며, 날개수는 2∼6매로서 보스에 방사상으로 붙어 있다. 안내깃은 주축단(主軸端) 베어링을 내장

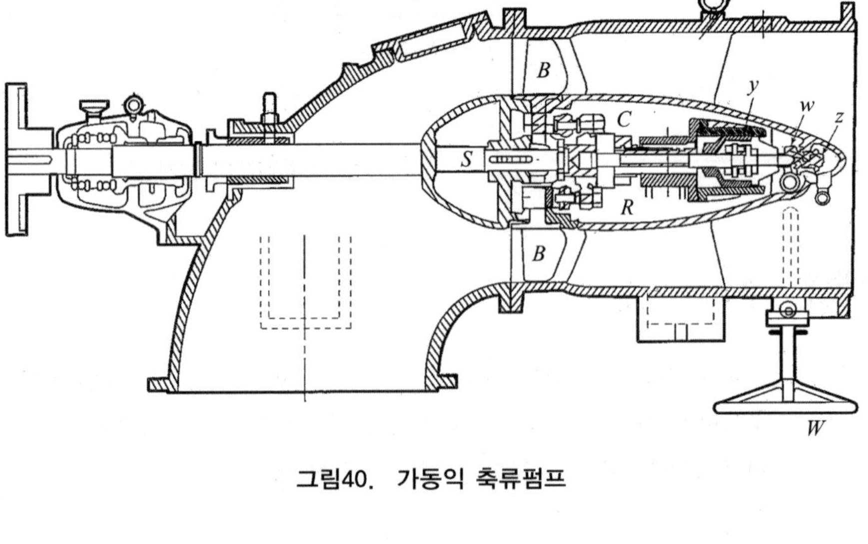

그림40. 가동익 축류펌프

하는 보스와 케이싱을 결합하고, 지지하는 역할을 하며, 회전차의 깃수보다 1~홀수매가 더 많은 3~8매가 보통이다.

케이싱은 입축형(立軸型)에서는 나팔관, 안내깃동(胴), 송출곡동(送出曲胴) 등으로 구성되고, 또 횡축형(横軸型)에서는 송출곡동(送出曲胴) 대신에 흡입곡동(吸入曲胴)이 나팔관의 부분에 붙게 된다.

축류펌프의 장점은 다음과 같다.

ⓐ 동일유량을 내는 다른 형의 펌프에 비해 크기가 작으므로 값이 저렴할 뿐만 아니라, 설치면적이 적게 들고 그 기초공사가 용이하다.
ⓑ 비교회전도가 크므로 저양정에 대해서도 회전속도를 크게 할 수 있어서 원동기와 직결이 가능하다.
ⓒ 양정의 변화에 대하여 유량의 변화가 적고, 효율의 저하도 적다.
ⓓ 구조가 간단하고 유로가 짧으며, 원심펌프에서와 같은 흐름의 굴곡이 작다.
ⓔ 그림40과 같이 가동익(可胴翼)으로 하면 넓은 양정 범위에 걸쳐 높은 효율을 얻을 수 있고, 양정의 여하와 관계없이 축동력을 일정하게 하여 원동기의 효율이 좋은 점에서 넓은 유량역에 걸쳐 사용할 수 있다.

6.2 익형(翼形)

축류펌프의 날개에 대한 이론은 익형이론(翼形理論)에 그 기초를 두고 있다. 회전차에 대해 보스부분에서 선단(先端, tip)에 이르는 사이의 날개를 보통 펌프축을 중심으로 하는 원통면으로 4~5부분으로 분할한 후, 이를 전개하여 얻는 각 익열(翼列) 중의 익소(翼素)에 대해 계산하는 방법을 취하고 있다.

그림41은 축류펌프의 회전차를 축과 수직인 평면에 투영한 것이다. 보스와 날개 선단(先端)의 반지름을 각각 r_b, r_i할 때, $r_b < r < r_i$인 임의의 반지름 r의 원통면으로 회전차를 잘라 이를 평면 전개하면, 그림41과 같은 직선익렬(直線翼列)이 된다. 이렇게 표시된 익렬의 각 날개의 단면형상을 익형(翼形, airfoil or aerofoil)이라고 한다. 익형은 r이 변하면 달라지지만, 그림41에서 지면(紙面)과 직각인 방향으로 단위길이의 범위에서는 근사적으로 단면형상이 같다고 볼 수 있다. 이와 같이 dr의 익폭을 가진 것을 익소(翼素)라 한다.

그림42는 익형의 한 모양이다. 그림에서 익형의 선단(先端)과 후단(後端)을 맺는 직선을 익현(翼弦, chord)이라 하고, 이 길이를 익현(翼弦)길이 또는 현(弦)길이(chord

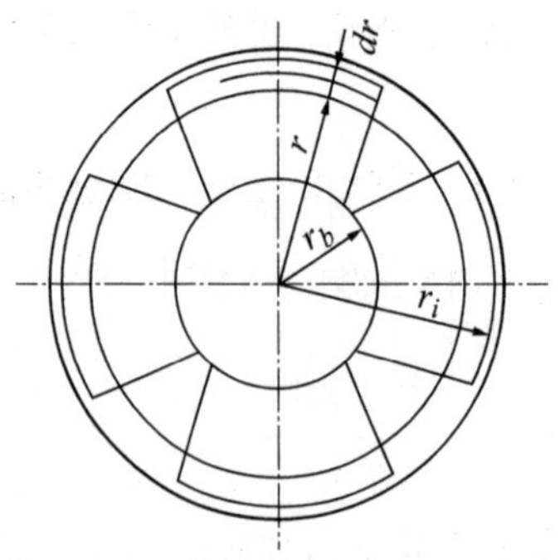

그림41. 축류펌프 날개의 단면도

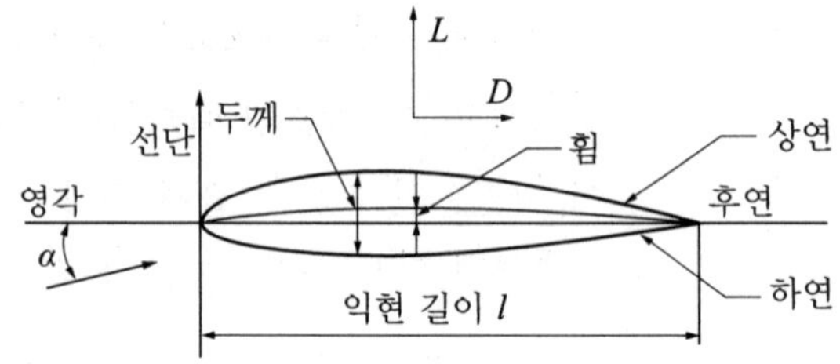

그림42. 익형

length)라 한다. 또 익형(翼形)의 상연(上緣)과 하연(下緣)의 중앙을 지나는 선을 골격선(骨格線, camber line)이라 하고, 이 선과 익현에서 사이의 거리(높이)를 휨(camber)이라 한다. 또 익형의 상연과 하연 사이의 나비를 익형의 두께라 한다. 이들 휨과 두께는 그 익현 상의 위치에 따라 변화한다.

일반적으로 휨, 두께라 하면 그 익현에 대한 최대값을 잡고, 익현길이에 대한 백분비로 표시한다. 익폭(翼幅) b와 익현길이 l과의 비 b/l를 종횡비(縱橫比, aspect ratio)라 한다. 또, 익현(翼弦)과 유체의 흐름방향이 이루는 각을 영각(迎角, angle of attack) α라 한다.

익형이 영각 α를 가지고 w_∞의 속도로 유체 속을 운동할 때, 또는 유속 w_∞의 유체 속에 놓일 때(그림43), 유체는 익형과 기울어진 위쪽 빗방향으로 힘 R을 미친다. 이 힘의 흐름의 방향에 대한 분력을 편의상 항력(抗力, drag), 흐름과 수직방향의 흐름을 양력(揚力, lift)이라 하여 구별한다.

양력을 L, 항력을 D라 하면, 이들은 각각 유체의 밀도 $\rho = \gamma/g$, 속도의 제곱 ω_∞^2, 익형면적 s에 비례하므로 다음 식이 성립한다.

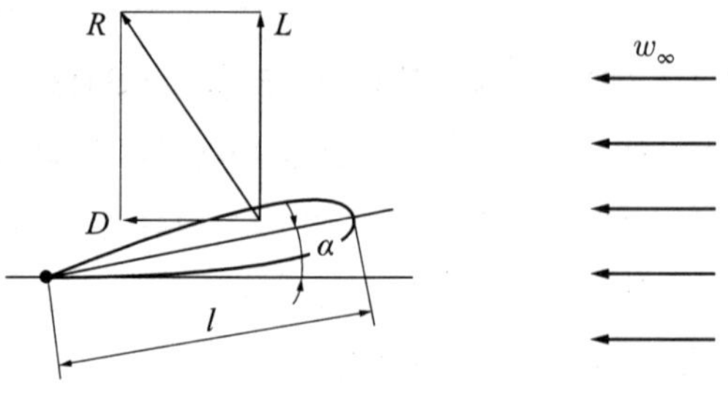

그림43. 익형

$$L = C_L \cdot \frac{\gamma}{2g} \omega_\infty^2 \cdot s$$

$$D = C_D \cdot \frac{\gamma}{2g} \omega_\infty^2 \cdot s$$

여기서 익현길이 l, 익폭 b에 대하여 날개의 투영면적은 $S = l \times b$가 되나 익폭(翼幅)을 단위길이($b = 1$)로 잡으면, 그 때의 L과 D는 다음과 같이 된다.

$$L = C_L \cdot \frac{\gamma}{2g} \omega_\infty^2 L, \quad D = C_D \cdot \frac{\gamma}{2g} \omega_\infty^2 L \qquad ①$$

위 식에서 C_L, C_D는 무차원의 상수로서 각각 양력계수(揚力係數), 항력계수(抗力係數)라 한다. C_L, C_D는 영각(迎角) α의 값에 따라 변한다.

앞에서 설명한 것은 공간 속에 날개가 단독으로 놓여 있을 경우이다. 익형이 t의 간격으로 직렬익형을 이루고 있는 경우에는, 양력(揚力) 및 항력(抗力)은 각각

$$L = K_L \cdot C_L \cdot \frac{\gamma}{2g} \omega_\infty^2 L, \quad D = K_D \cdot C_D \cdot \frac{\gamma}{2g} \omega_\infty^2 L \qquad ②$$

로 표시된다. 여기서 K_L, K_D는 익렬의 간섭계수로서, 축류펌프와 같은 L/t의 범위에서는 $K_L = K_D = 1$로 잡아도 큰 차이가 없다.

6.3 축류펌프의 이론

그림44는 그림40과 같은 축류펌프의 가동익을 축심에서 반지름 r인 원통면으로 잘라 이를 평면 위에 전개한 것이다.

가동익의 익렬은 원주속도 u로서 오른쪽으로 진행한다고 하고, 익렬이 입구 ①, 출구 ②에 있어서의 유체의 상대속도를 각각 ω_1, ω_2라 하고, 그림44에 표시한 바와 같이 유체는 균일한 속도(ω_1, ω_2의 벡타적인 평균의 상대속도 ω_∞)로 날개에 부딪힌다고 하면, 익렬 중의 한 날개의 양력과 항력을 식 ①의 단일익의 그것과 근사하게 동일하다고 보고, 단위길이의 익폭에 대하여

$$L = C_L \cdot \frac{\gamma}{2g} \omega_\infty^2 L, \quad D = C_D \cdot \frac{\gamma}{2g} \omega_\infty^2 L \qquad ①'$$

으로 표시한다.

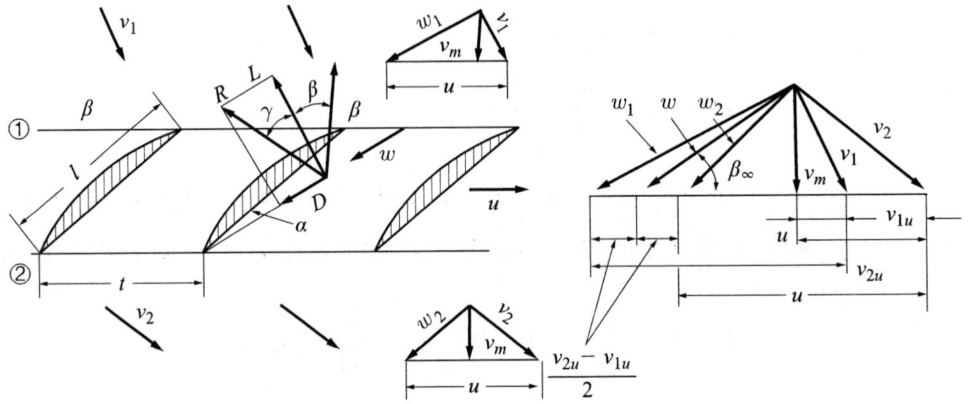

그림44. 축류펌프날개에 대한 입구와 출구의 속도선도

또 ω_∞의 각도 β_∞는 그림44에 나타낸 바와 같이 다음 식으로 표시된다.

$$\tan\beta_\infty = \frac{v_m}{u-(v_{2u}+v_{1u})/2} \quad ③$$

L과 D의 합력을 R이라고 하면, R의 회전방향성분 $R\cdot\sin(\beta_\infty+\lambda)$는 다음과 같이 변형된다.

$$(R\cdot\sin\beta_\infty+\lambda) = \frac{L}{\cos\lambda}\cdot\sin(\beta_\infty+\lambda) = C_L\cdot\frac{\gamma}{2g}\omega_\infty^2\ell\cdot\frac{\sin(\beta_\infty+\lambda)}{\cos\lambda}$$

그림44에 표시한 회전차의 단면($2\pi rdr$)을 지나는 유량 dQ에 대하여 z매의 날개가 회전방향에 미치는 힘 dF는 위식에 zdr를 곱한 것과 같다. 즉,

$$dF = zdr\cdot C_L\cdot\frac{\gamma}{2g}\omega_\infty^2\ell\cdot\frac{\sin(\beta_\infty+\lambda)}{\cos\lambda} \quad ④$$

한편, 단면을 지나는 유량 dQ, 이론전압수두 H_{th}에 대한 수동력 $\gamma H_{th}dQ$는 회전차의 dr 부분에 필요한 동력 $dF\cdot u$와 같으므로

$$\gamma\cdot H_{th}\cdot dQ = dF\cdot u$$

가 된다. 이 식에 식 ④를 대입하여

$$H_{th} = \frac{dF \cdot u}{\gamma \cdot dQ} = \frac{dF \cdot u}{\gamma \cdot 2\pi r \cdot dr \cdot v_m}$$

$$= C_L \cdot \frac{\ell z}{2\pi r} \cdot \frac{u}{v_m} \cdot \frac{\omega_\infty^2}{2g} \cdot \frac{\sin(\beta_\infty + \lambda)}{\cos\lambda}$$

가 된다. 지금 $2\pi r/z$ = 익렬의 피치 = t라 하면

$$H_{th} = C_L \cdot \frac{\ell}{t} \cdot \frac{u}{v_m} \cdot \frac{\omega_\infty^2}{2g} \cdot \frac{\sin(\beta_\infty + \lambda)}{\cos\lambda} \quad ⑤$$

다음에 그림44에서 $\omega_\infty = v_m/\sin\beta_\infty$ 이고, 운동량의 법칙에서

$$H_{th} = \left(\frac{H}{\eta}\right) = \frac{u}{g}(v_{2u} - v_{1u}) \quad ⑥$$

이므로, 이 식을 식 ⑤에 대입하면

$$C_L \cdot \frac{\ell}{t} = \frac{2(v_{2u} - v_{1u})}{v_m} \cdot \frac{\cos\lambda \cdot \sin^2\beta_\infty}{\sin(\beta_\infty + \lambda)} \quad ⑦$$

을 얻는다. 익현(翼弦)길이 ℓ과 익렬(翼列)의 피치 t와의 비 ℓ/t를 solidity라 하고, ℓ/t의 증가에 따라 유량은 변하지 않지만 양정은 증가한다.

가동익의 경사각은 깃 각도에 비례하여 유량은 증대하지만, 양정은 일정하며 고정익의 깃 각도는 가동익의 깃 각도처럼 펌프의 성능에 많은 영향을 미치는 것은 아니며 고정익의 깃수는 일반적으로 가동익의 깃 수보다 많게 취하는데 이것은 공명진동을 피하기 위한 것이다

6.4 축류펌프의 특성곡선

① 양정곡선 : 유량이 0일 때 규정양정에 비해서 대단히 높고, 유량이 증가할 때는 양정의 감소비율이 크다.

② 동력곡선 : 유량이 0일 때 소요동력은 규정동력에 비해서 대단히 높고, 유량 증가에 대한 동력의 변화경향은 양정의 경우와 같다.

③ 효율곡선 : 효율에 대해서는 유량변화에 대한 저하가 가장 많지만 양정의 변화가 크게 됨에 따라 효율의 변화가 가장 적다.

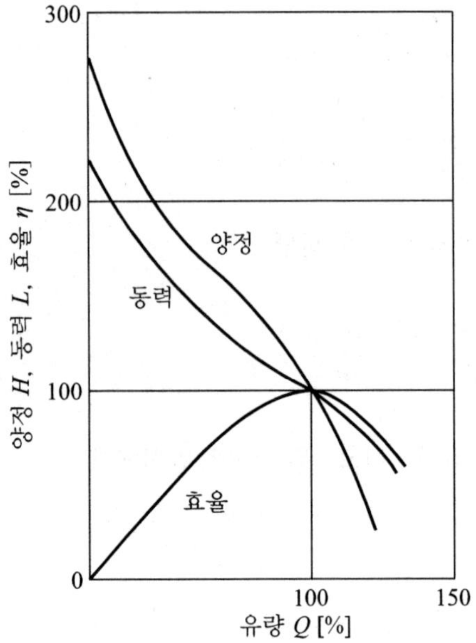

그림45. 특성곡선

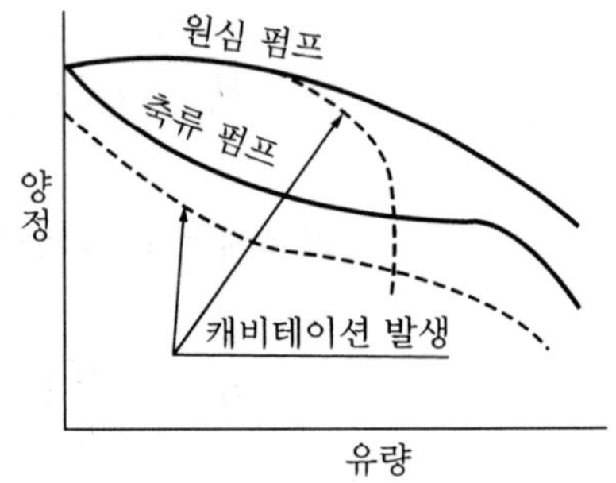

그림46. 펌프의 공동현상 특성

6.5 축류펌프의 운전

6.5.1 공동현상

축류펌프의 흡입양정을 일정 이상으로 높게 하여 운전하게 되면 공동현상을 일으키게 된다. 보통 깃 입구 부근에서 깃 이면이 뚜렷하게 저압이 되고 이 부근에서 발생한 기포가 소멸할 때 소음 및 진동이 일어나고 펌프의 효율을 저하시키며 나아가 깃 이면 및 동체 내면을 부식시킨다. 축류펌프에서 공동현상이 발생할 때 원심펌프에서와 같이 양정곡선이 급격히 저하하는 일은 없고 유량전반에 걸쳐서 저하한다. 이는 축류펌프가 원심펌프에 비해 깃의 피치가 크고 깃 이면에 접해서 공동현상이 일어나도 흡입구 전체가 즉시 그 범위에 들어가지 않고 영향을 받지 않는 유선부분이 남아 있기 때문이다. 동일한 양정의 경우 축류펌프는 원심펌프에 비해 허용흡입양정이 상당히 작다.

6.5.2 운전

원심펌프와는 달리 고정익의 축류펌프에서는 체절상태에서 가장 큰 축동력을 필요로 하므로 체절운전이 불가능하다. 보통 축류펌프에서는 시동할 때 송출부에 by-pass를 설치하여 흡입 쪽으로 환류시키거나, 펌프축의 회전속도가 변화되도록 하여두고, 시동은 저속으로 걸어서 점차 증속하는 방법을 취한다. 그러나 때에 따라서는 송출밸브를 전개해 놓고 시동하는 방법을 쓸 때가 있으나, 밸브를 전개해 놓더라도 관 속의 흐름을 곧 따를 수 없으므로 얼마동안은 큰 축동력이 걸리게 된다.

가동익 축류펌프에서는 유량 또는 양정에 따라서 날개의 각도를 조절할 수 있으므로 축동력은 유량과 관계없이 일정하게 할 수 있다. 따라서 가동익에서는 송출밸브를 잠근 상태로 시동해도 지장은 없다. 그러나 깃의 설치 각도를 바꾸기 위한 부수적인 장치를 설치해야 하므로 고정익 축류펌프에 비해 가격이 비싸다.

7. 펌프의 자동기동(自動起動)

소화설비용 펌프는 거의 대부분 자동기동되며 국가화재안전기준에서도 자동기동장치를 하도록 의무화하고 있다. 스프링클러 소화설비 등과 같은 자동소화설비에서는 필수적인 장치이다. 또한 옥내 · 외 소화전에서는 건축물 내에 기동스위치를 설치하면 호기심이나 장난으로 스위치를 눌렀을 때 불필요하게 기동됨은 물론 잦은 작동이나 무리한 작동으로 고장을 일으키기 때문에 공장, 학교, 창고, 사업장을 제외한 소방대상물에서는 자동기동장치를 설치토록 하고 있다.

자동기동장치에는 압력탱크방식, 플로트 스위치방식, 액면제어방식 등이 있으나 일반적으로 압력탱크방식이 사용되며, 소방용 펌프에서는 모두 압력탱크방식이 채택되고 있다.

7.1 압력탱크방식

펌프의 토출측에 밀폐된 탱크를 설치하여 압력이 높아지면 끊어지고 압력이 낮아지면 들어오는 압력스위치를 장착하고 전동기의 배선을 이 스위치와 연결한 방식이다.

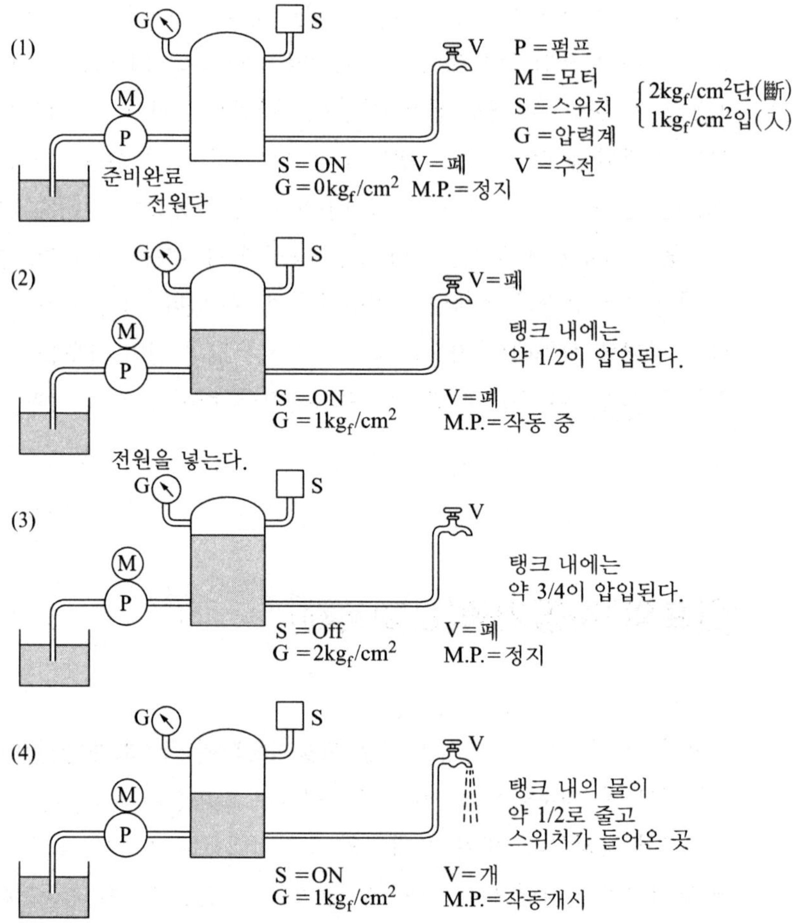

그림47. 압력탱크방식 자동기동 설명도

7.1.1 압력탱크방식의 작동원리

① 펌프의 운전 전에는 압력탱크 내에는 공기가 들어 있다. 전원을 넣으면 압력스위치는 탱크 내에 압력이 없으므로 스프링의 힘으로 접점이 접촉되어 있으므로 전동기가 회전하여 펌프가 운전을 시작한다.

② 펌프가 물을 빨아올리고 토출관을 지나 탱크 내에 물이 고인다. 이때 토출밸브가 막혀 있으면 물은 점점 탱크 내에 괴고 탱크 내의 공기를 위로 밀어 올림에 따라 탱크 내의 압력은 높아진다.

③ 압력스위치의 조정나사를 필요한 압력인 곳에 설정하여 두면 탱크 내의 압력으로 스위치와 다이어프램이 압상되어 캠이 작용하고 스위치가 끊겨 전동기와 펌

프는 정지된다.

④ 토출밸브를 열면 탱크 내의 물은 탱크 내의 공기압력에 의해 항상 아래로 눌리고 있으므로 토출관을 지나 밖으로 나가 탱크 내의 압력이 낮아진다. 압력스위치의 설정압력까지 내려가면 스위치의 캠이 스프링의 힘으로 작용하여 스위치가 들어가고 전동기와 펌프가 움직여 양수(揚水)가 시작된다. 그림47은 압력탱크방식의 자동기동 설명도이다.

⑤ 물의 사용이 끝나고 토출밸브를 막으면 ③항과 같은 작용을 하여 탱크 내의 압력이 높아지고 스위치가 끊기며 펌프는 정지되어 다음 물의 사용에 대비한다.

예제 45

압력탱크방식에서 자동기동은 압력스위치가 압력을 감지하여 작동된다. 극단적으로 압력탱크를 설치하지 않고 토출관에 직접 장착하여도 토출관이 탱크와 동일한 작용을 하므로 밸브의 개폐에 의해 스위치는 작동한다. 그런데 왜 압력탱크를 사용하는가? 그 이유를 설명하라.

해설

기체는 액체에 비해 압축비가 크고 체적을 1/2로 압축하였을 때에 압력이 2배가 되나 물과 같은 액체는 압축비가 작고 체적을 작게 하는데 매우 큰 압력이 필요하다. 환언하면 밀폐된 탱크에 만수되어 있는 곳에 펌프로 소량의 물을 압입하면 탱크 내의 압력은 급격히 높아진다. 공기의 경우는 탱크의 1/2의 양인 물을 압입하였을 때 처음의 압력의 2배가 된다. 이때 압력계의 바늘은 1 kg_f/cm^2를 나타낸다.

그러나 탱크 없이 압력스위치를 작동시켰을 때에는 컵 한 잔의 물이 나와도 스위치가 들어오고 밸브를 잠그면 곧 스위치가 끊어진다. 즉, 스위치의 작동 빈도가 너무 높아진다.

이상으로 알 수 있는 바와 같이 압력탱크는 물을 저수하기 위해서 보다 공기를 이용하여 스위치의 작동 간격을 크게 함으로써 스위치, 전동기, 펌프의 고장을 없게 하기 위해서 설치되어 있다. 따라서 사용수량과 탱크의 용량이 적절하지 않으면 사고의 원인이 된다.

물을 사용하지 않는데도 빈번히 펌프가 작동하는 경우는 아마도 탱크 내의 공기가 없어져 조금의 물이라도 누수되면 탱크 내의 압력이 내려가 스위치가 들어가고, 펌프가 작동하여 소량의 물을 탱크 내에 압입하면 곧 압력이 올라가 스위치가 끊기기 때문이다. 이런 경우에는 전원을 끊고 탱크 내의 물을 전부 내보내면 공기가 새로이 들어가므로 문제는 곧 해결되고 전원을 넣으면 정상으로 되돌아간다.

공기가 없어지는 이유는 탱크 내의 압력이 높은 공기와 물의 접촉면에서 공기가 미립자로 되어 용입되어 물과 함께 나가 버리기 때문이다. 사용수량과 탱크의 크기가 적절하면 수개월에 한 번 정도 공기를 보급하면 된다.

7.2 플로트 스위치 방식

부표(浮漂)의 부력(浮力)을 이용하여 스위치를 작동시켜 전원을 끊었다 넣었다 하는 스위치를 플로트 스위치라고 한다. 이를 이용하여 고가 탱크, 저수탱크가 만수되면 끊고 감수되면 들어오도록 한다. 반대로 배수에 사용할 경우는 만수가 되면 들어오고 감수되면 끊도록 플로트스위치를 사용한다.

7.3 액면제어방식

액면제어방식(液面制御方式)은 액면스위치를 이용하여 플로트스위치와 동일한 작용을 시키는 것이다. 이 스위치에는 세 개의 장, 중, 단(長, 中, 短)의 접점봉이 있어 이를 저수탱크 위에 놓고 긴 막대의 끝은 항상 액속에 있으며 저수탱크의 경우는 중의 막대가 수면에서 떨어지면 스위치가 들어오고 짧은 막대가 수면에 접촉되면 끊기게 되어 있다. 배수의 경우에는 이와 반대가 되도록 하여 사용한다.

연습문제

01. 다음 그림과 조건을 참조하여 펌프의 유효흡입양정(NPSH)을 구하시오.

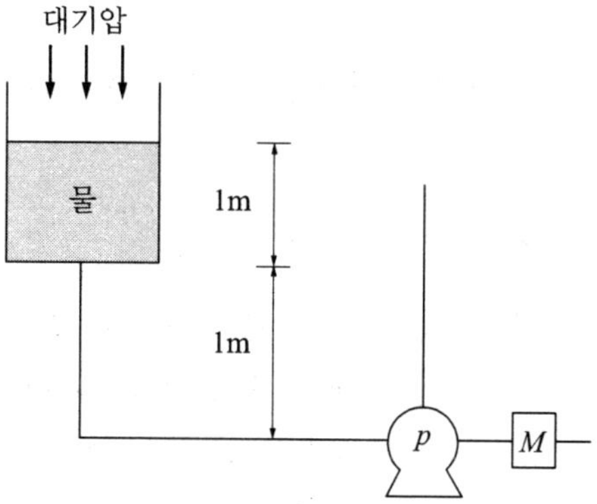

[조건]

① 물의 온도는 20℃이며 증기압은 0.015 MPa이다.
② 배관마찰손실은 2 m이다.

[정답] 9.83m

02. 다음 그림은 어느 물분무소화설비의 소화펌프 계통도를 나타내고 있다. 아래 조건 및 그림을 보고 각 물음에 답하시오.

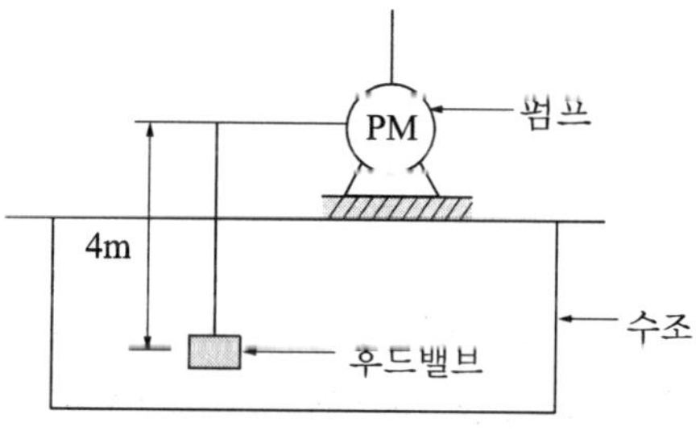

[조건]

① 물의 온도는 25℃이며 수증기압은 0.003 MPa이다.
② 펌프의 사용최대 토출량은 114 m^3/h이다.
③ 기준온도는 25℃이고 대기압은 0.101 MPa이다.

④ 조도계수 C는 150 (동관 사용)으로 한다.
⑤ 후드밸브에서 펌프까지 배관길이는 6 m이고 배관내경은 150 mm이다.
⑥ 하젠-윌리엄스 공식($\Delta P_m = 6.174 \times 10^4 \times \dfrac{Q^{1.85}}{C^{1.85} \times d^{4.87}}$)을 적용한다.

(가) 흡입배관상 마찰손실수두를 아래의 하젠-윌리엄스 공식을 이용하여 산출하시오.

$$\Delta P_m = 6.174 \times 10^4 \times \frac{Q^{1.85}}{C^{1.85} \times d^{4.87}}$$

여기서, ΔP_m : 배관 1 m당 마찰손실압력(MPa)
Q : 배관 내의 유량(ℓ/min)
d : 배관의 안지름(mm)

(나) 유효흡입양정(NPSH)을 산출하시오.

[정답] (가) 0.10 m
(나) 5.89 m

03. 다음 그림과 조건을 참조하여 물음에 답하시오.

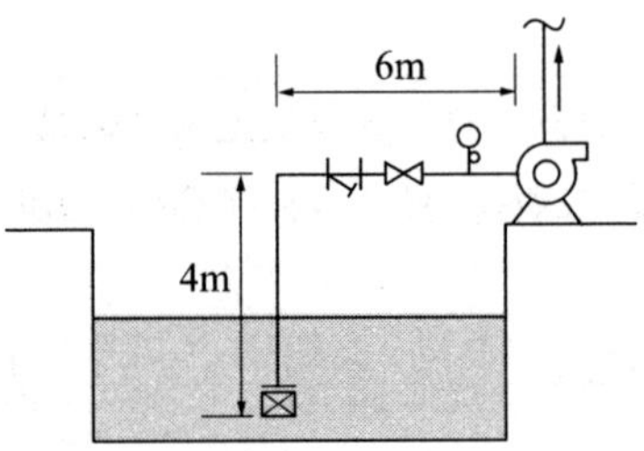

[조건]

① 펌프의 흡입배관과 관련하여 관부속품에 따른 상당길이는 15 m이다.
② 대기압은 10.3 m이며, 물의 포화수증기압은 0.2 m이다.
③ 펌프의 유량은 144 m^3/h이고, 흡입배관의 구경은 125 mm이다.
④ 배관의 마찰손실수두는 다음의 공식에 따라 계산하며, 속도수두는 무시한다.

$$\Delta H = 6 \times 10^6 \times \frac{Q^2}{120^2 \times d^5} \times L$$

여기서, ΔH : 배관의 마찰손실수두
Q : 배관 내의 유량(ℓ/min)
d : 관의 내경(mm)
L : 배관의 길이(m)

(가) 흡입배관의 마찰손실수두(m)를 구하시오.
(나) 유효흡입양정(m)을 구하시오.
(다) 펌프의 필요흡입수두가 4.5 m인 경우, 펌프의 사용가능 여부를 판정하시오.
(라) 펌프가 흡입이 안 될 경우 개선방법 2가지를 쓰시오.

[정답] (가) 1.966 m
(나) 4.13 m
(다) 사용불가

04. 다음 그림은 어느 물분무소화설비의 송수펌프의 계통을 나타내고 있다. 주어진 자료를 이용하여 이 펌프가 가져야 할 최대이론 NPSH를 구하시오.

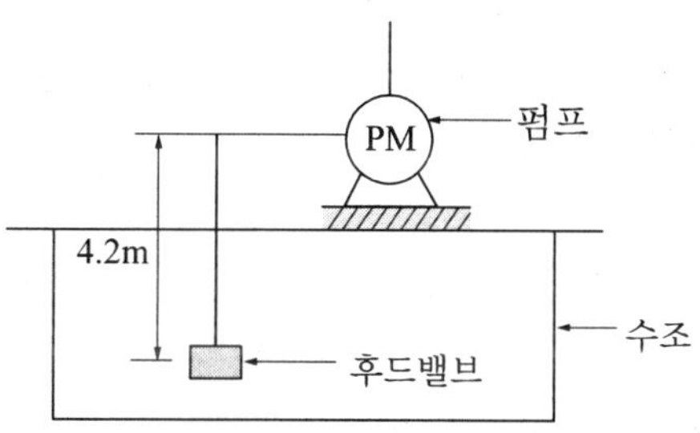

[조건]

① 물의 온도는 25℃이며 수증기압은 0.002 MPa이다.
② 펌프의 사용최대 송수량은 2,000ℓ/min이다.
③ 펌프 흡입배관에서의 마찰손실압은 최대 송수시에 0.02 MPa이다.
단, 설계기준 온도는 25℃이며, 대기압은 1 atm, 물의 밀도는 1 g/cm^3, 펌프 운전 시 배관에서의 속도수두는 무시한다. 1 MPa = 100 mAq, 1 atm = 10 mAq로 한다.

[정답] 3.6 m

05. 소화용펌프의 토출량이 30 m^3/min, 양정이 150 m로 선정되어 1,770 rpm으로 운전되고 있다. 토출량을 40 m^3/min으로 변경한다면 양정(m)은 얼마가 되겠는가?
[정답] 266.67 m

06. 다음 조건을 참조하여 펌프의 NPSH (유효흡입양정)을 계산하고 케비테이션의 발생유무를 쓰시오.

[조건]
① 흡입수두는 3 m이고, 흡입배관의 마찰손실수두는 3.5 kPa이다.
② 물의 포화증기압은 2.33 kPa이다.
③ re-NPSH는 5 m이다.
④ 수조가 펌프보다 낮은 경우이다.

[정답] 6.74 m, 공동현상이 발생하지 않는다.

07. 원심펌프가 회전수 3,600 rpm으로 회전할 때의 전양정은 128 m이고 1.228 m^3/min의 유량을 가진다. 비속도가 200～260 m^3/min · m^3 · m/rpm의 범위의 펌프로 설정할 때 몇 단 펌프가 되는가?
[정답] 2.3～3.3

08. 단수가 5이고 수평회전축 소화펌프를 운전시키면서 흡입구로 들어가는 물의 수압을 측정하였더니 0.05 MPa이고 토출측 수압이 1.05 MPa인 펌프의 몸체 내에 있는 하나의 회전차의 가압송수능력을 구하시오.
[정답] 0.2 MPa

09. 다음 그림은 어느 옥내소화전설비의 계통을 나타내는 Isometric diagram이다. 이 옥내소화전설비에서 펌프의 소요정격토출량은 200 ℓ/min이다. 주어진 조건을 참고로 하여 각 물음에 답하시오.

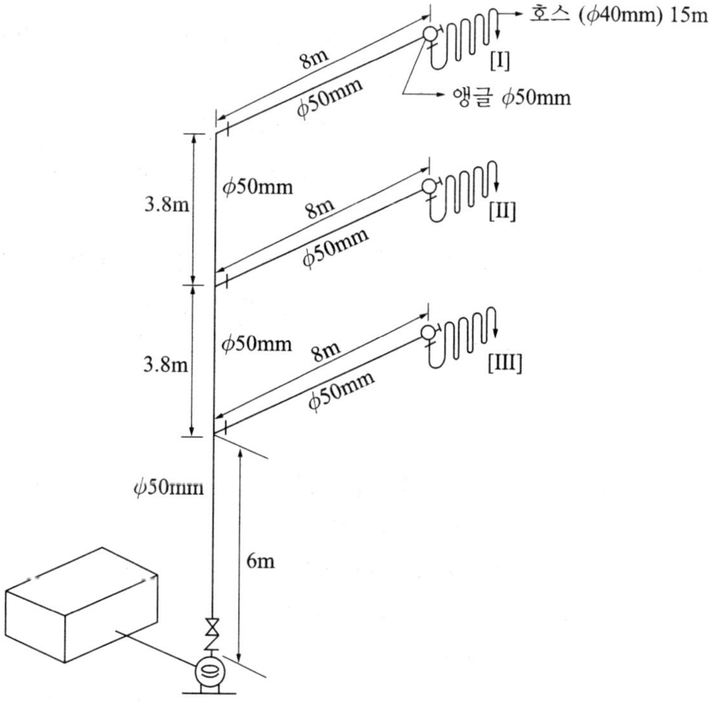

[조건]

① 옥내소화전(I)에서 관창선단의 방수압력과 방사량은 각각 0.17 MPa, 130ℓ/min이다.

② 호스의 길이 100 m당 130ℓ/min의 유량으로 마찰손실수두는 15 m이고, 마찰손실의 크기는 유량의 제곱에 비례한다.

③ 각 밸브 및 관부속품에 대한 등가길이는 다음 표와 같다.

관부속품	등가길이	관부속품	등가길이
옥내소화선 앵글밸브(40 mm)	10 m	90°엘보(50 mm)	1 m
체크밸브(50 mm)	5 m	분류티(50 mm)	4 m
게이트밸브(50 mm)	1 m	-	-

④ 배관의 마찰손실압력은 다음 식에 따른다고 가정한다.

$$\Delta P_m = 6.174 \times 10^4 \times \frac{Q^2}{C^2 \times D^5}$$

> 여기서, ΔP_m : 배관 1m당 마찰손실 압력강하(MPa/m)
> Q : 유량(ℓ/min)
> C : 관의 거칠음계수(120)
> D : 관의 내경(mm)으로 50mm 배관의 경우 53mm, 40mm 배관의 경우 42mm
>
> ⑤ 펌프의 양정력은 토출량의 대소에 관계없이 일정하다고 가정한다.
> ⑥ 물음의 정답을 산출할 때 펌프 흡입측의 마찰손실수두, 정압, 동압 등은 일체 계산에 포함시키지 않는다.
> ⑦ 조건에 없는 것은 무시한다.

(가) 최고위 옥내소화전 앵글밸브의 호스접결구에서 관창선단까지의 마찰손실 수두(m)는 얼마인가?

(나) 최고위 옥내소화전 앵글밸브에서의 마찰손실압력(kPa)은 얼마인가?

(다) 최고위 옥내소화전 앵글밸브 인입구로부터 펌프 토출구까지의 총 등가길이는 얼마인가?

(라) 최고위 옥내소화전 앵글밸브 인입구로부터 펌프 토출구까지의 마찰손실압력(kPa)는 얼마인가?

(마) 펌프의 전동기 소요동력은 몇 KW인가? 단, 효율은 0.6이며, 축동력계수는 1.1이다.

(바) 옥내소화전(III)을 조작하여 방수했을 때 방수량을 q (ℓ/min)라고 하면,

① 당해 옥내소화전 앵글밸브의 호스접결구에서 관창선단까지의 마찰손실압력(kPa)은 어떤 식으로 표현되는가?

② 당해 옥내소화전 앵글밸브에서의 마찰손실압력(kPa)은 어떤 식으로 표현되는가?

③ 당해 옥내소화전 앵글밸브 인입구로부터 펌프 토출구까지의 마찰손실압력(kPa)은 어떤 식으로 표현되는가?

④ 당해 관창선단의 방수압력(MPa)과 방수량(ℓ/min)은 각각 얼마인가? 펌프의 토출압력 P는

[정답] (가) 2.25 m (나) 5.54 kPa (다) 28.6 m
(라) 4.96 kPa (마) 2.03 kW
(바) ① $13.31 \times 10^{-4} q^2$ ② $3.28 \times 10^{-4} q^2$ kPa
③ $2.46 \times 10^{-4} q^2$ kPa ④ 0.23 MPa, 152.59 ℓ/min

10. 다음 그림은 어느 일제개방형 스프링클러설비의 계통을 나타내는 Isometric Diagram이다. 주어진 조건을 참조하여 이 설비가 작동되었을 경우 방수압, 방수량 등을 답란의 요구순서대로 수리계산하여 산출하시오.

※ ( )의 숫자는 배관의 호칭구경임(단위 : mm)

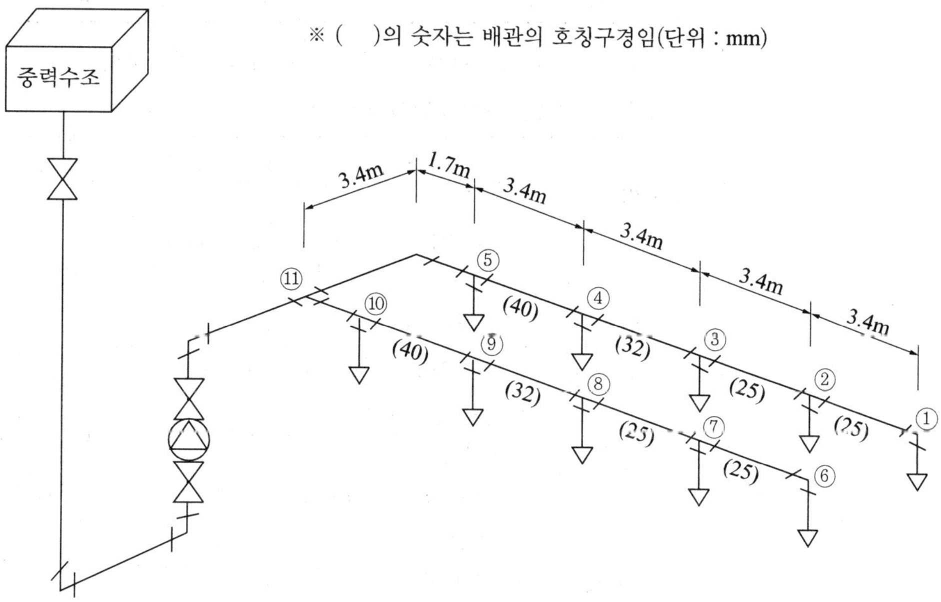

[조건]
① 설치된 개방형헤드의 방출계수(K)는 80이다. ② 살수 시 최저방수압이 걸리는 헤드에서의 방수압은 0.1MPa이다. (각 헤드의 방수압이 같지 않음을 유의할 것) ③ 사용배관은 KSD 3507 탄소강관으로서 아연도금강관이다. ④ 가지배관으로부터 헤드까지의 마찰손실은 무시한다. ⑤ 호칭구경 50 mm 이하의 배관은 나사접속식, 65 mm 이상의 배관은 용접접속식이다. ⑥ 배관 내의 유수에 따른 마찰손실압력은 하젠－윌리엄스 공식을 적용하되, 계산의 편의상 공식은 다음과 같다고 생각한다. $\Delta P = 6 \times 10^4 \times \dfrac{Q^2}{120^2 \times d^5}$ 여기서, ΔP : 배관의 길이 1m 당 마찰손실압력(MPa) Q : 배관 내의 유수량(ℓ/분) d : 배관의 내경(mm)

⑦ 배관의 내경은 호칭별로 다음과 같다고 가정한다.

호칭구경(mm)	25	32	40	50	65	80	100
내경(mm)	27	36	42	53	69	81	105

⑧ 배관부속 및 밸브류의 등가길이는 다음 표와 같다.

〈관부속 및 밸브 등의 등가길이(m)〉

종별 \ 호칭구경			25	32	40	50	65	80	90	100	125	150
관부속	나사식	90° 엘보	0.8	1.1	1.3	1.6	2.0	2.4	2.8	3.2	3.9	4.7
		티또는 크로스 (측류)	1.7	2.2	2.5	3.2	4.1	4.9	5.6	6.3	7.9	9.3
	용접식	90° 엘보	0.5	0.6	0.7	0.9	1.1	1.3	1.5	1.7	2.1	2.5
		티또는 크로스 (측류)	1.3	1.6	1.9	2.4	3.1	3.6	4.2	4.7	5.9	7.0
밸브류		게이트밸브	0.2	0.2	0.3	0.3	0.4	0.5	0.6	0.7	0.8	1.0
		체크밸브 (스윙형)	2.3	3.0	3.5	4.4	5.6	6.7	7.7	8.7	10.9	12.9
		알람체크밸브	-	-	-	-	-	6.7	-	8.7	-	12.9
		준비작동식밸브	-	-	-	5.5	-	8.9	-	10.7	-	10.1

(KSD 3507 탄소강관 중 백관을 사용하는 경우)

⑨ 수리계산시 속도수두는 무시한다.

⑩ 계산시 소수점 이하의 숫자는 소수점 이하 셋째자리에서 반올림할 것
예) 4.267 → 4.27, 12.441 → 12.44

⑪ 살수시 중력수조 내의 수위의 변동은 없다고 가정한다.

※ 계산은 도면을 참조하여 다음의 순서대로 작성하시오.

(가) 스프링클러 헤드의 방수압 및 방수량 계산

항목	헤드번호	방수압(MPa)	방수량(리터/분)
1	①	$p_1 = 0.1$ MPa	$q_1 = K\sqrt{10P} = 80 \times \sqrt{10 \times 0.1} = 80\ell/\text{min}$
2	②	[정답] 0.11 MPa	[정답] 83.9 ℓ/min
3	③	[정답] 0.15 MP	[정답] 97.98 ℓ/min
4	④	[정답] 0.18 MP	[정답] 107.3 ℓ/min
5	⑤	[정답] 0.21 MP	[정답] 115.93 ℓ/min

(나) 도면의 배관구간 ⑤～⑪의 매분 유수량 q_A (ℓ/min)
(단, ⑤～⑪ 구간의 배관 호칭구경은 40 mm로 한다)

(다) 도면의 배관구간 ⑩～⑪의 매분 유수량 q_B (ℓ/min)
(단, ⑩～⑪ 구간의 배관 호칭구경은 40 mm로 한다)

(라) 스프링클러 전헤드에서 매분 살수되는 총살수량 Q (ℓ/min)

[정답] (나) 485.14ℓ/min
(다) 524.01ℓ/min
(라) 1,009.15ℓ/min

11. 다음 그림과 같이 관에 유량이 980 N/s로 40℃의 물이 흐르고 있다. ②점에서 공동현상이 일어나지 않을 ①점에서의 최소 압력은 몇 kPa인지 계산하시오. 단, 관의 손실은 무시하고 40℃ 물의 증기압은 55.325 mmHg_{abs}이다.

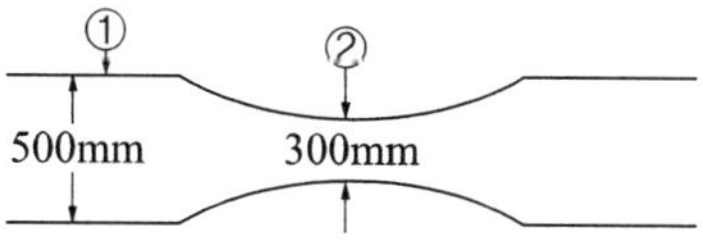

[정답] 8.24 kPa

Chapter 7

공기기계

1. 공기기계의 분류

공기기계(空氣機械, air machinery)는 공기 또는 기체에 에너지를 가해 전압력(全壓力)을 증가시키는 기계로 통풍기(通風機, fan), 송풍기(送風機, blower) 및 압축기(壓縮機, compressor)와 공기 또는 기체로부터 에너지를 얻어 여러 가지 일을 하는 압축 공기기계(compressed air machinery)로 크게 나누어진다.

통풍기, 송풍기 및 압축기는 전동기(motor)로부터 동력을 받아 공기 또는 기체에 에너지를 가해 그 체적을 압축시켜 압력이 낮은 곳에서 높은 곳으로 내보내는 기계로서 기체에 에너지를 가하는 방법에 따라 정역학적(靜力學的) 힘으로 가하는 용적형(容積形, positive-displacement type)과 동력학적(動力學的) 힘에 의한 터보형(turbo type)으로 구별된다.

터보형에도 전자에 해당하는 축류형(軸流形, axial flow type)과 후자에 해당되는 원심형(遠心形)이 있고, 용적형에도 전자에 해당하는 회전형(回轉形, rotary type)과 후자에 해당하는 왕복형(往復形, reciprocating type)이 있다. 원심형 중에는 날개 출구각 β_2의 대소에 따라 다익형(多翼形, multi-blade type), 래디얼형(radial type), 터보형이 있고, 회전형 중에는 루우츠형(roots type), 가동익형(可動翼形, variable blade type), 나사형(screw type)이 있다. 이들은 다시 토출압력에 따라 토출압력이 0.1 kg_f/cm^2 이하인 송풍기를 통풍기(通風機), 0.1～1 kg_f/cm^2인 송풍기를 송풍기(送風機), 1 kg_f/cm^2 이상인 송풍기를 압축기(壓縮機)라 부른다. 이들을 정리하여 표로 나타내면 그림1과 같다.

또한 구조상으로 본 분류기준으로는 압축단수(壓縮段數)에 따라서 단단(單段), 2단, 다단(多段), 흡입방법(吸入方法)에 따라 편흡입(片吸入, single suction), 양흡입(兩吸入, double suction) 및 다흡입(多吸入, multi suction)으로, 케이싱의 다수(多數)에 따라 1케이싱, 2케이싱, … , 다케이싱으로, 주축(主軸) 수에 따라 1축, 2축으로, 케이싱 배치에 따라 단열, 병렬로, 냉각방법에 따라 중간, 외부, 내부 액체분사로, 구동방법에 따라 직동, 직결, V벨트 구동, 치차 구동, 유체 변속장치 구동으로 나누어 구분할 수 있다.

소방시설의 제연설비에는 주로 터보형 송풍기(通風機, 送風機)를 사용하므로 이하에서는 터보형 송풍기를 중심으로 설명한다.

구별 \ 주력			송풍기: 통풍기	송풍기: 송풍기	압축기
			1000mmAq 미만	1 이상 10mAq 미만	10mAq 이상
터보형	축류형	축류	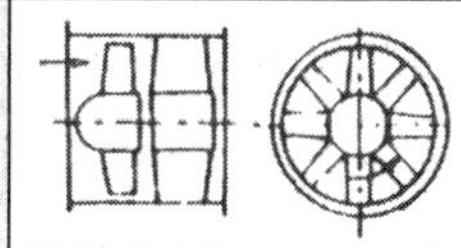	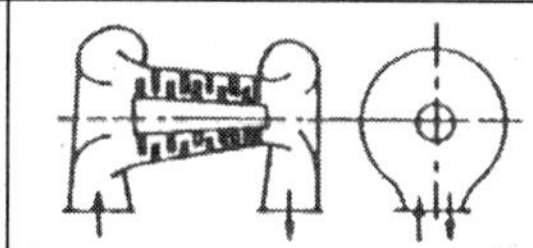	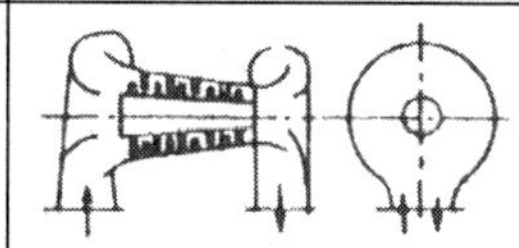
터보형	원심형	다익	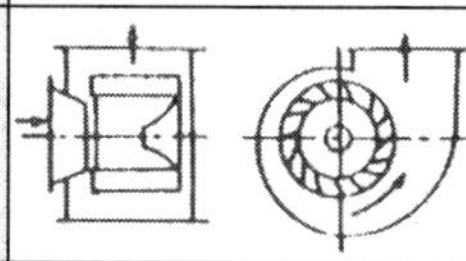		
터보형	원심형	래디얼	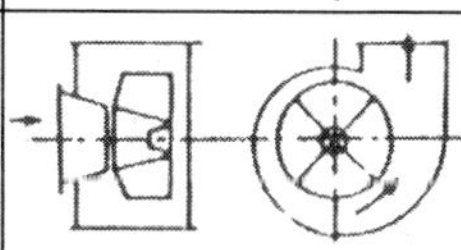	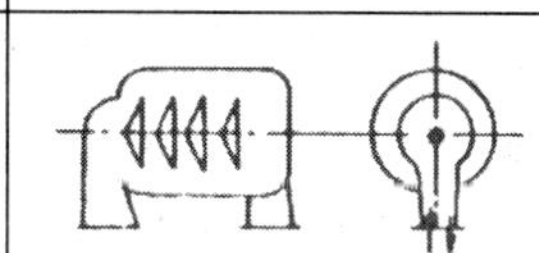	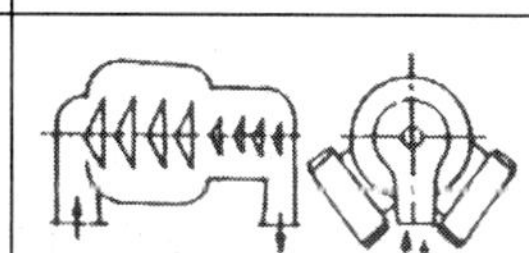
터보형	원심형	터보	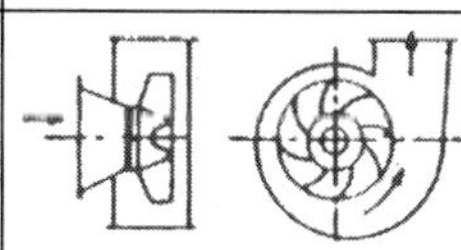	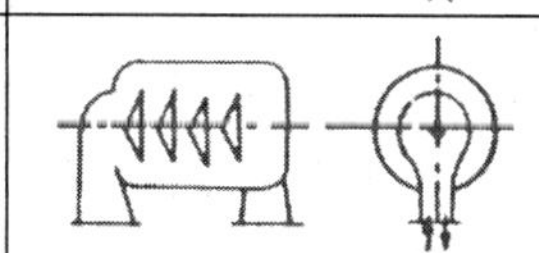	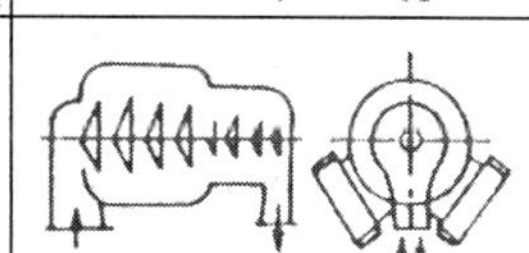
용적형	회전형	루우츠형		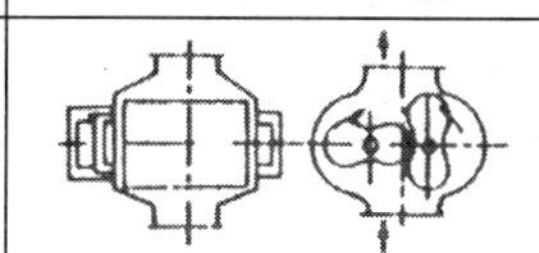	
용적형	회전형	가동익형			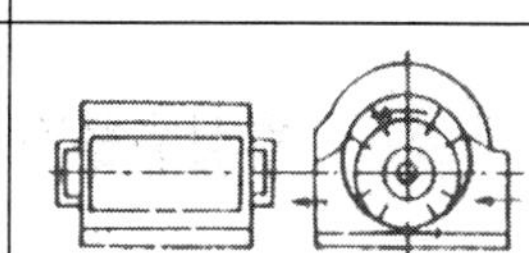
용적형	회전형	나사형			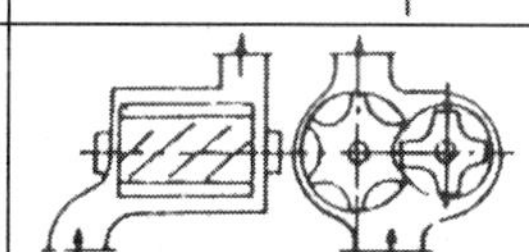
용적형	왕복형	왕복형			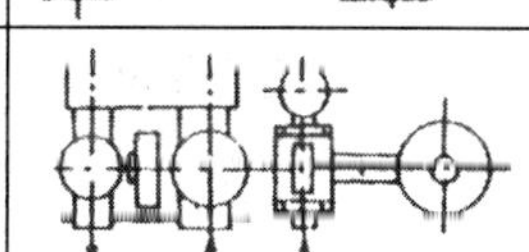

그림1. 송풍기 및 압축기의 분류

2. 원심 송풍기

원심 송풍기(遠心送風機, centrifugal blower)는 통풍, 환기에 사용되는 압력이 낮은 것에서, 기체를 높은 압력으로 압축하는 것까지 여러 가지가 있으며, 원심 통풍기, 원심 송풍기, 압축기의 3가지로 분류된다. 또한 흡입방법에 따라 편흡입형과 양흡입형으로 구분된다.

작동원리는 원심펌프와 거의 같다. 즉, 케이싱 내에 있는 회전차(impeller)의 회전으로 기체에 작용하는 원심력을 이용하여 기체를 압송한다. 압축의 정도가 높게 되면 요구동력(要求動力)이 증가하며, 기체의 온도가 상승하므로 물로 냉각할 필요가 있다. 또한 기체의 비체적(比體積)은 액체보다 현저히 작아서 압력상승 시에는 회전차의 직경 및 회전속도를 펌프의 회전차에 비해 크게 해야 한다. 그러나 회전차의 원주속도는 재료의 강도면에서 제한을 받기 때문에 기체에 가하는 압력에도 한도가 있다.

회전차 하나의 발생 압력비는 1.2 정도로 그 이상의 압력비를 필요로 하는 경우엔 다단식으로 하는 것이 좋다.

2.1 원심통풍기

원심통풍기(遠心通風機, centrifugal fan)란 압력상승이 1 mAq 이하인 공기기계로 축류(軸流)에 비해 양정(揚程)이 크며, 마찰저항이 큰 경우에 사용된다.

그림2는 원심통풍기의 구조를 나타낸다. 흡입구로 들어온 공기는 흡입쪽 댐퍼, 흡입관(suction cone)을 지나 회전차의 축방향으로 흡입된다.

회전차에 의하여 원심력을 받은 공기는 회전차의 바깥둘레로부터 와류실로 들어가서 와류실을 돌면서 감속되어, 속도에너지를 압력에너지로 변환 받아 송출구를 통하여 유출된다. 회전차가 끼여 있는 축은 베어링으로 지지되고, 축 끝의 커플링을 통해 전동기와 연결되거나 V벨트를 거쳐 전동기와 연결된다..

회전차 및 케이싱은 보통 강판으로 만들지만 취급하는 기체의 성질에 따라 특수강 또는 특수재료가 사용된다. 케이싱은 분해가 가능하도록 여러 개로 분할하여 조립되어 있다. 원심 통풍기는 회전차의 형에 따라 그림3에서 보는 바와 같이 래디얼형(radial type), 전향곡형(前向曲形, forward-curved type), 후향곡형(後向曲形, backward-curved type) 및 익형(翼形, airfoil type)으로 분류된다.

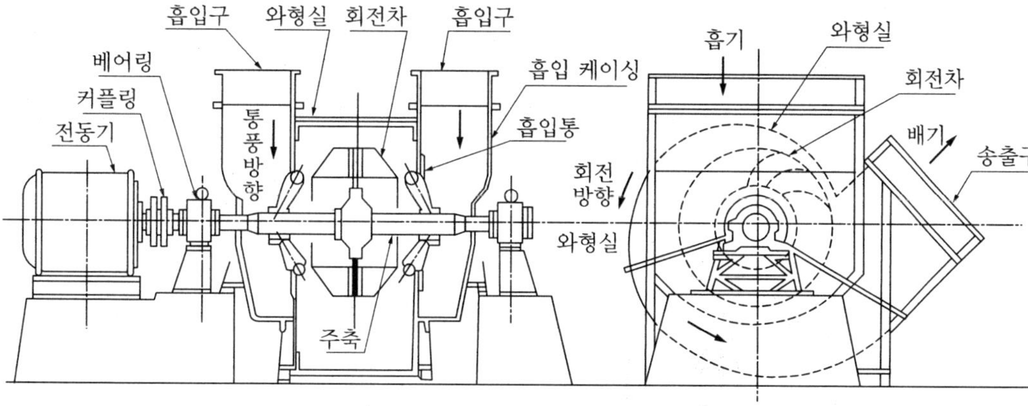

그림2. 원심통풍기의 구조

2.1.1 다익 통풍기(多翼 通風機, Multi blade fan)

원심 통풍기의 하나로 sirocco 통풍기라고도 한다. 날개 출구각(그림3, 그림4, 그림 5 참조)인 β_2가 90° 이상인 전향곡 날개(前向曲 날개, forward-curved blade)형으로, 짧고 폭이 넓은 날개를 36~64매 정도 갖고 있다. 날개 출구각 β_2는 120~150°의 것이 주로 사용되고 있다. 축방향으로 폭이 넓으므로 강도상 발생압력은 1.3 kPa 정도이다. 전향곡(前向曲) 날개를 갖는 원심 회전차는 반동도(反動度, degree of reaction)가 작고 압력계수(壓力係數, pressure coefficient)[11]는 크기 때문에 같은 크기

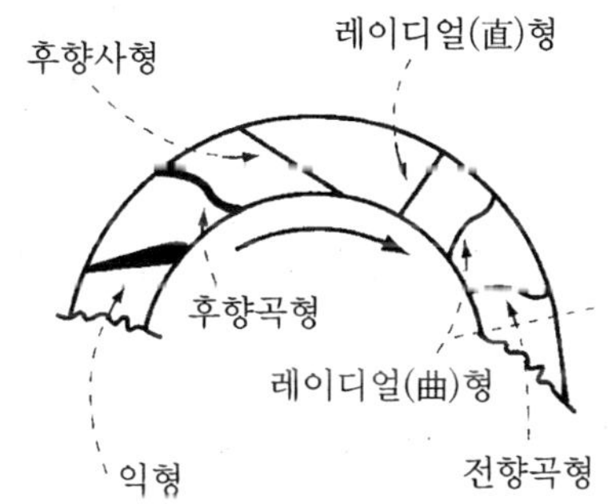

그림3. 원심 송풍기

11) $C_p = \dfrac{p - p_\infty}{\frac{1}{2}\rho_\infty U_\infty^2}$ Where p is the static pressure at the point, p_∞ is the static pressure in the freestream, ρ_∞ is the freestream density, U_∞ is the freestream velocity.

의 회전수에서 다른 형상의 날개에 비해 통풍능력이 크다. 높은 압력상승을 얻기에는 부적합하고 효율도 그다지 높지는 않지만, 같은 압력상승을 얻는데 다른 형상의 것보다 소형으로 만들 수 있고, 또한 원주속도가 작아 소음도 작아서 건물의 환기 및 그 밖의 비교적 작은 풍량의 환기, 통풍용으로 사용되고 있다.

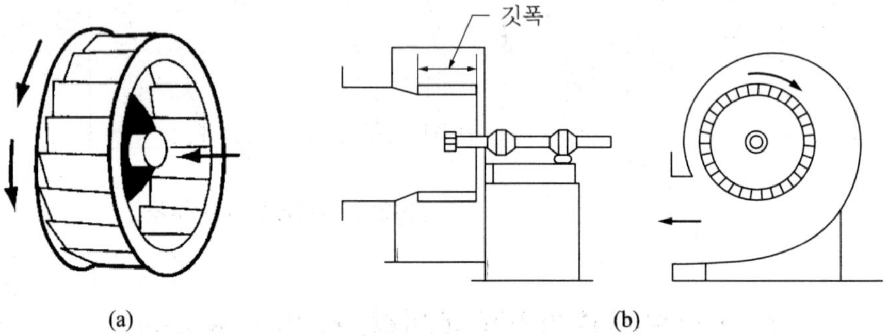

그림4. 다익통풍기

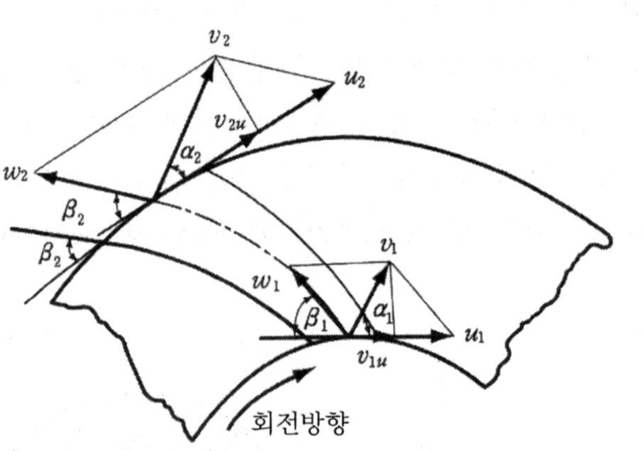

그림5. 원심 송풍기 회전차 입 · 출구에서의 속도선도

2.1.2 래디얼 통풍기(Radial fan)

회전차 출구각 β_2가 대체로 90°인 반경방향날개(radial blade)를 6～12매 갖고 있는 통풍기로 압력상승은 25～400 mmAq이다. 성능 및 효율은 다익(多翼)과 터보 통풍기의 중간적 성질을 갖고 있다. 날개는 반경방향으로 되어 있기 때문에 원심력에 대해 충분한 강도를 가지며, 또한 설계, 제작이 간단하므로 부식, 침식이 불가피하거나 고온의 기체를 다룰 때 적당하다.

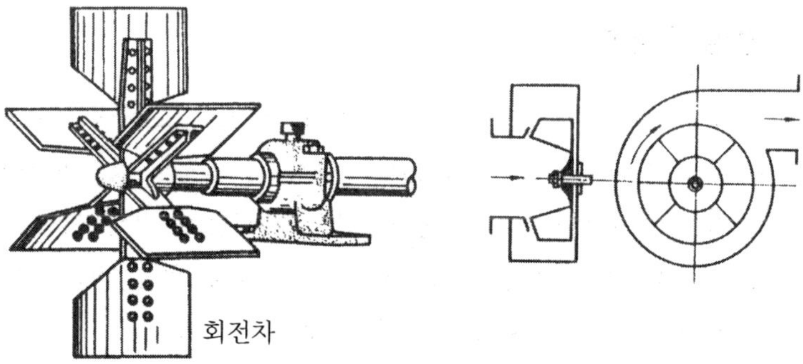

그림6. 래디얼 통풍기 및 회전차 형상(개방형)

또한 날개의 형상 설계를 적절히 함으로써 이물질의 부착이 적고, 날개의 청소 및 교환이 쉽기 때문에 부착성 먼지를 포함하고 있는 기체, 마모성이 강한 고형물(固形物)을 갖는 기체, 섬유질 등의 특수한 물질의 수송에도 적합한 것이 만들어져 있다. 따라서 환기용으로는 사용되지 않는다. 그림6은 대표적인 회전차 형상을 나타내는 것이다.

2.1.3 터보 통풍기(Turbo fan)

그림7과 같이 후향곡(後向曲) 날개(back ward curved blade) 또는 후향사(後向斜) 날개 12～24매를 갖는 원심 통풍기로 날개 출구각 β_2는 주로 30～50°이다. 원주속도가 똑같은 경우에는 날개 출구각 β_2가 작으므로 대형이 되지만 다익 통풍기보다 효율은 높다. 또한, 입구 충돌손실이 작고 반동도도 커 좋은 효율을 얻을 수 있다. 날개수가 비교적 적기 때문에 강도를 지탱하기 위해 어느 정도 날개를 두껍게 한다. 다익통풍기에 비해 수명이 길므로 일반산업용 배풍기로 널리 이용되고 있다. 특히 부식, 침식의 염려가 있거나 고온의 기체를 다룰 때 많이 이용된다.

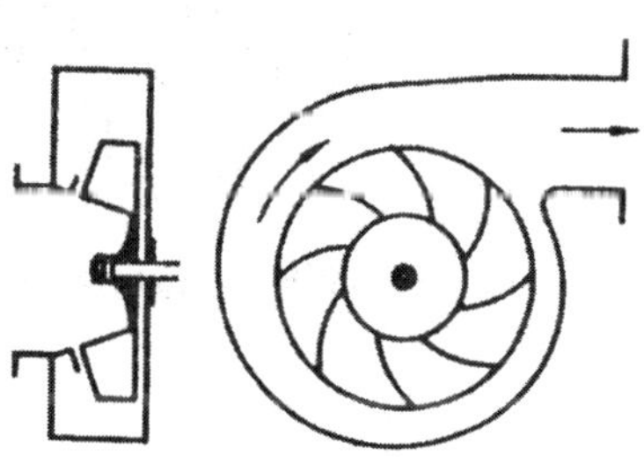

그림7. 터보통풍기

2.2 원심 송풍기

원심 송풍기(遠心送風機, centrifugal blower)는 구조적으로 터보 통풍기와 같으며 내부 압력 상승은 10～100 kPa 정도이다. 20 kPa 정도까지의 비교적 저압의 경우는 단단(單段)의 회전차가 사용되지만, 압력상승이 커서 회전차의 강도상 단단(單段)으로 소정의 압력상승을 얻을 수 없는 경우에는 다단형(多段形)이 사용된다. 송풍기의 주요 부분은 회전차와 케이싱으로 구성되어 있다.

작동원리는 회전차에 의해 에너지를 받은 기체는 회전차의 주변부에 설치된 디퓨저(diffuser) 혹은 안내깃(guide vane)을 지나 와류실로 보내져 토출구에 이른다.

기체의 밀도는 물에 비해 아주 작으므로 압력을 높이기 위해 회전차 원주속도는 크게 된다. 그 결과 회전차의 회전수 및 직경이 커지며, 원심력도 커지므로 하나의 회전차에 의한 압력상승은 보통 20 kPa 정도가 한계이다.

그림8은 회전차를 전동기의 축 끝에 현수시킨 비교적 소용량의 편흡입형 1단원심 송풍기의 구조도이다.

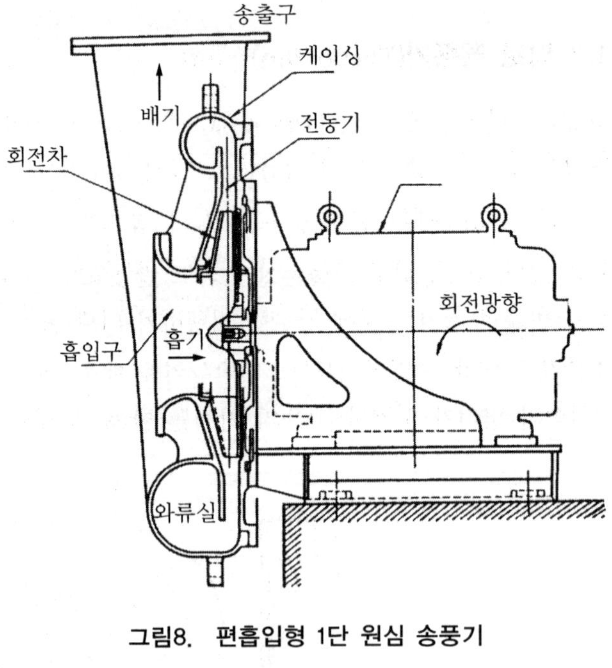

그림8. 편흡입형 1단 원심 송풍기

2.3 원심 송풍기 회전차의 이론 기주(理論 氣柱)

그림5에서 회전차의 입구와 출구에서의 압력을 p_1, p_2, 비중량을 γ_1, γ_2, 절대속도를 v_1, v_2, 원주속도를 u_1, u_2, 상대속도를 w_1, w_2 라고 하고, 각속도 ω, 입·출구의 반경이 r_1, r_2 일 때 유입각 α_1, 유출각 α_2 로 하면 회전차에 의해 주어진 완전기체의 역학적에너지는 깃수를 무한대로 한 이상상태에서는 원심펌프에서와 마찬가지로 이론전압수두(理論全壓水頭) $H_{th\infty}$ 는

$$H_{th\infty} = \frac{1}{g}(u_2 v_2 \cos\alpha_2 - u_1 v_1 \cos\alpha_1)$$
$$= \frac{1}{2g}\left\{(v_2^2 - v_1^2) + (u_2^2 - u_1^2) + (w_1^2 - w_2^2)\right\}(\mathrm{m})$$

이론전압상승(理論全壓上昇) $p_{th\infty}$ 는

$$p_{th\infty} = \frac{\gamma}{g}(u_2 v_2 \cos\alpha_2 - u_1 v_1 \cos\alpha_1)$$
$$= \frac{\gamma}{2g}\left\{(v_2^2 - v_1^2) + (u_2^2 - u_1^2) + (w_1^2 - w_2^2)\right\}(\mathrm{Pa})$$

이다. 위 식에서 제1항은 운동에너지, 제2항은 원심작용에 의한 정압, 제3항은 디퓨져 작용에 의한 정압으로 각각은 증가량이다. 따라서 회전차의 토크 T는 운동량모우멘트의 원리에 따라

$$T = \frac{d(mv_u \cdot r)}{dt} = \frac{\gamma Q}{g}(r_2 v_{u_2} - r_1 v_{u_1}) = \frac{\gamma Q}{g}(r_2 v_2 \cos\alpha_2 - r_1 v_1 \cos\alpha_1)$$

이다. 공기량에 대한 이론적인 구동력 L은 $L = T\omega$ 이고, $u = r\omega$ 이므로

$$L = \frac{\omega}{g}(r_2 v_2 \cos\alpha_2 - r_1 v_1 \cos\alpha_1)\gamma Q = \frac{\gamma Q}{g}(u_2 v_2 \cos\alpha_2 - u_1 v_1 \cos\alpha_1)$$

이다.

그림9와 같이 깃 수 유한인 실제의 회전차에서는 깃의 표면과 뒷면에서 압력차가 있기 때문에 유선은 다음 그림과 같이 반지름의 증가와 더불어 파선(破線)을 따라 변화하면서 미끄럼속도가 생긴다. 이 경우 $\beta_2' < \beta_2$, $v_{\theta 2}' < v_{\theta 2}$ 로 되어, 이론수두 및 압력은 다음과 같이 된다.

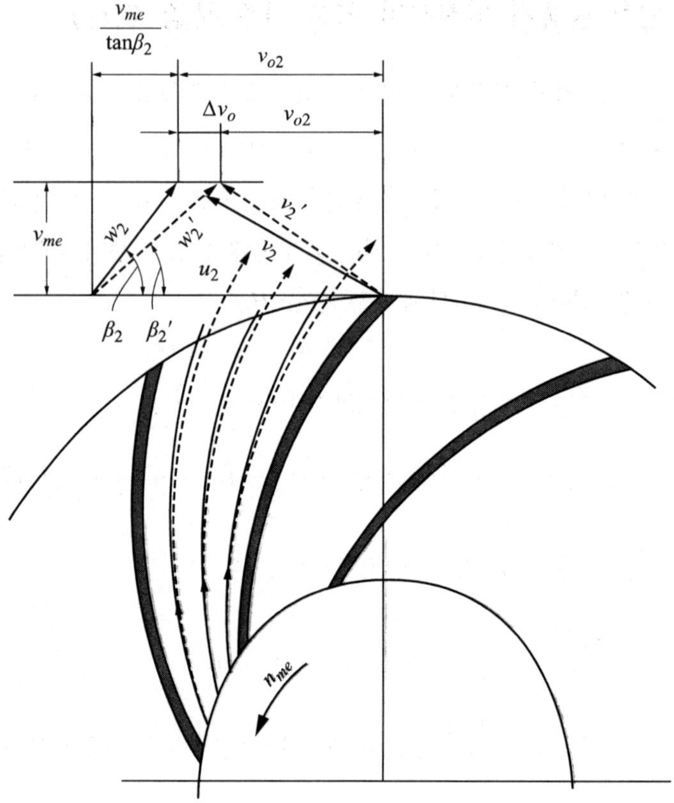

그림9. 깃 내의 유선과 미끄럼속도

$$H_{th} = \frac{u_2 v_{2\theta}'}{g}[\mathrm{m}],\ p_{th} = \rho u_2 v_{\theta 2}'[\mathrm{Pa}]$$

미끄럼계수는 미끄럼속도($v_{\theta 2} - v_{\theta 2'} = \Delta v_{\theta 2}$)의 관계에서 정의되기 때문에 설계상 중요한 계수이다. 미끄럼계수 μ, σ는 다음 두 가지 식을 이용하여 구할 수 있다.

$$\mu = \frac{H_{th}}{H_{th\infty}} = \frac{p_{th}}{p_{th\infty}} = \frac{v_{\theta 2}'}{v_{\theta 2}} = 1 - \frac{\Delta v_{\theta 2}}{v_{\theta 2}}$$

$$\sigma = \frac{v_{\theta 2}}{u_2} + \frac{v_{m2}}{u_2 \tan\beta_2} = 1 - \frac{\Delta v_{\theta 2}}{u_2}$$

3. 축류 송풍기

축류 송풍기는 축류 통풍기, 축류 송풍기 및 축류 압축기로 분류되며, 공기가 전부 회전차 내를 회전축에 평행하게 흐른다. 그러므로 축류형 공기기계의 압력상승은 단지, 회전차 내의 공기흐름의 상대속도의 감소에 의해 생기고 1단의 압력비는 원심형에 비해 상당히 작다. 그러나 구조적으로 고속회전이 가능하기 때문에 대풍량을 비교적 소형으로 얻을 수 있고, 다단구조로 하기 쉽기 때문에 고압을 비교적 쉽게 얻는 등의 이점이 있다. 따라서 저압 소형의 것에서부터 고압 대형의 것까지 광범위하게 있다. 축류형 공기기계의 회전차 및 안내깃의 단면은 통상 익형이라 하고 회전차의 날개를 동익(動翼), 안내깃을 정익(靜翼)이라 한다.

3.1 축류 통풍기

그림10은 직관형(直管形) 1단 축류 통풍기의 구조도이다. 흡입구에서 회전차의 축방향으로 들어온 기체는 동익의 익렬(翼列)을 지나는 사이에 감속됨으로써 압력상승을 얻는다. 익렬을 나온 흐름은 안내깃에서 속도에너지가 압력에너지로 변환되어 정압상승을 얻은 후 회전차의 축방향으로 송출구를 통하여 유출한다.

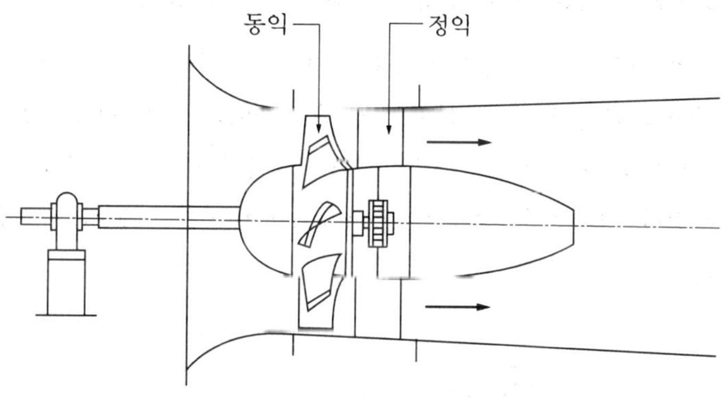

그림10. 직관형 1단 축류송풍기

축류 통풍기는 비속도가 $n_s = 1{,}000 \sim 2{,}500$ (m^3/min, m, rpm)의 경우에 사용되고 풍압은 3 kPa 정도까지이다. 보통은 단단(單段)으로 사용하지만 풍압이 1 kPa 이상일

땐 2단으로 하는 경우도 있다. 또한 전동기를 케이싱 내 고정자(固定子, stator) 혹은 안내깃에 지지해 축의 끝에 회전차를 설치한 직관형(直管形)이 주로 사용되지만, 동력이 큰 것은 곡관형(曲管形)의 케이싱에 회전차를 설치하고 전동기는 외부에 두어 구동하는 구조를 사용한다.

압력을 필요로 하는 통풍기에는 안내깃이 있고, 깃의 재질로는 동판이 사용된다. 고속회전이 가능하므로 효율은 다른 형식에 비해 높으며 60～70%이다. 또한 가동익(可動翼, Variable blade)을 사용하면 광범위한 높은 효율이 얻어지기 때문에 대형에는 가동익을 설치한다.

축류 통풍기는 소형, 경량으로 대풍량이 얻어지기 때문에 터널 등의 환기용, 보일러 및 공랭식 열교환기의 통풍용, 풍동의 송풍용 등에 사용되고 있다. 그러나 축류 통풍기는 원심형보다 동일 풍압에 대해 회전차의 원주속도가 크기 때문에 소리가 큰 결점이 있다.

3.1.1 관형 축류 통풍기(管形 軸流 通風機, Tube-axial fan)

보통의 풍압에서 넓은 범위의 풍량에 맞게끔 설계된 이 통풍기는 기류(氣流)를 모아 보내는 실린더 내에 하나의 프로펠러가 있다. 헬리컬이나 나사운동이 전형적인 공기토출 모양이다[그림11(a) 참조].

3.1.2 베인형 축류 통풍기(Vane-axial fan)

베인형 축류 통풍기는 토출측에 공기 안내깃을 설치한 것이 그 특징이며 이것이 관형과 다른 점이다. 관형의 날개(wheel)와 방향 안내깃을 결합함으로써 기류모양을 직선으로 만든다[그림11(b) 참조]. 따라서 난류는 감소되고 효율과 압력특성을 증대시킨다. 베인형은 압력상승을 500 mmAq까지 가능하고 수정하면 더 증대시킬 수 있다.

(a) 관형 축류통풍기 (b) 베인형 축류통풍기

그림11. 축류 통풍기의 종류

형식		구조	정압(mmAq)	용도
개방형	AO형		0～20	환기용, 냉각탑용, 공냉열 교환기용
직관형	AE형	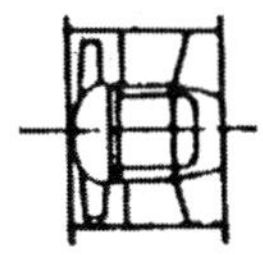	15～150	일반환기용, 통풍용 (건축, 선박 등)
반전형	AE형	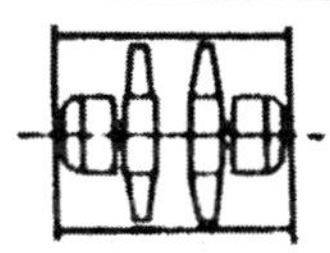	30～300	일반환기용 광산, 터널 환기용
곡관형	AB형	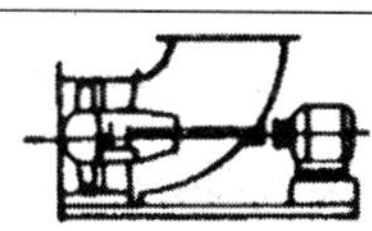	20～50	공장환기용 보일러 통풍용 풍동용
흡입측구동 직관형	AS형	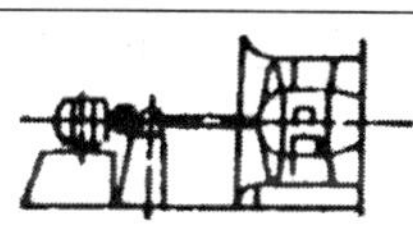	20～150	보일러 통풍용 풍동용
분기형	AT형	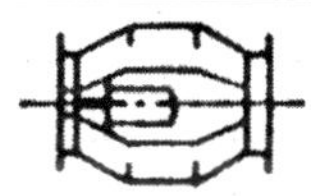	0～100	고온기체 급배기용
옥상형	AW형	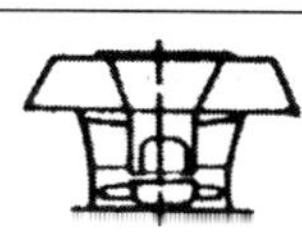	0～50	옥상환기용

그림12. 축류 통풍기 및 송풍기의 형식

3.2 축류 송풍기

압력상승이 10 kPa 이상 100 kPa까지의 것을 축류 송풍기(軸流送風機, axial blower)라 하며, 구조는 대략 축류 통풍기와 유사하다.

그림12는 축류 통풍기 및 송풍기의 형식을 나타낸 것이다.

4. 송풍기의 기본요목(基本要目)

4.1 송풍기의 압력, 풍량 및 동력

그림13은 송풍기의 특성 곡선을 나타낸 것이다. 이는 송풍기의 회전수를 일정하게 유지하고, 제어밸브로써 풍량 Q를 여러 가지로 변화시켰을 때의 상승압력 p, 축동력 L, 효율 η의 변화를 구함으로써 구해진다. 상승압력 p는 송풍기전압 p_t와 송풍기정압 p_s로 나누어진다.

4.1.1 풍량(Q)

풍량은 보통 흡입상태로 환산한 송출풍량으로 표시한다. 별도의 언급이 없는 한 흡입상태는 표준공기(온도 20℃, 관계습도 75%, 대기압 760 mmHg, 비중량 1.2 kg_f/m^3)의 상태로 하고, 이밖에 기준상태(0℃, 760 mmHg에 있어서의 건조기체의 상태)로 환산할 때도 있다. 풍량의 단위는 m^3/min (CMM), m^3/h (CMH)가 보통 쓰이고, 중량유량(kg_f/min)도 사용된다.

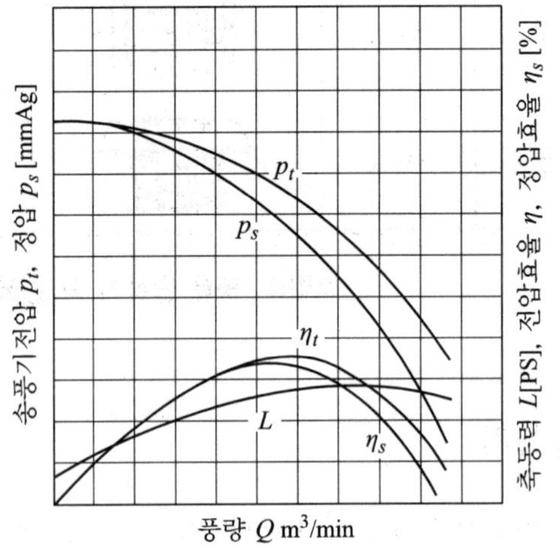

그림13. 송풍기의 특성곡선

4.1.2 압력(p)

압력의 단위는 mmAq, mmHg, 고압인 경우 kg_f/cm^2 및 흡입압력과 송출압력의 압력비(壓力比, pressure ratio)가 사용된다. 송풍기에 의하여 기체에 공급된 전압(全壓), 즉 정압(靜壓)과 동압(動壓)의 대수합(代數合)의 증가량을 송풍기 전압(全壓) p_t 라 하고, 송출구에서의 전압 p_{t2} 와 흡입구에서의 전압 p_{t1} 의 차로 표시된다.

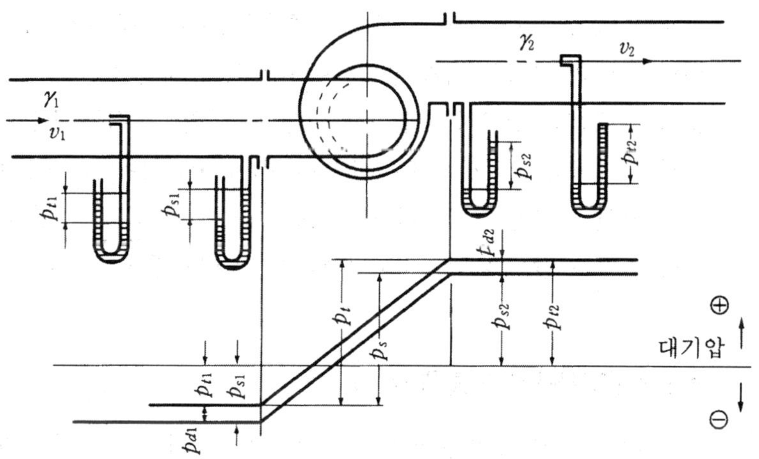

그림14. 송풍기에 의한 전압상승 설명도

$$\text{송풍기전압} : p_t = p_{t2} - p_{t1} = (p_{S2} + p_{d2}) - (p_{S1} + p_{d1})$$
$$= (p_{S2} - p_{S1}) + (p_{d2} - p_{d1}) \quad ①$$
$$\text{송풍기정압}^{12)} : p_s = p_t - p_{d2} = (p_{s2} - p_{s1}) - p_{d1} \quad ②$$

이 된다. 여기서 첨자 t는 전압(全壓), s는 정압(靜壓), d는 동압(動壓)을, 또 첨자 1은 흡입쪽, 2는 송출쪽을 나타낸다. 또 각각에 대한 풍속을 v_1 및 v_2, 비중량을 γ_1, γ_2 라 하면, 흡입구 및 송출구에서의 동압은 $p_{d1} = \frac{\gamma_1}{2g} v_1^2$, $p_{d2} = \frac{\gamma_2}{2g} v_2^2$ 이며, $\gamma_1 \fallingdotseq \gamma_2$ 인 경우에는 비중량을 γ로 하여

$$p_{d1} = \frac{\gamma}{2g} v_1^2, \ p_{d2} = \frac{\gamma}{2g} v_2^2 \quad ③$$

12) 정압은 전압에서 동압을 뺀 값(정압 = 전압 − 동압)임

으로 표시한다. 이 값을 식 ①과 식 ②에 대입하면

$$p_t = p_{s2} - p_{s1} + \frac{\gamma_2 v_2^2}{2g} - \frac{\gamma_1 v_1^2}{2g}$$

$$p_s = p_{s2} - p_{s1} - \frac{\gamma_1 v_1^2}{2g}$$

이 된다.

또한 송풍기에서는 일반적으로 송출동압(送出動壓)이 송풍기정압(送風機靜壓)에 비하여 작고, 무시할 때가 많으므로 송풍정압 대신에 그냥 풍압(風壓)이라고 할 때가 많다. 송풍기를 연구하는 입장으로 볼 때 풍압으로서는 송풍기전압(송풍기에 의하여 생성된 기체의 단위체적에 대한 에너지)이 중요시된다. 송풍기를 사용하는 입장에서는 필요한 풍량을 통과시키자면 마찰 등의 손실에 의한 압력강하가 문제가 되는데, 이에 대한 풍압으로서는 송풍기정압이 더욱더 중요시된다.

4.1.3 공기동력(空氣動力, L_a)

송풍기의 전압공기동력(全壓空氣動力) L_{at} 와 정압공기동력(靜壓空氣動力) L_{as} 는 송풍기인 경우 압력비가 1.03 이하일 때이므로 각각 다음 식으로 표시된다.

$$L_{at} = \frac{Q_1 p_t}{102 \times 60} = \frac{Q_1}{6,120}\{(p_{s2} - p_{s1}) + (p_{d2} - p_{d1})\}\,(\mathrm{KW}) \quad ④$$

$$L_{as} = \frac{Q_1 p_s}{102 \times 60} = \frac{Q_1}{6,120}\{(p_{s2} - p_{s1}) - p_{d1}\}\,(\mathrm{KW}) \quad ⑤$$

여기서, p_t : 송풍기전압(kg_f/m^2 = mmAq)
p_s : 송풍기정압(kg_f/m^2)
Q_1 : 흡입상태에서의 풍량(m^3/min)

이다. 마력(PS)으로 구할 때는 위 식 중 102 대신에 75를 쓰면 된다.

4.1.4 축동력(軸動力, L_s)

회전차가 회전할 때 회전차축 끝에 걸리는 동력을 축동력이라 한다. 효율은 공기동력을 축동력으로 나눈 값이므로 축동력은 공기동력을 효율로 나눈 값이다.

4.2 송풍기의 효율

송풍기의 전압효율(全壓效率) η_t 와 정압효율(靜壓效率) η_s 는 각각 다음 식으로 표시된다.

$$\eta_t = \frac{\text{전압공기동력}}{\text{축동력}} = \frac{L_{at}}{L} \quad ⑥$$

$$\eta_s = \frac{\text{정압공기동력}}{\text{축동력}} = \frac{L_{as}}{L} \quad ⑦$$

예제 46

송풍기의 풍도관(風導管, duct)이 다음과 같은 설치상태일 때, 각각 송풍기 전압과 정압의 식을 구하여라.

(1) 송출관은 있고, 흡입관이 없을 때(흡입구가 대기에 열려 있는 경우)

(2) 흡입관이 있고, 송출관이 없을 때(송출구가 대기에 열려 있는 경우)

해설

(1) 흡입구에서 전압은 $p_{t1} = 0$ 이므로

$p_t = p_{t2} - p_{t1} = p_{t2} = p_{s2} + p_{d2}$ (kg_f/m^2)

$p_s = p_t - p_{d2} = p_{s2}$ (kg_f/m^2)

(2) 송출구에서 정압은 $p_{s2} = 0$ 이므로

$p_t = p_{t2} - p_{t1} = p_{d2} - (p_{s1} + p_{d1})$ (kg_f/m^2)

$p_s = p_t - p_{d2} = -(p_{s1} + p_{d1})$ (kg_f/m^2)

4.3 상사법칙

원심 및 축류송풍기에 적용되는 상사법칙은 원심 및 축류펌프에 대한 상사법칙과 똑같이 성립하는데, 다만 양정 H 대신에 압력 p/γ를 사용하고 있는 것이 다르다.

2대의 구조가 상사인 송풍기에서 각각 회전차 지름을 D_1, D_2, 회전수를 N_1, N_2, 기체의 비중량을 γ_1, γ_2 라 하고, 특성곡선 상에서 서로 대응하는 위치(이를테면 최고 효율점)에서의 풍량을 Q_1, Q_2, 풍압을 p_1, p_2, 축동력을 L_1, L_2 라 하면

$$Q_2 = Q_1\left(\frac{D_2}{D_1}\right)^3\left(\frac{N_2}{N_1}\right) \quad ⓐ$$

$$p_2 = p_1\left(\frac{\gamma_2}{\gamma_1}\right)\left(\frac{D_2}{D_1}\right)^2\left(\frac{N_2}{N_1}\right)^2 \qquad ⓑ$$

$$L_2 = L_1\left(\frac{\gamma_2}{\gamma_1}\right)\left(\frac{D_2}{D_1}\right)^5\left(\frac{N_2}{N_1}\right)^3 \qquad ⓒ$$

식 ⓐ에서 구한 D_1/D_2를 식 ⓑ에 대입하고 정리하면 비속도(比速度, 비교회전도, specific speed) n_s는 다음과 같이 된다.

$$n_s = N\frac{Q^{\frac{1}{2}}}{(p/\gamma)^{3/4}} \qquad ⓓ$$

보통 풍압 p는 송풍기전압 p_t를 사용하고, p_t와 유량 Q는 특성곡선 상에서 최고 효율점에서의 값을 취한다.

n_s의 각 요소의 단위는 N은 rpm, Q는 m^3/min, p_t는 kg_f/m^2 = mmAq, γ는 kg_f/m^3이다. 그림15는 가로축에 n_s, 세로축에 η_t를 잡아 각종 송풍기의 $n_s \sim \eta_t$를 나타낸 것이다. 이는 송풍기 설계에 있어서 기종을 결정하는 데 중요한 참고자료가 된다.

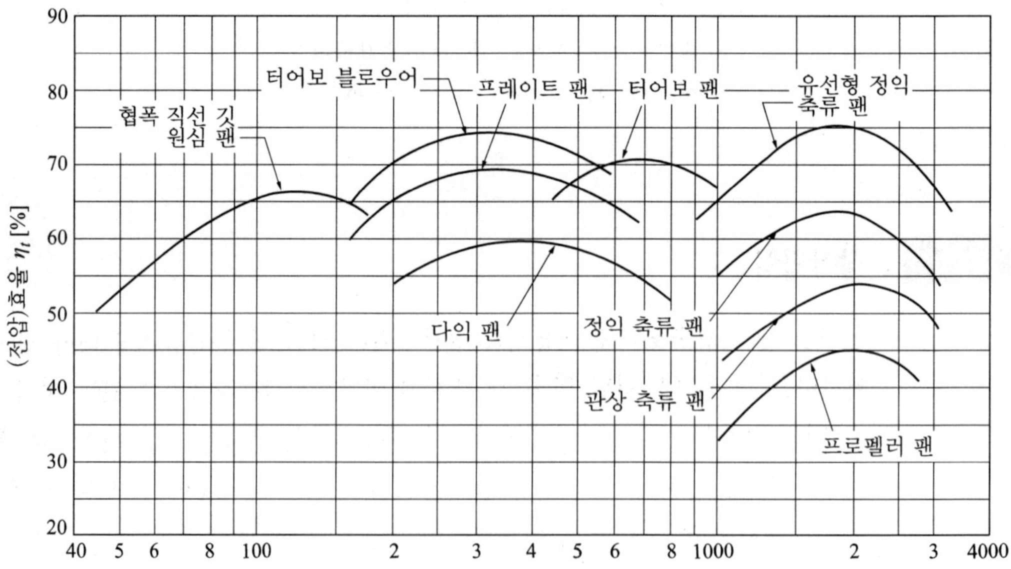

그림15. 각종 송풍기의 효율

예제 47

어떤 지하상가에 제연설비를 화재안전기준과 아래 조건에 따라 설치하려고 한다.

[조건]	① 주덕트의 높이 제한은 600 mm이다. 단, 강판두께, 덕트플랜지 및 보온두께는 고려하지 않는다. ② 배출기는 원심다익형이다. ③ 각종 효율은 무시한다. ④ 예상제연구역의 실제배출량은 45,000 m^3/H이 필요하다.

(1) 배출기의 흡입측과 배출측의 주덕트의 최소폭(m)을 구하시오. 단, 화재안전기준이 정하는 바에 따라 배출기 흡입측 풍도 안의 풍속은 15 m/s 이하로 하고, 배출측 풍속은 20 m/s 이하로 한다.

(2) 준공 후 가동시험을 한 결과 풍량은 36,000 m^3/H, 회전수는 600 rpm, 축동력은 7.5kW로 측정되었다. 제연설비의 화재안전기준에서 정하고 있는 배출량 45,000 m^3/H를 만족시키기 위한 배출기의 회전수(rpm)를 구하시오.

(3) (2)와 같이 회전수를 높여서 배출량을 만족시킬 경우의 예상축동력(kW)을 계산하시오.

해설

(1) 흡입측 단면적 $A_i = \dfrac{Q}{V} = \dfrac{45{,}000\,\text{m}^3/\text{hour}}{15\,\text{m/s}} = \dfrac{12.5\,\text{m}^3/\text{s}}{15\,\text{m/s}} = 0.83\,\text{m}^2$이므로

흡입측 주덕트의 폭은 $L_i = \dfrac{0.83\,\text{m}^2}{0.6\,\text{m}} = 1.383\,\text{m}$

배출측 단면적 $A_o = \dfrac{Q}{V} = \dfrac{45{,}000\,\text{m}^3/\text{hour}}{20\,\text{m/s}} = \dfrac{12.5\,\text{m}^3/\text{s}}{20\,\text{m/s}} = 0.625\,\text{m}^2$이므로

배출측 주덕트의 폭은 $L_o = \dfrac{0.63\,\text{m}^2}{0.6\,\text{m}} = 1.05\,\text{m}$

(2) 유량에 관한 상사법칙 $Q_2 = Q_1\left(\dfrac{D_2}{D_1}\right)^3\left(\dfrac{N_2}{N_1}\right)^1$에서 $D_1 = D_2$이므로

$$N_2 = N_1\frac{Q_2}{Q_1} = 600\,\text{rpm} \times \frac{45{,}000\,\text{m}^3/\text{h}}{36{,}000\,\text{m}^3/\text{h}} = 750\,\text{rpm}$$

(3) 동력에 관한 상사법칙 $L_2 = L_1\left(\dfrac{\gamma_2}{\gamma_1}\right)\left(\dfrac{D_2}{D_1}\right)^5\left(\dfrac{N_2}{N_1}\right)^3$에서 $\gamma_1 = \gamma_2$, $D_1 = D_2$ 이므로

$$L_2 = L_1\left(\frac{\gamma_2}{\gamma_1}\right)\left(\frac{D_2}{D_1}\right)^5\left(\frac{N_2}{N_1}\right)^3 = 7.5\,\text{kW} \times \left(\frac{750\,\text{rpm}}{600\,\text{rpm}}\right)^3 = 14.648\,\text{kW}$$

5. 송풍기의 저항 – 덕트시스템의 저항곡선과 작동점(운전점)

관로(管路) 또는 장치에 공기를 보낼 때 그 관로 또는 장치 고유의 저항이 있으므로 이에 이겨낼 수 있는 압력을 송풍기가 내지 않으면 공기는 흘러가지 않는다. 관로에 공기를 보낼 때와 같이 풍량(또는 풍속)의 2승에 비례하는 저항 R_d(동적저항)와 수조의 밑에서 공기를 분출시킬 경우와 같이 풍량(또는 풍속)과 관계없는 일정한 저항 R_s(정적저항) 두 가지가 있다. 실제로는 R_d 라든가 또는 R_d 와 R_s 가 함께인 경우이지만 일반적으로 R_d 만인 경우가 많다. 이를 그림으로 나타내면 그림16과 같으며 R_d 는 풍량의 2승에 비례하므로 당연히 0점을 지나는 2차 곡선이 되고, R_s 는 그 저항치가 풍량과 무관계하므로 수평선으로 나타내진다. 이들의 저항을 나타내는 곡선을 저항곡선이라고 한다. 관로 또는 장치가 결정되어야 저항곡선이 결정되며 형상, 치수 등을 변경하지 않는 한 변하지 않는다. 관로 중에 설치하는 밸브류도 변화를 주는 형상변경이므로 밸브류를 개폐할 때도 이 저항곡선은 그 개도(開度)에 따라 변경하게 된다.

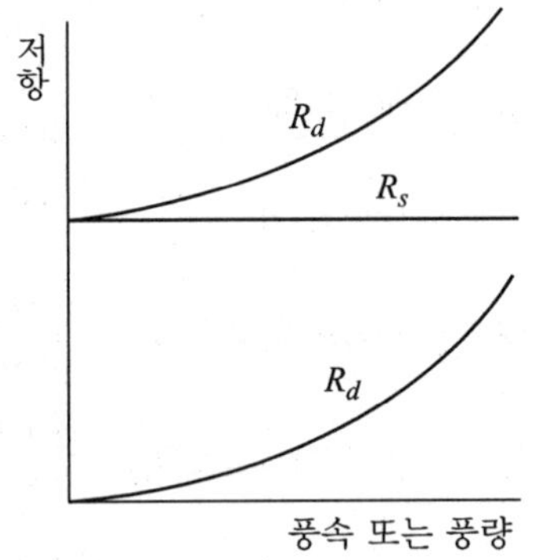

그림16. 송풍저항과 송풍기압력의 관계

그림17에서 관로의 저항을 R이라 하고 송풍기가 내는 정압을 p_s라 하면 송풍할 수 있는 풍량은 저항과 정압이 같은 점, 즉 R곡선과 p_s 곡선과의 교차점 Q_1 이 된다. Q_1 의 풍량을 R저항의 관로에 송풍하기 위해서는 p_s 곡선을 가진 송풍기를 설치해야 한다. 송풍기가 어느 정도의 풍량을 내고 있는가는 이 저항곡선과 압력곡선과의 교차점에서 정해지므로 이 점을 작동점 또는 작용점 또는 운전점이라고 하며 송풍기 취급상 중요한 점이다.

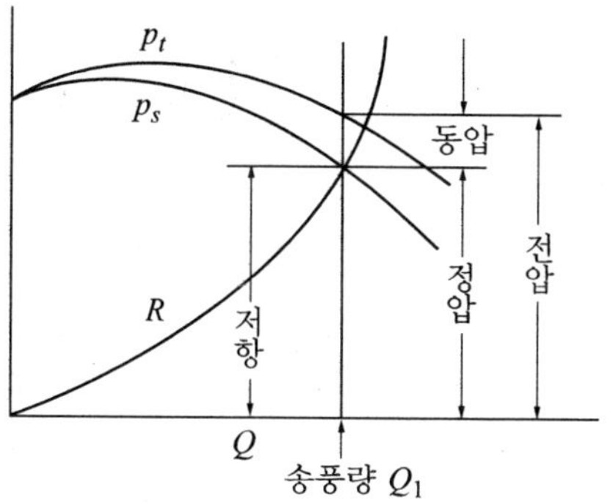

그림17. 저항곡선

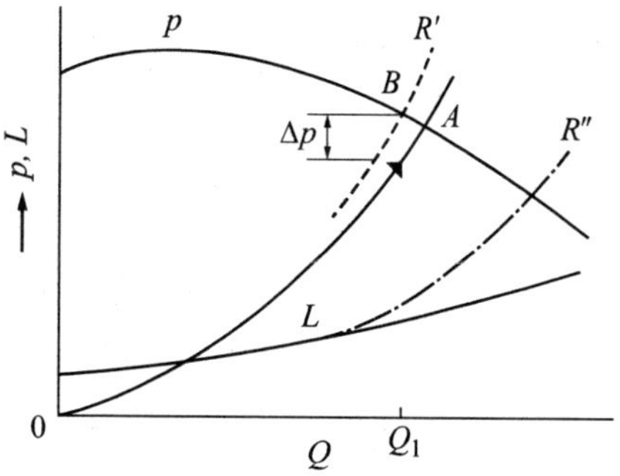

그림18. 저항곡선과 성능곡선

이 저항 때문에 흐르는 공기가 지닌 압력에너지의 일부가 손실되므로 저항, 즉 압력손실이기도 하다. 저항을 압력손실 또는 단지 손실이라고도 하지만 이들은 송풍기에 요구되는 정압(靜壓)을 말한다.

그림18과 같이 요구풍량 Q_1 보다 여유가 있는 송풍기가 있을 때 어떻게 되는지 알아보자. 저항곡선과 압력곡선과의 교차점이 작동점이 되므로 A점에 해당하는 풍량을 송풍하게 되며 동력도 이에 해당하는 동력만큼 걸리게 된다. 풍량이 규정풍량보다도 크게 송풍되어도 지장이 없고 또한 동력도 과부하됨이 없다면 그대로의 상태로 운전하면 된다. 그러나 규정풍량을 송풍해야 하면 규정풍량까지 제어하지 않으면 안 된다. 그러기 위해서는 토출 또는 흡입댐퍼 혹은 흡입베인 등을 조여서 규정풍량으로 해야 한다. 이 경우 댐퍼류는 저항이 되므로 저항곡선은 $0-R$에서 $0-R'$로 옮아가며, 이 새로운 저항곡선 $0-R'$와 압력곡선과의 교차점 B에 해당하는 규정풍량이 송풍하게 되어 동력도 규정한 대로 되는 것이다. 상식적으로 풍량이 많을 경우 죄면 좋으나 이를 곡선 위에서 설명하면 이상 기술한 대로이다. 댐퍼를 더욱 닫으면 이 저항곡선 $0-R'$는 더욱 좌측으로 서가며 끝까지 닫는 극한의 경우를 생각하면 풍량 0이므로 $0-R'$ 곡선과 y축 직선이 일치되게 된다.

수요가에서 주어진 풍량, 압력(靜壓－抵抗)을 만족시키는 송풍기를 현장에 설치해서 운전했을 경우 관로, 장치 등의 저항이 계획대로이라면 규정과 같은 풍량을 송풍할 것이다. 그러나 대다수의 경우는 계획과 실제는 거의 일치하지 않는다. 계획에 충분히 여유를 둔 다음, 계획변경 등 때문에 더욱 저항이 적어졌을 경우를 생각하면 그림18에 나타낸 것과 같이 된다. 즉, 계획저항곡선 $0-R$에 대해 저항이 적었으므로 $0-R''$과 같이 곡선이 눕게 된다. 그래서 앞에서도 언급한 바와 같이 풍량이 지나치게 많아지거나 동력이 과부하가 될 염려가 있다. 이러한 경우는 필요에 따라 댐퍼를 닫으면 된다. 이와는 반대로 계획 시보다도 저항이 증대되는 때도 있는데 이 경우에는 $0-R$ 곡선은 $0-R'$곡선으로 옮겨간다. 그리하여 규정풍량이 나오지 않게 된다. 이러한 경우에 규정풍량을 나오게 하기 위해서는 저항을 감소시킬 수 있다면 감소시키는 방법을 세우면 좋으나 일반적으로 이것은 불가능하다. 그러므로 송풍기가 V벨트 구동일 경우에는 V벨트 바퀴를 교체해서 송풍기의 회전속도를 올려 압력곡선을 상승시킨다. 규정풍량선(規定風量線)과 저항곡선(抵抗曲線)과의 교차점에 도달될 때까지 회전속도를 올리면 된다. V벨트 구동이 아니고 전동기 직결일 경우에는 회전차의 외경(外徑)을 크게 하든가, 그것이 안 될 경우는 최후의 수단으로서 더욱 큰 송풍기로 바꿔야 한다.

송풍기의 특성은 회전속도를 변화시키면 일정한 법칙에 따라 풍량, 압력, 동력이 변화되는 것이다.

또한 흡입상태가 변화했을 때도 성능에 큰 영향을 미친다.

6. 송풍기의 풍량제어

송풍기의 토출풍량(吐出風量)을 조절하기 위해서는, 즉 압력곡선과 저항곡선과의 교차점을 바꿔주기 위해서는 저항곡선 또는 압력곡선을 바꿔주는 외에 다음과 같은 여러 가지 방법이 있다.

6.1 토출밸브 조절

송풍기의 토출관에 부착한 토출밸브 또는 토출댐퍼를 개폐시켜 풍량제어를 하는 방법이다.

그림19와 같이 토출밸브에 의해 $0-R_0$에서 $0-R_1$로 하고 풍량을 Q_0에서 Q_1로 감소시키는 방법이다. 이 경우 Δp_1이 밸브의 저항(抵抗, 損失)이 되며, 동력도 L에서 L_1으로 감소된다.

그러나 풍량을 조절하면 동력은 동력곡선 위를 따라 변화하며, 밸브의 저항은 손실이 되므로 이 방법은 가장 간단한 방법이지만 가장 동력적(動力的)으로 비경제적인 방법이다. 따라서 소동력(小動力)의 것이든가 조절범위가 작을 때 또는 드물게 조절할 때만 채용하는 것이 좋다.

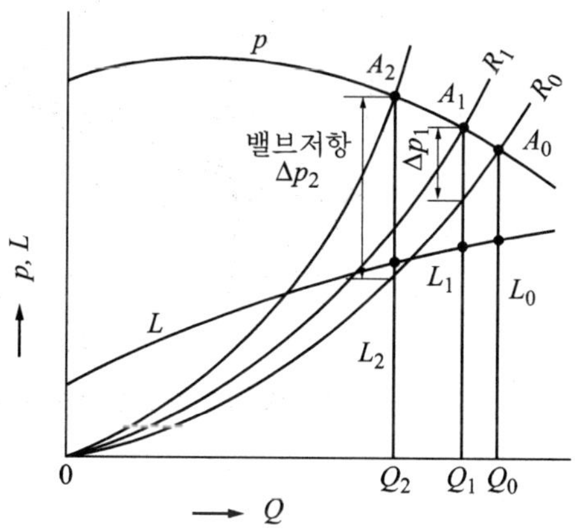

그림19. 토출밸브의 성능설명

6.2 흡입밸브 조절

흡입밸브 또는 흡입댐퍼를 조절하여 풍량제어를 하는 방법이다. 그림20에서 p곡선이 흡입밸브 전개(全開)인 경우의 압력곡선이라고 하면 흡입밸브의 개도(開度)를 순차적으로 조절해가면 p_1, p_2 … 의 압력곡선이 얻어지며 저항곡선 $0-R$과의 교차점에서 풍량은 각각 Q에서 Q_1, Q_2의 풍량으로 조절된다. 이 경우 동력은 동력곡선 L에서 L_1, L_2 … 와 같이 흡입밸브에 의해 죄어졌으므로 흡입구에서 부압(負壓)이 되어 가스 비중량이 가벼워진 만큼 동력도 가벼워진다. 따라서 전항(前項)의 토출밸브조절보다도 유리하며 압력이 높을수록 동력경감의 비율도 커지므로 유효한 방법이다. 또한 흡입을 죄면 죌수록 압력곡선은 우측으로 내려가는 곡선이 되어 정점(頂點)이 좌측으로 이동되므로 서징(surging)을 방지할 수도 있다. 그러나 가스 송풍기 등의 경우에는 흡입밸브를 지나치게 조여서 grand 패킹 부분이 부압(負壓)이 되면 대기를 흡입할 수 있으므로 충분히 주의해야 한다.

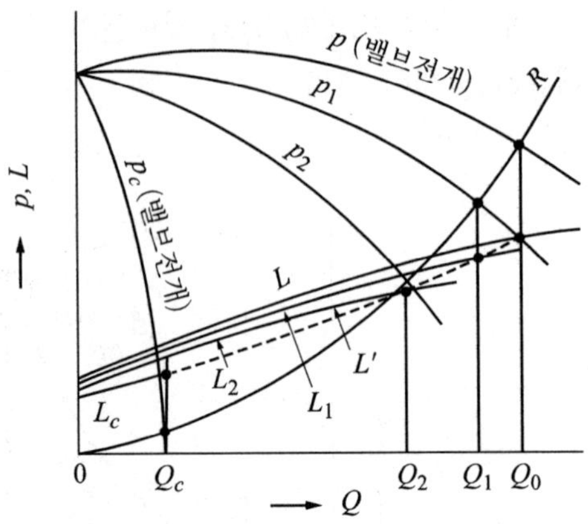

그림20. 흡입밸브의 성능설명도

6.3 흡입베인 조절

이 방법은 보통 색션베인콘트롤(section vane control)이라고 하며 흡입밸브가 아니고 흡입베인에 의해 풍량을 조절하는 방법이다. 송풍기의 임펠러 흡입부의 케이싱에 8~16매의 방사상의 가동익을 두고 이들의 개도(開度)를 일제히 조절하여 회전차 입구의 기류(氣流)의 절대속도의 선회도(旋回度)를 바꿈으로써 풍압, 풍량을 바꾸는 방법이다.

이론압력상승 $p_{th\infty}$ 는 오일러의 식에 의해 $p_{th\infty} = \frac{\gamma}{g}(u_2 v_2 \cos\alpha_2 - u_1 v_1 \cos\alpha_1)$으로 나타내며, 선회도를 크게 하면 u_1이 커져서 $p_{th\infty}$ 가 감소하므로 동력도 감소한다.

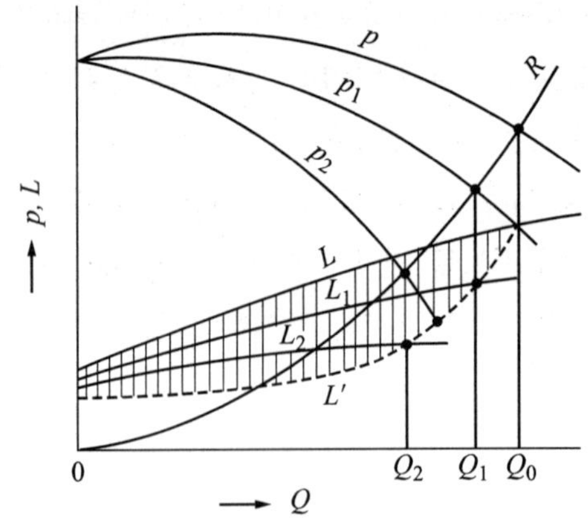

그림21. 흡입베인의 성능설명도

그림21은 이 성능을 나타낸 것이고 흡입베인의 개도(開度)를 닫아감에 따라 압력곡선은 p_1, p_2 … 으로 변화하며, 동력곡선은 L_1, L_2와 같이 감소하여 간다.

전항(前項) 흡입밸브에 의한 방법과 비슷하지만, 동력의 경감은 훨씬 크다. 여기서 저항곡선 $0-R$과의 교차점에서 풍량 Q가 각각 Q_1, Q_2 … 와 같이 제어되었을 경우 동력은 동력 곡선 L'를 따라 경감되어 간다.

토출밸브 제어의 경우 kW곡선을 따라 경감되어 가므로 그것과 비교하면 2곡선 사이에 있는 선분(線分, 그림에서 세로 해칭을 한 부분)에 해당하는 동력이 절약된다. 따라서 이 방법은 동력적으로 대단히 유리한 방법이다.

이 방법은 각 방면에서 널리 쓰이지만, 가스 속에 더스트를 많이 함유할 경우, 가스 온도가 높을 때는 더스트의 부착, 더스트에 의한 마모, 열팽창에 의한 왜곡 등 때문에 사고를 일으키기 쉬운 단점이 있다.

다단송풍기의 경우는 2～3단의 범위까지이고, 그 이상을 제1단 흡입베인으로 조절하더라도 효과는 적다. 원심식뿐만 아니라 축류식에도 많이 채용되고 있다.

6.4 회전속도제어

송풍기의 회전속도를 변화시켜서 풍량제어를 하는 방법으로서 가변속전동기(加變速電動機)를 사용할 경우와 정속전동기(定速電動機)를 사용해서 송풍기와의 사이에 유체커플링 등을 삽입하여 회전속도를 변화시키는 때도 있다. 전동기의 회전속도를 변화시키는 방법은 다음과 같다.

① 권선형(捲線形) 유도전동기(誘導電動機)를 써서 2차회로의 저항변화에 의해 회전속도를 변화시키는 방법 : 장치는 간단하며, 제어범위도 100～70%까지 가능하고, 자동제어도 쉽게 할 수 있다.

② 3상 정류자전동기(三相 整流子電動機)에 의한 방법 : 장치는 간단하지만, 전동기의 구조가 복잡하므로 고가(高價)가 된다. 연구용 이외에는 그다지 쓰지 않는다.

③ 극수변환전동기(極數變換電動機)를 써서 2단변속으로 하여 다른 조정장치를 병용하는 방법 : 제어범위가 넓을 경우는 ①의 방법으로는 모두 제어할 수 없으므로 극수 변환이 되는 고저2단변속전동기(高低2段變速電動機)를 써서 풍량에 큰 변화를 주며 또한 댐퍼 또는 흡입베인 등에 의해 풍량을 조정하는 방법이다.

회전속도를 변화시켰을 경우 성능의 변화는 다음 식과 같으며 또 그림으로 나타내면 그림22와 같다.

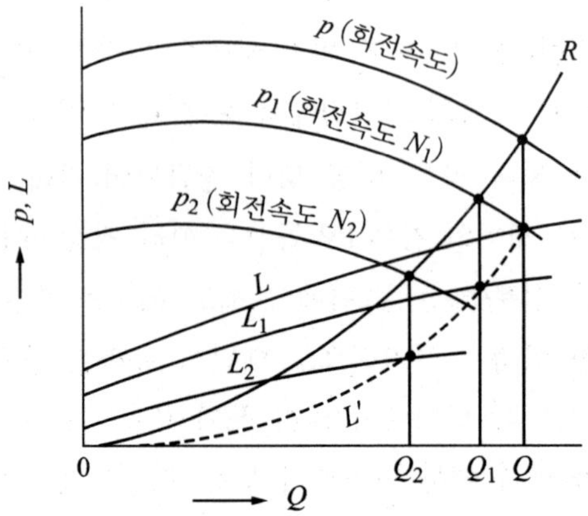

그림22. 회전속도변화의 성능 설명도

회전속도 N_1일 때 풍량 Q_1, 압력 p_1, 동력 L_1, N_2일 때 Q_2, p_2, L_2라 하면

$$Q_2 = Q_1\left(\frac{N_2}{N_1}\right)$$

$$p_2 = p_1\left(\frac{N_2}{N_1}\right)^2$$

$$L_2 = L_1\left(\frac{N_2}{N_1}\right)^3$$

이다.

이밖에 V벨트 구동 또는 기어장치에 의한 구동일 경우에는 풀리 또는 기어를 교체하여 회전비를 바꿔서 풍량제어를 하는 방법도 있다. 이 방법은 효율의 저하 없이 할 수 있는 장점을 갖고 있으며 여름, 겨울 등 계절에 따라 풍량을 바꿀 경우에 쓴다.

여기서 주의할 점은 회전속도의 변화에 의한 성능의 변화는 상기(上記)의 비례법칙에 따라 변하지만, 실제의 풍량은 이 법칙에 따라 변한다고는 할 수 없다. 실제의 작동점(운전점) －실제의 풍량－ 은 어디까지나 관로계의 저항곡선과 변화된 새로운 압력곡선과의 교차점에서 결정된다. 단지 송풍기에서는 거의 모든 경우 저항곡선은 0 원점을 지나는 2차 곡선이므로 비례법칙에 의한 풍량과 실제의 풍량이 대체로 일치하지만, 반드시 일치한다고 볼 수는 없다.

6.5 날개의 부착각도 변화

축류식에서는 동익(動翼)을 가동익(可動翼)으로 하고 그 부착 각도를 변화시킴으로써 효율의 저하가 없이 광범위하게 풍량을 조절할 수 있다. 그러나 운전 중에 동익의 부착각을 움직인다는 것은 구조가 복잡, 고가가 되므로 빈번히 제어할 필요가 없을 때는 기계를 정지시켜 날개의 각도를 변경시키는 구조의 것이 좋다.

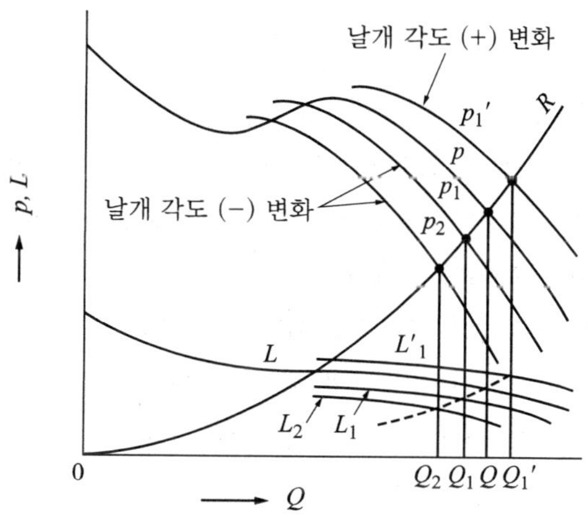

그림23. 날개의 장착각 변화의 성능설명도(축류송풍기의 경우)

6.6 대수제어

소요의 풍량을 내는 송풍기를 1대 설치해서 필요 풍량으로 제어하는 방법을 전항(前項)까지 설명했으나 이 방법에 따르면 송풍기 효율이 낮은 곳에서 운전해야 한다. 송풍량으로 제어하면 할수록 효율은 한층 더 저하된다. 대수제어로써 이를 방지할 수 있다. 이것은 1대의 송풍기로 공급할 수 있는 풍량을 2대 이상으로 분할해서 필요에 따라 필요대수만큼의 송풍기를 병렬운전하는 방법이다. 광범위한 풍량제어를 효율좋게 할 수 있다. 하수처리상의 폭기(曝氣)블로워, 자동차터널 환기용 축류 팬 등은 이 방법에 따라 풍량제어를 하고 있다. 병렬운전(竝列運轉)에 관해서는 연합운전 항(項)에서 설명한다.

6.7 풍량제어방식의 선정

앞에서 기술한 각종 제어방식 중 어떤 것을 선정하는가는 다음의 각항을 종합적으로 검토해서 정한다. 여기서 말하는 제어효율(制御效率) η_c란 다음 식과 같다.

$$\eta_c = \frac{\left(\dfrac{\text{부합부하 시의 송풍기 공기동력}}{\text{부합부하 시의 전동기 입력}}\right)}{\left(\dfrac{\text{전부하 시의 송풍기 공기동력}}{\text{전부하 시의 전동기 입력}}\right)} \times 100(\%)$$

그림24에 각 방식의 제어효율을 나타낸다. 점선은 풍량 75%이고 저속으로 극수를 변환했을 경우의 흡인베인의 제어효율이다. 토출댐퍼가 가장 나쁘고 유체커플링이 중간이며, 고저속 2단계 속도변화 흡입베인에 의한 것이 가장 좋음을 알 수 있다(단, 풍량 100～40%의 범위에서).

댐퍼 및 흡입베인의 개도(開度)와 풍량의 관계는 그림25와 같이 개도가 100～70%의 범위에서는 거의 풍량의 제어를 하지 않는다. 따라서 베인 개도와 풍량을 가능한 한 비례시키고자 할 경우는 풍량 50～60% (베인 각도 45～54°)를 전개도(全開度)로 써 계획하는 것이 좋다.

베인 개도(開度)와 베인에 가해지는 토크의 관계는 그림26과 같으며 베인면(面)의 중심에 회전축을 부착했을 경우 토크는 항상 베인을 닫는 방향으로 주어져야 한다.

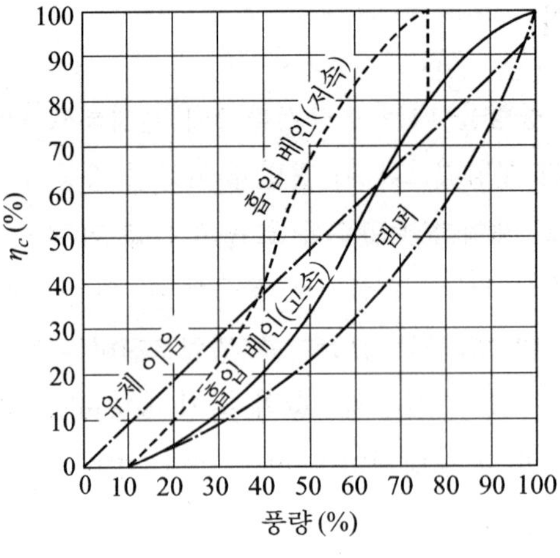

그림24. 각종 제어방식의 제어효율

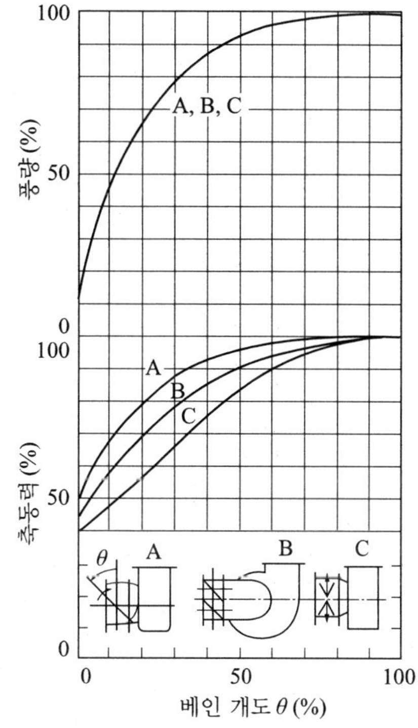

그림25. 댐퍼 및 흡입베인의 특성(풍량 및 축동력)

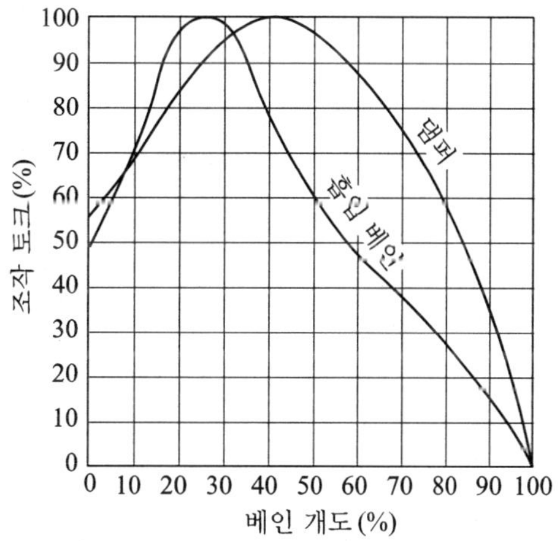

그림26. 댐퍼 및 흡입베인의 특성

표1. 각종 풍량 제어방식의 비교

종류	취급가스의 영향	설비비	제어 효과	제어 시 성능의 안정성	유지 보수	제어의 원리	풍량의 변화	축동력의 변화
토출 밸브 및 토출댐퍼	직접 가스에 접촉되므로 영향이 있음. 단 구조가 간단해서 보통 그다지 문제가 되지 않음	싸다	가장 불량함	제어할수록 불량	극히 용이	토출측 저항을 증대하고 저항곡선을 바꿈	베인의 각도와 풍량은 비례되지 않음. 전개(全開) 부근에서 민감함. 전폐에서 반개(半開)까지 거의 풍량변화 없음	전개 시의 동력곡선상(動力曲線上)을 이행(移行)함
흡입밸브 및 흡입댐퍼	同上	싸다	토출댐퍼보다는 약간 좋으나 흡입베인 변속보다는 월등히 불량함	제어할수록 양호해짐	극히 용이	흡입측 저항을 증대하고 흡입측 압력곡선을 바꿈		흡입가스가 가벼워진만큼 토출댐퍼에서도 동력이 적어짐
흡입베인	직접 가스에 접촉하며 또한 구조가 댐퍼에 비해 복잡해서 청정한 상온가스 이외에는 부적당함	댐퍼보다 비싸고 변속보다 대단히 싸다	풍량 약 70~100%의 범위에서는 최고 양호함. 80% 이하라도 비교적 양호함	同上	약간 복잡	임펠러에 대한 가스유입용도를 바꾸고 압력곡선을 바꿈	위와 같음	전개 시 동력곡선보다 대단히 낮은 곡선 상을 이행함. 단, 마감점에서는 댐퍼와 거의 동일함
변속 전동기 및 유체이음	취급 가스에 관계없음	비싸다	풍량 약 70~100%에서는 흡입베인보다 못하고 80% 이하에서는 최고 양호함	제어해도 제어 전과 같음	복잡	임펠러 회전 속도를 바꾸고 압력곡선을 바꿈	회전속도와 풍량은 비례함	대략 회전속도의 3승에 비례해서 변화됨

흡입베인일 경우 이것을 조작하는데 필요한 토크의 최대치는 다음 식에 의해 계산된다.

$$T_{max} = 2 \sim 2.5 \times 10^{-6} \times Q^{3/2} p \ (\mathrm{kg_f \cdot m})$$

여기서, T_{max} : 조작토크의 최대치($\mathrm{kg_f \cdot m}$)

Q : 규정풍량($\mathrm{m^3/min}$)

p : 규정승풍압(規定昇風壓) (mmAq)

이다.

흡입댐퍼 또는 베인방식일 경우라도 계획과 실제와의 저항의 어긋남을 보정하기 위해 토출댐퍼를 설치해 두면 편리하며, 자동제어방식일 경우에는 풍량제어의 개도(開度) 범위를 가능한 한 크게 또한 일정하게 해두는 데 필요하다. 표1에 각종 풍량제어 방식의 비교를 나타낸다.

6.8 날개가공

풍량제어를 하려면 전항(前項)에 기술한 각종 방법이 있으나 송풍기의 능력이 지나치게 크거나 시방조건(示方條件)이 변동되어 항상 댐퍼 죔으로 운전해야 할 때가 있다. 이는 대단히 비경제적인 방법이므로 전동기의 부하를 감소시키는 점에서도 임펠러의 외경을 작게 가공할 때가 있다. 이 경우 주판(主板), 측판(側板)과 함께 날개판을 가공하는 방법과 주판, 측판은 그대로 두고 날개만을 가공하는 방법이 있다. 효율의 저하가 적은 점과 공작이 쉬운 점 등으로 후자의 방법을 취할 때가 많다.

7. 연합운전

연합운전이란 2대 이상의 송풍기를 병렬 또는 직렬로 운전함을 말한다. 송풍기의 풍량을 증가시키고자 하면 여러 대의 송풍기를 병렬로 설치해 두고 필요대수를 병렬로 운전하는 방법을 병렬운전이라고 한다. 또 풍압이 부족할 경우 송풍기를 직렬로 운전해서 필요 풍압을 내게 운전하는 방법을 직렬운전이라고 한다. 어느 경우도 사용 상태의 저항곡선에 대해 충분히 검토하지 않으면 그 효과를 얻지 못한다.

7.1 병렬운전

동일 성능의 송풍기 2대를 병렬운전을 할 경우, 그림27과 같이 1대의 압력곡선이 $abcd$ 이면 2대 병렬운전 시의 압력곡선은 $abc''d'$ 가 된다.

그림에서 알 수 있듯이 명확히 풍량은 2배이므로 병렬운전에 의해 풍량이 배로 된 것으로 보기 쉽다. 그러나 송풍관(送風管)은 그대로라고 본다면 저항곡선(抵抗曲線)은 1대만의 운전일 때와 같다. 저항곡선이 $0-c'$ 라고 하면 1대의 경우는 c 점에 해당하는 풍량이었던 것이 2대의 경우에는 c' 에 해당하는 풍량으로 증가하는 데 불과하다. 저항곡선이 서 있으면 서 있을수록 그 증가의 비율은 낮으므로 병렬운전의 효과는 올라가지 않는다. 보통 20～30% 정도의 풍량증가만 얻을 수 있는 것이 보통이다. 효율도 송풍기의 작동점이 다르므로 달라진다는 점을 주의해야 한다.

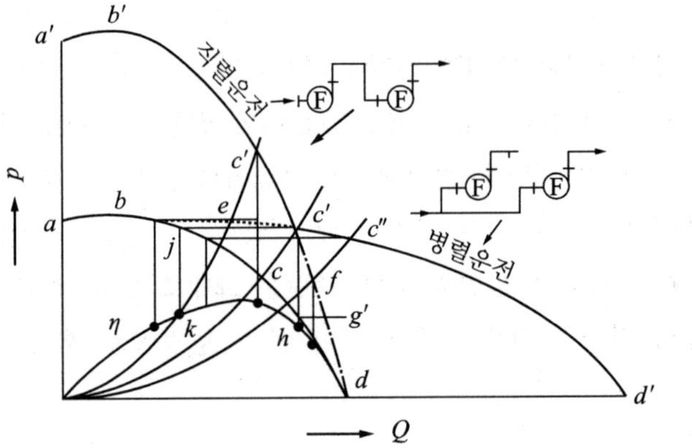

그림27. 연합압력곡선(송풍기가 동일한 경우)

7.2 직렬운전

동일 성능의 송풍기 2대를 직렬운전할 경우, 그림27에서 1대의 압력곡선이 $abcd$ 이면 2대 직렬운전 시의 압력곡선은 $a'b'c'd$ 이다.

이 경우도 병렬운전과 마찬가지로 저항곡선의 교차점에서 송풍기가 작동되므로 1

대의 경우 c점에 해당하는 압력이, 2대에서는 c'점에 해당하는 압력으로 상승할 뿐이며, 결코 2배의 압력이 얻어지는 것은 아니다. 저항곡선이 뉘어 있으면 뉘어 있을수록 이 증가의 비율이 낮아서 직렬운전의 효과를 얻을 수 없다.

풍량증가를 바랄 경우 병렬・직렬운전의 어느 쪽을 선택하는 것이 좋은지를 그림에서 생각해 본다. 저항곡선이 $0-c'$일 때는 어느 운전이라도 풍량의 증가는 같으나 축동력에서 보면 병렬에서는 j점에 해당한 축동력이면 되는 데 반해, 직렬에서는 g'점에 해당한 동력이 되어, 병렬 쪽이 소동력(小動力)이면 되므로 병렬쪽을 선택해야 한다.

저항곡선이 $0-c''$일 경우를 생각하면 병렬에서는 e점에 해당하는 풍량인데 반해, 직렬에서는 c''에 해당하는 풍량이 얻어지므로 직렬을 선택한다.

또 저항곡선이 $0-c''$의 경우를 생각하면 마찬가지로 병렬운전을 선택해야 한다.

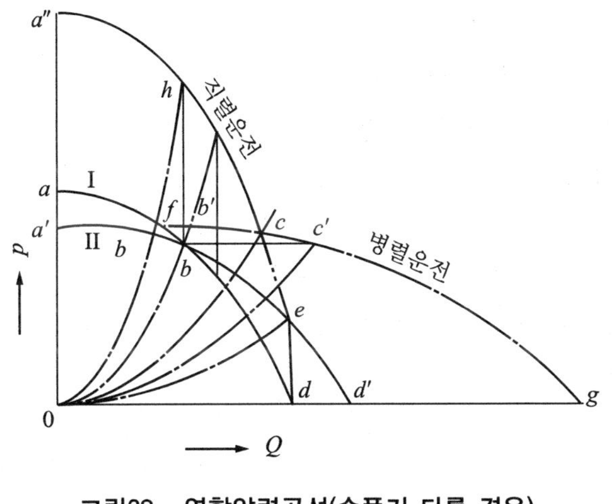

그림28. 연합압력곡선(송풍기 다를 경우)

이처럼 연합운전일 경우에는 저항곡선과 운전효율, 축동력에 대해서 종합 검토하여 어느 것을 선택할까를 결정해야 한다.

연합운전 시 반드시 같은 성능의 송풍기를 선택할 필요는 없다. 다른 성능을 가진 송풍기의 경우를 생각한다면 그림28을 얻는다. 여기서 e점은 직렬운전 가능의 한도점이고 b'점은 병렬운전의 한도점이다.

또 I호기가 운전에 들어갔고 II호기를 그 후에 운전했을 경우, 압력이 I호기에 져서 병렬운전으로 들어갈 수 없는 때도 있는 등, 성능이 심하게 다른 송풍기의 병렬운전은 피하는 것이 좋다.

8. 맥동현상과 그 방지법

원심식, 축류식 송풍기에서는 송출 쪽의 저항이 크게 되면 풍량이 감소되고, 어느 풍량에 대해서는 일정 압력으로 운전되지만, 우향상승특성(右向上昇特性)의 풍량까지 감소하면 관로에 격심한 공기의 맥동과 진동이 발생하여 불안정운전이 된다. 이러한 현상을 맥동현상(脈動現象, Surging)이라 한다. 즉, 맥동현상이란 송출풍량과 송출 압력의 주기적인 변동이 반복되면서 소음과 진동이 심해지는 현상이다.

그림29에서 풍량-풍압곡선 ABC의 정점(頂點) B보다 약간 작은 풍량의 점 S에서 풍량 0인 A점까지의 사이가 맥동현상의 범위이고 S점을 맥동현상 한계점이라 한다. 이 점은 회전차의 설계법, 압력의 고저, 송풍기의 형식에 따라 달라진다. 또한 송풍기의 흡입구, 토출구와 밸브까지 이르는 배관의 길이에 따라서도 달라진다. 일반적으로 이 한계는 압력비가 큰 만큼 크고 작은 만큼 작다.

압력비가 높은 대동력일수록 맥동현상은 현저하여 맥동현상이 발생하면 운전이 불가능하지만, 풍압이 작아 동력이 작은 것에서는 다소 맥동현상을 일으키고 있어도 알지 못하는 때도 있고 운전을 하는 것도 가능하다.

일반적으로 맥동현상을 일으키는 작은 풍량으로 장시간 운전하는 경우는 거의 없고 플랜트의 기동 시 부하가 변할 때라든가 간헐적 운전 시 맥동현상 한계 내에서 불가피하게 운전하는 경우가 있다. 이 경우 맥동현상을 방지하기 위해 다음과 같은 방법을 취한다.

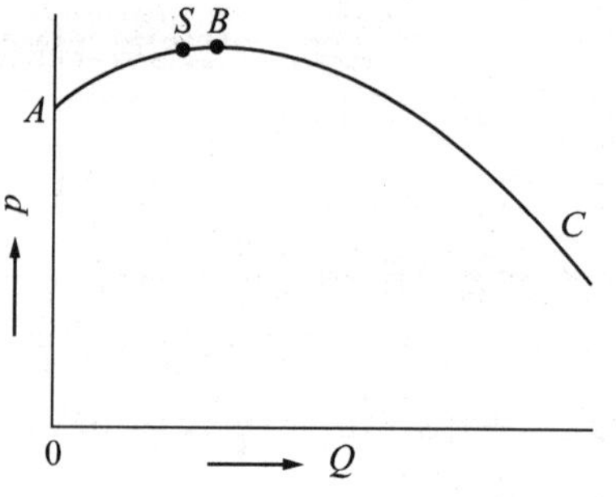

그림29. 맥동현상

8.1 방풍(放風)

가장 널리 사용되는 방법으로 운전 중에 필요풍량이 맥동현상 한계점이하가 된 경우나 풍량을 교축하여 맥동현상이 일어나게 되었을 때 그 이상 풍량은 교축하지 않고 반대로 토출측의 밸브에서 여분의 풍량을 대기로 내보내어 필요 풍량만을 목적물로 송풍하여 송풍기는 항상 맥동현상 밖에서 안정된 운전을 하는 방법이다.

그림30에서 Q_c를 목적물로 송풍하는 경우에 Q_B를 방풍밸브를 통해 방풍하여 송풍기로서는 Q_A를 송풍하는 방법이다. 이 경우 대기로 내보내더라도 위험이 없는 기체에 한한다. 방풍밸브는 유압 또는 공기압 등에 의해 자동조절을 할 수 있다.

이 방법은 제일 간단하지만 제일 비경제적인 방법이므로 항상 방풍하는 경우는 사용되지 않고 극히 드물게 사용될 때 채택된다. 또한 방풍밸브에서 방풍 시에 생기는 소음 때문에 방음장치를 설치할 필요가 있다.

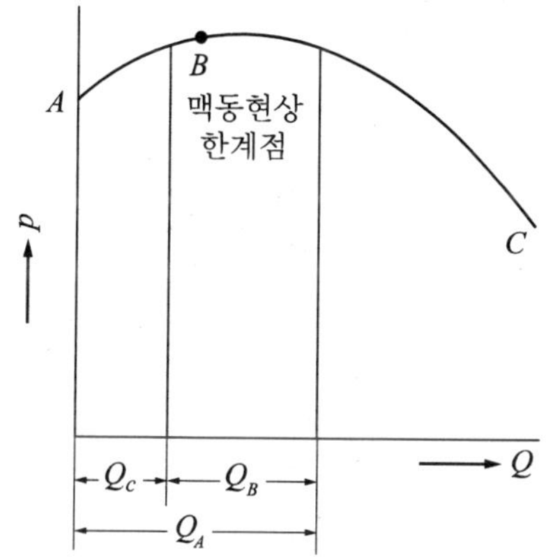

그림30. 방풍법

8.2 바이패스

방풍이 비경제적이고 위험이 있으므로 방풍밸브에서의 기체를 송풍기의 흡입측으로 되돌려 순환시키는 방법이 by-pass법이다. 이 경우 주의할 점은 압축열 때문에 고온이 된 기체를 그대로 흡입측으로 되돌려 보내면, 흡입기체의 온도가 상승하여 한층 더 압축열이 상승하여 기계적으로 좋지 못할 뿐만 아니라 소요 압력상승이 얻어지지 않게 되는 수도 있다. 이러한 경우는 냉각기를 통해 바이패스한 기체를 냉각하여 되돌려 보내나 송풍기에서 멀리 떨어진 배관 또는 탱크 속으로 되돌려 보낼 수 있으면 그 사이에서 기체가 냉각되므로 냉각기가 필요 없다.

8.3 흡입교축

흡입댐퍼 또는 깃(vane)을 교축(絞縮)하면 압력곡선이 오른쪽으로 내려가 맥동현상 한계가 그림31에 표시한 바와 같이 변한다.

흡입교축을 하지 않는 경우의 압력곡선을 p라 하고, 맥동현상 점을 C라 하면 흡입교축하여 각각 p', p''로 된 경우는 맥동현상 점은 C', C''로 왼쪽으로 이동해 맥동현상 한계가 좁아져 이를 방지할 수 있다.

그러나 이러한 방법은 흡입교축에 의해 송풍기의 흡입측이 부압(負壓, －압력)으로 되므로 grand패킹에서 케이싱 내로 공기를 흡입할 수도 있으므로 어떤 상황에서도 채용할 수 있는 방법은 아니다. 또한 흡입교축으로 댐퍼보다도 깃을 사용한 편이 동력적으로 경제적이다.

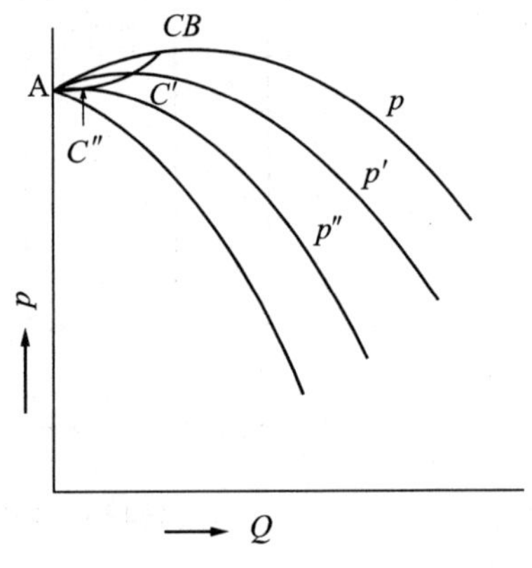

그림31. 흡입교축

8.4 회전차 출구 안내깃의 교축

회전차 출구에 안내깃을 설치하고 이를 교축하여 흡입교축과 똑같은 성능을 얻어 맥동현상을 방지하는 방법이다. 이 방법은 주로 다단 송풍기의 경우에 쓰면 효과적이지만, 기구상 복잡해지고 공기 속의 먼지가 기구에 쌓이거나 마모가 생기며 또 압축열에 의해 좋지 못한 일이 생기므로 현재는 거의 사용되지 않는다.

8.5 회전차 출구각도를 작게 한다.

맥동현상은 원심형에서는 피할 수 없는 현상이지만 우향하향곡선을 갖는 회전차를 설계할 수 있다면 다른 별도의 장치를 설치하지 않아도 이를 방지할 수도 있다. 이를 위해서는 날개의 출구각을 작게 하면 좋다. 예컨대 통상 출구각을 45°로 잡지만 이를 20°로 한 경우 그림32에 나타낸 바와 같이 맥동현상을 일으키지 않는 성능이 얻어진다. 그러나 각도를 작게 하는 만큼 회전차 외경을 크게 해야 하므로 송풍기 전체도 크게 되고, 그 결과 중량도 크게 되어 고가가 된다. 또한 회전차의 응력(應力)도 높아지므로 여러 가지 문제를 일으킨다. 아울러 효율의 저하는 피하지 못하므로 일반적으로는 채용되지 않고 있다.

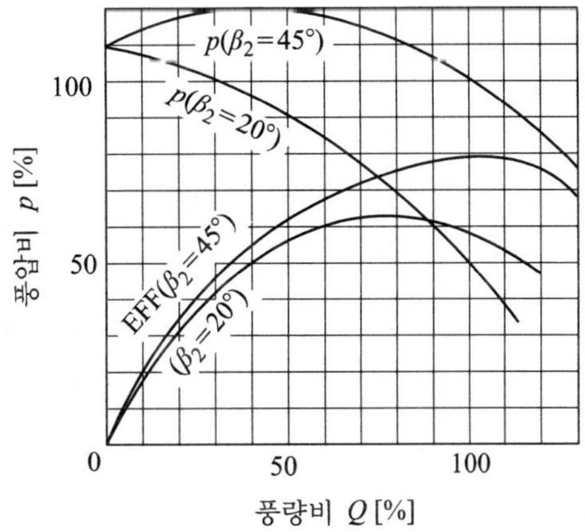

그림32. 회전차 출구각도와 압력 및 효율 곡선의 관계

8.6 2밸브 조작법

송풍기의 토출관로 중에 2개의 밸브를 설치하여 2밸브 사이의 용적이 임의의 정해진 값 이상으로 된 경우, 송풍기 가까이 있는 쪽이 밸브를 약간 교축함으로써 맥동현상을 방지하는 방법으로 이는 실험적으로도, 이론적으로도 증명되었다. 이를 2밸브 조작법(two valve controlling)이라 한다. 2밸브 사이의 용적은 탱크 같은 것이라도 좋다.

8.7 축류 동익 또는 정익 각도의 변화

축류형의 동익 또는 정익의 각도를 변화시킴으로써 맥동현상을 방지할 수 있다. 가변동익의 경우는 운전 중에 각도를 변화시켜야 한다.

※ 실속(失速)

축류식일 경우 소풍량(小風量)으로 조절해가면 동익면(動翼面)에 박리(剝離)가 생겨 선회실속(旋回失速, rotating stall)을 일으킨다. 이는 서징과는 전혀 다른 축류식 특유의 불안정현상이다.

실속(失速)은 동・정익 직후의 압력변동이기는 하지만 국부적이어서 그 감퇴는 대단히 빠르므로 토출구 배관으로의 영향은 적다. 따라서 서징과 같은 기계적 진동은 없고 소음도 그다지 없으나 이 때문에 때에 따라서는 동익이 피로파괴를 일으킬 때도 있다. 축류식의 계획 시에도 서징도 마찬가지로 다음과 같은 실속방지법을 고려해야 한다.

① 설계단계에 가능한 실속역(失速域)을 좁게 정한다.

② 서징과 가능한 한 마찬가지로 방풍밸브를 설치해서 방풍한다.

③ 동익(動翼) 또는 정익(靜翼)을 가동(可動)으로 하든가, 흡입베인의 조정을 한다. 다단(多段)일 경우 전단(全段)이 아니라도 앞쪽(前方) 1/3 정도까지의 단(段)의 동익을 가동으로 해도 효과가 있다.

연습문제

01. 조건을 참조하여 제연설비에 대한 다음 각 물음에 답하시오.

> [조건]
>
> ① 배연기의 풍량은 50,000 CMH (m^3/h)이다.
> ② 배연덕트의 길이는 120 m이고 덕트의 저항은 1 m당 0.2 mmAq이다.
> ③ 배출구의 저항은 8 mmAq, 배기그릴 저항은 4 mmAq, 관부속품의 저항은 덕트 저항의 40%이다.
> ④ 효율은 50%이고, 여유율은 10%로 한다.

(가) 배연기의 소요전압(mmAq)은 얼마인가?
(나) 배출기의 이론소요동력(kW)은?
[정답] (가) 45.6
(나) 13.55

02. 다음은 각종 제연방식 중 자연제연방식에 대한 내용이다. 주어진 조건을 참조하여 각 물음에 답하시오.

> [조건]
>
> ① 연기층과 공기층의 높이차는 3 m이다.
> ② 화재실의 온도는 707℃이고, 외부온도는 27℃이다.
> ③ 공기평균분자량은 28이고, 연기 평균분자량은 29이며, 기체상수 R은 848 kg · m/kg · K로 한다.
> ④ 화재실 및 실외의 기압은 1기압이다.
> ⑤ 중력가속도는 9.8 m/s^2으로 한다.

(가) 외부개구부로부터 연기의 유출속도(m/s)를 구하시오.
(나) 외부로부터 바람이 실내로 들어오도록 부는 때는 배연이 곤란하게 될 것이다. 외부풍으로 인해 배연이 안 되는 조건일 때의 외부풍속(m/s)을 산출하시오.
(다) 자연제연방식을 변경하여 화재실 상부에 배연기(배풍기)를 설치하여 연기를 배출하는 형식으로 한다면 그 방식은 무엇인가?
(라) 일반적으로 가장 많이 이용하고 있는 제연방식을 3가지만 쓰시오.

(마) 화재실의 바닥면적이 300 m^2고 팬의 효율을 60%, 전압 70 mmAq, 여유율 10%로 할 경우 설비의 풍량을 송풍할 수 있는 배출기의 최소동력(kW)을 산출하시오.

[정답] (가) 11.26

(나) 6.34

(다) 제3종기계제연방식

(라) 자연제연방식, 스모그타워제연방식, 기계제연방식

(마) 6.29

03. 제연설비에서 배출기의 배출풍량이 800 m^3/min, 전압이 10 mmAq이고 효율이 50%, 전압력 손실과 배연량 누설도 고려한 여유율을 10% 증가시킨 것으로 할 때 배연기의 동력(kW)을 계산하시오.

[정답] 8.714

04. 제연설비 제연구획 ①실, ②실의 소요풍량합계(m^3/min)와 축동력(kW)을 구하시오. 단, 이때 송풍기 전압은 100 mmAq, 전압효율은 50%이다.

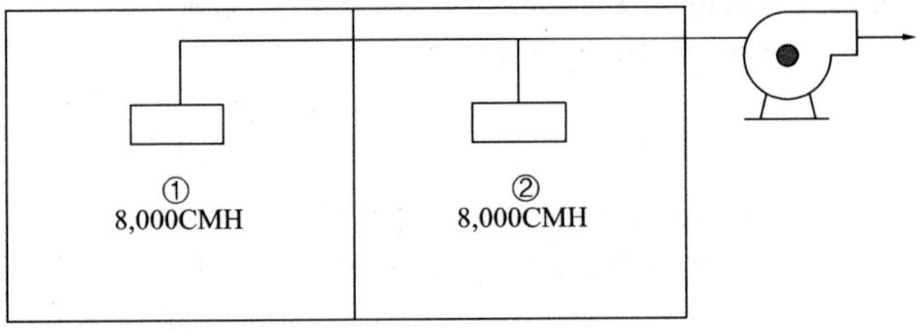

[정답] 266.666 m^3/min, 8.714 kW

05. 제연설비에서 배출기의 배출풍량이 800 m^3/min, 전압이 10 mmAq이고 효율이 50%, 전압력 손실과 배연량 누설도 고려한 여유율을 10% 증가시킨 것으로 할 때 배연기의 동력(kW)을 계산하시오.

[정답] 2.875

06. 제연구역의 바닥면적이 350 m^2일 때 제3종 기계제연방식으로 제연하기 위하여 필요한 송풍기용 전동기의 용량(HP)을 조건을 참조하여 계산하시오.

[조건]
① 송풍기의 효율은 70%이고 전압은 500 Pa이다.
② 동력전달효율은 95%, 여유율은 10%로 한다.
③ 피난을 위한 경유거실이 아니다.
④ 소요배출량은 바닥면적 1 m^2당 1 m^3/min으로 한다.

[정답] 6.47

07. 제연설비에 요구되는 이론적 풍량이 600 m^3/min이고 이때의 풍압이 2.5 mmHg로 하려면 전동기의 용량을 몇 kW로 설치하여야 하는가? 단, 누연량은 0.5 m^3/sec이며, 누설 손실압력은 0.02 mmHg이고 전동기의 효율은 60%, 전달계수는 1.1이다.
[정답] 6.47

08. 그림은 평상시에는 공조설비, 화재 시에는 제연설비로 사용하는 도면이다. 댐퍼의 설치위치를 도시하고 평상시 및 화재 시 댐퍼의 개방, 폐쇄여부에 대하여 설명하시오. 단, 댐퍼는 ⦸로 표시하라.

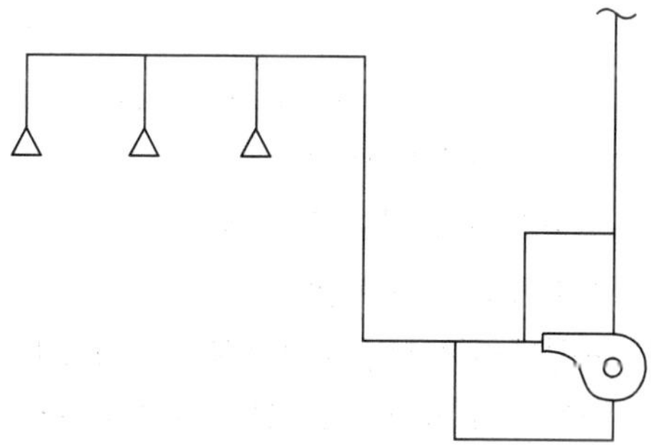

[정답] 평상시 : A, D를 폐쇄, B와 C를 개방하여 공조설비로 사용한다.
화재시 : A와 D를 개방, B와 C를 폐쇄하여 제연설비로 사용한다.

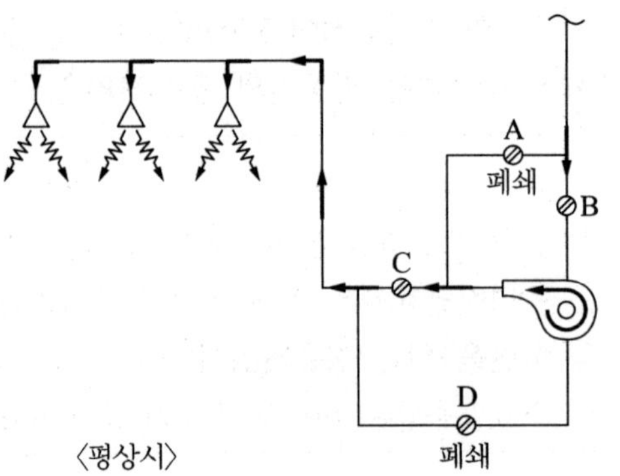

〈평상시〉

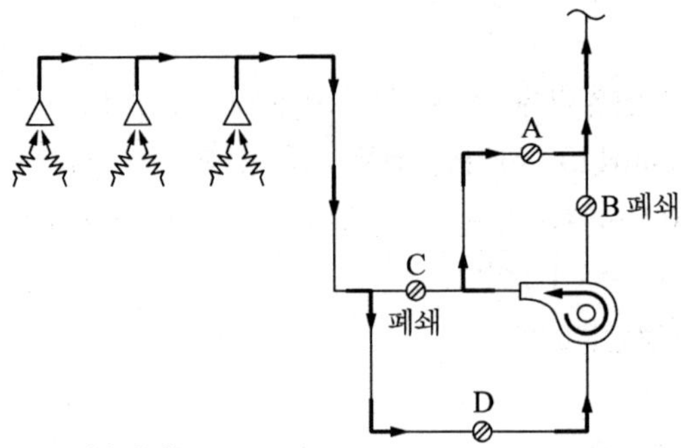

〈화재시〉

09. 어떤 지하상가에 제연설비를 화재안전기준과 다음 조건에 따라 설치하려고 한다.

> [조건]
>
> ① 주덕트의 높이 제한은 600 mm이다. 단, 강판두께, 덕트플랜지 및 보온두께는 고려하지 않는다.
>
> ② 배출기는 원심다익형이다.
>
> ③ 각종 효율은 무시한다.
>
> ④ 예상제연구역의 설계배출량은 45,000 m^3/H이다.
>
> ⑤ 배출기 흡입측 풍도 안의 풍속은 15 m/s 이하로 하고, 배출측 풍속은 20 m/s 이하로 한다.

(가) 배출기의 흡입측 주덕트의 최소폭(m)을 계산하시오.

(나) 배출기의 배출측 주덕트의 최소폭(m)을 계산하시오.

(다) 준공 후 풍량시험을 한 결과 풍량은 35,000 m^3/H, 회전수는 600 rpm, 축동력은 7.5 KW로 측정되었다. 배출량 45,000 m^3/H를 만족시키기 위한 배출기 회전수(rpm)를 계산하시오.

(라) 회전수를 높여서 배출량을 만족시킬 경우의 예상축동력(kW)을 계산하시오.

[정답] (가) 1.383
(나) 1.05
(다) 750
(라) 14.648

10. 5개의 제연구역(A, B, C, D, E구역이라 칭한다)으로 구성된 어느 지하실에 각 제연구역의 소요배출풍량(m^3/h)을 계산해보니 각각 A = 5,000, B = 7,000, C = 5,000, D = 10,000, E = 15,000이었다. 제연계획을 A, B, C구역은 공동제연구역으로, D, E는 각각 독립제연구역으로 할 때 각 배출 팬의 소요최소풍량(m^3/h)을 구하시오. 단. 제연구역은 벽으로 구획되어 있다.
[정답] A, B, C구역 ; 17,000
D구역 : 10,000
E구역 : 15,000

11. 제연설비에 사용되는 송풍기를 설계하려고 한다. 다음 조건을 참고하여 각 물음에 답하시오.

[조건]
① 국가화재안전기준에 따른 제연설비를 설치한다.
② 덕트의 소요전압은 80 mmAq이다.
③ 송풍기 효율 60%, 여유율 15%이다.
④ 예상제연구역의 설계풍량은 24,000 m^3/h이다.

(1) 전동기 동력(kW)은 얼마인가?
(2) 준공 후 송풍기를 시운전한 결과 600 rpm, 풍량 18,000 m^3/h으로 측정되었다. 이 송풍기의 풍량은 24,000 m^3/h을 만족시키기 위한 배출기의 회전수를 몇 rpm으로 변경해야 하는가?
(3) 제연설비에서 사용되는 원심식 송풍기의 종류 2가지를 쓰시오.
[정답] (가) 10.021
(나) 800
(다) 다익팬, 터보팬

Chapter 8

유체의 계측

1. 밀도 및 비중의 측정

밀도 또는 비중측정은 비중병, Archimedes의 원리(부력, 浮力), 비중계, U자관 등을 이용하여 측정할 수 있다.

1.1 비중병(pycnometer)

그림1과 같이 무게가 W_1 인 비중병에 온도 t ℃, 체적 V 인 액체를 채웠을 때의 무게 W_2 라 하면, 이 온도에서 액체의 비중량 γ 는 다음과 같다.

$$\gamma = \rho g = \frac{W_2 - W_1}{V} \quad ⓐ$$

여기서, ρ : 온도 t ℃에서의 액체의 밀도

1.2 Archimedes의 원리 이용

그림2와 같이 체적을 알고 있는 추를 공기 중에서 추의 무게가 W_a, 비중량(또는 밀도)을 측정하고자 하는 액체 속에서 추의 무게를 W_b 라 하면, 힘의 평형으로부터 다음과 같이 쓸 수 있다.

$$W_b = W_a - \gamma_t V \quad ⓑ$$

여기서, γ_t : 측정온도에서의 비중량

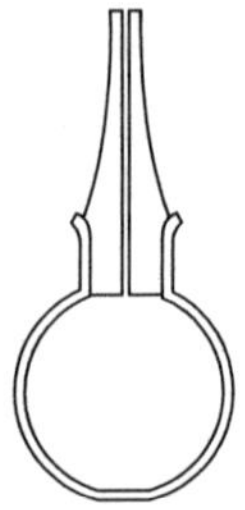
그림1. 비중병

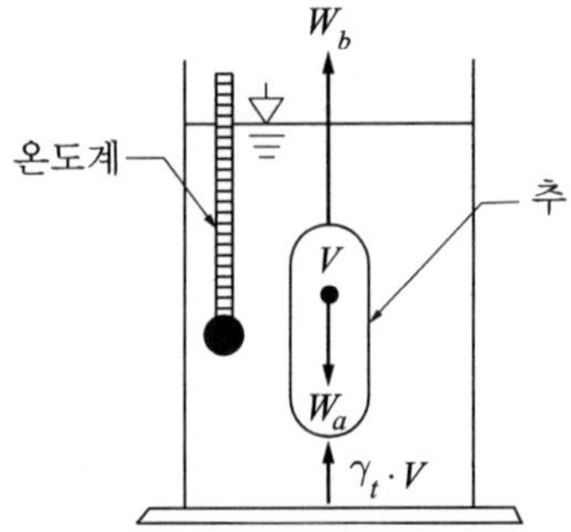

그림2. 아르키메데스원리의 응용

1.3 비중계(hydrometer)

비중계는 그림3과 같이 가늘고 긴 유리관에 아래 부분을 굵게 하고, 맨 아랫부분에 수은을 넣어 액체 중에 똑바로 세워 액체의 비중을 측정한다. 일반적으로 비중계는 물에 띄웠을 때 수면과 일치하는 곳을 1로 하여 위와 아래로 눈금이 매겨져 있다. 그러므로 비중계를 측정하고자 하는 액체 속에 넣고 액체의 표면과 일치하는 점을 읽으면 된다.

1.4 U자관

그림4와 같이 U자관의 한 쪽에 비중을 알고 있는 유체(γ_1)를 넣고 다른 한 쪽에 측정하려고 하는 유체(γ_2)를 넣어서 ℓ_1과 ℓ_2를 측정한다. U자관에서 A점의 압력과 B점의 압력이 같으므로

$$\gamma_1\ell_1 = \gamma_2\ell_2 \ \rightarrow\ \gamma_2 = \frac{\gamma_1\gamma_1}{\ell_2} \qquad ⓒ$$

이다.

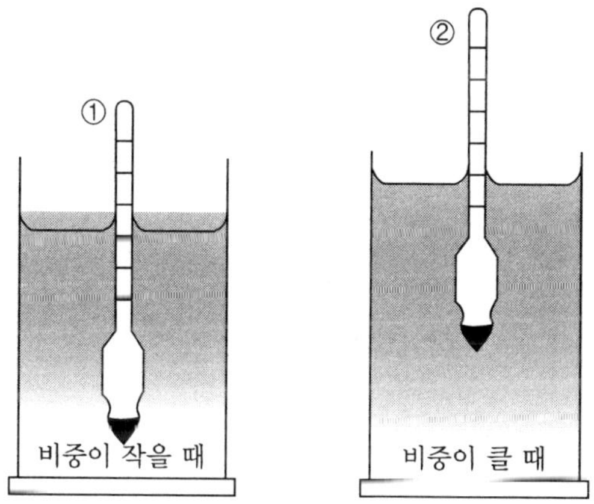

그림3. 비중계

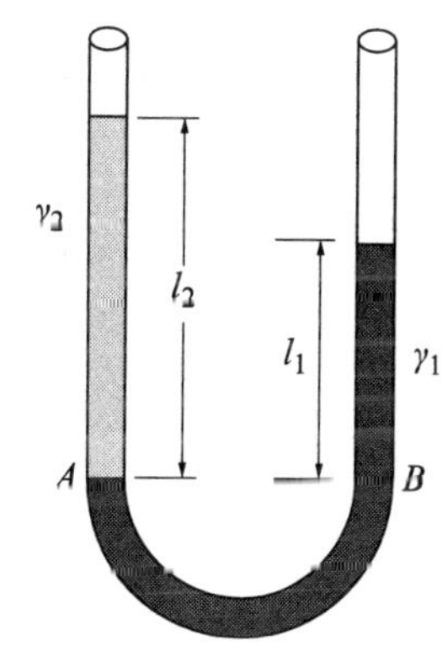

그림4. U자관

2. 점성계수의 측정

점성계수를 측정하는 점도계로는 Stokes 법칙을 기초로 한 낙구식 점도계, Hagen-Poiseuille의 법칙을 기초로 한 Ostwald 점도계와 Saybolt 점도계, Newton의 점성법칙을 기초로 한 MacMishael 점도계와 Stomer 점도계 등이 있다.

2.1 낙구식(落球式) 점도계

그림5와 같이 아주 작은 강구(鋼球)를 일정한 속도 V로 액체 속에서 거리 L를 낙하하는데 걸리는 시간 t를 측정하여 액체의 점성계수를 측정한다.

강구(鋼球)의 지름을 d, 낙하속도를 V라 할 때 층류상태에서 항력(抗力) D는 Stokes 법칙으로부터 다음과 같이 된다.

$$D = 3\pi\mu Vd$$

강구(鋼球)가 일정한 속도에 도달한 후 힘의 평형을 고려하면

$$D - W + F = 3\pi\mu Vd - \frac{\pi d^3}{6}\gamma_1 + \frac{\pi d^3}{6}\gamma_2 = 0$$

따라서 점성계수 μ는

$$\mu = \frac{d^2(\gamma_1 - \gamma_2)}{18V}$$

여기서, γ_1와 γ_2 : 각각 강구(鋼球)와 액체의 비중량

이다.

2.2 Saybolt 점도계

그림6의 용기에 측정하고자 하는 액체를 가득 채우고, 하단부에 있는 구멍을 열어서 가는 모세관을 통하여 액체를 배출시킨다. 이때 60 ml (60 cc)의 액체를 완전히 배

줄시키는데 걸리는 시간을 측정하여 동점성계수(動粘性係數) ν를 구한다. 이에 대한 실험식은

$$\nu\,(\mathrm{m^2/sec}) = 10^{-4}\left[0.002197t - \frac{1.798}{t}\right] \tag{f}$$

여기서, t : 용기로부터 60 ml의 액체를 배출시키는데 걸린 시간(sec)

이다.

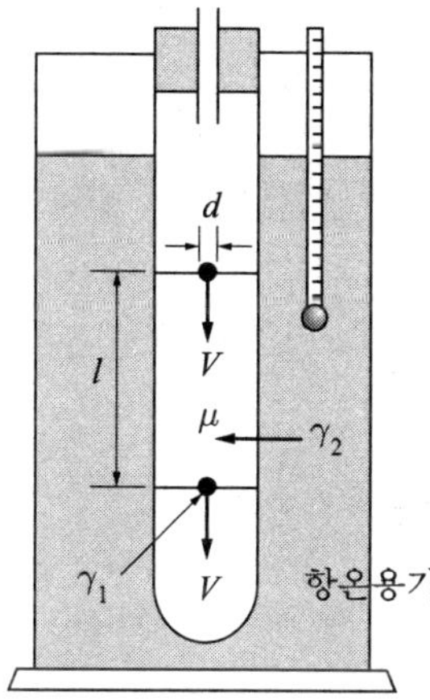

그림5. 낙구식 점도계

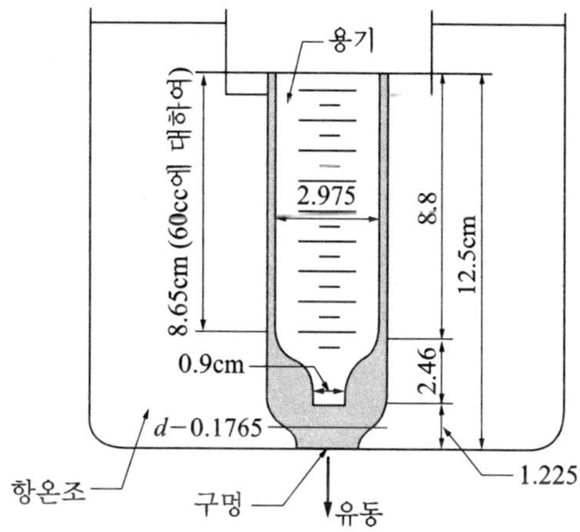

그림6. Saybolt 점도계

2.3 회전식(MacMichael)점도계

그림7과 같이 두 동심원통으로 되어 있고, 그 사이에 점성계수를 측정하려고 액체가 들어 있다. 외부원통이 일정한 속도로 회전하면 내부원통도 점성작용으로 인하여 회전한다. 이 때 토크 측정장치에 걸린 토크는 Newton의 점성법칙을 이용하여 구할 수 있다. 즉, T = 원통벽 사이에서 걸린 저항토크(T_w) + 원통 밑바닥에서 걸린 저항토크(T_b)는

$$T = \left(\mu\frac{r_2 w}{b}\right)(2\pi r_1 L)\,r_1 + \int_0^{r_1}\left(\mu\frac{r\omega}{a}\right)r\,(2\pi r)\,dr = \mu\pi\omega r^2\,\frac{2Lr_2}{b} + \frac{r_1^2}{2a}$$

이다.

토크, 각속도, 그리고 장치의 치수들이 측정되면 위 식으로부터 점성계수 μ를 구할 수 있다.

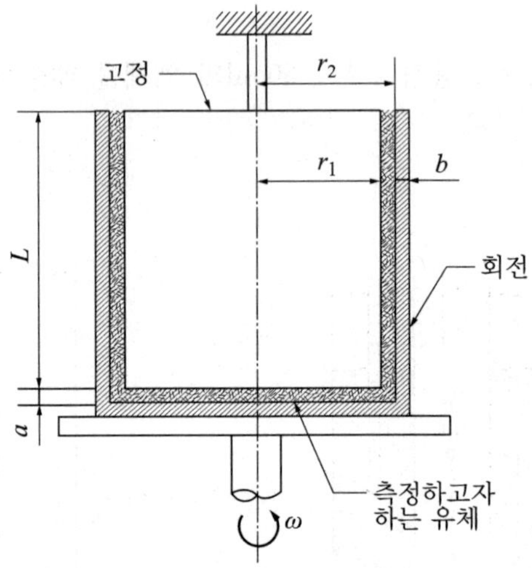

그림7. MacMichael 점도계

예제 01

그림7에 있는 MacMichael 점도계에서 $a = 0.03$ cm, $b = 0.13$ cm, $L = 15$ cm, $r_1 = 7.2$ cm 이며 외부원통의 회전속도가 160 rpm일 때 토크 측정장치에서 측정된 토크는 0.23 $kg_f \cdot m$ 일 때 점성계수는?

해설

$\omega = 2\pi n/60 = 2\pi \times 160/60 = 16.76\,\text{rad/s}$

$r_2 = r_1 + b = 7.2 = 0.13 = 7.33\,\text{cm}$

식 ⑦에 대입하면 $\mu = 0.033\,\text{kg}_\text{f} \cdot \text{sec/m}^2$

3. 정압측정

정지하고 있는 유체의 압력을 측정하는 일은 비교적 간단하므로 정밀한 계기만 사용하면 정확하게 측정할 수 있다. 그러나 흐르고 있는 유체의 정압을 정확하게 측정하는 것은 쉽지 않다.

관속을 흐르는 유체의 정압을 측정하기 위하여 관 벽에 그 축의 흐름과 직각을 이루도록 될 수 있는 대로 작고 매끄러운 구멍(피에조미터)을 뚫는다. 이를 통하여 마노미타 또는 압력변환기에 의해서 정압을 측정한다. 그러나 관 벽이 거친 경우에는 이 방법을 쓸 수 없고 측정장치를 유체 속에 집어넣어서 정압을 측정해야 한다. 이 때 대개의 경우 유체흐름의 방향을 미리 알 수 없으므로 장치를 꼭 알맞은 방향으로 정지시키기가 매우 어렵다. 잘못하면 동압이 나타날 가능성이 있기 때문이다.

유동하는 유체에서 교란되지 않은 유체의 정압(靜壓)은 Piezometer와 정압관(靜壓管, static tube) 등으로 측정할 수 있다. 그림8과 같이 피에조미터는 매끄러운 표면에 수직하게 작은 구멍을 뚫어 액주계와 연결하여 액주계의 높이로 정압을 측정한다.

내부 관 벽이 거칠어 피에조미터의 사용이 부적합할 때에는 그림9와 같은 원통모양의 선단(先端, 끝)이 막혀 있고, 측면에 작은 구멍이 나 있는 정압관을 사용하여 정압을 측정한다.

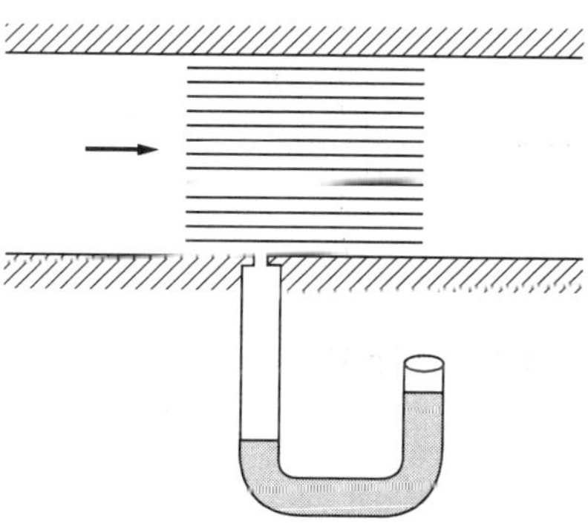

그림8. 피에조미터

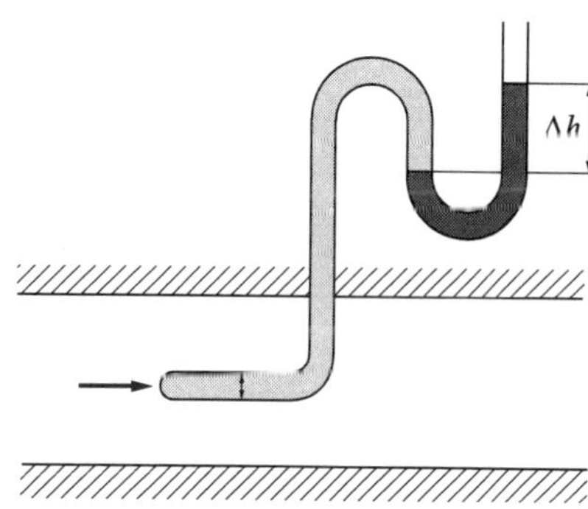

그림9. 정압관

4. 유속측정

4.1 피토관(pitot tube)

피토관은 그림10과 같이 직각으로 굽은 관으로 선단(先端)에 있는 구멍을 이용하여 유속을 측정한다. 그림10과 같이 피토관이 유속이 V_1인 유체 속에 있을 때 점 1과 점 2에 Bernoulli방정식을 적용하면

$$\frac{V_1^2}{2g}+\frac{p_1}{\gamma}=\frac{p_2}{\gamma}$$

여기서 $p_1/\gamma=h$, $p_2/\gamma=h+\Delta h$이므로

$$\frac{V_1^2}{2g}=\frac{p_2}{\gamma}-\frac{p_1}{\gamma}=\Delta h$$

V_1은

$$V_1=\sqrt{2g\Delta h} \qquad ⓗ$$

이다.

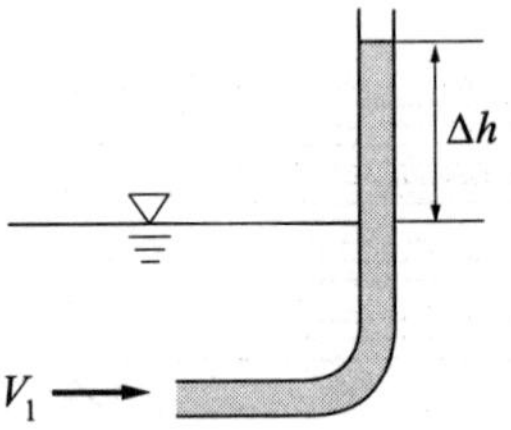

그림10. 피토관

4.2 시차액주계

그림11은 피에조미터와 피토관을 조합한 시차액주계이다. 점 1과 점 2에 Bernoulli방정식을 적용하면

$$\frac{V_1^2}{2g}+\frac{p_1}{\gamma}=\frac{p_2}{\gamma}$$

시차액주계에서 $p_A = p_B$이므로

$$p_1+\gamma k+\gamma_0 R = p_2+\gamma(k+R)$$

이다. 위의 두 식으로부터 V_1은

$$V_1 = \sqrt{2gR(\gamma_o/\gamma-1)} \quad ⓘ$$

이다.

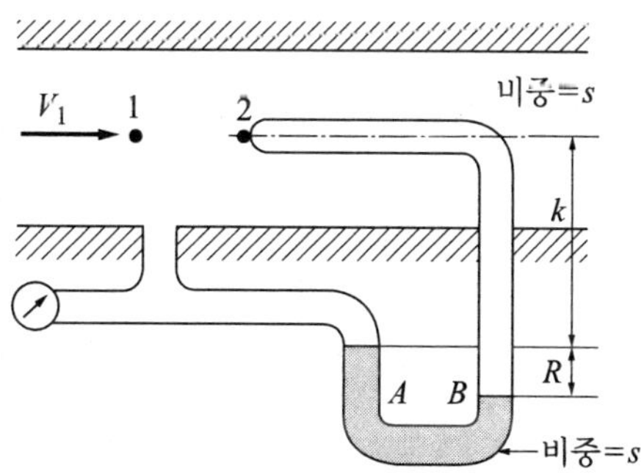

그림11. 시차액주계

4.3 피토-정압관(Pitot-static tube)

피토관과 정압관이 결합되어 유속을 측정할 수 있는 것으로 그림12와 같다.

피토-정압관에 시차액주계에서와 같은 방법으로 하면 유속 V_1은 식 ⓘ와 같다. 그러나 실제의 경우 피토-정압관의 설치로 교란이 야기되므로 유속은 보정되어야 한다. 즉,

$$V_1 = C\sqrt{2gR(\gamma_o/\gamma-1)} \quad ⓙ$$

여기서, C : 실험적으로 결정되는 계기상수

이다.

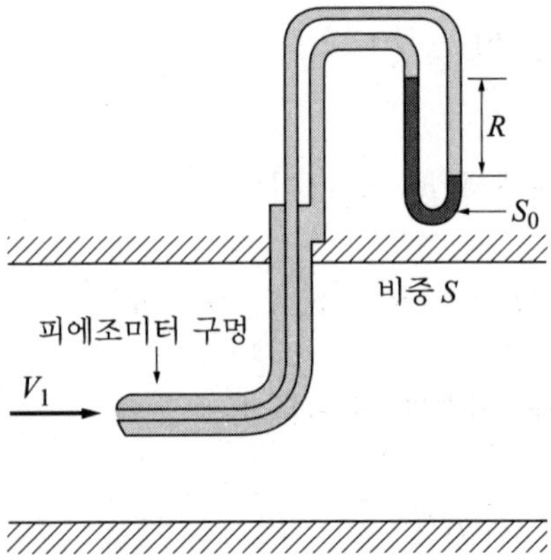

그림12. 피토－정압관

예제 02

그림과 같은 피토－정압관으로 측정한 두 압력차가 20 kPa이다. 다음 물음에 답하시오.

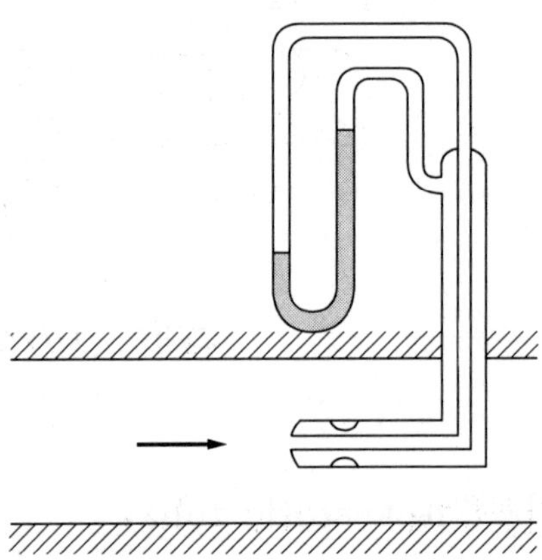

(1) 공기가 흐를 때 속도를 구하라. 단, 공기의 밀도는 1.23 kg/m^{3}이다.

(2) 물이 흐를 때 속도를 구하라.

해설 (1) 베르누이 방정식 $\dfrac{p_1}{\gamma}+\dfrac{V_1^2}{2g}+z_1=\dfrac{p_2}{\gamma}+\dfrac{V_2^2}{2g}+z_2$ 에서 정체점을 0, 정압관 입구를 1이라고 하면 $\dfrac{p_1}{\gamma}+\dfrac{V_1^2}{2g}=\dfrac{p_0}{\gamma}$ 이 된다.

위 식에서 공기흐름 속도 V_1을 구하면

$$V_1=\sqrt{\frac{2(p_0-p_1)}{\rho}}=\sqrt{\frac{2\Delta p}{\rho}}$$

이다. 위 식에 조건 값을 대입하면

$$V_1 = \sqrt{\frac{2\Delta p}{\rho}} = \sqrt{\frac{2\times 20\times 1000}{1.23}} = 180\,\mathrm{m/s}$$

(2) $$V_1 = \sqrt{\frac{2\Delta p}{\rho}} = \sqrt{\frac{2\times 20\times 1000}{1000}} = 6.32\,\mathrm{m/s}$$

4.4 열선속도계(熱線速度計, hot-wire anemometer)

열선속도계는 유동하는 유체의 동압을 Wheaston bridge의 원리를 이용하여서 저항을 측정하여 그 값을 속도로 환산하여 유속을 측정하는 전기적 방법이다.

그림13은 Wheaston bridge의 원리를 그림으로 나타낸 것이며, 여기서 R_1, R_2, R_3, R_4는 저항을 나타내며 i_1, i_2, i_3, i_4는 전류로서 검류계에 전류가 흐르지 않게 되면 AC, AD, CB, DB의 전위차는 같게 되어 $i_1R_1 = i_3R_3$, $i_2R_2 - i_4R_4$가 되고, 검류계에 전류가 흐르지 않으므로 $i_1 = i_2$, $i_3 = i_4$이므로, 위 두 식으로부터

$$\frac{R_1}{R_2} = \frac{R_3}{R_4} \quad ①$$

이다. 그러므로 이런 상태에서는 전류가 흐르지 않기 때문에 Wheaston bridge는 평형상태를 이루고 있다. 그러나 이 4저항 중 어느 한 곳에 저항이 증가하게 되면 이 게이지는 다시 식 ①과 같은 관계, 즉 평형을 유지하기 위해 검류계(檢流計)에 전류가 흐르게 될 것이다. 이 원리를 이용하여 가는 금속선을 임의의 저항 위치에 연결하고 여기에 압력을 가했을 때, 나오는 전류를 검류계에서 읽도록 고안한 것이 열선속도계이다.

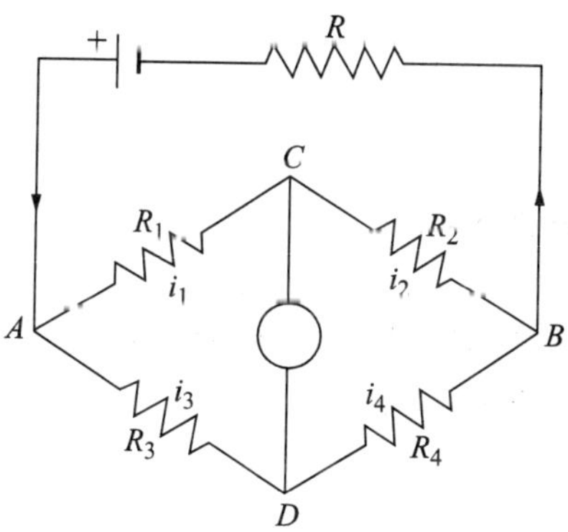

그림13.

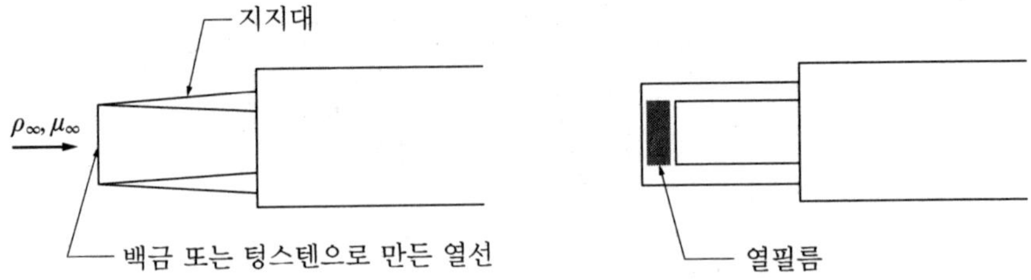

(a) 열선속도계 (b) 열필름속도계

그림14.

그림14(a)에서 보듯이 열선속도계는 두 개의 작은 지지대 사이에 연결된 가는 선을 유동장에 넣고 전기적으로 가열하여 난류유동과 같이 매우 빠르게 변하는 유체의 속도를 측정할 수 있다.

사용하는 열선은 극히 정밀하게 제작된 열에 강한 선이며, 그 크기는 대개 길이가 2～3 mm이고 지름은 0.25～5μm가 보통이다. 이러한 열선속도계의 응답시간은 lmillisecond 정도이고 정온열선속도계(定溫熱線速度計, 열선의 온도를 일정하게 유지하기 위하여 전류을 변화시켜 전류의 변화로 유속을 측정함)와 정전류열선속도계(定電流熱線速度計, 열선의 전류를 일정하게 유지하고, 전기저항의 변화로 유속을 측정함)로 크게 나눈다.

열선은 가늘어 매우 약하므로 밀도가 크고 부유물이 많은 액체유동에서는 그림14(b)와 같은 열필름속도계(hot-film anemometer)를 사용한다.

5. 유량측정

5.1 Venturi meter

그림15와 같이 단면이 점차로 축소하는 부분에서 유체를 가속시켜 압력강하를 일으킴으로써 유량을 측정한다.

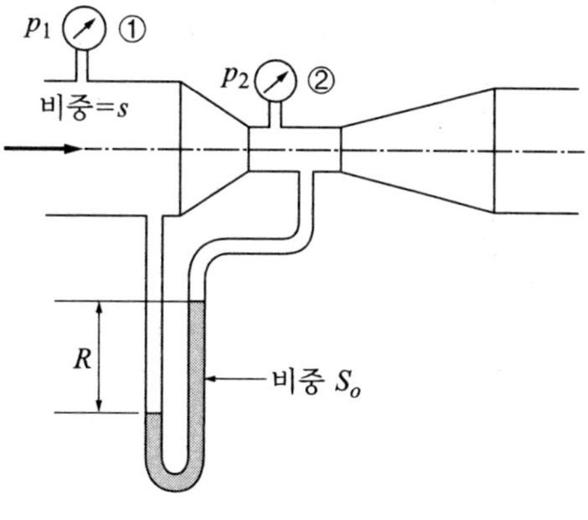

그림15.

단면 ①, ②에 연속방정식과 Bernoulli방정식을 적용하면

$$Q = A_1 V_1 = A_2 V_2 \qquad ①$$

$$\frac{p_1}{\gamma} + \frac{V_1^2}{2g} + z_1 = \frac{p_2}{\gamma} + \frac{v_2^2}{2g} + z_2 \qquad ②$$

$z_1 = z_2$, $V_1 = \dfrac{A_2}{A_1} V_2$를 ②식에 대입하고 정리하면 V_2는

$$V_2 = \frac{1}{\sqrt{1-\left(\dfrac{A_2}{A_1}\right)^2}} \sqrt{2g\frac{p_2 - p_1}{\gamma}} \qquad ③$$

그리고 액주계에서 $p_2 - p_1 = (\gamma_0 - \gamma)R$이므로 유량 Q는

$$Q = \frac{A_2}{\sqrt{1-\left(\dfrac{A_2}{A_1}\right)^2}} \sqrt{2gR\frac{\gamma_0 - \gamma}{\gamma}}$$

여기에 단면축소로 인한 손실을 고려하면, 실제 유량은

$$Q = \frac{C_V A_2}{\sqrt{1-\left(\dfrac{A_2}{A_1}\right)^2}} \sqrt{2gR\frac{\gamma_0 - \gamma}{\gamma}}$$

이다. 여기서, C_V는 속도계수로 그림16과 같다. 이 그림은 d/D가 0.25～0.75의 범위에서 적용할 수 있으며, 그림에서 점선은 오차범위를 나타낸다.

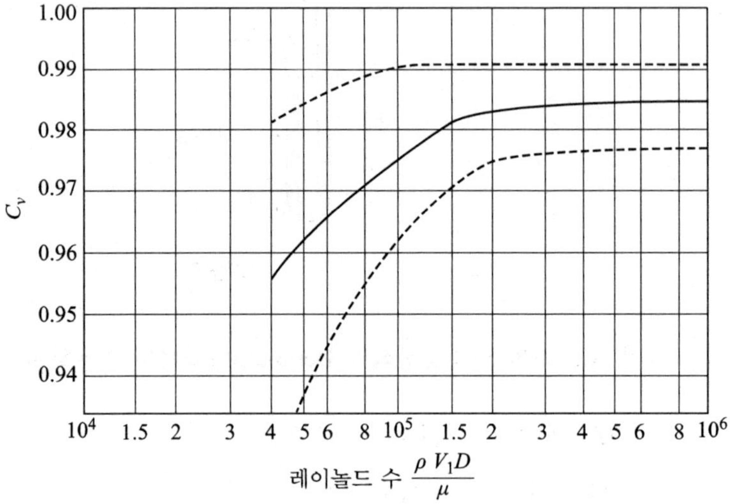

그림16. 속도계수 C_V

5.2 Orifice meter

오리피스관은 그림17과 같이 관의 이음매 사이에 끼워 넣은 얇은 판으로 구조가 간단하고, 값이 싸서 설치하기가 용이하다.

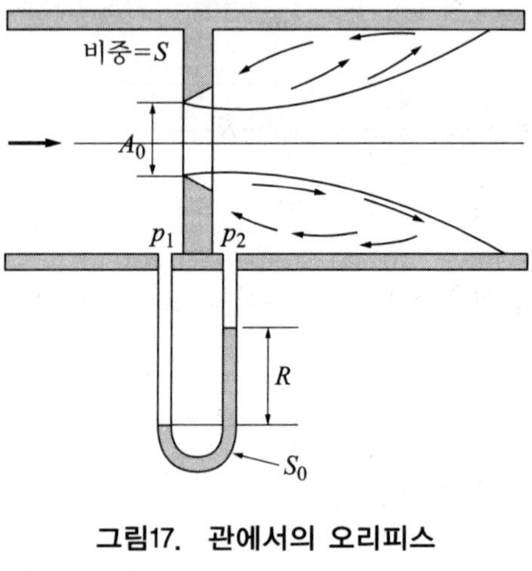

그림17. 관에서의 오리피스

점(1), (2)에 Bernoulli방정식을 적용하면 다음과 같다.

$$\frac{p_1}{\gamma} + \frac{V_1^2}{2g} + z_1 = \frac{P_2}{\gamma} + \frac{V_2^2}{2g} + z_2 \qquad ①$$

$z_1 = z_2$ 이고, $V_1 A_1 = V_2 A_0$ 이므로

$$\frac{P_1}{\gamma} + \frac{1}{2g}\left(\frac{A_0}{A_1} V_2\right)^2 = \frac{p_2}{\gamma} + \frac{V_2^2}{2g}$$

$$\frac{V_2^2}{2g}\left\{1 - \left(\frac{A_0}{A_1}\right)^2\right\} = \frac{p_1 - p_2}{\gamma}$$

$$V_2 = \frac{1}{\sqrt{1 - \left(\frac{A_0}{A_1}\right)^2}} \sqrt{2g\frac{p_1 - p_2}{\gamma}} \qquad ②$$

따라서 유량 Q는

$$Q = \frac{A_0}{\sqrt{1 - \left(\frac{A_0}{A_1}\right)^2}} \sqrt{2g\frac{p_1 - p_2}{\gamma}} \qquad ③$$

을 얻는다.

$p_1 - p_2$ 를 액주계의 높이 h 로 표시하면 $p_1 + \gamma h_1 = p_2 + \gamma h_2 + \gamma_0 h$ 로부터

$$p_1 - p_2 = \gamma(h_2 - h_1) + \gamma_0 h = h(\gamma_0 - \gamma) \qquad ④$$

를 얻는다. 식 ④를 식③에 대입하면 유량 Q는

$$Q = \frac{A_0}{\sqrt{1 - \left(\frac{A_0}{A_1}\right)^2}} \sqrt{2g\frac{R(\gamma_0 - \gamma)}{\gamma}} \qquad ⑤$$

이다. 실제유량은 마찰손실, 축맥현상(縮脈現象) 등으로 인한 감소 때문에 식 ⑤에 유량계수 C_d 를 곱해서 수정해야 한다. 즉, 실제유량 Q_{act} 는

$$Q_{act} = \frac{C_d A_0}{\sqrt{1-\left(\frac{A_0}{A_1}\right)^2}} \sqrt{2g\frac{R(\gamma_0-\gamma)}{\gamma}}$$

이다. 위 식에서 h만 변수이고 나머지 항은 전부 상수(常數)이다. 따라서 h 값만 측정하면 유량을 알 수 있다.

유량계수 C_d는 표준 오리피스에 대하여 그림18과 같다.

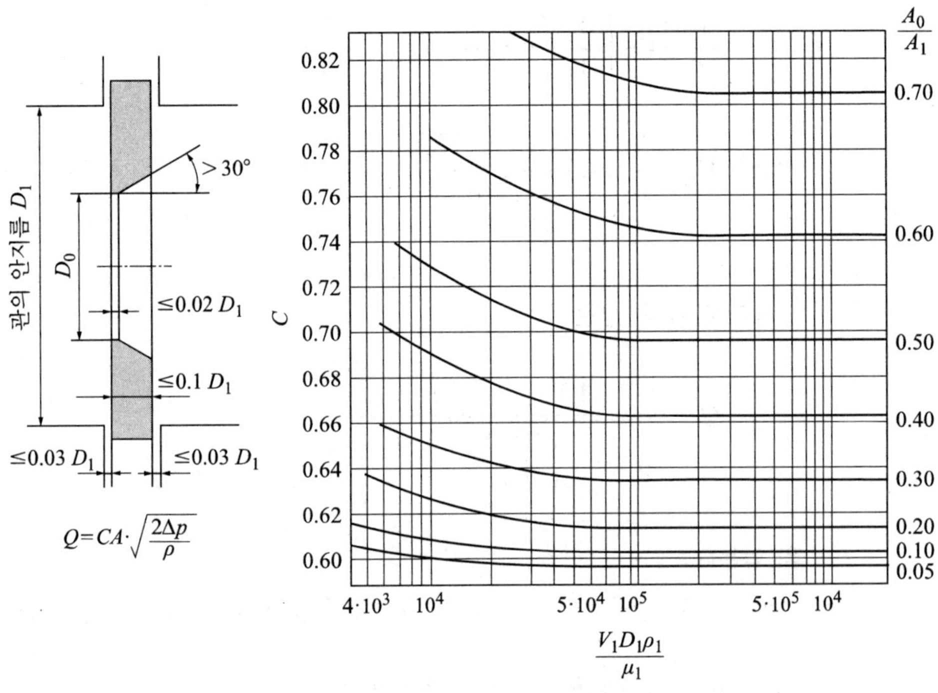

그림18. 오리피스에서 유량계수 C_d

5.3 위어(Weir)

개수로의 유량을 측정하기 위하여 수로에 설치한 장애물로서, 위어 상단에서 수면까지의 높이 H를 측정하여 유량을 구한다.

위어로는 그림19와 같은 예봉위어, 사각위어, V놋치, 광봉위어 등이 있다.

독일의 엔지니어인 Julius Weisbach (1806~1871)는 다음과 같은 가정을 세워서 Bernoulli방정식을 적용하여 위어에 의한 유량측정 방법을 고안하였다(그림20).

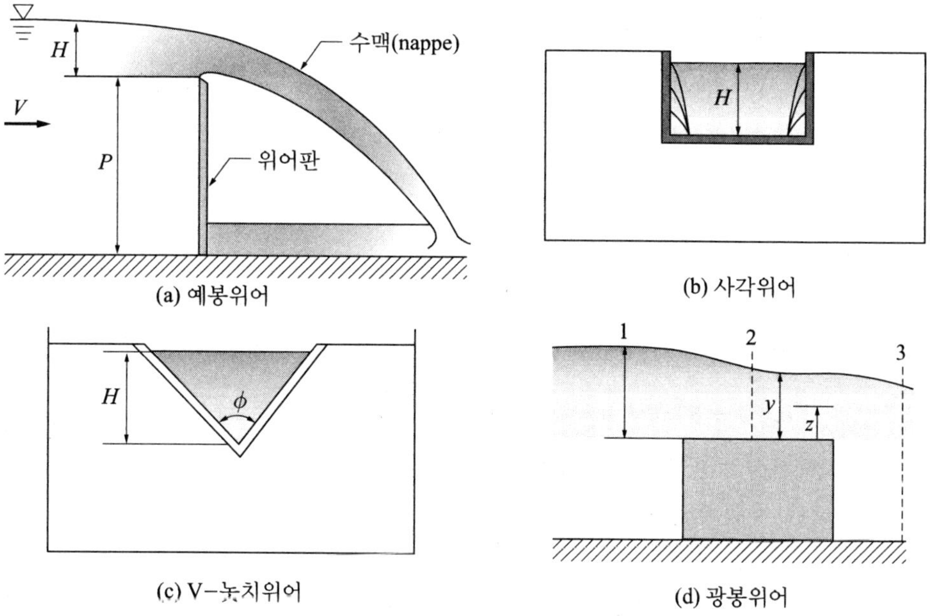

그림19. 위어

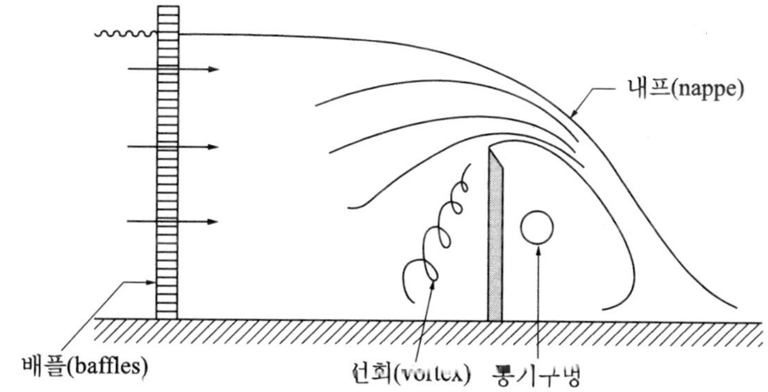

그림20.

① 노치의 상류에서의 유체입자들의 속도는 균일하며 평행하다. 그러므로 압력은 정역학의 기본방정식 $p = \rho g h$에 의하여 변한다(실제로 균일정상유동을 얻기 위하여 baffle를 설치한다).

② 자유표면은 노치(Notch)를 통과한 유체입자가 평행으로 움직이고, 또 그 노치 평면에 수직으로 움직인다.

③ 노치 위를 흘러넘치는 수면상의 압력(즉, nappe상의 압력)은 대기압이다.

④ 점성과 표면장력은 무시한다.

5.3.1 4각 위어

4각 위어에 이상과 같은 가정을 이용하여 유량측정 공식을 구해보자.

그림21의 단면(1)과 (2)에서 Bernoulli방정식은

$$\frac{p_1}{\gamma}+\frac{V_1^2}{2g}+z_1=\frac{p_2}{\gamma}+\frac{V_2^2}{2g}+z_2$$

이다. 단면 (1)에서 $H=z_1+\frac{p_1}{\gamma}$, $z_1=0$인 경우는 $H=\frac{p_1}{\gamma}$이고, $p_2=p_{atm}$이며 $u_1 \ll u_2$이므로 $u_1 \fallingdotseq 0$이다. 그러므로 위 식으로부터 u_2는 $u_2=\sqrt{2g(H-z_2)}$이다. 여기서 u_2는 z_2에 따라 변화하므로 유량은 $dQ_{id}=u_2dA=u_2b\cdot dz_2$이다.

적분하면 Q_{id}는

$$Q_{id}=b\int_0^H u(-dz_2)=-b\sqrt{2g}\int_0^H (H-z_2)^{1/2}dz_2=\frac{2}{3}b\sqrt{2g}\,H^{3/2}$$

이다. 실제적으로는 이 이상유량 Q_{id}에 위어를 통과하는 동안 수축되는 수축계수를 고려하여야 되므로 실제 사용하고 있는 4각 위어의 유량계산식은 다음과 같다.

$$Q=C_d\cdot\frac{2}{3}b\sqrt{2g}\,H^{3/2}$$

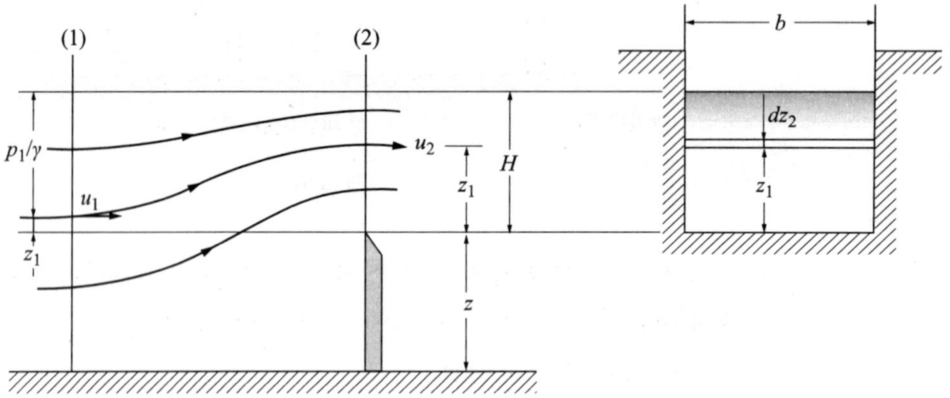

그림21.

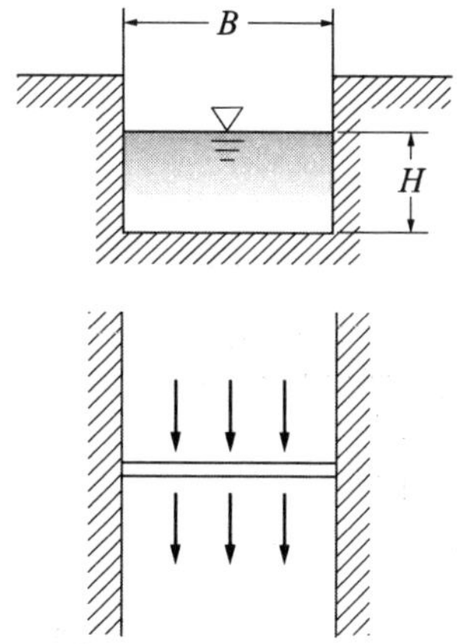

그림22.

그림22는 축면(縮面)위어(suppressed weir)를 나타낸 것으로서 이는 수로에서 수로의 폭과 위어의 폭이 동일한 경우이나. 그림에서 폭을 B라고 하면 4각 위어의 유량계산식에서

$$Q = C_d \frac{2}{3} B \sqrt{2g}\, H^{3/2}$$

을 얻는다.

5.3.2 3각 위어

3각 위어는 V노치라고도 한다. 그림23과 같이 3각 위어가 설치되어 있는 경우에 유량계산식을 유도하기 위하여 점(1)과 점(2)에 Bernoulli방정식을 적용하면

$$\frac{p_1}{\gamma} + \frac{V_1^2}{2g} + z_1 = \frac{p_2}{\gamma} + \frac{V_2^2}{2g} + z_2$$

이다. $V_1 \ll V_2$ 이므로 $V_1 \fallingdotseq 0$, z_1은 기준면 상에 있으므로 $z_1 = 0$이다.

앞의 가정에 의하여 $p_2 = p_{atm}$ 이므로 V_2는

$$V_2 = \sqrt{2g(H - z_2)}$$

이다. 따라서 미소의 단면적 $b\,dz_2$에 유출하는 유량은

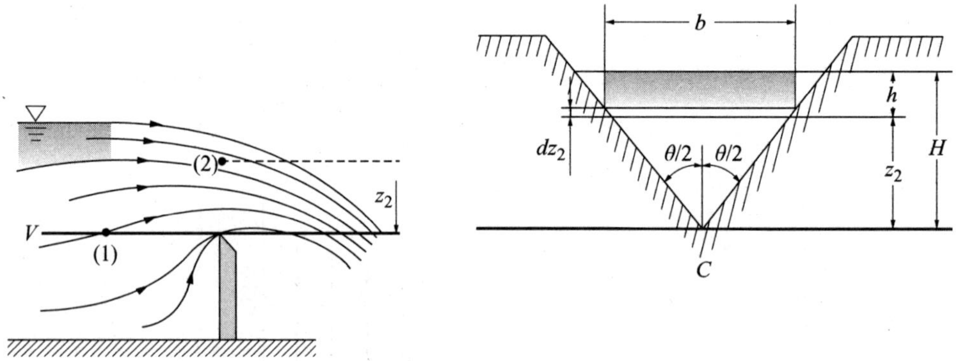

그림23. 삼각 위어

$$dQ_{id} = b\,dz_2\sqrt{2g(H - z_2)}$$

이다. 그림23에서 $b = 2z_2\tan\dfrac{\theta}{2}$ 이므로, 위식에 대입하여 적분하면 Q_{id} 는

$$Q_{id} = 2\tan\frac{\theta}{2}\sqrt{2g}\int_0^H z_2(H - z_2)^{1/2}dz_2$$

이다. 다시 $h = H - z_2$ 이고 미분하면 $dh = -dz_2$ 이므로 위 식의 적분을 용이하게 하기 위하여 대입하여 정리하면

$$Q_{id} = 2\tan\frac{\theta}{2}\sqrt{2g}\int_0^H (H - h)h^{1/2}dh$$

이다. 여기서, h 는 수면으로부터 재어 들어가는 깊이이고, H 는 C 점으로부터 재어 올라가는 높이이므로, 부호는 서로 반대이다. 그러므로 Q_{id} 는

$$Q_{id} = 2\tan\frac{\theta}{2}\sqrt{2g}\int_0^H (H - h)h^{1/2}(-dh)$$

$$= 2\tan\frac{\theta}{2}\sqrt{2g}\left(\frac{2}{3}Hh^{3/2} - \frac{2}{5}h^{5/2}\right)_0^H = \frac{8}{15}\tan\frac{\theta}{2}\sqrt{2g}\,H^{5/2}$$

이다. 실제 유량식은 유량계수 C_d 를 감안하여 위 식을 다음과 같이 수정하여 사용한다.

$$Q = C_d\frac{8}{15}\tan\frac{\theta}{2}\sqrt{2g}\,H^{5/2}$$

부록

1. 응력과 변형률
2. 수직응력과 전단응력
3. 소화설비관련 배관

1. 응력과 변형률

그림1과 같은 단면적 A_0 인 연성재료[13)]의 시편(試片, specimen)은 막대의 끝을 당기는 힘 F를 증가시킴에 따라 시편의 길이는 처음에는 힘에 의한 매우 느린 비율로 선형적인 증가를 한다. F의 힘(하중)으로 당겼을 때 그림2와 같이 변형되었다고 생각할 수 있다.

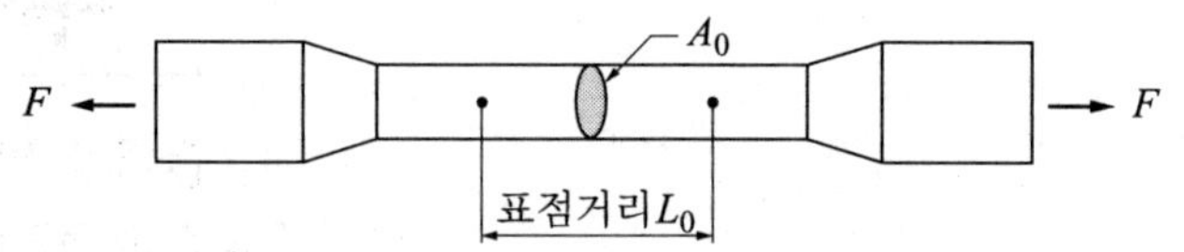

그림1. 힘을 가하기 전의 모습

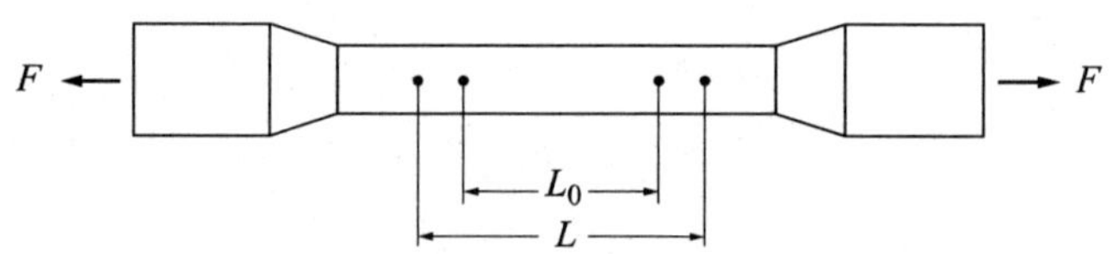

그림2. 힘 F를 가한 후의 모습

공칭응력(公稱應力, nominal stress) 또는 공학응력(工學應力, engineering stress) σ는 하중(힘) F를 시험편의 원래 단면적 A_0로 나눈 것으로 정의하며, 단면적 전체와 표점거리 전체에 걸쳐서 응력이 일정하다고 가정한 값이다.

$$\sigma = \frac{F}{A_0}$$

여기서, σ : 공칭응력(nominal stress)

F : 인장력, A_0는 시편의 초기단면적

이다.

공칭변형률(公稱變形率; nominal strain) 또는 공학변형률(工學變形率, engineering

---

13) 재료는 크게 연성 재료(延性材料; ductile material)와 취성 재료(脆性材料; brittle material)로 나눌 수 있다

strain) ϵ 은 표점거리의 변화량을 원래의 표점거리 L_0 로 나눈 것으로 정의하며, 또는 스트레인 게이지(Strain gauge)로 변형률을 바로 읽을 수도 있다. 변형률은 표점 사이의 영역 전체에 걸쳐서 일정하다고 가정한 값이다.

$$\epsilon = \frac{\delta}{L_0} = \frac{L - L_0}{L_0}$$

여기서, ϵ : 공칭 변형률(nominal strain)

δ : 변화량($L - L_0$)

L : 표점거리의 나중 길이

L_0 : 표점거리의 원래 길이(초기 길이)

이다.

진응력(眞應力, true stress)이란 하중이 측정되는 순간에 측정한 시편의 실제 단면적을 나누는 것이고, 진변형률(眞變形率, true strain)이란 하중이 측정되는 순간에 측정한 시편의 실제 길이를 나누는 것을 말한다.

그림3은 연성재료(강)의 공칭 및 진 응력－변형률 선도(應力－變形率 線圖, stress-strain diagram)[14]이다.

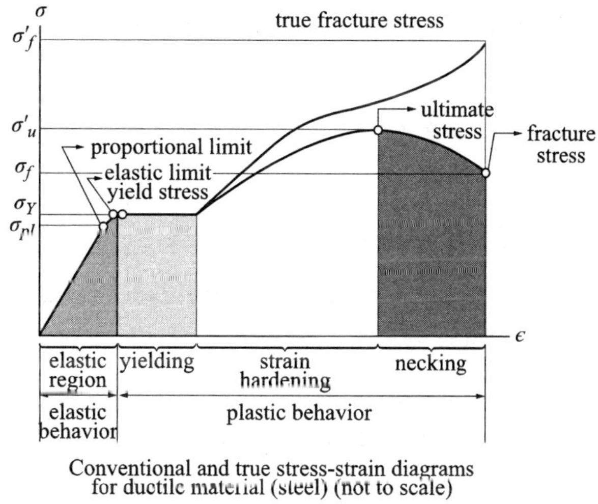

그림3. ① 공칭 및 진 응력－변형률 선도

14) 비례척도는 아님

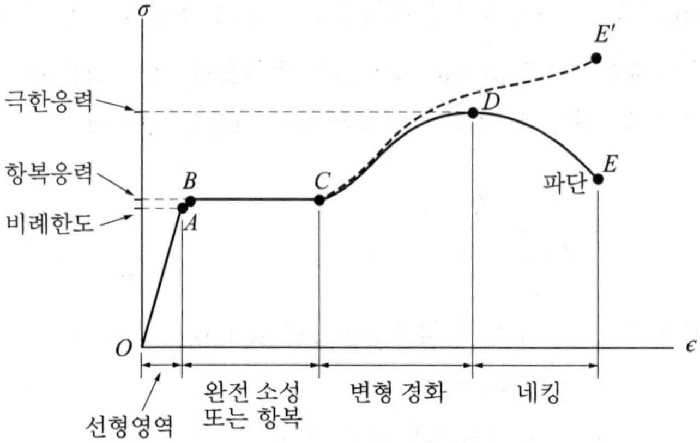

그림3. ② 공칭 및 진 응력－변형률 선도

1.1 탄성거동(彈性擧動; elastic behavior)

그림3에서 elastic region으로 표시된 부분으로 탄성 구간이라고도 한다. 이 영역의 대부분에 걸쳐 응력－변형률 선도는 직선이며, 탄성 구간 내에서 응력과 변형률은 비례한다.

(1) 비례한도(比例限度; proportional limit)

탄성 구간 내에서 응력－변형률 선도의 비례 구간(직선 구간)이 끝나는 가장 큰 응력 값을 말한다.

(2) 탄성한도(elastic limit)

응력이 비례한도를 약간 넘어서면 재료가 아직은 탄성적으로 거동하지만 선도가 휘어지고 평평해진다. 이러한 현상은 응력이 탄성한도에 이르기까지 계속되며, 이 점에 이를 때까지는 하중을 제거하면 시편이 원래의 상태로 돌아간다. 강(鋼, steel)의 경우에는 탄성한도가 비례한도와 매우 근접해 있어서 탄성한도의 위치를 찾기 어려우므로 보통 비례한도와 같다고 본다.

1.2 항복(降伏, yielding)

탄성한도를 넘어서 응력을 더 증가시키면 재료는 이에 견디지 못하고 영구적으로 변형하게 된다. 이러한 거동을 항복이라 한다. 그림3에서 항복(yielding)으로 표시된 부분이다.

(1) 항복응력(降伏應力, yield stress) 또는 항복점(降伏點, Yield point) σ_Y

항복을 초래하는 응력 값을 말한다.

(2) 소성변형(塑性變形, plastic deformation)

재료가 항복을 초래했을 때 발생하는 변형을 말한다. 저탄소강이나 열간 압연된 재료들은 두 개의 항복점을 갖는다. 상항복점(Upper yield point)이 먼서 나타난 후 급격히 하중 지탱 능력이 떨어져 하항복점(Lower yield point)에 이른다.

(3) 완전 소성(完全塑性, perfectly plastic)

항복점에 도달하고 나면 하중이 전혀 증가하지 않아도 시편은 계속 늘어난다. 재료가 이와 같이 평평한 선도상에 있을 때, 재료는 완전 소성(perfectly plastic) 상태라고 한다.

1.3 변형 경화(變形硬化, strain hardening)

그림3에서 변형 경화(strain hardening)로 표시된 부분이다. 항복 후 응력 변형률 선도가 상승하는 현상으로 시편이 더 큰 하중을 지탱할 수 있게 된다.

항복 후 선도는 계속 상승하다가 점점 평평해져서 최대 응력 값인 극한 응력에 도달하게 되는데 이를 극한 응력(極限應力, ultimate stress)이라고 한다.

1.4 네킹(necking)

그림3에서 네킹(necking)으로 표시된 부분이다. 인장시험 전체에 걸쳐서 시편의 길이가 늘어남에 따라 그 단면적은 감소한다. 극한 응력에 이를 때까지는 시편의 단면

적 감소가 표점거리 전체에 걸쳐 대체로 균일하다. 그러나 극한 응력에 이르렀을 때부터 시편의 단면적은 그림4와 같이 국부적인 영역에서만 감소하기 시작한다. 결과적으로 시편이 더 늘어남에 따라 서서히 국부적으로 좁은 부분, 즉 "목(neck)"이 생긴다. 극한 응력 이후 응력-변형률 선도는 아래로 휘어지고 시편이 파단 응력(破斷應力, facture stress)을 받아 끊어질 때까지 계속된다. 그림5는 네킹으로 파단된 모습이다.

공칭 응력-변형률 선도와 진 응력-변형률 선도는 그림과 같이 차이가 있지만 대부분의 공학설계는 탄성 영역 내에서 이루어지며, 탄성 영역 내에서는 재료의 변형이 크지 않고 하중이 제거되었을 때 재료가 원상태로 돌아오기 때문에 탄성한도까지는 진 변형률이 충분히 작은 값이다. 그러므로 진응력과 진변형률 대신 공칭응력과 공칭변형률을 사용함으로써 발생하는 오차는 약 0.1% 수준으로 매우 작으므로 일반적으로 공학에서는 공칭 응력과 공칭 변형률을 사용하고 있다.

공학에서는 공칭 응력과 공칭 변형율을 줄여서 응력, 변형율로 나타내는 경우가 대부분이다. 즉, 특별한 언급이 없으면 응력, 변형율은 공칭 응력과 공칭 변형율이라고 생각하면 된다.

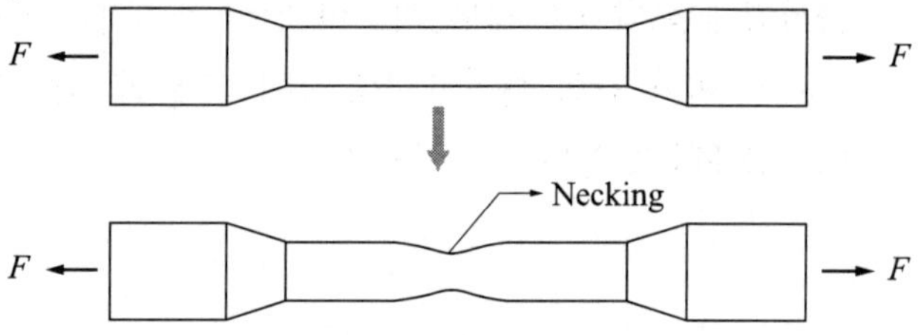

그림4. necking 현상

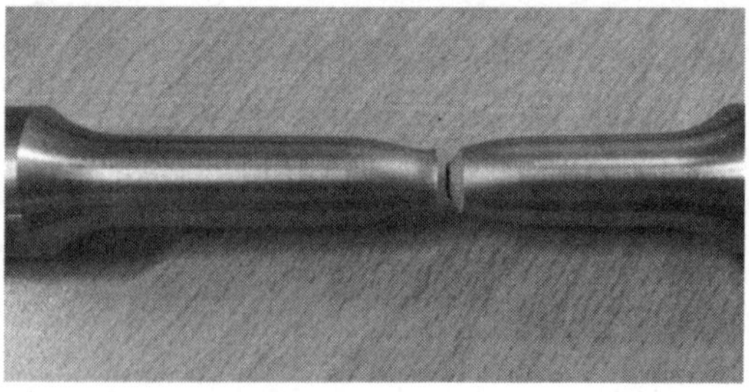

그림5. necking 현상으로 파단된 예

2. 수직응력과 전단응력

수직응력(垂直應力, normal stress)이란 재료가 인장 하중 또는 압축 하중을 받았을 때와 같이 수직 하중이 작용할 때 재료 내부에 발생하는 응력을 말한다. 그림6은 인장응력(引張應力, tensile stress), 그림7은 압축응력(壓縮應力, compressive stress)을 나타내고 있다.

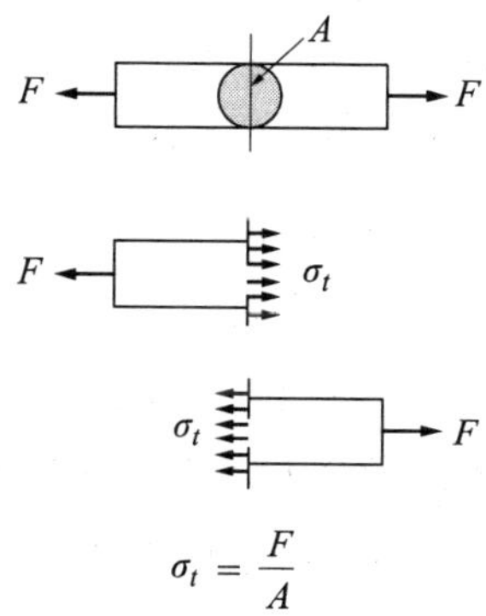

그림6. 인장응력

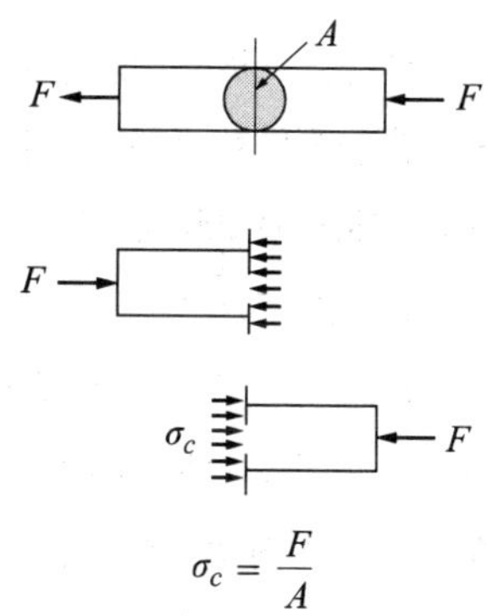

그림7. 압축응력

전단응력(剪斷應力, shearing stress)이란 물체 내 하나의 단면상에 단면에 따라 크기가 같고 방향이 반대인 한 쌍의 힘이 작용하여 물체를 그 단면에서 절단하도록 하는 하중(전단력)으로, 즉 그림8과 같이 재료의 단면 A를 가위로 자르듯이 절단하는 하중(전단력) F에 의해 생기는 응력을 말한다.

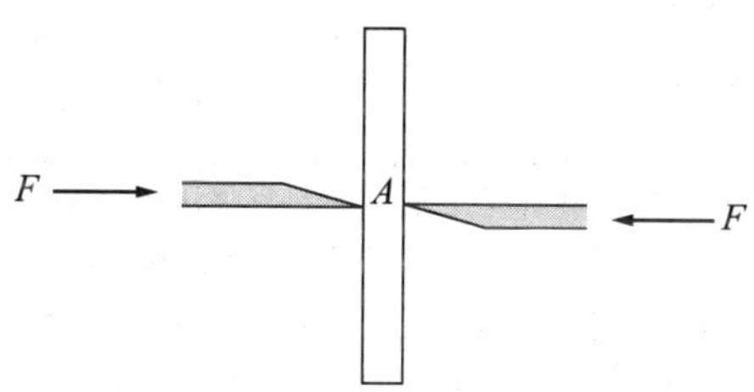

그림8. 전단응력의 예

전단응력 τ는 다음 식으로 나타낸다.

$$\tau = \frac{F}{A}$$

3. 소화설비관련 배관

3.1 국가화재안전기준

소화설비 중 스프링클러설비, 옥내소화전설비, 옥외소화전설비, 물분무등소화설비는 배관을 통해 소화약제가 이송되어 화재가 발생한 공간에 소화약제를 방출하여 화재를 진화한다. 옥내소화전설비의 화재안전기준 제6조 제1항과 스프링클러설비의 화재안전기준 제8조 제1항에서 배관 내 사용압력이 1.2 MPa 미만일 경우에는 **배관용 탄소강관(KS D 3507)**, 배관 내 사용압력이 1.2 MPa 이상일 경우에는 **압력배관용탄소강관(KS D 3562)** 등을 사용하도록 규정하고 있다. 또한 스프링클러소화설비의 화재안전기준 별표1은 다음과 같이 정하고 있다.

그리고 이산화탄소소화설비의 화재안전기준 제8조 제1항 제2호에서는 "강관을 사용하는 경우의 배관은 **압력배관용탄소강관(KS D 3562) 중 스케줄 80 (저압식은 스케줄 40) 이상의 것** 또는 이와 동등 이상의 강도를 가진 것으로 아연도금 등으로 방식처리된 것을 사용할 것. 다만, 배관의 호칭구경이 20 mm 이하인 경우에는 스케줄 40 이상인 것을 사용할 수 있다."라고 규정하고 있다.

[별표 1] 스프링클러헤드 수별 급수관의 구경(제8조 제3항 제3호 관련) (단위 : mm)

구분 \ 급수관의 구경	25	32	40	50	65	80	90	100	125	150
가	2	3	5	10	30	60	80	100	160	161 이상
나	2	4	7	15	30	60	65	100	160	161 이상
다	1	2	5	8	15	27	40	55	90	91 이상

(주) 1. 폐쇄형스프링클러헤드를 사용하는 설비의 경우로서 1개층에 하나의 급수배관(또는 밸브 등)이 담당하는 구역의 최대면적은 3,000 m^2를 초과하지 아니할 것

2. 폐쇄형스프링클러헤드를 설치하는 경우에는 "가"란의 헤드 수에 따를 것. 다만, 100개 이상의 헤드를 담당하는 급수배관(또는 밸브)의 구경을 100 mm로 할 경우에는 수리계산을 통하여 제8조 제3항 제3호에서 규정한 배관의 유속에 적합하도록 할 것
3. 폐쇄형스프링클러헤드를 설치하고 반자 아래의 헤드와 반자속의 헤드를 동일 급수관의 가지관상에 병설하는 경우에는 "나"란의 헤드 수에 따를 것
4. 제10조 제3항 제1호의 경우로서 폐쇄형스프링클러헤드를 설치하는 설비의 배관구경은 "다"란에 따를 것
5. 개방형스프링클러헤드를 설치하는 경우 하나의 방수구역이 담당하는 헤드의 개수가 30개 이하일 때는 "다"란의 헤드수에 의하고, 30개를 초과할 때는 수리계산 방법에 따를 것

3.2 배관의 KS 규격

• 배관용 탄소강관(KS D 3507)

규격	바깥지름 (mm)	두께 (mm)	단위중량 (kg/m)	규격	바깥지름 (mm)	두께 (mm)	단위중량 (kg/m)
15A	21.7	2.65	1.25	90A	101.6	4.05	9.74
20A	27.2	2.65	1.60	100A	114.3	4.50	12.2
25A	34.0	3.25	2.46	125A	139.8	4.85	16.1
32A	42.7	3.25	3.16	150A	165.2	4.85	19.2
40A	48.6	3.25	3.63	200A	216.3	5.85	30.4
50A	60.5	3.65	5.12	250A	267.4	6.40	41.2
65A	76.3	3.65	6.35	300A	318.5	7.00	53.8
80A	89.1	4.05	8.49				

※ 내경 = 외경 − 두께

• 압력배관용 탄소강관(KS D 3562)

지름의 호칭		바깥 지름	호칭두께							
			스케쥴 40		스케쥴 80		스케쥴 120		스케쥴 160	
A (mm)	B (inch)		안지름	두께	안지름	두께	안지름	두께	안지름	두께
15A	1/2	21.7	16.1	2.8	14.3	3.7	-	-	-	-
20A	3/4	27.2	21.4	2.9	19.4	3.9	-	-	-	-
25A	1	34.0	27.2	3.4	25	4.5	-	-	-	-
32A	1 1/4	42.7	35.5	3.6	32.9	4.9	-	-	-	-
40A	1 2/1	48.6	41.2	3.7	38.4	5.1			34.4	7.1
50A	2	76.3	52.7	3.9	49.5	5.5			43.1	8.7
65A	2～1/2	76.3	65.9	5.2	62.3	7			57.3	9.5
80A	3	89.1	78.1	5.5	73.9	7.6			66.9	11.1
90A	3～1/2	101.6	90.2	5.7	85.4	8.1			76.2	12.7
100A	4	114.3	102.3	6	97.1	8.6	92.1	11.1	87.3	13.5
125A	5	139.8	126.6	6.6	120.8	9.5	114.4	12.7	108	15.9
150A	6	165.2	151	7.1	143.2	11	136.6	14.3	128.8	18.2
생략										

3.3 배관의 구경 호칭과 표시

스프링클러소화설비 급수관의 구경은 25A, 32A, 40A, 50A, 65A, 80A, 100A, 125A, 150A로 호칭한다. 여기서 25A는 대략 내경이 25 mm, 32A는 대략 내경이 32 mm임을 나타낸다. "대략 내경" 표현을 사용한 것은 배관은 인치규격으로 생산되고 있기 때문이다. 통상 위와 같이 15 mm, 25 mm로 부르는 이유는 mm 값과 inch 값이 비슷하여서 15A는 15 mm, 25A는 25 mm라고 부르고 있다. 수치 뒤에 붙는 A는 내경을 의미한다. 또한, 파이프는 외경이 같더라도 용도(사용압력)에 따라 살 두께가 다르다. 같은 외경이더라도 살 두께에 따라 구분하는 것이 SCHEDULE 이다. 예를 들어서 15A 파이프는 외경이 21.7 mm이지만 스케쥴 40은 살 두께가 2.8 mm로 내경은 16.1 mm, 스케쥴 60은 살 두께가 3.2 mm로 내경은 15.3 mm, 스케쥴 80은 살 두께가 3.7 mm로 내경은 14.3 mm가 된다. SCHEDULE은 기호로 #로 표기하므로 파이프의 규격을 정확하게 표현하려면 15A #40과 같이 표기한다. 이를 ϕ로 표시할 때는 ϕ 21.7～2.8t 와 같이 표시하기도 한다.

3.4 배관 두께와 스케쥴 번호의 계산

고압을 사용하는 배관에서는 살 두께를 고려하여야 한다. 이때 Barlow의 공식을 사용하는데 바로우의 공식(Barlow's formula)은 특정 재질의 배관이 가진 최대인장응력 값을 산출하여 수학적으로 이를 비교하는 수식이다. 압력용기와 같은 내압을 받는 장치류의 두께를 계산할 때도 이 공식을 사용한다.

$$p = \frac{2St}{D}$$

여기서, p : internal design pressure (설계 압력)

S : allowable stress (허용응력)

t : pipe wall thickness (배관 두께)

D : pipe outside diameter (배관 외경)

바로우의 공식은 배관 내에 작용하는 압력(p)은 배관의 직경에 대한 배관 두께×허용응력의 비로 정의할 수 있다. 바로우 공식을 통해 설계 압력, 응력, 배관 두께, 배관 직경을 계산할 수 있다. 바로우의 공식을 배관 두께를 구하는 공식으로 변환하면 다음과 같다.

$$t = \frac{pD}{2SE}$$

여기서, E : Casting quality factor

이다.

"E" 값은 ASME B31.3의 Basic casting quality factor에 기준한다. CODE에 해당되는 재질에만 FACTOR 값을 적용하며, 해당 사항이 없을 경우는 $t = pD/2S$ 로 배관 두께를 계산한다. Pipe Product에 따른 Quality Efficiency (ASME B31.3)는 다음과 같다.

ERW (Electric Resistance Weld) = 0.5
EFW S (Electric Fusion Weld, Single Seam) = 0.80
EFW-D (Electric Fusion Weld, Double Seam) = 0.85
FBW (Furnace Butt Weld) = 0.60
SAW (Submerged Arc Weld) = 0.95
Others (EFW, SMLS) = 1.0

또한 배관 두께는 부식율을 고려하여 결정해야 한다. 이는 공정상에서 발생할 수 있는 예상 부식 양을 정해 놓은 것으로 기준은 ASME B31G : Manual for determining the remaining strength of corroded pipe lines를 따른다. 그러므로 부식 허용치를 고려한 배관 두께 구하는 공식은 다음과 같다.

$$t = \frac{pD}{2SE} + a$$

여기서, p : internal design pressure (설계 압력)
S : allowable stress (허용응력)
t : pipe wall thickness (배관 두께)
D : pipe outside diameter (배관 외경)
E : Casting quality factor
a : Corrosion Allowance (as per ASME B31G)

이다.

압력배관용 탄소강관(KS D 3562) 규격을 나타낸 표에서 알 수 있는 것처럼 스케줄 번호가 커질수록 배관의 살 두께가 두꺼워지며, 다음과 같은 식으로 구할 수 있다. 스케줄번호(Schedule number ; Sch. No)는 압력배관의 두께를 선정할 때 기준이 되는 번호로 10～160까지의 10단계(Sch. 10, 20, 30, 40, 60, 80, 100, 120, 140, 160)로 나누며 다음 식으로 구한다.

SI단위를 사용할 때는

$$\text{Sch No} = 1{,}000 \times \frac{p}{S}$$

여기서, p : 배관의 사용압력(MPa)

S : 배관의 허용응력(=최대인장응력/안전율)(N/mm^2)

이다.

공학단위를 사용할 때는

$$\text{Sch No} = 10 \times \frac{p}{S}$$

여기서, p : 배관의 사용압력(kg$_f$/cm^2)

S : 배관의 허용응력(=최대인장응력/안전율)(kg$_f$/mm^2)

배관의 살 두께 t (mm)를 구하는 식은 부식, 나사산 및 두께의 허용오차의 하한 12.5% 등을 고려하여 다음 식과 같이 변형한 식으로 하고 있다.

SI단위를 사용할 때는

$$t = \frac{p}{S} \times \frac{D}{2 \times 0.875} + 2.54 = \frac{p}{S} \times \frac{D}{1.75} + 2.54$$

여기서, t : 배관의 살 두께(mm)

p : 사용 압력(MPa)

S : 허용응력(N/mm^2)

D : 배관의 바깥지름(mm)

이다.

공학단위를 사용할 때는

$$t = \frac{p}{S} \times \frac{D}{175} + 2.54$$

여기서, t : 배관의 살 두께(mm)

p : 사용압력(kg_f/cm^2)

S : 허용응력(kg_f/mm^2)

D : 배관의 바깥지름(mm)

이다.

예제

가스계소화약제소화설비의 배관 설치기준에 관한 설명이다. 다음 소선을 잠고하여 압력배관용 탄소강관(SPSS)을 사용할 때 배관의 두께(mm)를 구하시오.

[조건]	① 배관의 외경은 114.0 mm이다. ② 압력배관용 탄소강관(SPSS)의 최대사용압력은 3.5 MPa이고, 허용응력은 150 MPa이다.

해설

허용응력 $3.5\,\text{MPa} = 3.5 \times 10^6 \frac{\text{N}}{\text{m}^2} = 3.5 \times 10^6 \frac{\text{N}}{10^6\text{mm}^2} = 3.5\,\text{N/mm}^2$

$$t = \frac{p}{S} \times \frac{D}{1.75} + 2.54 = \frac{3.5}{150} \times \frac{114}{1.75} + 2.54 = 4.06\,\text{mm}$$

찾아보기

▌자

▌차

저자소개

이의평

- 전주대학교 소방안전공학과 교수/공학박사/소방기술사
- 이메일 : krfirechief@empal.com
- Marquis Who's Who 세계인명사전에 등재
- 2017～2022 Albert Nelson Marquis Lifetime Achievement Award

학력 및 주요경력
• 전남대학교 기계공학과 졸 • 제20회(1984년) 기술고등고시 합격(기계직) • 1985.05～1992.06 : 철도청 사무관 • 1992.07 : 소방공무원(消防領)으로 특별채용됨(고시출신 특별채용 1호) • 1992.07～1997.09 : 광주소방본부 방호과 교육계장/방호계장, 구조구급과장 • 1997.09～2001.07 : 일본 요코하마국립대학 및 소방연구소 등에서 일본 소방제도와 화재(예방・진압)이론 및 화재감정기법을 연구함 • 1998.04～2000.03 : 요코하마국립대학 안전(화재)공학 전공(공학석사) • 2000.04～2001.09 : 요코하마국립대학 안전(화재)공학 전공(공학박사) • 2002.10～2006.06 : 광주 광산소방서장/동부소방서장 • 2006.07～2008.02 : 삼성화재(주) 삼성방재연구소 수석위원 • 2008.03～2023.02 : 전주대학교 소방안전공학과 교수 • 2010.06～2016.12 : 사단법인한국화재조사학회 회장 • 2017.01～현재 : 사단법인한국화재조사학회 명예회장
박사학위 논문
•전기용융흔에 의한 화재감정법에 관한 연구(2001년 9월)
기타
• 소방공무원 중 소방기술사 1호(1994년) • 우리나라 화재조사(감정)분야 박사학위 1호(2001년 9월) • 소방공무원 중 선진외국대학 박사학위 취득 1호 • 일본국립대학 박사과정 최단기(1년 6개월) 이수 박사학위 취득 • 일본화재학회 최초 외국인 수상자(2001년) • 우리나라 화재조사 관련 논문 최다 발표 • 대법원특수감정인(화재・폭발 원인 감정 분야)

소방유체역학 정가 28,000원

발 행	2022년 9월 10일 초판 1쇄
저 자	이의평
발행인	정우용
발행처	도서출판 동화기술
	경기도 파주시 광인사길 201(문발동, 파주출판도시)
	Tel (031)955-4211~6 donghwapub@nate.com
	Fax (031)955-4217 www.donghwapub.co.kr
	(등록) 1977년 12월 19일/9-16호

Printed in Korea

ISBN 978-89-425-9377-4